Learning Linux Kernel by Practice

边 干 边 学

——LINUX 内核指导

（第二版）

李善平　季江民　尹康凯 等 编著

胡志刚　主审

内容简介

这是一本学习 Linux 内核的指导教材。根据作者在浙江大学计算机学院多年的教学实践，教材内容选定了 Linux 环境，shell 编程，时钟与定时器，系统调用，进程创建，proc 文件系统，进程同步，内存管理，共享内存，文件系统，内核模块等 18 章内容，其相关源代码贯穿整个 Linux 内核。

学习操作系统必须动手实践。本书的特点就是边干边学。为此在每章里都安排了实验内容，章节围绕实验目的展开，以求在实验中掌握 Linux 内核，在实验中融会贯通。

本书可以作为计算机专业本科生、研究生的操作系统实验教材，也可以作为 Linux 系统管理员，嵌入式系统研发人员的参考书。

前　　言

学计算机专业知识必须动手实践，这点应该不会有异议！

那么学操作系统怎么实践呢？尤其是我们近年来承担了浙江大学计算机学院操作系统类课程的教学，更需认真回答这个问题了。

首先，选择实验对象和环境。这一点已经找到答案了，那就是 Linux 操作系统内核。我们在 Linux 内核分析方面小有成就，也编写了几本教材。

其次，搜集指导材料。我们自己在学习 Linux 过程中，耗费了许多精力和时间搜集资料，又耗费了许多精力和时间分析、整理这些资料。如果你不是天才，同样也要耗费精力和时间再去做这些。何必呢！我们共享吧。

对了！这就是我们费劲写这本书的起因。我们希望奉上这些心得，帮助你在学习 Linux 内核时事半功倍。

本书的第一版自 2002 年出版后，得到了读者的大量反馈，在此表示衷心感谢！但是，毕竟过去了 5 年，Linux 内核、Linux 世界变化巨大，早该出第二版了。

现在你看到的第二版，主要有三个方面的更新：

● 第一版里的错误得到纠正；读者的意见得以体现。

● 第一版针对当时流行的内核版本 2.4.18。这次的第二版则针对内核版本 2.6.15。2.6 版相对于 2.4 版，内核的变化是根本性的。

● 为照顾许多读者在 Linux/Unix 基础知识方面的欠缺，特别增加了 8 章关于 Linux 操作环境的原理和实验（统一编入第一部分）。原有的 Linux 内核方面的内容，全部在第二部分。所以，如果你了解 Linux 常识，那么，直接进入第二部分学习吧！

另外，你会发现，第二版在格式上也有些调整，希望方便你阅读。而且我们在许多章的末尾，列出了参考文献，给学有余力的读者加点料。当然，不用说的是，最主要、最重要的参考资料还是内核源代码本身。

本书第一版当时由李善平、陈文智共同负责，尹康凯等 10 余位浙江大学计算机学院的研究生一起参加编写。

第二版里，尹康凯编写第 11，12，15，16，17，18 章，季江民编写第 1，2，3，4，5，6，7，8 章，李善平编写第 9，10，13，14 章。

一如既往地，我们欢迎你的宝贵意见。

目　　录

第一部分　Linux 操作环境

第二部分 Linux 内核分析与实践

第 1 章　Linux 基础

实验目的

- 学习登录和退出 Linux 系统。
- 了解 Linux shell。
- 熟悉 Linux 系统的元字符。
- 初步了解 Linux 的命令格式。
- 学会如何得到帮助信息。
- 掌握一些常用的 Linux 命令。

实验指导

Linux 操作系统是目前最流行的操作系统之一。作为 Internet 的产物，Linux 操作系统是由全世界许多人共同合作开发的，它是一个自由（free）的操作系统。

shell 是用户和操作系统之间接口的一个程序。shell 的主要功能是解释命令，shell 也被称为 Linux 的命令解释器（command interpreter）。在各种各样的 shell 中，Bourne Again shell（bash），TC shell（tcsh）和 Korn shell（ksh）是最为流行的。

shell 命令可以被分为内部（内置）命令和外部命令。内部命令是其程序代码包含在 shell 程序中的一些命令，这些内部命令的代码是整个 shell 代码的一个组成部分；而外部命令的代码是存放在磁盘上的二进制可执行文件或者 shell 脚本文件。

本章我们简要描述 Linux 操作系统的结构和主要组成部分。然后我们介绍登录和退出过程。介绍 Linux shell，shell 的元字符，内部命令和外部命令。并且介绍一些简单常用的 Linux 命令。

1.1　登录和退出

Linux 系统是多用户、多任务和交互式的计算环境。多任务表示计算机系统同时可以运行多个计算进程或程序。多用户表示多个用户可以同时使用同一个计算机系统。这就说明登录操作和退出操作都是必要的，每个使用计算机系统的用户需要使用各自的用户名和密码进入到 Linux 系统。

有基于文本界面的登录和退出 Linux 系统的方式及基于图形用户界面（GUI）的登录和退出 Linux 系统的方式。

基于文本界面方式登录后，进入到文本界面（也称命令行方式），这是 Unix 传统界面，这种方式下只能使用键盘操作，不能使用鼠标。在基于图形用户界面（GUI）的登录后，你可以使用鼠标操作。

1.1.1 登录 Linux 系统

1. 基于文本界面的登录

有多种登录到 Linux 系统的方法。在 WINDOWS 操作系统中通过因特网连接到 Linux 系统和通过局域网连接到 Linux 系统；如果你的计算机上已安装好 Linux 系统，就可以很方便地使用文本界面登录了。

（1）通过因特网连接

这种方式连接，通常是在 WINDOWS 操作系统下连接到 Linux 操作系统。一般使用远程登录软件连接到因特网的开放 Linux 服务器上。因特网中的开放 Linux 服务器很多，如：lab.lupa.cn。在 WINDOWS 操作系统下使用的远程登录软件连接 Linux 服务器，远程登录软件有各种版本软件，如 SSH、telnet、putty 等。你可以在 http://www.ssh.com/下载 SSH 软件。安装 SSH 软件后，启动“SSH Secure Shell Client”程序，选择 Edit→Settings 菜单，输入 Linux 服务器的 ip 地址或主机名及用户名。SSH 的设置为：Host 为 lab.lupa.cn ，User 为 lab，Port 为 22，如图 1-1 所示。对于一个 Linux 服务器，SSH 设置一次就可以了。

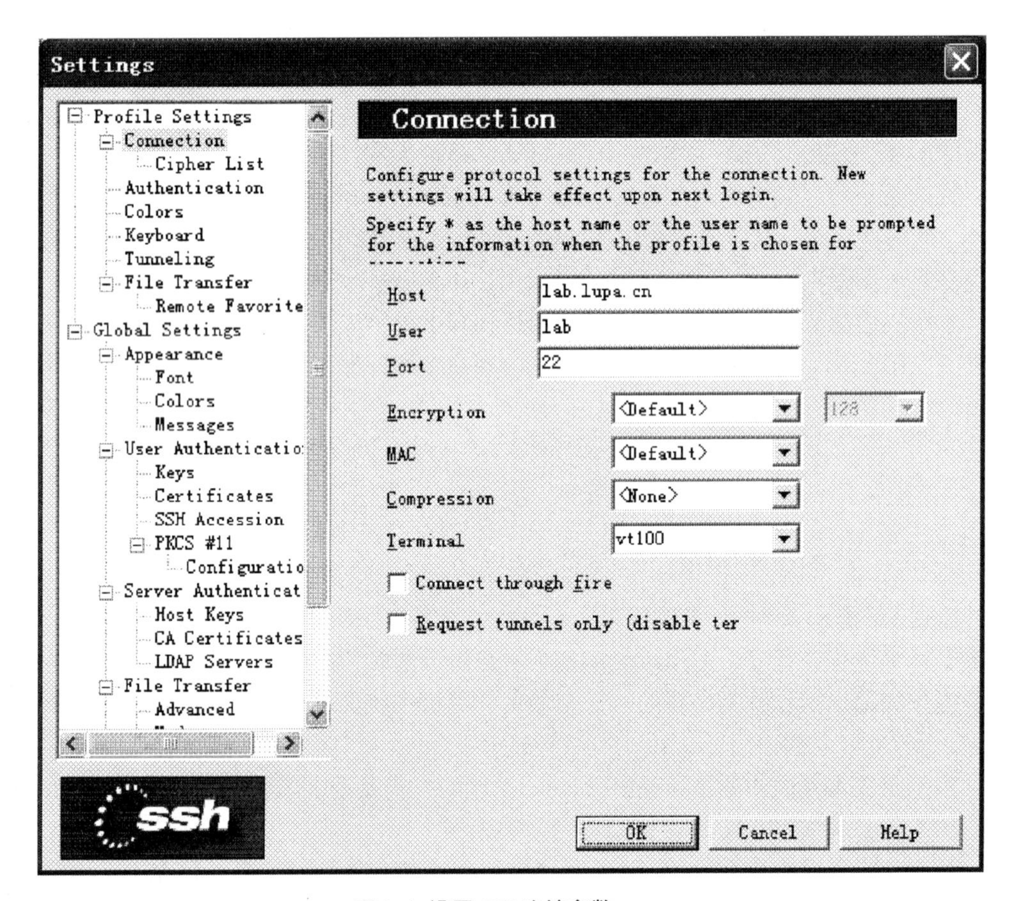

图 1-1 设置 SSH 连接参数

SSH设置完成后，你就可以连接Linux服务器了。每一次连接Linux服务器，只要这样操作就可以了：选择File→Quick Connect菜单；屏幕显示“Connect to Remote Host”对话框后，单击“Connect”按钮；最后输入登录密码，密码检查通过后，屏幕显示如图1-2所示。这样你就可以使用Linux系统的各种命令了。

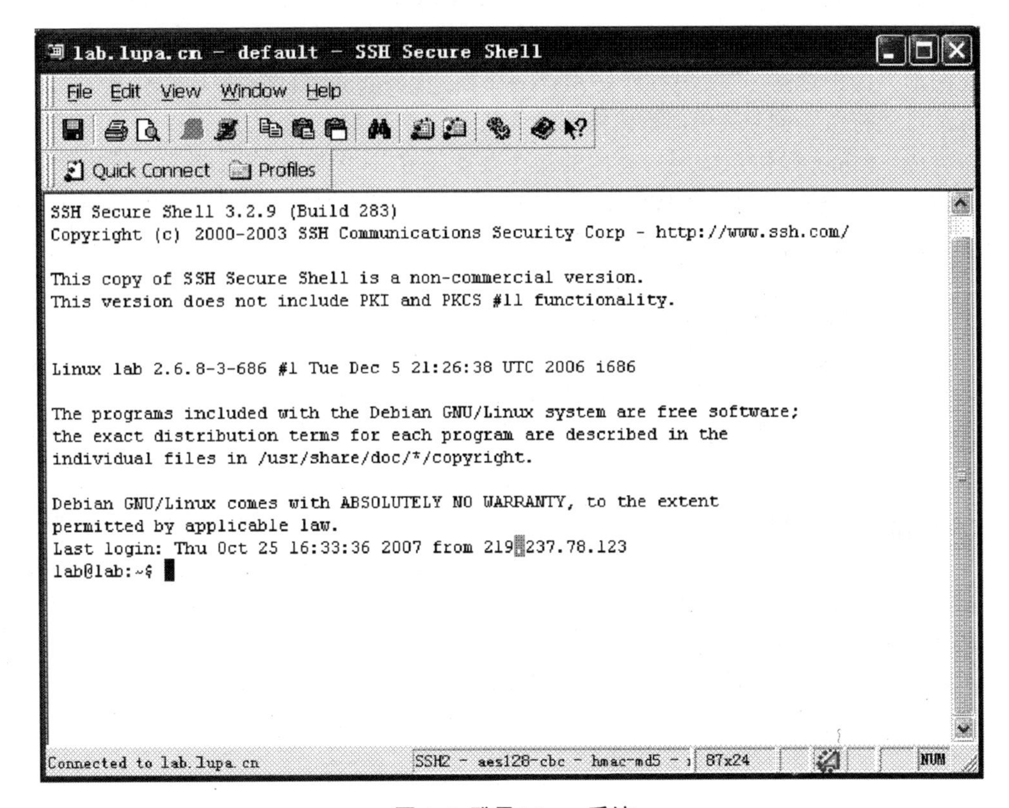

图1-2 登录Linux系统

（2）局域网连接

局域网连接方法与因特网相似，不同的是你所连接的Linux服务器在你计算机系统的局域网中。

（3）独立连接

你使用的是一台装有Linux系统的计算机，这台计算机的Linux系统没有安装GNOME或KDE等桌面系统。在系统启动后，需要向系统输入正确的用户名和登录密码。

```
Login : your username
Password: your password
```

在成功登录到Linux系统后，屏幕会出现一个诸如“$”（作者的fedora core的命令提示符是“$”，你的Linux系统有可能是其他的符号）的shell提示符。接着用户可以使用各种各样的Linux命令了。

2. 基于图形用户界面

你使用的计算机系统是安装了 GNOME 或 KDE 图形桌面的 Linux 系统，可以使用图形界面的登录窗口登录到 Linux 系统中。使用图形界面登录也需要输入用户名和密码。

在 WINDOWS 操作系统下，你可以使用 Xmanager 或 X-Win32 等客户端软件，连接到因特网或局域网的 Linux 服务器上，这样也可以使用 Linux 的图形界面。

在图形界面中选择 “应用程序→附件→终端”（不同的发行版本 Linux 系统，打开终端的方法可能有所不同）菜单，新建终端操作进入文本界面。Linux 的很多命令需要在文本界面下完成，Linux 操作系统用户使用的命令要比 WINDOWS 操作系统多，且功能强大。

Linux 操作系统与 WINDOWS 操作系统在图形界面中的使用和操作基本相似，本书不再介绍 Linux 系统图形界面的操作。

1.1.2 退出 Linux 系统

正确退出 Linux 系统或者离开系统的过程和登录的过程同样重要。

在文本界面，退出 Linux 系统时，在 shell 提示符后按<Ctrl-D>键，或使用 logout 命令。Linux 系统登录提示符重新出现在屏幕上，接着允许下一次会话。

如果你在这次会话中开了一个新的 shell 而且在退出前没有退出那个 shell，Linux 会提示 Not login shell，而且你无法立即退出。在这种情况下，按<Ctrl-D>，新的 shell 会终止。如果开启了一个以上的 shell 而且在退出前没有退出这些 shell，必须对每个没有终止的 shell 使用<Ctrl-D>才能退出。

在图形界面退出 Linux 系统就很简单，不需要再介绍了。

1.2 Linux 的 shell

每个 Linux 系统发行版本中都包含了多种 shell。目前使用的最为广泛的 shell 包括 bash，TC shell 和 Korn shell。你进入系统后开始运行的那种 shell 就是你的登录 shell（login shell）。通常默认的登录 shell 是 bash。系统管理员可以为你指定使用哪种 shell 作为登录 shell。当然你也可以通过命令来改变自己的默认登录 shell。比如说，如果你的默认登录 shell 是 bash，但是你更喜欢用 TC shell，你就可以通过命令 tcsh 或者 chsh 来改变默认登录 shell。

1.2.1 常用 shell 程序

Linux 提供多种 shell 程序， 用户可以根据 shell 的功能、特性来选择符合自己使用习惯的 shell。各种发行版本的 Linux 系统中并不一定把所有的 shell 都安装在系统中，作者使用的 fedora core 系统中最常用的几种 shell 如表 1-1 中所示。各种 shell 程序放在/bin/目录下。

表 1-1 常用 shell 程序

shell 名称	存放的位置	程序名
Bourne shell	/bin/sh->bash	bash
Bourne Again shell	/bin/bash	bash
C shell	/bin/csh->tcsh	tcsh
TC shell	/bin/tcsh	tcsh
Korn shell	/bin/ksh	ksh

Bourne shell 是标准的 UNIX shell，它是由 AT&T（贝尔实验室）的 Steve Bourne 开发并以之命名。它的特点是简单、高效，但缺乏交互性的功能（如别名、任务控制等）。

Bourne-again shell 是 GNU shell，所有 Linux 系统都提供这种 shell。它遵循 POSIX，POSIX 指的是可移植的操作系统接口（Portable Operating System Interface），POSIX 是一系列由 IEEE 制定的标准。Bourne-again shell 同时也保留了与 Bourne shell 的兼容性。在 Linux 这样的基于 GNU 的系统中取代了 Bourne Shell。Linux 的默认 shell 是 Bourne-again shell。事实上，/bin/sh 是链接到/bin/bash。

C shell 由 Bill Joy 在加州大学伯克利分校开发，所有 BSDUNIX 版本都提供这种 shell。另外，AT&T 的系统 V/386 R3.2 和 SVR4 也提供 C shell。C shell 是在第六版 shell 而非 Bourne shell 的基础上构造的。其控制流类似于 C 语言，它支持 Bourne shell 没有的某些特色功能，例如作业控制、历史记忆机制以及命令行编辑等。在 Linux 系统中与 C shell 对应的是 TC shell。

Korn shell 由 AT&T 的 David Korn 在 80 年代中期开发并成为 SVR4 UNIX 的正式部分。它实际上是 Bourne shell 的一个超集，增加了一些新的特性并与 Bourne shell 相兼容。

1.2.2 改变 shell 的方法

系统管理员在建立用户账户时，将确定你第一次登录系统或打开 GUI 环境下模拟终端窗口时使用的 shell，你的账户可能使用 bash 作为登录 shell。你可以自己决定运行哪个 shell。可以通过三种不同方法更改 shell：

（1）为以后登录的所有会话更改默认 shell；

（2）创建一个运行在默认 shell 之上，或者和默认 shell 并行运行的新的 shell 会话；

（3）只改变当前会话的 shell。如在 bash 下运行 tcsh。

命令 chsh 能够改变用户默认的登录 shell。 带选项 chsh -l 命令可以显示系统中有哪些可用的 shell。通过输入想要使用的 shell 的完整的路径，就可以完成默认 shell 的更改。比如，在出现提示后，输入/bin/tcsh 就可以把默认 shell 改为 tcsh。

如果想在默认 shell 上运行另一个新的 shell，只需要在命令行输入 shell 程序的名字（如表 1-1 所示）。在下面的例子中，默认 shell 是以$为提示符的 Bourne · again shell，环境变量 SHELL 中存放当前 shell 的程序路径。运行 tcsh 程序后把当前 shell 改变为 TC shell，TC shell 提示符为% 。

```
$ echo $SHELL
/bin/bash
$ tcsh
```

```
% ps
PID     TTY     TIME      CMD
899     pts/0   00:00:01  bash
1515    pts/0   00:00:00  tcsh
1535    pts/0   00:00:00  ps
```

要中止或者离开这个新的临时的 shell，返回到默认登录 shell，输入<Ctrl-D>命令。如果这种方法不起作用，你还可以通过输入 exit 命令返回到上一个 shell。

只改变当前登录会话的 shell：若你要在 bash 下运行 TC shell 的脚本程序 cshpr，可以在 bash 提示符下输入 tcsh cshpr。

1.2.3 shell 的启动文件

当启动 shell 时，它将运行启动文件初始化自己。每个 Linux 系统都有一个系统启动文件，通常是/etc/profile。这个文件中包含了 shell 和其他一些实用工具的重要环境变量的初始化设置。而且，对于某些 shell，系统中还有一些隐藏文件，或者叫做点（.）文件，这种文件的文件名的首个字符是小数点。在你运行相应的 shell 时，这些文件会被执行。这些被称为 shell 启动文件的文件通常存放在主目录（用~表示）中，比如~/.profile，或者以特定 shell 的 profile 和登录文件的形式存放在用户的主目录中。比如 bash 的 profile 和登录文件通常被命名为~/.bash_profile 和~/.bash_login。这些隐藏文件最初是由系统管理员根据用户安全使用系统的要求进行配置的。

如果登录 shell 是 bash，当你登录时，如果系统中有/etc/profile，这个文件中的命令首先被执行。然后按照~/.bash_profile，~/.bash_login 或者~/.profile 的顺序搜索并执行第一个被找到而且可读的文件。当你注销时，bash 执行文件~/.bash_logout 中的命令。

如果你启动一个交互的 bash shell，~/.bashrc 文件存在且可读，这个文件就会被执行。如果以非交互的形式运行一个 shell 脚本，bash 会搜索环境变量 BASH_ENV 来确定将要执行的文件的名字。

尽管有很多种启动文件和 shell，但用户通常只需要主目录下的.bash_profile 和.bashrc 文件。.bash_profile 中类似下面的命令将为登录 shell 时执行.bashrc（如果该文件存在）中的命令。

```
if [ -f   ~/.bashrc ]; then
  . ~/.bashrc
fi
```

条件[-f ~/.bashrc]测试主目录下是否存在名为.bashrc 的文件。关于[ ]以及与之同义 test，我们将在第 9 章中详细介绍。

你可以在.bash_profile 设置 PATH，PATH 为环境变量，该变量存放程序或命令的所有目录，在运行程序或命令时要根据这些目录进行搜索。因为每次执行 bash 程序都要运行.bashrc 中的命令，因此.bashrc 中的命令可能执行多次，并且因为子 shell 继承那些被输出的变量，所以最好将那些附加已有变量的命令放置到.bash_profile 文件中。例如，下面的命令将你的主目录的子目录 bin 添加到 PATH 中，应该将其放置到.bash_profile 文件中：

PATH=$PATH:$HOME/bin

1.2.4 shell的环境变量

shell环境变量具有特殊的意义，它们的名字一般比较短，bash的环境变量名通常由大写英文字母组成。当用户启动 shell 的时候（比如登录），shell 将从环境中继承几个环境变量。HOME 和 PATH 就属于这样的变量。其中，HOME 表示用户的主目录。而当用户输入命令时，PATH 决定了 shell 在哪些目录下搜索该命令，同时还决定了搜索时的顺序。当 shell 启动之后，它再创建和（用默认值）初始化其他环境变量。而对于其他变量，除非用户设置，否则它们都是不存在的。

用户在任何时候都可以更改大多数shell环境变量的值，但通常没有必要修改系统初始化文件/etc/profile 和/etc/csh.cshrc 中初始化的环境变量的值。如果需要修改 bash 环境变量的值，就在初始化文件中进行修改。用户可以将用户创建的变量变成全局变量，同样，可以将环境变量变成全局变量，这个工作一般在初始化文件中自动完成。用户还可以将环境变量变为只读。

在下面的这个例子中，我们在搜索路径中增加了两个目录，~/bin 和.（“.”表示当前目录）。而且使~/bin成为最先被搜索的目录，而当前目录则成为最后被搜索的目录。

PATH=~/bin:$PATH?

我们在表1-2中列出了部分环境变量，更多的环境变量将在第9章中给出。

表1-2 部分bash环境变量

环境变量名	含义
CDPATH	cd命令访问的目录的别名
EDITOR	用户在程序中使用的默认的编辑器
ENV	Linux查找配置文件的路径
HOME	主目录的名字
PATH	存放搜索命令或者程序的所有目录
PS1	shell提示符
PS2	shell的二级提示符
PWD	当前工作目录的名字
TERM	用户使用的控制台终端的类型

1.2.5 shell元字符

除了字母和数字，很多其他字符对于shell都有特殊的含义。这些字符被称为shell元字符（shell metacharacters），也称为特殊字符。如果不以特殊方式指明，在shell命令中，这些字符不能作为文本字符使用。所以，不要在文件名中使用这些字符。而且在命令中使用这些字符时，不需要在它们的前面或者后面加上空格。当然，为了清楚起见，你也可以在这些元字符的前面或者后面加上空格。表1-3列出了shell元字符及其作用。

表 1-3 shell 中的元字符

元字符	功能	例子
回车换行	把命令输入后要按回车键	
空格	命令行中的分隔符	ls –l sample
TAB	命令行中的分隔符	ls –l sample
#	以#开头是注释行	
“	引用多个字符但是允许替换	“$file”.bak
‘	引用多个字符，括号中字符按原义解释	‘$a00’
$	表示一行的结束，或引用变量时使用	$PATH
&	使命令在后台执行	command&
（ ）	在子 shell 中执行命令	（command1;command2）
[ ]	匹配[]中一个字符	[c-f] 或者 [1，3，7-9]
{ }	在当前 shell 中执行命令，或实现扩展	{command1;command2}
*	匹配 0 个或者多个字符	chap*.txt
?	匹配单个字符	lab.?
^	紧跟^后面的字符开始的行，或作为否定符号	[^3-8]：以 3 到 8 数字开始的行
`	替换命令	PS1=`command`
|	管道符	command1|command2
;	顺序执行命令的分隔符	command1;command2
<	输入重定向符号	command<file
>	输出重定向符号	command>file
/	用作根目录或者路径名中的分割符	/usr/bin
\	转义字符；转义回车换行字符；或作为续行符	command arg1\ arg2 arg3 \?
!	启动历史记录列表中的命令和当前命令	!! ， !l
%	指定一个作业号时作为起始字符	%3
~	表示主目录	~/.profile

shell 元字符允许你在一个命令行中指定若干个目录中的若干个文件。在这里，我们只给出一些简单的例子解释一些常用元字符的含义，包括*， ？， ~和[ ]。

字符？是一个匹配任何单个字符的通配符。

字符*则匹配 0 个或者多个字符。

例：字符串“？.txt”可以用来表示一个字符后跟“.txt”的所有文件名，如：a.txt， 1.txt， @.txt。

例：字符串[0-9].c 用来表示所有文件名为单个数字后跟“.c”形式的文件，如：1.c 和 3.c。

例：字符串 lab1 \ / c 表示 lab1/c。注意，在这里，我们用反斜线号（\）来处理“消除了特殊意义”的斜线号（/）。

例：下面的这条命令显示当前目录中所有由 2 个字符组成，且以.html 为结尾的文件。而且这些文件名的第一个字符是数字，第二个字符是大写或者小写的字母。

$ ls [0-9][a-zA-Z].html

在这里，[0-9]表示从 0 到 9 的任何数字，[a-zA-Z]表示任何大写或者小写的字母。

1.3 shell的一些基本命令

在这一节，我们简要介绍一些很有用的命令。除非有特别提示，本书的命令都为 bash 的命令。在后面的章节中，我们会更详细地介绍在这里提到的大部分命令。

1.3.1 Linux 命令行的语法结构

要使用 Linux 命令，必须要先了解 Linux 命令行的语法结构。下面是 Linux 命令行的语法结构：

$ command [[-]option (s)] [option argument (s)] [command argument (s)]

含义：

- $：Linux 系统提示符；一般而言，普通用户提示符的最后一个字符是“$”，超级用户的系统提示符的最后一个字符是“#”；你的系统提示可能不一样，系统的提示符取决于 PS1 和 PS2 环境变量。本书以”$”作为系统提示符。
- Command ：Linux 命令的名字。
- [[-]option (s)] ：改变命令行的一个或多个修饰符，即选项。
- [option argument (s)] ：选项的参数。
- [command argument (s)] ：命令的参数。

注意，command、option、option argument 和 command argument 之间必须要用空格分开，但是在多个 option 或多个 option argument 之间是不需要空格的。多个 option 或 option argument 的顺序是不重要的。在 option 和 option argument 间的空格是可选的。输入一个命令必须要按回车键来把命令提交给 shell 解释。

下面是在命令行上带 option 和 argument 的命令可能出现形式的几个例子。

```
$ ls
$ ls -la
$ ls -la m*
$ lpr -Pspr -n 3 file.c
```

第一行只包含命令。第二行包含命令 ls 和两个选项：l 和 a。第三行包含命令 ls，两个选项：l 和 a，以及命令参数：m*，由这个参数所指定的对象实际上就是这个命令的操作对象。第四行包含命令 lpr，两个选项：P 和 n，作为选项的操作对象的两个选项参数：spr 和 3，以及命令参数：file.c。这些项都是区分大小写的。在第四行中一个选项和它的参数间是有空格的，但是另一个选项和它的参数间是没有空格的。

1.3.2 修改密码

如果你的密码是由他人指定的，那么你应该重新设定一个新密码。应该经常修改密码，以保证未经授权的人不能进入你的系统。密码最好包含 6 个字符以上，密码一般由数字、大小写字母和标点符号组合而成。密码要容易记忆，但又不能轻易被人猜到。

下面是使用 passwd 命令修改密码的演示，your_username 是你的登录名。

```
$ passwd
Changing password for your_username
New password: 新密码
Retype new password: 再输入一次新密码
Passwd: all authentication tokens updated successfully
```

1.3.3 获取帮助

Linux 系统的发行版通常没有纸质的参考手册。但是 Linux 提供了详尽联机帮助文档。我们可以用 man 和 info 工具得到 Linux 的联机帮助文档，也可通过 Internet 找到 Linux 的各种帮助信息。

1. 使用--help 选项获取帮助

大多数 GNU 工具或命令都有--help 选项，用来显示使用命令的一些帮助信息。使用 ls 命令的帮助信息如下所示：

```
$ ls -help

Usage: ls [OPTION]... [FILE]...
List information about the FILEs (the current directory by default).
Sort entries alphabetically if none of -cftuSUX nor --sort.

Mandatory arguments to long options are mandatory for short options too.
    -a, --all                  do not hide entries starting with .
    -A, --almost-all           do not list implied . and ..
        --author               print the author of each file
    -b, --escape               print octal escapes for nongraphic characters
        --block-size=SIZE      use SIZE-byte blocks
    -B, --ignore-backups       do not list implied entries ending with ~
    -c                         with -lt: sort by, and show, ctime (time of last
                                 modification of file status information)
                                 with -l: show ctime and sort by name
                                 otherwise: sort by ctime
……
```

如果显示的信息超出了一个屏幕，可以通过管道使用 more 程序分屏显示帮助信息。例如：

```
$ ls --help | more
```

2. man 命令

man 命令可用来访问在线手册页。通过查看 man 页可以得到有关程序或命令的更多相关主题信息和 Linux 的更多特性。以下是 man 命令语法。

命令语法：

man [options] command-list

常用选项：

-S 'section'　指定 man 命令所查找章节号为“section”文档

用 man 命令显示这些文档，根据主题分成八个章节。表 1-4 列出了手册的八个章节和它们包含的内容。大多数用户可以在第一节中找到他们需要的文档。软件开发员使用的库函数和系统调用，可以在第二节和第三节找到他们需要的文档。做文档准备工作的用户从第七节获得最多帮助。管理员通常需要参考第一节、第四节、第五节和第八节的文档。

表 1-4　Linux 帮助手册的章节

节	描　述
1	用户命令
2	系统调用
3	语言函数库调用（C，C++等）
4	设备和网络界面
5	文件格式
6	游戏和示范
7	troff 的环境、表格和宏
8	关于系统维护的命令

帮助手册对每个 Linux 命令、系统调用以及库函数调用都有描述。一个命令往往对应多页格式化描述。这里的格式由七个部分组成：名字、概要、描述、文件列表、相关信息、错误/警告和已知 bug。用户可以使用 man 命令来阅读帮助手册。因为这个命令的名字，帮助手册常称作 Linux man pages。在屏幕上显示一页帮助手册时，这页的左上角显示命令名，以及在括弧中的命令所属的章节号，就像 ls（1）。

帮助手册是多页文本文档，每个主题的帮助手册需要一个以上的满屏文本来显示全部内容。按键盘上的空格键，可以一次一满屏地显示帮助手册。按<Q>键退出浏览帮助手册。

例：用来显示 passwd 命令的帮助手册的命令。

$ man passwd

例：下面的命令行显示了 open 系统调用的帮助手册。可以使用-S 选项。

$ man -S2 open

例：下面命令显示 C 库中三个函数调用的帮助手册:fopen、fread 和 printf。

$ man -S3 fopen fread printf

你也可以不使用-S 选项，直接指定帮助手册的章节号。

例：man 2 open 显示 open 系统调用的帮助手册。

3. info 命令

GNU 软件和其他一些自由软件还使用名为 info 的在线文档系统。你可以通过特殊的程序 info 或通过 emacs 编辑器中的 info 命令来在线浏览全部的文档。info 系统的优点是，你可以通过链接和交叉引用来浏览文档并可直接跳转到相关的章节。对文档作者来说，info 系统的优点是它的文件可以由排版印刷文档使用的同一个源文件自动生成。

例：当我们输入 info passwd 命令后，屏幕显示如下内容：

```
File: *manpages*,    Node: passwd,    Up: (dir)

PASSWD (1)                     User utilities                    PASSWD (1)

NAME
        passwd - update a user's authentication tokens (s)

    SYNOPSIS
        passwd [-k] [-l] [-u [-f]] [-d] [-S] [username]

    DESCRIPTION
        Passwd is used to update a user's authentication token (s) .

        Passwd  is  configured to work through the Linux-PAM API.  Essentially,
        it initializes itself as a "passwd" service with Linux-PAM and utilizes
        configured  password  modules  to authenticate and then update a user's
        password.

        A simple entry in the Linux-PAM configuration  file  for  this  service
        would be:

         #
         # passwd service entry that does strength checking of
         # a proposed password before updating it.
         #
         passwd password requisite \
                     /usr/lib/security/pam_cracklib.so retry=3
         passwd password required \
                     /usr/lib/security/pam_unix.so use_authtok
         #
```

由于屏幕上的信息来自于可编辑文件，所以不同的系统显示结果可能有所不同。当我们看到 info 上面的初始屏幕后，可以使用各种 info 命令，下面列出几个最常用的键盘命令：

- <? >或<CTRL-H>键：列出 info 命令。
- <SPACE>键:滚动翻屏
- <Q>键:退出

info 系统包含它自己的一个 info 形式的帮助页。如果按下<? >或<Ctrl+H>键，我们将看到一些帮助信息，其中包括如何使用 info 的指南。

1.3.4 获取用户和系统信息的命令

登录到 Linux 系统时，你要了解用户 id，你登录上的计算机或系统，以及那台计算机上的操作系统的信息。这些工作可以通过下面的命令完成：

whoami 命令：在屏幕上显示你的用户 id。

hostname 命令：显示登录上的主机的名字。

uname 命令：显示关于运行在计算机上的操作系统的信息。

下面的会话显示了在命令行上键入这些命令时我们的系统是怎样回答它们的。

```
$ whoami
root
$ hostname
localhost.localdomain
$ uname
Linux
```

1.3.5 列出文件名和显示工作目录

命令 ls（list）显示一个目录中的文件名和子目录名。不带参数的 ls 命令，输出当前工作目录中所有的文件名和目录名，但不包括点文件。加了-a 这个参数，它就会把点文件（隐含文件）也一起显示出来。下面命令显示当前目录下所有以.c 结尾的文件：

```
$ ls *.c
```

命令 pwd（print working directory，显示工作目录）显示当前的工作目录。如：

```
$ pwd
```

1.3.6 创建目录和删除目录

在 Linux 中用 mkdir（make directory，创建目录）命令，后面输入要创建的目录名即可在当前目录中建立一个新目录，用 rmdir（remove directory，删除目录）并指定要删除的目录即可删除指定的目录。命令 cd（change directory，改变目录）来改变当前的工作目录。

下面例子包含了使用命令 cd、ls、mkdir、pwd、和 rmdir 的一些例子。注意“.”表示当前目录，“..”表示父目录。

```
$ mkdir dir1
$ pwd
/root/dir1
$ ls
```

```
file1    linuxbook   test.c     examples
$ cd book
$ pwd
$ ls -aC
.    ..    ch1   ch2   ch3   ch4
$ mkdir dir2
$ ls –C
ch1   ch2   ch3   ch4   dir2
$ cd dir2
$ pwd
/root/book/dir2
$ cd ..
$ rmdir dir2
$ ls
ch1   ch2   ch3   ch4
```

1.3.7 显示文本文件内容

cat、more 和 less 命令都可以显示文本文件的内容。cat 命令同时显示一个或者多个文件的所有内容。而 more 和 less 命令一次显示一个屏幕的文件内容，你需要敲击空格键才可以显示下一页；若按下回车键，则会显示下一行。

例：使用命令 cat sample 显示 sample 文件的内容。

$ cat sample

例：使用命令 more sample students，一次显示一屏幕的 sample 文件的内容，然后以同样的方式显示 students 文件的内容。

$more sample students

1.3.8 显示日历

cal 命令用来显示某一年或者某个月的日历。

命令语法：cal [[month]year]

常用选项：

“month”的范围是 1 到 12，“year”的范围是 0 到 9999。

如果没有指明参数，cal 命令显示出今年当前月的日历。如果这个命令只指定了一个参数，这个参数会当作 “year”。

例：命令 cal 4 2007 就显示了 2007 年 4 月份的日历。

$ cal 4 2007

例：命令 cal 2008 就显示了 2008 年的日历。

$ cal 2008

1.3.9 为命令创建别名

alias 命令可以用来为各种 shell 命令创建别名。命令语法：

命令语法：alias [name[=string]…]

功能：为“string”命令建立别名“name”

别名命令可以保存在系统启动文件中，比如~/.bash_profile，不过它们通常是在 shell 的启动文件中，比如.bashrc（bash）和.cshrc（TC shell）。~/.bash_profile 文件在用户登录时执行一次，而.bashrc 和.cshrc 则是在用户每次运行 bash 或者 tcsh 时执行。

bash 下一些有用的别名：

alias dir = ‘ls –la \!*’
alias rename = ‘mv \!*’
alias ls = ‘ls –C’
alias ll = ‘ls –ltr’
alias mv = ‘mv -i’
alias rm= ‘rm -i’
alias vi = ‘vim’

如果已在用户环境中设置了这些别名，就可以把这些别名看作命令，代替引号内的实际命令。在使用别名时，表中的“\!*”字符串会被实际的参数所代替。比如，当你运行 dir 命令时，shell 实际上在运行 ls –la 这个命令。因此，对于命令 dir book，shell 执行的是 ls –la book。

运行 alias 命令时，如果你不使用任何参数，这条命令就会列出所有的别名设置。你也可以用 unalias 命令从别名列表中删除别名。用 unalias –a 命令，可以删除所有的别名。

1.3.10 显示系统运行时间

可以用 uptime 命令显示系统的运行时间（从最近一次启动开始，系统已经运行的时间）和其他一些有用的统计数据，比如当前系统中有多少登录的用户。这个命令并不需要任何参数。下面的这个例子显示了这条命令的输出。

$ uptime
9:43am up 58 min， 1 users， load average: 0.11， 0.12， 0.17

1.3.11 显示日期和时间

我们可以用 date 命令来显示当前的日期和时间，超级（root）用户可以使用 date 命令来修改系统时钟。

例：显示当前的时间和日期，如下所示：

$ date
五 9 月 28 16:19:27 UTC 2007

例：将时间设置为 9 月 11 日的下午 14:20:15，不改变年份。

$ date 09111420.15
二 9 月 11 14:20:15 UTC 2007

1.3.12 改变用户的身份

用 su 命令来将当前用户转换为其他用户身份。su 命令可以让用户暂时变更登入的身份，变更时必须输入所要变更的用户账号与密码。命令的语法格式为：

命令语法：su [-][-c <command>] [username]

常用选项/参数：

-c< command > 执行完指定的指令后，即恢复原来的身份。

\- 改变身份时，也同时变更工作目录，及 HOME、SHELL、 PATH 变量等。

username 指定要变更的用户名。若不指定此参数，则为 root 用户。

例：下面 su 命令将你的用户身份转换为 root，当然，你必须输入 root 密码。

$ su

1.3.13 一些常用命令

表 1-5 列出了上面常用的基本命令。更多的命令如何使用在后面的章节中介绍。

表 1-5 一些常用的命令

命令	功　能
<Ctrl-C>	终止当前的命令或程序
<Ctrl-\>	终止当前的命令或程序
<Ctrl-D>	结束输入，或退出 Linux 系统，或从上层 shell 返回
<Ctrl-Z>	暂停当前命令执行
<Ctrl-S>	暂停屏幕输出
<Ctrl-Q>	恢复屏幕输出
<Ctrl-U>	将命令行整行删除
cp	拷贝文件
echo $SHELL	显示正在运行的 shell 名字
exit	结束当前的 shell
hostname	显示你所登录的主机的名字
login	用一对正确的用户名/密码登录到计算机系统
logout	退出登录
ls	显示文件和目录的信息
man	浏览关于一个命令或主题的帮助手册
mv	移动或重命名文件
passwd	修改密码
set	在 bash 中显示和修改环境变量
uname	显示关于计算机正运行的操作系统的信息
w	比 who 命令更加详细地列出系统上用户的信息
whatis	显示一个命令的简要描述
whereis	在标准路径（非用户指定的路径）下搜索与指定命令相关文件的全路径

命令	功　能
which	当某个工具或程序有多个副本时，用 which 来识别哪个副本在运行
who	显示现在正在使用系统的用户的信息
whoami	显示你的用户名

1.3.14 部分内部命令

内部命令的程序代码是放在 shell 程序内的，当运行内部命令时，shell 并不产生新的进程，这样内部命令运行得很快，并且能影响当前 shell 的环境。输入命令 info bash builtin 即可得到 bash 内部命令的完整列表。表 1-6 列出了一些有用的 Linux shell 所包含的内部命令，其他的一些 bash 内部命令我们将在后面的章节中详细描述。

表 1-6　部分有用的 shell 内部命令

bash 内部命令	功　能
:（冒号）	返回 0 或者 true
.（句点）	把一个 shell 脚本当作当前进程的一部分执行
alias name=com	给命令指定一个名字
bind key:function	为命令绑定一个键值
cd dirname	更改工作目录到 dirname
echo string	在标准输出写一个字符串
eval command	执行命令
getopts	分析一个 shell 脚本的参数
history n	打印 n 行命令记录
jobs	列出所有正在运行的任务
kill	给一个进程或作业发送信号
pwd	显示当前工作目录
rm	删除文件
set	给变量赋值、显示和修改环境变量
times	显示出当前 shell 以及其子进程的运行时间
type	显示出（命令行上）每个参数这样被解释为一个命令
wait	直到所有子进程执行完毕再开始执行

实验内容

1. 写出下面命令每个部分含义，字符 C 表示命令（Command）、O 表示选项（Option）、OA 表示选项的参数（Option Argument）、CA 表示命令的参数（Command Argument），如：

```
  C       OOA     O    OA          CA           Answer
$ lpr   -Pspr    -n   3    proposal.ps        Command line
```

a. $ ls -la convert.txt

b. $ more convert.txt

c. $ pwd

d. $ cat file1 file2 file3

e. $ rm -r temp

f. $ ping -c 3 zju.edu.cn

g. $ telnet cs.zju.edu.cn 13

h. $ gcc -o short short.c -lbaked

i. $ chmod u+rw file1.c

j. $ uname -m

2. 进入Linux系统，在终端或命令行窗口中，输入如下Linux命令，记录下输出结果（$为命令行提示符，您的Linux系统可能是其他的提示符）。

a. $ ls

b. $ pwd

c. $ xy

d. $ cd ..

e. $ pwd

f. $ cd

g. $ pwd

h. $ cd /usr/include

i. $ ls

j. $ cd

3. 可以使用man和info命令来获得每个Linux命令的帮助手册，用man ls，man passwd，info pwd命令得到ls、passwd、pwd三个命令的帮助手册。也可以使用：命令名 --help格式来显示该命令的帮助信息，如who --help，试一下这些命令。

4. 用w或who命令显示当前正在你的Linux系统中使用的用户名字：

（1）有多少用户正在使用你的Linux系统？给出显示的结果。

（2）哪个用户登录的时间最长？给出该用户登录的时间和日期。

5. 使用whoami命令找到用户名。使用下面的命令显示有关你计算机系统信息：uname（显示操作系统的名称），uname -n（显示系统域名），uname -p（显示系统的CPU名称）

（1）您的用户名是什么？

（2）你的操作系统名字是什么？

（3）你计算机系统的域名是什么？

（4）你计算机系统的CPU名字是什么？

6. 使用passwd命令修改你的登录密码。

7. 用命令 date 显示当前的时间，给出显示的结果。

8. 在 shell 提示符后，输入 echo $PS1 并按回车键，系统怎样回答？输入 PS1=%并按回车键，显示屏有什么变化？

9. 在 shell 提示符后，输入 set 并按回车键，系统显示环境变量。给出你系统中的环境变量和它的值。

10. 用 cal 命令显示下列年份的日历：4、52、1752、1952 年 2 月、2005、2006 年 5 月。

（1）给出你显示以上年份年历的命令。

（2）1752 年有几天，为什么？

11. 用 pwd 显示你的主目录（home directory）名字，给出 pwd 显示的结果。

12. 使用 alias 命令显示系统中的命令的别名，给出显示的结果。

13. 使用 uptime 命令判断系统已启动运行的时间和当前系统中有多少登录用户，给出显示的结果。

14. 通过 Linux 的 man、info 命令或因特网得到下面的 shell 命令、系统调用和库函数功能描述及每个命令使用例子：

命令	命令功能的简要描述	实例
touch		
cp		
mv		
rm		
mkdir		
who		
ls		
cd		
pwd		
open		
read		
write		
close		
pipe		
socket		
mkfifo		
system		
printf		

15. 退出系统。

第2章　文本编辑

实验目的

- 练习用 vi 编辑器编辑文本文件。
- 练习用 emacs 编辑器编辑文本文件。
- 至少掌握一种文本编辑器。

实验指导

Unix 操作系统是以输入文字为主的操作系统，Linux 操作系统也继承了 Unix 这一特性，因此，用户在使用 Linux 过程中经常需要编辑文本文件，如编写脚本文件来执行多个指令，或者写 C 语言的程序、写 e-mail，这些都要使用文本编辑器来编辑。文本编辑器可以让我们方便地查看文件内容，也可以让我们高效地输入文本和修改文本文件。

在这里我们要区分文本编辑器和排版工具不同，文本编辑器不像 OpenOffice、Word 或 WPS 那样可以对字体、格式、段落等其他属性进行编排。

字符界面下，常用的文本编辑器有：

- vi 编辑器：Unix 类操作系统通用的全屏幕编辑器，只要你习惯于操作，你会觉得它比任何的编辑器都好用，且功能强大。
- vim 编辑器：vi 的增强版本，是 vi 的克隆，是基于 GNU 编辑器。
- pico 和 nano 编辑器：一种风格很像 Microsoft DOS 的文本编辑器。一些发行版没有安装。
- emacs 编辑器：GNU 的编辑器，功能强大的全屏幕编辑器。

图形界面下，常用的文本编辑器有：

- emacs 编辑器：编程编辑器。
- gedit 或 kedit 编辑器：全屏幕文本编辑程序。

下面将重点介绍 vi/vim 文本编辑器、emacs 文本编辑器。

2.1　vi 文本编辑器

vi 是 Linux/Unix 中最常用的全屏编辑器，所有的 Linux 系统都提供该编辑器，而 Linux 也提供了 vi 的加强版——vim，同 vi 是完全兼容，存放路径为/usr/bin/vim，vim 软件及有关信息可以从 www.vim.org 获得。vi 的原意是“visual interface”，即可视编辑器，用户键入的内容会立即被显示出来、而且其强大的编辑功能可以同任何一种文本编辑器相媲美。vi

虽然不易学习，但它强大的功能和高度灵活性，与操作系统的兼容性，却是最好，而且是Unix 类操作系统使用人数最多的文本编辑器。

多数的 Linux 系统中 vi 命令是 vim 的别名，你可以通过 alias 命令或 which vi 命令查看一下，所以，当您启动 vi 命令时，实际运行是 vim 程序。在本节内容中，我们不对 vi 和 vim 加以区别，统一使用 vi 命令。

我们在 shell 提示符下输入 vi first.sh。 进入 vi 编辑器后，我们可以按下 a 键或 i 键，来进入输入模式。分三行输入 ls –la、who、pwd，输入完成后按<ESC>键到命令模式。在命令模式，也就是最底行，输入:wq。这样就可以保存文件并退出 vi 编辑器。

```
ls –la
who
pwd
~
~
~
~
```

在 shell 提示符下，输入 bash ./first.sh 这样就可以执行刚才输入的 shell 命令了。

vi 文本编辑器的命令语法如下：

命令语法：vi [options] [filename]

常用选项：

+n　　从第 n 行开始编辑文件

+/exp　从文件中匹配字符串 exp 的第一行开始编辑

vi 中的操作主要有两类模式：

- 命令模式（command mode）：由键盘命令序列（vi 编辑器命令）组成，完成某些特定动作。
- 插入模式（insert mode）：允许你输入文本。

图 2-1 说明 vi 文本编辑器的一般结构，说明如何在模式间进行切换。在 vi 中执行的键盘命令是大小写敏感的，例如：大写的<A>可在当前行末尾的最后一个字符后添加新文本，而小写的<a>则在当前光标所在字符后添加新文本。

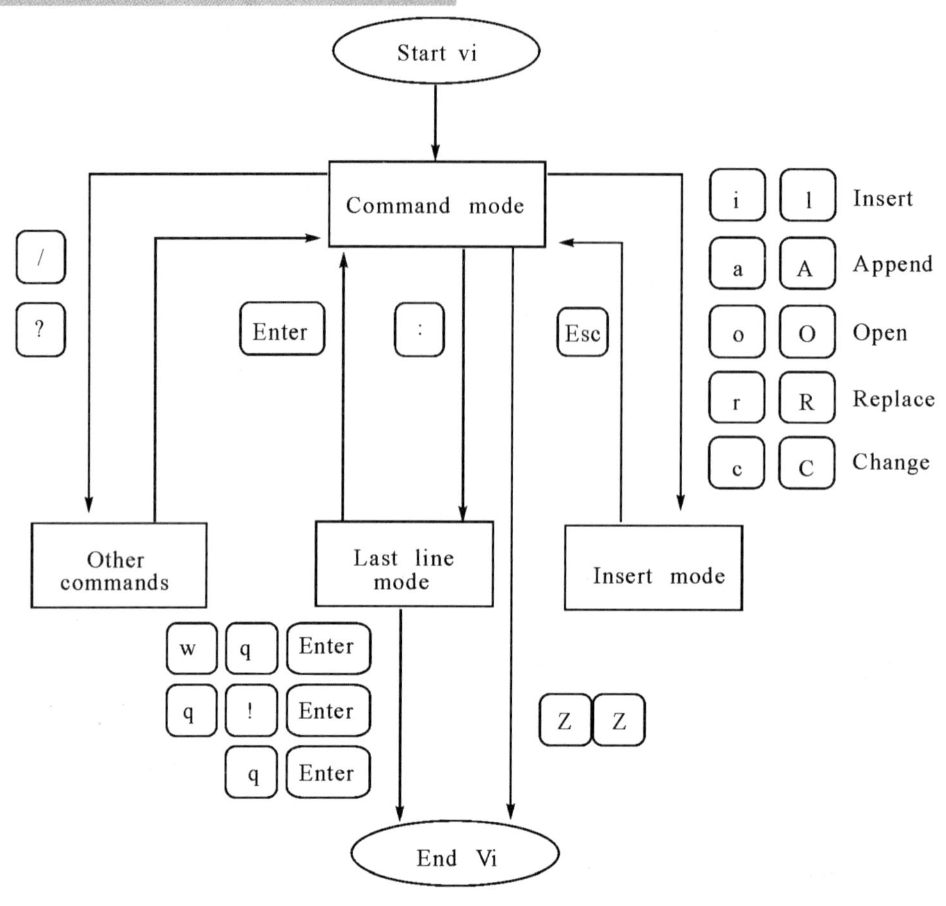

图 2-1 vi 文本编辑器的操作模式

1. vi 的进入与退出

在系统提示符下键入命令 vi，后面跟上你要编辑或创建的文件名，vi 自动装入所要编辑的文件或是开启一个新文件。

退出 vi 编辑器，可以在命令行方式下使用命令“:wq”或者“:q！”，前者的功能是写文件并从 vi 中退出，后者的功能是从 vi 中退出，但不保存所作的修改。

2. vi 的插入方式

（1）进入插入模式

vi 编辑器预设的是以命令模式开始。当我们要从命令模式转变成插入模式时有三个键，分别是 a 键、i 键和 o 键。

a　从当前光标下一个位置开始插入。

i　从当前光标所在位置开始插入。

o　从当前光标下一行位置开始插入。

（2）退出插入方式

当你想从插入模式切换到命令模式时，按<Esc>键或组合键<Ctrl+I>。

3. vi的命令模式

（1）移动光标

要对正文内容进行修改，必须先把光标移动到要修改的内容所在的位置，用户除了通过按键盘的上、下、左、右光标箭头键来移动光标外，还可以利用vi提供的众多字符组合键，在正文中移动光标，迅速达到指定的行或列，实现定位，常用的快捷键如表2-1所示。

（2）删除文本

将光标定位于文档中指定位置后，从当前光标位置删除一个或多个字符，删除文本命令示例如表2-1所示。

（3）复制和粘贴

在vi编辑器中，从正文中删除的内容（如字符、字段或行）并没有真正丢失，而是被剪贴并复制到了一个内存缓冲区中，用户可将其粘贴到正文中的任意位置，完成这一操作的命令如表2-1所示。

（4）查找和替换字符串

vi提供了强大的字符串查找功能，要查找文件中指定字符或字段出现的位置，可以用该功能直接进行搜索。简单的查找和替换，通过vi的替换命令完成。这个命令在屏幕的末行显示，通过输入冒号（:）开始命令，并通过<Enter>键结束命令。在状态行键入替换命令的格式是：

: [range] s / old_string / new_string [/option]

其中：

[ ]　　方括号的部分是可选的；

:　　状态行命令，冒号是前缀；

range　　缓冲区中有效行的范围指定（如果省略，当前行就是命令的作用范围）；

s　　代表替换命令；

/　　分隔符；

old_string　　被替换的文本；

/　　分隔符；

new_string　　替换上去的新文本；

/option　　是命令的修饰选项，通常用g代表全局。

注意，old_string和new_string的语法可以很复杂，可以采用正则表达式（regular expression）的形式。表2-1给出了替换命令的一些语法示例。

表2-1　vi编辑器的一些常用命令

命令	说明
<a>	在光标所在位置后添加文本
<A>	在当前行最后一个字符后添加文本
<c>	开始修改操作，允许你更改当前行文本

命令	说明
<C>	修改从光标位置开始到当前行末尾范围内的内容
<i>	在光标所在字符前插入文本
<I>	在当前行开头插入文本
<o>	在当前行下方开辟一空行并将光标置于该空行行首
<O>	在当前行上方开辟一空行并将光标置于该空行行首
<R>	开始覆盖文本操作
<s>	替换单个字符
<S>	替换整行
d	删除字、行等
u	撤销最近一次编辑动作
p	在当前行后面粘贴（插入）此前被复制或剪切的行
P	在当前行前面粘贴（插入）此前被复制或剪切的行
:r filename	读取 filename 文件中的内容并将其插入到当前光标位置
:q !	放弃缓冲区内容，并退出 vi
:wq	保存缓冲区内容，并退出 vi
:w filename	将当前缓冲区内容保存到 filename 文件中
:w! filename	用当前文本覆盖 filename 文件中的内容
ZZ	退出 vi，仅当文件在最后一次保存后进行了修改，才保存缓冲区内容
5dw	开始在当前光标所在的地方，删除 5 个字符
7dd	在当前所在位置删除七行
7o	在当前所在位置后空七行
7O	在当前所在位置前空七行
<1G>	将光标移到文件第一行
<G>	将光标移到文件末行
<0>（数字 0）	将光标移到当前行首个字符
<Ctrl-G>	以行列号形式报告光标位置
<$>	将光标移到当前行最后一个字符
<w>	将光标每次前移一字
<b>	将光标每次倒退一字
<x>	删除光标位置上的字符
<dd>	删除当前光标所在行
<u>	撤销最近一次所作的修改
<r>	用随后键入的一个字符替换当前光标位置处的字符
:s/string1/string2/	在当前行用 string2 替换 string1，只替换一次
:s/string1/string2/g	在当前行用 string2 替换所有的 string1
:1，10s/big/small/g	在第 1 至第 10 行用 small 替换所有的 big
:1，$s/men/women/g	在整个文件中用 women 替换所有的 men

2.2 emacs 文本编辑器

在 Linux 系统中，emacs 文本编辑器是功能最多，而且最好用的文本编辑器。emacs 编辑器既有在文本界面又有在图形界面的工具。emacs 主要是由 Richard Stallman 开发的，是一个 GNU 的编辑器。

emacs 同 vi 不一样，没有命令模式和插入模式之分，其最独特的概念是缓冲区，emacs 编辑的所有文件都是放在缓冲区中的，emacs 支持同时编辑多个缓冲区，可以将一个文件在多个缓冲区中打开不同的拷贝，甚至其所有的在线帮助和文档以及出错信息都是作为一个缓冲区来显示的，当然这些缓冲区是不可写的，用户可以在这些缓冲区之间拷贝和粘贴文本。并且所有的缓冲区在硬盘上都有一个以“#”开头的备份文件，这样在系统突然崩溃的时候可以即时将用户的工作进行恢复。

emacs 是一个很好的程序设计语言编辑器。如果用户在编辑一些特殊类型的文件，例如当用户编辑扩展名为.c 的 C 语言文件时，emacs 会产生菜单选项 c，向用户提供一些针对编辑 C 程序特别有用的一些命令。当用户编辑扩展名为.txt 的文件则会多出菜单选项 tex，让用户在编辑完 tex 文件后可以即时地观看输出并打印。

emacs 命令的语法格式如下：

命令语法：emacs [options][filename]

常用选项：

+n 从第 n 行开始编辑文件；

-nw 不开启窗口界面来运行，此选项在 GNU 环境中非常有用。

启动 emacs 后，屏幕上有一个单独的窗口。窗口的大型区域是输入文字区域；窗口底部是反白显示的标题栏，称为模式行（mode line）。模式行所显示的信息包括：当前窗口显示的缓冲区名称、缓冲区是否已经修改、当前那种主模式和非主模式在工作、窗口当前位置距离缓冲区底部有多远。当打开多个窗口时，每个窗口对应一个模式行。在屏幕的底部，emacs 留有一个单独的行，称为回显区（echo area），或者小缓冲区，它用来显示较短的消息或特殊的单行命令。

光标位于窗口中或小缓冲区中。所有的输入和编辑工作都在光标处进行。当输入普通字符时，emacs 将在光标处插入输入的字符。

退出 emacs 的命令是按组合键<Ctrl-X>后再按<Ctrl-C>键。如果在编辑会话期间你对缓冲区做了修改，那么，emacs 会询问是否保存所做的修改。

emacs 编辑器具有许多功能，使用它也有很多方式，emacs 完整使用手册包括 35 章之多。限于篇幅限制，本书不详细介绍 emacs 的使用。要了解 emacs 更详细的使用，可以使用 emacs 的联机手册，也可以在使用 emacs 工具中按<Ctrl-H>组合键获取联机帮助文档。更多的信息可以从 emacs 的网站获上取。emacs 的主页为 www.org/software/emacs/emacs.html。

下面几个表格是 emacs 常用的命令表。表 2-2 列出了 emacs 最重要的一些命令；表 2-3 列出了 emacs 一些重要光标移动和编辑命令；表 2-4 给出了 emacs 常用的剪切和粘贴命令；表 2-5 给出了 emacs 常用的交互式查找和替换命令。

表 2-2　emacs 一些重要的命令

命　令	说　明
<Ctrl-X>+<Ctrl-C>	退出 emacs
<Ctrl-G>	取消执行当前命令或命令操作
<Ctrl-X>+<Ctrl-W>	保存以前从未保存过的缓冲区
<Ctrl-X>+<Ctrl-S>	保存缓冲区
<Ctrl-X>+<U>	撤销最后一次编辑，如需要，可以使用多次
<Ctrl-H>	获取帮助文档
<Ctrl-X I>	在当前光标位置插入来自其他文件的文本
<Ctrl-X 1>	保留当前视窗，删除所有其他视窗（在帮助文档中有用）

表 2-3　emacs 一些重要光标移动和编辑命令

命　令	说　明
〈Esc-<〉	将光标移到缓冲区头
〈Esc->〉	将光标移到缓冲区尾
<Ctrl-A>	将光标移到当前行行首
<Ctrl-E>	将光标移到当前行行尾
<Esc-F>	每次将光标前进一字
<Esc-B>	每次将光标倒退一字
<Ctrl-D>	删除当前光标所在处字符
<Esc-D>	删除当前光标所在处的字
<Esc-Delete>	删除光标前面的字
<Ctrl-K>	删除从光标所在处至当前行行尾的内容
<Ctrl-Y>	将删除的内容放回缓冲区

表 2-4　emacs 重要的剪切和粘贴命令

命　令	说　明
<Ctrl-Delete>	剪切光标位置处的字符
<Esc-D>	剪切从光标位置开始至当前字结尾的字符
<Ctrl-U 1> <Ctrl-K>	剪切从光标位置开始至当前行结尾的字符
<Esc-W>	将区域内文本复制到剪切中，但不从文档中删除文本
<Ctrl-W>	剪切区域
<Ctrl-Y>	将剪切中最近一次的文本粘贴到文档中的文本输入点处

表 2-5 emacs 常用的交互式查找和替换命令

命 令	说 明
<Delete>	在该处不进行替换，继续查找
<Enter>（或<Return>）	不再继续替换；退出
<Space bar>	在该处进行替换，然后继续查找
，（逗号）	在该处进行替换并显示，然后提示下个命令
.（句号）	在该处进行替换，然后结束查找
！（感叹号）	无条件地替换此处出现的和后面出现的所有匹配的字符串

实验内容

1. 登录你的 Linux 系统。

2. vi 编辑器的使用：

在 shell 提示符下，输入 vi demo_scp 并按<Enter>键，vi 的界面将出现在显示屏上。

（1）按<a>键；

（2）输入 ls –la，并按<Enter>键；

（3）输入 date，并按<Enter>键；

（4）输入 who，再按<Enter>键；

（5）输入 pwd，再按<Enter>键。

这时屏幕将如下图所示：

```
ls –la
date
who
pwd
~
~
~
```

（6）按<Esc>键；

（7）输入:wq，并按<Enter>键。

在 shell 提示符下，输入 bash ./demo_scp 并按<Enter>键，观察结果。当前的工作目录中有多少个文件？它们的名称和大小？还有谁在使用你的计算机系统？当前的工作目录是什么？

在系统中运行 vi 并创建一个 bash 脚本文件，它包含下面行：

echo $SHELL

chsh –l

然后以 sheller 为名保存该文件并退出 vi。在 shell 提示符下，输入 bash./sheller 并按<Enter>键。屏幕上给出了当前的 shell 名字和几个 linux 全路径文件名，这些文件就是你的系统中可用的其他 shell。给出运行的结果。

3. 创建一个新的文本文件，用复制、粘贴、查找和替换操作来处理文本。按以下步骤操作：

（1）在 shell 提示符下，键入 vi ex03 并按<Enter>键。

（2）键入<A>，接着键入 Linux is the operating system for everyone。

（3）按<Esc>键。你现在离开插入模式而进入命令模式。

（4）按<0>（数字 0）键。光标将移到第一行行首字符。

（5）键入 yy。这个动作将第一行复制到一个专用缓冲区中。

（6）键入 7p。这个动作将第一行粘贴 7 次，创建了文本内容与第一行相同的 7 个新行。

（7）键入 1G。这个动作将光标置于缓冲区首行第一个字符。

（8）按下<:>键。这样，在 vi 屏幕底部的状态行上显示冒号（:），允许你键入一个命令。

（9）键入 s/everyone/students/，并按<Enter>键。第一行行尾的字 everyone 被替换成 students。

（10）用方向键将光标置于第二行行首字符。

（11）键入:s/everyone/computer scientists/，并按<Enter>键。

（12）对第三行至第八行重复步骤 8 至步骤 10，分别用字 engineers、system administrators、web servers、scientists、networking 和 mathematicians 替换这六行上的字 everyone。

（13）键入:1，$s/Linux/Unix/g，并按<Enter>键。你现在用字 Unix 全部替换了所有八行上的字 Linux。结果正确吗？

（14）键入:wq，并按<Enter>键。保存内容并退出 vi 编辑器。

（15）在系统提示符下键入命令 cat ex03，ex03 文件的内容是什么？

4. 下面的 8 个 vi 的命令完成什么操作？

a. 12dw
b. 5dd
c. 12o
d. 5O
e. c5b
f. d5，12
g. 12G
h. 5yy

5. 在你的 Linux 系统中，运行 emacs 程序，编辑一个新文件，使用-nw 命令选项。

（1） 在文件的第一行输入你的名字。

（2） 在文件的第二行输入“"The emacs editor is the most complex and customizable of the Linux text editors".”

6. 退出系统。

第 3 章　Linux 文件系统操作

实验目的

- 学习掌握 Linux 文件类型概念。
- 学习如何创建一个 Linux 目录的层次结构。
- 学习掌握有关绝对路径和相对路径概念，掌握主目录（home directory）、工作目录（当前目录）概念。
- 学习如何有效浏览 Linux 目录层次。
- 学习有关文件内容类型和隐含文件。
- 学习有关文件属性，如何确定文件的大小。
- 学习如何显示文本文件的内容。
- 学习如何复制、追加、移动和删除文件，如何合并文件。
- 学习在命令行中如何使用扩展符。
- 学习使用 cat、nl、head、tail、ls、cp、wc 等命令。

实验指导

文件系统是操作系统用来管理和保存文件的。不同的文件系统其数据结构和管理程序是不一样的，Linux 操作系统支持多种不同的文件系统。

Linux 操作系统的一个显著特点是它的成千上万个工具能完成许多功能。在使用 linux 时我们可以直接或间接使用这些工具。

本章首先讨论 Linux 系统的文件类型，Linux 文件系统的目录结构和一些相关术语。接着介绍如何创建和删除目录，如何在文件系统中移动目录，如何使用路径名来访问位于不同目录下的文件。在这一章里我们还将讨论 Linux 下基本的文件操作工具，主要是针对普通文件的，还介绍一些基本的创建和操作文件的命令，并且举例说明如何使用这些命令来执行需要的操作。最后介绍命令行中如何使用扩展符。

3.1　文件类型

Linux 文件类型分为普通文件、目录文件、符号链接（symbolic link）文件、特殊（设备）文件、管道文件、socket 文件。

1. 普通文件

普通文件一般有执行文件、目标文件、备份或压缩文件、图型文件、函数库文件、文档文件、批处理文件、源程序文件、网页文件等等。

Linux 不对任何文件的命名规则作强制的规定，你可以按照你所喜欢的规则命名文件。文件名最长不能超过 255 个字符，建议不要使用非打印字符、空白字符（空格和制表符）和 shell 命令保留字符，因为这些字符有特殊的含义。你可以任意给文件名加上你自己或应用程序定义的扩展名，扩展名对 Linux 系统来说没有任何意义；而像 WINDOWS 操作系统，扩展名是有特殊意义的。

表 3.1 一些常用的文件形式

文件形式	扩展名	说明
执行文件	.exe、.com、.bin	可直接被机器执行的文件
目标文件	.o、.obj	编译成机器代码，但还未链接的文件
备份或压缩文件	.arc、.tar、.zip	文件压缩成较小的文件
图形文件	.gif、.jpeg、.bmp	图形图像格式的文件
库文件	.lib、.a	函数存放在函数库中
文档文件	.txt、.doc	各种文书文档
源程序文件	.c、.C、.cpp、.asm、.java	C、C++、汇编、java 源程序文件
网页文件	.html	可以使用浏览器阅读的文件

2. 目录文件

目录包含一些文件名和子目录名。一个目录文件是由一组目录项组成的，不同操作系统的目录项内容有很大的不同。Linux 系统中，ext2/ext3 文件系统的目录项结构如图 3-1 所示。

inode 号	文件名称	文件类型	文件名大小	目录项长度

图 3-1 Linux 的目录项

inode 号用 4 个字节表示，是磁盘上数组的索引值。这个数组元素称为索引节点（通常叫做 inode），它记录了文件的属性、文件大小、文件内容所存放的地址等。Linux 内核为每个新创建的文件分配一个 inode，这样 Linux 中每个文件都有一个唯一的 inode 号。

3. 符号链接文件

符号链接是指向另一个文件的文件类型，它的数据内容是存放另外一个文件的地址。符号链接文件可以让我们更改文件的名称，而不用再复制文件，因为我们使用符号指针文件指向文件。

4. 设备（特殊）文件

设备文件是访问硬件设备，包含键盘、终端、硬盘、软盘、光驱、DVD、磁带机和打印机等。每一种硬件都有它自己的设备文件名。设备文件分为字符设备文件和块设备文件。在 I/O 时，字符设备是以字符为传送单位的设备，而块设备是以块（block）为传送单位的设备。字符设备文件对应于面向字符设备，例如键盘。而块设备文件对应于面向块设备，例如磁盘。

设备文件一般放在目录/dev 下。这个目录包含所有的设备文件，每个连接到计算机的设备至少有一个相应的设备文件。应用程序和命令读写外围设备文件的方式和读写普通文件相同。这是因为 Linux 的输入和输出是独立于设备的。这些设备文件是 fd0（对应于第一个软驱）、hda（对应于第一个 IDE 硬盘）、lp0（对应于第一个打印机）和 tty（对应于终端）。各种设备文件都模拟物理设备，因此也被称为虚拟设备（pseudo devices）。你可以通过虚拟设备和 Linux 系统进行交互，不需要使用和系统连接着的物理设备。这些虚拟设备已经变得越来越重要，它们允许你通过网络或窗口系统如 X 窗口系统中的虚拟终端来使用 Linux 系统。

5. 管道文件

用于进程间相互通信的文件。Linux 拥有一些机制来允许进程间的互相通信。这些机制称为进程间通信机制 Ineterprocess communication（IPC）mechanisms。管道（pipe）、命名管道（FIFO）、共享缓冲区、信号量、sockets、信号等都是进程间常用通信机制。pipe 是用于父进程和子进程之间通信。FIFO 是一个文件，允许运行在同一台计算机的进程间进行通信。

3.2 文件系统目录结构

Linux 的文件系统目录结构属于树形结构。因此，文件系统的开始是由根目录（/）开始往下长，就像一棵倒长的树一样。Linux 操作系统包含了非常多的目录和文件，如图 3-1 的文件系统结构。

Linux 的文件目录结构就像是一棵树（TREE），它是由/（根）开始往下发展。在图中方型代表着目录，圆形代表着文件。

Linux 把不同文件系统挂载（mount）在根文件系统下不同的子目录（挂载点）上，用户可以从根（/）开始方便找到存放在不同文件系统的文件。而 WINDOWS 操作系统的每个文件系统以逻辑盘符形式给用户，例如 C:\（C 盘）、D:\（D 盘）。

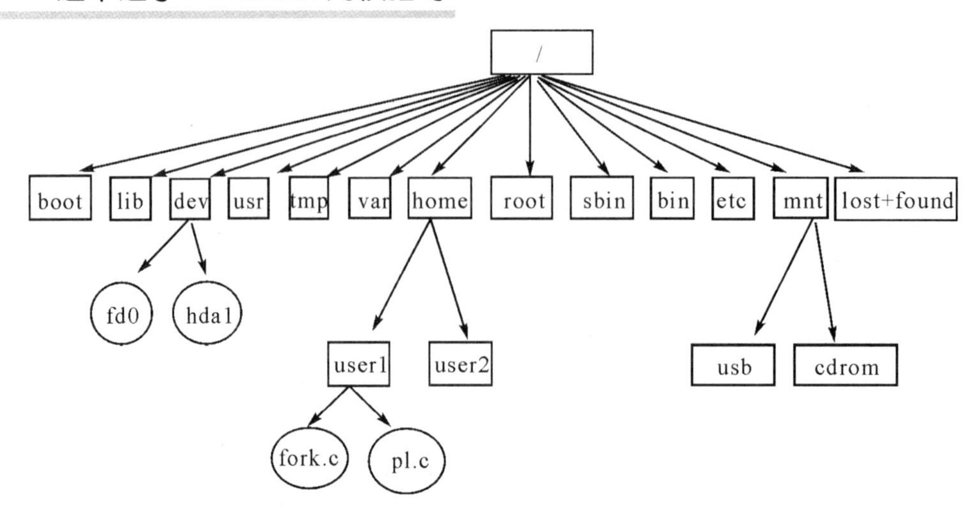

图 3-1 Linux 文件系统结构

在安装 Linux 系统时，系统会建立一些默认的目录，而每个目录都有其特殊功能。下面是 Linux 文件系统一些常用目录。

● **根目录（/）**

根目录位于分层文件系统的最顶层，用斜线（/）表示。它包含一些标准文件和目录，因此可以说它包含了所有的目录和文件。

● **/bin**

存放那些供系统管理员和普通用户使用的重要的 Linux 命令的可执行文件。这个目录下的文件要么是可执行文件，要么是其他目录下的可执行文件的符号连接。例如一些常用命令 cat、chmod、cp、date、ls 等都放在这个目录中。

● **/boot**

存放了用于启动 Linux 操作系统的所有文件，包括 Linux 内核的二进制映像。

● **/dev**

也称设备目录，存放连接到计算机上的设备的对应文件。

● **/etc**

存放和特定主机相关的文件和目录。这些文件和目录包括系统配置文件；/etc 目录不包含任何二进制文件。这个目录下的文件主要由管理员使用；普通用户对大部分文件有读权限。

/etc/X11 包含了 X 窗口系统的配置文件。

● **/home**

存放一般用户的主目录。

● **/lib**

存放了各种编程语言库。典型的 Linux 系统包含了 C、C++等库文件。目录/lib/modules 包含了可加载的内核模块。/lib 目录存放了所有重要的库文件，其他的库文件则大部分存储在目录/usr/lib 下。

- **/lost+found**

存放所有和其他目录都没有关联的文件。

- **/mnt**

主要用来临时挂载文件系统，系统管理员执行 mount 命令完成挂载工作。

- **/opt**

用来安装附加软件包。用户调用的软件包程序放在目录/opt/package_name/bin 下，package_name 是安装的软件包名称。软件包的参考手册放在目录/ope/package_name/man 下。

- **/proc**

当前进程和系统的信息，该目录仅存在内存。

- **/root**

root 用户（管理员用户）的主目录。其他用户的主目录都位于/home 目录中。普通用户没有权限访问/root 目录。

- **/sbin**

目录/sbin、/usr/sbin 和/usr/local/sbin 都存放了系统管理工具、应用软件和通用的根用户权限的命令。

- **/tmp**

存放临时性的文件，一些命令和应用程序会用到这个目录。你也可以用这个目录来存放你自己的一些临时文件。这个目录下的所有文件会被定时删除，以避免临时文件占满整个磁盘分区。

- **/usr**

/usr 目录是 Linux 文件系统中最大的目录之一。存放用户使用的系统命令以及应用程序等信息。/usr 目录包含以下子目录：

/usr/bin	存放用户可执行程序。
/usr/doc	各种工具、应用软件、编程语言库、应用程序和解释程序的文档。
/usr/game	游戏程序。
/usr/ include	C/C++头文件和包含特殊头文件的目录。
/usr/lib	函数库和应用程序的子目录。
/usr/local	系统管理员本地安装的软件，这些软件可以被不同主机共享。
/usr/man	Linux 命令、应用软件、工具和应用程序的使用手册。
/usr/sbin	系统管理员和守护进程使用的普通的命令和工具。
/usr/share	和体系结构无关的只读数据文件。
/usr/src	保存内核源代码文件和其他工具源代码文件。
/usr/X11R6	存放 x Windows 系统的执行程序及相关文件。

- **/var**

目录用来存放易变数据，这些数据在系统运行过程中会不断地改变。这些数据分别存储在几个子目录下。

1. 主目录和当前目录

当我们登录到Linux操作系统时，操作系统将会登录到指定的目录下（/home/用户名）。例如使用用户名user1登录时，就会到操作系统指定的目录/home/user1中，这个目录称为主目录（home directory）或登录目录（login directory）。我们当前所在的目录称为当前目录（current directory）或工作目录，当前目录又可以用“.”（读dot）表示，当前目录的父目录可以用“..”（读dot dot）表示。

2. 绝对路径和相对路径

文件路径分为两种，一种为绝对路径，另一种为相对路径。路径名称可以用三种方式来指示，从根目录开始（/）、从当前工作目录开始和从用户的主目录开始。当路径名称是由根目录开始时，我们称为这是绝对路径。例如/etc/rc.d/init.d/httpd 就是绝对路径。 路径从当前目录开始或用户的主目录开始时，我们称为相对路径。当我们在/etc/rc.d 的目录中，要执行启动httpd 的程序，可以使用./init.d/httpd start 相对路径来启动，也可以使用绝对路径/etc/rc.d/init.d/httpd start 来启动。我们也可以在任何地方使用 cd ~转到主目录。

3. 文件系统挂载

在Linux中可以使用挂载（mount）不同的分区来使用文件系统，而不用像Windows操作系统使用A:、B:、C:、D:、E:驱动器名字。在Linux中，可以用指定路径来使用文件系统，而不用考虑它们的分区。

根目录（/）是文件系统最上层的目录，它包含所有的目录和文件。可以使用mount命令来挂载文件系统。

命令语法： mount [-t fstype] [-o options] device dirname

常用参数：

- fstype：文件系统类型，如：
  iso9660　cd-rom使用的标准文件系统；
  vfat　WINDOWS操作系统的fat32文件系统；
  ntfs　WINDOWS的NTFS文件系统；
  msdos　　MS-DOS的fat文件系统。
- device：设备文件，格式：/dev/xxyN
  /dev　　保存所有设备文件的目录；
  xx　　设备类型，如IDE硬盘为hd、SCSI硬盘和usb盘为sd、软盘为 fd；
  y　　同种设备的顺序号，如第一个硬盘为a；
  N　　同一个设备编号，如硬盘的第一个分区为1，硬盘1-4为前面四个主分区，5开始为逻辑分区。

常用设备文件名称：

※ /dev/hda1（第一个硬盘的第一个分区）；

※ /dev/hda5、/dev/hda6（逻辑分区）；

※ /dev/fd0（软盘）；

※ /dev/hdc（光盘）；

※ /dev/sda1（通常为移动硬盘或 U 盘的第一个分区）。

● dirname：挂载目录，可以挂载在 mnt，也可以挂载在你的主目录下，作者的 fedora core 6 挂载在 media 目录下。如：

软驱：/mnt/floppy

光驱：/mnt/cdrom

例：使用 mount 命令把 USB 盘（假设 U 盘为 FAT32 文件系统）挂载在/mnt/usb 目录下的:

mount –t vfat /dev/sda1 /mnt/usb

例：下面的命令是挂载 Windows 分区，假设 /dev/hda5 是 Windows 下 D 盘，为 fat32 文件系统；假设/dev/hda6 是 Windows 下 E 盘，且为 NTFS 文件系统。

mount –t vfat /dev/hda5 /mnt/win

mount –t ntfs /dev/hda6 /mnt/ntfs

注意：挂载 **ntfs** 文件系统需要下载并安装与你机器上 **Linux** 的内核版本相一致的 **linux-ntfs** 模块。

我们可以使用 mount –a 来挂载所有在/etc/fstab 设定的文件系统。

使用 umount 命令来解除挂载。使用 mount /mnt/cdrom 来挂载光盘，而使用 umount /mnt/cdrom 来解除挂载。

3.3 目录操作的基本命令

我们可以使用一些命令来浏览 Linux 文件系统结构、建立和删除目录、改变当前目录等。

3.3.1 列出目录内容 ls

使用 ls 命令来显示在指定目录中的文件或子目录的相关信息。

命令语法：ls [options][pathname-list]

常用选项：

-F 在列出的文件名或目录名后面加上不同的符号，表示各种文件内容的类型。这些符号及含义有：

/ 表示目录。

* 表示可执行文件。

@ 表示符号连接文件。

| 表示管道文件。

= 表示 socket 文件。

a　　显示所有的文件，包括隐藏文件等。

-i　　显示 inode 号。

-l　　显示详细信息，包括访问权限、连接数、所有者、组、文件大小（以字节数）和修改时间。

-c　　以最后修改的时间来排序文件。同-l 选项一起使用。

-r　　递归地显示子目录。

下面是使用 pwd、cd、ls 命令的示例：

```
$ pwd              #显示当前工作目录
/home/user1
$ ls               #列出当前目录下的文件和子目录
fork.c p1.c book
$ cd book          #把工作目录改变为当前目录下的 book 子目录
$ ls               #显示 book 子目录下的文件和目录
ch1  ch2  ch3
$ pwd
/home/user1/book
$ ls ~             #列出主目录下的文件和目录
fork.c p1.c book
$ ls $HOME         #列出主目录下的文件和目录
fork.c p1.c book
$ cd               #返回到主目录
```

若当前目录/root 目录，我们使用 ls –a 来查看所有在 root 目录下的文件。其中，“.”开头的是隐含文件。如果 ls 命令不带任何选项，它不会显示所有的文件和目录，尤其是那些隐藏文件。如文件.bashrc、.cshrc、.login、.mailrc 和.profile，这些文件都是隐含文件。

我们用命令 ls 加上各种选项来确定文件的属性。这些选项可以放在一起使用，并且不分先后次序。例如，你可以用-l 选项获得目录的详细列表，下面列出了目录下文件的各种属性。

```
$ ls –l
drwxrwxrwx   5 root  root    4096  9月  2 14:55 aa
-rw-r--r--   1 root  root      20  5月 22 18:02 acmd
-rw-r--r--   1 root  root     907  8月  8  2005 anaconda-ks.cfg
-rw-r--r--   1 root  root      30  3月 21  2007 bafile
-rw-rw-r--   1 root  root   78265  5月 23 00:08 bash.man.gz
-rwxr--r--   1 root  root      13  7月 16 00:33 ch15ex
-rwxr--r--   1 root  root     138 12月 22  2006 ch15ex11
drwxr-xr-x   2 root  root    4096  5月 22 17:10 dir1
lrwxrwxrwx   1 root  root       4  5月 22 17:11 dir1.hd -> dir1
```

用 ls –l 命令列出了文件和目录详细信息，其各部分内容的含义如表 3-2 所示。

表 3-2 命令 ls –l 输出各字段含义（字段按从左到右排列）

字段	含义
第 1 个字段的第 1 个字母	表示文件类型，其中： 普通文件 b 块设备文件 c 字符设备文件 d 目录 l 符号连接文件 p 命名管道（FIFO）文件 s socket 文件
第 1 个字段的其他 9 字母	每一组三个字符，分别表示所有者、组和其他用户的访问权限， r 表示有读权限，w 表示有写权限，x 表示有读权限，-表示没有对应的权限
第 2 个字段	文件的连接数
第 3 个字段	文件所有者的登录名
第 4 个字段	所有者的组的名字
第 5 个字段	文件大小，以字节为单位
第 6、7、8 个字段	最近一次修改的日期、时间
第 9 个字段	文件名

在上面例子列出的文件中 acmd 是普通文件，aa 是目录，dir1.hd 是符号连接文件。

我们可以用-F 选项来识别列出的文件内容类型，请注意，这里指的是文件内容的类型。命令 ls –F 显示的列表中，在可执行文件后面加上星号（*）、 目录后面加上斜线（/）、符号连接文件后面加上符号“@”，而一般的普通文件后面没有加任何符号。如下所示：

```
$ ls –F
aa/ acmd  bafile     ch15ex*  ch15ex11*     code/     courses    courses1/ Desktop/
dir1/ dir1.hd@  f1*          Mail/       sample*   sample1/
```

上面显示的结果中，aa、code、courses1 等是子目录，ch15ex、ch15ex11、f1 是可执行程序文件，dir1.hd 为符号连接文件。

在 ls 命令中可以使用 shell 元字符，指定特殊的文件和目录集合。

例：命令 ls /usr/*显示目录/usr 下的所有文件和子目录的名字。

$ ls /usr/*

例：下面的命令显示目录~/aa/bb 下所有以 ch 开头、中间有 0 个或多个字符并且不以 5 开头、后缀名为.c 的所有文件。

$ ls –l   ~/aa/bb/ch[!5]*.c

例：下面的命令显示当前目录下满足下面条件的文件和 inode 号：文件名以 1 个英文字母开头，中间 2 个任意字符，紧接着是以 1 到 5 之间的任意一个数字，且以.html 结尾的所有文件。选项 i 用来显示文件 icode 号。

$ ls –i   [a-zA-Z]??[1-5].html

3.3.2 显示当前工作目录 pwd

使用 pwd 命令来显示当前工作目录，这个命令经常要使用。它的用法简单，只要在操作系统提示符下输入 pwd 命令即可，如：

$ pwd
/root

3.3.3 更改工作目录 cd

不同的文件可能存放在文件系统中不同位置，使用 cd 指令来切换当前工作目录。

命令语法：cd [directory]

功能：把当前工作目录转到“directory”指定的目录，如果不指定参数，回到主目录。

例：我们的当前工作目录是/home 目录，要转到/usr 目录，用命令：

$ cd /usr

例：回到用户登录的主目录命令：

$ cd ~   或 $ cd

例：回到上一层目录命令

$ cd

3.3.4 创建目录 mkdir

我们可以使用 mkdir 命令来建立新的目录。

命令语法： mkdir [options] dirnames

常用选项：

-m 数字　按指定的访问权限创建目录，存取权限为八进制数。

-p　同时建立在指定目录路径中不存在的上一层目录。

例：在当前目下创建 foo 子目录。

$ mkdir foo

例：使用命令 mkdir 加上-p 选项来创建 good 目录和上一层的 bee 目录。

$ mkdir –p /home/bee/good

3.3.5 删除目录 rmdir

我们使用 rmdir 命令可以删除一个或多个空的子目录。

命令语法： rmdir [options] dirnames

常用选项：

-p 递归删除子目录 dirnames，当 dirnames 目录删除后，若其父目录为空时，也一起删除。

使用 rmdir 命令时要注意，子目录被删除前应该是空目录。如果该目录非空，则会提示出错信息。

例：删除当前目录下的 foo 子目录

$ rmdir foo

例：使用 rmdir –p /home/bee/good 删除子目录 good，同时删除上一层的空目录 bee 。

$ rmdir –p /home/bee/good

3.4 文件操作的基本命令

3.4.1 建立文件 touch

我们可以使用各种编辑器如 vi 编辑建立文件，我们也可以使用 touch 命令来建立新的空文件，touch 命令也可用来将文件的访问时间或修改时间设置为当前时间或指定时间。

命令语法：touch [options] file-list

常用选项：

-a 只修改文件访问时间，不改变修改时间。

-c 若文件不存在，也不要新增此文件。

-d date 将时间修改为 date 指定的时间。

-f 强制建立文件。

-m 只改变文件修改的时间 ，不改变访问时间，此项为缺省项。

-r file 使用文件 file 的时间作为文件的修改时间。

例：我们使用 touch sample.h 命令来建立 sample.h 的文件。

```
$ ls sample.h
ls: sample.h: 没有那个文件或目录
$ touch sample.h
$ ls –l  sample.h
-rw-r--r--    1 root     root          0  7 月  29 15:36 sample.h
```

例：p1.html 文件已经存在，使用 touch pl.html 命令将文件 pl.html 的时间由原来 5 月 22 日 22:08 改成现在的时间 7 月.29 日 15:36。

```
$ ls –l  p1.html
-rw-r--r--    1 root     root         12  5 月  22 22:08 p1.html
$ touch p1.html
$ ls –l  p1.html
-rw-r--r--    1 root     root         12  7 月  29 15:37 p1.html
```

3.4.2 显示文本文件的内容 cat

cat 命令可以将一个或多个文件的内容输出到标准输出设备上，cat 命令也可以将多个文件内容合并，若不指定任何文件名称，则 cat 命令会从键盘读取，然后再输出到屏幕。

命令语法： cat [options] [file-list]

常用选项：

-b　　在每一个非空白行开头编上编号。

-E　　在每一行最后显示$字符。

-n　　把每一行都编号。

-s　　当空白行数超过一行时，则以一行空白表示。

-T　　显示 tab 字符为^I。

例：在 foo 文件每一个非空白行开头编上编号。

```
$ cat –b foo
  1   who
  2   pwd
  3   date
  4   echo linux
```

例：在 foo 文件每一行最后显示$字符。

```
$ cat –E foo
  who$
  pwd$
  date$
  echo linux$
```

例：在 foo 文件把每一行前都编号。

```
$ cat –n foo
```

利用特殊字符“>”将名称为 file1 与 file2 的文件合并成一个文件 file3：

```
$ cat file1 file2 > file3
```

若文件 file3 已经存在，则其内容会被覆盖；要避免这种情况发生，可用“>>”代替“>”，新的内容就会附加在原有内容之后，而不会覆盖它。如 cat file1 file2 >> file3 命令，将文件 file1 和 file2 的内容附加到文件 file3 后面。

我们也可以使用命令 tac（把命令 cat 倒过来）来逆序显示一个文件。

3.4.3 分页显示文本文件内容 more

我们使用 more 命令来一页一页地显示文件内容。

命令语法： more [options] [file-list]

常用选项

-d　　在画面提示“按下空格键来继续，按下 q 来离开”，缺省选项。

-f　　计算实际行数。

-l　　取消遇到^L 会暂停的功能。

-s　　合并连续空白的行数为一行。

-<行数>　　指定每次显示的行数。

+/<字符串>搜寻指定的字符串，从包含 str 那行的前两行开始显示。

+<行数>　从指定行数开始显示。

例：下面命令指定从第 50 行开始显示文件 file.txt 的内容。

```
$ more +50 file.txt
```

例：下面命令从包含字符串“df”的前面两行开始显示文件 file.txt 的内容。

$ more +/df file.txt

3.4.4 分页显示文件文本内容 less

命令 less 也能分页显示文件。它和 more 类似，但是效率更高，而且具有很多 more 没有的功能。它支持 vi 在命令模式下的很多命令。比如，它允许在文件中一行或多行地前后滚动，刷新显示屏，向上/向下的字符串查找。less 在显示文件的时候并不读入整个文件，这样对大文件来说，它的效率就比 more 和 vi 高。

命令语法：less [options] [file-list]

常用选项：

-N　显示行数编号。

-o filename 将 less 命令读入的数据输出到 filename 文件中。

-p pattern　在文件中查找匹配“pattern”，从指定的模板开始显示。

-c　重心绘制整个画面。

-m　显示百分比模式。

-n　忽略列数编号。

3.4.5 查看文件的开始或最后部分内容（head 和 tail）

在 Linux 中，显示文件开始和尾部内容的命令是 head 和 tail。

我们可以使用 head 命令输出文件指定前面行数的内容，head 命令默认输出为 10 行。

命令语法：head [options] [file-list]

常用选项：

-c N　显示文件的前 N 个字节内容。

-N　显示开始的 N 行。

例：下面的命令在屏幕中显示文件 file.txt 的前面 5 行。

$ head –5 file.txt

命令 tail 用来显示一个或多个文件的尾部，默认显示 10 行。

命令语法：tail [options] [file-list]

常用选项：

-f　显示完文件的最后一行后，如果文件正在被追加，会继续显示追加的行，直到键入<Ctrl-C>，

+/-n　+n 表示显示从文件第 n 行开始的所有行；-n 表示显示文件的最后 n 行，

例：下面的命令，显示 foo 文件第 2 行开始的所有行。

```
$ tail +2 foo
  pwd
  date
  echo linux
```

例：下面的命令，显示 foo 文件的最后 2 行。

```
$ tail -2 foo
  date
```

echo linux

3.4.6 复制文件 cp

我们可以使用 cp 来复制文件。

命令语法：cp [options] source-file1　destination-file2

功能：复制源文件 source-file1 到目标文件 destination-file2。如果 destination -file2 是一个目录，则把文件 source-file1 复制到目录 destination-file2 中去。

常用选项：

-a　尽可能多地保持源文件的属性。

-b　在删除或覆盖目标文件之前先备份。

-d　当复制符号链接文件时，把文件或目录也建立符号链接，并指向源文件或目录。

-f　强制复制文件或目录。

-i　当覆盖文件前，先询问使用者。

-l　对源文件建立硬链接（hard link）。

-p　保留源目录或文件的属性。

-r　递归复制文件。

-s　对源文件或目录建立符号链接。

-u　当源文件的修改时间比目标文件的修改时间新时才复制文件。

例：下面命令将文件 fork.c 拷贝到~/dir1 这个目录下，并改名为 y1.c，提示是否覆盖已存在的目标文件。

```
$ cp -i fork.c ~/dir1/y1.c
```

例：下面命令将~/dir1 目录中的所有文件及其子目录拷贝到目录~/dir2 中。

```
$ cp -r ~/dir1/ ~/dir2/
```

3.4.7 移动或更改文件名 mv

我们使用 mv 命令来更改文件名称，或移动文件到指定目录。

命令语法：

mv [options] file1 file2

mv [options] file-list directory

功能：　第一个命令：转移文件 file1 到 file2，或把文件 file1 重命名为 file2。

　　　　第二个命令：把文件列表 file-list 中的所有文件转移到目录 directory 下。

常用选项：

-b　当需要覆盖文件时，则先行备份。

-f　强制覆盖文件。

-i　覆盖前先询问使用者。

-u　只有当源文件比目标文件新时，才覆盖目标文件。

例：将文件 edc.txt 重命名为 fork1.c。

$ mv edc.txt fork1.c

例：将~/dir1 中的所有文件移到当前目录（用“.”表示）中。

$ mv ~/dir1/* .

3.4.8 删除文件 rm

当某些文件不再需要的时候，应该把它们从文件系统结构中删除，以便释放磁盘空间来给其他文件和目录使用。我们使用 rm 命令来删除指定的文件。

命令语法：rm [options] file-list

常用选项：

-f 强制删除目录或文件。

-i 在删除文件或目录前，先询问使用者。

-r 删除文件时使用递归处理。

例：在当前目录下删除文件 tmp

$ rm tmp

例：删除当前目录下子目录 dir1 中的文件 tmp.old。

$ rm dir1/tmp.old

例：强制删除文件 edc.txt 和~/dir1/fork。

$ rm –f edc.txt ~/dir1/fork

3.4.9 统计文件大小 wc

我们使用 wc 来统计文件的行数、单词数和字节数。

命令语法：wc [options] file-list

功能：显示文件列表 file-list 中的文件的大小，包括行数、单词数和字符数(lines，words，and characters)。

常用选项：

-c 统计文件字节数。

-m 统计文件字符数。

-l 统计文件行数。

-L 统计文件最长行数的长度。

-w 统计文件单词数。

例：计算文件 students、teachers、tmp 的行数、单词数、字节数。显示的结果中第一列为行数，第二列为单词数，第三列为字节数，第四列为文件名，最后一行总计。

$ wc students teachers tmp

命令运行后显示：

```
40   300   2008   students
8    40    1201   teachers
10   100   206    tmp
58   440   3415   total
```

3.4.10 比较文件 diff

我们可以使用 diff 命令来比较指定的文件之间的区别，假如我们指定比较目录，则只会比较目录中相同文件名的文件。diff 命令会比较两个文件，按照某种可以把其中一个文件转化成另一个命令的形式来显示这两个文件之间的区别。

命令语法：diff [options] [file1] [file2]

功能：一行一行地比较文件 file1 和文件 file2，以某种命令的形式显示它们之间的区别这种命令可以用来把文件 file1 转化成 file2，或把 file2 转化成 file1。如果用“-”代替 file1 或 file2，将从标准输入读取输入。

常用选项：

-a　　把它们当作文本文件一行一行地比较文件。

-b　　忽略空格符。

-B　　忽略空白行数。

-c　　列出所有行数，并标出不同之处。

-f　　按照原先文件顺序，显示文件不同之处。

-i　　忽略大小写的不同。

-q　　不显示文件不同的行，仅显示其差异性。

-r　　以递归方式比较目录及其子目录。

-s　　当两个文件相同时提出报告。

例：下面例子表明了两个较短且很相似的两个的的区别。我们在这里不解释两个文件比较后显示结果的含义，你可以查阅有关联机文档或互联网上的帮助信息。

```
$ cat f1
aaaaaa
bbbbbb
cccccc
$ cat f2
aaaaaa
cccccc
bbbbbb
$ diff f1 f2
2d1
< bbbbbb
3a3
> bbbbbb
```

命令 zdiff 和 zcmp 可以用来比较两个压缩文件。

3.4.11 删除重复行 uniq

使用命令 uniq 删除文件中所有连续的重复行，只留下一行。

命令语法：uniq [options] [+N] [input-file] [ouput-file]

功能：删除已经排序好的文件 input-file 中的所有重复行，并把处理后不重复的行输出到 output-file，文件 input-file 本身并不改变。如果未指定 output-file，将把命令的输出送到标准输出。如果未指定 input-file，将从标准输入得到命令的输入。

常用选项：

-c 每一行的前面显示其重复出现的次数。

-d 只有显示重复的行数。

-f 字段 忽略比较重复的字段。

-s 字符位置 忽略比较重复的字符。

-u 只显示未重复的行。

-help 显示帮助。

3.4.12 测试文件内容类型 file

Linux 不支持普通文件的扩展名类型，也就是说 Linux 系统文件扩展名没有特殊的含义，扩展名只不过是文件名字的一部分，所以不能够仅根据文件名的扩展名类型来确定文件内容。文本文件的内容可以在屏幕上显示，而要显示二进制文件的内容可能会导致你的终端崩溃，所以不能用打开文件方法来查看文件的内容，我们可以用 file 命令来检查文件内容的类型。这个命令通常用来确定一个文件是文本文件还是二进制文件。

命令语法：file [options] file-list

常用选项：

-h 如果是符号链接，就显示它本身的文件类型而不显示它指向文件的类型。

-f ‘ffile’ ffile 包含要检查的文件列表。

例：在下面例子中，显示了主目录下所有文件的文件内容类型。

```
$ file ~/*
/root/aa:                  directory
/root/acmd:                ASCII text
/root/anaconda-ks.cfg:     ASCII English text
/root/bafile:              ASCII text
/root/bash.man.gz:         gzip compressed data, deflated, original filename, `bash.man',
last modified: Wed May 23 00:08:41 2007, os: Unix
/root/ch15ex:              ASCII text
/root/ch15ex11:            Bourne-Again shell script text executable
/root/courses:             empty
/root/courses1:            directory
/root/dir1.hd:             symbolic link to dir1
/root/f1:                  empty
/root/ferr:                ASCII text
/root/install.log:         Non-ISO extended-ASCII text
/root/install.log.syslog: empty
/root/lr.txt:              ASCII text
/root/lsf:                 ASCII text
/root/lshelp:              ASCII English text
```

/root/p3.out: ISO-8859 text
/root/partitioninfo: ASCII text
/root/ret: ISO-8859 text
/root/sample: ASCII text
/root/tmmr.rem: data

3.5 显示字符串 echo

我们可以使用 echo $HOME 指令来显示主目录。echo 命令用来在屏幕上显示字符串，echo 命令在编写 shell 脚本程序时非常有用。

命令语法：echo [options][string]

常用选项：

-n 不输出行尾的换行符。

-E 不解析转义字符。

-e 解析转义字符。常用的转义字符有：

\c 回车不换行；

\t 插入制表符；

\\ 插入反斜线；

\b 删除前一个字符；

\f 换行但光标不移动；

\n 换行且光标移至行首。

例：下面的第一个 echo 命令用来显示字符串，第二个 echo 命令用来显示存放当前目录的环境变量 PWD 的值。

```
$ echo sample
sample
$ echo $PWD
/home/user1
```

3.6 命令行中使用扩展符

3.6.1 代字符 "“~”" 扩展

当代字符“~”出现在命令行中某字符的起始处时，它就属于一个特殊的字符。

当“~”放在路径名的前面时，“~”代表了你的主目录。在命令行中，字符“~”被扩展成你的主目录，如下所示。

```
$ echo ~/linux
/home/user1/linux
```

当“~”放在一个用户登录名前面时，它就会被替换成该用户的主目录。下面的会话用两个例子来说明这种情况。命令 echo ~user1 用来显示用户 user1 的主目录的完整路径，命令 cd ~user1/share 用来进入到用户 user1 的主目录下的子目录 share。

```
$ echo ~user1
/home/user1
$ cd ~user1/share
$ pwd
/home/user1/share
```

3.6.2 花括号扩展

花括号扩展源自 C Shell，当不能应用路径名扩展时，它为指定文件名提供了一个便利的方式。尽管花括号扩展主要用于指定文件名，该机制还可以用来产生任意字符串。shell 不会试着去用已有文件的名称去匹配花括号。

下面的示例演示了花括号扩展的工作原理。因为工作目录下没有任何文件，所以 ls 命令不会显示任何输出。命令 echo 显示了 shell 使用花括号扩展产生的字符串。此时，该字符串并不匹配文件名（在工作目录下没有文件）。

```
$ ls
$ echo chap_{1，2，3}.txt
chap_1.txt chap_2.txt chap_3.txt
```

shell 将 echo 命令的花括号中以逗号分隔开的字符串扩展成一个字符串列表。该列表中的每一个字符串都被加上了字符串 chap_，称为前缀；同时还被附加了字符串.txt，而这称为后缀。无论是前缀还是后缀都是可选的。花括号中字符串从左至右的顺序在扩展过程中仍然会保持。为了让 shell 特殊对待左右花括号并进行花括号扩展，花括号里面至少要有一个逗号并且没有未引用的空白字符。

在有较长的前缀或者后缀时，花括号扩展很有用。

例：下面的示例将位于目录/usr/local/src/C 下的 4 个文件 main.c、f1.c、f2.c 和 tmp.c 复制到当前工作目录下：

```
$ cp /usr/1oca1/src/C/{main，fl，f2，tmp}.c
```

还可以使用花括号扩展用相关的名字创建子目录：

```
$ ls -F
filel fi1e2 fi1e3
$ mkdir dir{A，B，C，D，E}
$ ls -F
filel fi1e2 fi1e3 dirA/ dirB/ dirC/ dirD/ dirE/
```

例：在下面的例子中，用命令 cat 依次显示目录~/course1/下 demo_set.c、 demo_for.sh 和 demo_while.sh 三个脚本文件的内容。

```
$ cat  ~/courses1/demo_{set， for，  while}.sh
```

实验内容

1. 登录到你的 Linux 系统。

2. 在你的主目录下建立如下图所示的目录树。“Your Home Directory”表示你的主目录不需要再建立。给出完成这项工作的所有会话（会话是指你命令的输入和结果的输出，你提交的作业应包含这些内容）。

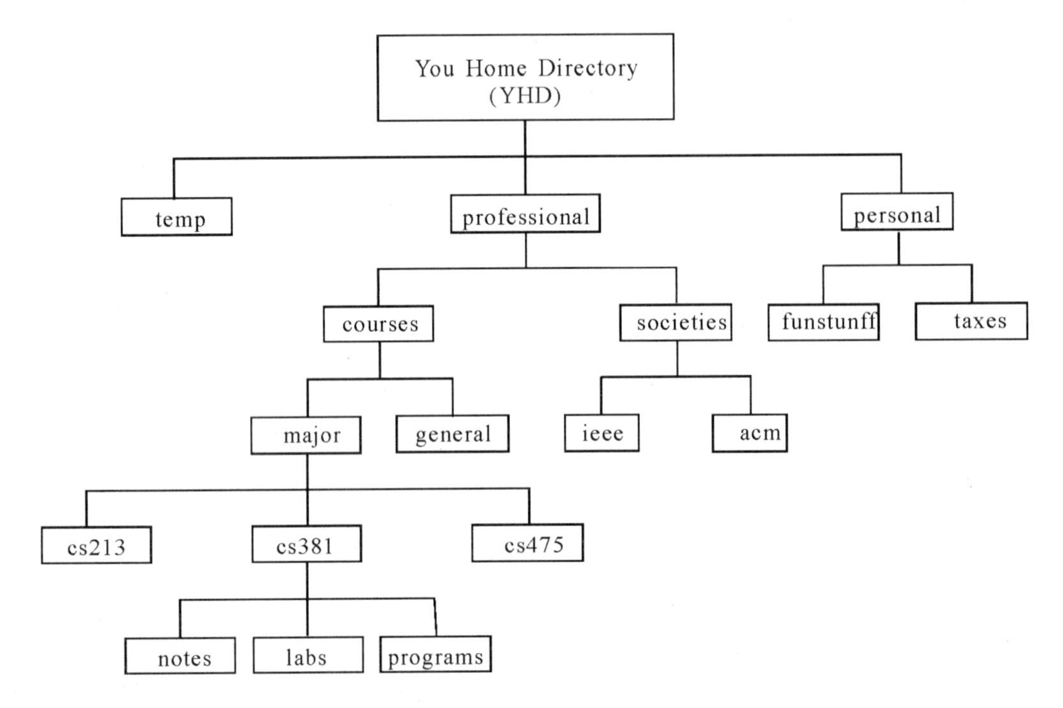

3. 在系统中，执行 cd professional/courses 命令，回答下列问题：

（1）你的主目录的绝对路径是什么？给出获得该绝对路径的命令及命令输出。

（2）acm 目录的绝对路径是什么？

（3）给出 acm 目录的两个相对路径。

（4）执行 cd major/cs381/labs 命令。然后执行一个命令显示当前目录的绝对路径，给出这个会话过程。

（5）给出获得你的主目录三个不同的命令。

4. 改变当前目录到/usr。在这个目录下有多少个文件和目录，它们的文件内容类型是什么？

5. 在/usr/bin 目录下有多少个普通文件、目录文件和符号链接文件？如何得到这个答案？

6. 你系统中的 Linux 内核映像文件在哪个目录中？给出这个可执行内核映像文件的名称和文件内容类型。

7. Linux 系统规定，隐含文件是首字符为“.”的文件，如.profile。在你的系统中查找.bash_profile 和.bash_logout 文件，它们在什么地方，给出这两个文件的部分内容。

8. 下面这些目录的 inode 号是多少：root、你的主目录（home directory）、~/temp、

~/professional、和~/personal 写出会话过程。

9. 在 labs 目录下，用文本编辑器创建一个名字为 lab1 的文件，文件的内容为："Use a text editor to create a file called lab1 under the labs directory in your directory hierarchy. The file should contain the text of this problem. "。回答下列问题：

（1）lab1 文件的类型，用 Linux 命令回答这个问题，给出会话过程。

（2）lab1 文件内容的类型，用 Linux 命令回答这个问题，给出会话过程。

10. 在 linux 系统中，头文件以.h 为扩展名。在/usr/include 目录中，显示所有以 t 字母开头的头文件的名字，给出会话过程。

11. 创建几个大小不等的文本文件，供本实验和后面几个实验用。用 man cat > mediumFile 命令创建中等大小的文件；用 man bash >largeFile 命令创建一个大文件；再创建一个名字为 smallFile 关于学生数据的小文件，文件每行内容如下，第一行为各自段的含义，注意字段之间用 tab 符隔开。

FirstName	LastName	Major	GPA	Email	Phone
John	Doe	ECE	3.54	doe@jd.home.org	111.222.3333
James	Davis	ECE	3.71	davis@jd.work.org	111.222.1111
Al	Davis	CS	2.63	davis@a.lakers.org	111.222.2222
Ahmad	Rashid	MBA	3.04	ahmad@mba.org	111.222.4444
Sam	Chu	ECE	3.68	chu@sam.ab.com	111.222.5555
Arun	Roy	SS	3.86	roy@ss.arts.edu	111.222.8888
Rick	Marsh	CS	2.34	marsh@a.b.org	111.222.6666
James	Adam	CS	2.77	jadam@a.b.org	111.222.7777
Art	Pohm	ECE	4.00	pohm@ap.a.org	111.222.9999
John	Clark	ECE	2.68	clark@xyz.ab.com	111.111.5555
Nabeel	Ali	EE	3.56	ali@ee.eng.edu	111.111.8888
Tom	Nelson	ECE	3.81	nelson@tn.abc.org	111.111.6666
Pat	King	SS	3.77	king@pk.xyz.org	111.111.7777
Jake	Zulu	CS	3.00	zulu@jz.sa.org	111.111.9999
John	Lee	EE	3.64	jlee@j.lee.com	111.111.2222
Sunil	Raj	ECE	3.86	raj@sr.cs.edu	111.111.3333
Charles	Right	EECS	3.31	right@cr.abc.edu	111.111.4444
Diane	Rover	ECE	3.87	rover@dr.xyz.edu	111.111.5555
Aziz	Inan	EECS	3.75	ainan@ai.abc.edu	111.111.1111

12. 使用 cat 和 nl 命令显示 smallFile 文件内容并显示行号。两个命令的输出应该完全一样。给出完成这项任务的命令。

13. 用 more 命令显示 smallFile 和 mediumFile 文件内容，每屏显示 18 行。给出你的命令。

14. 显示 largeFile 文件的开始 12 行内容，显示 smallFile 文件的最后 5 行内容，要用什么命令？哪个命令能显示 smallFile 文件从第 6 行开始到结束全部行？给出你的会话。

15. 本实验目的观察使用带-f 选项的 tail 命令及学习如何使用 gcc 编译器，并观察进程运行。你自己去查找下面源程序中的函数或系统调用的作用。首先复制 smallFile 文件，文件名为 dataFile；然后创建一个文件名为 lab6.c 的 c 语言文件，内容如下：

```
#include <stdio.h>
main（）
{
    int i;
    i = 0;
    sleep（10）;
    while （i < 5） {
        system（"date"）;
        sleep（5）;
        i++;
    }
    while （1） {
        system（"date"）;
        sleep（10）;
    }
}
```

在 shell 提示符下，依次运行下列三个命令：

```
$ gcc –o generate lab6.c
$ ./generate >> dataFile&
$ tail –f dataFile
```

- 第一个命令生成一个 c 语言的可执行文件，文件名为 generate；
- 第二个命令是每隔 5 秒和 10 秒把 date 命令的输出追加到 dataFile 文件中，这个命令为后台执行，注意后台执行的命令尾部加上&字符；
- 最后一个命令 tail -f dataFile，显示 dataFile 文件的当前内容和新追加的数据。

在输入 tail -f 命令 1 分钟左右后，按<Ctrl-C>键终止 tail 程序。用 kill -9 pid 命令终止 generate 后台进程的执行。

最后用 tail dataFile 命令显示文件追加的内容。给出这些过程的你的会话。

提示：pid 是执行 generate 程序的进程号；使用 generate >> dataFile&命令后，屏幕打印后台进程作业号和进程号，其中第一个字段方括号内的数字为作业号，第二个数字为进程号，也可以用 kill -9 %job 终止 generate 后台进程，job 为作业号。

16. 在前面你已把 dataFile 文件复制为 smallFile 文件的拷贝。用 ls –l 命令观察这两个文件的修改时间是否一样。它们是不同的，dataFile 文件的修改时间应该是这个文件的创建时间。什么命令能够保留这个修改时间不变呢？这两个文件的 inode 号是多少？

再把文件名 dataFile 改成（移动）newDataFile，文件 newDataFile 的 inode 号是多少？与 dataFile 文件的 inode 号是否相同，若相同，为什么？

然后再把文件 newDataFile 移动到/tmp 目录下，文件/tmp/newDataFile 的 inode 号是多少？比较结果如何，为什么？

给出完成上述工作的会话过程。

17. 在屏幕上显示文件 smallFile、mediumFile、largeFile 和/tmp/newDataFile 的字节数、字数和行数。smallFile 和/tmp/newDataFile 文件应该是相同的。你能用其他命令给出这些文件的字节数的大小吗？什么命令？给出会话过程。

18. 退出系统。

第4章　文件权限与文件共享

实验目的

- 学习 Linux 的文件访问权限，用户的类型和文件访问权限的类型。
- 学习如何确定一个文件的访问权限。
- 学习如何设置和改变一个文件的访问权限。
- 学习如何在文件或目录的创建时设置缺省访问权限。
- 学习理解硬链接、符号链接。
- 学习理解链接和文件访问权限之间的关系。
- 学习使用 id、chmod、chgrp、chown、umask、ln 等命令。

实验指导

在 Linux 操作系统上，有些文件很重要，这些文件只有系统或经过授权的用户才能使用，这样才能保护系统的安全。因为有一些文件是只有部分指定的人才能存取，以免不小心被他人删除或修改，因此文件的安全管理是非常重要的。 为了防止未授权用户访问你的文件，可以在文件和目录上设置权限位。还可以设定文件在创建时所具有的缺省权限。

实现文件或目录的共享方法多种多样。比如通过网络共享、通过副本共享、组成员使用同一用户名登录共享、通过对共享文件设置适当权限实现共享、为团队中的成员建立一个用户组进行共享，以及通过链接共享等多种方法，所有这些方法都可以在 Linux 系统中实现文件和目录共享。本章我们主要介绍如何通过链接进行文件共享。Linux 支持两类链接：硬链接（hard link）和软(符号)链接（soft/symbolic link）。它们都可以用 ln 命令实现。

4.1　存取权限

在 Linux 系统中，系统管理员为每个使用者创建一个账号，账号包括登录名和密码；所有的登录名都是公共可知的，以明文的形式保存在/etc/passwd 文件中，而密码则只有相应的用户自己才知道，这样就保证用户不能访问其他用户的文件。在创建账号时，Linux 系统管理员也为每个用户设置群组。一个用户可以属于多个群组，所有的群组和它的成员都在/etc/group 的文件中。

Linux 系统有一个特殊的用户，可以访问系统中所有的文件，而不论这个文件的访问权限是什么。这个用户通常被称作是超级用户(或 root 用户)，是计算机系统的管理者，通常计算机系统管理员才拥有这个特殊账号。在 Linux 系统中，超级用户的用户名是 root，用户 ID 是 0。

我们可以使用 id 命查看用户和组 id。

命令语法：id [options] [username]

常用选项：

-g　　显示用户所属组的 ID。

-G　　显示用户所有群组的 ID。

-n　　显示用户名，与-ugG 选项一起使用。

-r　　显示实际 ID，与-ugG 选项一起使用。

-u　　显示用户 ID。

--help 显示帮助文档。

例：下面的例子，显示当前用户和组的所有信息。显示的结果中，正在使用用户的用户名和组名都是 root，且它们 ID 都是 0；系统中有 root、bin、daemon、sys、adm、disk、wheel 七个组，其 ID 分别是 0、1、2、3、4、6、10。

```
$ id
uid=0(root)gid=0(root)groups=0(root),1(bin),2(daemon),3(sys),4(adm),6(disk),10(wheel)
```

在 Linux 系统中，文件有三种访问权限：读 read(r)、写 write(w)和执行 execute(x)。

对于文件：

r：读权限允许你读某个文件。

w：写权限允许你修改或删除某个文件。

x：执行权限允许你执行某个文件，执行权限只对可执行文件起作用，比如可执行的二进制文件或者是脚本文件，对其他格式的文件，执行许可没有任何作用。

对于目录：

r：读权限允许你可以读出这个目录的内容，即可以使用 ls 命令来列出这个目录下的所有内容。

w：写权限表明你可以在这个目录下建立、删除和修改文件。

x：执行权限是你可以搜索这个目录。因此，如果你没有对目录的执行权限，那么就不能使用 ls –l 命令来列出目录下的内容或者使用 cd 命令来把该目录变成当前目录。

Linux 的文件用户分为文件的所有者（user)、群组(group)和其他人(others)这三种类型。三种用户和三种访问权限，Linux 文件就有 9 种不同的访问权限组合，如表 4-1 所示。

表 4-1　Linux 系统文件访问权限

用户类型	访问特权类型		
	读（r）	写（w）	执行（x）
User(u)	X	X	X
Group(g)	X	X	X
Others(o)	X	X	X

X 的值可以是 1（即允许该操作）或者是 0（即禁止该操作）。因此可以用 1 位（bit）来表示每一种权限，用 3 个位来表示该类用户的文件存取权限，因此每一类的文件用户可以有 8 种可能的操作权限。这 3 位二进制数的值可以用八进制数 0－7 来表示，如表 4-2 所

示；0 表示没有任何访问特权，7 表示拥有所有的特权。

表 4-2 访问权限值表

r	w	X	八进制值	含义
0	0	0	0	没有任何访问特权
0	0	1	1	只允许执行
0	1	0	2	只允许写
0	1	1	3	允许写和执行
1	0	0	4	只允许读
1	0	1	5	允许读和执行
1	1	0	6	允许读、写
1	1	1	7	允许读、写和执行

总共用 9 位来表示三种用户存取文件的三种权限，用八进制值从 000 到 777 来表示。第 1 个八进制值表示文件拥有者对该文件拥有的权限；第 2 个八进制值表示群组对该文件拥有的权限；第 3 个八进制值表示其他用户对该文件所拥有的权限。

在 linux 系统中显示文件权限时，“0” 用短横线 “-” (dash)表示，“1” 值根据所在的位置用符号 “r”、“w” 或 “x” 表示。于是用户对文件访问权限是 “0” 的可以表示成 “---”，访问权限是 7 的可以表示成 “rwx”。

例：我们可以使用带有参数-l 或-ld 的 ls 命令来查看文件的属性。第一字段的第 2 到第 10 个字符是存取文件的权限。下面的显示列表中，目录文件 code 的权限为 rwxr-xr-x，表示文件所有者可以读取文件、写入文件和执行文件；而群组只可以读取和执行文件；而其他使用者也一样只可以读取和执行文件。对于符号链接文件 dir1.hd 存取权限为 rwxrwxrwx，表示文件所有者、群组和其它使用者都可以读、写和执行。对于普通文 acmd 存取权限为 rw-r--r--，表示文件所有者有读写权限，没有执行权限；组和其他用户有读权限，没有写和执行权限。

```
$ ls -l
drwxrwxrwx   5   root   root    4096   9 月   2 14:55 aa
-rw-r--r--   1   root   root      20   5 月  22 18:02 acmd
-rw-r--r--   1   root   root      30   3 月  21 10:25 bafile
-rw-rw-r--   1   root   root   78265   5 月  23 00:08 bash.man.gz
-rwxr--r--   1   root   root      13   7 月  16 00:33 ch15ex
-rwxr--r--   1   root   root     138  12 月  22 11:15 ch15ex11
drwxr-xr-x   3   root   root    4096   7 月  23 11:20 code
-rw-rw-rw-   1   root   root       0   4 月   3 19:18 courses
dr-x------   3   root   root    4096   4 月   3 19:25 courses1
drwxr-xr-x   2   root   root    4096   5 月  22 17:10 dir1
lrwxrwxrwx   1   root   root       4   5 月  22 17:11 dir1.hd -> dir1
```

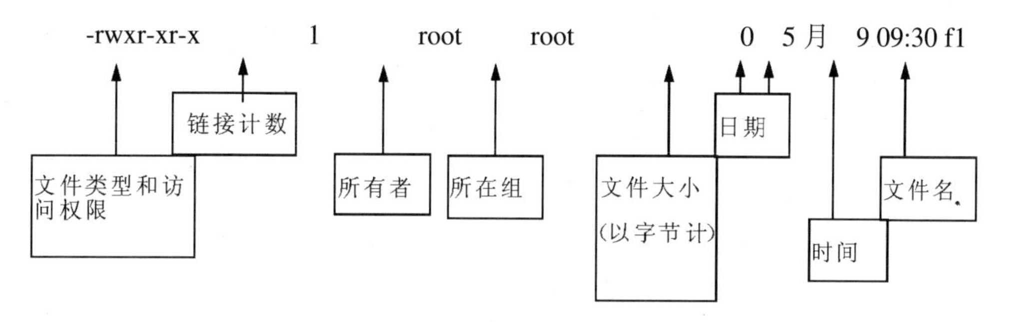

4.2　改变文件的存取权限

4.2.1　改变文件的存取权限 chmod

我们可以用 chmod 命令来改变文件的存取权限。

命令语法：

chmod [options] octal-mode file-list

chmod [options] symbolic-mode file-list

常用选项：

-R　　递归地修改所有的文件和子目录的权限

-f　　强制指定存取权限

参数：

file-list　　要改变权限的文件列表

symbolic-mode　　符号模式

octal-mode　　八进制模式

所谓“symbolic-mode”，也称作模式控制字（Mode Control Word），格式为<Who><Operator><Privilege>，其中 Who、Operator 和 Privilege 的可能取值如表 4-3 所示。

表 4-3　权限符号

who	operator	privilege
u (User)	+ 增加权限	**r** 读
g (Group)	- 删除权限	**w** 写
o (Other)	= 设置权限	**x** 执行
a (All)		**u** 用户当前的访问权限
ugo (All)		**g** 组当前的访问权限
		o 其他用户的当前访问权限
		s 设定用户或组的 ID 位
		t 粘滞位

注意：u、g 和 o 作为 privilege 的时候，其操作符只能是“＝”，即这三个符号作为权限的时候只能出现在等号的右边。who 字段和 privilege 可以有多个参数，比如 who 字段设为 ug，而 privilege 字段设为 rx。

例：将当前目录下的所有文件和目录都改成只有文件所有者可以读、写与执行即 rwx------。

$ chmod 700 *

例：将 file 设置成只有所有者可以读、写和执行，而设置群组只能读取。

$ chmod 740 file

例：将可读、可写和可执行的权限设定给 file 文件所有者。

$ chmod u=rwx file

例：将文件 file 的所有者可写和可执行的权限删除。

$ chmod u-wx file

4.2.2 改变文件或目录的所属群组 chgrp

我们可以用 chgrp 命令来改变文件或目录的群组。

命令语法：chgrp [options] group file-list

常用选项：

-c 只有当群组改变时才报告。

-R 递归地处理所有的文件和子目录。

例：将 dir 目录的文件群组改成 root 群组。

$ chgrp -c root dir1

4.2.3 更改文件或目录的所有者 chown

可以用 chown 命令来改变文件或目录的所有者。

命令语法：chown [options] username file-list

常用选项：

-c 只有当群组改变时才报告。

-R 递归地处理所有的文件和子目录。

例：将 acmd 文件的所有者改成 root。

$ chown -c root acmd

4.2.4 设置缺省文件权限 umask

当我们要建立文件时，也会一起设定文件的存取权限。使用权限掩码 mask 将文件的权限给限制住。在建立文件时预设权限掩码，权限掩码的默认值为 022。

命令语法：umask [mask]

我们的文件存取权限为预设的存取权限(777)减去权限掩码。

文件的存取权限=预设的存取权限-权限掩码。

使用 umask 指令来观看目前权限掩码的设定值，预设为 022。所以它设定的权限为

777-022=755(rwxrw-rw-)。当我们建立文件或目录时，它也会建立其存取权限，为755(rwxrw-rw-)。

我们使用 umask 013 命令来设置权限掩码为 013。因为设置权限掩码为 013，所以建立文件目录时，他的存取权限为 777-013=764(rwxrw-r--)。使用命令 mkdir dirtmp 来建立子目录，所建立的 dirtmp 子目录的权限为 rwxrw-r--。

4.3 特殊权限位 SUID、SGID、Sticky

4.3.1 SUID(Set-User-ID)位

SUID(Set-User-ID)为设置执行位。当命令执行的时候，当前启动命令的用户所拥有的权限，与该执行文件所有者的存取权限相同。

命令语法：

```
chmod 4xxx file-list
chmod u+s file-list
```

“xxx”是八进制数，表示对文件的读、写和执行的权限；八进制数 4（二进制 100）则用来表示 SUID 位已经被置为 1。当设置 SUID 位为 1 时，如果用户对该文件有执行权限，那么执行位被设置为“s”，否则执行位变为“S”。

下面的例子，首先用 ls –l p1 命令来显示 p1 文件的执行特权位已经被设置为 1，接着用 chmod 4710 p1 命令来设置 p1 的 SUID 位，然后执行 ls –l p1 命令来显示可执行位已经从“x”变为小写的“s”。我们继续用两个 chmod 命令把文件的 SUID 位和可执行位设置为 0，再用 ls –l p1 发现用户没有该文件的执行权限。最后，我们用 chmod u+s p1 再次设置文件的 SUID 位为 1，然后用 ls –l p1 命令查看结果，会发现可执行位的标志变为了大写的“S”，这是因为原来的 p1 文件没有可执行的特权。

```
$ ls -l p1
-rwxr--r--    1 root    root         24   5月  22 21:54 p1
$ chmod 4710 p1
$ ls -l p1
-rwsr--r--    1 root    root         24   5月  22 21:54 p1
$ chmod u-s p1
$ chmod u-x p1
$ ls -l p1
-rw---x---    1 root    root         24   5月  22 21:54 p1
$ chmod u+s p1
$ ls -l p1
-rwS--x---    1 root    root         24   5月  22 21:54 p1
```

4.3.2 SGID(Set-Group-ID)位

SGID(Set-Group-ID)为设定执行文件拥有该文件所属群组的相同存取权限。SGID 的工作方式同 SUID 类似

命令语法：

chmod 2xxx file-list
chmod g+s file-list

4.3.3 Sticky 位

Sticky 固定位为特殊的文件权限，它让文件只有是它的所有者或超级用户才能去移动这个文件或删除这个文件。我们可以使用 chmod 1xxx 指令，就可以加入这个 Sticky 固定位。或者我们也可以使用 chmod +t 文件或目录 来加入这个 sticky 固定位。

命令语法：

chmod 1xxx file-list
chmod +t file-list

例：下面的命令将 sample 文件设置 Sticky 固定位，sample 的文件权限变成 rwxrwxr-t，这表示只有 root 超级使用者可以移动 sample 这个文件，而 sample 也将固定在这个目录中。

```
$ ls –l sample
-rwxr-x-wx    1 root    root          13   4 月   3 19:19 sample
$ chmod 1775 sample
$ ls –l sample
-rwxrwxr-t    1 root    root          13   4 月   3 19:19 sample
```

例：我们使用 chmod 750 sample 来删除 Sticky 固定位和其他用户执行文件的权限；然后使用 chmod +t sample 来将固定位加到 sample 中，所以它的权限变成(rwxr-x—T)这时就变成大写 T。

```
$ chmod 750 sample
$ ls –l sample
-rwxr-x---    1 root    root          13   4 月   3 19:19 sample
$ chmod +t sample
-rwxr-x--T    1 root    root          13   4 月   3 19:19 sample
```

4.4 硬链接

硬链接(hard link)就是指向文件的索引节点(inode)。Linux 系统中，当创建文件时，系统为它分配唯一的一个索引节点，并且在它所属的目录中创建一个目录项。目录项主要包括文件名和索引节点号（inode number），索引节点号是指向索引节点表(system inode table)中对应的索引节点的，索引节点的内容包括文件的属性（如：链接数、文件的所有者、文

件建立和修改时间、文件在磁盘的位置、文件的大小、文件的使用者权限等）。假设你在当前工作目录下创建一个名为 file1 的文件，系统分配索引节点号 52473 给它，那么，此文件的目录项主要包括：（52473、file1）。与同一个文件建立硬链接的目录项的索引节点号是相同的，若 file2、file3 对文件 file1 建立硬链接，那么这两个文件的目录项主要包括：（52473、file2）和（52473、file3）。

在 Linux 系统中，你可以使用 ln 命令为一个文件创建链接。这个命令允许你在同一目录下为文件 file1 另取一个名字，当然不同的目录下也可以这样做。下面简要介绍一下这个命令的使用。

命令语法：

ln [options]　existing-file new-file

ln [options]　existing-file-list　directory

功能：在第一种格式中，“existing-file”为要建立链接的文件的路径名，“new-file”为新链接文件的路径名。在第二种格式中，“existing-file-list”为要创建链接的普通文件的路径名列表。工具 ln 将在“directory”目录下创建新的链接，文件名与“existing-file-list”中的相同。

常用选项：

-b　若新链接文件已存在，在强制链接（带-f 选项），则在删除文件前先备份。

-f　不管“new-file”存在与否，都创建链接。

-i　询问是否覆盖文件。

-n　如果“new-file”已存在，不创建链接。

-s　为“existing-file-list”创建一个符号链接，并命名为“new-file”。

不带任何选项的 ln 命令将为文件创建一个硬链接，前提条件是执行 ln 命令的用户在指向该文件（文件名是路径名的最后一个组成部分）的路径名所包含的所有目录中都有执行权限。

例：下面的例子说明了 ln 命令是如何在“existing-file”所在的同一目录下创建一个硬链接。本例只是示范一下如何使用 ln 命令，而并不代表实际情况中建立和使用硬链接都得那样做。

$ ln　file1　file1.hard

当建立了 file1.hard 链接文件后，file1 和 file1.hard 具有相同的索引节点号，它们都是指向同一个 file1 的文件内容，因此它们的文件大小都相同。用 ls –il 名令可以显示我们目前工作目录文件的属性(包含它们的索引节点号)。

```
$ ls -il file1*
82785    -rw-r--r--    2    root    root    120    7月 10 14:53    file1
82785    -rw-r--r--    2    root    root    120    7月 15 9:21  file1.hard
```

上面显示的长列表中，第三个字段“2”是链接数。若删除文件 file.hard，则 file1 的链接数会变成 1。请你做一下实验，观察结果。

硬链接是 Linux 系统整合文件系统的传统方式。硬链接也存在一些问题和限制，对普通用户缺乏吸引力。

硬链接不可以在不同文件系统的文件间建立链接。当你只是在自己目录下的文件间建立链接关系，以主目录作为最高层目录，或者同一个文件系统里与另一个用户目录里的文件建立链接关系，这个限制不成问题。但是，假设/bin 目录和用户目录属于不同的文件系统，如果你想在/bin 目录下的文件和你的目录里的文件之间建立链接，这种链接是行不通的。

4.5 符号链接

我们使用 ln 命令带-s 选项来建立符号链接(symbolic link)，从已存在的文件或目录到新的文件或目录。 符号连接文件类似于 WINDOWS 操作系统的快捷方式。

例：命令 ln –s file1 file1.soft 为 file1 文件建立一个符号链接文件(又称软链接 soft link)，符号链接文件名为 file1.soft。这时它们各自有不同的文件名称和索引节点号，file1 和 file1.soft 的索引节点是不相同的。但 file1.soft 的文件内容是 file1 文件名（或路径名），大小为 5 个字节。用 ls –il 命令，可以看到有一个 file1.soft->file1 文件，这表示文件 file1.soft 是指向文件 file1。

```
$ ln -s file1 file1.soft
$ ls -il file1 file1.soft
82785    -rw-r--r--    2    root    root    120    7 月 10 14:53    file1
82963    lrwxrwxrwx    1    root    root    5      7 月 15 9:30  file1.soft->file1
```

符号链接文件可以跨越不同文件系统。符号链接没有硬链接那样的缺点和限制，也可以在目录间建立链接；符号链接指向的文件可以被任何编辑器编辑而不会产生不好的影响，只要文件路径名称不变。

符号链接也有缺点，如果链接指向的文件从一个目录移动到另一个目录，就无法通过符号链接访问它。原因是符号链接文件含有源文件在文件结构中的路径信息。建立符号链接文件需要一个索引节点，需要占用空间。

实验内容

1. 登录到你的 Linux 系统。
2. 根据下列的要求，写出得到这些信息的会话过程：
   a. 你的用户名；
   b. 你的用户 ID；
   c. 你的组 ID 和组名字；
   d. 在你同一组中的其他用户名。
3. 系统管理员给你的主目录设置的权限是什么？使用什么命令来得到这个答案，给出你的会话过程。
4. 在你的系统中有文件或目录分别是：/ 、 /etc/passwd 、/bin/df 、~ 、~/.bash_profile。用长列表格式显示这些文件或目录，并填写下列表格。

文件	文件类型	存取权限	链接数	所有者	组	文件大小
/						
/etc/passwd						
/bin/df						
~						
~/.bash_profile						

5. 在你的主目录中的 temp、professional 和 personal 三个子目录，设置使自己（owner）拥有读、写、执行 3 种访问权限，设置其他用户只有读和执行权限。在~/tmp 目录下创建名为 d1、d2 和 d3 的目录。在 d1 目录下，用 touch 命令创建一个名为 f1 的空文件。给出 d1、d2、d3 和 f1 的访问权限。给出完成这些工作的会话。

6. 设置当前目录为你的主目录， 设置文件~/temp 仅为执行权限， 然后执行 ls -ld temp，再执行 ls -l temp 命令。结果如何？成功执行 ls -l temp 命令需要的最小权限是什么？请设置 temp 目录的最小权限，然后再一次执行 ls -l temp 命令。给出这个过程的会话。注意：做这个实验不能使用 root 用户登录系统。

7. 用 umask 命令显示当前的掩码。把你的主目录设置为当前目录，然后在~/temp/d1 目录下，创建 d11 目录，用 touch 命令创建 f2 空文件。在 temp 目录下用编辑器创建 hello.c 文件，该文件的内容如下：

```
#include <stdio.h>
main(void)
{

      printf (“Hello, world!\n”);

}
```

再运行命令 gcc -o greeting hello.c ，生成了可执行文件 greeting。长列表显示 f2、 hello.c、greeting 和 d1 文件访问权限。

把掩码（mask）设置为 077，在目录~/temp/d2 下，创建 d21 目录，用 touch 命令创建 f2 空文件。长列表显示 f2、 hello.c、greeting 和 d21 文件访问权限。最后根据掩码的不同填写下列表格。

umask 值	文件权限			
	f2	hello.c	greeting	d11 / d21

提示：gcc 是 c 语言的编译器。在 Linux 系统中执行文件和目录的缺省权限是 777，文本文件的缺省权限为 666。

8. 用命令 mkdir ~/temp/d3/d31 创建~/temp/d3/d31 目录，然后长列表显示这个新目录。如果不能完成上述工作，请设置相应的权限，然后再长列表显示。现在再拷贝

~/temp/d1/f1 文件和移动~/temp/d2/f2 文件到~/temp/d3/d31 目录，再删除~/temp/d1/f1 文件，命令如下：

```
cp ~/temp/d1/f1 ~/temp/d3/d31
mv ~/temp/d2/f2 ~/temp/d3/d31
rm ~/temp/d1/f1
```

完成拷贝、移动和删除这些文件的最小权限是什么？请设置这些权限。给出下表操作的最小权限和完成这些操作的会话。

命令	最小权限						
	temp	d1	d2	d3	d31	F1	f2
mkdir ~/temp/d3/d31							
ls -l ~/temp/d3/d31							
cp ~/temp/d1/f1 ~/temp/d3/d31							
mv ~/temp/d2/f2 ~/temp/d3/d31							
rm ~/temp/d1/f1							

9. 在第 3 章实验所建立的文件系统结构中，删除 temp 目录下的所有文件和目录、给出会话过程。

10. 在~/tmp 目录下创建名为 d1、d2 和 d3 的目录。把文件 smallFile 拷贝到 d1 目录下，长列表格式显示文件 smallFile，显示的内容包括 inode 号、访问权限、硬链接数、文件大小、给出完成这些工作的会话。

11. 在~/temp 目录下，把当前目录改变成 d2。创建一个名字为 newFile.hard 硬链接到 d1 目录下的 smallFile 文件。长列表格式显示 newFile.hard 文件，与 smallFile 文件的属性进行比较。你如何确定 smallFile 和 smallFile.hard 是同一文件的两个名字，是链接数吗？给出你的会话过程。

12. 使用硬链接文件 smallFile.hard 显示 smallFile 文件的内容。然后取消你本人对 smallFile 文件读(r)权限，再显示文件的内容，发生了什么？根据以上练习，你能推断出什么？对 smallFile 文件增加读权限，再一次显示文件内容，发生了什么？最后作一个 smallFile 文件的备份，并删除 smallFile 文件，用 smallFile.hard 显示 smallFile 文件内容，又发生了什么？请你解释一下练习过程中的现象。

13. 恢复/temp/d1/smallFile 文件。创建一个名字为~/temp/d2/smallFile.soft 软链接到~/temp/d1/smallFile 文件。长列表格式显示 smallFile.soft 文件，比较这两个文件的属性。你如何确定 smallFile 和 smallFile.soft 是两个不同的文件？是这两个文件的大小吗？给出你的会话过程。

14. 使用软链接文件 smallFile.soft 显示 smallFile 文件的内容。然后取消你本人对 smallFile 文件读(r)权限，再显示文件的内容，发生了什么？根据以上练习，你能推断出什么？对 smallFile 文件增加读权限，再一次显示文件内容，发生了什么？最后作一个 smallFile 文件的备份，并删除 smallFile 文件，用 smallFile.soft 显示 smallFile 文件内容，又发生了什么？请你解释一下练习过程中的现象。

15. 退出系统

第 5 章　文件管理工具

实验目的

- 初步了解正则表达式。
- 学习如何排序文本文件。
- 学习如何搜索文件或目录。
- 学习如何查找文本文件的内容。
- 学习如何搜索某个 Linux 命令存放在何处。
- 学习如何压缩、解压和打包文件。
- 学习使用 gzip、gunzip、sort、find、where、which、grep、rpm 等命令。

实验指导

5.1　正则表达式

正则表达式（Regular Expression）定义了由一个或多个字符串组成的集合。正则表达式被广泛应用于 Linux 和许多其他开源编程语言中。如我们可以在 vi 编辑器或 Perl 脚本中使用它们，而且不论它们出现在哪里，其基本原理都是一样的。

在正则表达式的使用过程中，一些特殊字符是以特定的方式来处理的。最常使用的特殊字符如表 5-1 所示。

表 5-1

字　符	含　义
^	指向一行的开头
$	指向一行的结尾
.	任意单个字符
[]	方括号内包含一个字符范围，其中任何一个字符都可以被匹配，例如字符范围 a-z，或在字符范围前面加上^符号表示使用反向字符范围，即不匹配指定范围内的字符

如果你想将上述字符用作普通字符，就需要在它们前面加上“\”字符。所以，如果你想使用“$”字符，只需要简单地将它写为“\$”。

在方括号中还可以使用一些有用的特殊匹配模式，如表 5-2 所示。

表 5-2

匹配模式	含　义
[:alnum:]	字母与数字字符
[:alpha:]	字母
[:ascii:]	ASCII 字符
[:blank:]	空格或制表符
[:cntrl:]	ASCII 控制字符
[:digit:]	数字
[:graph:]	非控制、非空格字符
[:lower:]	小写字母
[:print:]	可打印字符
[:punct:]	标点符号字符
[:space:]	空白字符，包括垂直制表符
[:upper:]	大写字母
[:xdigit:]	十六进制数字

另外，如果指定了用于扩展匹配的-E 选项，那些用于控制匹配完成的其他字符可能会遵循正则表达式的规则，如 grep（该命令是搜索指定文件中有匹配的行）命令，我们就需要在这些字符之前加上\字符。如表 5-3 所示。

表 5-3

选　项	含　义
?	匹配是可选的，但最多匹配一次
*	匹配 0 次或多次
+	匹配 1 次或多次
{n}	匹配 *n* 次
{n，}	匹配 *n* 次或 *n* 次以上
{n，m}	匹配次数在 *n* 到 *m* 之间，包括 *n* 和 *m*

正则表达式看上去比较复杂。要掌握正则表达式的最简单方法就是多进行一些实验。

例：下面例子使用 grep 命令，查找以字母 5 结尾的行。我们需要使用特殊字符$。

```
$ grep 5$ students
John     Johnsen  2003    503     555
Nabeel   Zhang    2007    434     555
```

例：下面的例子是查找以字母 n 结尾的单词。单词之间是以空格或制表符隔开的，因此需要使用方括号括起的特殊匹配字符来完成这一任务，使用[[:blank:]]，它用来测试空格或制表符。

```
$ grep n[[:blank:]] students
John Johnsen     2003    503     555
John Johnsen     2005    301     999
Jamie davidson   2006    515     001
```

例：下面例子用扩展 grep 模式来搜索正好只有 10 个字符长的全部由小写字母组成的单词。通过指定一个匹配字母 a 到 z 的字符范围和一个重复 10 次的匹配来实现这一工作。

```
$ grep -E [a-z]\{7\} students
Jamie davidson   2006    515      001
```

5.2 排序文件

我们可以使用 sort 命令来排序文本文件。排序按照大小顺序可以分为递增排序和递减排序。{1、3、5、7、9}为递增排序。{9、7、5、3、1}为递减排序。排序一般根据某个字段或者部分字段的组合作为排序关键字，字段之间以空格或 TAB 字符分开。

命令语法： sort [options] [filename-list]

功能: 对文件列表中的文本文件的内容按行排序，若不带-o 选项，排序后的结果在标准输出设备上输出。

常用选项：

-b　　忽略字段前的空格符或 TAB。

-d　　根据常用的字母表排序，忽略除字母、数字、空格以外的字符。

-f　　认为大小写字母是相同的

-k n1[，-n2]　　指定从第 n1 个字段开始、第 n2 个字段结束（如果没有指定 n2，则以行的末尾为结束）为关键字。

-o filename 将排序好的内容输出到 filename 文件中而不是标准输出。

-r　　以逆序排序。

-u　　重复行仅输出一次。

例：下面的命令对文件 students 进行排序，使得 sort 第 1 遍按照整个行排序（-k 1)，第 2 编按照第 5 字段（-k 5）排序。

```
$ cat students
John Johnsen     2003    503      555
Hand Kitt        2007    503      444
David Kendall    2004    229      111
John Johnsen     2005    301      999
Kelly Kimberly   2005    555      123
Maham Wang       2004    713      888
Jamie davidson   2006    515      001
Nabeel Zhang     2007    434      555
$ sort  -k 1  -k 5 students
David Kendall    2004    229      111
Hand Kitt        2007    503      444
Jamie davidson   2006    515      001
John Johnsen     2003    503      555
```

```
John Johnsen     2005     301       999
Kelly Kimberly   2005     555       123
Maham Wang       2004     713       888
Nabeel Zhang2007     434       555
```

5.3 查找文件

有时候我们需要查找特定的文件或命令是否保存在我们的文件系统结构中。可以使用 find、whereis 和 which 来搜索文件或命令。

5.3.1 find 命令

我们可以使用 find 命令来查找符合表达式的目录列表。find 命令使用递归的方式来搜索文件和目录。这个命令的功能是查找文件，它非常有用，但 Linux 初学者常常觉得它不易使用，这不仅仅是因为它有选项、测试和动作类型的参数，也由于其中一个参数的处理结果可以影响后续参数的处理。

命令语法： find [directory-list] [expression]

功能：搜索目录列表中的目录，找出符合表达式（第二个参数）描述的文件。表达式可以由一个或者多个标准组成。

表达式中的参数选项：

-exec CMD\;　　如果命令（CMD）的退出状态为 0（即该命令返回值为真），则该文件符合要求；使用转义分号（\;）可以终止命令。命令中的一对花括号（{}）代表查找到的文件名。

- -inum N　　搜索 inode 为 N 的文件。
- -links N　　搜索有 N 个链接的文件。
- -mount　　不搜索挂载文件系统的目录。
- -name pattern　　搜索文件名匹配 pattern 的文件。
- -newer file　　搜索修改时间在 file 之后的文件（即比 file 新的文件）。
- -ok CMD　　和-exec 相同，执行 CMD 时需要确认。
- -perm octal　　搜索访问权限等于 octal（八进制数字）的文件。
- -print　　显示符合要求的路径和文件名。
- -size ±N[c]　　搜索文件大小为 *N* 块。字符 c 用来确定块的大小，默认为 512 个字节。+*N* 表示大小超过 *N* 块的，-*N* 就是小于 *N* 块的。
- -type C　　文件的类型为 C，C 可以是一个特殊类型。最普通的类型是 d（目录）和 f（普通文件）。其他可用的类型请参考使用手册。
- -user username　　搜索所有权为 username 的文件。
- \（ expr \）　　当表达式为真，结果为真；表达式可以用 OR 和 AND 组合。
- ! expr　　取反，当表达式为假时，结果为真。

-amin 分钟　　搜索在指定分钟内被存取的文件。
-anewr 文件　　搜索最近被存取的文件。
-atime 小时　　搜索几小时内被存取的文件。

例：find 最常用的功能是在一个或多个目录中搜索一个文件。下面的命令在主目录下搜索 yk.gif，并显示文件的路径。如果在多个目录中找到目标文件，那么每一个包含文件的目录都会显示出来。

$ find ~ -name yk.gif –print

例：下面的命令是搜索主目录下文件名为 sample 或者以.old 结尾的文件，显示它们的绝对路径，并将它们删除。括号用来标明需要匹配的表达式，在\（和-o 前后必须要有空格。这个命令没有提示直接删除匹配的文件；如果删除提示，用参数-ok 替换-exec。这里的-o为 OR（或）操作

$ find ~ \（ -name sample –o –name '*.old' \） –print –exec rm {} \;

例：在当前目录下搜索比文件 world 要新的，并且是普通文件。

$ find . –newer world –type f -print

5.3.2 whereis 命令

我们可以使用 whereis 命令来搜索系统中是否有我们指定的命令或文件，以及它所在的目录及路径。也可以使用 whereis 命令来搜寻到我们所要命令的说明。

命令语法： whereis [options] [filename-list]

常用选项：

-b　　只搜索执行文件。
-m　　同时搜索命令的说明文件。
-s　　仅搜索原代码文件。
-u　　搜索不包含指定类型的文件。
-B 目录　　在指定的目录下搜索执行文件。
-M 目录　　在指定的目录下搜索说明文件。
-S 目录　　在指定的目录下搜索原代码文件。

例：下面的例子，使用 whereis ftp 来搜索 ftp 服务器的所在目录，使用 whereis –b cat 来搜寻 cat 命令的所在目录。作者的 Linux 系统显示如下结果。

$ whereis ftp
ftp: /usr/bin/ftp /usr/share/man/man1/ftp.1.gz
$ whereis –b cat
cat: /bin/cat

5.3.3 which 命令

如果系统中有多个版本的命令，which 命令告诉我们当键入某个命令执行时，shell 到底调用了哪个版本的命令。我们也可以用 which 命令来搜索指定的文件，而 which 命令是根据环境变量$PATH 中所列出的路径来搜索符合要求的文件。

我们使用 which ps 命令来在环境变量$PATH 所指定的路径中搜索 ps 文件。

```
$ which ps
/bin/ps
```

5.4 搜索文件内容

Linux 有功能强大的搜索文件内容的工具，可以查找文本文件中包含特定的表达式、字符串或者模式的行。比如，你有一个文件包含公司职员的记录，一条记录一行，你想搜索关于 zhang 的记录。搜索文件内容的命令有 grep、egrep 和 fgrep。下面对 grep 命令作简要描述。

命令语法：grep [options] pattern [filename-list]

功能：按照给定的模式、字符串或表达式搜索文件列表中的文件。如果没有文件列表，则从标准输入读入数据。

常用选项：

- -c　仅输出匹配的行数目，而不是输出匹配的行
- -E　启用扩展表达式
- -i　在匹配的过程中忽略字母的大小写
- -l　仅输出有匹配行的文件名，而不输出真正的匹配行
- -n　匹配时同时输出行号
- -s　不显示错误信息
- -v　打印出不匹配的行

我们使用 find 命令在文件系统中搜索文件，而使用 grep 命令在文件中搜索字符串。一种常见的用法是在使用 find 命令时，将 grep 作为传递给-exec 的一条命令。

例：下面的命令，搜索 students 文件中包含“2005”的行，匹配的行在标准输出上输出，并输出行号。

$ grep –n ‘2005’ students

例：下面的命令显示 students 文件中行首字母为 B 到 E 间的内容。^表示行首。

$ grep ‘^[B-E]’ students

在“正则表达式”这一节内容中我们已经有多个 grep 命令的例子，请读者参阅。

5.5 命令记录

在终端键入的命令都保存在历史记录中。shell 环境变量 HISTSIZE 表示在历史列表中最多保存命令条目数，您可以用命令 echo $HISTSIZE 得到这个值。当你登录的时候，系统会从历史文件初始化一个历史命令的列表。shell 环境变量 HISTFILE 可以用来设置这个历史文件；默认路径为~/.bash_history。当退出 shell 时，历史命令列表将会保存到历史文件。历史文件可以根据 shell 环境变量的设置，采取追加或者覆盖的方式。

我们可以使用 history 命令来读取最近使用的命令。

命令语法： history [options] [filename]

常用选项：

-a [filename] 将当前会话新增加的命令添加到历史文件中。如果 filename，则使用 filename 作为历史文件。

-c 清空历史命令列表。

N 仅显示历史命令列表中最后 *N* 条记录。

-w [filename] 把当前列表写入历史文件中去（覆盖当前历史文件内容），如果指定 filename，则使用该文件为历史文件。

例：使用 history 10 来显示最近 10 次所使用的命令。

$ history 10

命令 fc 允许你修改和执行历史命令列表中的命令。使用 fc –l 来显示历史的命令并且显示编号。

bash 下面的 history 扩展允许你从历史命令列表中获得部分命令字，插入到当前的命令行中。这便于你重复以前的命令，修改之前输入的错误命令。history 的扩展通过引进“!”字符实现。如果“!”之后是空格字符、TAB、“（”、“=”或回车，则是无效的。为了执行 history 的扩展，先从历史命令列表中选择一个命令行，从中选择你要的单词，然后在所选单词上应用操作。事件通过事件指定符选定。表 5-4 列出了常用的事件指定符。

表 5-4

事件指定符	意义	例子
!N	历史命令列表中第 N 个事件	!10　　命令列表中第 10 个命令
!-N	当前行之前的第 N 个	!-6　　6 行之前的命令
!!	上一次执行的命令	!!　　上一次执行的命令
!string	最近用到的以 string 开始的命令	!grep 最近使用的以字符串 grep 开始的命令（一般是最后使用的 grep 命令）
!? string[?]	最近使用的包含 string 的命令	!? cut?　　最近使用包含 cut 字符串的命令

例：下面我们使用常用的事件指定符来执行历史列表中的命令。!!命令执行上一次执

行的命令。!? ~? 是最近执行的包含字符~的命令。!? course? 是最近执行的包含字符串 course 的命令。!750 执行历史命令列表中第 750 条命令，!ma 命令执行最近的以字符串 ma 开始的命令（如 make clean 命令）。

```
$ history | tail –10
$ !!
history | tail -10
$ !? courses?
cd courses/cs/2007/linux
$ !75
ls -al
$ !ma
make clean
```

5.6 压缩文件、解压缩文件与打包文件

Linux 操作系统不仅有一些压缩、解压缩命令，而且还支持对压缩文件的多种操作。这些命令中包括 Unix 系统中的文件压缩命令和文件解压缩工具，如表 5-5 所示。在这里我们仅介绍部分 GNU 下的工具。

表 5-5 文件压缩工具

压缩文件工具	解压缩文件工具	扩展名
compress	Uncompress	.Z
pack	Unpack	.z
tar+gzip	tar+gzip	.tgz
gzip	gzip –d （或 gunzip）	.gz
zip	Unzip	.zip
bzip2	bzip2 –d	.bz2

5.6.1 gzip 命令

gzip 可以用来压缩文件。该命令首先读取文件的内容，然后分析内容中重复的模式，最后采用莱姆培尔-兹夫编码（Lempel-Ziv Coding）规则，用较少的字符集去替换它们得到压缩后的文件。压缩文件和原文件的内容完全不同。压缩文件包含非打印的控制字符，因此压缩文件显示在屏幕上将是一堆控制字符，完全没有意义。压缩后的结果会存在一个文件中，使用原来的文件名加上.gz 作为扩展名。压缩文件保留原文件的访问及修改时间、所有权和访问权限。原文件将会从文件结构中删除。

命令语法：gzip [options] [filename-list]

常用选项：

-c 压缩后文件输出至标准输出设备，而不更动源文件。

-d 解压缩文件。

-f 压缩和解压缩时，强制重写已存在的文件。

-l 显示压缩文件字段信息：

compressed size: 压缩文件的长度；

uncompressed size: 压缩前文件的长度；

ratio: 压缩率（如果未知则为 0.0%）；

uncompressed_name: 压缩前的文件名。

-n 当压缩文件时，不储存原来的文件名称及时间。

-N 压缩文件时，储存原来的文件名称及时间。

-r 递归处理目录结构。

-t 测试压缩文件。

-v 显示每个压缩文件的名字和压缩率。

-# #为 1 到 9，数值越大压缩率越高。根据#的值控制压缩的速度（压缩比率），默认值为 6。

--best 最佳压缩。

--fast 快速压缩。

我们使用命令 gzip bash.txt 来压缩 bash.txt 文件，它的压缩后文件名会变成 bash.txt.gz。

我们使用命令 gzip –d bash.txt.gz 来解压缩文件，还原成原来的文件 bash.txt。

5.6.2 gunzip 命令

gunzip 执行解压缩的操作，把压缩文件还原到原始文件。命令 gzip 使用-d 这个选项也可以执行解压缩。和 gzip 命令类似，gunzip 也使用 -c、-f、-l 和 –r 等选项完成相应的操作。

使用命令 gunzip bash.txt.gz 来解压缩 bash.txt.gz 文件。使用命令 gunzip –l *.gz 来显示所有压缩文件的压缩信息。

我们也可以使用 zipinfo 命令来显示压缩文件的信息，命令 zipinfo –v g.zip 显示 g.zip 的详细信息。

5.6.3 zcat 命令

zcat 命令把压缩文件解压后输出到标准输出设备。zcat 可以显示用 gzip 或者 compress 压缩的文件的内容。这个命令首先把文件解压，然后显示文件内容，压缩文件保持不变。zmore 命令可以一屏一屏地显示压缩文件的内容。zcat 和 zmore 命令都允许指定一个或多个文件作为参数。下面是 zcat 的简要描述 ：

命令语法：

zcat [options] [filename-list]

常用选项：

-r 递归访问目录结构，显示子目录中的文件。

-t　　检查压缩文件的完整性。

例：下面的命令，使用 zcat 命令将压缩文件 best.c.gz 和 conb.c.gz 解压，并将它们输出到 goodman.c 的文件中。

$ zcat best.c.gz conb.c.gz > goodman.c

5.6.4 用 tar 命令打包文件

我们可以用 tar 命令将多个文件打包成一个备份文件或从备份文件中取出文件。

命令语法：

tar [options][filename-list]

常用选项：

-c　建立新的备份文件。

-r　将文件附加在备份文件后面。

-f　archname　用 archname 作为存档或恢复文件的备份文件名；默认是/dev/mto。如果 archname 是-，从标准输入读（对解压文件），或写到标准输出（对建立档案文件），这是当 tar 用作管道时的一个特性。

-t　以类似 ls –l 格式列出磁带上的内容（备份在磁带上的文件名）。

-u　将把比备份文件中更新的文件加入到备份文件中 。

-x　从备份文件中取出文件 。

-z　在 tar 创建备份文件时，使用 gzip 命令对它进行压缩；而从备份文件提取文件时，用 gzip 命令来解压备份文件。

-v 详细显示文件处理过程，用 x 选项解压文件的过程或存档文件的过程。

例：下面命令用 tar 程序将所有*.help 文件打包成 bash.help.tar 的备份文件。

```
$ tar -cvf bash.help.tar *.help
```

例：下面命令用 tar 程序来解开 Linux 内核包文件 linux-2.6.15.tar.gz。

$ tar -zxvf linux-2.5.15.tar.gz

5.7 RPM 包管理

RPM 是 RedHat Package Manager 的缩写，它是由 RedHat 公司所开发的工具。

通过 RPM 的管理，对于普通用户来说，RPM 简化了系统更新；对于开发者来说，RPM 允许把软件编码和程序打包，然后提供给终端用户。

在大多数 Linux 发行版中，工具 yum 或 yumex 可以实现 Linux 系统中已安装软件包的更新。

RPM 维护一个已安装软件包和它们的文件数据库，可以使用简短的命令就可完成安装、删除安装、查询、校验、升级 RPM 软件包。

RPM 有五种基本操作模式（不包括软件包构建）：安装、删除安装、升级、查询和校验。想了解完整的选项和细节，请使用 rpm --help 命令。

RPM 包的名称有其特有的格式，如典型的 RPM 软名称类似于：

linpio-1.0-i386.rpm

该文件名包括软件包名称"linpio"；软件的版本"1.0"。其中包括主版本号和次版本号；"i386"是软件所运行硬件平台；最后"rpm"做为文件的扩展名，代表文件的类型为 RPM 包。

命令语法： rpm [options] [rpm-filename]

常用选项：

-v　显示安装过程的详细信息。
-h　显示安装进度。
-a　查询所有安装的软件包。
-f filename　查询指定文件名的软件包。
-p rpm-filename　查询指定的软件包。
-d　只有列出文件。
-i　显示软件包信息，包含名称、版本和描述。
-l　列出软件包的文件。
-R　列出相关的软件包。
-s　显示软件包内文件的状态。
-U rpm-filename　升级指定的软件包。
-q　使用交互模式。
-e rpm-filename　删除指定的软件包。
-F rpm-filename　更新指定的软件包。
-i rpm-filename　安装指定的套件。

例：安装 apache-2.2.4 软件包。

$ rpm –ivh apache-2.2.4

例：安装并更新 apache-2.2.4 包。

$ rpm –Uvh apache-2.2.4

例：删除软件包，当我们要移除套件时可以使用这个命令。

$ rpm –e　apache-2.2.4

实验内容

1. 登录到你的 Linux 系统。
2. 以 GPA 作为关键字排序文件 newSmallFile 中的数据，忽略空格。给出会话过程。
3. 搜索你的主目录，找到所有的 HTML 和 C 程序文件（文件有.html、.htm 或.c 扩展名），显示符合要求的文件路径和文件名。给出你的会话。

4. 给出命令，搜索主目录，显示创建时间在/etc/passwd 之后的文件及其路径。

5. 如下命令完成什么功能？

grep '/^[A-H]/' students

grep '/^[A，H]/' students

6. 给出一条命令，在主目录下显示所有文件中包含字符串“linux”的文件名。

7. 下面的命令在什么地方：ftp、ssh、tar、telnet、passwd 和 find？ 给出会话过程。

8. 用下面的 smallFile 文件（是前面 smallFile 文件的增强版），完成以下任务。

```
$ more smallFile
John     Doe      ECE    3.54   doe@163.com          111.222.3333
James    Davis    ECE    3.71   davis@163.com        111.222.1111
Al       Davis    CS     2.63   davis@263.com        111.222.2222
Ahmad    Rashid   MBA    3.74   ahmad@cn.org         111.222.4444
Sam      Chu      ECE    3.68   chu@us.ab.com        111.222.5555
Arun     Roy      SS     3.06   roy@ss.arts.edu      111.222.8888
Rick     Marsh    CS     2.34   marsh@a.b.org        111.222.6666
James    Adam     CS     2.77   jadam@a.b.org        111.222.7777
Art      Pohm     ECE    4.00   pohm@ap.a.org        111.222.9999
John     Clark    ECE    2.68   clark@xyz.ab.com     111.111.5555
Nabeel   Ali      EE     3.56   ali@ee.eng.edu       111.111.8888
Tom      Nelson   ECE    3.81   nelson@tn.abc.org    111.111.6666
Pat      King     SS     2.77   king@pk.xyz.org      111.111.7777
Jake     Zulu     CS     3.00   zulu@jz.sa.org       111.111.9999
John     Lee      EE     2.64   jlee@j.lee.com       111.111.2222
Sunil    Raj      ECE    3.36   raj@sr.cs.edu        111.111.3333
Charles  Right    EECS   3.31   right@cr.abc.edu     111.111.4444
Diane    Rover    ECE    3.87   rover@dr.xyz.edu     111.111.5555
Aziz     Inan     EECS   3.75   ainan@ai.abc.edu     111.111.1111
Lu       John     CS     3.06   lu.john@xyz.org      111.333.1111
Lee      Chow     EE     3.74   chow@lc.www.ord      111.333.2222
Adam     Giles    SS     2.54   giles@cric.org       111.333.3333
Andy     John     EECS   3.98   john@aj.ece.edu      111.333.4444
```

1）显示计算机科学专业（CS）学生的行及行号。给出你的会话。

2）显示 first name 为 John 的学生的行及行号。给出你的会话。

3）显示 first name 或 last name 为 Lee 的学生的行及行号。给出你的会话。

4）显示 e-mail 地址以 .org 结尾的学生的行及行号。给出你的会话。

5）显示 GPA 大于 3.69 且小于 4.0 的学生的行及行号。给出你的会话。

9. 在你的 history 文件里面能存储多少条命令？你是如何知道答案的？给出命令以打印 history 文件的前 10 条和后 20 条命令。

10. 显示文件 midiumFile 和 largeFile 文件的大小。用 gzip 命令压缩文件 midiumFile 和 largeFile，压缩后的文件名字是什么？给出这两个文件压缩前后的大小及压缩率。如果你系统中有 zmore 命令，使用这个命令显示压缩文件 midiumFile 的内容。最后再解压这两个文件。给出会话过程。

11. 退出系统。

第6章 Linux 进程、管道和重定向

实验目的

- 学习了解 Linux 进程的属性。
- 学习理解 Linux 的前台进程、后台进程及守护进程。
- 学习理解 Linux 命令的顺序执行和并发执行。
- 学习使用挂起进程操作和终止进程操作。
- 了解系统中 Linux 进程的层次结构。
- 学习使用 Linux 定时作业调度。
- 学习使用 Linux 的 I/O 重定向操作和管道操作。
- 学习使用 ps、kill、fg、bg、job、top、pstree、crontab、at、|、<、>等命令。

实验指导

进程是正在执行中的程序。当我们在终端执行命令时，Linux 就会建立一个进程，而当我们的程序执行完成时，这个进程就被终止了。Linux 是一个分时操作系统，允许多个用户使用计算机系统，多个进程并发执行。

当我们在终端上执行命令时，shell 会创建一个进程来执行此命令。此进程执行时，shell 将等待直到它结束。Linux 进程通过系统调用 fork 创建另外一个进程，这两个进程继续执行 fork 语句后的代码。执行创建的进程称为父进程，被创建的进程称为子进程。

为了执行一个程序（也称外部命令），需要一种机制使子进程成为要执行的命令。Linux 系统调用 exec 完成这项工作，进程可以用另外一个命令的可执行代码来覆盖自身。shell 先后使用 fork 和 exec 系统调用来执行一个外部命令。

计算机的指令可分为输入、输出和处理三种类型。在 Linux 系统中指令的输入、输出和错误信息可以重定向到标准文件中。我们可以利用 I/O 重定向和管道操作将几个复杂的命令组合起来使用，去执行一项比较复杂的任务，而这些任务往往不能被现有的一条命令所执行完成。

在 Linux 系统中，有三个文件会被内核自动打开，它们分别是命令的输入、输出和错误信息文件。这些文件就是标准输入文件 stdin、标准输出文件 stdout 和标准错误输出文件 stderr。这些文件是和命令执行的终端相关联的。而键盘的输入为标准输入 stdin、屏幕的显示为标准输出和标准错误输出。在标准的文件中，指令的输入一般都是使用键盘，而输出大部分都在屏幕上显示。

重定向（redirection）是指改变 shell 标准输入和输出的去向。例如，默认情况下，shell 将 cat 的标准输出关联到显示器，通过输出重定向我们可以把 cat 命令显示的内容输出到一个指定文件中。

本章主要介绍 Linux 进程、管道和重定向等概念。同时学习使用相关的多个命令。

6.1 进程的属性

Linux 系统每一个进程都具有一些属性，包括所有者的 ID、进程名、进程 ID（PID）、进程状态、父进程的 ID、进程已执行的时间等。从用户角度来看，其中最有用的属性是 PID，很多进程控制命令用它作为参数。我们可以使用 ps 命令查看进程的这些属性。

命令语法：ps [options]

说明：Linux 的 ps 命令支持 Unix 的 System V、BSD 和 GNU 版本的选项。System V 中的选项可以组合，选项前要有“-”号；BSD 的选项也可以组合，但是前面没有“-”号；GNU 选项前要有两个“--”号。不同类型的选项可以混合。

常用选项：

System V 选项

-a 显示所有在终端上执行的进程信息，包括其他用户的进程信息。

-e /-A 显示所有在系统中执行的进程信息。

-j 采用作业控制格式显示所有信息（包含 Parent PID、group ID、session ID）。

-l 长列表来显示进程的状态。

-r 显示运行状态的进程。

-u 显示使用者进程的信息。

-u ulist 显示指定 ulist 用户列表中有对应的 UID 或者名称的用户的进程信息（UID 或者用户名由逗号分开）。

-t tlist 选取列在 tlist 中的终端上的进程；如果没有 tlist，显示不带参数 ps 命令执行的结果。

-x 显示进程的所有信息。

-f 显示进程间的层次关系。

BSD 选项

u ulist 显示在 ulist 列表中有对应的 UID 或者名称的用户的进程信息（UID 或者用户名由逗号分开）。

a 显示所有终端上执行的进程信息，包括其他用户的进程信息。

e 显示系统中所有运行的进程的信息。

f 显示进程层次结构。

j 采用作业控制格式显示所有信息（包括父 PID、组 ID、会话 ID 等）。

l 用长列表来显示状态报告信息。

p 根据进程 ID 显示对应的信息。

t tlist 显示在 ulist 列表中有对应的 UID 或者名称的用户的进程信息；如果没有 tlist，显示不带参数 ps 命令执行的结果。

x 以不受当前控制终端限制的方式选取进程。

你可以使用 a（或者-a）选项来显示所有在终端下所有进程的信息。执行如下命令，显示信息如下。

```
$ ps a
PID    TTY     STAT    TIME    CMD
1837   pts/0   S       0:02    bash
2007   pts/0   R       0:00    ps
```

命令输出多列来显示每个进程的信息。命令 ps -l 按照长列表格式显示系统中的进程信息。表 6-1 简要介绍命令输出中各种字段的含义。

表 6-1 ps -l 命令的输出中字段的含义

字 段	含 义
USER	进程执行者的用户名
UID	进程执行者的用户 ID
PID	进程的 ID，每一个进程都有它自己唯一的进程编号
PPID	父进程的进程 ID
VSZ	按照块计算的进程（代码+数据+栈）内存映像的大小
RSS	驻留集的大小：物理内存的大小，用 KB 字节表示
F	与进程有关的标志，它用来指示：进程是否是用户进程或者内核进程，进程为什么停止或进入休眠等
WCHAN	等待管道，对于正在执行的进程或者进程处于就绪状态并等待 CPU，该域为空；对于等待或者休眠的进程，这个域显示该进程所等待的事件，即进程等待在其上的内核函数
STAT	进程状态
TTY	进程执行时的终端
%CPU	进程占用 CPU 时间的比例
%MEM	进程占用内存的比例
START	进程开始执行的时间
TIME	到目前为止进程已经运行的时间，或者在睡眠和停止之前已经运行的时间
COMMAND	进程的名字，命令名

进程是动态的，每个 Linux 进程都处于某个状态中。ps 命令中 STAT 字段含义如下：

D　　不可中断睡眠（通常为 I/O 操作）
N　　低优先级进程
R　　可运行进程队列中的进程，等待分配 CPU
S　　处于睡眠状态进程
T　　进程被跟踪（traced）或者停止（stoped）
Z　　僵死状态的进程
W　　完全交换到磁盘上的进程

如果要实时监视 CPU 的活动状态，可以使用 top 命令。该命令显示系统中 CPU 任务的状态并且允许交互地控制这些进程。可以根据 CPU 使用情况、内存使用情况和执行时间对进程进行排序。大部分特征可以以交互的方式指定，或者在个人和系统配置文件中规定。top 命令每过数秒就会更新最新的进程信息。

top 命令执行时，我们可以用各种命令与之交互。使用交互命令时，top 提示你一个或者多个与它要完成的工作有关的问题。按下<N>键，top 询问想要显示的进程数目；输入数字后按<Enter>键，top 便开始显示那么多的进程。类似的，如果想终止一个进程，按<K>键后 top 提示输入想要终止进程的 PID；输入后，按<Enter>，top 便终止了该进程。在显示 CPU 活动状态时，按下<H>键就可以看到 top 的功能键功能。按下<Q>键就可以离开 top 了。

用 free 命令可以显示物理内存和 swap 分区的使用情况。和 top 命令不同的是，free 命令会在显示当前内存使用情况后退出命令，而不会像 top 命令一样持续进行监视。如果希望持续监视系统内存使用情况，可以用参数“-s 间隔秒”。例如命令 free -s 10 ，每 10 秒检查一次内存使用情况。

6.2 进程的终止

当我们要终止指定的程序或进程时，我们可以按<Ctrl-C>来终止一个前台进程，也可以使用 kill 命令终止指定编号进程。

kill 命令是通过向指定进程发送信号，操作系统根据信号来实现对指定进程如何操作，信号是进程之间的一种通信机制。进程接收到信号后，可以采取以下三种行为之一：

- 接受 Linux 内核规定的默认动作；
- 忽略该信号；
- 截获该信号并且执行用户定义的动作。

对于大多数信号，缺省的动作将导致进程终止。有关信号帮助信息可以运行 man –2 signal 命令来查看它的联机帮助手册。kill 命令的语法如下：

命令语法：

kill [-signal_number] proc-list
kill -l

功能：发送“signal_number”信号到 PID 的进程或者 jobID（作业号）的进程；jobID 必须以“%”号开始。命令 kill -l 返回所有信号的号码以及名字的列表。

常用的信号：

1 挂断（退出系统）

2 中断（<Ctrl-C>）

3 退出（<Ctrl-\>）

9 强制终止

15 终止进程（默认的信号）

对忽略 15 号信号或者其他信号的进程，需要使用 9 号信号，即强制终止信号，发送给该进程。kill 命令能够终止 PID 在 PID-list 中的进程，只要这些进程属于使用 kill 命令的用户。

例：下面的第一个命令为强制撤销进程 PID 为 795 的进程，第二个命令为强制撤销作业号为 3 的进程。

$ kill -9 795
$ kill -9 %3

6.3 进程和作业控制

我们可以在 Linux 上进行进程和作业的管理，包括进程创建、进程终止、进程在前台和后台执行、进程挂起和前后台进程的切换。

6.3.1 前台进程和后台进程

当我们在终端上输入命令，然后按下回车键时，shell 就会执行输入的命令，命令执行完后，显示 shell 提示符。当我们的命令在执行时，在命令执行完以前，无法再输入新的命令给 shell，只有 shell 显示提示符时，我们才可以输入新的命令。这种执行命令的方式，我们称之为在前台（foreground）。当前台在执行时，它会保留键盘和显示器的控制权。

有些时候，我们需要在 Linux 上执行一些需要很长时间才能完成的工作，而当这些工作执行时，我们又希望做一些其他的工作。这时我们就需要将命令放到后台（background）去执行。当我们下达在后台执行的命令时，只要在命令后面加上&符号。

前台和后台执行命令的语法如下所示。注意命令和&之间不需要空格。有时候为了清楚起见，你可以使用空格。

命令语法：

command　　（在前台执行）

command&　（在后台执行）

命令 find / -name file1 –print > file1.p 2>/dev/null，它搜索整个文件系统中一个名为 file1 的文件，并把该文件所在目录的名称存到文件 file.p 中；错误的信息存放到文件/dev/null，也就是 Linux“黑洞”中。这个命令要花费较多的时间，它与文件系统的大小、用户登录数目表现出的系统负荷，以及系统中运行的进程数目有关。所以，如果你想在该命令执行过程中做其它工作，就不能这样执行，因为该命令是在前台执行的。

find 命令最适合在后台执行。在它执行的时候，你可以做其它工作。前面的命令应该按下面的方式来执行。

```
$ find / -name file1 –print > file.p 2>/dev/null &
[1] 755
```

在 shell 返回信息中，方括号中的数字是该进程的作业号（job number）；另外一个数字是进程 PID。这里，find 命令的作业号是 1，其 PID 为 755。作业是一个不运行于前台的进程，并且只能在关联的终端上。这样的进程通常在后台执行或者成为被挂起的进程。

有许多工作都需要花费很多的时间来执行，因此放到后台是比较好的。例如：sort 命令、gcc 命令、make 命令、find 命令等。可以使用 fg 命令把后台的进程移到前台执行。

命令语法：fg [%jobID]

功能：把作业号为 jobID 后台进程转到前台执行

常用参数：

%或者%+　　当前的作业。

%-　　　　前一个作业。

%N　　　　　作业号为 N。

%Name　　　 作业的开头名字为 Name。

%? Name　　 命令中含有 Name 的作业。

执行 fg 命令时，如没有带 jobID 参数，它将把当前作业转到前台。任何特定时间使用 CPU 的作业被称为当前作业。

当在前台运行命令的时候，为了能够返回 shell 提示符，需要挂起这个进程，在 shell 完成一些工作后又返回到被挂起的进程。可以使用<Ctrl-Z>挂起一个前台进程。使用命令 fg 把一个被挂起的进程转到前台；使用 bg 命令把被挂起的进程转到后台。

bg 命令的句法和 fg 命令的句法非常相像。

命令语法：bg [%jobID]

功能：恢复执行作业号在 jobID 中给出的那些被挂起的进程或作业。

常用参数：

%或者%+　　　当前的作业。

%-　　　　　 前一个作业。

%N　　　　　 作业号为 N。

%Name　　　　作业的开头名字为 Name。

%? Name　　　命令中含有 Name 作业。

我们使用 jobs 命令显示所有挂起的和后台进程的作业号，确定哪一个是当前的进程。在 jobs 命令的输出里，当前进程前面有一个“+”标志，而其他进程通常前面加一个“－”来标志。

命令语法：jobs [option] [%jobID]

功能：显示所有在 jobID 中指明的被挂起的和后台进程的状态；如果没有列表，则显示当前进程的状态。可选参数“jobID”可以是以“%”符号开头，以空格符分隔的一串作业号。

常用选项：-l 显示该作业的 PID。

6.3.2 Linux 的守护进程

任何在后台运行的程序都可以称为守护进程（Daemon）。守护进程给用户提供各式各样的服务和系统管理的工作，例如：打印、e-mail 都是由守护进程服务的。打印服务是由打印守护进程 lpd 所提供，而 e-mail 服务是由 smtpd 守护进程所提供，而 Web 服务是由 httpd 守护进程所提供。inetd 通常被称为 Linux 超级服务，在系统启动时产生一系列守护进程来处理各种与 Internet 相关的服务请求。通过查看/etc/inetd.conf 文件，可以知道系统中守护进程提供的服务。文件的每一行对应一个 inetd 提供的服务及相关命令。

6.3.3 Linux 定时作业调度

Linux 的 crond 守护进程任务是定期检查是否有要执行的作业，如果有需要执行的作业便会自动执行。crond 守护进程用于检查 /var/spool/cron 目录中是否存在一个和用户名同名的 crontab 文件。crond 进程的工作如下：

- 检查新的 crontab 文件。
- 阅读文件中列出的执行时间。
- 在适当时间提交执行命令。
- 侦听来自 crontab 命令的有关更新的 crontab 文件的通知。

crond 守护进程以几乎相同的方式来控制 at 文件的调度。这些文件存储在 /var/run 目录中。

1. crontab 命令

crontab 命令用来创建、编辑或删除 crontab 文件。每一个用户都可以有一个 crontab 文件来保存调度信息。可以使用它运行任意一个 shell 脚本或某个命令，每小时运行一次，或一周三次，这完全取决于你。crontab 命令的一般形式为：

命令语法：

crontab [-u user] –elr
crontab crontabname

常用选项：

-u 用户名；
-e 编辑 crontab 文件；
-l 列出 crontab 文件中的内容；
-r 删除 crontab 文件。

功能：第一种格式中，生成一个以用户名作为文件名的 crontab 文件；如果使用自己的名字登录，就不需使用-u 选项。第二种格式是注册 crontab 文件，如果已经有了一个注册的 crontab 文件，新的文件将被注册且替代老的文件。

crontab 文件中每一条目（行）表示一个特定的时间运行作业。下面是 crontab 文件的格式：

minute hour day month weekday command

crontab 文件的每一行是从左边读起的，第一个字段是分钟，最后一个字段是要运行的命令，它位于星期的后面。在这些字段中，可以用横杠（-）来表示一个时间范围，例如你希望星期一至星期五运行某个作业，那么可以在星期字段使用 1-5 来表示。还可以在这些字段中使用逗号（,），例如你希望星期一和星期四运行某个作业，只需要使用 1，4 来表示。可以用星号*来表示连续的时间段。如果你对某个表示时间的字段没有特别的限定，也应该在该字段填入*。该文件的每一个条目必须含有 5 个时间字段，而且每个字段之间要用空格分隔。该文件中所有的注释行要在行首用#来表示。

下面是 crontab 文件的一些条目例子：

例：下面的例子表示每晚的 23:30 运行/home/user1/目录下的 cleanup.sh 脚本程序。

30　23　*　*　*　/home/user1/cleanup.sh

例：下面的例子表示每周六、周日的 12 : 10 运行一个 find 命令。

10 12　*　*　6，0　/bin/find -name "core" -exec rm {} \;

2. at 命令

at 命令允许用户向 crond 守护进程提交作业，使其在稍后的时间运行。这里稍后的时间可能是指 10 分以后，也可能是指几天以后。一旦一个作业被提交，at 命令将会保留所有当前的环境变量，包括路径，不像 crontab，只提供缺省的环境。该作业的所有输出都将以电子邮件的形式发送给用户，除非你对其输出进行了重定向，绝大多数情况下是重定向到某个文件中。

命令语法：at [-f script] [-mlr] [time] [date]

选项/参数：

- -f　script 是所要提交的脚本文件或命令；
- -l　列出当前所有等待运行的作业，与 atq 命令具有相同的作用；
- -r　清除作业，为了清除某个作业，还要提供相应的作业号（jobid）；
- -m　作业完成后给用户发邮件；
- time　at 命令的时间格式非常灵活，可以是 h、hhmm、hh:mm 或 h:m，其中 h 和 m 分别是小时和分钟；
- date　日期格式可以是月份数或日期数，而且 at 命令还能够识别诸如 today、tomorrow 这样的词。

例：在 12:30 运行 at.sh 脚本程序

$ at –f at.sh 12:30

6.4 命令行中使用操作符

6.4.1 命令的顺序和并发执行

我们可以在一个命令行中输入多个命令来顺序或者并发执行它们。下面给出同一命令行中多个命令顺序执行的命令描述。

命令语法：command1;command2;command3;…;commandN

例：date;echo “hello linux”;who;

上面例子中，用分号作为各个命令的分隔符。第一个是输入 date 命令，第二个是输入 echo 命令，第三个是输入 who 命令。它们会顺序地先从 date 执行，执行完再执行 echo 命令，最后才会执行 who 命令。

我们可以在每一个命令后面加上一个“&”符号来使同一命令行中的命令并发执行。以“&”结尾的命令也会在后台执行。“&”符号前后都不必加空格，为了清楚，你也可以加上空格。

命令语法：command1& command2& command3&…& commandN&

例：date & echo “hello linux”& uname; who

上面例子中，date 和 echo 命令并发执行，然后顺序执行 uname 和 who 命令。date 和 echo 命令在后台执行，而 uname 和 who 命令在前台执行。

6.4.2 命令行中 AND 操作

AND 操作允许我们按照这样的方式执行一系列命令：只有在前面所有的命令都执行成功的情况下才执行后一条命令。

命令语法：command1 && command2 && command3 &&…&& commandN

从左开始顺序执行每条命令，如果一条命令返回的是 true，它右边的下一条命令才能够执行。如此继续直到有一条命令返回 false，或者所有命令都执行完毕。&&的作用是检查前一条命令的返回值。AND 操作在编写 shell 脚本程序中经常用到。

例：在下面的例子中，先执行 ls sample，检查文件 sample 是否存在。如果 sample 存在，那么就执行 rm sample，即删除 sample 文件。如果 sample 文件不存在，那么 rm sample 命令就不执行了。如果删除文件 sample 成功，则显示"sample 文件已被删除"信息。

$ ls sample && rm sample && echo "sample 文件已被删除"

6.4.3 命令行中 OR 操作

OR 操作允许我们持续执行一系列命令直到有一条命令成功为止，其后的命令将不再被执行。它的语法是：

命令语法：command1 || command2 || command3 || …|| commandN

从左开始顺序执行每条命令。如果一条命令返回的是 false，那么它右边的下一条命令才能够被执行，如此循环，直到有一条命令返回 true，或者列表中的所有命令都执行完毕。OR 操作在编写 shell 脚本程序中径常用到。

|| 操作和&&操作很相似，只是继续执行下一条命令的条件现在变为其前一条语句必须执行失败。

例：在下面的例子中，先执行 ls sample，检查文件 sample 是否存在。如果 sample 不存在，那么就执行 touch sample，即创建 sample 文件。如果 sample 文件存在，那么 touch sample 命令就不执行了。如果创建空文件 sample 成功，则显示"文件 sample 已被创建"信息。

$ ls sample || touch sample && echo "文件 sample 已被创建"

6.5 Linux 系统启动和进程层次结构

当我们启动 Linux 操作系统，GRUB（GRand Unified Bootloader，一个多操作系统引导工具）就会从硬盘加载 Linux 的内核到内存。它初始化各种硬件，然后 Linux 进入保护模式（protected mode）加载操作系统，然后初始化各种核心数据结构，像 i-node 和文件表（file tables）等。这个进程的 PID 为 0。它创建 init 进程（此进程 PID 为 1），而 init 进程启动其他进程。这个 init 进程启动守护进程 kflushd、kupdated、kpiod、kswapd（注意：不同的发行版会不一样），其 PID 分别为 2、3、4、5。init 进程初始化文件系统，然后挂载根文件系统，接着它会执行/sbin/init 的程序，在每个终端机执行 minegetty 进程（也称为 getty 进程）。getty 进程会设定终端机的属性，显示 login 的画面，让我们登录到 linux 系统。

在 login：提示符下，键入登录名并按<Enter>，getty 进程创建一个子进程。它转变为以你的登录名为参数的登录进程。登录进程提示你输入密码，并检查输入名和密码的有效性。如果发现两者均正确，登录进程产生一个子进程，它将转变成你的登录 shell。如果登录进程没有在/etc/passwd 文件中找到你的登录名或者输入的密码与/etc/passwd 文件中（或者/etc/shadow 文件）存放的密码不匹配，它将显示错误提示信息，然后终止。控制权又回到 getty 进程，重新显示 login：提示符。一旦进入登录 shell，你就可以完成自己的工作，还可以按<Ctrl-D>终止当前 shell。如果这样做了，shell 进程会终止，控制权又回到 getty 进程，再次显示 login：提示符，又开始循环。

我们可以使用 pstree 命令查看进程间的层次关系。ps –e f 命令或者 pstree 命令可以用图的形式显示当前系统中执行进程的进程树，显示进程间的父子关系。pstree 命令显示的图比 ps –e f 命令的更简洁。

在 bash 下，我们可以用 ulimit 显示用户可以同时执行的最大进程个数。

6.6 系统启动和关机

当加载 Linux 内核后，系统会进入执行/sbin/init 执行操作系统上的各个进程，然后再设定操作系统的环境变量（系统设定文件/etc/rc.d/rc.sysinit），最后系统根据运行级（runlevel）来打开图形或文本界面登录，runlevel 放在文件/etc/inittab 中，我们可以使用 vi /etc/inittab 编辑设定运行模式文件。

Runlevel 分成 7 种启动模式，如表 6-2 所示，每一种模式都规定了不同的系统环境，你可以在/etc/rc.d/子目录下看到许多名为“rc#.d”的子目录，其中的#代表 0-6 的运行级的数字。在每个 rc#.d 子目录中都包含许多 shell 脚本文件，这些文件名分两类：以 S 开头和以 K 开头的文件。以 S（Startup）开头的文件为系统启动时要执行的脚本文件，这些文件的执行顺序根据 S 后面的数字来决定，数字越小越早执行，不能随意修改这些数字。以 K（Kill）开头的文件是在系统退出该 runlevel 时执行的，也是根据文件名中数字的顺序执行的。

表 6-2　linux 系统运行级

运行级	说　明
0	关机
1	单用户模式
2	多用户模式（不支持 NFS）
3	完整多用户模式
4	未使用
5	X 窗口模式
6	重新开机模式

我们使用 shutdown 或 halt 命令关闭 Linux 系统。当然使用这些命令需要有管理员用

户权限。

例：下面是指定在早上 8:00 关机。

```
$ shutdown –h 8:00
```

例：下面的命令是指定计算机在三分钟后关机。

```
$ shutdown –h +3
```

例：下面的命令是指定计算机立刻关机。

```
$ halt
```

例：下面的命令使计算机重新开机。

```
$ reboot
```

6.7 输入、输出重定向

输入重定向用小于符号“<”来表示。它用来断开键盘和“命令”的标准输入之间的关联，然后将输入文件关联到标准输入。这样，如果命令从标准输入中读取输入，这个输入就是来自输入文件，而不是键盘。

命令语法：command < filename

功能：command 命令的输入来自于 filename 文件。

例：我们可以使用 mysql data< data.sql 来将 data.sql 的数据输入到 mysql 的 data 数据库中。

```
$ mysql data < data.sql
```

我们可以使用“命令 > 输出文件”，将命令产生的数据输出到输出文件中。大于“>”的符号为输出的符号。

命令语法：

command > filename

功能：command 命令输出的内容送到文件 filename 中，而不是显示器。

例：下面的命令将 create.c 的数据输出到 output.c，该命令等价于复制 create.c 文件，新的文件名为 output.c，即 cp create output 命令。

```
$ cat create.c > output.c
```

重定向可能覆盖文件。在重定向命令执行前，如果该文件已存在，那么，shell 将重写覆盖原来文件的内容。若不想这样，你可以使用“〉〉”符号，把命令输出添加到该文件末尾。例如在命令 cat create.c > output.c 执行前，output.c 文件已存在，可以使用 cat create.c >>output.c 命令，该命令不覆盖 output.c 文件，而是把 cat 命令的输出内容添加在 output.c 文件末尾。

为避免文件被覆盖，在 bash 中，我们可以用带有-o 选项的 set 命令来设定 noclobber 参数，如下所示。

$ set -o noclobber

当然，如果你想要永久设定这个选项，将这条命令放在文件~/.profile 中。

当设定了 noclobber 选项后，若重定向输出到某个已存在的文件，则 shell 将报告错误信息。可以用>| 操作符强制覆盖一个文件，如：cat memo letter >| stuff 。

可以执行命令 set +o noclobber 来允许覆盖文件。

6.8 使用文件描述符

Linux 的内核为每个已打开的文件赋予一个整数，称为文件描述符。标准输入、标准输出、标准出错的文件描述符分别是 0、1、2。bash 和 POSIX shell 允许用户打开文件并且将文件描述符关联到它们身上，而 TC shell 却不允许使用文件描述符。其他文件描述符通常情况下是从 3 到 19，称为用户定义的文件描述符。

通过使用文件描述符，在 bash 和 POSIX shell 中标准输入和标准输出能够分别用 0< 、1>和 2>操作符来重定向。因此 cat 1> outfile 和 cat > outfile 等价的。同样，ls -l foo 1> outfile 和 ls -l foo > outfile 是等价的。

文件描述符 0 能够作为“<”操作符的前缀，以显式地指出从一个文件重定向输入。

使用 2>操作符，在执行命令时，若有错误则被重定向。

例：在下面所示的命令中，在执行 grep 命令中若有错误，则把错误输出到 output.error 文件中。

$ grep “Joson” students 2>ouput.error

6.9 输入和输出重定向的组合使用

我们可以把小于<符号和大于>符号用在同一条命令中，实现更复杂的功能。

命令语法：

command < input-file > output-file
command > output-file < input-file

例：下面例子中，cat 命令的输入来自于 create.c 文件，同时 cat 命令再将数据传输出到 stdout.c 的文件中。

$ cat < create.c > stdout.c

例：下面的例子中，cat 命令的输入来自文件 ch1、ch2、ch3，它的输出内容送到了文件 ch.out 中，出错信息送到了文件 ch.error 中。如果这三个文件中的某一个不存在，或者用户对某一个没有读的权限，这条命令就会产生错误信息。

$ cat ch1 ch2 ch3 1> ch.out 2> ch.error

可以用一条命令实现重定向标准输入、标准输出和标准出错。

例：下面的 sort 命令，将一个名为 students 的文件中的各行进行排序，并且将排序好的内容输出到 students.sort。如果由于 students 文件不存在而造成 sort 命令不能执行，错误信息被送到显示器，而不是文件 sort.error。原因在于当 shell 判断文件 students 不存在的时候，标准错误依然关联到控制台上。

$ sort 0< students 1> students.sort 2> sort.error

在下面的命令中，如果文件 students 不存在的话，错误信息将送到文件 sort.error。原因在于错误重定向已经在 shell 判断文件 students 不存在之前完成了。

$ sort 2> sort.error 0< students 1> students.sort

前面这个例子原因在于，在 shell 命令行的解析中，重定向操作按照从左到右的顺序进行。

复制文件描述符，下面的命令将 cat 命令的标准输出和标准错误都重定向到文件 ch.out.error。

$ cat ch1 ch2 ch3 1> ch.out.error 2>&1

$ cat ch1 ch2 ch3 2> ch.out.error 1>&2

字符串 2> &1 告诉 shell，文件描述符 2 为文件描述符 1 的副本，这样的结果是导致标准输出和标准错误输出都被重定向到文件 ch.out.error 中。字符串 1>&2 shell，使文件描述符 1 为文件描述符 2 的一个副本。

6.10 管道（pipe）

我们可以用管道操作符“|”来连接进程。在 Linux 下通过管道连接的进程可以同时运行，并且随着数据流在它们之间的传递可以自动地进行协调。举一个简单的例子，我们可以使用 sort 命令对 ps 命令的输出进行排序。

如果不使用管道，必须要分两个步骤来实现，如下所示：

$ ps > psout

$ sort psout > pssort

一个较好的解决方案是用管道来连接进程，如下所示：

$ ps | sort > pssort

命令语法：command1 | command2 | command3 |…|commandN

功能：将命令 command1 的标准输出连接到 command2 的标准输入，command2 的标准输出连接到 command3 的标准输入，command3 的标准输出连接到 command4 的标准输入……， commandN-1 的标准输出连接到 commandN 的标准输入。

用管道连接的那些命令叫做过滤器（filter）。一个过滤器（filters）是一组 Linux 的命令，从标准输入经过处理送到标准输出。经常用于管道的命令有 cat、grep、gzip、lp、pr、more、sort、uniq、wc 等。

例：在命令 ls -l | more 中，命令 more 将命令 ls -l 的输出作为它的输入。这条命令的实际意义是将 ls -l 的输出分屏显示到显示器上。

$ ls –l | more

例：下面的命令中，将 who 命令的标准输出作为 sort 命令的标准输入，sort 的标准输出作为 lpr 命令的标准输入。

$ who -a | sort | lpr

例：假设我们想看看所有系统中运行的进程的名字，但不包括 shell 本身，可以使用下面的命令：

$ ps -aux | sort | uniq | grep –v bash |more

这个命令首先按字母顺序排序 ps 命令的输出，再用 uniq 命令去除重复的内容，然后用 grep –v bash 命令删除名为 bash 的进程，最终将结果分屏显示在屏幕上。

I/O 重定向和管道可以用在同一条命令中，如下所示：

$ grep “John” < students | lpr -Pspr

命令 grep 在文件 students 中查找含有字符串“John”的行，并且把这些行输入到 lpr 的命令中，然后将这些行在名为 spr 的打印机上打印出来。

实验内容

1. 进入你的 Linux 系统。

2. 在你进入系统中，有多少进程在运行？进程 init、bash、ps 的 PID 是多少？init、bash 和 ps 进程的父进程是哪一个？这些父进程的 ID 是什么？给出你得到这些信息的会话过程。

3. 你系统中有多少个 HTTP 服务进程？它们的进程 ID 是什么？获得上面每个信息用一个命令实现。给出你的会话过程。

4. 有多少个 sh、bash、csh 和 tcsh 进程运行在你的系统中？给出会话过程。

5. Linux 系统中，进程可以在前台或后台运行。前台进程在运行结束前一直控制着终端。若干个命令用分号（;）分隔形成一个命令行，用圆括号把多个命令挂起来，它们就在一个进程里执行。使用“&”符作为命令分隔符，命令将并发执行。可以在命令行末尾加“&”使之成为后台命令。

请用一行命令实现以下功能：它一小时后在屏幕上显示文字“Time for Lunch!”来提醒你去吃午餐。给出会话过程。

6. 在 shell 提示符下，运行 tcsh 程序，再用 ps 命令显示 tcsh 进程的 PID，最后用 kill 命令终止 tcsh 进程。给出会话。

7. 写一命令行，使得 `date`、`uname -a`、`who` 和 `ps` 并发执行。给出会话过程。

8. 写一命令行，先后执行 `date`、`uname -a`、`who` 和 `ps` 命令，后面 3 个命令的执行条件是：当只有前面一个命令执行成功后，才能执行后面一个命令。给出会话过程。

9. 在 shell 下执行下面的命令。3 个 pwd 命令的运行结果是什么？

```
$ pwd
$ bash
$ cd \usr
$ pwd
$ …
$<Ctrl-D>   #终止 shell
$ pwd
```

“$”为系统提示符

10.显示你主目录下 foobar 文件的绝对路径，错误信息重定向到/dev/null 中。给出你的会话。

11. 搜索你目录下 foobar 文件，保存它的绝对路径到 foobar.path 文件中，错误信息写到/dev/null 中，再显示 foobar.path 文件的内容。给出会话过程。

12. 有一个 pro1 程序，输入从标准输入设备中读入，输出送到标准输出设备中。现在运行这个程序，要求输入从 student.records 中读入，输出结果重定向到 output.data 文件中，错误重定向到 error.log 文件中。用一条命令来实现上述过程。

13. 用一行命令显示当前登录到系统中的用户的数量。给出命令和输出结果。

14. 用一行命令显示第一个登录到系统中的用户的名字。给出命令和输出结果。

15. 计算命令 ls -l 的输出中的字符数、单词数和行数，并把它显示在显示器上。给出命令和输出结果。

16. 在/bin 目录下，有多少个符号连接文件？给出这个命令和它的输出。

17. 用 pstree 命令显示你系统中进程层次结构。

18. 退出系统。

第7章　C语言开发工具

实验目的

- 学习理解 Linux 环境中将 C 程序转换成可执行文件所经历的过程。
- 学习使用 Linux 环境中将 C 程序转换成可执行文件所采用的命令。
- 学习使用 indent、gcc、make、gdb 命令。

实验指导

Linux 操作系统提供了非常好的编程环境，Linux 系统支持多种高级语言。C 语言是 Linux 中最常用的系统编程语言之一，Linux 内核绝大部分代码是用 C 语言编写的，Linux 平台上的相当多的应用软件也是用 C 语言开发的。使用 C 语言，软件开发人员可以通过函数库和系统调用非常方便地实现系统服务。另外，还有很多有用的工具为程序开发和维护提供便利。

Linux 操作系统拥有许多用于程序的生成以及分析的软件工具。其中包括用于编辑和缩进代码、编译与连接程序、处理模块化程序、创建程序库、剖析代码、检验代码可移植性、源代码管理、调试、跟踪以及检测运行效率等的工具。在这一章里，我们将介绍一些常用的 C 语言工具，主要包括 gcc、make 工具。make 工具可以用来跟踪那些更新过的模块，并确保在编译时使用所有程序模块的最新版本。

7.1　编写程序的工具

我们编写程序可以用 Linux 文本编辑器（如：pico 编辑器、vi 编辑器、gedit 编辑器、emacs 编辑器和 xemacs 编辑器）。

我们首先使用 vi 编辑器来编辑 hello.c，这是一个 C 语言的文件。

```
$ vi hello.c
```

输入下列程序代码：

```
#include <sdtio.h>
#include <sdtlib.h>
int main（）
{
int i， j;
for （i=0，j=10; i < j; i++）
{
```

```
printf（"HELLO， LINUX WORLD\n"）;
exit（0）
}
}
```

我们使用 indent 命令来将 hello.c 自动调整 C 代码的缩进风格。默认情况下 indent 会按照 GNU 风格进行缩进，并保留用户输入的所有回车符。indent 命令简要描述如下。

命令语法：

```
indent [options] [sourcefilename-list]
indent [options] [sourcefilename] [-o outfilename]
```

常用选项：

-bad 在声明变量后空一行。

-bap 在函数体后空一行。

-bl 按 Pascal 方式缩进代码。

-bls 把结构体声明后的大括号放到单独的一行上。

-kr 以 Kernighan &Ritchie coding 风格缩进代码。

-orig 按 Berkeley 风格缩进代码。

-st 把缩进后的结果送到标准输出。

注意：在以下两行注释之间的代码不会被 indent 缩进，注意*与 INDENT、ON 和 OFF 与*之间没有空格、但你可以在两个*之间随意增加空格。

```
/**INDENT OFF**/
/**INDENT ON**/
```

例：使用 indent -st hello.c 将 hello.c 以标准格式输出。

```
$ indent -st hello.c
#include <sdtio.h>
#include <sdtlib.h>
int main（）
    {
        int i， j;
        for （i=0，j=10; i < j; i++）
        {
            printf（"HELLO， LINUX WORLD\n"）;
            exit（0）
        }
    }
```

例：使用 indent -kr -st hello.c 命令，将 hello.c 以 Kernighan &Ritchie coding 风格缩进代码。

```
$ indent -kr -st hello.c
  #include <sdtio.h>
  #include <sdtlib.h>
```

```
int main（）
  {
      int i，  j;
      for （i=0，j=10; i < j; i++）{
           printf（"HELLO，  LINUX WORLD\n"）;
           exit（0）
      }
  }
```

7.2 编译 C 语言程序

7.2.1 gcc 编译器

Linux 下最常用的 C 编译器是 GNU gcc（http://gcc.gnu.org）。gcc 是一个 ANSI C 兼容编译器。C++编译器（如 g++，GNU compiler for C++）也可以用于编译 C 程序，事实上 g++ 内部还是调用了 gcc，只不过加上了一些命令行参数使得它能够识别 C++源代码。我们主要介绍 gcc 编译器，它是 Linux 平台上应用最广泛的 C 编译器。

gcc 命令可以启动 C 编译系统，当执行 gcc 时，它将完成预处理、编译、汇编和连接 4 个步骤并最终生成可执行代码。产生的可执行程序默认被保存为 a.out 文件。gcc 命令可以接受多种文件类型并依据用户指定的命令行参数对它们做出相应处理。这些文件类型包括静态链接库（扩展名为.a），C 语言源文件（.c），C++源文件（.C、.cc 或者.cpp），汇编语言源文件（.s），预处理输出文件（.i）和目标代码（.o）。如果 gcc 无法根据一个文件的扩展名决定它的类型，它将假定这个文件是一个目标文件或库文件。

命令语法：

gcc [options] filename-list

常用选项：

-ansi　以 ANSI 标准。

-c　跳过连接步骤，编译成目标（.o）文件。

-g　创建用于 gdb（GNU DeBugger）的符号表和调试信息。

-l 库文件名　连接库文件。

-m 类型　根据给定的 CPU 类型优化代码。

-o 文件名　将生成的可执行程序保存到指定文件中，而不是默认的 a.out。

-O[级别]　根据指定的级别（0-3）进行优化；数字越大优化程度越高。如果指定级别为 0（默认），编译器将不做任何优化。

-pg　产生供 GNU 剖析工具 gprof 使用的信息。

-S　跳过汇编和连接阶段，并保留编译产生的汇编代码（.s 文件）。

-v　产生尽可能多的输出信息。

-w　　　忽略警告信息。

-W　　　产生比默认模式更多的警告信息。

gcc 有 100 多个编译选项。很多 gcc 选项包括一个以上的字符，因此必须为每个选项指定各自的连字符， 并且就像大多数 Linux 命令一样不能在一个单独的连字符后跟一组选项。例如， 下面的两个命令是不同的：

```
gcc -p -g hello.c
gcc -pg hello.c
```

第一条命令告诉 gcc 编译 hello.c 时为 prof 命令建立剖析（profile）信息并且把调试信息加入到可执行的文件里；第二条命令只告诉 gcc 为 gprof 命令建立剖析信息。

例：下面 gcc 命令，不带任何选项，编译后生成 a.out 可执行文件。./a.out 是运行该程序，即在当前目录下查找 a.out 文件。

```
$ gcc hello.c
$ ./a.out
```

例：下面 gcc 命令，带-o 选项，编译后生成可执行文件名为 hello。

```
$ gcc -o hello hello.c
```

例：可以用-c 选项编译成目标文件，下面命令中，前三个 gcc 编译后生成目标文件 fd.o、fs.o、fm.o。最后一个 gcc 命令，连接已编译好的目标文件，生成可执行程序文件名为 fall。

```
$gcc -c fd.c
$gcc -c fs.c
$gcc -c fm.c
$gcc fd.o fs.o  fm.o -o fall
```

7.2.2 函数库

函数库是一组预先编译好的函数的集合，这些函数都是按照可重用的原则编写的。它们通常由一组相互关联的函数组成并执行某项常见的任务。

标准系统库文件一般存放在 Linux 文件系统/lib 和 /usr/lib 目录中。C 语言编译器需要知道要搜索哪些库文件，默认情况下，它只搜索标准 C 语言库。仅把库文件放在标准目录中，然后希望编译器找到它是不够的，库文件必须遵循特定的命名规范并且需要在命令行中明确指定。

库文件的名字总是以 lib 开头，随后的部分指明这是什么库（例如，c 代表 C 语言库，m 代表数学库）。文件名的最后部分以开始，然后给出库文件的类型：

.a 代表传统的静态函数库；

.so 代表共享函数库。

例如，libm.a 为静态数学函数库。

函数库通常以静态库和共享库两种格式存在，可用 ls /usr/lib 命令查看。可以通过给出完整的路径名或用-l 标志来指示编译器要搜索的库文件。例如：

```
$ gcc -o hello hello.c /usr/lib/libm.a
```

这条命令指示编译器编译文件 hello.c，将编译产生的程序文件命名为 hello，并且除搜索标准的 C 语言函数库外，还搜索数学库以解决函数引用问题。下面的命令也能产生类似的结果：

```
$ gcc -o hello hello.c -lm
```

-lm（在字母 1 和 m 之间没有空格）是简写方式，它代表的是标准库目录（本例中是/usr/lib）中名为 libm.a 的函数库。-lm 标志的另一个优点是如果有共享库，编译器会自动选择共享库。

虽然库文件和头文件一样，通常都保存在标准位置，但我们也可以通过-L（大写字母）标志为编译器增加库的搜索路径。例如：

```
$ gcc -o x11pro1 x11hello.c -L/usr/openwin/lib -lX11
```

这条命令用/usr/openwin/lib 目录中的 libX11 库来编译和链接程序 x11hello。

1. 静态库

函数库最简单的形式是一组处于"准备好使用"状态的目标文件。当程序需要使用函数库中的某个函数时，它包含一个声明该函数的头文件。编译器和链接器负责将程序代码和函数库结合在一起以组成一个单独的可执行文件。我们必须用-l 选项指明除标准 C 语言运行库外还需使用的库。

静态库，也称作归档库（archive），按惯例它们的文件名都以.a 结尾。比如，标准 C 语言函数库/usr/lib/libc.a 和 X11 函数库/usr/X11/lib/libX11.a。

可以容易地创建和维护自己的静态库，只要使用 ar（代表 archive，即建立归档文件）程序和 gcc -c 命令对函数分别进行编译。我们应该尽可能把函数分别保存到不同的源文件中。如果函数需要访问公共数据，则把它们放在同一个源文件中，并使用在该文件中声明的静态变量。

下面我们来创建一个小型函数库，它包含两个函数，然后在一个示例程序中调用其中一个函数。这两个函数分别是 pro1 和 pro2。按下面步骤生成函数库及测试函数库。

首先，为两个函数分别创建各自的源文件（将它们分别命名为 pro1.c 和 pro2.c）。

```
$ cat pro1.c
#include <sdtio.h>
    void pro1（int arg）
    {
        printf（"hello：%d\n"，arg）
    }

$ cat pro2.c
#include <sdtio.h>
    void pro2（char *arg）
    {
        printf（"您好：%s\n"，arg）
    }
```

（2） 分别编译这两个函数，产生要包含在库文件中的目标文件。这通过调用带有-c 选项的 gcc 编译器来实现，-c 选项的作用是阻止编译器创建一个完整的程序，gcc 将把源程序编译成目标程序，文件名以.o 结尾。如果此时试图创建一个完整的程序将不会成功，因为我们还未定义 main 函数。

```
$ gcc -c pro1.c pro2.c
$ ls *.o
pro1.o pro2.o
```

（3）现在编写一个调用 pro2 函数的程序。首先，为我们的库文件创建一个头文件 lib.h。这个头文件将声明我们的库文件中的函数，它应该被所有希望使用我们的库文件的应用程序所包含。

```
$ cat lib.h
/*lib.h：pro1.c，pro2.c*/
void pro1（int）；
void pro2（char *）；
```

（4） 主程序（program.c）非常简单。它包含库的头文件并且调用库中的一个函数。

```
$ cat program.c
#include “lib.h”
int main（）
{
    pro2（“Linux world”）；
    exit（0）；
}
```

（5） 现在，我们来编译并测试这个程序。我们暂时为编译器显式指定目标文件，然后要求编译器编译我们的文件并将其与预先编译好的目标模块 pro2.o 链接。

```
$ gcc -c program.c
$ gcc -o program program.o pro2.o
$ ./program
您好：Linux world
```

（6） 现在，创建并使用一个库文件。我们用 ar 程序创建一个归档文件并将目标文件添加进去。这个程序之所以称为 ar，是因为它将若干单独的文件归并到一个大的文件中以创建归档文件。注意，我们也可以用 ar 程序来创建任何类型文件的归档文件。

```
$ ar crv libfoo.a pro1.o pro2.o
```

我们的函数库现在即可使用了。可以在编译器命令行的文件列表中添加该库文件以创建我们的程序，如下所示：

```
$ gcc -o program program.o libfoo.a
$ ./program
您好：Linux world
```

也可以用-l 选项来访问我们的函数库，但是因为其未保存在标准位置，所以必须用-L 选项来指示 gcc 在何处可以找到它，如下所示：

```
$gcc -o program program.o -L. -lfoo
```

-L.选项指示编译器在当前目录“.”中查找函数库。-lfoo 选项指示编译器使用名为 libfoo.a 的函数库（或者名为 libfoo.so 的共享库，如果它存在的话）。

要查看目标文件、函数库或可执行文件里包含的函数，我们可使用 nm 命令。如果我们查看 program 和 libfoo.a，就会看到函数库 libfoo.a 中包含 pro1 和 pro2 两个函数，而 program 里只包含函数 pro2。创建程序时，它只包含函数库中实际需要的函数。虽然程序中的头文件包含函数库中所有函数的声明，但这并不将整个函数库包含在最终的程序中。

2. 共享库

静态库的一个缺点，当同时运行许多应用程序并且它们都使用来自同一个函数库的函数时，就会在内存中有同一函数的多份拷贝，在程序文件自身中也有多份同样的拷贝。这将消耗大量宝贵的内存和磁盘空间。共享库克服了这种不足，可以用共享库来实现函数的动态链接。

目前大多数操作系统都支持共享库，Linux 支持共享库（动态链接库）。共享库的保存位置与静态库是一样的，但共享库有不同的文件名后缀。在典型的 Linux 系统中，标准数学库的共享库是/usr/lib/libm.so。

程序使用共享库时，它的链接方式是这样的：它本身不再包含函数代码，而是运行时可访问的共享代码。当编译好的程序被装载到内存中执行时，函数引用被解析并产生对共享库的调用，如果有必要共享库才被加载到内存中。

通过这种方法，系统可只保留共享库的一份拷贝并供许多应用程序同时使用，并且在磁盘上也仅保存一份。另一个好处是共享库的更新可以独立于依赖它的应用程序。文件/usr/lib/libm.so 是对实际库文件修订版本（/usr/lib/libm.so.N，其中 N 代表主版本号）的符号链接。Linux 启动应用程序时，它会考虑应用程序需要的函数库版本，以防止新的主版本函数库致使旧的应用程序不能使用。

对 Linux 系统来说，负责装载共享库并解析客户程序函数引用的程序（动态装载器）是 ld.so，也可能是 ld-linux.so.2 或 ld-lsb.so.1。搜索共享库的其他位置可以在文件/etc/ld.so.conf 中配置，如果修改了这个文件，就需要用命令 ldconfig 来处理（例如，安装了 X 视窗系统后需要添加 X11 共享库）。我们可通过运行工具 ldd 来查看程序需要的共享库。

共享库在许多方面类似于 Windows 中使用的动态链接库。.so 库对应于.DLL 文件，在程序运行时加载，而.a 库类似于.LIB 文件，包含在可执行程序中。

7.3 make 工具

7.3.1 make 命令

在 C 语言开发的大型软件中都包含很多源文件和头文件，这些文件间通常彼此依赖，且关系复杂。如果用户修改了一个其他文件所依赖的文件，则必须重新编译所有依赖它的文件。例如，拥有多个源文件，所有这些文件都使用同一个头文件。如果用户修改了这个头文件，就必须重新编译每个源文件。

Linux 有个很强大的工具 make，它可以管理我们多个模块。make 工具提供灵活的机制来建立大型的软件项目。make 工具依赖于一个特殊的，名字为 makefile 或 Makefile 的文件，这个文件描述了系统中各个模块之间的依赖关系。系统中部分文件改变时，make 根据这些关系决定一个需要重新编译的文件的最小集合。如果我们的软件包括几十个源文件和多个可执行文件，这时 make 工具特别有用。

命令语法：

make [选项] [目标] [宏定义]

常用选项：

-d　　显示调试信息。

-f 文件　此选项告诉 make 使用指定文件作为依赖关系文件，而不是默认的 makefile 或 Makefile，如果指定的文件名是“-”，那么 make 将从标准输入读入依赖关系。

-n　　不执行 makefile 中的命令，只是显示输出这些命令。

-s　　执行但不显示任何信息。

7.3.2 make 规则

GNU make 的主要功能是读进一个文本文件 makefile 并根据 makefile 的内容执行一系列的工作。makefile 的默认文件名为 GNUmakefile、makefile 或 Makefile，当然也可以在 make 的命令行中指定别的文件名。如果不特别指定，make 命令在执行时将按顺序查找默认的 makefile 文件。多数 Linux 程序员使用第三种文件名 Makefile。因为第一个字母是大写，通常被列在一个目录的文件列表的最前面。

Makefile 是一个文本形式的数据库文件，其中包含一些规则来告诉 make 处理哪些文件以及如何处理这些文件。这些规则主要是描述哪些文件（称为 target 目标文件，不要和编译时产生的目标文件相混淆）是从哪些别的文件（称为 dependency 依赖文件）中产生的，以及用什么命令（command）来执行这个过程。

依靠这些信息，make 会对磁盘上的文件进行检查，如果目标文件的生成或被改动时的时间（称为该文件时间戳）至少比它的一个依赖文件还旧的话，make 就执行相应的命令，以更新目标文件。目标文件不一定是最后的可执行文件，可以是任何一个中间文件并可以作为其他目标文件的依赖文件。

一个 Makefile 文件主要含有一系列的 make 规则，每条 make 规则包含以下内容：

目标文件列表:依赖文件列表

<TAB>命令列表

目标（target）文件列表：即 make 最终需要创建的文件，中间用空格隔开，如可执行文件和目标文件；目标可以是要执行的动作，如“clean”。

依赖文件（dependency）列表：通常是编译目标文件所需要的其他文件。

命令（command）列表：是 make 执行的动作，通常是把指定的相关文件编译成目标文件的编译命令，每个命令占一行，且每个命令行的起始字符必须为 TAB 字符。

除非特别指定，否则make的工作目录就是当前目录。target是需要创建的二进制文件或目标文件，dependency是在创建target时需要用到的一个或多个文件的列表，命令序列是创建target文件所需要执行的步骤，比如编译命令。

例：有以下的Makefile文件：

```
$ cat Makefile
# 一个简单的Makefile的例子，以#开头的为注释行。
test: prog.o code.o
      gcc -o test prog.o code.o
 prog.o: prog.c prog.h code.h
        gcc -c prog.c -o prog.o
 code.o: code.c code.h
        gcc -c code.c -o code.o
 clean:
        rm -f   *.o
```

上面的Makefile文件中共定义了四个目标：test、prog.o、code.o和clean。目标从每行的最左边开始写，后面跟一个冒号“:”，如果有与这个目标有依赖性的其他目标或文件，把它们列在冒号后面，并以空格隔开。然后另起一行开始写实现这个目标的一组命令。在Makefile中，可使用续行号“\”将一个单独的命令行延续成几行。但要注意在续行号“\”后面不能跟任何字符（包括空格和键）。

一般情况下，调用make命令可输入：

$ make target

target是Makefile文件中定义的目标之一，如果省略target，make就将生成Makefile文件中定义的第一个目标。对于上面Makefile的例子，单独的一个“make”命令等价于：

$ make test

test是Makefile文件中定义的第一个目标，make首先将其读入，然后从第一行开始执行，把第一个目标test作为它的最终目标，所有后面的目标的更新都会影响到test的更新。第一条规则说明只要文件test的时间戳比文件prog.o或code.o中的任何一个旧，下一行的编译命令将会被执行。

在检查文件prog.o和code.o的时间戳之前，make会在下面的行中寻找以prog.o和code.o为目标的规则，在第三行中找到了关于prog.o的规则，该文件的依赖文件是prog.c、prog.h和code.h。同样，make会在后面的规则行中继续查找这些依赖文件的规则，如果找不到，则开始检查这些依赖文件的时间戳，如果这些文件中任何一个的时间戳比prog.o的新，make将执行“gcc –c prog.c –o prog.o”命令，更新prog.o文件。

以同样的方法，接下来对文件code.o做类似的检查，依赖文件是code.c和code.h。当make执行完所有这些套嵌的规则后，make将处理最顶层的test规则。如果关于prog.o和code.o的两个规则中的任何一个被执行，至少其中一个.o目标文件就会比test新，那么就要执行test规则中的命令，因此make去执行gcc命令将prog.o和code.o连接成目标文件test。

在上面Makefile的例子中，还定义了一个目标clean，它是Makefile中常用的一种专用目标，即删除所有的目标模块。

7.3.3 Makefile中的变量

Makefile 中的变量就像一个环境变量。事实上，环境变量在 make 中也被解释成 make 的变量。这些变量对大小写敏感，一般使用大写字母。

Makefile 中的变量是用一个字符串在 Makefile 中定义的，这个字符串就是变量的值。只要在一行的开始写下这个变量的名字，后面跟一个“=”号，以及要设定这个变量的值即可定义变量，下面是定义变量的语法：

```
VARNAME=string
```

引用变量时，把变量用花括号括起来，并在前面加上$符号，就可以引用变量的值：

```
${VARNAME}
```

make 解释规则时，VARNAME 在等式右端展开为定义它的字符串。变量一般都在 Makefile 的前面部分定义。按照惯例，所有的 Makefile 变量都应该是大写。如果变量的值发生变化，就只需要在一个地方修改，从而简化了 Makefile 的维护。

现在利用变量把前面的 Makefile 重写一遍：

```
OBJS=prog.o code.o
CC=gcc
 test: ${ OBJS }
      ${ CC } -o test ${ OBJS }
 prog.o: prog.c prog.h code.h
      ${ CC } -c prog.c -o prog.o
 code.o: code.c code.h
      ${ CC } -c code.c -o code.o
 clean:
      rm -f   *.o
```

除用户自定义的变量外，make 还允许使用环境变量、自动变量和预定义变量。使用环境变量的方法很简单，在 make 启动时，make 读取系统当前已定义的环境变量，并且创建与之同名同值的变量，因此用户可以像在 shell 中一样在 Makefile 中方便地引用环境变量。需要注意的是，如果用户在 Makefile 中定义了同名的变量，用户自定义变量将覆盖同名的环境变量。此外，Makefile 中还有一些预定义变量和自动变量，但是看起来并不像自定义变量那样直观，如表 7-1 所示。

表 7-1 make 工具的一些常用预定义变量

预定义变量	含 义
$@	当前目标文件的名字，如应用于创建库文件时，它的值就是库文件名
$?	比当前目标文件新的依赖文件（即当前目标文件所依赖的那些文件）列表
$<	比当前目标文件新的第一个依赖文件
$^	用空格隔开的所有依赖文件（重复出现的文件名只保留一个，如果有的话）

在上面的例子中，可以简化为：

```
OBJS=prog.o code.o

CC=gcc
test: ${ OBJS }
      ${ CC } -o $@ $^
prog.o: prog.c prog.h code.h
code.o: code.c code.h
 clean:
      rm -f    *.o
```

7.4 gdb 调试工具

Linux 系统中有很多调试器，包括：gdb、kgdb、xxgdb、mxgdb 等。GNU 调试程序 gdb（GNU DeBugger）可以用于调试 C、C++、Module-2、PASCAL 等多种语言写成的程序。

gdb 所提供的一些功能有：

- 运行程序，设置所有的能影响程序运行的参数和环境；
- 控制程序在指定的条件下停止运行；
- 当程序停止时，可以检查程序的状态；
- 修改程序的错误，并重新运行程序；
- 动态监视程序中变量的值；
- 可以单步执行代码，观察程序的运行状态。

可以通过 gdb 命令启动它，一旦启动完成，它会从键盘接受用户命令并完成相应的任务，直到你输入 quit 让它退出执行为止。下面是对 gdb 命令的简要描述。

命令语法：gdb [选项][可执行程序[core 文件|进程 ID]]

功能：跟踪指定程序的运行，给出它的内部运行状态以协助你定位程序中的错误。你还可以指定一个程序运行错误产生的 core 文件，或者正在运行的程序进程 ID。

常用选项：

-c core 文件	使用指定 core 文件检查程序。
-h	列出命令行选项的简要介绍。
-n	忽略~/.gdbinit 文件中指定的执行命令。
-q	禁止显示介绍信息和版权信息。
-s 文件	使用保存在指定文件中的符号表。

gdb 启动时默认会读入~/.gdbinit 文件并执行里面的命令，使用-n 可以告诉 gdb 忽略此文件。

启动 gdb ： 要使用 gdb 调试程序，必须使用-g 参数重新编译该程序。此选项用于生成包含符号表和调试信息的可执行文件。程序成功编译以后，就可以使用 gdb 调试它，注意 gdb 产生的（gdb）提示符。

```
$ gcc -g hello.c -o hello
$ gdb -q hello
```

……
（gdb）

启动gdb后，可以使用很多命令。输入help命令，可以获得gdb的帮助信息，如果不带任何参数，help将列出gdb命令的种类，而help run则会简单介绍关于运行程序的gdb命令。类似地，help tracepoints会告诉你如何设置跟踪点，以便跟踪程序的执行而不必中止程序。

使用quit命令可以离开gdb环境并回到shell提示符。

要详细了解gdb的使用，请浏览http://www.gnu.org/software/gdb/gdb.html网页，或在Linux shell提示符输入man gdb，可以获得gdb帮助。

gdb支持很多的命令且能实现不同的功能。这些命令从简单的文件装入到允许你检查所调用的堆栈内容的复杂命令，下面列出了在使用gdb调试时会用到的部分命令：

file　装入想要调试的可执行文件。
cd　改变工作目录。
pwd　返回当前工作目录。
run　执行当前被调试的程序。
kill　停止正在调试的应用程序。
list　列出正在调试的应用程序的源代码。
break　设置断点。
tbreak　设置临时断点。它的语法与break相同。区别在于用tbreak设置的断点执行一次之后立即消失。
watch　设置监视点，监视表达式的变化。
awatch　设置读写监视点。当要监视的表达式被读或写时将应用程序挂起。它的语法与watch命令相同。
rwatch　设置读监视点，当监视表达式被读时将程序挂起，等待调试。此命令的语法与watch相同。
next　执行下一条源代码，但是不进入函数内部。也就是说，将一条函数调用作为一条语句执行。执行这个命令的前提是已经run，开始了代码的执行。
step　执行下一条源代码，进入函数内部。如果调用了某个函数，会跳到函数所在的代码中等候一步步执行。执行这个命令的前提是已经用run开始执行代码。
display　在应用程序每次停止运行时显示表达式的值。
info break　显示当前断点列表，包括每个断点到达的次数。
info files　显示调试文件的信息。
info func　显示所有的函数名。
info local　显示当前函数的所有局部变量的信息。
info prog　显示调试程序的执行状态。
print　显示表达式的值。
delete　删除断点。指定一个断点号码，则删除指定断点；不指定参数，则删除所有的断点。

shell　执行 Linux Sheli 命令。
make　不退出 gdb 而重新编译生成可执行文件。
quit　退出 gdb。

实验内容

1. 登录到你的 Linux 系统。

2. Makfile 文件中的每一行是描述文件间依赖关系的 make 规则。本实验是关于 Makefile 内容的，您不需要在计算机上进行编程运行，只要书面回答下面这些问题。

对于下面的 Makefile 文件:

```
CC = gcc
OPTIONS = -O3 -o
OBJECTS = main.o stack.o misc.o
SOURCES = main.c stack.c misc.c
HEADERS = main.h stack.h misc.h
polish: main.c $（OPJECTS）
$（CC） $（OPTIONS） power $（OBJECTS） -lm
main.o: main.c main.h misc.h
stack.o: stack.c stack.h misc.h
misc.o: misc.c misc.h
```

回答下列问题：

（1）所有变量名字。
（2）所有目标文件的名字。
（3）每个目标的依赖文件。
（4）生成每个目标文件所需执行的命令。
（5）画出 Makefile 对应的依赖关系树。
（6）生成 main.o stack.o 和 misc.o 时会执行哪些命令，为什么？

3. 用编辑器创建 main.c、compute.c、input.c、compute.h、input.h 和 main.h 文件。下面是它们的内容。注意 compute.h 和 input.h 文件仅包含了 compute 和 input 函数的声明但没有定义。定义部分是在 compute.c 和 input.c 文件中。main.c 包含的是两条显示给用户的提示信息。

```
$ cat compute.h
  /* compute 函数的声明原形 */
  double compute（double， double）;
$ cat input.h
  /* input 函数的声明原形 */
  double input（char *）;
$ cat main.h
  /* 声明用户提示 */
```

```
  #define PROMPT1 "请输入 x 的值："
  #define PROMPT2 "请输入 y 的值："
$ cat compute.c
  #include <math.h>
  #include <stdio.h>
  #include "compute.h"
  double compute（double x， double y）
{
    return （pow （(double）x， （double）y））;
}
$ cat input.c
  #include <stdio.h>
  #include"input.h"
  double input（char *s）
  {
    float x;
    printf（"%s"， s）;
    scanf（"%f"， &x）;
    return （x）;
  }
$ cat main.c
  #include <stdio.h>
  #include "main.h"
  #include "compute.h"
  #include "input.h"

  main（）
  {
    double x， y;
    printf（"本程序从标准输入获取 x 和 y 的值并显示 x 的 y 次方.\n"）;
    x = input（PROMPT1）;
    y = input（PROMPT2）;
    printf（"x 的 y 次方是:%6.3f\n"，compute（x，y））;
  }
```

为了得到可执行文件 power，我们必须首先从三个源文件编译得到目标文件，并把它们连接在一起。下面的命令将完成这一任务。注意，在生成可执行代码时不要忘了连接上数学库。

```
$ gcc -c main.c input.c compute.c
$ gcc main.o input.o compute.o -o power -lm
```

相应的 Makefile 文件是:

```
$ cat Makefile
power: main.o input.o compute.o
        gcc main.o input.o compute.o -o power -lm

main.o: main.c main.h input.h compute.h
        gcc -c main.c

input.o: input.c input.h
        gcc -c input.c

compute.o: compute.c compute.h
        gcc -c compute.c
$
```

（1）创建上述三个源文件和相应头文件，用 gcc 编译器，生成 power 可执行文件，并运行 power 程序。给出完成上述工作的步骤和程序运行结果。

（2）创建 Makefile 文件，使用 make 命令，生成 power 可执行文件，并运行 power 程序。给出完成上述工作的步骤和程序运行结果。

4. 下面程序的功能是提示你输入一个整数并把它显示到屏幕上，现在它能够通过编译但运行不正常。利用 gdb 找出它的错误并改正它。重新编译和运行改过的程序以确保它工作正常。

```
#include<stdio.h>

#define PROMPT "请输入一个整数："

void get_input（char *， int *）;

void main（）
{
     int       *user_input;
     get_input（PROMPT， user_input）;
   （void） printf（"你输入了：%d。\n"， user_input）;
}

void get_input（char *prompt， int *ival）
{
```

```
  (void) printf("%s", prompt);
   scanf("%d", ival);
}
```

5. 退出系统。

第 8 章　Bourn Again Shell 编程

实验目的

- 学习理解 Bourne Again shell 脚本的基本概念。
- 学习理解 Bourne Again shell 脚本的执行过程。
- 学习理解 shell 变量的概念及使用方法。
- 学习理解 Bourne Again shell 脚本的命令行参数传递。
- 学习理解 Bourne Again shell 脚本命令替换的概念。
- 学习使用 Bourne Again shell 基本语句编写脚本。
- 学习理解 Bourne Again shell 是如何处理数值数据的。
- 学习使用 Bourne Again shell 中的数组、函数和信号。
- 学习利用文件描述符进行文件 I/O 操作。
- 学习如何调试 Bourne Again shell 脚本。

实验指导

shell 既是命令解释程序，又是一种高级程序设计语言。shell 是解释型语言，这使得调试工作比较容易进行，因为你可以逐行地执行指令，而且节省了重新编译的时间。然而，这也使得 shell 不适合用来完成时间紧迫型和处理器忙碌型的任务。一个 shell 程序（又称为 shell 脚本），包含了要由 shell 执行的命令并存放在普通的 Linux 文件中。shell 允许使用一些读写存储区，为用户和程序设计人员提供一个暂存数据的区域，这通常被称为 shell 变量。shell 也提供程序流程控制命令，称为语句，它提供了对 shell 脚本中的命令进行非顺序执行或循环执行的功能。

在 Linux 系统中，作为/bin/sh 安装的标准 shell 是 GNU 工具集中的 bash（GNU Bourne-Again Shell）。因为它作为一个优秀的 shell，总是安装在 Linux 系统上，而且它是开源的，并且可以被移植到几乎所有的类 Unix 系统上。在本章中，我们假设你的登录系统所使用的默认 shell 是作为/bin/sh 安装的 shell。在大多数 Linux 发行版中，默认的 shell 程序/bin/sh 实际上是对程序/bin/bash 的一个符号连接。

本章介绍 bash 基本概念、bash 变量，bash 脚本令行参数传递、脚本命令替换的概念，bash 脚本的基本语句规则。介绍 bash 几个重要的高级特性，包括数值数据处理、数组处理、here 文件（here document）、信号及信号处理、shell 脚本中标准文件的重定向。还将介绍 bash 对函数的支持，程序员用此可以写出通用和模块化的代码。最后讲述如何调试 bash 脚本。

8.1 bash 脚本的建立和运行

8.1.1 bash 脚本的建立

编写 bash 脚本程序有两种方式。你可以输入一系列命令让 bash 交互地执行它们，也可以把这些命令保存到一个文本文件中，然后将该文件作为一个程序来调用。

bash 程序的每一行既可以是 bash 语句，又可以是 bash 命令。建立 bash 脚本文件的步骤与建立文本文件相同，使用 vi、emacs、gedit、kedit 等各种编辑器都可以生成 bash 脚本文件。下面是一个简单 bash 脚本：

```
$ cat scp1
#!/bin/bash
#一个简单例子
who
pwd
date
```

程序中的注释行以#符号开始，一直持续到该行的结束。程序中第一行# !/bin/bash，它是注释语句的一种特殊形式，#!字符告诉系统同一行上紧跟在它后面的那个参数是用来执行本文件的程序。在这个例子中，/bin/bash 是默认的 shell 程序。

上面例子脚本文件名中，我们没有使用任何的文件扩展名或后缀。一般情况下，Linux 和 Unix 很少利用文件扩展名来决定文件的类型。我们可以使用.sh 或者其他扩展名，但 shell 并不关心这一点。大多数预安装的脚本程序并没有使用任何文件扩展名，检查这些文件是否是脚本程序的最好方法是使用 file 命令，例如，file scp1。

8.1.2 运行 bash 脚本

运行脚本文件有两种基本方法。第一种方法是运行/bin/bash 命令并且把脚本文件名作为它的参数。下面的命令就执行 scp1 中的命令。如果你的搜索路径（PATH 变量）中包含了/bin 目录的话，可以简单地使用 bash 命令，而不是/bin/bash。如下所示：

```
$ /bin/bash scp1
```

第二种方法是为脚本文件加上可执行的权限。显然，在这种情况下，脚本仅仅可以被你自己执行。然而，如果你希望其他用户可以执行这个脚本，你需要为脚本设置合适的访问权限。

```
$ chmod u+x scp1
```

现在，你可以键入 scp1 作为一个命令来执行这个 shell 脚本。注意，如果你的搜索路径（PATH 变量）中没有包含当前目录“.”，那么在 scp1 前加上“./”。若这个脚本仅能在 bash 中顺利执行，而对于其他任何 shell 却都不行。在这种情况下，你可以执行/bin/bash 命令，先运行 bash 。

```
$ ./scp1
```

在后面的例子中，假设你的搜索路径（PATH 变量）中已经包含当前目录“.”。

8.2 shell 的变量

bash 与其他程序设计语言一样也采用变量来存放数据，使用变量之前通常并不需要事先为它们作出声明。默认情况下，所有变量都被看作字符串并以字符串来存储，即使它们被赋值为数值时也是如此。shell 和一些工具程序会在需要时把数值型字符串转换为对应的数值以对它们进行操作。

8.2.1 环境变量和用户定义变量

shell 变量可以分为两大类型：环境变量和用户定义变量。环境变量用来定制你的 shell 的运行环境，保证 shell 命令的正确执行。所有环境变量会传递给 shell 的子进程。这些变量大多数在/etc/profile 文件中初始化，而/etc/profile 是在用户登录的时候执行的。在系统的使用手册中列出了许多这样的环境变量，表 8-1 列出的是一些比较重要的环境变量。

表 8-1 比较重要的 shell 环境变量

环境变量	说　明	读写特性
$HOME	当前用户的主目录	读写
$PATH	以冒号分隔的用来搜索命令的目录列表	读写
$PS1	命令提示符，通常是$字符，但在 bash 中，你可以使用一些更复杂的值。例如，字符串[\u@\h \W]$就是一个流行的默认值，它给出用户名、机器名和当前目录名，当然也包括一个$提示符	读写
$PS2	二级提示符，用来提示后续的输入，通常是>字符	读写
$IFS	输入域分隔符当 shell 读取输入时，用来分隔单词的一组字符，它们通常是空格、制表符和换行符	读写
$0	shell 脚本的文件名字	只读
$1~$9	命令行参数 1~9 的值	只读
$*	命令行中所有的参数，如果$*被引号“”包括，即“$*”，各个参数之间用环境变量 IFS 中的第一个字符分隔开	只读
$@	命令行中所有的参数，它是$*的一种的变体，如果$@被引号“”包括，即“$@”，它不使用 IFS 环境变量，所以当 IFS 为空时，参数的值不会结合在一起，这就是$@同$*在被“”包括的时候的差别，其他时候这二者是等价的	只读
$#	命令行参数的总个数	只读
$$	shell 脚本进程的 ID 号	只读
$?	最近一次命令的退出状态	只读
$!	最近一次后台进程的 ID 号	只读

用下面的例子，我们来看一下$@和$*两个参数之间的区别：

$ IFS=‘’
$ set file foo bar
$ echo “$@”

```
file foo bar
$ echo "$*"
filefoobar
$ unset IFS
$ echo "$*"
file foo bar
```

由此可见，双引号里面的$@把各个参数扩展为彼此分开的域，而不受 IFS 值的影响。一般来说，如果要访问脚本程序的参数，用$@是理想的选择。

用户定义的 shell 变量的名字可以包括数字、字母和下划线，变量名的开头只允许是字母或下划线。变量名中的字母是大小写敏感的，变量名的长度没有限制。

8.2.2 变量声明和赋值

bash 并不一定要声明变量，但是有些特殊类型的变量必须要声明。你可以使用 declare 和 typeset 命令来声明变量，对它们进行初始化，并设定它们的属性。一个变量的属性规定了该变量可以被赋给的值的类型和该变量的范围。一个 bash 变量默认是一个字符串，但是你可以把一个变量定义为一个整型值。用这些命令，也可以声明函数和数组；也可以使一个变量变为只读的；也可以使一个变量在子进程中访问。

命令语法：

```
declare [options] [name[=value]]
typeset [options] [name[=value]]
```

功能：声明变量，初始化变量，设置它们的属性。当不使用 name 和 options 的时候，显示所有 shell 变量和它们的值。当使用 options 的时候，显示符合所给属性的变量和它们的值。

常用选项：

-a　声明“name”是一个数组。

-f　声明“name”是一个函数。

-i　声明“name”是一个整数。

-r　声明“name”是只读的变量。

-x　表示每一个“name”变量都可以被子进程访问到，称为全局变量。

bash 的变量并不一定要在使用前声明或者将其初始化。一个没有声明没有初始化的变量的初值是一个空串。我们可以在使用前初始化一个变量并设定它的类型，方法是使用如上所述的带有 option 参数的 declare 或者 typeset 命令。声明一个现有的变量不会改变这个变量的当前值。在下面一段文字中，我们描述 declare 命令的用法。

```
$ declare –i age=20
$ declare –rx OS=LINUX

$ echo $age
20
$ echo $OS
```

```
LINUX
$ declare OS
$ declare age
$ echo $OS
LINUX
$ echo $age
20
```

当我们使用不带参数的 declare 和 typeset 命令的时候，会打印出所有 shell 变量的名字和它们的值。使用这些命令来查看有特殊属性的变量的值。如：declare –i 命令显示所有整型变量；declare –x 命令显示所有全局变量；declare -ri 命令会打印出所有只读的整型变量。

可以使用如下语法来把一个值赋给一个或者多个 shell 变量。通用的语法 variable=value 把 value 赋给变量 variable，这通常被称为赋值语句。如下就是把值“value1， …， valueN”相应地赋给变量“variable1， …， variableN”：

variable1=value1 [variable2=value2 … variableN=valueN]

注意，在这个语法中，等号“=”前后没有空格。如果一个值包含空格，你必须将其包括在引号中。

使用 name=value 的句法，可以改变一个变量的值，一个整型变量不能赋予非整型的值，非整型变量可以被赋予任何值。

```
$ declare –i x2 =20
$ echo $x2
20
$ x2="text"
$ echo $x2
0
```

可以把一个变量的值重设为 null，它是所有变量的默认初始值，可以通过显式地将其设置为 null 或通过 unset 命令来实现。

命令语法：unset [name-list]

功能：重设或删去 name-list 中列出的变量值或者函数，name-list 中有多个值，则用空格分开。

8.2.3 变量引用和引号使用

1. 变量引用

在 shell 中，我们可以通过在变量名前加一个$符号来访问它的内容。无论何时想要获取变量内容，都必须在它前面加一个$字符。当为变量赋值时，只需要使用变量名，此时，如果需要，该变量就会被自动创建。

例：下面例子中 echo $myhome 命令是打印 myhome 变量的值，ls $myhome 是显示当前目录下 d1 子目录下的所有文件和目录。

```
$ myhome=d1
```

```
$ echo $myhome
  d1
$ ls $myhome
 file1 file2 file3 file4
```

一些其他的语法和操作也可以用来读取一个 shell 变量的值。如表 8-2 所示。

表 8-2 命令替代操作符及其描述

操作符	描 述
$variable	返回“variable”的值，如果没有被初始化，则返回 null
${variable}	返回“variable”的值，如果没有被初始化，则返回 null
${variable:-string}	当“variable”存在而且不是空值的时候，返回变量的值，否则返回“string”
${variable:=string}	当“variable”存在而且不是空值的时候，返回变量的值，否则把“string”赋给“variable”并返回“string”
${variable:? string}	当“variable”存在而且不是空值的时候，返回变量的值，否则显示字符串“variable:”并在其后显示“string”
${variable:+string}	当“variable”存在而且不是空值的时候，返回“string”，否则返回 null

2. 单引号、双引号和反斜杠的使用

一般情况下，脚本文件中的参数以空白字符分隔（例如，一个空格、一个制表符或者一个换行符）。如果想在一个参数中包含一个或多个空白字符，你就必须给参数加上引号。

使用双引号可引用除字符$、`、\外的任意字符或字符串。这些特殊字符分别为美元符号、反引号和反斜线，对 shell 来说，它们有特殊意义。对大多数的元字符（包括*）都将按字面意思处理。如果用双引号（“”）将值括起来，则允许使用$符对变量进行替换。字符串通常都被放在双引号中，以防止它们被空白字符分开。

如果用单引号‘’将值括起来，则不允许有变量替换，而不对它做 shell 解释。换句话说，屏蔽了这些字符特殊含义，引号里的所有字符，包括引号都作为一个字符串。

反斜杠（\）可以用来去除某些字符的特殊含义并把它们按字面意思处理，其中就包括$。

例：下面例子可以解释双引号、单引号和反斜杠的含义。

```
$ BOOK= “linux book”
$ MSG= ‘$BOOK’
$ echo $MSG
    $BOOK
$ msg= ‘my name is’
$ echo $msg
    my name is
$ echo  ‘$msg Linux’
    my name is Linux
$ echo \$msg
    $msg
```

8.2.4 命令替换

当一个命令被包含在一对括号里并在括号前加上$符号，如$（command），或者被包含在反引号“`”（如`command`）中的时候，shell 把它替换为这个命令的输出结果。这个过程被称为命令替换。

例：下面例子中，在第一个赋值语句中，变量 cmd1 被赋值为 pwd。在第二个赋值语句中，pwd 命令的输出结果被赋给 cmd1 变量。

```
$pwd
/root/d1
$ cmd1=pwd
$ echo "The value of command is: $cmd1."
The value of command is: pwd
$ cmd1=$（pwd）
$ echo "The value of command is: $cmd1."
The value of comomand is: /root/d1
```

命令替换适用于任何命令。在下面的例子中，在 echo 命令执行前，date 命令的输出就替换了$（date）。

```
$ echo "The date and time is $（date）."
The date and time is 9 月 20 日 10:23:16 UTC 2007.
```

8.2.4 输入命令

我们可以使用read命令来将用户的输入赋值给一个shell变量。这个命令需要一个参数，即准备读入用户输入的数据的变量名，然后它会等待用户输入数据。通常情况下，在用户按下回车键时，read 命令结束。当从终端上读取一个变量时，我们一般不需要使用引号。

语法：read [options] variable-list

常用选项：

- -a name 把词读入到 name 数组中去。
- -e 把一整行读入到第一个变量中，其余的变量均为 null。
- -n 在输出 echo 后的字符串后，光标仍然停留在同一行。
- -p prompt 如果是从终端读入数据，则显示 prompt 字符串。

读入的一行输入由许多词组成，它们是用空格（或者制表符，或 shell 环境变量 IFS 的值）分隔开的。

如果这些词的数量比列出的变量的数量多，则把余下的所有词赋值给最后一个变量。如果列出的变量的数量多于输入的词的数量，这多余的变量的值被设置为 null。

8.3 shell 脚本位置参数的传递

在 Linux 系统中运行命令或脚本程序时，可以在命令行中进行参数的传递。在 shell 脚本传递命令行参数或位置参数中，前 9 个参数的值被存放在 shell 环境变量$1 到$9 中。我们可以使用这些变量名来引用这些参数的值。变量$#包含了传递给一个执行中的 shell 脚本的参数的个数。变量$*和$@都包含了所有参数的值。变量$0 包含了脚本文件或命令的名字。下面的 demo_arg 脚本展示了如何使用这些位置变量。

```
$ cat demo_arg
#! /bin/bash
echo "程序名: $0"
echo "命令传递参数个数:$#"
echo "参数值分别是:$1 $2 $3 $4 $5 $6 $7 $8 $9"
echo "所有参数: $@"
exit 0
$ demo_arg a b c d e f g h i
程序名:demo_arg
命令传递参数个数: 9
参数值分别是: a b c d e f g h i
所有参数: a b c d e f g h i
```

如果 shell 脚本中使用的参数不超过 9 个，我们用$1~#9 即可。当有脚本程序的参数多于 9 个时，我们用 shift 命令来使用多于 9 个的参数。默认的，这个命令把命令行参数向左移动 1 位，使得$2 变成$1，$3 变成$2，以此类推。第一个参数$1 就被移出去了。一旦移走，这个参数不能再被复原为原来的值。移动的位置数可以大于 1，我们可以在 shift 命令的参数中指定。下面就是 shift 命令的简要描述：

命令句法：shift [N]

功能：把命令行参数向左移动 N 个位置，

下面的 demo_shift 脚本文件说明了 shift 命令的使用方法。第一个 shift 命令把第一个参数移走，其余的都向左移 1 位。第二个 shift 命令把当前的命令行参数向左移 3 位。3 个 echo 命令用来显示当前的程序的名字（$0），所有位置参数的值（$@）和前三个位置参数的值。

```
$ cat demo_shift
#! /bin/bash
echo "程序名:$0"
echo "所有参数: $@"
echo "前三个参数:$1 $2 $3"
shift
echo "程序名:$0"
echo "所有参数: $@"
```

```
echo “前三个参数:$1 $2 $3”
shift 3
echo “程序名:$0”
echo “所有参数: $@”
echo “前三个参数:$1 $2 $3”
exit 0

$ demo_shift 1 2 3 4 5 6 7 8 9 10 11 12
程序名: demo_shift
所有参数: 1 2 3 4 5 6 7 8 9 10 11 12
前三个参数:1 2 3
程序名: demo_shift
所有参数: 2 3 4 5 6 7 8 9 10 11 12
前三个参数: 2 3 4
程序名: demo_shift
所有参数: 5 6 7 8 9 10 11 12
前三个参数: 5 6 7
```

位置参数的值可以用 set 命令来设置。这个命令在处理命令替换的时候非常有用。下面是对这个命令的简要描述：

命令语法：set [options] argnument-list

功能：设置标志、选项和位置参数；使用在 argument-list 中的值来设置位置参数。

常用选项：

-- 不把以“-”开头的词作为参数选项。

set 命令选项--，其含义是如果第一个参数的第一个字符是-，它不应被视为 set 命令的一个选项。下面的 demo_set 脚本向我们展示了 set 命令的一种用法。以一个文件名作为参数运行这个脚本的时候，它会产生一行信息，其中包括这个文件的文件名，文件的 inode 号和文件大小（按字节计）。set 命令用来把 ls –il 命令的输出设置为$1 到$9 的位置变量。如果使用 ls –l 命令，那么 set 命令应该带-选项。

```
$ cat demo_set
#! /bin/bash
filename="$1"
set $（ls –il $filename）
inode="$1"
size="$6"
echo “Name    Inode    Size”
echo “$filename      $inode      $size”
exit 0
$ demo_set file0
```

```
Name      Inode   Size
file0     980      282
```

8.4 控制结构语句

bash 具有一般高级程序设计语言具有的控制结构语句。程序控制语句是用来决定 shell 脚本执行时各个语句执行的顺序的。有三种基本命令可以控制程序流程：二路跳转（if 语句），多路跳转（case 和 if 语句）以及循环结构（for、while 和 until 语句）。

8.4.1 if-then-elif-else-fi 语句

if 语句最常用的是二路跳转，但是它同样可以用于多路跳转。下面是对这个命令的简要描述。所有的 command lists 都是用来完成你的特定的工作的。下面是 if 语句的三种格式。

第一种格式：

```
if expression
   then
        then-command
fi
```

第二种格式：

```
if expression
   then
        command-list
   else
        command-list
fi
```

第三种格式：

```
if expression1
      then
          then-commands
      elif  expression2
          elif1-commands
      elif  expression3
          elif2-commands
      …
      else
          else-commands
fi
```

在这里，expression 是表达式。在 expression 中的这些命令执行后返回 true 或 false 的状态。如果 expression 为真，则执行 then 后的命令，否则就执行 fi 语句后面的命令或 else 语句后面的命令或 elif 语句。在编写程序时要注意 if—fi 结构。

表达式 expression 可以用 test expression 命令或[expression]来检测。这个命令检测一个表达式并返回 true 还是 false。

命令语法：

test [expression]

[[expression]]

在第二种句法中，里面的方括号用来表示中间是一个可选的表达式，外面的方括号则表示 test 命令。在操作数和操作符或者括号的前后都要至少留一个空格。如果你希望把 test 命令的 expression 分行写，则在按下回车键之前输入反斜杠“\”，这样 shell 不会把下一行作为一个独立的命令了。

test 命令支持多种对文件和整数的测试，如测试和比较字符串，把两个或多个表达式逻辑连接起来形成更复杂的表达式。test 命令可以使用的条件类型可以归为三类：字符串比较、算术比较和与文件有关的条件测试，表 8-3、表 8-4 和表 8-5 描述了这三种条件类型。

表 8-3

字符串比较	结　果
string1 = string2	如果两个字符串相同，则结果为真
string1 != string2	如果两个字符串不同，则结果为真
-n string	如果字符串不为空，则结果为真
-z string	如果字符串为空，则结果为真

表 8-4

算术比较	结　果
expression1 -eq expression2	如果两个表达式相等，则结果为真
expression1 -ne expression2	如果两个表达式不等，则结果为真
expression1 -gt expression2	如果 expression1 大于 expression2，则结果为真
expression1 -ge expression2	如果 expression1 大于或等于 expression2，则结果为真
expression1 -lt expression2	如果 expression1 小于 expression2，则结果为真
expression1 -le expression2	如果 expression1 小于或等于 expression2，则结果为真
! expression	如果表达式为假则结果为真，反之亦然

表 8-5

文件条件测试	结　果
-d file	如果文件是一个目录，则结果为真
-e file	如果文件存在，则结果为真
-f file	如果文件是一个普通文件，则结果为真
-g file	如果文件的 SGID 位被设置，则结果为真
-r file	如果文件可读，则结果为真
-s file	如果文件的长度不为 0，则结果为真

文件条件测试	结　果
-u file	如果文件的 SUID 位被设置，则结果为真
-w file	如果文件可写，则结果为真
-x file	如果文件可执行，则结果为真

我们用 if 语句修改前面的 demo_set 脚本，使它仅接受一个命令行参数，并检查这个参数是否是一个文件或目录。如果执行的时候没有给定参数，或者参数的个数多于 1，或者这个参数不是一个普通文件，则脚本返回一个出错信息。脚本的文件名为 demo_if。

```
$ cat demo_if
#! /bin/bash
if [ $# -ne 1 ]
      then
            echo "参数多于一个！"
            exit 1
fi
if [-f "$1" ]
      then
            filename="$1"
            set $（ls –il $filename）
            inode="$1"
            size="$6"
            echo "Name    Inode    Size"
            echo "$filename    $inode    $size"
            exit 0
      else
            echo "$0: 不是一个普通文件"
            exit 1
fi
```

在写程序时，需要注意，使用[]命令测试表达式时，在操作数和操作符或者方括号的前后都需要至少留一个空格，否则程序运行时会出错。

8.4.2 for 语句

我们用 for 结构来循环处理一组值，这组值可以是任意字符串的集合。它们可以在程序里被简单地列出，而更常见的做法是把它与 shell 的文件名扩展结果结合在一起使用。

for 语句语法：

```
for variable [in argument-list]
do
    command-list
done
```

在 argument-list 中的词被逐一赋值给 variable，然后就执行 command-list 中的命令，这通常被称为循环体。argument-list 中的词有多少个，在 command-list 中的命令就可以执行相应的次数。

下面 demo_for1 脚本文件介绍了带 argument-list 的 for 语句的使用方法。变量 foo 被 argument-list 中的词逐个赋值，这个变量的每一个值都被 echo 语句打印出来，直到 argument-list 中再没有任何词了，程序就跳出 for 循环，执行 done 后面的命令。然后执行 for 语句后面的命令。

```
$ cat demo_for1
#! /bin/bash
for foo in   bar   bie   123   four   five   888
do
      echo "$foo"
done
exit 0
$ demo_for1
bar
bie
123
four
five
888
```

如果把脚本的第一行由 for foo in bar bie 123 four five 888 修改为 for foo in "bar bie 123 four five 888"会怎样呢？做一下实验。加上引号就等于告诉 shell 把引号之间的一切东西都看作是一个字符串。这是在变量里保留空格的一种办法。

下面例子在 for 循环中使用元字符*。for 循环经常与 shell 的文件名中的元字符一起使用。这意味着在字符串的值中使用一个通配符，并由 shell 在程序执行时填写出所有的值。脚本程序用 shell 元字符*为当前目录中所有文件的名字，然后它们依次作为 for 循环中的变量$file 使用。

这个例子中，我们要显示当前目录中所有以字母 f 开头的脚本文件，并且假设所有脚本程序都以.sh 结尾，demo_for2 的脚本如下：

```
$ cat demo_for2
#!.bin/bash
for file in $（ls f*.sh）
do
      cat $file
done
exit 0
```

8.4.3 while语句

在默认情况下所有shell变量值都被认为是字符串，所以for循环特别适合于对一系列字符串进行循环处理，但在需要执行特定次数命令的情况下较难使用。如果我们想让循环执行二十次，使用for循环时for语句要写成for foo in 1 2 3 4 5 6 7 8 9 10 11 12 13 14 15 16 17 18 19 20，代码不够简练。

我们可以使用while循环while语句，它可以根据一个表达式的真假而重复执行一系列语句。

语句语法：

```
    while expression
do
    command-list
done
```

下面的demo_while1脚本是while循环的一个简单的密码检查程序。do和done之间的语句将反复执行，直到条件不再为真为止。在这个例子中，我们检查键盘输入的值放在变量yourpasswd是否等于secret。循环将一直执行到$yourpasswd等于secret为止。随后我们将继续执行脚本程序中紧跟在done后面的语句。

```
$ cat demo_while1
#! /bin/bash
echo "Guess the password"
echo –n "Enter your password: "
read yourpasswd
while [ "$yourpasswd" != "secret" ]
do
    echo "Sorry. Try again"
    echo –n "Enter your password: "
    read yourpasswd
done
echo "Wow! You are a genius! "
exit 0

$   demo_while
Guess the password
Enter your password: pass
Sorry. Try again
Enter your password: 888666
Sorry.Try again
Enter your password: secret
Wow! You are a genius!
```

显然，这不是一种询问密码的非常安全的办法，但它演示了while语句的作用。

下面通过将 while 结构和数值替换结合在一起，我们就可以让某个命令执行特定的次数。这比我们前面见过的 for 循环要简化多了。

```
$ cat demo_while2
#!/bin/bash
foo=1

while [ "$foo" –le 20 ]
do
      echo "Here we go again"
      foo=$ (($foo+1))
done

exit 0
```

上面这个脚本程序用[]命令来测试 foo 的值，如果它小于或等于 20，就执行循环体。在 while 循环的内部，语法$ (($foo+1)) 用来对括号内的表达式进行算术赋值，所以 foo 的值会在每次循环中递增。

因为 foo 不可能变成空字符串，所以我们在对它的值进行测试时不需要把它放在双引号内加以保护。这样做只是因为这是一种良好的编程习惯。

8.4.4 until 语句

until 语句的语法与 while 语句类似，但是它们的语义是不同的，until 语句只是把条件测试反过来了。while 语句只要表达式的值为真，则不断执行循环体，而 until 语句中，只要表达式的值还是假，则不断执行循环体。until 语句语法如下所示：

```
until expression
do
      command-list
done
```

until 语句非常适合于应用在这样的情况：如果我们想让循环不停地执行，直到某些事件发生。请看下面的例子，我们设置一个警报，当某个特定的用户登录时，该警报就会开始工作，我们通过命令行将用户名传递给脚本程序。如下所示：

```
$cat demo_until
#! /bin/bash
      until who -a | grep "$1" >/dev/null
      do
            sleep 60
      done
      echo –e \\a
      echo "$1 has just logged in"
      exit 0
```

8.4.5 case 语句

case 结构比前面介绍的结构都要稍微复杂一些。case 语句提供了一种同嵌套的 if 语句类似的多路跳转功能。不过，case 语句提供的结构有更好的可读性。任何时候，如果嵌套的 if 语句的深度超过了 3 层（如你使用了 3 个 elif），就应该使用 case 语句来取代它。case 语句的语法如下所示：

```
case variable in
   pattern1 ）    command-list1
                  ;;
   pattern2 ）    command-list2
                  ;;
   …
   pattern ）    command-listN
                  ;;
esac
```

请注意，每个模式行都以双分号“;;”结尾。因为我们需要在前后模式之间放置多条语句，所以需要使用一个双分号来标记前一个语句的结束和后一个模式的开始。因为 case 结构具备匹配多个模式然后执行多条相关语句的能力，这使得它非常适合用于处理用户的输入。

下面例子用 case 结构编写一个输入测试脚本程序。

```
$ cat demo_case1
#! /bin/bash
echo –n “Is it morning？  Please answer yes or no:”
read timeofday
case “$timeofday” in
yes ）  echo “Good Morning”
;;
no ）  echo “Good Afternoon”
;;
y ）  echo “Good Morning”
;;
        n ）  echo “Good Afternoon”
;;
* ）  echo “Sorry，   answer not recognized”
;;
esac

exit 0
```

当 case 语句被执行时，它会把变量 timeofday 的内容与各字符串依次进行比较。一旦某个字符串与输入匹配成功，case 命令就会执行紧随右括号）后面的语句，然后就结束。

case 命令会对用来做比较的字符串进行正常的通配符扩展。因此我们可以指定字符串的一部分并在其后加上一个*通配符。只使用一个单独的*表示匹配任何可能的字符串，所以我们总是在其他匹配字符串之后再加上一个*以确保如果没有字符串得到匹配，case 语句也会执行某个默认动作。之所以能够这样做是因为 case 语句是按顺序比较每一个字符串，它不会去查找最佳匹配，而仅仅是查找第一个匹配。因为默认条件通常都是些"最不可能出现"的条件，所以使用*对脚本程序的调试很有帮助。

上面这个 case 结构明显比用多个 if 语句写要精致。通过合并匹配模式，我们可以编写一个更加清晰的代码。如下所示：

```
$ cat demo_case2
#! /bin/bash
echo –n "Is it morning？  Please answer yes or no:"
read timeofday
case "$timeofday" in
yes | y | Yes | YES  ）  echo "Good Morning"
;;
no | n | No | NO  ）  echo "Good Afternoon"
;;
* ）  echo "Sorry，  answer not recognized"
;;
esac

exit 0
```

在这个脚本程序中，我们在每个 case 条目中都使用了多个字符串，case 将对每个条目中的多个不同的字符串进行测试，以决定是否需要执行相应的语句。这使得脚本程序的长度不仅变短而且实际上也更容易阅读。

下面的脚本程序使用多种 bash 语句，实现一个菜单功能，分别实现列出以下内容：①列出目录内容、②改变当前目录、③创建文件、④编辑文件、⑤删除文件。在此例中将用到循环语句 until、分支语句 case、输入语句 read 和输出语句 echo。

```
$ cat demo_case3
#! /bin/bash
until
     #显示菜单
echo  "（1）  List you selected directory"
     echo  "（2）  Change to you selected directory"
     echo  "（3）  Creat a new file"
     echo  "（4）  Edit you selected file"
     echo  "（5）  Remove you selected file"
echo  "（6）  Exit Menu"
#输入菜单号 1-6
read  input
```

```
#判断输入的值是否为 6，若为 6，则退出程序
    if test $input = 6
        then
            exit 0
fi
#下面是 until 循环体
do
#根据输入的 input 值，运行对应的命令
case   $input   in
        1）  ls;;
        2）  echo -n "Enter target directory:"
             read   dir
             cd   $dir
             ;;
        3）  echo -n "Enter a file name:"
             read file
             touch $file
             ;;
       4）  echo -n "Enter a file name:"
            read   file
            vi   $file
            ;;
       5）  echo -n   "Enter a file name:"
            read   file
            rm   $file
            ;;
        #input 的值不在 1-6 之间，打印提示信息
*）  echo   "Please selected 1\2\3\4\5\6 " ;;
    esac
done
```

8.5 其他几个有用的语句

8.5.1 break 和 continue 语句

break 命令和 continue 命令用来打断循环体的执行，非常类似 C 语言中的同名语句。

break 命令使得程序跳出 for、while、until 循环，执行 done 后面的语句，这样就永久终止了循环。continue 命令使得程序跳到 done，这使得循环条件被再次求值，从而开始新的一次循环，循环变量取循环列表中的下一个值。。

无论哪种情况，循环体中在这两条命令后的语句都没有执行。break 命令和 continue 命令常作为条件语句的一部分来使用。

8.5.2 exit 语句

exit 命令使脚本程序结束运行，退出码为 n。exit 语句的语法如下：

语句语法：

exit n

如果你在任何一个交互式 shell 的命令提示符中使用这个命令，它都会让你退出系统。如果你允许自己的脚本程序在退出时不指定一个退出状态，那么该脚本中最后一条被执行命令的状态将被用作返回值。在脚本程序中提供一个退出码总是一个良好的习惯。

在 shell 脚本编程中，退出码 0 表示成功，退出码 1~125 是脚本程序使用的错误代码。其余数字具有保留含义，如表 8-6 所示。

表 8-6 shell 脚本编程中退出码含义

退 出 码	说 明
126	文件不可执行
127	命令未找到
128 及以上	出现一个信号

用 0 表示成功对于许多 C/C++程序员来说有些不寻常。在脚本程序中，这种做法的一大优点是允许我们使用多达 125 个用户自定义的错误代码而不需要提供一个全局性的错误代码。

下面是一个简单的例子，如果当前目录下存在一个名为.profile 的文件，它就返回 0 表示成功：

```
$ cat demo_exit
#! /bin/bash
    if  [ -f .profile ]
     then
         exit 0
fi
exit 1
```

我们可以组合使用介绍过的 AND 和 OR 来重写这个脚本程序，只需要一行代码：

```
[ -f .profile ] && exit 0 || exit 1
```

8.5.3 printf 语句

目前版本的 bash 都提供 printf 命令。X/Open 规范建议我们应该用它来代替 echo 命令以产生格式化的输出。

语句语法：

printf “format string” parameter1 parameter2 …

格式字符串与 C/C++中使用的非常相似，但有一些自己的限制。主要是不支持浮点数，因为 shell 中所有的算术运算都是按照整数来进行计算的。格式字符串由各种可打印字符、转义序列和字符转换限定符组成。格式字符串中除了%和\之外的所有字符都将按原样输出。如表 8-7 是它支持的转义序列。

表 8-7 printf 支持的转义序列

转义序列	说　明
\\	反斜线字符
\a	报警（响铃或蜂鸣）
\b	退格字符
\f	进纸换页字符
\n	换行符
\r	回车符
\t	制表符
\v	垂直制表符
\ooo	八进制数值 ooo 表示的单个字符

字符转换限定符相当复杂，所以我们在这里只列出最常见的用法。更详细的介绍可以参考 bash 的帮助手册或 printf 帮助手册的第三部分（man 3 printf）。字符转换限定符由一个%和跟在后面的一个转换字符组成。主要的转换字符如表 8-8 所示。

表 8-8

字符转换限定符	说　明
D	输出一个十进制数字
C	输出一个字符
S	输出一个字符串
%	输出一个%字符

例：

```
$ printf  "%s\n"  Hello
Hello
$ printf  "%s %d\t%s"  "There are"  20 people
There are 20  people
```

注意，我们必须使用双引号括住 There are 字符串，使之成为一个单独的参数。

8.6 数值处理

在 Linux 系统中 bash 变量的值是以字符串方式存储。如果需要进行算术和逻辑操作，必须先转换为整数，得到运算结果后再转换回字符串，以便正确地保存于 shell 变量中。

bash 提供了三种方法对数值数据进行算术运算：

（1）let 命令；

（2）shell 扩展$（（ expression ））；

（3）expr 命令。

表达式求值以长整数进行，并且不作溢出检查。当在表达式中使用 shell 变量时，变量在求值前首先将被扩展和强制转换为长类型。bash 支持的算术、逻辑和关系运算符按优先级降序列于表 8-9 中。同组的运算符有相同的优先级。将表达式置于括号中可改变求值的次序。以 0 为首的数字当作八进制数，以 0x 或 0X 为首的数字当作是十六进制数，除此之外，则当作十进制数。

表 8-9 算术运算符

<table>
<tr><th>运算符</th><th>含义</th></tr>
<tr><td>- +</td><td>一元运算（正负号）</td></tr>
<tr><td>! ~</td><td>逻辑非、补</td></tr>
<tr><td>**</td><td>指数</td></tr>
<tr><td>* / %</td><td>乘、除、取模</td></tr>
<tr><td>+ -</td><td>加、减</td></tr>
<tr><td><< >></td><td>左移、右移</td></tr>
<tr><td><= >= <></td><td>小于等于、大于等于、不等于</td></tr>
<tr><td>== !=</td><td>等于、不等于</td></tr>
<tr><td>&</td><td>按位与</td></tr>
<tr><td>^</td><td>按位异或（XOR）</td></tr>
<tr><td>|</td><td>按位或</td></tr>
<tr><td>&&</td><td>逻辑与</td></tr>
<tr><td>||</td><td>逻辑或</td></tr>
<tr><td>= += -= *= /= &= ^= |= <<= >>=</td><td>赋值运算符：简单赋值、加赋值、减赋值、乘赋值、除赋值、与赋值、异或赋值、或赋值、左移赋值、右移赋值</td></tr>
</table>

8.6.1 let 命令

bash 的内部命令 let 可以用来计算算术表达式的值。如果表达式中有空格或者特殊字符，则应将表达式括在双引号中。

Let 命令的语法：let express-list

如果最后的表达式取值为 0，let 命令返回 1；否则返回 0。

下面是使用 let 命令的例子。注意使用 shell 变量的时候，不需要在变量名前加$字符。在第一个 let 命令中使用了引号，是因为命令中的表达式含有空格。这些例子显示如何使用 let 命令进行变量声明和算术表达式求值。在最后的 let 命令中的表达式 2**x，意思是 2 的 x 次方。

```
$ let “x=6” “y = 9” “z = 16”
$ let t=x+y
$ echo “t= $t”
t= 15
$ let A=2**x B=y*z
$ echo “A=$A      B=$B”
A=64       B=144
```

8.6.2 $((expression)) 扩展

使用 bash 扩展语法来求算术表达式的值。

命令语法：$((expression))

shell 计算 expression 并用其计算结果代替$((expression))。这个语法类似于命令替换所用的语法“$(...)”，并将执行相同的功能。可将$((expression))作为参数传递给命令或者放置在命令行上任何数字位置上。

表达式 expression 的构成规则与 C 编程语言的规则类似。bash 中使用整数进行计算。除非使用整数类型的变量或者真正的整数，否则 shell 必须将字符串值转换到整数，以用于算术计算。

不需要在 expression 中的变量名称前加上$符号。下面的例子是一个判断距离 100 岁还有多少年的算术表达式：

```
$ cat age_check
#!/bin/bash
echo -n "How old are you?  "
read age
echo "Wow,  in $((100-age))  years,  you'll be 100! "

$ age_check
How old are you?  20
Wow,  in 80 years,  you'll be 100!
```

不必将 expression 放在引号中，使用这个特性可以更加容易地使用星号（*）进行乘法运算，如下面的示例所示：

```
$ echo There are $((60*60*24*365))  seconds in a non-leap year
There are 31536000 seconds in a non-leap year.
```

下面的例子使用工具 wc、重定向、算术表达式和命令替换来计算打印文件 letter.txt 内容所需要的页数。带-l 选项，表示 wc 命令的输出内容为该文件的行数。如果重定向 wc 的输入，它就不会显示该文件的文件名：

```
$ wc -1 letter.txt
351 letter.txt
$ wc -1 < letter.txt
351
$ numpages=$（（ $（wc -1 < letter.txt）/66 + 1））
$ echo $numpages
6
```

在上面例子中，符号$和单个圆括号指示 shell 执行命令替换，而$符号和两个圆括号指示 shell 进行算术扩展。将 wc 输出的数字除以每页的行数，即 66。表达式末尾加上 1，这是因为整除将丢弃余数。

8.6.3 expr 命令

expr 命令将它的参数当作一个表达式来求值。expr 命令语法如下：

命令语法：expr args

功能：计算表达式的参数“args”的值，并返回它的值到标准输出。

expr 最常见用法就是进行如下形式的简单数学运算：

```
x=`expr $x + 1`
```

反引号（``）字符使 x 取值为命令 expr $x + 1 的执行结果。我们也可以用语法$（）替换反引号``。

expr 命令的功能十分强大，它可以完成许多表达式求值计算。表 8-10 列出了主要的一些求值计算，表中 expr1 和 expr2 为表达式。

表 8-10

表达式求值	说　明
expr1 | expr2	如果 expr1 非零，则等于 expr1，否则等于 expr2
expr1 & expr2	只要有一个表达式为零，则等于零，否则等于 expr1
expr1 = expr2	等于
expr1 > expr2	大于
expr1 >= expr2	大于等于
expr1 < expr2	小于
expr1 <= expr2	小于等于
expr1 != expr2	不等于
expr1 + expr2	加法
expr1 - expr2	减法
expr1 * expr2	乘法
expr1 / expr2	整除
expr1 % expr2	取余

下面第一个 expr 命令将 shell 变量 a1 的值加 1，第二个 expr 命令计算 a1 的平方，最后两个 echo 命令用 expr 对 a1 进行整除和取余运算。注意：表达式中如*这样的 shell 中的元字符必须在表达式中使用转义，这样才会被作为文本而不是 shell 的元字符来解释。

```
$ a1=5
$ a1=$（ expr $a1 + 1 ）
$ echo $var1
6
$ var1=$（ expr $a1 \* $a1 ）
$ echo $a1
36
$ echo $（ expr $a1 / 4 ）
9
$ echo $（ expr $var1 % 10 ）
6
```

下面的 demo_addall 脚本将一列整数作为命令行参数，并显示其和。while 循环将参数中下一个数加到当前的 sum 上（初始值是 0）并更新用来记录累加个数的 count 变量，然后把命令行参数向左移动一个位置（使用 shift 命令）。重复循环，直到累加完所有命令行参数。代码后面运行的例子以头七个完全平方数为参数，并返回其和。

```
$ cat demo_addall
#!/bin/bash
# 若运行时没有参数，给出提示，并退出程序
if [ $# = 0 ]
      then
      echo "Usage: $0 number-list"
      exit 1
fi

sum=0          # sum 初始化为 0
count=0        # 计算传递的参数的个数

while [ $# != 0 ]
do
      sum=$（expr $sum + $1）          #将下一个数加到当前的 sum 上
      if [ $?  != 0 ]       #如果 expr 命令由于非整数的参数而失败，在此退出
      then
            exit 1
      fi
      count=$（（count+1））         # 更新目前已经累加的数字计数
      shift      #将累加过的数字移走
```

```
done

# 显示最后计算参数个数及累加数
echo "The sum of the given $count numbers is $sum."
exit 0

$demo_addall
Usage: demo_addall number-list
$demo_add all 1 4 9 16 25 36 49
The sum of the given 7 numbers is 140
```

8.7 数组

bash 支持一维数组变量。数组是存储在连续内存空间的相同类型的一组元素。数组的下标是整数并以数字 0 作为起始，即数组的第 1 个元素的下标为 0。数组的大小没有限制，数组的元素不必连续赋值。这意味着一旦有一个数组变量，那么就可以给数组的任何一个元素赋值。可以使用 declare、local、readonly 等各种语句声明数组变量，也可以直接赋值的方法声明一个数组，下面的格式声明一个数组并为其赋值。

name=（value1 ... valueN）

这里，value1 形如“[[subscript]=]string”。注意，下标是可选的，若给出，则给数组中相应的位置赋值；否则将给数组中上次赋值位置的下一个位置赋值。在下面的例子中，数组变量 ns 被赋了 4 个值。前两个值赋给了数组元素下标 0 和下标 1，第三个值赋给了下标 6，第四个值赋给了下标 25。

```
$ ns=（max san [6]=zhang [25]=wang）
$ echo ${ns[0]}
max
$ echo ${ns[6]}
zhang
```

可以用${name[subscript]}引用数组中的元素。这种方式叫数组索引。如果 subscript 是@或*，则数组中所有元素都被引用。

下标[@]与[*]的作用都是得到整个数组元素，但它们加上双引号使用时是不同的，“${name[@]}”含义将原数组的内容复制到一个新数组中，生成的新数组和原来一样；但“${name[*]}”把原数组中的所有元素当成一个元素复制到新数组中，生成新的数组只有一个元素。 下面例子展示了@和*的不同，注意：给数组赋值时，等号右边要使用圆括号。

```
$ a=（“${ns[@]}”）
$ echo ${a[0]}
max
```

```
$ b=（"${ns[*]}"）
$ echo ${b[0]}
max san zhang wang
```

数组单元的大小（按字节数）可以用${#name[subscript]}显示。如果没有下标，则显示第一个数组元素的大小。如果用*作为下标，则显示数组的元素个数。

在下面的例子中，文件 demo_num_array 中包含了一个使用整数数组的脚本，数组名为 Fibonacci，脚本计算数组中整数的和，并显示在屏幕上。例子中的 Fibonacci 数组包括了斐波纳契数列的头 10 个数字。斐波纳契数列的头两个数字是 0 和 1，数列中下一个数是前两个数的和。因此，斐波纳契数列中头 10 个数是 0，1，1，2，3，5，8，13，21，34。

```
F1=0
F2=1
Fn=Fn-1 + Fn-2   （n >=3）
```

demo_num_array 中的脚本有详细的文档并且很容易理解。它显示斐波纳契数列头 10 个数的和。代码后面是运行的例子。

```
$ cat demo_num_array
# 将数字的总和放在数值变量 sum 中，从 0 开始。读下一个数组的值并加到 sum。
# 当读完所有的元素，停止并显示结果。
#!/bin/bash
# 将斐波纳契数列中的数初始化到 Fibonacci 数组中
declare -a Fibonacci=（ 0 1 1 2 3 5 8 13 21 34 ）
size=${#Fibonacci[*]}  # Fibonacci 数组的大小作为字符串
index=1          # 数组索引初始化指向第二个元素
sum=0            # sum 初始化为 0
next=0           # 用来存储下一个数组元素

while [ $index -lt $size ]
do
next=$（（ ${Fibonacci[$index]} ））  #将下一个值存为整数 sum=$（（sum + next））
     sum=$（（sum+next））   # 更新 sum 变量
index=$（（index + 1））       # 将数组索引加 1
done
#显示最后的和
echo "The sum of the given ${#Fibonacci[*]} numbers is $（（sum））."
exit 0
$ demo_num_array
The sum of the given 10 numbers is 88.
```

8.8 函数

可以在 shell 中定义函数。如果你想编写大型的 shell 脚本程序，你会想到用它们来构造自己的代码。Linux 和 Unix 系统中有很多大型程序都是使用 shell 来编写，如自由软件基金会 FSF 的 autoconf 程序和许多 Linux 软件包的安装程序就是 shell 脚本程序。

如果不使用函数来写脚本程序，你可以把一个大型的脚本程序分成许多小一点的脚本程序，让每个脚本完成一个小任务。但这种做法有几个缺点：在一个脚本程序中执行另外一个脚本程序要比执行一个函数慢得多；返回执行结果变得更加困难，而且可能存在非常多的小脚本。

要定义一个 shell 函数，我们只需简单地写出它的名字，然后是一对空括号，再把有关的语句放在一对花括号中，如下所示函数定义的格式：

```
function_name（）
{
command-list
}
```

function_name 是函数名，command-list 中的命令为函数体。左花括号{可以与函数名放在同一行。交互式地定义函数可以直接在 shell 提示符下输入函数名和括号，然后输入{和每行输入一条命令并以}结束。

下面是一个简单的函数例子

```
$ cat demo_fun1
#! /bin/bash
foo（）
{
    echo "Function foo is execting"
}
echo "script starting"
foo
echo "script ended"
exit 0
```

demo_fun1 脚本程序从自己的顶部开始执行，这一点与其他脚本程序没什么区别。但当它遇见 foo（）{结构时，它知道定义了一个名为 foo 的函数。它会记住 foo 代表着一个函数并从}字符之后的位置继续执行。 当执行到单独的行 foo 时，shell 就知道应该去执行刚才定义的函数了，当这个函数执行完毕以后，执行过程会返回到调用 foo 函数的那条语句的后面继续执行。运行这个脚本程序会显示下面的输出信息：

```
$demo_fun1
script starting
Function foo is execting
script ended
```

当一个函数被调用时，脚本程序的位置参数$*、$@、$#、$1、$2 等会被替换为函数的参数。这也是你读取传递给函数的参数的办法。当函数执行完毕后，这些参数会恢复为它们先前的值。

我们可以通过 return 命令让函数返回数字值。可以使用 local 关键字在 shell 函数中声明局部变量，局部变量将局限在函数的作用范围内。此外，函数可以访问全局作用范围内的其他 shell 变量。如果一个局部变量和一个全局变量的名字相同，前者就会覆盖后者，但仅限于函数的作用范围之内。例如，我们可以对 demo_fun1 的脚本程序进行如下的修改：

```
$ cat demo_fun2
#!/bin/bash
sample_txt="global varible"
foo（） {
local sample_txt="local varible"
echo "Function foo is executing"
echo $sample_txt
}

echo "script starting"
echo $sample_txt
exit 0
```

这个脚本程序运行结果如下：

```
$ demo_fun2
script starting
Function foo is executing
local varible
global varible
```

在下面这个脚本程序 demo_my_name 中，我们演示了函数的参数是如何传递的，以及函数如何返回一个 true 或 false 值。脚本程序在调用时需要有一个参数，该参数是你想要在问题中使用的名字。

```
$ cat demo_my_name
#!/bin/bash
#定义函数
yes_or_no（） {
echo "Is you name $* ？ "
while true
do
    echo "Enter yes or no:"
    read x
    case "$x" in
        y | yes ） return 0;;
        n | no ） return 1;;
        * ） echo "Answer yes or no"
    esac
done
}
# 主程序部分
if [ $# = 0 ]
```

```
    then
        echo "Usage: myname name"
    else
        echo "Original parameters are $*"
        if yes_or_no "$1"
            then
                echo "Hi $1，nice name"
            else
                echo "Never mind"
        fi
fi
exit 0
```

这个脚本程序的典型输出如下所示：

```
$demo_my_name Zhang San
Original parameters are Zhang San
Is you name Zhang
Enter yes or no:yes
Hi Zhang，nice name
```

当 demo_my_name 脚本程序开始执行时，函数 yes_or_no 被定义，但先不会执行。在 if 语句中，脚本程序执行到函数 yes_or_no 时，先把$1 替换为脚本程序的第一个参数 Zhang，再把它作为参数传递给这个函数。函数将使用这些参数，它们现在被保存在$1、$2 等位置参数中，并向调用者返回一个值。if 结构再根据这个返回值去执行相应的语句。

8.9 here 文档

在 shell 脚本程序中向一条命令传递输入的一种特殊方法是使用 here 文档。它允许一条命令在执行时就好像是在读取一个文件或键盘一样，而实际上是从脚本程序中得到输入数据。下面是 here 文档句法定义：

```
command << [-] input_marker
…input data…
input_marker
```

here 文档以两个连续的小于号<<开始，紧跟着一个特殊的字符序列（input_marker），该序列将在文档的结尾处再次出现。<<是 shell 的重定向符，此时，它表示命令的输入是一个 here 文档。input_marker 的作用就像一个标记，它告诉 shell，here 文档开始和结束的位置。因为这个标记序列不能出现在传递给命令的文档内容中，所以应该尽量使它既容易记忆又足够不寻常。用连字符（-）来取消 here 文档中行首和结束标记前面的 tab（不包括空格）。此特性可以保证 here 文档中的缩进与脚本相一致。

下面的例子是给 cat 命令提供输入数据，如下所示：

```
#! /bin/bash
```

```
cat <<!DATA!
This is a simple use of the here document. This data is the
input given to the above cat command
!DATA!
```

它的输出如下所示：

```
This is a simple use of the here document. This data is the
input given to the above cat command
```

here 文档看起来是相当奇怪的功能，但在实际工作中它的作用是很大的，因为它允许我们调用交互式的程序，比如一个编辑器，并向它提供一些事先定义好的输入。但它更常见的用途是从脚本程序中输出大量的文本，就像我们在刚才的示例中看到的那样，从而可以避免用 echo 语句来输出每一行。我们在标识符两端都使用了感叹号（!），它的作用是确保不会引起混淆。

下面是更加有用的脚本程序，更好地使用了 here 文档的特性。demo_dext 脚本维护了一个包括名字、电话号码和电子邮件地址的目录。脚本以名字作为命令行参数，用 grep 命令显示与姓名相关的目录条目。grep 命令的-i 选项是用来忽略大小写的。

```
$cat demo_dext
#!/bin/bash
#若参数个数为 0，则提示信息并退出
if [ $# = 0 ]
    then
    echo "Usage: $0 name"
    exit 1
fi
#在 here 文档中搜索包含$1 参数的行
user_input="$1"
grep -i $user_input << !DIRECTORY!
    John Doe        666.232.0000     johnd@unit.com
    Jenny Great     444.6565.1111    jg@new.somecollege.edu
    David Nice      999.111.3333     david_nice@xyz.org
    Don Carr        555.111.3333     dcarr@hoggie.edu
    Jim Davis       777.000.9999     davis@great.advisor.edu
    Art Pohm        333.000.8888     pohm@hf.edu
    David Carr      777.999.2222     dcarr@net.net.gov
!DIRECTORY!
exit 0
$demo_dext Pohm
    Art Pohm              333.000.8888       pohm@hf.edu
```

在脚本中维护目录的优点是无须额外的文件操作，这样，程序可以更快。而目录的数据维护在一个分开的文件中就需要文件的读写。

如果一个名字对应多个条目，grep 命令将显示所有的条目。将 grep 命令的输出用管道连接到 sort 命令，可以将条目按次序排列。可以将其用括号括起（grep -i $user_input | sort）。

8.10 exec 命令

通常使用 exec 内部命令来执行新的命令以替换当前的 shell 进程，而不是生成一个新的进程（用被运行命令的代码覆盖当前的 shell）。exec 命令有下面两个主要的用途：

（1）执行一个命令或程序来取代当前的进程。

（2）使用 exec 重定向来自 shell 脚本内部的文件描述符。

8.10.1 不创建新的进程执行命令

exec 命令可以用来执行命令替换当前运行这个命令的进程（通常是 shell）。它工作于所有的 shell 下。下面是命令的语法，将 command 的代码覆盖到当前运行 exec 命令的进程，command 替换调用进程而不生成新的进程。

exec command arguments

一旦命令结束，即从命令退出，返回到运行 exec 命令的父进程，也就是说将无法返回调用进程。在 exec 命令结束时，如果调用进程是你的登录 shell，那么控制权交给 mingetty 进程。

例：

```
$ tcsh
$ ps
PID TTY      TIME     CMD
779 tty1     00:00:00 bash
821 tty1     00:00:00 tcsh
849 tty1     00:00:00 ps
$ exec pwd
/root
$ ps
PID TTY      TIME     CMD
779 tty1     00:00:00 bash
879 tty1     00:00:00 ps
```

上面的命令中，在登录 bash 进程下再启动一个 tcsh 进程，当 exec pwd 结束时，控制没有返回到 tcsh 进程，而是返回登录 bash 进程。

如果命令在登录 shell 的一个子 shell 下运行，控制权返回到登录 shell。

8.10.2 通过 exec 命令的文件 I/O 重定向

bash 最多允许同时使用 10 个文件描述符。其中三个是保留的，标准输入（0），标准输出（1），标准错误（2）。用 exec 命令及重定向操作符可以用这 10 个描述符进行文件 I/O。表 8-11 描述了用于文件 I/O 的 exec 命令的句法。

表 8-11　文件 I/O 重定向时 exec 命令的句法

句法	含　义
exec < file	把本进程的标准输入重定向到 file，从 file 中读入
exec > file	把本进程的标准输出重定向到 file，向 file 中写
exec >> file	把本进程的标准输出重定向到 file，输出内容添加到 file 末尾
exec n< file	打开文件 file 读，并把文件描述符 n 赋值给这个文件
exec n> file	打开文件 file 写，并把文件描述符 n 赋值给这个文件
exec n<< tag … Tag	打开一个 here 文档（即，在<<tag 和 tag 之间的数据）用来读，把文件描述符 n 赋值给这个文件
exec n>> file	打开文件 file，并把文件描述符 n 赋值给这个文件，输出内容添加到 file 末尾
exec n>& m	把 m 复制到 n 中，即，进入到文件描述符 m 中的内容也同样进入到文件描述符 n 中
exec <& -	关闭那个已经重定向为标准输入的文件描述符 n
exec >& -	关闭那个已经重定向为标准输出的文件描述符 n

下面的例子，exec < sample 命令将 sample 文件中的每一行作为命令，由当前 shell 执行。这是因为 exec 命令被 shell 进程解释执行，其用途就是从 stdin 读入命令并执行之。由于文件 sample 连接到 stdin，shell 就从这个文件中读入命令。执行完 sample 中最后一行命令后，shell 退出。 在一个 shell 脚本中执行时，这个命令把脚本后续部分的 stdin 连接到 sample。下面是从命令行运行 exec <sample 命令的工作过程。sample 文件中有 pwd 和 echo 两个命令。在登录 shell（为 Bash）下面运行了一个 Bash 进程。exec < sample 命令执行时，在 sample 中最后一条命令结束后，子 Bash 进程将退出（第三个 ps 命令显示当运行 exec < sample 命令后只有登录 shell 在运行），控制权返回登录 shell。

因此，当 exec < sample 命令从命令行执行时，实际上将把当前 shell 的 stdin 连接到 sample 文件。当这个命令从 shell 脚本中运行时，将把 shell 脚本的 stdin 连接到 sample 文件。在任何一种情况下，必须执行 exec < /dev/tty 命令才能将 stdin 重新连接到终端。这里，/dev/tty 是一个伪终端，代表了 shell 运行时的终端。下面是从命令行执行这个命令的示例。

```
$ cat sample
pwd
echo Hello,   World!

$ ps
PID TTY          TIME CMD
779 tty1     00:00:00 bash
886 tty1     00:00:00 ps
$ bash
$ ps
PID TTY          TIME CMD
779 tty1     00:00:00 bash
887 tty1     00:00:00 bash
888 tty1     00:00:00 ps
```

```
$ exec < sample
$ pwd
/root
$ echo Hello，  World!
Hello，  World!
$ exit
$ ps
PID TTY          TIME CMD
779 pts/2    00:00:00 bash
970 pts/2    00:00:00 ps
```

当从命令行执行 exec > data 命令时，将使此 shell 后面的所有命令输出到 data 中。这样，你在屏幕上看不到任何命令的输出。为了再次看到屏幕上的输出，需要执行 exec > /dev/tty。执行这个命令后，你可以查看 data 文件的内容，来看在这个命令之前的所有命令的输出。当从 shell 脚本中执行 exec > data 命令时，将使后面的所有命令输出到文件 data 文件中直到在此 shell 脚本中运行 exec > /dev/tty 命令。

这样，当 exec > data 命令从命令行运行时，实际上它将当前 shell 的 stdout 连接到文件 data。当从 shell 脚本中执行这个命令时，它将脚本的 stdout 连接到文件 data。在任何一种情况下，必须执行 exec > /dev/tty 命令才能将 stdout 重新连接到终端。下面演示从命令行运行这个命令。注意，在 exec > data 命令执行后，后续所有命令（date，echo 和 more）的输出都进入 data 文件中。为了将命令的输出重新定向到屏幕，必须执行 exec > /dev/tty 命令，如下所示。

```
$ exec > data
$ pwd
$ echo Hello，  World!
$ who
$ exec > /dev/tty

$ cat data
/root
Hello，  World!
root  tty1        sep 02 23:18
```

类似地，你可以用下面这个命令将脚本中一段代码的标准输出和标准错误加以重定向。

```
exec 1>outfile 2>errorfile
```

在这个例子中，shell 脚本随后的输出和错误消息分别定向到了 outfile 和 errorfile。如果输出需要重新连接到终端，可以使用

```
exec > /dev/tty
```

一旦执行了这个命令，所有后续输出都到达显示屏。类似地，可以使用 exec 2> /dev/tty 将错误消息发送到显示屏。

8.11 trap 命令

trap 命令用于指定在接收到信号后将要采取的行动。trap 命令的一种常见用途是在脚本程序被中断时完成清理工作。在 Unix 历史上，shell 总是用数字来代表信号，而现在脚本程序可以使用信号的名字，它们保存在用#include 命令包含进来的 signal.h 头文件中，在使用信号名时需要省略 SIG 前缀。你可以在命令提示符下输入命令 trap -l 来查看信号编号及其关联的名称。

trap 命令的参数分为两部分，前一部分是接收到指定信号时将要采取的行动，后一部分是要处理的信号名。下面是这个命令的语法：

命令语法：trap ['command-list'] [signal-list]

功能：拦截 signal-list 中的信号，执行内核定义的动作，忽略信号，或者执行 command-list 中的命令；注意 command-list 两边的单引号不可以省略。

如果要重置某个信号的处理条件到其默认值，只需简单的将 command 设置为-。如果要忽略某个信号，就把 command 设置为空字符串‘’。一个不带参数的 trap 命令将列出当前设置的信号及其行动的清单。

可以使用 kill -l 命令列出所有的信号。表 8-12 列出了比较重要的一些信号。更多细节请参考 signal 在线手册的第七部分（man 7 signal）。

表 8-12

信号编号	信号名	说　明
1	SIGHUP（挂起）	挂起，通常因终端掉线或用户退出而引发
2	SIGINT（键盘中断）	中断，通常因按下 Ctrl+C 组合键而引发
3	SIGQUIT（退出信号）	退出，通常因按下 Ctrl+\组合键而引发
9	SIGKILL（强制性终止）	当用户用 kill -9 向进程发送信号时，终止进程
11	SIGSEGV（段错误）	当进程试图访问不属于它的内存空间时，终止进程
15	SIGTERM（软件中断）	用没有信号编号参数的 kill 命令终止进程
17	SIGCHLD（子进程执行完毕）	通知进程，它的一个子进程终止
20	SIGSTP（悬挂/结束信号）	挂起进程，通常是<Ctrl-Z>

下面的脚本 demo_trap 演示了一些简单的信号处理方法：

```
$ cat demo_trap
#!/bin/bash

trap 'rm -f /tmp/my_tmp_file_$$' INT     #INT 也可以由数字 2 替换
echo Creating file /tmp/my_tmp_file_$$
date > /tmp/my_tmp_file_$$

echo "Press interrupt （Ctrl-C） to interrupt...."
```

```
while [ -f /tmp/my_tmp_file_$$ ]; do
      echo File exists
      sleep 1
done
echo The file no longer exists

trap -    INT
echo Creating file /tmp/my_tmp_file_$$
date > /tmp/my_tmp_file_$$

echo "Press interrupt （Ctrl-C） to interrupt...."
while [ -f /tmp/my_tmp_file_$$ ]; do
      echo File exists
      sleep 1
done

echo We never get here

exit 0
```

运行这个脚本，在每次循环时按下 Ctrl+C 组合键（或任何你系统上设定的中断键），将得到如下所示的输出：

```
Creating file /tmp/my_tmp_file_968
Press interrupt （Ctrl-C） to interrupt....
File exits
File exits
The file no longer exists
Creating file /tmp/my_tmp_file_968
Press interrupt （Ctrl-C） to interrupt....
File exits
File exits
```

在这个脚本程序中，我们先用 trap 命令让它在出现一个 INT（中断）信号时执行 rm –f /tmp/my_tmp_file_$$命令删除临时文件，$$为当前进程 PID。脚本程序然后进入一个 while 循环，只要临时文件存在，循环就一直持续下去。当用户按下 Ctrl+C 组合键时，就会执行 rm –f /tmp/my_tmp_file_$$语句，然后继续下一个循环。因为临时文件现在已经被删除了，所以第一个 while 循环将正常退出。

接下来，脚本程序再次调用 trap 命令，这次是指定当一个 INT 信号出现时不执行任何命令。脚本程序然后重新创建临时文件并进入第二个 while 循环。这次当用户按下 Ctrl+C 组合键时，没有语句被指定执行，所以采取默认处理方式，即立即终止脚本程序。因为脚本程序被立即终止了，所以永远也不会执行最后的 echo 和 exit 语句。

8.12 调试脚本程序

脚本程序的调试通常都很容易，但并没有特定的辅助工具。在本节中，我们将对常用的方法做一个简单介绍。

当运行脚本程序出现错误时，shell 一般都会打印出包含错误行的行号。如果这个错误并不是非常明显，我们可以添加一些额外的 echo 语句来显示变量的内容，也可以简单地通过在 shell 中交互式地输入这些语句来测试代码段。

因为脚本程序是解释执行的，所以在脚本程序的修改和重试过程中没有编译方面的额外开支。跟踪脚本程序中复杂错误的主要方法是设置各种 shell 选项。为了完成这一任务，你可以在调用 shell 时加上命令行选项，或是使用 set 命令。我们在表 8-13 中总结了各种选项。

表 8-13

命令行选项	set 选项	说　明
bash –n <script>	set –o noexec set –n	只检查语法错误，不执行命令
bash –v <script>	set –o verbose set –v	在执行命令之前回显它们
bash –x <script>	set –o xtrace set –x	在处理完命令行之后回显它们
	set –o nounset set –u	如果使用了未定义的变量，就给出出错消息

你可以用-o 选项启用 set 命令的选项标志，用+o 取消设置。你可以通过使用 xtrace 选项来得到一份简单的执行跟踪报告。在调试的初始阶段，则可以先使用命令行选项的方法，但如果想获得更好的调试效果，可以将 xtrace 标志（用来启用或关闭执行命令的跟踪）放到问题代码的前后。执行跟踪功能让 shell 在执行每行语句之前先显示已对变量进行扩展后的该行代码。

使用下面的命令来启用 xtrace 选项：

set –o xtrace

再用下面的命令来关闭 xtrace 选项：

set +o xtrace

默认情况下，变量扩展的层次由每行代码前的+号个数指出。你可以通过对 shell 配置文件中的 PS4 变量进行设置来将+号修改为更有意义的字符。

实验内容

1. 登录到你的 Linux 系统。

2. 创建一个文件，其中包含了一个使用 date 和 who 命令的 shell 脚本，每条命令写在一个行。使得文件可执行，然后运行这个脚本。写出完成这项工作的所有步骤。

3. 把 echo“Hello，world”命令的输出赋值给 myname 变量并打印出它的值。写出完成这项工作的所有命令。

4. 把 myname 变量的值复制到另一个变量 anyname 中，使 anyname 变量变为只读，对 myname 和 anyname 两个变量使用 unset 命令。这将有什么结果？

5. 编写一个 shell 脚本，它显示出所有的命令行参数。把它们都左移两位，并再次显示所有的命令行参数。

6. 编写一个 shell 脚本，它带一个命令行参数，这个参数是一个文件。如果这个文件是一个普通文件，则打印文件所有者的名字和最后的修改日期。如果程序带有多个参数，则输出出错信息。

7. 编写一个 bash 脚本程序，用 for 循环实现将当前目录下的所有.c 文件移到指定的目录下，最后在显示器上显示指定目录下的文件和目录。

8. 编写一个名为 dirname 的脚本程序，它将参数作为一个路径名，并将该路径前缀（不包含最后部分的整个串）写到标准输出：

```
$ dirname a/b/c/d
  a/b/c
```

如果只给 dirname 一个简单的文件名（不含字符/）作为参数，dirname 将写一个.字符到标准输出：

```
$ dirname simple
.
```

用一个 bash 函数实现 dirname。要确保当参数为/之类时，该函数也能很好地处理。

9. 编写一个累加器脚本程序，用 Fiboracci 数列的前 10 个数做参数。

10. 写一个 shell 脚本，包含两个数字数组 array1 和 array2，分别初始化为{1，2，3，4，5}和{1，4，9，16，25}。脚本生成并显示一个数组，其中的元素是这两个数组中对应元素的和，数组中第一个元素是 1+1=2，第 2 个元素是 2+4=6 等。

11. 写出一个命令将 shell 的 stdin 更改到当前目录下名为 data 文件，stdout 更改到当前目录下名为 out 的文件。如果 data 文件包含下面的内容，那么在命令执行后会发生什么？

```
echo –n "The time now is:"
date
echo –n "The users presently logged on are:"
who
```

12. 写一个脚本用文件名和目录名作为命令行参数，如果文件是一个普通文件并在给出的目录中，则删除该文件。若文件（第一个参数）是一个目录，则删除此目录（包括所有的文件和子目录）。

13. 退出系统。

第 9 章　编译 Linux 内核

实验目的

- 学习怎样重新编译 Linux 内核。
- 理解、掌握 Linux 标准内核和发行版本内核的区别。

实验内容

重新编译内核是一件比较简单的事情，它甚至不需要你对内核有任何的了解，只要你具备一些基本的 Linux 操作系统的知识就可以进行。

本次实验，要求你在 RedHat Fedora Core 5 的 Linux 系统里，下载并重新编译其内核源代码（版本号 KERNEL-2.6.15-1.2054）；然后，配置 GNU 的启动引导工具 grub，成功运行你刚刚编译成功的 Linux 内核。

实验指导

Linux 是当今流行的操作系统之一。由于其源码的开放性，现代操作系统设计的思想和技术能够不断运用于它的新版本中。因此，读懂并修改 Linux 内核源代码无疑是学习操作系统设计技术的有效方法。本章概要介绍 Linux 内核以及查看系统运行状况的方法。首先介绍 Linux 内核的特点、源码结构和重新编译内核的方法，讲述如何通过 Linux 系统所提供的/proc 虚拟文件系统了解操作系统运行状况的方法，最后对 Linux 编程环境中的常用工具作简单介绍。其间，我们将编程实现一个系统状况观察工具。

9.1　Linux 内核

Linux 是类 Unix 操作系统的一个分支，它最初由 Linus Torvalds 于 1991 年为基于 Intel 80386 的 IBM 兼容机开发的操作系统(Linus Torvards. JUST FOR FUN. ISBN 0-06-662072-4. 2001)。在加入自由软件组织 GNU 后，经过 Internet 上全体开发者的共同努力，已成为能够支持各种体系结构（包括 Alpha、ARM、SPARC、Motorola、MC680x0、PowerPC、IBM System/390 等）的具有很大影响的操作系统。Linux 最大的优势在于它不是商业操作系统，其源代码受 GNU 通用公共许可证（GPL）的保护是完全开放的，任何人都能下载来用于研究和开发。

通过学习 Linux，你可以体会到一个现代的操作系统是如何设计实现的。我们的目的就是指引你进入这个神秘的境地去探索操作系统的奥秘。

Linux 其实只是一个内核的标识，不同于我们平时所说的 RedHat Linux、Debian GNU/Linux 等发行版本，这些发行版本除了内核外还包括了不同的外部应用程序以方便用户使用和管理操作系统。内核（kernel）是操作系统的内部核心程序，它向外部提供了对计算机设备的核心管理调用。一般来讲，操作系统上运行的代码可以分成两部分：内核所在的地址空间称作内核空间；而在内核以外，剩下的程序统称为外部管理程序，它们大部分是对外围设备的管理和界面操作。外部管理程序与用户进程所占据的地址空间称为外部空间或者用户空间。通常，一个程序会跨越两个空间。当执行到内核空间的一段代码时，我们称程序处于内核态，而当程序执行到外部空间代码时，我们称程序处于用户态。内核负责对计算机硬件的管理和抽象，并合理分配这些资源被各个执行程序共享使用，主要包括以下功能：

● 资源抽象。用软件接口抽象不同硬件资源简化对其的操作，屏蔽底层硬件的不同接口。例如，一个设备驱动程序就是对物理设备进行输入/输出操作的软件抽象。一旦实现设备的驱动程序，其它软件就可以通过它读写设备而不必去了解怎样对设备控制寄存器写命令和数据传输等细节问题。抽象还能针对一些没有特殊下层硬件的资源，比如消息和信号量资源。

● 资源分配。经过编译连接后的目标程序只有放入内存（RAM）中才能被执行，Linux 和其它操作系统一样将目标程序执行时的 CPU 操作抽象成进程。进程可以被定义为一个程序执行时的实例或执行上下文。Linux 是多任务（multiprogramming）操作系统，许多任务能同时在内存中，一个任务执行一段时间片后，操作系统能把 CPU 等资源分配给另一个任务执行。抽象的进程使操作系统能够控制管理每个程序的执行实例，如哪个进程被立即执行而另外的处于等待之中。资源管理就是将抽象出来的各种资源分配给各个进程并负责取回这些系统资源。

● 资源共享。每个进程都能向内核申请得到资源，然后使用并释放它们，这样必然存在竞争现象。一般当一个进程得到系统资源后，它需要独占这些资源。内核根据不同的资源类型使用不同机制保证资源被进程所独占。有些系统资源允许两个以上的进程同时共享访问，如多个进程可以同时打开同一文件。这时内核必须确保各个进程互斥访问共享资源，并负责在所有进程释放资源时的回收工作。

Linux 与大部分 Unix 内核一样是单内核体系结构（monolithic kernel），即它是由几个逻辑功能上不同的部分组合而成的大程序。与之对应的是微内核体系结构，这种内核只包括同步原语、简单的进程调度以及进程间通信机制等功能，其它像内存管理、设备驱动和系统调用功能是由在微内核之上的一些系统进程实现的。一般而言，微内核相对于单内核来说要慢，因为在操作系统各层间调用时的消息传递必定会有一定的消耗。但微内核有模块化、易于移植到其它体系结构以及占用内存比单一内核少等优点。Linux 使用“模块”（module）来有效弥补单一内核的缺点，同时避免了引入微内核而带来的性能损失。模块是在运行时能够被动态链接到内核的目标文件，它们一般用于诸如文件系统的实现、设备驱动程序等属于内核上层的功能代码。与微内核中的外层部分不同，模块不是一个独立的进程而是与其它静态链接到内核的功能一样在内核模式下执行。关于模块的原理和应用，第 5 章有非常详尽的讨论。

截止本书出版时，2.6版的Linux内核并不支持完全意义上的用户态线程。线程是同时执行的共享资源的程序段。线程之间可以共享地址空间，物理内存页面，甚至打开的设备和文件。这样，在线程间切换要比在进程间切换的开销少，大量使用线程可以使系统的效率得到提高。所以，线程在现代操作系统中得到了广泛的应用。但Linux中线程的使用却很少见到，只是在内核态中定期执行某些函数时才会用到线程的概念。在用户态中，Linux通过另一种方法解释并实现LWP（light weight thread）的机制。Linux中认为线程就是共享上下文（context）的进程，并可以通过非标准的系统调用clone（）等操作来处理。

早期的Linux内核为非抢占式的（non-preemptive）。这就是说Linux在特权级执行时不会任意改变执行流程。这样，许多Linux内核代码中可以对某些重要的数据结构进行修改而不加任何保护措施，因为内核不必担心被其它程序所抢占。然而这种便利是以牺牲并发性，从而牺牲功能、性能特点为代价的。因此，从2.6版本开始，Linux内核支持抢占式（http://www.osdl.net/newsroom/press_releases/2003/2003_12_18_beaverton_2_6_new.html）。

另外，Linux内核还支持对称多处理器（symmetric multiprocessing，简称SMP）结构。这样，任意处理器可以执行任意程序。但是，本书所讨论的内容大都基于单处理器结构。

Linux符合IEEE的POSIX（Portable Operating System Interface based on Unix）标准，为用户程序提供了规范的应用编程接口（Application Programming Interface，简称API）。用户程序大部分时间执行在用户态下，它们不能直接访问内核态的数据也不能直接对硬件进行操作（某些操作系统如DOS可以允许用户对硬件直接访问）。它们只能通过内核提供的标准编程接口即系统调用请求内核服务，并切换到内核态执行。当内核完成用户请求，再将用户程序返回到用户态。图9-1反映了Linux内核与用户进程及硬件之间的关系。

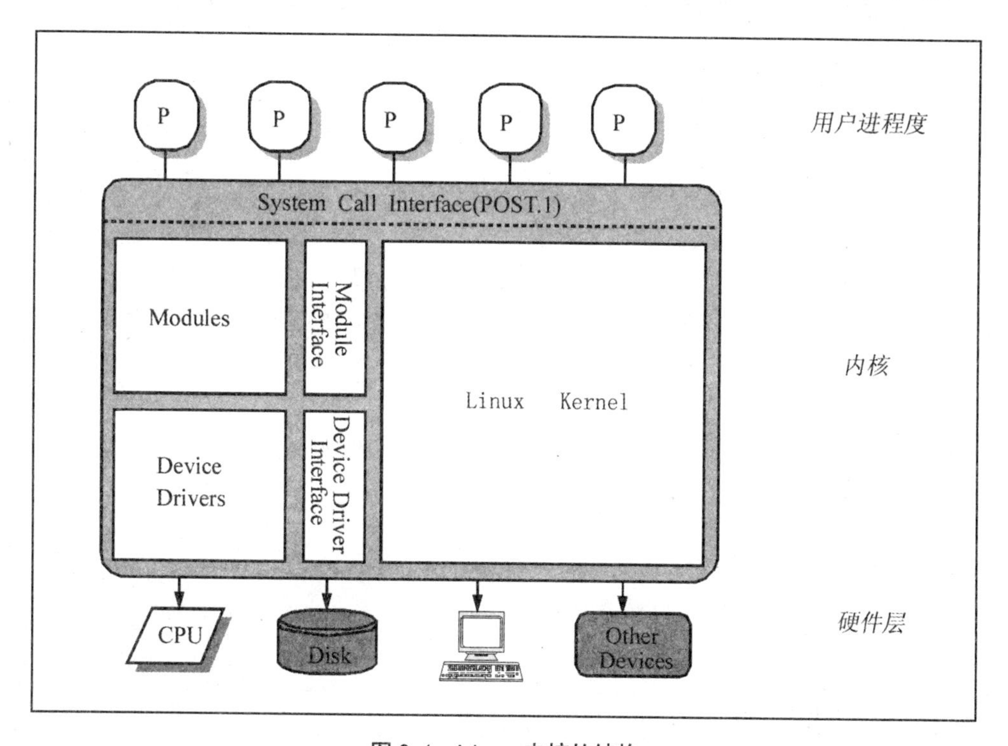

图9-1 Linux内核的结构

9.2 查找并且下载一份内核源代码

我们知道，Linux 受 GNU 通用公共许可证（GPL）保护，其内核源代码是完全开放的。现在很多 Linux 的网站都提供内核代码的下载。推荐你使用 Linux 的官方网站：http://www.kernel.org ，如图 9-2。在这里你可以找到所有的内核版本。

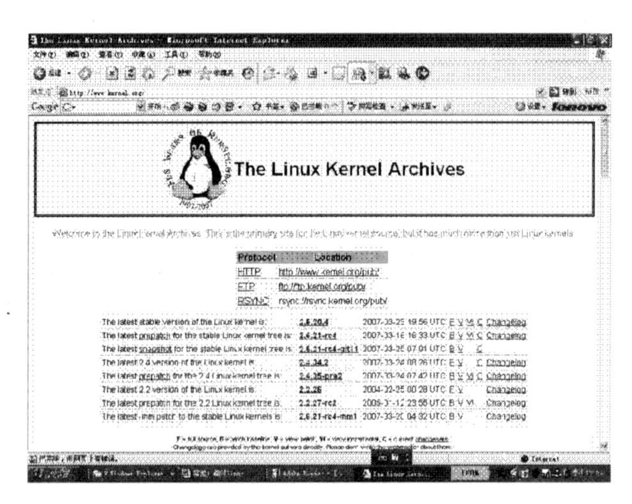

图 9-2 Linux 内核的官方网站

由于作者安装的 Fedora Core 5 并不附带内核源代码，第一步首先想办法获取合适版本的 Linux 内核代码。通过命令

```
# uname –r
    2.6.15-1.2054_FC5
```

这就是说，RedHat Fedora Core 5 采用的内核版本是 2.6.15-1.2054_FC5。但是，官方网站http://www.kernel.org/pub/linux/kernel/找不到对应版本。请别着急，既然它是 RedHat 发布的，RedHat 的官方网站总有吧。浏览 http://download.fedora.redhat.com/pub/fedora/linux/core/5/source/SRPMS，我们发现果然有文件 kernel-2.6.15-1.2054_FC5.src.rpm，这个 rpm 文件就是 2.6.15-1.2054_FC5 版的内核源代码了。下载后保存。需要说明的是，其实还有许多网站保存此文件的；有时候以 ISO 压缩包的形式出现，文件名为 kernel-2.6.15-1.2054_FC5.src.iso 。

9.3 部署内核源代码

此过程比较机械、枯燥，因而容易出错。请严格按下述步骤来操作。

首先，解开rpm包，放在/usr/src/redhat。使用操作序列：

```
# rpm –Uvh kernel-2.6.15-1.2054_FC5.src.rpm
# cd /usr/src/redhat/SPECS
# rpmbuild -bp --target $（uname -m） kernel-2.6.spec
```

这里，命令uname –m检测CPU型号。作者的主机是i686。假如执行shell命令：

```
# ls /usr/src/redhat/BUILD/kernel-2.6.15/
Config.mk  linux-2.6.15.i686  vanilla  xen  xen-vanilla
```

可见，Linux 内核源代码已经在/usr/src/redhat/BUILD/kernel-2.6.15/linux-2.6.15.i686 下面了。作者习惯了RedHat过去的部署，还是希望通过路径/usr/src/linux去访问它。这只要建一个符号链接：

```
# cd /usr/src
# ln  -s  ./redhat/BUILD/kernel-2.6.15/linux-2.6.15.i686/  linux
```

9.4 配置内核

在你进行这项工作之前，不妨先看一看/usr/src/linux 目录下内核源代码自带的README文件。在这份文件中，对怎样进行内核的解压，配置，安装都进行了详细的讲解。不过，其介绍的步骤不完全符合我们的版本，所以还是以本书为准。

在编译内核前，一般来说都需要对内核进行相应的配置。配置是精确控制新内核功能的机会。配置过程也控制哪些需编译到内核的二进制映像中（在启动时被载入），哪些是需要时才装入的内核模块（module）。

```
# cd  /usr/src/linux
# cp configs/kernel-2.6.15-i686.config  .config
cp：overwrite '.config' ?  y
```

当前目录下的Makefile有一项内容：

```
EXTRAVERSION = -prep
```

因为版本号已经变成2.6.15-1.2054_FC5了，所以，使用任何一种文本编辑工具，将它换成：

```
EXTRAVERSION = -1.2054_FC5
```

第一次编译的话，有必要将内核源代码树置于一种完整和一致的状态。因此，我们推荐执行命令make mrproper。它将清除目录下所有配置文件和先前生成核心时产生的.o文件：

#make mrproper

然后：

#make menuconfig

make menuconfig是基于文本的选单式配置界面，作者一般使用这一配置命令。当然，其它的配置界面也不错啊，例如：

- make xconfig，使用X Windows （Qt） 界面
- make gconfig，使用X Windows （Gtk） 界面
- make oldconfig，使用文本界面，按照./.config文件的内容取其缺省值
- make silentoldconfig，与上一个一样；不同的是，不再逐项提问了

进行配置时，大部分选项可以使用其缺省值，只有小部分需要根据用户不同的需要选择。例如，如果硬盘分区采用ext2文件系统（或ext3文件系统），则配置项应支持ext2文件系统（ext3文件系统）。又例如，系统如果配有SCSI总线及设备，需要在配置中选择SCSI卡的支持。

对每一个配置选项，用户有三种选择，它们分别代表的含义如下：

- "<*>"或"[*]" － 将该功能编译进内核
- "[ ]" － 不将该功能编译进内核
- "[M]" － 将该功能编译成可以在需要时动态插入到内核中的模块

将与核心其它部分关系较远且不经常使用的部分功能代码编译成为可加载模块，有利于减小内核的长度，减小内核消耗的内存，简化该功能相应的环境改变时对内核的影响。许多功能都可以这样处理，例如像上面提到的对SCSI卡的支持，等等。

9.5 编译内核和模块

编译内核，就用：

#make

编译内核需要较长的时间，具体与机器的硬件条件及内核的配置等因素有关（作者采用 VMWare 虚拟机，需要约 50 分钟）。完成后产生的内核文件 bzImage 的位置在/usr/src/linux/arch/i386/boot目录下，当然这里假设用户的CPU是Intel x86型的，并且你将内核源代码放在/usr/src/linux目录下。

如果选择了可加载模块，编译完内核后，要对选择的模块进行编译。用下面的命令编译模块并安装到标准的模块目录中：

#make modules

#make modules_install

9.6 了解 Linux 内核的启动

通常，Linux 在系统引导后从/boot 目录下读取内核映像到内存中。因此我们如果想要使用自己编译的内核，就必须先将/usr/src/linux/arch/i386/boot 下的 bzImage 和 System.map 拷贝到/boot 目录下。

```
mv /usr/src/linux/arch/i386/boot/bzImage /boot
mv /usr/src/linux/arch/i386/boot/System.map /boot
```

或者，使用命令 make install 也能达到此目的。

现在，编译完毕的 Linux 内核已经在那里了。那么，如何让它运转呢？或者说，当我们启动电脑后，如何告诉 CPU，去加载、执行这个 Linux 内核呢？让我们简单回忆一下 BIOS 工作原理，以及单一操作系统装入、启动原理。

主机上电后，通过 RESET 组合电路，给 CPU 一个稳定的启动信号，使 INTEL CPU（或与其兼容的 CPU）从地址为 0xf000:0xfff0 开始执行指令。加电入口地址 F000：FFF0 存放一条 JMP 指令。通常，主机将该跳转地址安排为 BIOS 的初始化程序的入口地址。所以，用户开机后，马上看到了 BIOS 的开机画面。

BIOS 的初始化过程，将完成两部分工作：系统加电自检（Power On Self Test）和系统自举。系统自举就是操作系统的装入和引导。不过，在此之前先做加电自检，即对电脑系统硬件的进行一系列测试。简要而言，BIOS 开机启动工作的工作流程：

- 检测电脑系统中的内存、显卡等关键设备能否正常工作。
- 查找显卡的 BIOS，然后调用显卡 BIOS 的初始化代码，由它来完成显卡的初始化。大多数显卡在这个过程通常会在屏幕上显示出一些显卡的信息，如生产厂商、图形芯片类型、显存容量等内容。
- 查找其它设备的 BIOS 程序，找到之后同样要调用这些 BIOS 内部的初始化代码来初始化这些设备。在这个步骤里，我们可以看到键盘上的 NUM LOCK、CAPS LOCK、SCROLL LOCK 等指示灯都闪亮一下。另外，如果电脑正连接着一台针式打印机的话，将会听到打印头复位的声音。除了初始化系统硬件，初始化芯片中的寄存器，这个过程还要初始化能源管理模块，所有与电脑节能有关的寄存器、记时器等都从头开始。
- 显示 BIOS 自己的启动画面，其中包括有系统 BIOS 的类型、序列号和版本号等内容同时屏幕底端左下角会出现主板信息代码，包含 BIOS 的日期、主板芯片组型号、主板的识别编码及厂商代码等。
- 检测 CPU 的类型和工作频率，并将检测结果显示在屏幕上，这就是我们开机看到的 CPU 类型和主频。
- 开始检测系统中安装的一些标准硬件设备，这些设备包括硬盘、CD-ROM、软驱、串行接口和并行接口等连接的设备。
- 标准设备检测完毕后，开始检测和配置系统中安装的即插即用设备。每找到一个设备之后，BIOS 都会在屏幕上显示出设备的名称和型号等信息，同时为该设备分配中断、DMA 通道和 I/O 端口等资源。

上面描述的步骤是电脑在打开电源开关（或按 Reset 键）进行冷启动时所要完成的各种初始化工作。如果我们按 Ctrl+Alt+Del 组合键来进行热启动，那么前面两步将被跳过，直接从第三步开始；另外，第五步的检测 CPU 和内存测试也不会再进行。无论是冷启动还是热启动，BIOS 都会重复上面的硬件检测。

加电自检完成后，即根据用户指定的启动顺序从软盘、硬盘或光驱中寻找启动设备。一旦找到启动设备，就会将系统的控制权交给启动设备中的操作系统。BIOS 读取并执行硬盘上的主引导记录，主引导记录接着从分区表中找到第一个活动分区，然后读取并执行这个活动分区的分区引导记录，而分区引导记录将负责读取并执行操作系统的初始化程序。

不妨以从 Windows 下的 C 盘启动为例，分区引导记录将负责读取并执行 IO.SYS，这是 Windows 最基本的系统文件。Windows 中 IO.SYS 首先要初始化一些重要的系统数据，然后就显示出我们熟悉的如蓝天白云的启动画面，在这幅画面之下，Windows 将继续进行 DOS 部分或 GUI（图形用户界面）部分的引导和初始化工作。

任何操作系统都应首先考虑与 INTEL 微机的系统结构和 BIOS 的兼容性。按照早期 INTEL 微机与 DOS 的约定，电源开启后，由机器的 ROM BIOS（或主引导区）负责将启动盘第一扇区（boot sector）的内容从磁盘装入起始地址为 0X7C00 的内存空间，然后跳转至 0X7C00 位置开始执行。

如果电脑系统安装了多种操件系统，如 Linux 等，那么，BIOS 怎么引导指定的操作系统呢？答案是，此时我们需要一个操作系统引导工具，如 grub。

通常主引导记录将被替换成该引导工具的引导代码，这些代码将允许用户选择一种操作系统，然后读取并执行该操作系统的基本引导代码。例如，Windows 的基本引导代码就是分区引导记录。

GNU grub 是一个多重操作系统启动管理器。类似的引导工具有很多，例如 LILO（Linux Loader），Windows 中的 NTLOADER，PowerPC 架构中的 yaboot。grub 的一个重要特性是灵活性，它理解文件系统和内核的可执行格式，所以我可以按自己喜欢的方式加载操作系统而不需要记录内核的物理地址。这样，就可以通过给出内核文件名和它所在的磁盘分区、路径来加载它。当启动 grub 后，可以使用命令行方式或者菜单方式启动内核。使用命令行方式时，需要手动输入磁盘信息和内核的文件名。菜单方式下，只需要选择要启动的操作系统就可以了。菜单显示的是我之前就已经配置好的一个文件。菜单模式下，可以选择进入命令行模式，反之也可。甚至可以在使用之前编辑菜单入口。

grub 源文件可以从其官方网站上下载http://www.gnu.org/，不过，RedHat Fedora Core 5 已经附带了 grub 工具。

开机后，INTEL CPU 在实模式下（real mode）工作，只能使用低端 640KB 的内存空间，且一部分空间已经被 BIOS 占用。核心系统一般比这大，而且开始只能装入一个扇区，因而 Linux 不得不设计特殊的方法装入内核。方法之一就是经过压缩的核心模块 zImage。如果 zImage 还是放不下，那么就采用 big zImage 的加载方式，也就是我们刚刚编译生成的 bzImage。

不妨粗略看一下 arch/i386/boot 目录下的 bootsect.S 源文件，它是一个实模式下运行的汇编程序。它们经过汇编后生成二进制代码，存放在磁盘的引导区。

arch/i386/boot/bootsect.S

```
18 SETUPSECS      = 4                /* default nr of setup-sectors */
19 BOOTSEG        = 0x07C0           /* original address of boot-sector */
20 INITSEG        = DEF_INITSEG      /* we move boot here - out of the
way */
21 SETUPSEG       = DEF_SETUPSEG     /* setup starts here */
22 SYSSEG         = DEF_SYSSEG       /* system loaded at 0x10000
（65536） */
23 SYSSIZE        = DEF_SYSSIZE      /* system size: # of 16-byte clicks
*/
                                     /* to be loaded */
```

这是 bootsect.S 中的最初几行，将对几个段值做初始化，其中的几个宏 DEF_INITSEG，DEF_SETUPSEG， DEF_SYSSEG， DEF_SYSSIZE 定义在 include/asm-i386/boot.h :

```
#define DEF_INITSEG     0x9000
#define DEF_SYSSEG      0x1000
#define DEF_SETUPSEG    0x9020
#define DEF_SYSSIZE     0x7F00
```

如果仔细阅读 bootsect.S，我们就会发现，正是这个属于 Linux 内核源代码一部分的内核程序，将 Linux 内核（无论以 linuz 文件，还是以 zImage 文件，或者 bzImage 文件的形式保存）最终装进了主机内存，并且启动运行。

综上所述，BIOS、grub（或 bootsect.S）在从主机上电至 Linux 操作系统运行这一过程中，各自起到了不可替代的作用。如表 9-1。

表 9-1 系统启动时的顺序及分工

对 象	作 用
BIOS	上电后接管 CPU，装入操作系统引导工具，如 grub
grub	提供配置手段，或人机交互手段，将 CPU 交给用户指定的操作系统的内核
setup.S	从 grub 那里接管 CPU，并且拼装、运行 Linux 内核初始化程序

9.7 应用 grub 配置启动文件

如果使用 grub 启动 Linux，则编辑/boot/grub/grub.conf 文件，修改系统引导配置。例如使用 vi 编辑工具：

#vi /boot/grub/grub.conf

```
# grub.conf generated by anaconda
#
# Note that you do not have to rerun grub after making changes to this file
# NOTICE:  You do not have a /boot partition.  This means that
#          all kernel and initrd paths are relative to /,  eg.
#          root （hd0，0）
#          kernel /boot/vmlinuz-version ro root=/dev/sda1
#          initrd /boot/initrd-version.img
#boot=/dev/sda1
default=0
timeout=5
splashimage=（hd0，0）/boot/grub/splash.xpm.gz
hiddenmenu
title Fedora Core （2.6.15-1.2054_FC5）
        root （hd0，0）
        kernel /boot/vmlinuz-2.6.15-1.2054_FC5 ro root=LABEL=/
        initrd /boot/initrd-2.6.15-1.2054_FC5.img
title Project One
        root （hd0，0）
        kernel /boot/bzImage ro root=LABEL=/
        initrd /boot/initrd-2.6.15-1.2054_FC5.img
```

这里，以‘#’开头的，是注释行，grub 不会去解释、执行它。“default=0”命令表示，当用户没有在规定时间内响应时，将解释、执行第 1 个“title”选项。“timeout=5”规定用户有效响应时间是 5。“title”定义了启动菜单里面的菜单项，一旦选中了此菜单项，那么，只有这个“title”后跟的命令才被 grub 解释、执行了。“root”指定“根设备”的地址。通过“kernel”命令，要求 grub 从后跟的路径，装入操作系统内核。grub 将从“initrd”命令指定的路径，装入一个 ramdisk 文件，并设定一些必需的参数；Linux 操作系统启动时，有时需要这样的文件在启动系统之前加载一些必要的模块等。

好了，我们已经编译了内核 bzImage，放到了指定位置/boot；我们也配置了/boot/grub/grub.conf。现在，请你重启主机系统，期待编译过的 Linux 操作系统内核正常运行！

做到这一步不容易。初次接触 Linux 的新手，恐怕没这么顺利。

在您提交的实验报告中，要求有您的计算机上 grub.conf 文件内容。

最后，当你完成整个实验后，要清除编译时产生的临时文件，使用命令：

#make clean

注意，这些临时文件是你花费 1 小时左右的时间，辛辛苦苦建立起来的，也许下次编译的时候还能重复利用。所以如果不是硬盘空间吃紧，建议不要轻易删除它们。

9.8 编写制作Linux启动盘的shell脚本程序

在软盘盛行年代，当遇到硬盘启动故障时，我们经常会使用软盘启动系统来检测故障原因。Linux继承、保留这个传统，尽管实际上采用的可能性越来越小。Linux启动盘正是在软盘上包括了启动过程中所需的一些基本文件，实现如同从完整的硬盘启动的功能。启动盘并非仅仅包括启动时必需的内核映像，它一般还包括基本的系统文件及一些工具程序。根据其功能我们通常将它们分为四种类型：

● *boot盘* 包含了内核映像的软盘。我们用它来引导内核，并从其它盘上加载根文件系统。想运行在boot盘中的内核，必须配合加载根文件系统。通常，我们从另一张软盘上加载根文件系统，当然也可以配置成加载硬盘上的根文件系统。使用这一方法，可以用来测试新的内核。在内核源代码目录使用“make zdisk”便能自动生产这样的boot盘。

● *root盘* 包括运行Linux系统所必需的文件的软盘。在内核引导完成后，它被加载为系统的根文件系统。root盘通常被复制到ramdisk（用内存模拟的磁盘）中以加快读写速度。

● *boot/root盘* 既包括内核又包括根文件系统的软盘。它包含了引导和运行Linux系统必需的文件。但随着内核越来越大，将这些必需的文件压缩在一张软盘中也越发困难了。

● *utility盘* 包含一个文件系统的软盘。不像root盘的文件系统，utility盘的文件系统不被加载为根文件系统。它只是个附加的工具盘，用于保存一些工具程序等。

9.8.1 root盘制作步骤

根文件系统包括运行Linux系统必需的每个文件。以下是必须包括的最低要求：

- 基本文件系统结构（The basic file system structure）。
- 必需的目录: /dev， /proc， /bin， /etc， /lib， /usr， /tmp。
- 基本的工具命令: sh， ls， cp， mv， 等。
- 必需的系统配置文件: rc， inittab， fstab，等。
- 必要的设备文件: /dev/hd*， /dev/tty*， /dev/fd0， 等。
- 运行基本命令所需的运行库文件（runtime library）。

因此，通常制作root盘需要先在系统中建立一个文件系统并复制以上所列的必需文件，改写配置文件，最后使用dd命令写入软盘。具体实现见后面的shell脚本。

9.8.2 boot盘制作步骤

首先，将内核映像写到软盘上，并指定从软盘加载根文件系统，设置根文件系统为可读写。最后，使用rdev命令写入内核映像中的ramdisk字。ramdisk字用于指定从哪里能寻找根文件系统及ramdisk选项。其结构如表9-2所示。

表 9-2 ramdisk 字结构

位	描 述
0-10	磁盘上根文件系统所在位置的偏移量
11-13	保留未用
14	是否加载 ramdisk 的标志位
15	加载根文件系统前是否提示的标志位

这里我们假定：将根文件系统放在单独的一张 root 盘中，偏移量为 0，两个标志位均为 1。因此，写入值为 0+2^14+2^15=49152。其详细实现见后面的 shell 脚本。

9.8.3 用 shell 脚本实现

根据上两小节分析的制作步骤，我们可以运用 shell 脚本实现自动制作启动盘的程序。运行此 shell 脚本将依次提示用户插入 root 盘和 boot 盘，完成启动盘制作。下面是这个 shell 脚本的示例程序：

```
#!/bin/bash

###    root 盘准备工作    ###
echo "Here begin Making Rootdisk....."
echo "NOTE:You shall be a root to run this shellscript"
rm -rf /myroot  #去除旧的 RAMDISK 挂载根目录
mkdir /myroot  #建立新的（空）RAMDISK 挂载根目录
DEV=/dev/ramdisk  #设定 DEV
dd if=/dev/zero of=$DEV  bs=1k count=4096 #清空 RAMDISK
mke2fs -m 0 -i 2000 $DEV #在 RAMDISK 中建立 EXT2 文件系统
mount -t ext2 $DEV /myroot #将 RAMDISK 挂载到新的挂载目录

###   改变工作目录，进入 RAMDISK 挂载目录  ###
cd /myroot

###   创建 RAMDISK 中的/dev 子目录及内容    ###
mkdir dev
cp -dpR /dev/console dev
cp -dpR /dev/kmem dev
cp -dpR /dev/mem dev
cp -dpR /dev/null dev
cp -dpR /dev/ramdisk dev
cp -dpR /dev/ram0 dev
cp -dpR /dev/tty1 dev
cp -dpR /dev/tty2 dev
```

```
###    创建 RAMDISK 中的/etc 子目录及内容    ###
mkdir etc
echo -e "#!/bin/bash \n /bin/mount -av" > etc/rc
chmod +x rc
echo    "/dev/ram0      /      ext2 defaults" > etc/fstab
echo    "/dev/fd0       /      ext2 defaults" >> etc/fstab
echo    "/proc          /proc      proc defaults" >> etc/fstab
echo    "id:2:initdefault:" > etc/inittab
echo    "si::sysinit:/etc/rc" >> etc/inittab
echo    "1:2345:respawn:/sbin/mingetty tty1" >> etc/inittab
echo    "2:23:respawn:/sbin/mingetty tty2" >> etc/inittab

###    创建 RAMDISK 中的/bin 子目录及内容    ###
mkdir bin
cp /bin/login bin
cp /bin/mount bin

###    创建 RAMDISK 中的/sbin 子目录及内容    ###
mkdir sbin
cp /sbin/init sbin
cp /sbin/mingetty sbin

###    创建 RAMDISK 中的/lib 子目录及内容    ###
mkdir lib
objcopy --strip-debug /lib/libcrypt.so.1 lib/libcrypt.so.1
objcopy --strip-debug /lib/libpam.so.0 lib/libpam.so.0
objcopy --strip-debug /lib/libdl.so.2 lib/libdl.so.2
objcopy --strip-debug /lib/libpam_misc.so.0 /lib/libpam_misc.so.0
mkdir lib/i686
objcopy --strip-debug /lib/i686/libc.so.6 lib/i686/libc.so.6
objcopy --strip-debug /lib/ld-linux.so.2 lib/ld-linux.so.2

###    创建 RAMDISK 中的/ran 子目录及内容    ###
mkdir -p var/{log，run}
touch var/run/utmp

ldconfig -r /myroot # 创建 RAMDISK 文建系统中的 ld.so.cache 文件，用于动态链接库

cd / # 使根目录成为当前工作目录，以便卸载挂载在 /myroot 的 RAMDISK
umount /myroot  # 卸载挂载在 /myroot 的 RAMDISK
echo "Insert your diskette without write-protect，then " # 提示用户放入一用以制作根文
```

件盘的软盘

```
        echo "press any key to continue....."
        read anykey   #读入任意键
        dd if=$DEV bs=1k | gzip -v9 > /rootfs.gz   # 将 RAMDISK 中的内容压缩成一个文件
rootfs.gz
        dd if=/rootfs.gz of=/dev/fd0 bs=1k     # 将 rootfs.gz 传到软盘上，此软盘即成为根文件
系统盘

        ###    根文件系统盘创建完成的提示    ###
        echo "The root disk has been successily created!"

        ###    制作 boot 盘    ###
        echo "Here begin Making Rootdisk....."
        echo "Insert your diskette, then press any key to continue."   #提示用户放入软盘以制作
boot 盘
        read anykey   #读取任意键

        dd if=/boot/vmlinuz-2.4.2-2 of=/dev/fd0 bs=1k   #将内核映象传到软盘
        rdev /dev/fd0 /dev/fd0   #告诉软盘中的内核根文件系统在软盘（根文件系统盘）上
        rdev -R /dev/fd0 0       #设定根文件系统盘可读可写
        rdev -r /dev/fd0 49152   #设定 ramdisk 字

        ###    boot 盘创建完成的提示    ###
        echo "The boot disk has been successily created!"
```

上面的 shell 脚本只是一个范例，实现了制作启动盘最基本的步骤。你可以在此基础上制作符合自己要求的启动盘。

9.9 Linux 源程序的目录分布

Linux 可以通过版本号简单地区分内核是稳定版本还是开发测试版本。每个版本号都由点号分隔的三个数组成，前两个数表示版本，最后一个表示发行号。第二个数是偶数则表示是稳定的版本，否则是开发测试版本。如我们在本书中使用的内核源码版本是稳定版本 2.6.15，而版本 2.3.99 和 2.5.6 都是开发测试版内核。同一稳定版本的新发行号只是解决了一些用户报告的 bug，数据结构和算法实现一般都没有太大变化。而开发测试版本则可能在很多方面有改变，因为内核开发者可以自由地使用不同解决方法改变内核做试验。

Linux 的源代码被组织成树形结构，以 linux 为根，其目录结构如图 9-3 所示。一般我们都将它安装在/usr/src/linux 目录下，当然你也可以将它放在你想放的任意目录中（不特别说明，本书中所有代码都相对于/usr/src/linux 目录）。图中显示了 linux 目录下主要的目录和

文件。内核的核心函数源码主要在 kernel 和 arch/<体系结构类型>/kernel 两个目录下，arch/<体系结构类型>目录下是与体系结构相关的代码，如我们一般使用的 Intel 80x86 体系结构，则<体系结构类型>就是 i386。

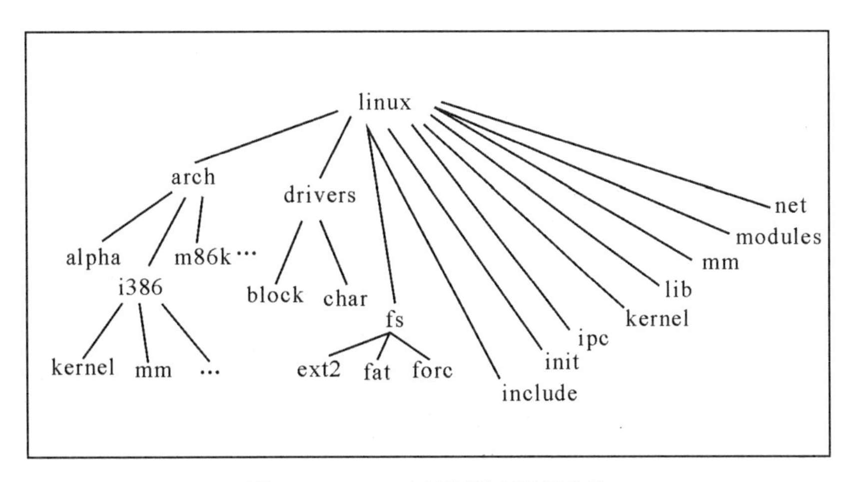

图 9-3 Linux 内核源代码目录结构

为方便阅读和分析 Linux 源代码，了解源程序层次结构中，各目录、文件的分布情况，无疑对你有所帮助。

kernel 目录

此目录下的文件、子目录，实现了大多数 Linux 系统的核心函数，其中最重要、最主要的文件当属 sched.c。sched.c 文件定义的函数有：

- 调度程序 schedule 及相关操作，这是该文件最主要的功能模块。
- 为每个 CPU 分别定义的就绪运行队列（runqueue）及相关操作。
- 等待队列及相关操作。
- 关于调度策略控制的 goodness、nice 等。
- 进程在 CPU 之间的迁移及相关操作。

关于进程控制的文件也位于此目录下。fork.c 文件定义创建、“克隆”子进程的函数 do_fork()。exit.c 文件定义结束自身进程的 do_exit()，各种 wait 操作，以及发送信号(signal)操作 send_sig。而 signal.c 文件中的函数都是关于信号控制的。

Linux 设计一种 module 机制。这种机制可以让诸如设备驱动程序等软件模块动态地连接到系统内核中。

此外，该目录下还包含一些重要的文件，如：

- time.c，提供用户程序与系统之间关于时间的操作界面。
- resource.c，关于 I/O 端口资源（port）的管理。

- dma.c，关于 DMA 通道的管理。
- softirq.c，关于软中断，tasklet 的操作。
- itimer.c，关于 itimer 定时器读写的系统调用。
- printk.c，展示系统工作参数的操作，如 printk。

mm 目录

Linux 中独立于 CPU 体系结构特征的内存管理文件几乎都集中在此目录下。如分页式内存管理，内核内存分配器，等等。

文件 swap.c 并不实现任何交换算法，它仅仅处理命令行选项“swap =”和“buff =”。

swapfile.c 文件才是管理交换文件和交换设备的源程序所在。它包含 swapon、swapoff 系统调用的执行程序，以及从交换空间申请空闲页面的操作 get_swap_page。

page_io.c 文件则实现了内存与存储空间底层的数据传输。

swap_state.c 文件维护 swap cache，它包含（可以说）存储管理系统中最复杂、最难懂的操作和结构。

vmscan.c 文件定义后台交换进程 kswapd 的代码，以及内存空间扫描函数，实现 Linux 的页面换出策略，如 try_to_free_pages。

所有的存储分配策略都在 mm 目录里实现。例如，vmalloc.c 里包含 vmalloc（）、vfree（）、vremap（）等函数。物理页面的申请函数源程序集中在 page_alloc.c，如页面申请函数__get_free_pages（）。

内存管理中低层核心函数大多安排在 memory.c 文件，如缺页中断响应函数 do_no_page（），实现 Copy on Write（COW）特性的 do_wp_page（），以及众多页表管理函数。

虚拟空间映射（mapping）操作 do_mmap（）和 do_munmap（），以及系统调用 brk 的响应函数，都涉及进程虚拟空间地址的调整，相关源代码在 mmap.c 文件中。对 mremap 的操作代码则在 mremap.c 文件。

此外，mlock.c 文件实现四个关于内存 vma 段加锁操作的系统调用 mlock、munlock、mlockall、munlockall。mprotect.c 实现 mprotect 系统调用 mprotect。

fs 目录

文件处理是所有 UNIX 系统都提供的基本功能。本目录源程序涵盖各种类型的文件系统，各种类型的文件操作。

本目录下的每个子目录则是分门别类地描述某个特定的文件系统。

直接隶属本目录的文件分别是：

- exec.c。实现 execve 系统调用。其余五种关于装入执行程序的函数都由 C 语言库文件实现。execve 支持脚本（script）文件和多种格式的可执行文件。
- block_dev.c。包含缺省的读、写设备操作。
- super.c。定义超级块的读操作，以及文件系统的安装、卸装操作。
- inode.c。VFS inode 的读写操作，以及维护 inode cache 的程序。

- dcache.c。维护 dcache 的文件。
- namei.c。访问权限检查。根据路径检索 dentry 的相关操作，如 open_namei、path_walk。
- buffer.c。实现 buffer cache 的文件。
- open.c。文件的打开、关闭操作。系统调用 chown、chmod、fchown、fchmod、chroot、chdir、fchdir 等也由该文件实现。
- read_write.c。系统调用 read、write、lseek、llseek 的源程序。
- readdir.c。读目录项的系统调用 readdir 和 getdents 由此文件实现。
- select.c。集中存放 select 操作的几乎全部源代码。
- fifo.c。实现命名管道（fifo）。
- fcntl.c。实现关于 fcntl 操作命令的源代码。

arch 目录

与 CPU 类型相关的子目录和文件均集中安排在此目录下。这里又有子目录 alpha、arm、i386、ia64、m68k、mips、mips64、parisc、ppc、s390、sh、sparc，每个子目录对应一种 CPU，例如“arch/i386”就是关于 INTEL CPU 的子目录。

include 目录

容纳 Linux 源程序的所有头文件（header file）。其中，与平台无关的头文件在 include/linux 子目录下，与 INTEL CPU 相关的头文件在 include/asm-i386 子目录下。另外，还有关于 SCSI 设备的头文件目录 include/scsi，关于网络设备的头文件目录 include/net。

net 目录

在 net 目录中存放的是和 Linux 网络相关的 C 文件。其中每一种网络地址族都为一个目录，如 appletalk，ipv4 等等。在 core 目录下是各种网络地址族公用的文件。另外在 sched 目录下存放的是对高性能网络的 QoS 支持；khttpd 目录中存放的是内核级别的 Web 服务器支持。

除上述目录外，Linux 源程序清单中还有 ipc、drivers、init 等目录，其内容不言自明。

9.10 学习 Linux 的常用工具

有些软件、工具，对于我们学习 Linux 很有帮助。用好、用通了其中一二，往往达到事半功倍的效果。例如，我们已经看到了，grub 工具帮助我们很轻松地管理多系统启动问题。这里，再推荐虚拟机系统 VMware。

9.10.1 虚拟机系统 VMware（http://www.vmware.com/overview/）

虚拟化技术，希望在计算机硬件与操作系统之间，插入一个抽象层，变原本的一对一关系（一套计算机硬件，对应一个操作系统），为一对多关系（一套计算机硬件，对应多个独立的操作系统）。而且，所对应的操作系统，可以是相同版本的，也可以是多个版本的，甚至是完全不同的操作系统。例如，一台典型的 IBM X60 笔记本，安装了 Windows XP，没有 Linux 环境。不过，如果引入、安装了 VMware Workstation，则可在它的上层，安装、运行 Linux 系统。

尽管不采用虚拟化技术，我们照样能够借助 grub，完成 Linux 的一系列实验。但是，如果选择虚拟机，如 VMware，那么至少：

- 在一台计算机上，方便地支持多个操作系统，支持在异构操作系统环境运行的多种应用程序。
- 在虚拟机上运行的应用程序不必考虑与其它操作系统的资源共享问题。它似乎独占了计算机资源。
- 虚拟机之间，虚拟机与主机之间完全隔离。任一台虚拟机死机，不会影响其它机器。
- 虚拟机上的数据也相互隔离。数据通信只能通过网络连接进行。

9.10.2 安装 VMware

访问 VMware 官方网站 http://www.vmware.com/download/ws/open_source.html，可以下载其 open source 版本 VMware Workstation 5。因为有 60MB 以上，得耐心等一会。

下载得到安装文件“VMware_Workstation_v5.0.0.13124.HH.msi”。双击之，即开始安装。出现画面，如图 9-4。

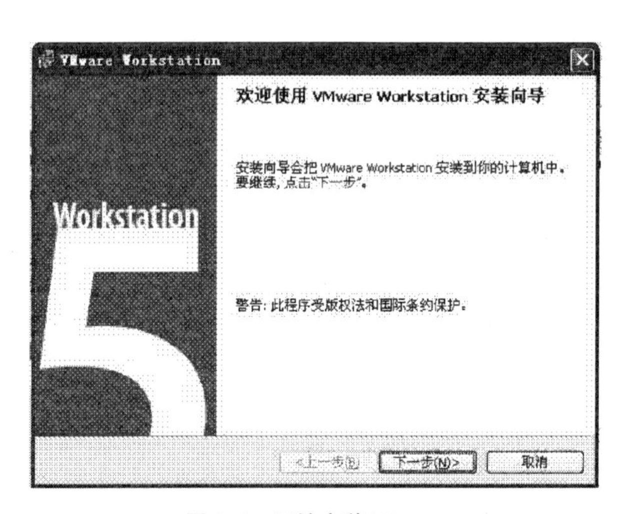

图 9-4　开始安装 VMware

如同通常的 Windows 应用程序安装，其安装过程没有什么例外。期间会出现如图 9-5 的画面。

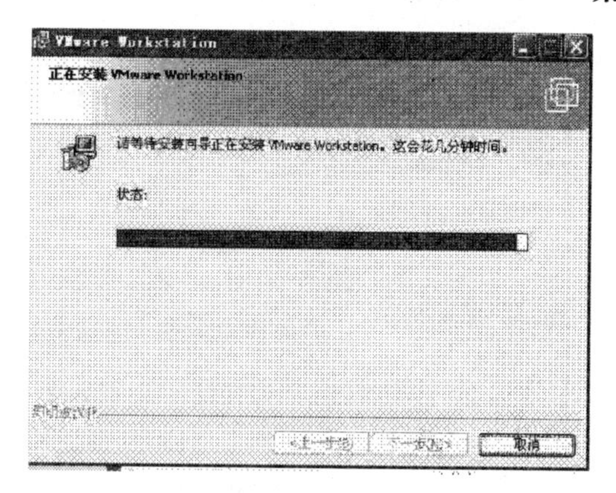

图 9-5　继续安装 VMware

如果你看到了图 9-6 所示的画面，那么，恭喜你，成功了！

图 9-6　安装完成 VMware

9.10.3　使用 VMware——在虚拟机上安装 RedHat Fedora Core 5

在桌面上点击 VMware 的启动图标，然后选择新建虚拟机的操作。在“新建虚拟机向导”的导引下，创建第 1 个虚拟机。创建过程中，按照你使用的主机的情况，配置系统。当然，基本上可以采用向导提供的缺省值。

在作者的环境里，创建了准备安装 RedHat Fedora Core 5 的虚拟机，其就绪状态如图 9-7。

图 9-7 在 VMware 环境里安装 FC 5

参照图 9-7，可以看出，我们配置了内存、硬盘、光盘、以太网、USB 控制器、音频。特别请注意，硬盘、光盘的类型，选择 IDE，以便于后面安装 Linux 系统。如图 9-8。

图 9-8 在 VMware 环境里配置 FC 5

光盘配置窗口中，指定其“使用 ISO 映象”，而且，ISO 文件就是“FC-5-i386.iso”，即 RedHat Fedora Core 5 的安装光盘。

在图 9-7 所示的窗口，不难找到一个栏目，栏目名称是“命令”。这里，第 1 个显示的命令为“启动此虚拟机”。很好，点击它！虚拟机转入安装 Linux 的过程。该过程与我们在裸机上安装 Linux 的过程一模一样。

9.11 查看 Linux 内核状况

在使用一个操作系统时我们经常会想先了解一下系统状况，比如 CPU 的型号、内存的配置等硬件信息。另外，我们还希望监测内存使用情况等动态的系统信息，以便清楚掌握系统运行情况。

我们知道，普通进程是运行在用户态下的，它们无法直接访问内核数据来了解系统信息。内核提供了系统调用作为访问这些数据结构的统一接口，但这种程序如果编写不当可能存在安全上的隐患。在现代的操作系统中实现了一个/proc 虚拟文件系统，通过它里面的一些文件，可以获取系统状态信息并且修改某些系统的配置信息。/proc 文件系统本身并不占用硬盘空间，它仅存在于内存之中，为操作系统本身和应用程序之间的通信提供了一个安全的界面。像 Linux 内核可卸载模块都在/proc 文件系统中创建实体。当我们在内核中添加了新功能或设备驱动时，经常需要得到一些系统状态的信息，一般这样的功能可能需要经过一些象 ioctl（）的系统调用来完成。系统调用界面对于一些功能性的信息可能是适合的，因为应用程序必须将这些信息读出后再做一定的处理。但对于一些实时性的系统信息，例如内存的使用状况，或者是驱动设备的统计资料等，我们更需要一个比较简单易用的界面来取得它们。/proc 文件系统就是这样的一个界面。

关于/proc 文件系统的意义、操作界面、原理和实现机制等，详细请参阅本书“proc 文件系统”一章。

9.12 编程序检查系统状况

从上一节我们对/proc 文件系统的一些文件有了个大致了解，通过这个特殊的虚拟文件系统，可以得到许多系统静态和动态的信息，了解 Linux 操作系统的整体组织和状态。其实 Linux 中很多显示系统信息的工具都是通过读取/proc 下的文件实现的。现在我们就实现一个类似于 procinfo 工具的程序来显示以下的信息（当然你可以对此稍作改动以显示你想得到的信息）：

- CPU 类型和型号。
- 内核版本。
- 从系统启动至今的时间（dd:hh:mm:ss），启动日期和时间。
- CPU 在用户态（user mode）、核心态（kernel mode）及空闲时间（idle time）。
- 内存的总容量及当时可用内存量。
- 系统平均负载（load average）。可以由用户输入取样参数，如-i 2 -d 60 表示观察 60 秒且每两秒取样一次。

在下面一步步地实现这个系统工具前，先来给它取个你所喜爱的名字，在此假定为 kinfo（kernel infomation）。你或许想将系统的 procinfo 替换成你自己的程序，但不建议你这样做。你要是觉得你的工具比系统提供的要好得多，你可以通过 Internet 与其他用户共享使用。这里我们假定你已是个 C 语言的程序员，至少你已经用 C 编写过一些小程序。

9.12.1 读取命令行参数

按上面的要求，通过这个 kinfo 工具得到系统的平均负载。首先必须在命令行输入取样参数，例如#kinfo -i 2 -d 60。在 C 语言中，可以如下声明主函数而对命令行参数操作：

```
int main（int argc，char *argv[]）
```

其中，argc 是命令行中以空格分隔的符号个数，argv 是个字符指针数组，每一项分别指向保存命令行符号的字符串。例如，我们使用不带参数的命令#kinfo 时，argc 的值为 1 同时 argv[0]指向字符串“kinfo”。而使用如上带参数的命令时，argc 会被置为 5 并且 argv[0]指向“kinfo”，argv[1]指向“-i”，argv[2]指向“2”，argv[3]指向“-d”，argv[4]指向“60”。通常，在程序中按如下这种方法处理命令行参数：

```
#include <stdio.h>
…
int main（int argc，char *argv[]）
{
     …
     if（argc>1）{
          sscanf（argv[1]，”%c%c”，&c1，&c2）；
          if（c1!=’-‘）{
               fprinf（stderr，”usage:kinfo [-i int –d dur]\n”）；
               exit（1）；
          }
          if（c2==’i’）{
               interval=atoi（argv[2]）；
          }
          if（c2==’d’）{
               duration=atoi（argv[2]）；
     }
  }
  …
}
```

GNU/Linux 遵循一种统一的命令行格式，通常有两种表达形式：

● 短格式：由一个“-”加字符组成，如上面例子中的“-i”。这种形式的好处是输入快捷。

● 长格式：由两个“-”加一个单词组成，如通常显示帮助信息使用选项”--help”。这种形式的好处是形象、好记忆。

处理较多的命令行参数是件枯燥乏味的工作，需要大量的如同上例中的字符串匹配这样的工作。不过幸运的是，GNU C 库中提供了一个函数 getopt_long，使这项工作变得容易。这个函数就能够同时“理解”长格式和短格式的命令行参数，需要包括的头文件是<getopt.h>。下面我们通过一个实例解释它的使用方法：

假定我们要编写的程序需要处理以下几个参数：

短格式	长格式	含义
-h	--help	打印帮助信息
-l	--load	平均系统负载取样值

使用 getopt_long（）函数需要提供两个数据结构，第一个是一个字符串，该字符串中的每个字符来表示短形式的选项，如果某个选项后面需要跟一个参数，那么就需要在这个字符后面加上一个“：”（冒号），例如“hl：”就是我们这个例子中的结构。定义长形式选项参数需要定一个结构数组。数组的每一项与一个长格式的参数相关，每项包括四个值：第一项是长形式选项的字符串表达；第二项与后面是否有参数提取有关，如果后面没有参数就是 0，有必须的参数需要处理就是 1，如果参数是可选的则是 2；第三项决定返回值，是 NULL 时返回最后一项的字符，否则返回 0；最后一项一般是与长形式相关联的短形式表达的字符。另外，这个数组的最后一项必须全部置为 0。

因此在我们的例子中，可以按照上面的说明定义如下结构数据：

```
const struct option long_options [] =={
{“help”, 0, NULL, ‘h’ },
{“load”, 1, NULL, ‘l’ },
{NULL, 0, NULL, 0 }
};
```

在程序中，我们只要把 main 函数的参数 argc，argv 传给 getopt_long 函数，它就会一项一项地读取处理，返回短形式表达的选项的字符。如果 getopt_long 遇到一个没有定义的选项，则会返回一个“？”（问号）字符。如果处理完选项则返回-1。通常我们都是在一个循环里面反复调用 getopt_long，然后通过一个 switch 语句来处理不同的选项。下面是我们处理命令行参数的典型例子：

```
#include <getopt.h>
#include <stdio.h>
#include <stdlib.h>
const char *program_name;
void print_usage （FILE*stream, int exit_code）
{
        fprintf （stream, "Usage:%s options\n", program_name）;
        fprintf （stream, "-h --help Display this usage information.\n"\
        "-l int dur --load int dur Set interval and duration of everage load.\n"）;
        exit （exit_code）;
}

int main （int argc, char *argv[]）
{
        int next_option;
        const char*const short_options ="hl:";
        const struct option long_options [] ={
                {"help", 0, NULL, 'h'},
```

```
                {"load", 1, NULL, 'l'},
                {NULL, 0, NULL, 0}
        };

        program_name =argv [0 ];
        do {
                next_option =getopt_long (argc, argv, short_options, long_options,
NULL);
                switch (next_option) {
                case 'h':/*-h or --help */
                        print_usage (stdout, 0);
                case 'i':/*-i or --interval */
                        //interval operation
                        break;
case 'd':/*-d or –duration*/
                        //duration operation
                        break;
                case '? ':/*The user specified an invalid option code.*/
                        print_usage (stderr, 1);
                case -1:/*Done with options.*/
                        break;
                default:/*Something else:unexpected.*/
                        abort ();
                }
        }while (next_option !=-1);
        /*The main program goes here.*/
        return 0;
}
```

9.12.2 从/proc 文件系统读取系统信息

有了程序的基本框架后，接下来就一起来实现真正的功能：从/proc 文件系统中读取系统信息。之前我们学会了用文本查看工具读/proc 下的文件。在程序中，不能同样地用 cat 或 strings 命令，而必须将读取信息保存在变量中以方便提取有效信息，并按预定的方式显示。可以使用 C 语言中读文件的函数 fopen 和 fget 来读取信息，下面，我们通过在显示要求的系统信息前输出系统时间和主机名来学习如何在程序中读取/proc 文件的方法：

```
…
#include <sys/time.h>
…
        gettimeofday (&now, NULL);
        printf ("Kernel Status Report at %s", ctime (& (now.tv_sec)));
```

```
        procFile=fopen（"/proc/sys/kernel/hostname"，"r"）;
        fgets（lineBuf，LB_SIZE+1，procFile）;
        printf（"Machine hostname is:%s"，lineBuf）;
        fclose（procFile）;
…
```

程序中还用了 gettimeofday 和 ctime 两个处理时间的函数，在第 7 章中我们会详细介绍关于时钟的知识，你现在可以暂时不用去关心它的意义，只要知道它们的作用是得到系统时间并转化成字符型的就行。

有了上面的这些程序框架，我们就可以获得/proc 文件系统所能提供的系统信息，从而实现前面要求的监测工具。

9.13 Linux 编程环境

9.13.1 使用 GNU cc

GNU cc（gcc）是 Gnu/Linux 操作系统中的编译器套件，使用它能够编译 C、C++和 Objective C 编写的程序。gcc 是一个交叉平台的编译器，支持在不同 CPU 平台上开发基于不同体系结构硬件的软件。如同其它的编译器，gcc 可以在编译时优化执行代码，而且能够产生调试代码。

1. 简单使用

在详细介绍 gcc 的特有的选项功能之前，我们先通过编译上节的程序 kinfo.c 来看 gcc 的简单使用方法。

在命令行上键入如下命令编译，运行这个程序：

```
#gcc kinfo.c –o kinfo
#./kinfo
```

其中，kinfo 前的‘./’指明执行当前目录下的程序。否则，shell 会按环境变量 PATH 所设定的路径（缺省不包括当前目录）查找命令并提示命令 kinfo 不存在。

使用 gcc 命令对源程序 kinfo.c 进行编译连接，-o 参数指定生成的可执行文件名为 kinfo。gcc 在编译过程中可以分为预处理、编译、链接三个阶段。在预处理阶段，gcc 运行预处理程序 cpp 展开源程序中的宏并插入#include <filename>所包含的头文件内容；然后 gcc 将预处理后的源代码编译成与机器相关的目标代码；最后，链接程序 ld 链接目标代码创建名为 kinfo 的可执行二进制文件。程序员可以通过选项让 gcc 在编译的任何阶段结束后停止整个编译过程以检查编译器在该阶段的输出信息。比如，gcc 的-E 选项可以使 gcc 在预处理后停止编译过程：

```
#gcc –E kinfo.c –o kinfo.cpp
```

此时打开 kinfo.cpp 会发现头文件内容和其它预处理符号已被插入到其中。

-c 选项使 gcc 停止在生成目标代码结束。如下命令将 kinfo.cpp 编译为目标代码：

#gcc –x cpp-output –c kinfo.cpp kinfo.o

其中，-x 选项告诉 gcc 从指定的步骤（即预处理输出）开始编译。

最后，使用-o 链接目标文件生成二进制代码：

#gcc kinfo.o –o kinfo

表 9-3 列出了 gcc 常用的命令行选项。全部的选项长达数页，可以通过 Linux 帮助命令 man 查看。

表 9-3 gcc 常用命令行选项

选项	描述
-o filename	指定输出文件名，如果不指定 filename 缺省文件则是 a.out
-c	只编译产生目标文件（.o 文件）不链接
-DFOO=BAR	定义预处理宏 FOO，其值为 BAR
-IDIRNAME	将 DIRNAME 路径加到头文件搜索目录中
-LDIRNAME	将 DIRNAME 路径加到库文件搜索目录中
-static	静态链接库文件
-lFOO	链接名为 libFOO 的库文件
-g	在可执行代码中包含标准调试信息
-ggdb	在可执行代码中包含 gdb 特有的调试信息
-On	指定优化编译的级别 n，n 可以为 1、2、3
-ansi	使用 ANSI/ISO C 的标准语法
-pedantic	允许发出 ANSI/ISO C 标准所列出的警告
-pedantic -error	允许发出 ANSI/ISO C 标准所列出的错误
-w	关闭所有警告
-Wall	允许发出 gcc 的所有警告
-werror	编译时将警告作为错误处理
-v	显示在编译过程中每一步用到的命令

2. 优化编译选项

优化可以改进执行文件的代码长度和执行效率。gcc 支持三个级别的编译优化。-O 或 -O1 选项指定第一级上的优化，在这个级别上所能执行的优化是取决于目标处理器的，通常包括线程直接跳转（thread jumps）和延迟退栈（deferred stack pops）。线程直接跳转优化的目的是减少跳转的次数。延迟退栈则通过在嵌套的函数调用时推迟退栈的时间直到所有递归调用完成，从而优化运行效率。

-O2 优化选项包含 O1 级所做的优化，并调整处理器指令执行时序。优化使处理器在等待其它指令的结果或数据延迟时仍然可以执行其它不相关指令，从而充分利用 CPU 资源，但其实现与处理器是密切相关的。-O3 选项则包括 O2 级的一切优化并使用内嵌函数、循环展开以及其它与特定处理器特性有关的优化。另外，还可以使用-f{flag}选项来指定需要执行的具体优化方法。比如-finline-function 使用内嵌函数，-funroll-loops 使用循环展开。内嵌函数把简单的函数内嵌到调用它的地方，减少函数调用时的开销。循环展开则展开所有在编译期间能确定重复次数的循环，产生更多的不相关代码利于优化。但这两种优化的代价使可执行代码急剧增长。

3. 调试选项

gcc 能够使用-g 和-ggdb 选项在可执行代码中插入调试信息以便于程序调试。-g 选项后可以附加 1、2 或 3 指定要在代码中加入多少调试信息。缺省情况下是 2，它将在输出代码中加入符号表、行号、局部和外部变量信息。1 级选项仅生成函数调用时的堆栈转储和回退信息，不包含行号和变量的调试信息。3 级选项则包括所有 2 级的调试信息并包含所有宏定义等。

如果使用 GNU Debugger（gdb）来调试，可以使用-ggdb 选项产生 gdb 所特有的调试信息以方便 gdb 调试。但是，这样做会使程序不能被其它的调试程序调试。使用调试选项会使产生的可执行代码变得很大，尤其是使用-ggdb 选项会使代码急剧增大。gcc 允许-g 和-O 联用，优化代码可能改变程序的控制流，会使程序无法正常调试。因此建议在程序被调试通过后再对其优化，并且在发布程序的可执行代码中包含标准的调试信息（即-g 选项），以便用户在遇到程序出错时能够自行调试代码发现问题。

9.13.2 使用 GNU gdb

一般，Linux 发行版本都包含了一个叫 gdb 的 GNU 调试程序。gdb 是一个功能强劲的调试器，提供了非常复杂的调试功能。gdb 是 GNU 项目的一部分，它是基于 GPL 许可协议的。gdb 提供了以下的一些调试功能：

- 在调试器中查看代码。
- 设置断点。
- 单步执行跟踪。
- 监视程序中变量的值。
- 运行中改变程序代码。

gdb 提供的调试功能相当强大，但完成一些基本的调试工作只要很少的命令集就行，这一节我们就教会你使用这些常用的 gdb 命令。

1. 启动 gdb

当我们使用 gcc 的-g 选项编译程序时，gcc 会在可执行代码中加入调试信息。我们可以键入 gdb progname [core]启动 gdb 调试程序。progname 是程序文件名，如上节例子中的 kinfo，core 是可选的核心转储文件名。如果程序在运行中出错，非正常退出，系统会在程序文件所在目录产生一个核心转储文件（core 文件）。它可以加强 gdb 的调试功能，便于快速找出程序的错误所在。gdb 启动后首先显示版本及许可证信息（可以使用-q 命令行选项不显示它们），并出现如下 gdb 调试命令提示符：

```
# gdb kinfo
GNU gdb Red Hat Linux 7.x （5.0rh-15） （MI_OUT）
Copyright 2001 Free Software Foundation， Inc.
GDB is free software， covered by the GNU General Public License， and you are
welcome to change it and/or distribute copies of it under certain conditions.
Type "show copying" to see the conditions.
There is absolutely no warranty for GDB.  Type "show warranty" for details.
This GDB was configured as "i386-redhat-linux"...
（gdb）
```

在这个提示符下，你就能键入 gdb 的调试命令开始调试程序。当然你也可以使用不带任何命令行参数的 gdb 命令启动 gdb，在调试命令提示符下使用 file 命令（即 file progname）打开要调试的程序文件。另外，可执行代码中的调试信息只包括源程序的代码行，要在调试中查看源代码了解当前程序执行到哪一行，就必须指定源程序的存放位置。一般 gdb 会在当前工作目录下找源程序，如果它们不在当前目录，你可以在启动 gdb 时使用-d dirname 命令行选项告诉 gdb 到 dirname 目录下查找源程序。

2. 在调试中查看源代码

在调试过程中，查看源代码了解出错行的上下文，对调试程序分析出错原因是有很大帮助的。在 gdb 中可以使用 list [m，n]命令显示源程序行，其中 m 和 n 是要显示的起始行和终止行。如果不带参数，list 命令显示当前行附近的 10 行代码。如下例，在运行调试程序前使用 list 命令，它显示程序主入口点附近的代码：

```
（gdb） list
12              fprintf （stream，"-h --help Display this usage information.\n"\
13              "-i int --interval int Set interval of everage load.\n"\
14              "-d dur --duration dur Set duration of everrage load.\n"）;
15              exit （exit_code）;
16          }
17
18          int main （int argc，char *argv[]）
19          {
20              int next_option;
21              const char*const short_options ="hi:d:";
（gdb）
```

3. 设置断点与单步执行

在调试程序过程中，最常用的方法就是设置断点查看程序运行到断点时的状态值，判断到程序关键点时的正确性，然后使用单步跟踪执行手段观察程序控制流。gdb 允许在几种不同的代码结构上设置断点，包括行号和函数名。另外还允许你设置条件断点，即当条件满足时才在此行代码上停止执行。

根据行号设置断点，使用如下命令：

（gdb）break <行号>

根据函数名设置断点，使用如下命令：

（gdb）break <函数名>

设置了断点后，使用 run 命令执行程序。gdb 将在执行指定的行号或函数之前停止执行程序，此时你可以用其它命令查看程序中的变量及源代码。在调试一个多文件的项目时，你可能要在非当前打开的源文件上设置断点，可以在行号或函数名前指定文件名：

（gdb）break <文件名：行号>

（gdb）break <文件名：函数名>

条件断点对于调试循环语句非常有用，它允许你设置在一定条件满足时停止程序执行。设置条件断点的命令如下：

（gdb）break <行号或函数名> if <条件表达式>

例如对于上一节的例子 kinfo.c，我们要在 nextoption 为 i 时跟踪程序处理 internel 的流程，就可以如下设置条件断点：

```
（gdb） list 36
31              int interval， duration;
32
33              program_name=argv[0];
34              do {
35                      next_option =getopt_long （argc，argv，short_options，
                        long_options，NULL）;
36                      switch （next_option） {
37                      case 'h':/*-h or --help */
38                              print_usage（stdout，0）;
39                      case 'i':/*-i or --interval */
40                              interval=atoi（optarg）;
（gdb） break 36 if next_option=='i'
Breakpoint 1 at 0x80487c3: file ksamp.c，  line 36.
（gdb） run -i 2 -d 60
Starting program: /home/jh/kernel/kinfo -i 2 -d 60

Breakpoint 1， main （argc=5， argv=0xbffffb04） at ksamp.c:36
36                      switch （next_option） {
（gdb）
```

在断点停止执行时，就可以执行 step 或 next 单步调试，step 与 next 命令的区别在于 step 遇到函数时将单步进入函数，而 next 命令在遇到函数时执行整个函数。当在程序中定义了多个断点时，你可能自己也记不起到底定义在什么位置了。不要紧，使用 info breakpoints 就能查看所有定义的断点。删除断点可以使用 delete <断点号>，而 disable <断点号>将使断点无效。

4. 监视程序中变量的值

在我们调试程序的过程中，经常需要打印程序变量的当前值。gdb 提供了强大的打印各种变量的命令 print，它能打印出程序中几乎任何合法的表达式的值。另外还能使用 whatis 命令检查变量的类型。还是接着来看上面的例子，我们已经在断点处使程序停止执行，下面命令显示 next_option 的值来验证条件断点的正确性：

```
(gdb)  print next_option
$1 = 105
(gdb)  whatis next_option
type = int
(gdb)
```

上面 next_option 是 int 型的，105 是‘i’的 ASCII 码值。每使用一次 print 命令都会创建一个被打印数值的历史记录，如上面所示的$1。这样你可以在以后使用$1 引用这个值，比如$1-1 就是 104。

5. 改变代码的运行

gdb 还允许你在运行中改变程序流程，这一特性极大地增强了调试功能，由此避免不断地修改错误代码和长时间的编译过程。你可以按你的要求去修改任意变量的值以及调用程序中的函数继续进行调试，等调试完毕后统一去修改源程序。

如果你想更改一个变量的值，可以使用 gdb 的 set 命令。下面我们显示变量 next_option 的值来改变程序流程：

```
(gdb) set next_option=100
(gdb) print next_option
$2=100
(gdb)
```

上面的 100 是'd'的 ASCII 码值。另外，在程序运行过程中调用函数的方法是使用 call funcname（args）。你还可以用 finish 命令结束当前函数的调用并打印出返回值，或者使用 return value 停止当前函数并将 value 返回给调用者。

实验思考

浏览 /boot 目录，你一定发现了 System.map-2.6.15-1.2054_FC5 文件，以及 initrd-2.6.15-1.2054_FC5.img 文件。如果打开/boot/grub 目录下面的 grub.conf 文件，不难发现命令：

initrd /boot/initrd-2.6.15-1.2054_FC5.img

这两个文件分别起什么作用？你能否设计一个实验来验证你的判断？

第 10 章　系统调用

实验目的

学习 Linux 内核的系统调用，理解、掌握 Linux 系统调用的实现框架、用户界面、参数传递、进入/返回过程。

实验内容

本实验分两步走。

第一步，在系统中添加一个不用传递参数的系统调用；执行这个系统调用，使用户的 uid 等于 0。显然，这不是一个有实际意义的系统调用。我们的目的并不是实用不实用，而是通过最简单的例子，帮助熟悉对系统调用的添加过程，为下面我们添加更加复杂的系统调用打好基础。

第二步，用 kernel module 机制，实现系统调用 gettimeofday 的简化版，返回调用时刻的日期和时间。

实验指导

10.1　一个简单的例子

在我们开始学习系统调用这一章之前，让我们先来看一个简单的例子。就好像哪个经典的编程书上都会使用到的例子一样：

```
1: int main（）{
2:       printf（“Hello World!\n”）;
3: }
```

我们也准备了一个例子给你：

```
1: #include  <linux/unistd.h> /* all system calls need this header */
2: int main（）{
3:       int   i = getuid（）;
4:       printf（“Hello World! This is my uid: %d\n”，  i）;
5: }
```

这就是一个最简单的系统调用的例子。与上面那个传统的例子相比，在这个例子中多了 2 行，他们的作用分别是：

第一行：包括 unistd.h 这个头文件。所有用到系统调用的程序都需要包括它，因为系统调用中需要的参数（例如，本例中的“__NR_getuid”，以及_syscall0（）函数）包括在 unistd.h 中；根据 C 语言的规定，include <linux/unistd.h>意味着/usr/include/linux 目录下整个 unistd.h 都属于 Hello World 源程序了。

第三行：进行 getuid（）系统调用，并将返回值赋给变量 i。

好了，这就是最简单的一个使用了系统调用的程序，现在你可以在你的机器上试一试它。然后我们一起进入到系统调用的神秘世界中去。

10.2 系统调用基础知识

10.2.1 系统调用是什么

系统调用是内核提供的，功能十分强大的一系列函数。它们在内核中实现，然后通过一定的方式（例如，软中断）呈现给用户，是用户程序与内核交互的一个接口。可以这么说，没有了系统调用，我们就不可能编写出十分强大的用户程序，因为你失去了内核的支持。由此可见系统调用在一个系统中的重要性。

10.2.2 为什么需要系统调用

你可能会问，我们为什么需要系统调用？除了上面说到的原因外（为用户程序提供强大的系统支持），还有别的更重要的原因吗？当然有，这些原因就是安全和效率。

Linux 运行在两个模式（mode）下（实际上所有的类 UNIX 系统都是如此）：用户态（user mode，或用户模式）和内核态（kernel mode，或内核模式）。关于这两个模式的具体情况，我们稍后介绍。总的说来，就是在内核态中可以运行一些特权指令，然后按照内核的特权方式进行内存的读写检查（例如在 INTEL 的 CPU 中，根据代码段寄存器 cs 和数据段寄存器 ds），当然还有堆栈也切换到内核堆栈（例如在 INTEL 的 CPU 中，堆栈寄存器 ss 变为内核堆栈）。区分用户态与内核态的主要目的是出于安全的考虑，使得用户态运行的程序不能“擅自”访问某些敏感的内核变量，内核函数。用户态的程序只有通过中断门（gate）陷入（trap）到系统内核中去，才能执行一些具有特权的内核函数。

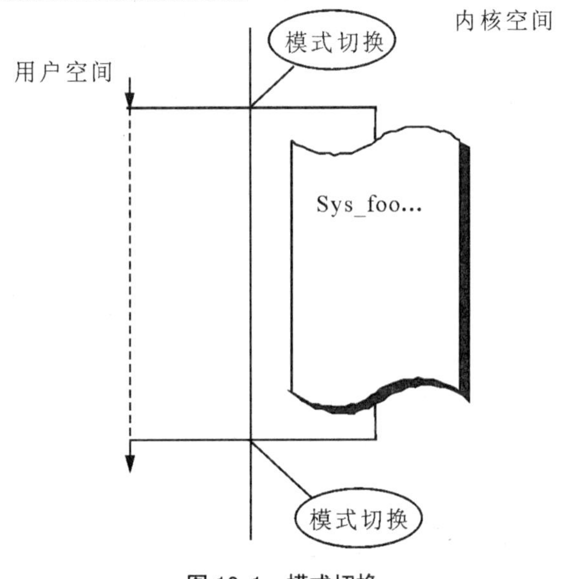

图 10-1　模式切换

系统调用是用户程序与内核的接口。通过系统调用进程，可由用户态转入内核态，在内核态下完成相应的服务；之后，再返回到用户态。这种实现方式必然跨越我们刚才提及的两个模式：内核态与用户态。用户程序在用户态调用系统调用，通过门机制，系统进行模式切换（mode switch），进入内核态，执行相应的系统调用代码，返回（mode switch）用户态。我们可以画一个简图表示这个过程（如图 10-1）。

至于效率的说法，这个涉及到操作系统的总体设计。我们都知道，如果没有操作系统，每个应用程序就将直接面对系统硬件。那么，如果想要运行你的程序，就得靠自己从面向底层硬件的代码编起。如果每个人都需要这么做，那是多么枯燥与乏味的一件事；而且，没有一定的计算机专业功底，真还做不来。幸好，操作系统替我们把这些事情都做了，它把硬件做了一个封装，给我们提供了一套统一的接口，这些接口就是系统调用。显然，它提高了我们写程序的效率。系统调用在这个模型中充当的角色就是一个接口，外面由用户程序（包括程序库）调用，内部连接内核的其它部分，共同实现用户的请求。

你可能会问：内核究竟是什么东西？在 UNIX 界，有一个关于操作系统的标准：POSIX（Portable Operating System Interface），其中有一节 POSIX.1 专门规定了系统调用的接口标准。当然，这里所说的操作系统指的是内核部分（kernel），这也是传统意义上的操作系统（区别于微软所提的操作系统概念，在微软看来，图形界面，IE 浏览器都算是操作系统的一部分。作者同意这个观点，因为操作系统的目标之一，就是尽量地，持续不断地方便用户）。只要操作系统的实现遵循 POSIX 标准，那么程序在这些操作系统之间的移植就变得非常容易，有些甚至根本不用改动。Linux 是遵循 POSIX 标准的操作系统。因此，很多 Unix 程序可以轻易地移植到 Linux 的世界中来。（顺便说一句，很多人都认为，这也是 Linux 之所以取得成功的重要原因。）

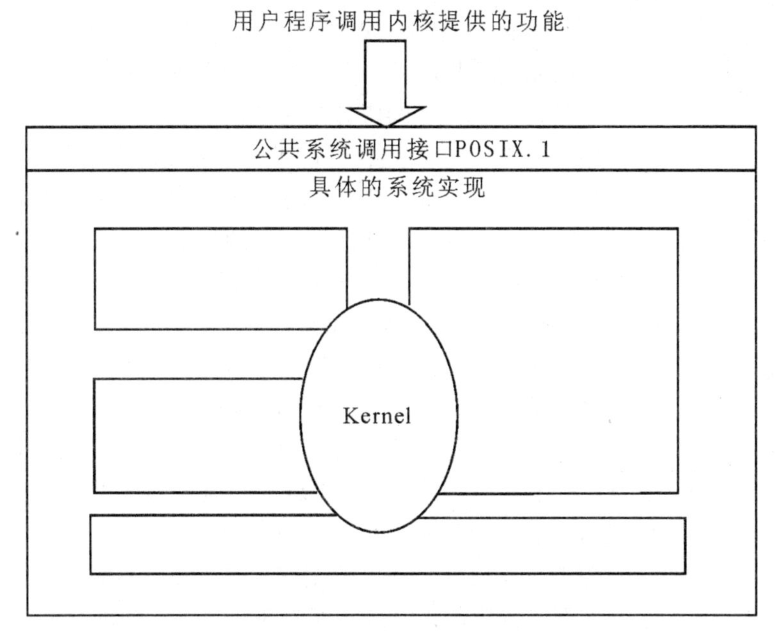

图 10-2 内核的抽象数据结构

把内核这个概念抽象出来，可以得到一个简明的图像（如图 10-2，内核的抽象数据结构）。

在我们进入下面复杂的代码分析之前，我们把一些基本的概念、要点回顾一下。每位读者的基础都不一样，如果你觉得没有必要，可以跳过这几个小节。当然，如果你能仔细跟着我们的思路，相信会对你帮助不少。

1. 运行模式（mode）、地址空间（space）、上下文（context）

运行模式：Intel 80386 系列处理器定义了实模式和保护模式（注意，它们是硬件层面的概念，而操作系统的用户模式、内核模式，或者用户态、内核态，是系统软件层面的概念）。在实模式中，只能使用 20 位的寻址，相当于只能访问 1M 的内存。实模式中没有安全保护，并且只能使用实地址访问内存。机器刚开始启动起来的时候，就是处于这种模式下。而在保护模式中，可以使用 i386 系列处理器的很多高级特性，如段页机制，32 位虚寻址等。这为 Linux 实现多任务，内存保护和基于页的管理机制提供了硬件基础。同时，保护模式下还提供四个特权级。Linux 使用了其中的两个：特权级 0 和特权级 3。特权级 0 就是我们平常所说的“内核态”，特权级 3 就是我们平常所说的“用户态”。之所以采用两个不同的特权级，主要是为了给操作系统提供保护。CPU 处于特权级 0 时可以执行一些特权指令（比如开关中断），这些指令对于操作系统的实现是非常重要的。用户不能执行这些指令，也不能自行把特权级从 3 变为 0，否则都会产生异常（异常的概念将在下面讲到）。所有这些切换必须通过精心设计的系统调用接口（当然硬件中断也可以）才能进入内核态。内核态与用户态分别使用自己的堆栈。因此，当发生系统调用，需要进行模式切换的时候，堆栈也要进行相应的切换。这一点我们很快将会看到。

地址空间：上面讲了 i386 对几个特权级的区分，区分的最终目的是为了对地址空间的保护。用户进程不应该能够访问所有的地址空间，只有通过系统调用这种受严格控制的接口，进程才能进入核心态并访问到受保护的那一部分地址空间的数据。同时，进程与进程之间的地址空间也不能够随便互访，它们之间应该是透明的。也就是说，一个进程应该感受不到其他进程的存在，在 CPU 的占用上是这样，在对内存的使用上也是如此。那么，怎么样实现这样一种隔离保护与对进程的“欺骗”呢？这就需要提供一种机制来实现同一进程在不同地址空间上的映射，以及不同进程之间地址空间的保护。在 Linux 中，由于有了 i386 硬件上的支持，通过虚拟存储管理机制（即虚存），很好实现了上面所讨论的要求。在 Linux 的虚存管理机制下，一般进程所使用的地址不直接对应物理的存储单元，而是都有自己的虚存空间，对虚拟地址的引用通过地址转换机制转换成为对物理地址的引用。同时，由于每个进程的地址空间通过地址转换机制映射到不同的物理存储页面上，进程能面对的总是虚拟的地址，这样就保证了进程所能访问的总是自己的虚拟地址，而不能访问或修改其它进程的地址空间，因为它根本看不到。进程因为这样的虚存管理机制而被“蒙骗”了。

每个进程的虚拟地址空间可以划分为两个部分：用户空间和内核空间。在用户态下只能访问用户空间；而在核心态下，既可以访问用户空间，又可以访问内核空间。内核空间在每个进程的虚拟地址空间中都是固定的（虚拟地址为 3G～4G 的地址空间），而且由于系统中只有一个内核实例在运行，因此所有进程的内核空间都映射到单一内核地址空间。内核中维护全局数据结构和每个进程的一些对象信息，后者包括的信息使得内核可以访问任何进程的地址空间。通过地址转换机制，进程可以直接访问进程本身的地址空间（通过内存管理单元 MMU），而通过一些特殊的方法，也可以访问到其它进程的地址空间。

尽管所有进程都共享内核，但是内核空间是受保护的，进程在用户态无法访问。进程如果需要访问内核，则必须通过系统调用接口。进程调用一个系统调用时，通过执行一些特殊的指令（int 0x80 指令）使系统陷入到内核，并将控制权交给内核，由内核替代进程完成操作。系统调用完成后，内核执行另一组特征指令（iret 指令）将系统返回到用户态，控制权返回给进程。

上下文：上下文简单说来就是一个环境，相对于进程而言，就是进程执行时的环境。具体来说就是各个变量和数据，包括所有的寄存器变量，进程打开的文件，内存信息等。

一个进程的上下文可以分为三个部分：用户级上下文、寄存器上下文以及系统级上下文。

- 用户级上下文：正文、数据、用户栈以及共享存储区；
- 寄存器上下文：通用寄存器、程序寄存器（IP）、处理机状态寄存器（EFLAGS）、栈指针（ESP）；
- 系统级上下文：进程控制块 task_struct、内存管理信息（mm_struct、vm_area_struct、pgd、pmd、pte 等）、内核栈等。

全部的上下文信息组成了一个进程的运行环境。从某个角度上来说，进程就是上下文集合的一个抽象概念。当发生进程调度，导致进程切换时，进程的运行环境也应及时切换，这就是上下文切换（context switch）。操作系统必须对上面提到的全部上下文信息进行切换，新调度的进程才能运行。而系统调用进行的是模式切换（mode switch）。模式切换与进程切换比较起来，要容易和节省时间得多，因为模式切换最主要的任务只是进行寄存器上下文的切换。关于这一点，将在模式切换的具体代码中得到印证。

2. 段页机制、门、描述符

对于段页机制、门和描述符，本章用的不是太多，因此只对其中比较重要的部分进行简述。关于段页机制的详尽的描述，可以参考 Intel 提供的资料，在它的网站上有下载。

分段机制和分页机制是两种广泛使用的地址转换技术，虽然在 Linux 中更加偏向于使用分页机制，但是分段是进入保护模式后 i386 硬件机制所规定的，无法避免。在 i386 中，由于分段和分页机制的存在，因此使用两级地址转换，如图 10-3（两级地址转换机制）所示。

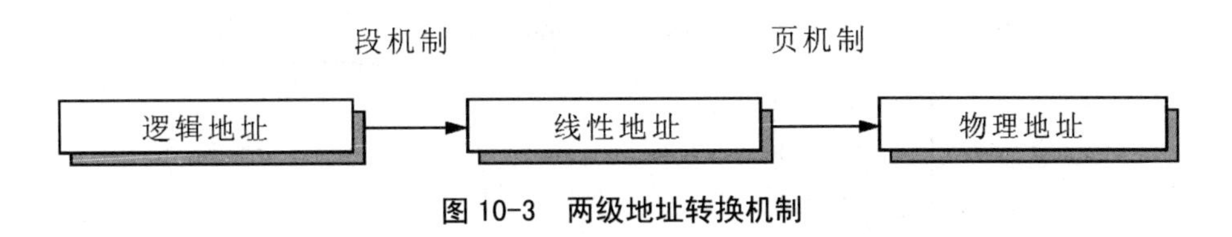

图 10-3 两级地址转换机制

两级地址转换都在很大程度上依赖于硬件与操作系统的紧密合作。硬件除了使用自己的寄存器外，还使用驻留在内存的描述符表、页表等数据结构，来进行地址的转换。这些存储在内存的数据结构，只允许操作系统访问修改，普通的应用程序面对的只是逻辑地址一级，其它的地址转换全由操作系统和硬件接管，应用程序根本不能觉察这一个过程。

（1）逻辑地址怎样转换为线性地址

在 i386 中，逻辑地址的构成如图 10-4 所示。

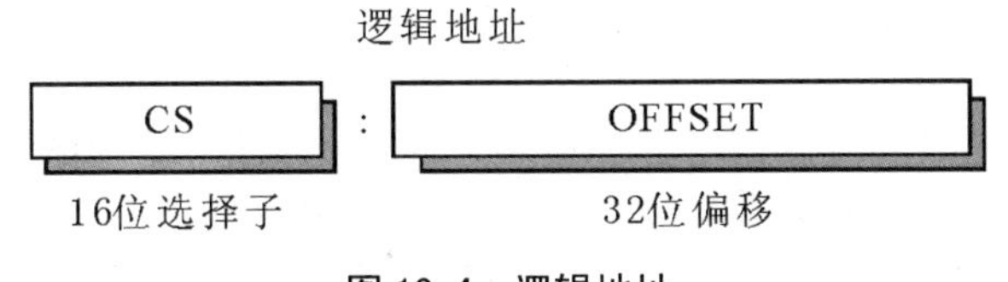

图 10-4 逻辑地址

其中选择子（selector）就是我们经常说的 CS、DS、ES、FS、SS、GS 等。这些 16 位的选择子又分为三部分：索引部分、TI 部分和 RPL（当前特权级）部分。由当前特权级 RPL（可以为 0 或 3）决定当前进程访问相应段的权限；由 TI 部分为 0 或者为 1 来决定当前进程是选择 GDT（Global Descriptor Table，全局描述符表）还是选择 LDT（Local Descriptor Table，局部描述符表）；再由索引部分决定深入 GDT 或者 LDT 的偏移。GDT（LDT）其实相当于一个数组，每个元素是一个 8 个字节的描述符，每个描述符都描述一个相应的段（系统代码段，系统数据段，用户代码段，用户数据段，堆栈段等）。由一个选择子唯一选择一个描述符（这就是“选择子”这个名称的由来了），然后这个描述符描述了一个特定的段（比如用户代码段）的段基地址，段的最大偏移，段的所有存取权限等（这是“描述符”这个名称的由来）。32 位偏移（OFFSET）部分就是对这个具体段的偏移。这样，由这个逻辑地址就唯一地确定了一个 32 位的线性地址。整个过程如图 10-5（逻辑地址到线性地址的转换）。

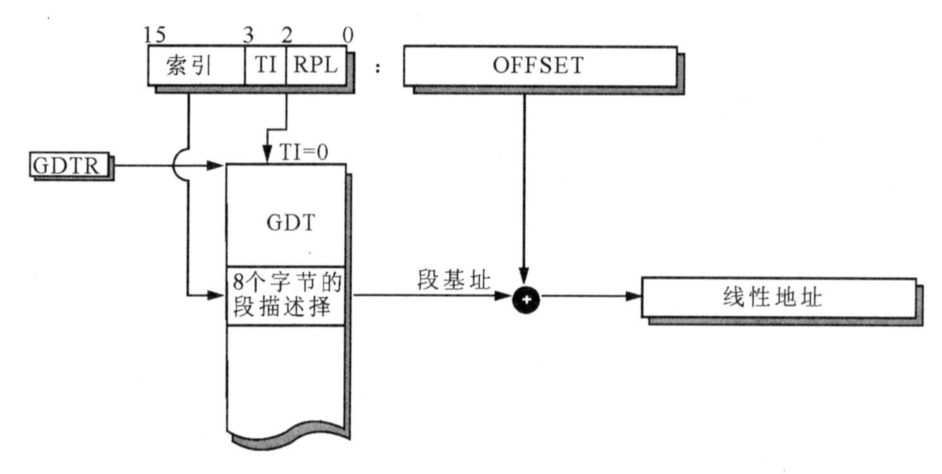

图 10-5 逻辑地址到线性地址的转换

- GDTR 是系统寄存器，存放着 GDT 的基地址（物理地址）；同样有一个 LDTR 系统寄存器，存放着 LDT 的基地址（物理地址）
- TI=0 选择 GDT， TI=1 选择 LDT
- 每个段描述符 8 个字节

（2）线性地址怎样转换为物理地址

线性地址转换为物理地址，是在分页机制中完成的。运行在 i386 机器上的 Linux 在分页机制中只采用了两级分页。分页机制与分段机制不同，段机制利用描述符，描述一个可大可小的存储块。分页机制管理的则是固定大小的内存页面（在 i386 中通常为 4K）。同时，它把整个物理空间和线性空间都看成是由一个一个的页所组成（分别叫做页帧 frame 和页面 page）。这样，通过分页机制，可以把线性空间的一个页面映射到物理空间的一个页帧。关于 Linux 下的分页机制，我们还会在第 6 章中详细讲述。

简单地说来，分页机制中，每一个线性地址被分成三个部分（这是相对于两级分页来说），见图 10-6（线性地址到物理地址的转换）。前面两个部分（每个部分占 10 位）分别作为页目录和页表的索引，最后一个部分（占 12 位，寻址 4K 空间）作为一个页帧内的索引。

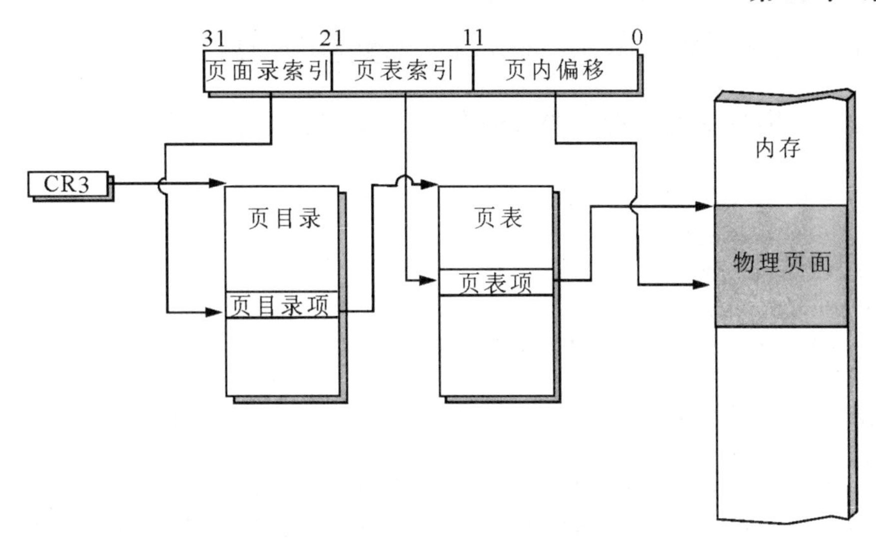

图 10-6 线性地址到物理地址的转换

CR3 是系统寄存器，用以保存页目录的基地址
一个页表项和一个页目录项都是 4 个字节

3. 中断（interrupt）、异常（exception）、陷入（trap）

实际上，本书没有必要严格地去区分什么是中断，什么是异常。由于本章要用到一点中断和异常的概念，所以这里稍微作一个介绍。

中断：是为了设备与 CPU 之间的通信。典型的有如服务请求，任务完成提醒等。比如我们熟知的时钟中断，硬盘读写服务请求中断。中断的发生与系统处在用户态还是在内核态无关，只决定于 EFLAGS 寄存器的一个标志位。我们熟悉的 sti， cli 两条指令就是用来设置这个标志位，然后决定是否允许中断。在单个 CPU 的系统中，这也是保护临界区的一种简便方法。中断是异步的，因为从逻辑上来说，中断的产生与当前正在执行的进程无关。事实上，中断是如此有用，Linux 用它来统计时钟，进行硬盘读写等。

异常：异常是由当前正在执行的进程产生。异常包括很多方面，有出错（fault），有陷入（trap），也有可编程异常（programmable exception）。出错（fault）和陷入（trap）最重要的一点区别是他们发生时所保存的 EIP 值的不同。出错（fault）保存的 EIP 指向触发异常的那条指令；而陷入（trap）保存的 EIP 指向触发异常的那条指令的下一条指令。因此，当从异常返回时，出错（fault）会重新执行那条指令；而陷入（trap）就不会重新执行。这一点实际上也是相当重要的，比如我们熟悉的缺页异常（page fault），由于是 fault，所以当缺页异常处理完成之后，还会去尝试重新执行那条触发异常的指令（那时多半情况是不再缺页）。陷入的最主要的应用是在调试中，被调试的进程遇到你设置的断点，会停下来等待你的处理，等到你让其重新执行了，它当然不会再去执行已经执行过的断点指令。

可编程中断：这类中断可由编程者用 int 指令来触发。在 Linux 中，使用了一个，也是唯一的一个可编程中断，就是 int 0x80 系统调用。硬件对可编程中断的处理与对 trap 的处理类似，即从这类异常返回时也是返回到触发异常的下一条指令。关于可编程中断，还有另外一种说法：软件中断（software interrupt），其实是一个意思。

10.2.3 相关数据结构、源代码分析，流程

跟系统调用相关的内核代码文件主要有：
arch/i386/kernel/entry.S
arch/i386/kernel/traps.c
include/linux/unistd.h
还有一些代码零散地分布在内核代码目录下的其他文件中。

1. entry.S 汇编文件

正如文件开头所说，在这个文件中包含了系统调用和异常的底层处理程序，信号量识别程序（这个调用在每次时钟中断和系统调用的时候都会发生），最关键的是文件中的汇编程序段 ENTRY（system_call），它是所有系统调用响应程序的入口；以及汇编程序段 ret_from_sys_call，这是所有系统调用和中断处理程序的返回点。我们接下来还会几次感受到它的存在。当然，还有一个系统调用表。所有这些，我们都会逐个地进行详细讨论。

好了，现在，如果你正坐在一台电脑旁边或者你手头正好有这个文件的代码，那么请打开这个文件，我们一步一步来。

关于堆栈

arch/i386/kernel/entry.S

```
18  * Stack layout in 'ret_from_system_call':
19  *       ptrace needs to have all regs on the stack.
20  *       if the order here is changed,  it needs to be
21  *       updated in fork.c:copy_process,  signal.c:do_signal,
22  *       ptrace.c and ptrace.h
23  *
24  *        0（%esp） - %ebx
25  *        4（%esp） - %ecx
26  *        8（%esp） - %edx
27  *        C（%esp） - %esi
28  *       10（%esp） - %edi
29  *       14（%esp） - %ebp
30  *       18（%esp） - %eax
31  *       1C（%esp） - %ds
32  *       20（%esp） - %es
33  *       24（%esp） - orig_eax
34  *       28（%esp） - %eip
35  *       2C（%esp） - %cs
36  *       30（%esp） - %eflags
37  *       34（%esp） - %oldesp
```

```
38  *        38（%esp） - %oldss
39  *
40  * "current" is in register %ebx during any slow entries.
```

这一段代码块只是正式代码开始之前的一段注释，之所以把它也拿出来，只是想告诉大家，它真的很重要。如果我们清楚系统堆栈结构，那么我们在理解很多问题的时候就会豁然开朗，比如进程的拷贝（fork 时调用）、信号量、进程的追踪等，包括我们马上要看到的 SAVE_ALL、RESTALL_ALL 宏。

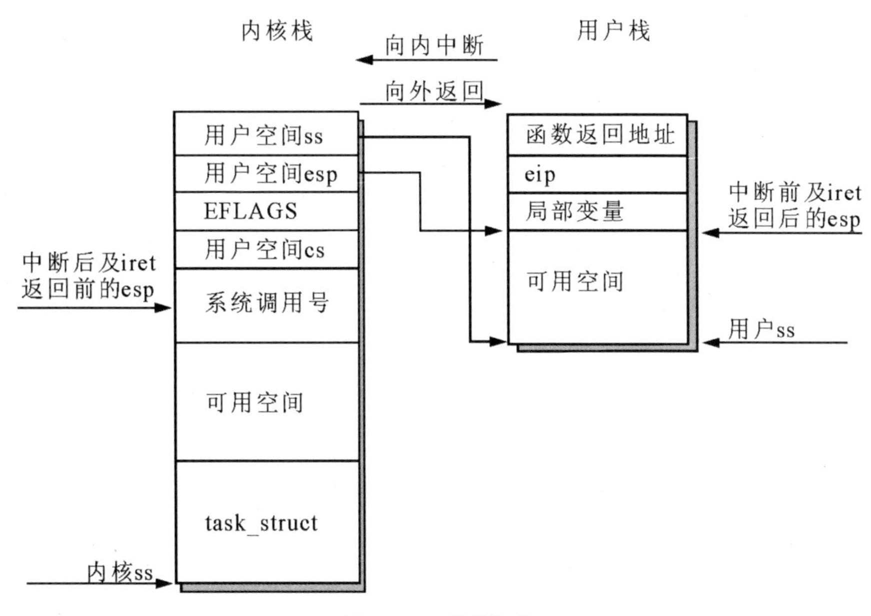

图 10-7 堆栈切换

从 34-38 这几行中，按照压入堆栈的先后次序，依次保存了 oldss、oldesp、eflags、cs、eip 这五个寄存器。这是进程在执行 int 指令，陷入到内核的时候，由于是在不同的特权级别上进行切换，为了安全起见，系统会对堆栈进行切换。堆栈切换的时候，首先从当前任务的 TSS（任务状态段）中获取高优先级的核心堆栈信息（SS 和 ESP），然后把低优先级堆栈信息（SS 和 ESP）保留到高优先级堆栈（即核心栈）中，也就是这里所看到的 oldss 和 oldesp。然后再依次保存 eflags、cs、eip。从用户堆栈切换到内核堆栈流程，如图 10-7（堆栈切换）所示：

首先选择内核堆栈（每一个进程都有自己的内核堆栈，就是与进程自己的 task_struct 共用两个页面的地方）。然后在内核堆栈中，压入用户堆栈的 ss、esp（也就是上面的 oldss、oldesp），以便到时候返回到用户的堆栈。再然后依次压入 EFLAGS，用户进程的 cs、eip。需要说明的是，这几步都是由硬件完成，因此你不必害怕麻烦。

接下去压入堆栈的那些寄存器我们稍后再讲。

关于 SAVE_ALL，RESTALL_ALL

arch/i386/kernel/entry.S

```
85 #define SAVE_ALL                          \
86            cld;                           \
87            pushl %es;                     \
88            pushl %ds;                     \
89            pushl %eax;                    \
90            pushl %ebp;                    \
91            pushl %edi;                    \
92            pushl %esi;                    \
93            pushl %edx;                    \
94            pushl %ecx;                    \
95            pushl %ebx;                    \
96            movl $（__KERNEL_DS），%edx;   \
97            movl %edx，%ds;                \
98            movl %edx，%es;
-----------------------------------------------------------------
100 #define RESTORE_ALL                 \
101            popl %ebx;               \
102            popl %ecx;               \
103            popl %edx;               \
104            popl %esi;               \
105            popl %edi;               \
106            popl %ebp;               \
107            popl %eax;               \
1081:         popl %ds;                 \
1092:         popl %es;                 \
110            addl $4，%esp;           \
111 3:         iret;              \
```

这一部分程序结构很清晰，SAVE_ALL、RESTALL_ALL 很多地方也是很对称的，理解起来困难不大，需要说明的只有三个地方：

①SAVE_ALL 中的 96－98 行，往 eds 寄存器中放入$（__KERNEL_DS），意即使用内核数据段。你也许愿意看看$（__KERNEL_DS）变量是什么。自己动手吧，你一定可以找到。（提醒：include/asm-i386/segment.h）

②如果你足够仔细，你会发现似乎有点不对：RESTALL_ALL 前面一些指令很整齐地按照 SAVE_ALL 推进去的反向顺序弹出来，但是最后为什么还要给 esp 加上 4(addl $4，%esp)？好样的，你足够仔细，这是一种可贵的品德。事实上，那是为了忽略掉系统调用进入的时候保存的那个 orig_eas。下面我们讨论 system_call 的时候还会提到。

③然后 iret 返回。iret 指令的执行是这样的：如果 iret 到相同的级别，那么从堆栈中弹出 eip、cs 和 EFLAGS。如果是 iret 到不同的特权级别，那么从堆栈中弹出的是 eip、cs、EFLAGS、esp 和 ss。

系统调用表（sys_call_table）

在这个文件中还有一个很重要的地方就是维护整个系统调用的一张表：系统调用表。系统调用表依次保存着所有系统调用的函数指针，以方便总的系统调用处理程序（system_call）进行索引调用。

arch/i386/kernel/entry.S

```
666 .section .rodata, "a"
667 #include "syscall_table.S"
668
669 syscall_table_size= (.-syscall_table)
```

arch/i386/kernel/syscall_table.S

```
1 ENTRY (sys_call_table)
2          .long SYMBOL_NAME (sys_ni_syscall)
3          .long SYMBOL_NAME (sys_exit)
4          .long SYMBOL_NAME (sys_fork)
5          .long SYMBOL_NAME (sys_read)
6          .long SYMBOL_NAME (sys_write)
7          .long SYMBOL_NAME (sys_open)            /* 5 */
             …
             …
319        .long SYMBOL_NAME (sys_ppoll)
320        .long SYMBOL_NAME (sys_unshare)      /* 310 */
```

两段汇编程序一起阅读、理解。汇编文件“syscall_table.S”定义了一个数组，数组名为 sys_call_table。“.long”表示数组元素长度为 4 字节，而“SYMBOL_NAME（sys_open）”表示数组元素的值就是函数 sys_open（）的入口地址。

汇编文件“entry.S”的第 667 行 include “syscall_table.S”将整个数组都装进来了。而第 669 行计算数组的长度 syscall_table_size（两个地址之间相差的 byte 数）。其中，‘.’代表当前地址，sys_call_table 代表数组首地址。

system_call 和 ret_from_sys_call

arch/i386/kernel/entry.S

```
194ENTRY (system_call)
195        pushl %eax                         # save orig_eax
196        SAVE_ALL
197        GET_CURRENT (%ebx)
198        testb $0x02, tsk_ptrace (%ebx)          # PT_TRACESYS
199        jne tracesys
```

```
200             cmpl $（NR_syscalls），%eax
201             jae badsys
202             call *SYMBOL_NAME（sys_call_table）（，%eax，4）
203             movl %eax，EAX（%esp）          # save the return value
204ENTRY（ret_from_sys_call）
205             cli                            # need_resched and signals atomic test
206             cmpl $0，need_resched（%ebx）
207             jne reschedule
208             cmpl $0，sigpending（%ebx）
209             jne signal_return
201restore_all:
211             RESTORE_ALL
```

这一部分代码取自第 2.4.18 版本。我们先讲解一下字面上的意思。至于要完全理解它的来由及用处，可能要等到我们把这一小节分析完毕。前面我们列出了 ret_from_sys_call 之前的系统堆栈状态，现在你可以对照那一页，然后再对照这一段代码来理解。

①首先，系统把 eax（里面存放着系统调用号）的值压入堆栈，注释也已经说了，就是把原始的 eax 值保存起来，因为使用 SAVE_ALL 宏保存起来的 eax 要被用来传递返回值。但是在保存了返回值到真正返回用户态还有一些事情要做，内核可能还会需要知道是哪个系统调用导致进程陷入了内核。所以，这里要保留一份 eax 的最初拷贝，以备急用。

②SAVE_ALL 宏，这个我们前面刚刚讲到了，大家都还记得。

③GET_CURRENT:

```
arch/i386/kernel/entry.S
131 #define GET_CURRENT（reg）  \
132          movl $-8192，  reg; \
133          andl %esp，  reg
```

其作用是取得当前进程的 task_struct 结构的指针返回到 reg 中，因为在 Linux 中核心栈的位置是 task_struct 之后的两个页面（8192bytes）处，所以此处把栈指针与上-8192，则得到的是 task_struct 结构指针。这一设计一直被津津乐道。在第 2.6.15 版本中，改为 include/linux/asm-i386/thread_info.h 中定义的 GET_THREAD_INFO:

```
include/linux/asm-i386/thread_info.h
119 #define GET_THREAD_INFO（reg）  \
120          movl $-THREAD_SIZE，  reg; \
121          andl %esp，  reg
```

④看看进程是不是被监视了，如果被 trace 了，则跳转到 tracesys。

⑤检查 eax 中的参数，看是否合法。合法的 eax 值指的是范围从 0 - NR_syscalls 的一个数字，只有在这个范围内，system_call 才能根据 eax 决定出调用哪一个具体的系统调用。系统通过 eax 传递进来的参数决定调用在系统调用表（sys_call_table）中的哪一个系统调用

的过程可以用图 10-8（系统调用索引）表示。

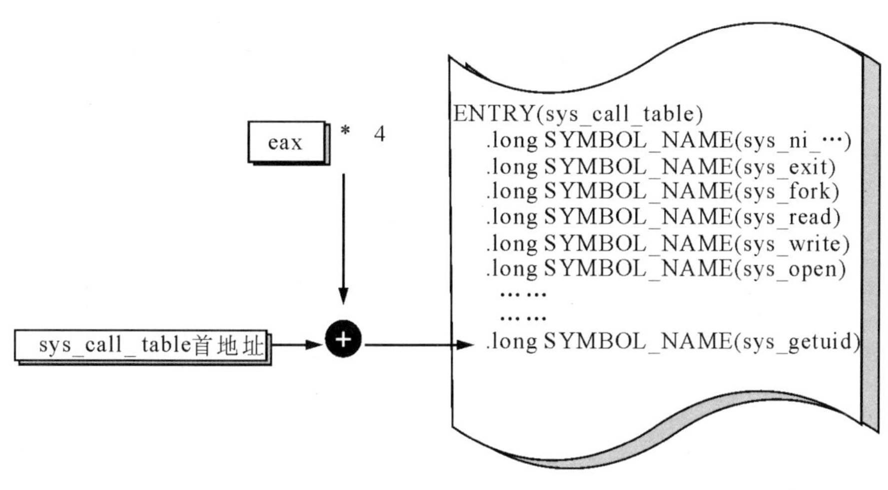

图 10-8 系统调用索引

⑥202 和 203 行，调用具体的内核系统调用代码，然后保存返回值到堆栈中。

⑦204 行开始，ret_from_sys_call，程序会检测进程 task_struct 中的相应位，然后作出相应的跳转（need_resched 置位，则重新调度；sigpending 置位，则别的进程或者系统对该进程发了 signal，马上跳转去处理 signal）。ret_from_sys_call 是一个很重要的过程，所有的系统调用，所有的中断都从这里返回。也就是说，所有的中断调用、中断处理最后都通过这个过程，然后回到一个不知道的地方。我之所以说“不知道的地方”，是因为系统的控制权可能仍然回到原先的进程，也可能发生任务切换，系统选择了另外一个它认为更加紧迫的进程然后把控制交给那个进程，这完全取决于系统，而不是发出系统调用请求的进程。

⑧RESTALL_ALL：现在我们可以理解最后的“addl $4，%esp”了。

实际上，在 system_call 中，寄存器的使用是非常整齐的，我们整理一下，把所有牵涉到堆栈中寄存器的指令抽取出来，用图 10-9（寄存器变化）表示。

用户空间　　　　内核空间　内核堆栈中的变化　　　注解

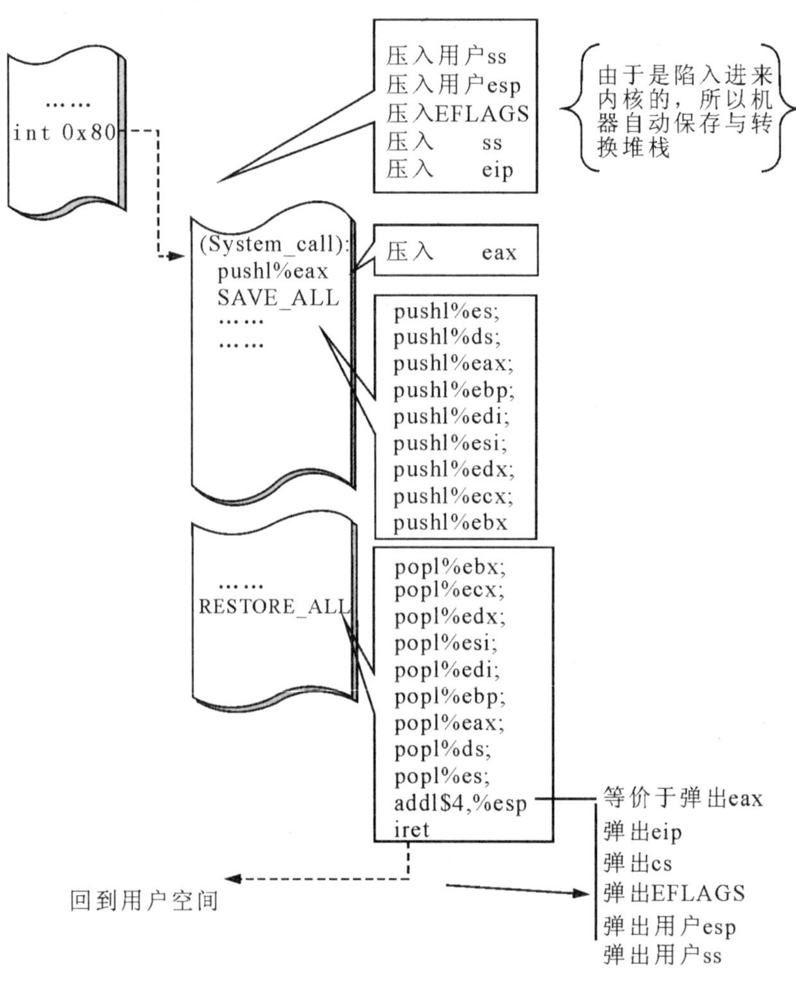

图 10-9　寄存器变化

最后我们用类 C 代码简化一下 system_call 过程：

system_call 类 C 语言表示

```
void system_call（unsigned int eax）
{
        task_struct * ebx;

        save_context（）;

        ebx = GET_CURRENT;
        if （ebx -> tak_ptrace != 0x02）
                goto tracesys;
        if（eax > NR_syscalls）
                goto badsys;
```

```
    retval = （sys_call_table[eax * 4]）（）;

    if（ebx -> need_resched != 0）
            goto reschedule;
    if（ebx -> sigpending != 0）
            goto signal_return;

    restall_context（）;
}
```

2. traps.c（arch/i386/kernel/traps.c）文件

在这个文件中，给出了很多出错处理程序。当然最重要的还是 trap_init 函数。这个函数初始化中断描述符表（idt)，往中断描述符表里面填入中断门，陷入门和调用门。我们可以看看源代码：

arch/i386/kernel/traps.c

```
1207 void __init trap_init（void）
     {
     ……
1221         set_trap_gate（0，&divide_error）;
1222         set_trap_gate（1，&debug）;
1223         set_intr_gate（2，&nmi）;
1224         set_system_gate（3，&int3）;
     ……
1226         set_system_gate（SYSCALL_VECTOR，&system_call）;
     ……
     }
```

1226 行中，SYSCALL_VECTOR 的值就是 0x80（include/asm-i386/mach-default/irq_vectors.h，line 31)，set_system_gate 函数在中断描述符表中的第 0x80 项填入一个陷阱门描述符，这个描述符的作用就是使控制安全地转移到 system_call 这个函数中去。执行完 system_call 函数又能够安全地返回来。

小结

最后，我们对 2.3.1 和 2.3.2 小结一下，希望能得到一个比较完整的关于系统调用的初始化，系统调用的执行过程，系统调用的返回的概念：

①系统调用初始化：在 traps.c 中，系统在初始化程序 trap_init（）中，通过调用 set_system_gate（0x80，&system_call）函数，在中断描述符表（idt）里面填入系统调用的处理函数 system_call，这就保证每次用户执行指令 int 0x80 的时候，系统能把控制转移到

entry.S 中的 system_call 函数中去。

②系统调用执行：经过我们详细地分析 system_call 函数，我们可以了解到，当系统调用发生的时候，system_call 函数会根据用户传递进来的系统调用号，在系统调用表中（sys_call_table）寻找到相应偏移地址的内核处理函数（也就是具体的内核系统调用处理代码，相应的，我们把 system_call 称为通用的系统调用处理代码），进行相应的处理。当然在这个过程之前，要保存环境（通过 SAVE_ALL 等指令）；

③系统调用的返回：系统调用处理完毕后，通过 ret_from_sys_call 返回。返回之前，程序会检测一些变量，根据这些变量，跳转到相应的地方去处理。从系统调用返回，系统的控制权不一定会返还到原先调用系统调用的那个进程，这个我们前面已经讨论过了。真正回到用户空间之前，要恢复环境（通过 RESTALL_ALL 等指令）。

3. 系统调用中普通参数的传递及 unistd.h

前面讲的都是内核中的处理，并没有涉及用户地址空间，也没有涉及用户空间与内核地址空间的接口。我们知道，我们进行系统调用的时候可能是这样：getuid（）；又或者是这样：open（/tmp/foo， O_RDONLY， S_IREAD）。那么内核是怎样跟用户程序进行交互的呢？这包括控制权是怎样转移到内核的那个 system_call 处理函数去的，参数是如何传递的等等。在这里，标准 C 库充当了很重要的角色，它把用户希望传递的参数装载到 CPU 的寄存器中，然后触发 0x80 软中断。当从系统调用返回的时候（ret_from_sys_call），标准 C 库又接过控制权，处理返回值（每个系统调用都会有返回值）。因此，你可以把标准 C 库看成是用户程序与内核之间的一个小的桥梁。

我们先来看 include/asm-i386/unistd.h 这个头文件，这个头文件定义了所有的系统调用号，还定义了几个与系统调用相关的关键的宏。

include/asm-i386/unistd.h

```
  8 #define __NR_restart_syscall      0
  9 #define __NR_exit                 1
 10 #define __NR_fork                 2
 11 #define __NR_read                 3
 12 #define __NR_write                4
 13 #define __NR_open                 5
 14 #define __NR_close                6
   ……
241 #define __NR_llistxattr           233
242 #define __NR_flistxattr           234
243 #define __NR_removexattr          235
244 #define __NR_lremovexattr         236
245 #define __NR_fremovexattr         237

   …………
311 #define __NR_unshare              310
312 #define __NR_syscalls     311
```

很清楚，文件一开始就定义了所有的系统调用号，你也可以清楚地了解，在 2.6.15 的内核中，总共有 311 个系统调用，它们整齐地排列。是的，你一定也能够想到了，到时候你添加系统调用的时候，你的那个系统调用号就是排放在最后，这个我们到时候会一步一步向你解释。每一个系统调用号都以“__NR_”开头，这可以说是一种习惯，或者说一种约定。但事实上，它还有更方便的地方，你也许也发现了，那就是除了这个“__NR_”头，所有的系统调用号就是你编写用户程序的那个名字。比如“__NR_getuid”，除去那个统一的“__NR_”头，就是 getuid，你一定很熟悉这个名称。是的，标准库函数也很熟悉，它正是利用这样的共同性，通过宏替换，把一个一个你写的诸如 getuid 这样的名词转换成 __NR_getuid，然后再转换成相应的数字号（比如__NR_getuid 是 24），通过 eax 寄存器传递给内核作为深入 syscall_table 的索引。

接下来，文件连续定义了 7 个宏，很多系统调用都是通过这些宏，进行展开，形成定义，这样用户程序才能进行系统调用。内核也才能知道用户具体的系统调用，然后进行具体的处理。使用这些宏把系统调用展开的工作基本上都是标准 C 库来做的。所以，我们刚才说，标准 C 库是联系用户程序和内核之间的一个桥梁。

我们挑选几个来讲解，其他的都可以类推。先来个简单的，不用传递参数的系统调用的宏：

```
include/asm-i386/unistd.h
341 #define _syscall0（type，name）      \
342 type name（void）                   \
343 {                                 \
344 long __res;                        \
345 __asm__ volatile （"int $0x80" \
346            : "=a" （__res）         \
347            : "" （__NR_##name））；  \
348 __syscall_return（type，__res）；     \
349 }
```

这个宏用于展开那些不用参数的系统调用，比如 getuid（）、fork（）、pause（）等。我们举一个实例，你就能很快地明白上面这段宏代码是怎么工作的了。比如你写的某段程序的某条语句：

```
pause（）；
```

那么，通过：

```
static inline _syscall0（int，pause）
```

这一行，因为_syscall0 是一个带参数的宏（注意区分系统调用的参数和宏的参数），所以根据 341-349 行的宏定义转换成：

```
pause（）
int pause（void）
```

```
{
        long __res;
        __asm__ volatile ("int $0x80"
                          : "=a" (__res)
                          : "" (__NR_pause)) ;
        __syscall_return(int, __res) ;
}
```

这只是简单的名字替换，也许你会说：太简单了，我想知道每一条语句的细节。嗯，那估计要困难一点，不过，我们应该可以克服。

344 行：定义一个变量__res;

345 行：__asm__这是 gcc 中嵌入汇编的写法，也就是所有的嵌入汇编语句放在__asm__()的括号内部。volatile 这个修饰符是告诉 gcc：这一段嵌入汇编语句不允许优化。gcc 将严格按照你的汇编代码编译。“int $0x80”这条语句我们应该熟悉了，就是触发系统调用。

346 行：你肯定注意到了，这里有一个冒号，事实上，347 行还有一个。这是 gcc 内嵌汇编语言的语法。gcc 关于内嵌汇编语言的规定如下：

基本格式：

```
__asm__ ( "汇编语句\n\t"
          “汇编语句”
          : “= 限制符” (变量)， “= 限制符”(变量)
          : “限制符” (变量)， “限制符” (变量)
          : 被改变了的寄存器，被改变的寄存器) ;
```

第一个冒号与第二个冒号之间的部分是声明输出变量用的（346 行）。第二个冒号与第三个冒号之间（本例中没有第三个冒号）是声明输入变量用的（347 行）。比如 346 行的："=a" (__res) 表明__res 这个变量是用作输出变量。"=a"中的"="是指示__res 是一个输出参数，"=a"中的"a"是指示所占用的寄存器将是 eax。

347 行：根据我们刚才的说明，这一行用于说明输入变量是（__NR_##name），他使用 eax 寄存器。

为了更好地理解，我们把 345~347 行的嵌入汇编格式和由他们生成的汇编代码列在一起做一个对比：

345 - 347 行的嵌入汇编格式

```
345 __asm__ volatile ("int $0x80"          \
346           : "=a" (__res)               \
347           : "" (__NR_##name)) ;        \
```

生成的汇编代码

```
    movl      $__NR_##name,  %eax           /*先为输入参数分配寄存器*/
#APP
    int       $0x80                  /*汇编代码*/
#NO_APP
```

```
        movl        %eax，  __res                    /*最后处理输出参数*/
```

关于内嵌汇编的更多知识，可以参考 gcc 的手册（manual）。

348 行：这是一个宏，只是对返回的值__res 进行一定的处理，保证用户看到的返回值__res 在正确的范围内（-1~-124）。

嗯，还真是有一点难度，不过，还是走过来了，不是吗？如果你没有完全理解，你也不必灰心，至少你已经懂得了这个宏定义的大致框架。还有你已经知道：就是这个宏，能把不带参数的系统调用展开，把用户系统调用的要求与内核具体系统调用的处理函数联系起来。这真是一个不错的进步。

为了巩固我们的理解，我们下面再讲一个复杂一些的：

include/asm-i386/unistd.h

```
371 #define _syscall3（type，name，type1，arg1，type2，arg2，type3，arg3）      \
372 type name（type1 arg1，type2 arg2，type3 arg3）                          \
373 {                                                                        \
374 long __res;                                                              \
375 __asm__ volatile （"int $0x80"                                           \
376          : "=a" （__res）                                                \
377          : "" （__NR_##name），"b" （（long）（arg1）），"c" （（long）（arg2）），\
378                       "d" （（long）（arg3）））；                        \
379 __syscall_return（type，__res）；                                        \
380 }
```

这一个宏跟上面那个不同，只是因为由它展开的系统调用会有三个参数（arg1， arg2， arg3）。比如 open（/tmp/foo， O_RDONLY， S_IREAD）。这样我们回到了前面我们曾经提到过的问题（我想你也许还记得）：内核怎么样跟用户程序交互，怎样从用户程序得到这些系统调用参数？现在是给出回答的时候了。我们先把 375~378 行近似地转换成更易懂的汇编格式：

375 - 378 行的嵌入汇编格式

```
375 __asm__ volatile （"int $0x80"                                           \
376          : "=a" （__res）                                                \
377      : "" （__NR_##name），"b" （（long）（arg1）），"c" （（long）（arg2）），\
378                       "d" （（long）（arg3）））；                        \
```

生成的汇编代码

```
    movl        $__NR_##name，  %eax          //先为输入参数分配寄存器
    movl        arg1，  %ebx
    movl  arg2，  %ecx
    movl        arg3，  %edx
#APP
```

```
    int         $0x80                 //汇编代码
#NO_APP
    movl        %eax， __res          //最后处理输出参数
```

由这个宏可以看出，内核是通过 ebx，、ecx、edx 来传递这三个参数的。我们在讲解 system_call 这个系统调用处理程序的时候，曾经说到了 SAVE_ALL。在那里，SAVE_ALL 宏把所有寄存器的值都压入堆栈，这一方面是为了保存环境；现在我们可以看到：更重要的是，把系统调用的参数也压入了堆栈。这样，system_call 中调用的任何一个具体的系统调用处理程序（通常使用 C 编写），都能从堆栈中拿到他们想要的参数。这真的是很巧妙的一个设计。

那么，现在你一定会马上想到了：如果是四个参数呢？五个、六个参数呢？问得好。四个参数和五个参数，解决办法跟三个参数的情况差不多，只是要多两个寄存器而已：esi，、edi。这两个宏分别是：

- _syscall4（type，name，type1，arg1，type2，arg2，type3，arg3，type4，arg4）；
- _syscall5（type，name，type1，arg1，type2，arg2，type3，arg3，type4，arg4， type5，arg5）；

在这里我们就不详细讲解了，因为你一定可以自己清楚地分析出来。那就动手吧，给出你自己的分析。

至于六个参数是怎样传递的，我们可以看看下面的代码：

```
include/asm-i386/unistd.h
405 #define _syscall6（type，name，type1，arg1，type2，arg2，type3，arg3，type4，arg4，
406                 type5，arg5，type6，arg6）
407 type name （type1 arg1，type2 arg2，type3 arg3，type4 arg4，type5 arg5，type6 arg6）\
408 {
409 long __res;
410 __asm__ volatile （"push %%ebp ; movl %%eax，%%ebp ; movl %1，%%eax ; int $0x80 ;
                pop %%ebp"
411             : "=a" （__res）
412             : "i" （__NR_##name），"b" （（long）（arg1）），"c" （（long）（arg2）），\
413               "d" （（long）（arg3）），"S" （（long）（arg4）），"D" （（long）（arg5）），\
414               "" （（long）（arg6）））；
415 __syscall_return（type，__res）；
416 }
```

同样的，我们先把 410~414 行近似的转换成更易懂的汇编格式：

410 - 414 行的嵌入汇编格式

```
410 __asm__ volatile ("push %%ebp ; movl %%eax, %%ebp ; movl %1, %%eax ; int $0x80 ;\
pop %%ebp"                                                              \
411      : "=a" (__res)                                                  \
412      : "i" (__NR_##name), "b" ((long)(arg1)), "c" ((long)(arg2)),    \
413      "d" ((long)(arg3)), "S" ((long)(arg4)), "D" ((long)(arg5)),     \
414      "" ((long)(arg6))) ;\
```

生成的汇编代码

```
  movl    arg1,   %ebx
  movl    arg2,   %ecx
  movl        arg3,   %edx
  movl        arg4,   %esi
  movl        arg5,   %edi
  movl    arg6,   %eax
#APP
  push    %ebp
  movl        %eax,   %ebp
  movl    $__NR_##name,   %eax
  int     $0x80
  pop     %ebp
#NO_APP
  movl    %eax,   $__res
```

gcc 看上去似乎有点手忙脚乱，但实际上，它还是有条不紊。他把第六个参数（arg6）放到 ebp 寄存器里面，因为内嵌汇编的语法中，没有限定符使得 arg6 能分配到 ebp 寄存器。所以，它使用了 eax 作为桥梁，先把 arg6 放到 eax 中，然后编译的时候才把 arg6 移到 ebp 中，eax 遵照老规矩，还是放上系统调用号（__NR_##name）。

至于 6 个以上的参数要怎么传递？现在的系统调用还没有六个以上的参数的。但是很显然你不可能再仿照上面传递 6 个参数的办法，因为已经没有通用寄存器了。或许你已经想到了定义一个结构体，然后把你的参数数据都放进那个结构体里面，通过把那个结构体的指针作为一个参数传入内核，从而达到让内核读取参数数据的目的。这真是一种不错的想法。事实上，Linux 内核的设计者跟你想的一样：通过用户态程序传递指针给内核，然后再由内核通过这些指针访问用户地址空间的数据。关于这一部分，我们放到最后一部分：较高级主题中再讲。我们现在的任务是把整个系统调用的脉络打通。

我们继续我们的思路。上面讲到的都是参数怎样从用户程序传递到内核堆栈中。那么，到执行完 SAVE_ALL 并且再由 call 指令调用其内核处理函数时，内核堆栈的结构大致是这样：（图 10-10 调用具体函数前内核堆栈结构）

处于内核堆栈中的参数变量怎样具体地传递到每一个内核函数中呢？我们知道，典型的两种内核函数是这样：

- asmlinkage int sys_fork（struct pt_regs regs）；
- asmlinkage int sys_open（const char * filename， int flags， int mode）；

在 sys_fork 中，把整个堆栈中的内容视为一个 struct pt_regs（include/asm-i386/ptrace.h 文件，第 26 行）类型的参数，该参数的结构和堆栈的结构是一致的，所以可以使用堆栈中的全部信息。而在 sys_open 中参数 filename、flags、mode 正好对应于堆栈中的 ebx、ecx、edx 的位置，而这些寄存器正是用户在通过 C 库调用系统调用时给这些参数指定的寄存器。

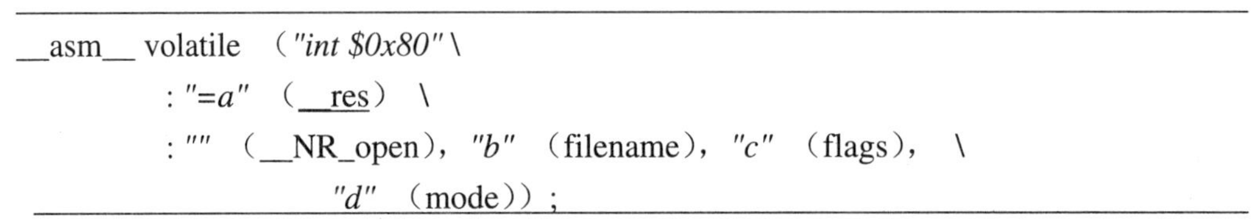

```
__asm__ volatile  ("int $0x80" \
        : "=a"  (__res)  \
        : ""  (__NR_open), "b"  (filename), "c"  (flags),  \
                "d"  (mode)) ;
```

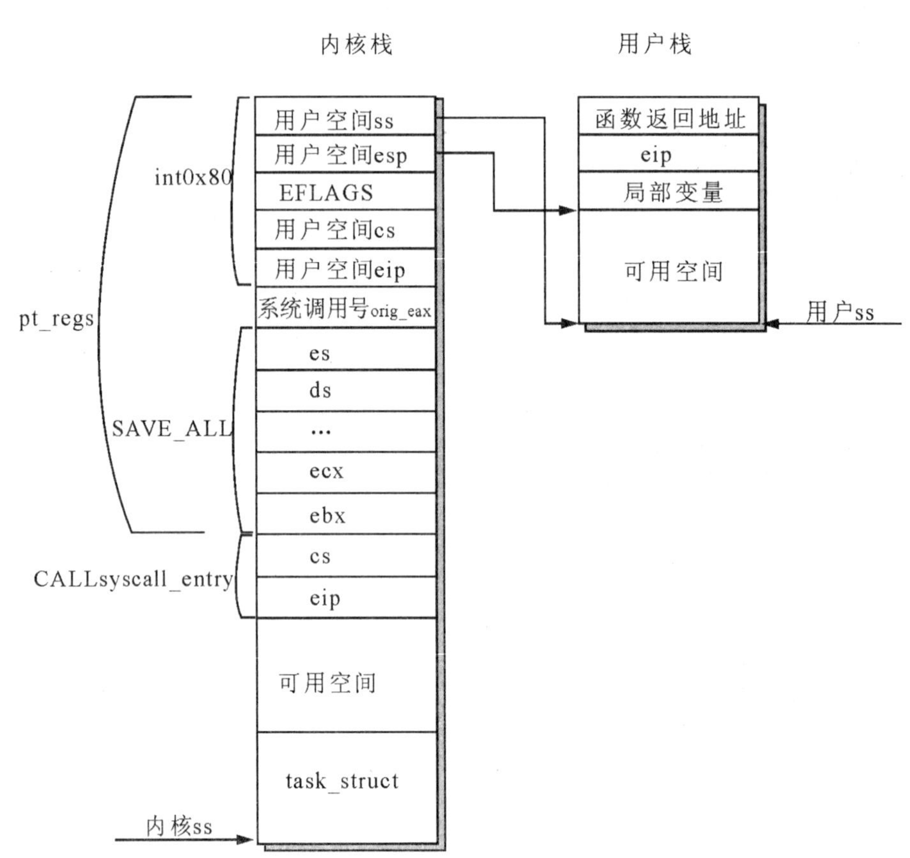

图 10-10 调用具体函数前内核堆栈结构

事实上，你可以认为在标准 C 库中，用某种方法给所有的系统调用进行了“定义”，让用户程序与内核联系起来。如果你是一个做事情喜欢追根究底的人，那好，我们可以来粗略地看一下在 glibc 中这些事情到底是怎么做的。

我们还是拿一个最普通的例子来讲，看看 getuid（）是怎么通过 glibc 进行展开的。

glibc 版本：glibc-2.2.5

sysdeps/unix/sysv/linux/i386/getuid.c

```
41 uid_t
42 __getuid （void）
43 {
44 #if __ASSUME_32BITUIDS > 0
45          return INLINE_SYSCALL （getuid32， 0）;
46 #else
47 # ifdef __NR_getuid32
48          if （__libc_missing_32bit_uids <= 0）
49          {
50                  int result;
51                  int saved_errno = errno;
52
53                  result = INLINE_SYSCALL （getuid32， 0）;
54                  if （result == 0 || errno != ENOSYS）
55                          return result;
56
57                  __set_errno （saved_errno）;
58                  __libc_missing_32bit_uids = 1;
59          }
60 # endif /* __NR_getuid32 */
61
62          return INLINE_SYSCALL （getuid， 0）;
63 #endif
64 }
65
66 weak_alias （__getuid， getuid）
```

由这里可以看出，glibc 中展开 getuid 的方法其实并不是我们所想象的那样使用

```
_syscall0（ int， getuid）;
```

而是使用自己的一套宏：

```
INLINE_SYSCALL （getuid， 0）;
```

我们再追踪这个宏看看。

sysdeps/unix/sysv/linux/i386/sysdep.h

```
246 #define INLINE_SYSCALL（name， nr， args...）
247 （{
248          unsigned int resultvar;
249          asm volatile （
250          LOADARGS_##nr
```

```
251             "movl %1,  %%eax\n\t"
252             "int $0x80\n\t"
253             RESTOREARGS_##nr
254         : "=a" (resultvar)
255         : "i" (__NR_##name) ASMFMT_##nr(args) : "memory", "cc");
256         if (resultvar >= 0xfffff001)
257         {
258                 __set_errno (-resultvar);
259                 resultvar = 0xffffffff;
260             }
261           (int) resultvar; })
```

具体的我们就不再深入追究下去了。从上面的分析我们已经知道的是：glibc 并没有使用 unistd.h 中提供的宏，而是有自己的一套宏处理机制。而且，从 LOADARGS_##NR、RESTOREARGS_##nr、ASMFMT_##nr（args）等几个宏来看，glibc 这个系统调用宏处理更加灵活，它会根据具体系统调用的参数动态地调整需要的寄存器。

小结

我们在这一节分析了 include/asm-i386/unistd.h 这个文件，我们知道了很多东西：

● 我们知道了系统调用号，知道了当我们自己添加一个系统调用的时候，我们也必须在这个文件里定义一个自己的系统调用号__NR_mysyscall;

● 我们学习了几个跟系统调用密切相关的宏：_syscall0~_syscall6。知道了怎样由这些宏转换成每一个具体的系统调用；

● 我们了解了 gcc 的内嵌汇编格式和语法，能读懂简单的内嵌汇编语句了；

● 我们还仔细研究了系统调用的参数传递，知道了 Linux 怎样巧妙地利用堆栈，利用寄存器进行多达 6 个参数的传递。

● 最后，我们对标准 C 库在系统调用中的作用（联系用户程序进行的系统调用与内核的具体系统调用处理）有了比较清楚的理解。

收获很大。

10.2.4 一个系统调用的详细实现

经过前面两节枯燥的讲解，原理部分的内容你应该都掌握得差不多了。所以，在这一节里，我们准备给你详细地讲解一个系统调用的实现：getuid()。在这个过程中，将第 10.2.3 节讲到的东西作一个回顾与消化，达到深入理解的目的。为什么选择 getuid () 来讲解呢？因为它很简单，这样我们就可以把重点放在系统调用整个过程上，而不是放在某个具体的系统调用的实现上。通过这一节的讲解，你将能理顺整个系统调用的脉络。

我们还是拿本章最开始时给出的例子：

```
1: #include <linux/unistd.h> /* all system calls need this header */
```

```
2: int main () {
3:         int  i = getuid () ;
4:         printf ("Hello World! This is my uid: %d\n", i) ;
5: }
```

前面我们已经说过，所有要使用系统调用的程序，都要包含“unistd.h”这个头文件。编译这个文件的时候，编译器是怎么认识 getuid（）这个系统调用的呢？在上一节的末尾，我们已经对在 glibc 中对系统调用的处理有了一个大致的讨论。为了使大家的理解更加容易，在这里，我们作一个假定，那就是这个系统调用仍然是使用类似于 unistd.h 中定义的宏进行展开，这在原则上不会有错，而且更易于理解。

```
_syscall0 ( int, getuid) ;
```

还记得这个 unistd.h 里的宏是怎样展开的吗？对，展开成这个样子：

```
getuid
int getuid (void)
{
        long __res;
        __asm__ volatile ("int $0x80"
                        : "=a" (__res)
                        : "" (__NR_getuid)) ;
        __syscall_return (int, __res) ;
}
```

很显然，程序通过把系统调用号__NR_getuid（24）放入 eax，然后通过执行这样一条指令

“int $0x80”

进行模式切换，进入内核。执行完“int $0x80”之后（也就是系统调用之后），如果控制又返回到这里，那么它接着执行后面一条语句，也即把返回值放入 eax，返回。getuid 完成。

我们继续深入下去，看看 int 0x80 指令之后系统到底做了什么事情。因为这是一条软中断指令，所以就要看系统规定的这条中断指令的处理程序是什么：

```
arch/i386/kernel/traps.c
set_system_gate (SYSCALL_VECTOR, &system_call) ;
```

从这行程序我们可以看出，系统规定的系统调用的处理程序就是 system_call。控制转移到内核之前，硬件会自动进行模式和堆栈的切换。好了，现在控制转移到了 system_call：

```
arch/i386/kernel/entry.S
ENTRY (system_call)
        pushl %eax                      # save orig_eax
        SAVE_ALL
        GET_CURRENT (%ebx)
        testb $0x02, tsk_ptrace (%ebx)          # PT_TRACESYS
        jne tracesys
        cmpl $ (NR_syscalls), %eax
        jae badsys
        call *SYMBOL_NAME (sys_call_table) (, %eax, 4)
```

```
        movl %eax, EAX(%esp)                # save the return value
ENTRY(ret_from_sys_call)
        cli                                 # need_resched and signals atomic test
        cmpl $0, need_resched(%ebx)
        jne reschedule
        cmpl $0, sigpending(%ebx)
        jne signal_return
restore_all:
        RESTORE_ALL
```

由于前面我们已经详细讲解了这个函数，所以这里我们只列出它的功能步骤（同时我们假设没有其它意外的情况：没有被 trace，没有设置重新调度位等）：

①保留一份系统调用号的最初拷贝；

②SAVE_ALL 保存环境；

③得到该进程结构的指针，放在 ebx 里面；

④检查系统调用号，显然__NR_getuid（ 24 ）是合法的；

⑤根据这个系统调用号，索引 sys_call_table，得到相应的内核处理程序：sys_getuid16；

⑥我们追踪 sys_getuid16：

```
kernel/uid16.c
179 asmlinkage long sys_getuid16(void)
180 {
181         return high2lowuid(current->uid);
182 }
```

可以看到，这个内核系统调用处理程序很简单，它只是返回当前进程的 uid。当然，在 2.6.15 的内核中，由于进程的 uid 可以很大，而原先老版本的内核 uid 的类型只是“ unsigned short”，所以这里要对返回的 uid 做一些处理，使得它小于 65535。反正这个我们可以不去细究它，我们只需要知道它返回了一个值。接下来

⑦保存返回值：从 eax 中移到堆栈中的 eax 的位置。

⑧好了，我们假设没有什么意外发生，于是 ret_from_sys_call 直接到 RESTORE_ALL，从堆栈里面弹出保存的寄存器，堆栈切换，iret。

执行完 iret 之后，正如前面我们所分析的，进程回到用户态，返回值保存在 eax 中，于是得到返回值，打印：

Hello World! This is my uid：551

你的最简单的调用系统调用的程序到这里就结束了，系统调用的整个流程也理了一遍。

也许你还注意到了，在你添加的系统调用sys_getuid16的定义中有一个 asmlinkage 标志，如果你去看内核中所有系统调用的实现，你会发现，所有的系统调用的实现中，都使用这个标志。asmlinkage 是 gcc 中一个比较特殊的标志，它的意思是表明：用 asmlinkage 修饰的函数都必须从堆栈中，而不是寄存器中拿参数（gcc 常用的一种编译优化方法是使用寄存器传递函数参数）。

为了更形象、清晰，用一幅图来帮助你理解系统调用的整个流程，如图 10-11。

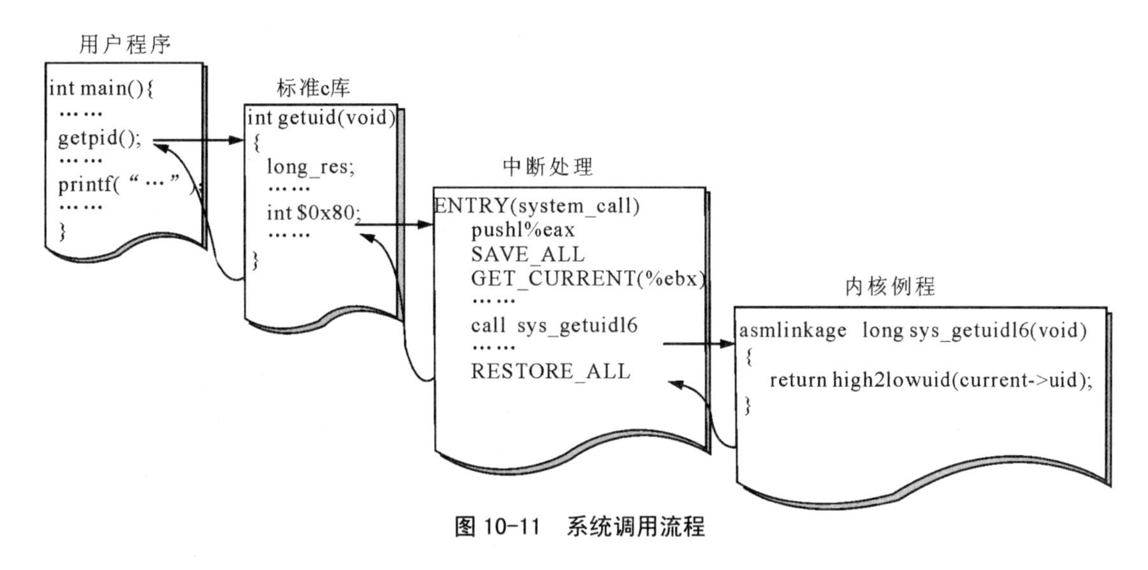

图 10-11　系统调用流程

很清晰了，不是吗？有了上面的认识，我们再进入下一阶段：系统调用的添加就容易多了。你是否跃跃欲试了呢？没问题，我们马上就开始！

10.2.5　简单系统调用的添加

在这一节中，我们将要实现一个简单的系统调用的添加。我们先给出题目：

题目　　：在现有的系统中添加一个不用传递参数的系统调用。

功能要求：调用这个系统调用，使用户的 uid 等于 0。

目的　　：显然，这不是一个有实际意义的系统调用，我们的目的并不是有用，而是一种证明，一个对系统调用的添加过程的熟悉，为下面我们添加更加复杂的系统调用打好基础。

我们首先承认，每个人接触 Linux 的时间长短不一样，因此基础也会有一点差别。那么对于觉得太简单的人呢，请你迅速地合上书本，然后跑到电脑前面，开始实现这个题目。做完之后，你就可以跳过这一节，直接进入下一节的学习了。对于觉得有点困难的人呢，不用着急，这一节就是专门为你准备的。我们会列出详细的实现步骤，你一定也没有问题的。

如果你前面对整个系统调用的过程有一个清晰的理解的话，我们就顺着系统调用的流程思路，给出一个添加新的系统调用的步骤：

1. 决定你的系统调用的名字

这个名字就是你编写用户程序想使用的名字，比如我们取一个简单的名字：mysyscall。一旦这个名字确定下来了，那么在系统调用中的几个相关名字也就确定下来了。

- 系统调用的编号名字：__NR_mysyscall；
- 内核中系统调用的实现程序的名字：sys_mysyscall；

现在在你的用户程序中出现了：

```
#include <linux/unistd.h>
int main ()
{
  mysyscall () ;
}
```

流程转到标准 C 库。

2. 利用标准 C 库进行包装吗

编译器怎么知道这个 mysyscall 是怎么来的呢？在前面我们分析的时候，我们知道那时标准 C 库给系统调用作了一层包装，给所有的系统调用做出了定义。但是显然，我们可能不愿意去改变标准 C 库，也没有必要去改变。那么我们在自己的程序中来做：

```
#include <linux/unistd.h>
_syscall0 (int, mysyscall)          /* 注意这里没有分号 */
int main ()
{
  mysyscall () ;
}
```

好，由于有了_syscall0 这个宏，mysyscall 将得到定义。但是现在系统会去找系统调用号，以放入 eax。所以，接下来我们定义系统调用号。

3. 添加系统调用号

系统调用号在文件 unistd.h 里面定义。这个文件可能在你的系统上会有两个版本：一个是 C 库文件版本，出现的地方是在/usr/include/unistd.h 和/usr/include/asm/unistd.h；另外还有一个版本是内核自己的 unistd.h，出现的地方是在你解压出来的 2.6.15 内核代码的对应位置（比如/usr/src/linux/include/linux/unistd.h 和/usr/include/asm-i386/unistd.h）。当然，也有可能这个 C 库文件只是一个到对应内核文件的连接。至于为什么会存在两个版本的头文件，这个问题将会在第 10.2.6 节“较高级主题”中进行说明。现在，你要做的就是在文件 unistd.h 中添加我们的系统调用号：__NR_mysyscall，如下所示：

include/asm-i386/unistd.h

/usr/include/asm/unistd.h

```
231 #define __NR_mysyscall          223        /* mysyscall adds here */
```

添加系统调用号之后，系统才能根据这个号，作为索引，去找 syscall_table 中的相应表项。所以说，我们接下来的一步就是：

4. 在系统调用表中添加相应表项

我们前面讲过，系统调用处理程序（system_call）会根据 eax 中的索引到系统调用表

（sys_call_table）中去寻找相应的表项。所以，我们必须在那里添加我们自己的一个值。

```
arch/i386/kernel/syscall_table.S
……
233            .long sys_mysyscall
234            .long sys_gettid
235            .long sys_readahead                     /* 225 */
……
```

到现在为止，系统已经能够正确地找到并且调用 sys_mysyscall。剩下的就只有一件事情，那就是 sys_mysyscall 的实现。

5. sys_mysyscall 的实现

我们把这一小段程序添加在 kernel/sys.c 里面。在这里，我们没有在 kernel 目录下另外添加自己的一个文件，这样做的目的是为了简单，而且不用修改 Makefile，省去不必要的麻烦。

```
asmlinkage int sys_mysyscall（void）
{
    current->uid = current->euid = current->suid = current->fsuid = 0;
    return 0;
}
```

这个系统调用中，把标志进程身份的几个变量 uid、euid、suid 和 fsuid 都设为 0。

到这里为止，我们所要做的添加一个新的系统调用的所有工作就完成了，是不是非常简单？的确如此。因为 Linux 内核结构的层次性还是非常清楚的，这就使得每一个开发者可以把精力放在怎么样实现具体的功能上，而不用在一些接口函数上伤脑筋。

现在所有的代码添加已经结束，那么要使得这个系统调用真正在内核中运行起来，我们就需要对内核进行重新编译。这个我们在前面就讨论到了，应该没有问题，因此我们在这里略过。

6. 编写用户态程序

要测试我们新添加的系统调用，我们可以编写一个用户程序调用我们自己的系统调用。我们对自己的系统调用的功能已经很清楚了：使得自己的 uid 变成 0。那么我们看看是不是如此：

```
用户态程序
#include <linux/unistd.h>
_syscall0（int，mysyscall）           /* 注意这里没有分号 */
int main（）
{
            mysyscall( );             /* 这个系统调用的作用是使得自己的 uid 为 0 */
```

```
        printf（"em…，  this is my uid: %d. \n"，  getuid（））；
}
```

10.2.6 较高级主题：添加一个更复杂的系统调用

在这一节里，我们准备讲解一些较高级主题：用户空间与内核空间数据的交换，内核编程应该注意的一些问题等，然后我们再实现一个比较复杂的系统调用。

1. 用户空间与内核空间的数据交换

前面我们就已经提到：如果用户程序要传给内核的数据很多，那么有一种办法就是通过传递指向用户态数据的结构指针，达到让内核访问用户空间数据的目的。同样地，我们上面看到的系统调用返回都只是通过 eax 传递一个返回值，这在很多情况下显然不能满足要求。因此，内核也可能通过指向用户空间的结构体指针，往用户空间写数据。所有这些，就是我们这一节将要讲的：用户空间与内核空间数据的交换。

跟访问用户空间数据相关的几个内核函数是：

- verify_area（int type， const void * addr， unsigned long size）
- memcpy_fromfs（void *to，const void *from， int c）
- memcpy_tofs（void *to，const void *from， int c）
- copy_to_user（void *to，const void *from， int c）
- copy_from_user（void *to，const void *from， int c）

为什么内核访问用户空间的数据还要这么麻烦呢？内核不是运行在最高级别么？是的，你说得没错，内核是运行在特权级并且可以访问所有的数据变量，但是可以访问与能不能访问似乎稍微有点区别。因为用户程序传递给内核的是一个指针和一个范围，这个范围有可能（不管是用户程序有意还是无意）超出该进程的地址空间，内核如果盲目的为该进程服务，那么就有可能破坏其他进程的运行环境，从而造成不必要的损失。所以，基于这样的考虑，内核总是要对这个地址范围进行检验的，包括范围正确与否？能不能读？能不能写等。这些事情都是由函数 verify_area（）来做的。

verify_area（）有三个参数。第一个参数 type 表示检测的类型：检测该进程是否有权限读（type 为 VERIFY_READ）、检测该进程是否有权限写（type 为 VERIFY_WRITE）。第二个参数 addr 是一个指针，指向要读或者要写的地址。第三个参数 size，很明显，就是规定了需要检验的范围（以 byte 为单位）。verify_area（）有返回值：返回 0 表示对相应内存的相应操作是被允许的；非 0 表示不被允许。典型的操作可能是这样；

典型操作

```
flag = verify_area（VERIFY_READ，  buf，  buf_len）；
if（flag != 0）{
    .../* error handler: unable to read buf */
}
```

另外几个函数形式都比较相似。比如copy_to_user（）有三个参数，第一个参数 to 是目的地址，第二个参数 from 是源地址，第三个参数 c 是 count。一目了然，我们就不另外解释了。其中值得注意的是：

- memcpy_fromfs（void *to，const void *from， int c）
- memcpy_tofs（void *to，const void *from， int c）

两个函数是为了兼容老的内核而保留的函数，他们的用法是配合 verify_area（），用于从用户空间读数据到内核空间，或者把内核空间的数据写到用户空间去。比如还是刚刚举的例子：

```
典型操作
flag = verify_area（VERIFY_READ， user_buf， buf_len）;
if（flag != 0）{
        .../* error handler: unable to read user_buf */
}
memcpy_fromfs （kernel_buf， user_buf， buf_len）;
```

而另外两个内核函数：

- copy_to_user（void *to，const void *from， int c）
- copy_from_user（void *to，const void *from， int c）

在新的内核中使用得更多，因为他们不必跟 verify_area（） 配合就能使用。事实上 copy_to_user（）等函数与 verify_area（）函数一样，都是调用了access_ok（type，addr，size）。所以它们不必与 verify_area（）配合使用。

为了加深印象，我们可以拿出内核中的相应代码来看看：

```
kernel/time.c
101 asmlinkage long sys_gettimeofday（struct timeval *tv， struct timezone *tz）
102 {
103         if （likely（tv != NULL））{
104                 struct timeval ktv;
105                 do_gettimeofday（&ktv）;
106                 if （copy_to_user（tv， &ktv， sizeof（ktv）））
107                         return -EFAULT;
108         }
109         if （unlikely（tz != NULL））{
110                 if （copy_to_user（tz， &sys_tz， sizeof（sys_tz）））
111                         return -EFAULT;
112         }
113         return 0;
114 }
```

这段代码相信你已经比较熟悉了，是的，在讲“Kernel Timer”的时候已经讲过。我们这里主要印证一下我们刚才学到的东西。

104 行：在内核空间定义一个与用户空间一样的结构体：ktv;

105 行：往 ktv 里面填入具体的值；

106 行：调用copy_to_user（）函数把 ktv 中的内容写到用户空间的 tv 结构体中去。

2. 编写内核程序需要注意的一些问题

标准 C 库内核头文件与内核代码头文件

前面提到修改 unistd.h 的时候需要修改两个不同地方的 unistd.h，为什么会这样呢？事实上，这是由于在你的系统中，存在两个版本的内核头文件：一个是标准 C 库内核头文件，主要是/usr/include/asm 和/usr/include/linux 两个目录；另一个是内核代码头文件，主要是/usr/src/linux/include/asm 和/usr/src/include/linux 两个目录。这两个头文件是不同的。标准 C 库内核头文件是用于编写用户态程序时使用，它与系统中的标准 C 库对应。所以，只要你不是升级你系统中的标准 C 库，就不需要修改标准 C 库内核头文件。而内核代码头文件只有在你编写内核程序的时候才会用到。这是两个完全不同的概念，比如可能在你的系统中使用的是 2.6.*版本的内核，而系统内核头文件却还是 2.2.*版本的。这并不影响你系统的正常使用。编译完你自己的新内核之后，你不需要把对应的 asm 和 linux 两个目录拷贝到/usr/include 下面去，那样做反而是错误的。在有些早期的 Linux 发行版中，系统的/usr/include/asm 和 /usr/include/linux 目录分别是到 /usr/src/linux/include/asm 和/usr/src/linux/include/linux 目录的链接，Linus 本人已经就这种情况进行了说明，并且指出那样做是没有任何道理的。在本章中，我们有时候是在编写内核程序，有时候是在编写用户程序，请读者区分这些情况。不要产生混淆。如果编写的代码运行在内核空间，那么用户态的标准 C 库就不能使用。也就是说，你不能使用 printf，也没有 fopen、malloc。不过，你也不必太着急，内核会有自己的一套函数调用提供给你。我们等会儿介绍。

防止内核被锁死和崩溃

不得不提醒你一下，当你编写的程序运行在内核中的时候，你是万能的，没有内存保护，没有权限限制，你可以做你想做的任何事情。当然，也可能导致你不想看到的任何事情：

- 没有内存保护。你的程序不小心就可能破坏了内核的内存映像；
- 只有 6k 左右的内核堆栈（i386 系统结构中），而且还要和中断程序共用。因此也许你的程序使用了太多的内部变量，多到内核堆栈都放不下；
- 也许你禁止了中断，却又去调用了某些可能要 sleep 的函数等等。

不过，虽然如此，你也不必害怕得不敢动手。毕竟，没有冒险就没有进步，不是吗？

一些可能会用到的函数

①**printk**（）（定义在 include/linux/kernel.h 中）

printk（）函数是在编写内核代码时经常会使用到的一个函数。它被用来打印信息到 console，或者到系统日志里。这对于我们开发和调试内核代码非常有用。你也许已经发现，它跟我们经常使用的标准 C 库函数 printf（）有些相像。的确，除了在第一个参数给出打印的权限级别外，printk（）和 printf（）函数在其他参数的使用上基本上是一致的。比如：

printk（KERN_INFO “I'm in the kernel. my pid: %d.\n”， i）;

更多的 KERN_标志，你可以查看：

include/linux/kernel.h

```
33  #define KERN_EMERG     "<0>"   /* system is unusable                 */
34  #define KERN_ALERT     "<1>"   /* action must be taken immediately   */
```

```
35 #define KERN_CRIT     "<2>"  /* critical conditions                 */
36 #define KERN_ERR      "<3>"  /* error conditions                    */
37 #define KERN_WARNING  "<4>"  /* warning conditions                  */
38 #define KERN_NOTICE   "<5>"  /* normal but significant condition    */
39 #define KERN_INFO     "<6>"  /* informational                       */
40 #define KERN_DEBUG    "<7>"  /* debug-level messages                */
```

你可以使用上面的任何一个关键词。它们表示不同的信息级别，如果这个级别比 console 的级别高，那么信息就会被打印到终端上。否则，你可以到这个系统日志文件中去查看：/var/log/messages.

②**copy_[to/from]_user（） / get_user（） / put_user**（）（定义在 include/asm/uaccess.h 中）

这个刚刚在“2.6.1 用户空间与内核空间的数据交换”讲了。这里不再重复。值得强调的一点是，这些函数都可能会 sleep 在某个地方。如果你在调用这些可能 sleep 的函数之前关了中断，那么，它们将永远不会醒来。

③**kmalloc（） /kfree（）（定义在** include/linux/slab.h 中）

这两个内核函数是用来在内核编程时分配和释放内存时使用。有点像在用户空间我们平常编程时经常使用到的 malloc（）/free（）函数。不过 kmalloc（）函数还使用了一个标志位：

void * kmalloc （size_t size， int flags）

参数 size 表明要申请的内存大小（以 byte 为单位），flags 参数表示申请内存的类型，这些类型可以是：

- GFP_KERNEL - 申请内存的进程可能被放入等待队列，也可能被交换到 swap 分区，但是仍然是使用最为普遍，也是分配到内存的最可靠的方式。
- GFP_USER - 用于为用户分配内存，也可能被放入等待队列，是优先级很低的一种请求方式。
- GFP_ATOMIC - 分配的时候不会被放入等待队列，如果没有分配到内存，则立即返回。多用在中断处理内部。
- GFP_DMA - 这个标志表明分配的内存用于 DMA。对于不同的平台这有不同的含义，在 i386 平台上，意味着这些内存必须来自于物理内存的最初 16M。

其它的使用方法上，这两个函数与用户态的 malloc（）/free（）非常相近。

实验思考

这里，我们把系统调用的知识和“Kernel Module”一章的知识结合起来，用 kernel module 的方法来实现一个系统调用。这个系统调用是 gettimeofday 的简化版本。那么，你通过 module 方法添加一个系统调用的想法可行吗。例如，使用如下代码：

具体代码示例如下：

```
/* pedagogictime.c */
#include <linux/kernel.h>
#include <linux/module.h>
```

```
#include <linux/init.h>

/* 在这个头文件里面包含了所有的系统调用号 __NR_... */
#include <linux/unistd.h>

/* for struct time* */
#include <linux/time.h>

/* for copy_to_user（） */
#include <asm/uaccess.h>

/* for current macro */
#include <linux/sched.h>

#define __NR_pedagogictime 238

MODULE_DESCRIPTION（"My sys_pedagogictime（）"）；
MODULE_AUTHOR（"Your Name :)，（C）2002，GPLv2 or later"）；

/* 用来保存旧系统调用的地址 */
static int （*anything_saved）（void）；

/* 这个是我们自己的系统调用函数 sys_pedagogictime（）. */
static int sys_pedagogictime（struct timeval *tv）
{
        struct timeval ktv;

        /* 这里我们需要增加模块使用计数。*/
        MOD_INC_USE_COUNT;

        do_gettimeofday（&ktv）；
        if （copy_to_user（tv，&ktv，sizeof（ktv））） {
                MOD_DEC_USE_COUNT;
                return -EFAULT;
        }

        printk（KERN_ALERT"Pid %ld called sys_gettimeofday（）.\n"，（long）
        current->pid）；

        MOD_DEC_USE_COUNT;

        return 0;
```

```
}

/* 这里是初始化函数。__init 标志表明这个函数使用后就可以丢弃了。*/
int __init init_addsyscall（void）
{
        extern long sys_call_table[];

        /* 保存原来系统调用表中此位置的系统调用 */
        anything_saved = （int（*）（void））（sys_call_table[__NR_pedagogictime]）;

        /* 把我们自己的系统调用放入系统调用表，注意进行类型转换*/
        sys_call_table[__NR_pedagogictime] = （unsigned long）sys_pedagogictime;

        return 0;
}
/* 这里是退出函数。__exit 标志表明如果我们不是以模块方式编译这段程序，则这
个标志后的
 * 函数可以丢弃。也就是说，模块被编译进内核，只要内核还在运行，就不会被卸
载。
 */
void __exit exit_addsyscall（void）

        extern long sys_call_table[];

        /* 恢复原先的系统调用 */
        sys_call_table[__NR_pedagogictime] = （unsigned long）anything_saved;


/* 这两个宏告诉系统我们真正的初始化和退出函数 */
module_init（init_addsyscall）;
module_exit（exit_addsyscall）;
```

然后，用命令：

```
gcc -Wall -O2 -DMODULE -D__KERNEL__ -DLINUX -c pedagogictime.c.
```

编译成.o 文件，然后使用 insmod pedagogictime.o 把它动态地加载到正在运行的内核中。显然，这样的做法比起我们先前的那种要重新编译内核的办法更加灵活，更加方便。这也正是 Linux kernel module program 如此受欢迎的原因。

这样的做法正确吗？回答很简单，只要用测试程序验证一下，即有结论：

测试用的用户程序

```
/* for struct timeval */
#include <linux/time.h>
```

```
/* for _syscall1 */
#include <linux/unistd.h>

#define __NR_pedagogictime 238

_syscall1（int， pedagogictime， struct timeval *， thetime）

int main（）

        struct timeval tv;

        pedagogictime（&tv）；
        printf（"tv_sec : %ld\n"， tv.tv_sec）；
        printf（"tv_nsec: %ld\n"， tv.tv_usec）；

        printf（"em...， let me sleep for 2 second.:）\n"）；
        sleep（2）；

        pedagogictime（&tv）；
        printf（"tv_sec : %ld\n"， tv.tv_sec）；
        printf（"tv_nsec: %ld\n"， tv.tv_usec）；
}
```

假设这个程序是 test.c，那么使用 gcc -o test test.c 得到 test 可执行文件，然后你可以执行这个 test 看看结果。

再次问一下，此法可行吗？你能想出更好的办法吗？

关于系统调用的所有主题，我们就讲到这里。该讲的都讲完了，你该做的都做了没有呢？一切都还没有结束，还有更多的任务等待着你我去完成。

第 11 章　进程创建

实验目的

- 重温进程概念，理解 Linux 中的进程；
- 理解 Linux 中进程的产生方式，理解 fork（）与 clone（）的差别；
- 了解 Linux 中的线程。

实验内容

1. 编制 C 程序，用 fork（）系统调用创建一个子进程
2. 编制 C 程序，clone 一个 Linux 子进程
3. 在子进程环境里执行新程序（exec 的使用）

实验原理

11.1　进程是什么

本节主要讲述进程的概念，进程在 Linux 内核中的描述以及状态转换等。通过这一节的学习，读者应该能对进程有一个概念上的理解，为接下来理解进程产生，进程消亡打下基础。

11.1.1　进程的概念

这是一个经典的操作系统问题：进程是什么？相信很多人可以回答出来：进程就是一个运行中的程序实体。回答得很不错，但是如果一个人运行了程序 bash，另外一个人又运行了 bash，现在系统中有两个 bash 了，按照前面的回答，它们运行的都是同一个程序实体 bash，那么它们是不是同一个进程呢？答案是它们不是同一个进程。所以我们应该更全面地理解进程的概念。进程不只是一个运行中的程序，还包括这个运行中的程序占据的所有系统资源：CPU（寄存器），IO，内存，网络资源等。前面的问题中，虽然两个进程运行同样的程序，但是显然它们所包含的系统资源是不完全一样的，所以它们是两个不同的进程。

如果你在你的 Linux 中运行 ps 命令，你能得到当前系统中进程的列表，比如：

```
[kai@localhost 2.6.15-1.2054_FC5-i686]$ ps x
  PID TTY      STAT   TIME COMMAND
```

```
1668 tty1     Ss     0:00 -bash
3201 tty1     S+     0:00 xinit
3206 tty1     S      0:00 twm
3209 tty1     R
 0:02 xterm
3211 pts/0    Ss     0:00 bash
3486 pts/0    S      0:00 xeyes
4392  ?          Ss     0:00 gvim
4400 pts/0    R+     0:00 ps x
```

系统中有这么多进程，而 CPU 只有一个（本书默认只针对单 CPU 系统），怎么办呢？这是操作系统要解决的首要问题也是最重要的一个问题：那就是轮流让每个进程执行一段时间（用系统的术语来说是时间片），并且让每个进程看来是它自己独占了整个系统资源。操作系统通过进程调度来调度每个进程，并且通过虚拟内存机制来保护每个进程自己独立的内存地址空间，这样，某一个进程的退出或者崩溃都不会对其他的进程或者整个系统有任何影响。关于这些机制的详细分析，本书的后面章节会陆续讲解。

11.1.2 进程在内核中的描述

我们对进程是什么有了一个感性的认识了，现在我们来看看在 Linux 内核中，是怎么样来描述一个进程的。

在 Linux 中，为了便于管理，使用 task_struct 结构来表示一个进程，每个进程都有自己独立的 task_struct。在这个结构体里，包含着这个进程的所有资源（或者到这个进程其他资源的链接）。task_struct 相当于进程在内核中的描述，让我们来看看：

include/linux/sched.h， line 701

```
701 struct task_struct {
702       volatile long state;     /* -1 unrunnable， 0 runnable， >0 stopped */
703       struct thread_info *thread_info;
704       atomic_t usage;
705       unsigned long flags;     /* per process flags， defined below */
...
713       int prio， static_prio;
714       struct list_head run_list;
715       prio_array_t *array;
...
719       unsigned long sleep_avg;
720       unsigned long long timestamp， last_ran;
721       unsigned long long sched_time; /* sched_clock time spent running */
722       int activated;
723
724       unsigned long policy;
```

```
...
726         unsigned int time_slice，    first_time_slice;
...
732         struct list_head tasks;
...
740         struct mm_struct *mm，    *active_mm;
741
742 /* task state */
743         struct linux_binfmt *binfmt;
744         long exit_state;
745         int exit_code，    exit_signal;
746         int pdeath_signal;   /*   The signal sent when the parent dies    */
748         unsigned long personality;
749         unsigned did_exec:1;
750         pid_t pid;
751         pid_t tgid;

752         / *
753           * pointers to （original） parent process，   youngest child，   younger sibling，
754           * older sibling，   respectively.   （p->father can be replaced with
755           * p->parent->pid）
756           */
757         struct task_struct *real_parent; /* real parent process （when being debugged） */
758         struct task_struct *parent;          /* parent process */
759         / *
760           * children/sibling forms the list of my children plus the
761           * tasks I'm ptracing.
762           */
763         struct list_head children;           /* list of my children */
764         struct list_head sibling;            /* linkage in my parent's children list */
765         struct task_struct *group_leader;            /* threadgroup leader */
766
767         /* PID/PID hash table linkage. */
768         struct pid pids[PIDTYPE_MAX];
769
774         unsigned long rt_priority;
775         cputime_t utime，    stime;
776         unsigned long nvcsw，    nivcsw; /* context switch counts */
777         struct timespec start_time;
778 /* mm fault and swap info: this can arguably be seen as either mm-specific or thread-specific
*/
779         unsigned long min_flt，    maj_flt;
```

```
780
781         cputime_t it_prof_expires，   it_virt_expires;
782         unsigned long long it_sched_expires;
783         struct list_head cpu_timers[3];
784
785 /* process credentials */
786         uid_t uid， euid， suid， fsuid;
787         gid_t gid， egid， sgid， fsgid;
788         struct group_info *group_info;
789         kernel_cap_t    cap_effective，   cap_inheritable，   cap_permitted;
790         unsigned keep_capabilities:1;
791         struct user_struct *user;
...
797         int oomkilladj; /* OOM kill score adjustment  （bit shift）. */
798         char comm[TASK_COMM_LEN]; /* executable name excluding path
799                                        - access with [gs]et_task_comm  （which lock
800                                              it with task_lock（））
801                                        - initialized normally by flush_old_exec */
802 /* file system info */
803         int link_count，   total_link_count;
804 /* ipc stuff */
805         struct sysv_sem sysvsem;
806 /* CPU-specific state of this task */
807         struct thread_struct thread;
808 /* filesystem information */
809         struct fs_struct *fs;
810 /* open file information */
811         struct files_struct *files;
812 /* namespace */
813         struct namespace *namespace;
814 /* signal handlers */
815         struct signal_struct *signal;
816         struct sighand_struct *sighand;
817
818         sigset_t blocked，   real_blocked;
819         sigset_t saved_sigmask;      /* To be restored with TIF_RESTORE_SIGMASK */
820         struct sigpending pending;
821
...
837 /* Thread group tracking */
838         u32 parent_exec_id;
839         u32 self_exec_id;
```

```
840 /* Protection of （de-）allocation: mm， files， fs， tty， keyrings */
841         spinlock_t alloc_lock;
842 /* Protection of proc_dentry: nesting proc_lock， dcache_lock， write_lock_irq
（&tasklist_lock）; */
843         spinlock_t proc_lock;
844
...
850 /* journalling filesystem info */
851         void *journal_info;
852
853 /* VM state */
854         struct reclaim_state *reclaim_state;
855
856         struct dentry *proc_dentry;
857         struct backing_dev_info *backing_dev_info;
858
859         struct io_context *io_context;
860
863 /*
864  * current io wait handle: wait queue entry to use for io waits
865  * If this thread is processing aio， this points at the waitqueue
866  * inside the currently handled kiocb. It may be NULL （i.e. default
867  * to a stack based synchronous wait） if its doing sync IO.
868  */
869         wait_queue_t *io_wait;
870 /* i/o counters（bytes read/written， #syscalls */
871         u64 rchar， wchar， syscr， syscw;
...
888 };
```

702　　进程的状态：-1 表示 unrunnable，0 表示 runnable，>0 表示 stopped；

703　　指向 thread_info 的指针。关于 thread_info，后面会有说明的；

705　　进程的一些标志位，等一会说明；

713-726　这一组基本都是调度器相关的一些变量；

713　　进程的优先级；

714　　优先级相同的进程组成的一个链表；

715　　进程所在的优先级队列；

719　　平均睡眠时间；

724　　调度策略；

726　　时间片相关变量；

732　　用于链接系统中所有进程的链表；

740　　　指向内存管理数据结构的指针；
742-751　进程状态相关的一些信息；
743　　　二进制代码结构类型；
744　　　退出状态；
745　　　退出代码，退出信号；
750　　　进程 id，每个进程都有唯一的 id；
752-765　进程家族关系的一些信息；
775　　　进程在用户态执行的时间，和在内核态执行的时间；
777　　　进程启动的时刻，使用 jiffies 标记；
781-783　定时器相关的几个变量；
785-791　进程授权，文件系统权限等相关的一些信息；
798　　　该进程的名称，一般来说就是可执行程序名；
805　　　进程间通信相关信息；
807　　　保存 CPU 相关的该进程的信息，比如寄存器；
809　　　该进程相关的文件系统的信息；
811　　　打开文件信息；
814-821　信号量相关信息；
851　　　日志文件系统相关信息；

篇幅所限，同时也为了便于理解，这里只讨论了一部分变量（如果需要，请读者参看源代码中完整的 task_struct）。即便如此，读者也可以看到，task_struct 中包含的信息已经非常非常多了。一方面，这是由于进程必须要知道/控制它所拥有的所有系统资源；另一方面，内核越来越复杂，加入功能模块也越来越多，大家都把和进程相关的信息一股脑扔到 task_struct 里面，导致 task_struct 似乎有越来越臃肿的趋势。有兴趣的读者可以比较一下早期版本的 Linux 内核，或许也会有同感。

接下来几个小节结合 task_struct 中的内容，分别对进程相关的概念做一些讨论。

1. task_struct 与内核栈

由于 2.4 版本及之前的 Linux 内核中，task_struct 和内核堆栈是放在同一个 4K 页面中的。如下：

include/linux/sched.h 2.4.18

```
511 union task_union {
512             struct task_struct task;
513             unsigned long stack[INIT_TASK_SIZE/sizeof（long）];
514 };
```

用图来表示的话，就是图 11-1。

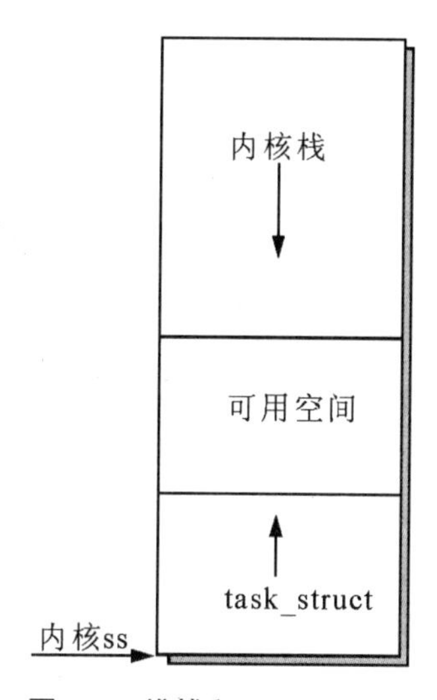

图 11-1 堆栈和 task_struct

这样的设计非常巧妙，因为在内核运行时，任何时候我们都可以通过栈指针得到当前运行进程的 task_struct，这给进程管理带来了非常大的方便。然而，这样实现的隐患也一直被很多内核黑客所讨论：如果 task_struct 越来越大怎么办？如果内核堆栈压得太多（比如函数调用层次太深）怎么办？

2.6 版本的内核中采取两个办法（思路）来弥补这个缺陷。

（1）增大这部分空间：在 2.6 版的内核中，这部分空间的默认值从原先的 4K 增大到 8K：

```
include/asm-i386/thread_info.h,   line 60
60 #define THREAD_SIZE                    (8192)
...
111 #define alloc_thread_info (tsk)   kmalloc (THREAD_SIZE,   GFP_KERNEL)
```

（2）把 task_struct 从这部分空间中移走：在 2.6 版的内核中，抽象出一个 thread_info 的结构（把最经常被 entry.S 访问的变量抽出来）。

```
include/asm-i386/thread_info.h,   line 28
28 struct thread_info {
29      struct task_struct        *task;              /* main task structure */
30      struct exec_domain        *exec_domain;       /* execution domain */
31      unsigned long             flags;              /* low level flags */
32      unsigned long             status;             /* thread-synchronous flags */
33      __u32                     cpu;                /* current CPU */
34      int                       preempt_count;      /* 0 => preemptable,   <0 => BUG */
35
```

```
36
37      mm_segment_t                addr_limit;     /* thread address space:
38                                                  0-0xBFFFFFFF for user-thead
39                                                  0-0xFFFFFFFF for kernel-thread
40                                                               */
41      void                       *sysenter_return;
42      struct restart_block        restart_block;
43
44      unsigned long              previous_esp;   /* ESP of the previous stack in case
45                                                            of nested （IRQ） stacks
46                                                               */
47      __u8                       supervisor_stack[0];
48 };
```

thread_info 代替了原先 task_struct 的位置，跟内核堆栈放在一块，thread_info 中放置一个指向 task_struct 的指针，如图 11-2。

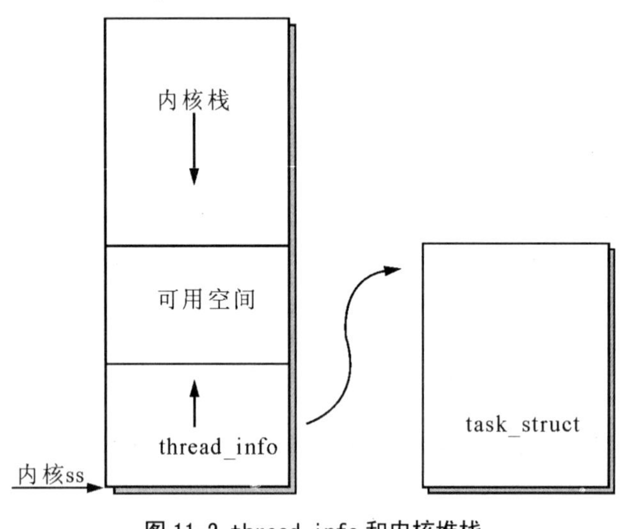

图 11-2 thread_info 和内核堆栈

相应的，大家熟悉的 current 宏，内部实现中，现在也做了相应的改变，先根据内核堆栈的位置找到 thread_info，然后在根据 thread_info 找到进程的 task_struct。

2. 状态转换

```
volatile long state
long exit_state;
```

用于表示内核的状态，前者表示用来表征进程的可运行性，后者表征进程退出时候的状态。

include/linux/sched.h， line 114

```
114 /*
115  * Task state bitmask. NOTE! These bits are also
116  * encoded in fs/proc/array.c: get_task_state（）.
117  *
118  * We have two separate sets of flags: task->state
119  * is about runnability， while task->exit_state are
120  * about the task exiting. Confusing， but this way
121  * modifying one set can't modify the other one by
122  * mistake.
123  */
124 #define TASK_RUNNING             0
125 #define TASK_INTERRUPTIBLE       1
126 #define TASK_UNINTERRUPTIBLE     2
127 #define TASK_STOPPED             4
128 #define TASK_TRACED              8
129 /* in tsk->exit_state */
130 #define EXIT_ZOMBIE             16
131 #define EXIT_DEAD               32
132 /* in tsk->state again */
133 #define TASK_NONINTERACTIVE     64
```

它们的含义分别是：

TASK_RUNNING：正在运行的进程即系统的当前进程或准备运行的进程即在 Running 队列中的进程。只有处于该状态的进程才实际参与进程调度。

TASK_INTERRUPTIBLE：处于等待资源状态中的进程，当等待的资源有效时被唤醒，也可以被其他进程或内核用信号中断、唤醒后进入就绪状态。

TASK_UNINTERRUPTIBLE：处于等待资源状态中的进程，当等待的资源有效时被唤醒，不可以被其它进程或内核通过信号中断、唤醒。

TASK_STOPPED：进程被暂停，一般当进程收到下列信号之一时进入这个状态：SIGSTOP，SIGTSTP，SIGTTIN 或者 SIGTTOU。通过其它进程的信号才能唤醒。

TASK_TRACED：进程被跟踪，一般在调试的时候用到。

EXIT_ZOMBIE：正在终止的进程，等待父进程调用 wait4（）或者 waitpid（）回收信息。是进程结束运行前的一个过度状态（僵死状态）。虽然此时已经释放了内存、文件等资源，但是在内核中仍然保留一些这个进程的数据结构（比如 task_struct）等待父进程回收。

EXIT_DEAD：进程消亡前的最后一个状态，父进程已经调用了 wait4（）或者 waitpid（）。

TASK_NONINTERACTIVE：表明这个进程不是一个交互式进程，在调度器的设计中，对交互式进程的运行时间片会有一定的奖励或者惩罚。

状态转换图见图 11-3。

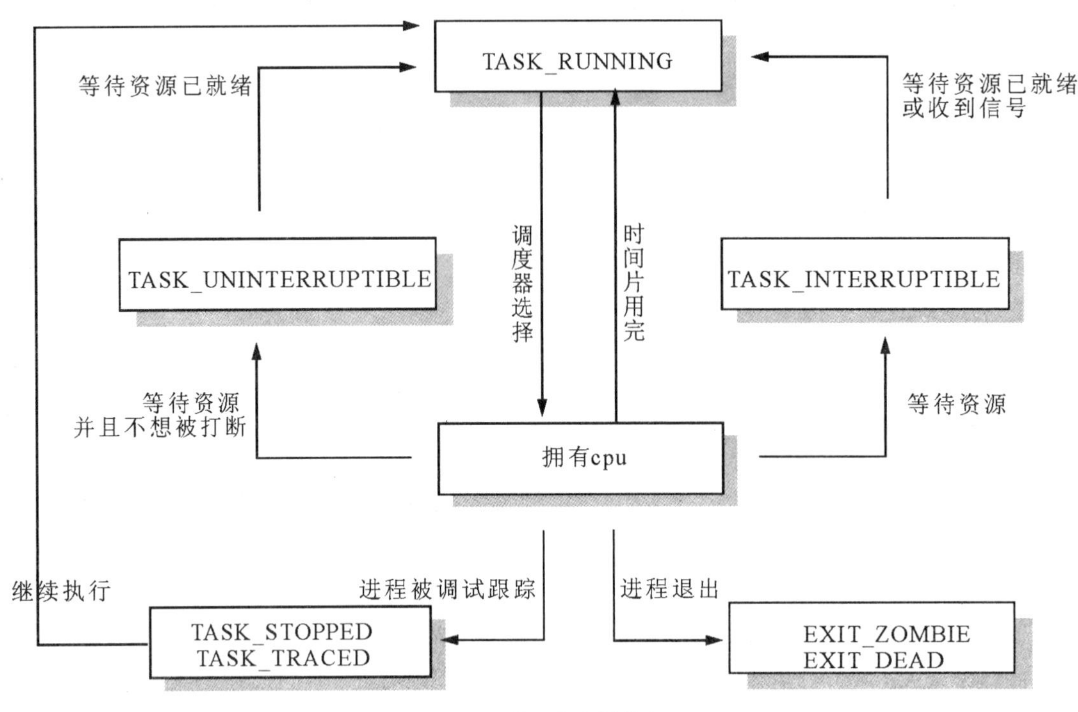

图 11-3 进程状态转换图

3. 进程标志位

为了对每个进程运行进行更细粒度的控制，还有一些进程标志位。在 task_struct 中有变量 flags：

```
unsigned long flags;      /* per process flags，  defined below */
```

这个 flags 可以是下面一些标志的组合：

include/linux/sched.h， line 920

```
919 /*
920   * Per process flags
921   */
922 #define PF_ALIGNWARN      0x00000001       /* Print alignment warning msgs */
923                                            /* Not implemented yet，  only for 486*/
924 #define PF_STARTING       0x00000002       /* being created */
925 #define PF_EXITING        0x00000004       /* getting shut down */
926 #define PF_DEAD           0x00000008       /* Dead */
927 #define PF_FORKNOEXEC     0x00000040       /* forked but didn't exec */
928 #define PF_SUPERPRIV      0x00000100       /* used super-user privileges */
929 #define PF_DUMPCORE       0x00000200       /* dumped core */
930 #define PF_SIGNALED       0x00000400       /* killed by a signal */
```

```
931 #define PF_MEMALLOC        0x00000800        /* Allocating memory */
932 #define PF_FLUSHER         0x00001000        /* responsible for disk writeback */
933 #define PF_USED_MATH       0x00002000        /* if unset the fpu must be initialized before use */
934 #define PF_FREEZE          0x00004000        /* this task is being frozen for suspend now */
935 #define PF_NOFREEZE        0x00008000        /* this thread should not be frozen */
936 #define PF_FROZEN          0x00010000        /* frozen for system suspend */
937 #define PF_FSTRANS         0x00020000        /* inside a filesystem transaction */
938 #define PF_KSWAPD          0x00040000        /* I am kswapd */
939 #define PF_SWAPOFF         0x00080000        /* I am in swapoff */
940 #define PF_LESS_THROTTLE 0x00100000          /* Throttle me less: I clean memory */
941 #define PF_SYNCWRITE       0x00200000        /* I am doing a sync write */
942 #define PF_BORROWED_MM     0x00400000        /* I am a kthread doing use_mm */
943 #define PF_RANDOMIZE       0x00800000        /* randomize virtual address space */
944 #define PF_SWAPWRITE       0x01000000        /* Allowed to write to swap */
```

这些标志的含义分别为：

PF_ALIGNWARN	标志打印“对齐”警告信息。
PF_STARTING	进程正被创建。
PF_EXITING	标志进程开始关闭。
PF_DEAD	标志进程已经完成退出。
PF_FORKNOEXEC	进程刚创建，但还没执行。
PF_SUPERPRIV	超级用户特权标志。
PF_DUMPCORE	标志进程是否清空 core 文件。
PF_SIGNALED	标志进程被信号杀出。
PF_MEMALLOC	进程分配内存标志。
PF_FLUSHER	负责磁盘写回。
PF_USED_MATH	如果没有置位，那么使用 fpu 之前必须初始化。
PF_FREEZE	由于系统要进入休眠，进程正在被停止。
PF_NOFREEZE	系统睡眠的时候，这个进程不能被停止。
PF_FROZEN	系统要进入睡眠，进程被停止。
PF_FSTRANS	在一个文件系统事务之中。
PF_KSWAPD	kswapd 内核线程。
PF_SWAPOFF	在换出页的过程中。
PF_LESS_THROTTLE	尽可能少把我换出。
PF_SYNCWRITE	负责把脏页写回。
PF_BORROWED_MM	内核线程借用进程的 mm。
PF_RANDOMIZE	随机虚拟地址空间。
PF_SWAPWRITE	允许被写到 swap 中去。

这些标志对进程的运行产生各个方面的影响，但是脱离开具体的实例也不是很好分析，这里就不具体展开了。只举个例子，比如 PF_MEMALLOC 标志（正在分配内存）带有这个标志的进程，如果要分配内存的话，buddy system 即使在内存紧张的时候也要尽量满足这个进程的分配请求（可参考 kswapd 内核线程的代码 mm/vmscan.c line 1692）。

4. 进程与调度

task_struct 中与进程调度相关的一些变量有：

unsigned long policy: 进程调度策略

Linux 中现在有四种类型的调度策略：

include/linux/sched.h， line 159

```
159 /*
160   * Scheduling policies
161   */
162 #define SCHED_NORMAL              0
163 #define SCHED_FIFO                1
164 #define SCHED_RR                  2
165 #define SCHED_BATCH               3
```

每个进程都有自己的调度策略，系统中大部分进程的调度策略是 SCHED_NORMAL，有 root 权限的进程能改变自己和别的进程的调度策略。调度器根据每个进程的调度策略给予不同的优先级。

这四种调度策略之间差别很大，比如 SCHED_FIFO 和 SCHED_RR 属于实时进程调度策略，它们的优先级比 SCHED_NORMAL 和 SCHED_BATCH 都要高，如果一个实时进程准备运行，调度器总是试图先调度实时进程。SCHED_BATCH 是 2.6 版新加入的调度策略，这种类型的进程一般都是后台处理进程，总是倾向于跑完自己的时间片，没有交互性，调度器也不会对这类进程进行优先级奖惩。所以对于这种调度策略的进程，调度器一般给的优先级比较低，这样系统就能在没什么事情做的时候运行这些进程，而一旦有交互性的进程需要运行，则立刻切换到交互性的进程，从用户的角度来看，系统的响应性/交互性就很好。

进程的调度优先级。

int prio， static_prio;

unsigned long rt_priority;

prio 是进程的动态优先级，随着进程的运行而改变，调度器有时候还会根据进程的交互特性，平均睡眠时间等进行奖惩。系统默认的设置下，实时进程（SCHED_FIFO 和 SCHED_RR）的动态优先级范围为 0 到 99；非实时进程（SCHED_NORMAL 和 SCHED_BATCH）的动态优先级范围为 100 到 139。需要注意的是，优先级 0 为最高，139 为最低的优先级。

static_prio 为普通进程的静态优先级，默认为 120。
rt_priority 为实时进程的静态优先级，

关于进程调度的详细信息，如果详细展开的话，也许需要另外独立的一整个章节。

5. 进程 id，父进程 id，兄弟进程

每个进程都有自己独立的一个 id：

```
pid_t pid;
```

每个进程（init 进程除外）都是由父进程派生出来（关于这一点，我们在进程的产生中会详细讲述），并且也可能有自己的兄弟进程（指属于同一个父进程的进程）。所有这些进程组成一个类似于家族的关系：

```
/*
 * pointers to （original） parent process， youngest child， younger sibling，
 * older sibling， respectively. （p->father can be replaced with
 * p->parent->pid）
 */
struct task_struct *real_parent; /* 当被调试的时候保存进程的真正的父进程 */
struct task_struct *parent;      /* 父进程 */
/*
 * children/sibling forms the list of my children plus the
 * tasks I'm ptracing.
 */
struct list_head children; /* list of my children */
struct list_head sibling;  /* linkage in my parent's children list */
struct task_struct *group_leader;  /* threadgroup leader */
```

这些指针的集合为浏览进程家族提供很大方便，比如在寻找进程祖先，或者查找进程的某一个子孙的时候。

例如，系统调用中，用以得到进程的 pid 和它父进程的 pid 的接口是：

- pid_t getpid（void） : this function returns the PID of the process
- pid_t getppid（void） : this function returns the PID of the parent process

相关的例子详见本章实验 1.

6. 用户 id，组 id

在 task_struct 里面维护了一些跟文件系统权限控制相关的一些变量。

```
uid_t uid，euid，suid，fsuid;
gid_t gid，egid，sgid，fsgid;
```

uid: 是创建这个进程的用户的 id。在传统 Unix 系统的管理中，每个用户都有自己的访问系

统的权限，Unix 管理每个用户，给每个用户分配一个 id 标志。比如：

Unix 根据这些 id（以及其他一些信息）控制每个用户的权限，比如一个普通用户不能创建用户，访问别的用户的家目录；而 root 用户（id 为 0）则几乎可以做任何事。Linux 继承了 Unix 的这些行为。

uid 记录了创建这个进程的用户 id，相当于带着这个用户的授权，替这个用户去做一些事情。你可以认为系统通过一个进程的 uid，判断出哪个进程是代表着哪个用户来执行命令。可以这样理解，然而事实并非如此。

euid:（effective uid， 即有效 uid。）事实上，系统是通过一个进程的 euid，来判断进程的权限的。为什么要这么做？在大多数的情况下，进程的 uid 和 euid 是相同的，但是在某些时候，进程需要以可执行文件的属主来运行那个程序，而不是以可执行程序的用户来运行。这个时候，euid 就是那个可执行文件的属主的用户 id。说起来很抽象，举个简单的例子：

你的系统中有一个改变用户密码的命令：passwd。由于这个程序需要修改/etc/passwd，/etc/shadow 等文件，所以需要是 root 权限：

```
[kai@localhost ~]$ ls -l    /usr/bin/passwd
-r-s--x--x 1 root root 21944 Feb 12    2006 /usr/bin/passwd
```

而且你可以看到这个命令的属性位中设置了 s 位，意思就是当普通用户执行这个命令的时候，具有该命令的属主 root 的权限，在你运行 passwd 命令的过程中，你的 euid 就是 root 的 id：0。

suid:（saved set-user-ID） 这是 POSIX 标准中要求的两个标识符。 当有时候必须通过系统调用改变 uid 和 gid 的时候，需要用 suid 来保存真实的 uid。详细请见 getresuid，setresuid。

fsuid: Linux 内核检查进程对于文件系统的访问时所参考的位。一般来说等同于 euid，当 euid 改变的时候，fsuid 也会相应的被改变。这两个标识符最初是为了建立 NFS（Network File System， 网络文件系统）而使用的， 因为用户模式的 NFS 服务器需要像一个特别的进程一样来访问文件。 在这种情况下， 只有文件系统 uid 和 gid 被改变（有效的 uid 和 gid 不变）。 这样可以防止恶意的用户向 NFS 服务器发送 kill 信号。 Kill 信号会被以一个特别的有效 uid 和 gid 发送到进程。（参考自 The Linux kernel）

详细请见 setfsuid 的 manpage。

对应的 gid， egid， sgid， fsgid 与上面讲到的类似，只不过对应的是用户组，不再累述。

使用下面的系统调用函数得到进程的 uid， gid 等。

```
int getresuid（uid_t *ruid， uid_t *euid， uid_t *suid）；
int getresgid（gid_t *rgid， gid_t *egid， gid_t *sgid）；
int setresuid（uid_t ruid， uid_t euid， uid_t suid）；
int setresgid（gid_t rgid， gid_t egid， gid_t sgid）；
int setfsuid（uid_t fsuid）；
int setfsgid（uid_t fsgid）；
```

7. 进程与虚拟存储，进程的地址空间，内存分布

前面讲了那么多，基本上都是一些静态的概念，比如进程在内核代码中是用什么数据结构来表示的，进程的各种属性位，那么一个正在运行的进程是什么样子，它的地址空间是怎么样的，内核怎么样组织进程的内存空间？

说到这里，我们有必要回顾一下地址空间的概念。

我想大家都已经熟悉了什么是物理地址，什么是虚拟地址（我们在这里不再区分逻辑地址，线性地址等，统一称作虚拟地址，相对于物理地址而言）。物理地址是真正的对物理内存的地址，有多大的物理内存，就有多大的对应的物理地址空间，当然这个空间不一定是从 0 开始，甚至有时候也不一定是连续的（比如有一款 ARM 硬件平台，内存物理地址就是从 0xA0000000 开始的，并且前面 32M 和后面 16M 物理空间上不连续，中间有 256M 的空隙，这取决于具体的硬件设计）。

出于按需调页（进程的物理页面只有在需要的时候才被调入内存）的设计，和对进程间相互地址空间的保护，现代操作系统都引入了分页式内存管理，虚拟地址等概念。虚拟地址是另外一套地址，它不受限于具体的物理内存大小，而只是因为不同的硬件体系结构不同而有所不同。比如对于我们熟知的 32 位 i386 体系结构而言，一个虚地址由 32 bits 的一个数字来表示。所以，在 32 位体系下，虚地址空间的范围就是 0 到 2^{32}-1。你可以使用这个范围内的任何一个地址，但是很有可能它并不对应到一个实在的物理地址上，这正是这个地址称为虚拟地址的原因。协同硬件（MMU：内存管理单元）的支持，使得操作系统可以动态地实现一个虚拟地址到物理地址的映射，如图 11-4（详细请参考讲解内存管理相关资料的分页机制，地址转换等内容，不再重复）。这样，操作系统可以方便地实现“按需调页”，“写时拷贝”，进程间内存共享等现代操作系统中常见的技术。

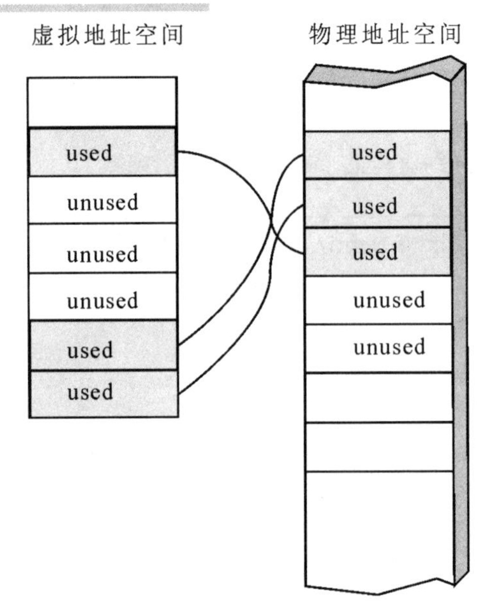

图 11-4 进程的虚拟地址空间和物理地址空间

在 Linux 操作系统中（本书只针对常见的 i386 体系结构而言，其他的硬件体系有可能有细微的差别），每个进程有属于自己的 4G 虚拟地址空间。意思即是每个进程都有属于自己的 4G 大小虚拟空间可以使用，而不限制于系统的物理内存大小。当 CPU 访问一个地址的时候，CPU 知道那个地址是一个虚拟地址，然后会通过 MMU，进程页表等机制把它转换成一个物理地址，进行访问。如果访问一块虚拟地址，而那个虚拟地址到对应的物理页面还没有建立映射的话，将会发生一个缺页中断，系统会根据进程的权限以及系统物理内存的状态，找到一块物理内存与刚才的虚拟地址建立映射。对于进程来说，这个过程完全是透明的。

虚拟地址（虚拟存储）对于进程管理的优点是显而易见的：

(1) 每次一个进程被装载入内存，位置可以是不一样的。操作系统管理每个进程装载入内存的位置，并且更重要的，做好虚拟地址到物理地址的映射。这大大简化了程序的装载和执行，并且方便了程序员写代码。回忆一下，你写代码的时候，你是不是根本不用关心这段代码被装载到内存中的哪个地方？

(2) 每个进程有自己的地址空间，这同时意味着你能同时跑多个进程，即使这些进程来自于同一个程序，它们的地址空间也不会发生冲突。而且，通过把不同进程的虚地址映射到同样的物理地址，还能方便地实现进程间内存共享，如图 11-5，这可是很重要的一种进程间通讯机制。

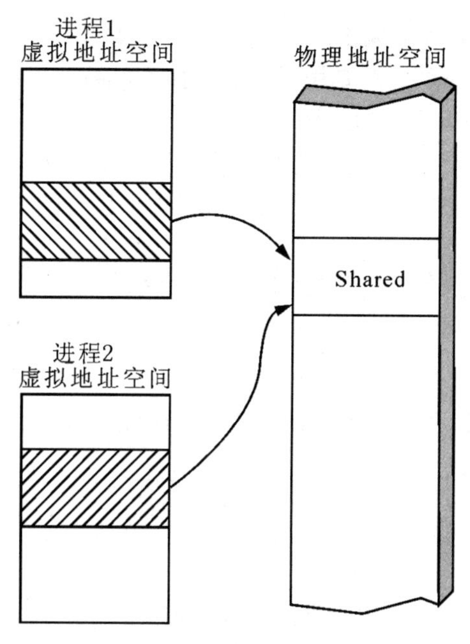

图 11-5 虚拟地址与内存共享

每个进程的地址空间分布大致如图 11-6。

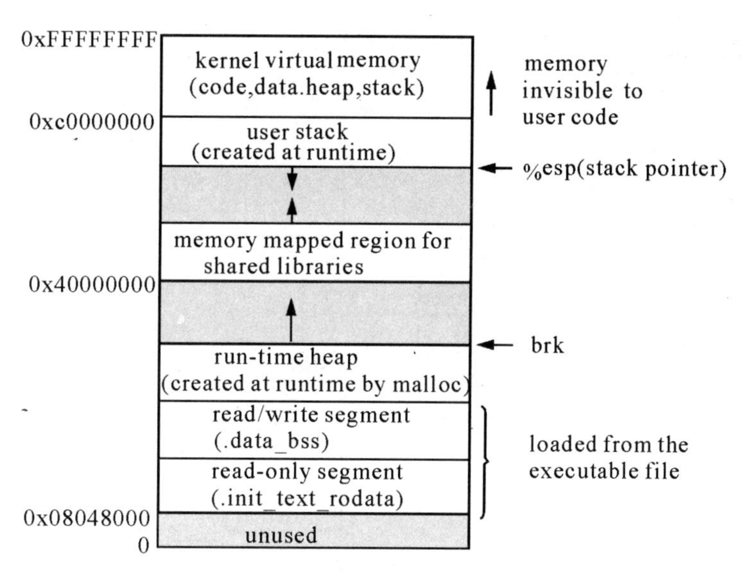

图 11-6 每个进程的虚拟地址空间分配

其中：

0xC000，0000 – 0xFFFF，FFFF （3G-4G）:内核地址空间（包括内核的代码段，数据段，堆栈等等），这段内存的映射对于系统中每个进程都是一样的，并且对用户进程不可见，用户也不能擅自访问。

0xC000，0000 往下的一段区域:用户程序的堆栈虚地址空间，程序起来之后动态创建，并且随着进程的运行可以改变大小。

0x4000，0000 往上的一段空间：这是用于动态链接库准备的虚地址空间，应用程序需要链接的每一个动态库都被一一映射到这个区域。

从 0x08048000 往上的区域依次是进程的代码段，数据段，bss 段（未初始化数据段）。

紧接着 bss 段往上的是堆，堆的大小也是根据程序运行的需要动态改变。

关于什么是代码段，什么是数据段，bss 段的详细信息，请参考 elf 手册。

8. 进程自己的资源

从 task_struct 可以链接到很多属于该进程的资源，比如 mm_struct， vma_struct， fs 等等。

```
struct mm_struct *mm;
struct fs_struct *fs;
struct files_struct *files;
```

一图胜千言，fs 和 files 结构主要用于管理进程当前的目录状况，和进程打开的所有文件。

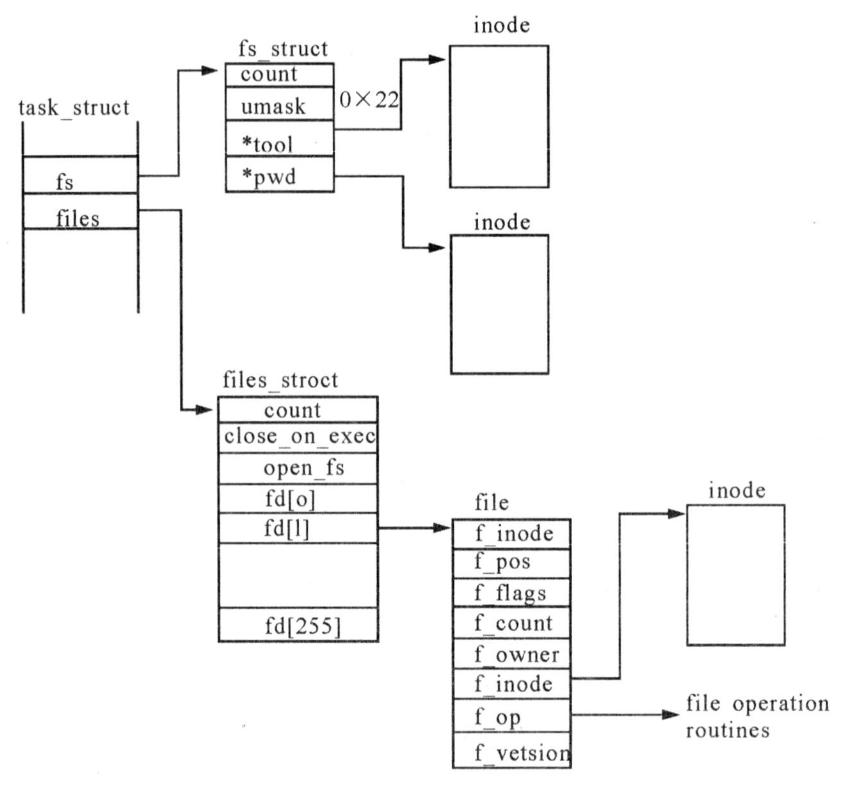

图 11-7 进程的 fs 和 files 结构

图 11-7 表明系统中的每个进程有 2 个数据结构描述文件系统相关的信息。

如图 11-7。第一：fs_struct，包含指针指向进程的 fs_struct，fs_struct 用来描述进程工作的文件系统的信息，包括根目录和当前工作目录的 dentry，它们 mount 的文件系统的信息，以及在 umask 中保存的初始的打开文件的权限。

第二：files_struct，包含进程当前正在使用的所有文件的信息。比如进程从标准输入读并且写到标准输出；任何错误消息输出到标准出错。这三个设备可以是文件，终端输入/输出或一台真实的设备，但是在 Unix 中，程序都把它们当作文件。每个文件有它的自己的描述符，files_struct 中就包含可以指向这些文件数据结构的指针，每个可以描述进程打开的一个文件。f_mode 描述文件是以什么模式被创建的：只读，读写或者只写。f_pos 记录下一个读或写操作的位置。f_inode 指向描述该文件的 VFS 索引节点，而 f_ops 指向操作这个文件的函数的函数集。

每打开一个文件，在 files_struct 的一个空闲的文件指针被用来指向新文件结构。每个 Linux 进程启动的时候，默认会有 3 个文件描述符被打开，它们是标准输入，标准输出和标准错误，这些通常都是从父进程中继承来的。 所有的文件访问都要使用系统调用，它们使用或者返回 file descriptor （文件描述符）。文件描述符是到进程的 fd 向量的索引，所以标准输入，标准输出和标准错误的文件描述符是 0，1 和 2。文件的每次访问基本都会使用文件数据结构的文件操作函数集。

而 mm_struct 主要是管理进程的整个内存空间。由 mm_struct 包含已装载的可执行的映像的信息，还有到进程的页表的指针。进程的页表包含一些指针，指到 vm_area_struct 数据结构的一个表。每个 vm_area_struct 描述进程的一个内存区域，这个区域有较为独立的属性，比如这个区域映射的是某一个动态链接库，可读，不可写，不可执行，可以跟别的进程共享；而另一个区域则属于进程的堆，可读，可写，不可执行，进程私有不能共享。Linux 把这样的一个内存区域单独出来，便于对每个区域属性的管理，同时也便于在不同的进程间进行共享。

11.2 进程的产生

相信读到这里，读者对 Linux 中的进程概念，以及 Linux 中如何表示一个进程已经有一个大概的了解，那么读者也许会产生一个疑问：进程是怎么产生的？第一个进程是怎么产生的？之后万万千千的进程又是怎么产生的呢？带着这个疑问，让我们开始这一节内容的学习。

11.2.1 第一个进程

第一个进程事实上就是 Linux kernel 本身。像所有其他的进程一样，Linux kernel 本身也有代码段，数据段，堆栈。只不过 Linux kernel 这个进程自己来维护这些段，这一点是与其他的进程不同的地方。第一个进程是唯一一个静态创建的进程，在 Linux kernel 编写并且编译的时候创建，让我们具体来看看这个进程。

注意：在 Linux 内核中，这个进程被称作 init task/thread（pid 0），但是请注意它不是系统起来之后你 ps 列出来的那个进程 init（pid 1）。由于 init task 在系统起来之后，主要跑一个 cpu_idle（）函数，所以又叫 idle task，这个进程只有在系统中没有可以运行的其他进程的时候才会被 scheduler（）调度到。

arch/i386/kernel/init_task.c

```
13 static struct fs_struct init_fs = INIT_FS;
14 static struct files_struct init_files = INIT_FILES;
15 static struct signal_struct init_signals = INIT_SIGNALS（init_signals）;
16 static struct sighand_struct init_sighand = INIT_SIGHAND（init_sighand）;
17 struct mm_struct init_mm = INIT_MM（init_mm）;
18
19 EXPORT_SYMBOL（init_mm）;
20
21 /*
22   * Initial thread structure.
23   *
24   * We need to make sure that this is THREAD_SIZE aligned due to the
25   * way process stacks are handled. This is done by having a special
26   * "init_task" linker map entry..
27   */
28 union thread_union init_thread_union
29              __attribute__（（__section__（".data.init_task"）））  =
30                          { INIT_THREAD_INFO（init_task）  };
31
32 /*
33   * Initial task structure.
34   *
35   * All other task structs will be allocated on slabs in fork.c
36   */
37 struct task_struct init_task = INIT_TASK（init_task）;
38
39 EXPORT_SYMBOL（init_task）;
```

大家从这个文件里面可以看得很明白，这个进程的所有结构都是静态创建的：INIT_FS，INIT_FILES，INIT_SIGNALS，INIT_SIGHAND，INIT_MM，INIT_TASK 位于内核代码段，init_thread_union（我们知道这是一个 8K 大小的结构，包括 INIT_THREAD_INFO 和堆栈）位于数据段。让我们瞥一眼 INIT_THREAD_INFO 和 INIT_TASK 结构。

include/asm-i386/thread_info.h， line 71

```
71 #define INIT_THREAD_INFO（tsk）
72 {
73             .task              = &tsk，
74             .exec_domain       = &default_exec_domain，
75             .flags             = 0，
76             .cpu               = 0，
77             .preempt_count     = 1，
78             .addr_limit        = KERNEL_DS，
79             .restart_block  =  {
80             .fn = do_no_restart_syscall，
81             }，
82 }
83
84 #define init_thread_info          （init_thread_union.thread_info）
85 #define init_stack                （init_thread_union.stack）
```

可以清楚的看到，INIT_THREAD_INFO 宏初始化了 init_thread_info 里面的一些变量，比如第一行初始化 task 指针为 tsk（也就是 init_task）的地址。而从最后两行可以看到 init_thread_info 和 init_stack 共享 8K 的内存。

下面是 INIT_TASK 宏，初始化了 init_task task_struct 里面的一些变量，具体的每个变量的含义不再做详细解释了，只说一点：由“.comm = "swapper"”可以看出，这个 init task 在 Linux 内核中叫 stwapper；而不同于你 ps 看到的那个 init 进程，那个进程的 comm 域等于“init”。

include/linux/init_task.h， line 79

```
75 /*
76  *   INIT_TASK is used to set up the first task table，  touch at
77  * your own risk!. Base=0，  limit=0x1fffff  （=2MB）
78  */
79 #define INIT_TASK（tsk）    \
80 {
81             .state             = 0，
82             .thread_info       = &init_thread_info，
83             .usage             = ATOMIC_INIT（2），
84             .flags             = 0，
85             .lock_depth        = -1，
86             .prio              = MAX_PRIO-20，
```

```
87            .static_prio       = MAX_PRIO-20,
88            .policy             = SCHED_NORMAL,
89            .cpus_allowed   = CPU_MASK_ALL,
90            .mm                  = NULL,
91            .active_mm        = &init_mm,
92            .run_list            = LIST_HEAD_INIT (tsk.run_list),
93            .ioprio              = 0,
94            .time_slice         = HZ,
95            .tasks                = LIST_HEAD_INIT (tsk.tasks),
96            .ptrace_children= LIST_HEAD_INIT (tsk.ptrace_children),
97            .ptrace_list        = LIST_HEAD_INIT (tsk.ptrace_list),
98            .real_parent        = &tsk,
99            .parent               = &tsk,
100           .children            = LIST_HEAD_INIT (tsk.children),
101           .sibling              = LIST_HEAD_INIT (tsk.sibling),
102           .group_leader       = &tsk,
103           .group_info          = &init_groups,
104           .cap_effective      = CAP_INIT_EFF_SET,
105           .cap_inheritable = CAP_INIT_INH_SET,
106           .cap_permitted      = CAP_FULL_SET,
107           .keep_capabilities = 0,
108           .user                     = INIT_USER,
109           .comm                   = "swapper",
110           .thread                 = INIT_THREAD,
111           .fs                        = &init_fs,
112           .files                     = &init_files,
113           .signal                   = &init_signals,
114           .sighand                 = &init_sighand,
115           .pending                  = {
116                           .list = LIST_HEAD_INIT (tsk.pending.list),
117                           .signal = {{0}}},
118            .blocked                = {{0}},
119           .alloc_lock         = SPIN_LOCK_UNLOCKED,
120          .proc_lock          = SPIN_LOCK_UNLOCKED,
121            .journal_info      = NULL,
122            .cpu_timers          = INIT_CPU_TIMERS (tsk.cpu_timers),
123            .fs_excl              = ATOMIC_INIT (0),
124 }
```

init task 是怎么被调用的？在 arch/i386/kernel/head.S 里面，设置好 8M 的页目录，页表，

然后启用分页机制的时候，设置的页目录就是 swapper_pg_dir。从这时候开始，事实上 Linux 内核就是以 init task 在运行了。之后在 paging_init（）函数（arch/i386/mm/init.c）里面，会设置好 init task 的整个 4G 空间的页目录，页表，内核初始化各个模块，完成自己的工作，直到最后 Linux 内核运行到 cpu_idle（），就完全以一个进程（swapper 进程或者说 idle 进程）的形式而存在，被调度了。

init/main.c

```
asmlinkage void __init start_kernel（void）
{...
      sched_init（）;
...
}
```

在 start_kernel 中调用 sched_init（）初始化调度器。

kernel/sched.c

```
void __init sched_init（void）
{...
      /*
       * Make us the idle thread. Technically， schedule（） should not be
       * called from this thread， however somewhere below it might be，
       * but because we are the idle thread， we just pick up running again
       * when this runqueue becomes "idle".
       */
      init_idle（current， smp_processor_id（））;
}
```

在 sched_init 中调用 init_idle 初始化 idle 进程关于调度的一些选项。

init_idle（） 在文件 kernel/sched.c 里面，请自行参看。

在 start_kernel（）的最后，会调用 rest_init（），rest_init（）最后就运行到 cpu_idle，在这之前，执行 schedule（）调度，调度到系统中需要运行的进程 init，代码如下：

init/main.c

```
387 static void noinline rest_init（void）
388           __releases（kernel_lock）
389 {
390           kernel_thread（init， NULL， CLONE_FS | CLONE_SIGHAND）;
…
392           unlock_kernel（）;
393
394           /*
395            * The boot idle thread must execute schedule（）
```

```
396              * at least one to get things moving:
397              */
398             preempt_enable_no_resched ();
399             schedule ();
400             preempt_disable ();
401
402             /* Call into cpu_idle with preempt disabled */
403             cpu_idle ();
404 }
```

可以看到在 rest_init（）中，使用 kernel_thread（）动态创建了 init 进程，这个进程才是之后系统中的那个 init，运行起机脚本，fork 出系统中所有其他的进程（所以被称作系统中所有进程之父），关于 kernel_thread（）和 fork（）我们马上就讲到。

11.2.2 fork，clone，kernel_thread

系统中其他的进程都通过复制父进程来产生，Linux 提供两个系统调用 fork 和 clone 来实现这个功能，广义上，我们都叫它们 fork（），这也是 Unix 系统传统的叫法，表示一个进程分叉产生两个进程；Linux 后来为了线程实现的方便，引入了轻量级进程的概念，通过 clone 系统调用产生。而它们俩在底层都是调用 do_fork（）。fork（）和 clone（）调用的函数原型如下：

```
NAME
        fork - create a child process

SYNOPSIS
        #include <sys/types.h>
        #include <unistd.h>

        pid_t fork (void);

DESCRIPTION
        fork ()  creates  a  child  process that differs from the parent process…

NAME
        clone - create a child process

SYNOPSIS
        #include <sched.h>

        int clone (int  (*fn) (void *),  void *child_stack,  int flags,  void *arg);
```

```
_syscall2（int， clone， int， flags， void *， child_stack）

_syscall5（int， clone， int， flags， void *， child_stack，
  int *， parent_tidptr， struct user_desc *， newtls，
  int *， child_tidptr）

DESCRIPTION
    clone（） creates a new process， in a manner similar to fork（2）…
```

调用 fork 的进程叫做父进程，由此调用而产生的进程叫子进程。比如一个很简单的小程序：

```
#include <stdio.h>
#include <unistd.h>

main（int argc， char *argv[]）
{
    pid_t pid;
    printf（"This comes before the fork（） \n"）;
    pid = fork（）;
    if （pid）
    {
        printf（"I'm the parent process\n"）;
    }
    else
    {
        printf（"I'm the child process\n"）;
    }
}
```

程序执行命令，以及输出结果是:

```
# ./fork
This comes before the fork（）
I'm the child process
I'm the parent process
```

可以看到，父进程和子进程都会从 fork（）调用中返回，父进程返回的是子进程的 pid，子进程从 fork（）返回的是 0，所以如果想让父进程和子进程走不同的路径，可以通过判

断 fork（）调用的返回值实现。相信这一部分的内容在本书第一部分第 6 章中，读者已经有过了解，不再详述。接下来，我们主要看一看 fork（）的实现，以及创建进程的时候，究竟发生了什么。

1. fork 分析

（本书试图站在一定的高度进行抽象，而不是一行行代码的解释，因为代码会随着版本变化，但是基本的原理事实上这些年基本没变过，希望读者不要拘泥于一两句代码的细节，只见树木不见森林，要做到深入代码之中见到树木，跳出代码之外看见森林）

arch/i386/kernel/process.c， line 707

```
707 asmlinkage int sys_fork（struct pt_regs regs）
708 {
709         return do_fork（SIGCHLD， regs.esp， &regs， 0， NULL， NULL）;
710 }
```

kernel/fork.c， line 1287

```
1287 long do_fork（unsigned long clone_flags，
1288                 unsigned long stack_start，
1289                 struct pt_regs *regs，
1290                 unsigned long stack_size，
1291                 int __user *parent_tidptr，
1292                 int __user *child_tidptr）
1293 {
1294         struct task_struct *p;
1295         int trace = 0;
1296         long pid = alloc_pidmap（）;
1297
1298         if （pid < 0）
1299                 return -EAGAIN;
1300         if （unlikely（current->ptrace））{
1301                 trace = fork_traceflag （clone_flags）;
1302                 if （trace）
1303                         clone_flags |= CLONE_PTRACE;
1304         }
1305
1306         p = copy_process（clone_flags， stack_start， regs， stack_size， parent_tidptr，
child_tidptr， pid）;
1307         /*
1308          * Do this prior waking up the new thread - the thread pointer
1309          * might get invalid after that point， if the thread exits quickly.
```

```
1310          */
1311         if (!IS_ERR(p)) {
1312                 struct completion vfork;
1313
1314                 if (clone_flags & CLONE_VFORK) {
1315                         p->vfork_done = &vfork;
1316                         init_completion(&vfork);
1317                 }
1318
1319         if ((p->ptrace & PT_PTRACED) || (clone_flags & CLONE_STOPPED)) {
1320                         /*
1321                          * We'll start up with an immediate SIGSTOP.
1322                          */
1323                         sigaddset(&p->pending.signal, SIGSTOP);
1324                         set_tsk_thread_flag(p, TIF_SIGPENDING);
1325                 }
1326
1327                 if (!(clone_flags & CLONE_STOPPED))
1328                         wake_up_new_task(p, clone_flags);
1329                 else
1330                         p->state = TASK_STOPPED;
1331
1332                 if (unlikely (trace)) {
1333                         current->ptrace_message = pid;
1334                         ptrace_notify ((trace << 8) | SIGTRAP);
1335                 }
1336
1337                 if (clone_flags & CLONE_VFORK) {
1338                     wait_for_completion(&vfork);
1339                     if (unlikely (current->ptrace & PT_TRACE_VFORK_DONE))
1340             ptrace_notify((PTRACE_EVENT_VFORK_DONE << 8) | SIGTRAP);
1341                 }
1342         } else {
1343                 free_pidmap(pid);
1344                 pid = PTR_ERR(p);
1345         }
1346         return pid;
1347 }
```

fork（）主要做下面这些事：

（1）　为新进程分配一些基本的数据结构。具体到 Linux，最重要的比如一个新的进程号

pid，一个 task_struct，一个 8K 大小的联合体（存放 thread_into 和内核栈）等。

（2） 共享或者拷贝父进程的资源，包括环境变量，当前目录，打开的文件，信号量以及处理函数等等。

（3） 为子进程创建虚拟地址空间。子进程可能跟父进程共享代码段，数据段也可能采用 COW（写时拷贝）的策略使 fork（）的速度与灵活性得到提高。

（4） 为子进程设置好调度相关的信息，使得子进程在适当的时候独立于父进程，能被独立调度。

（5） fork（）的返回。对于父进程来说，fork（）函数直接返回子进程的 pid；而对于子进程来说，是在子进程被第一次调度执行的时候，返回 0。（对于有些接触 Linux 不久的读者来说，常常有一个问题会困扰他：新创建的进程是从什么时候，什么地方开始执行的？我们在后面会为大家揭示这个答案）

fork（）的实现有很多细节，各个 Unix 之间，甚至 Linux 各个版本之间实现也有较大的差异，但在这些具体细节实现的背后，很多原理包括基本的概念自从 Unix 诞生以来就没有太大的变化。这也正是《The Design of the Unix Operating System》这本书一直都非常有参考价值的原因之一。下面结合具体的代码，对 fork 中重要的部分稍加详细的分析。（注意，这里并不打算按照代码的调用细节逐行解释）

分配一些基本的数据结构：

我们已经说过，在 Linux 中，每个进程都有自己独立的 pid，所以创建一个进程的首要任务就是先分配一个 pid：

long pid = alloc_pidmap（）；

分配一个 pid，如果出错，返回-EAGAIN；否则

p = copy_process（clone_flags， stack_start， regs， stack_size， parent_tidptr， child_tidptr， pid）；

调用 copy_process（）函数，这个函数最终会返回一个新分配的子进程 task_struct 的指针。

p = dup_task_struct（current）；

函数的名字已经很明白的告诉了我们，这个函数对 current（父进程）的 task_struct 进行一个拷贝。在这个函数中：

kernel/fork.c， line 160

```
160 static struct task_struct *dup_task_struct（struct task_struct *orig）
161 {
162         struct task_struct *tsk;
163         struct thread_info *ti;
164
165         prepare_to_copy（orig）;
166
```

```
167             tsk = alloc_task_struct（）；
168             if （!tsk）
169                     return NULL;
170
171             ti = alloc_thread_info（tsk）；
172             if （!ti） {
173                     free_task_struct（tsk）；
174                     return NULL;
175             }
176
177             *tsk = *orig;
178             tsk->thread_info = ti;
179             setup_thread_stack（tsk， orig）；
180
181             /* One for us， one for whoever does the "release_task（）" （usually parent） */
182             atomic_set（&tsk->usage，2）；
183             atomic_set（&tsk->fs_excl， 0）；
184             return tsk;
185 }
```

alloc_task_struct（）分配一个新的 task_struct，可能使用 kmalloc（）分配，也可能从 slab 中分配，依具体实现而定。

alloc_thread_info（）分配一个 8K 大小的联合体，用于存放 thread_info 和内核栈。

*tsk = *orig; 拷贝父进程的 task_struct 结构体。

共享或者拷贝父进程的资源：

这部分调用基本都发生在 kernel/fork.c: copy_process（）之中。

```
976         copy_flags（clone_flags， p）；选择性的继承父进程的 flags 变量。
977         p->pid = pid; 把新分配到的 pid 赋给子进程。
994         p->utime = cputime_zero; 子进程的用户态执行时间
995         p->stime = cputime_zero; 子进程的核心态执行时间
996         p->sched_time = 0;
997         p->rchar = 0;            /* I/O counter: bytes read */
998         p->wchar = 0;            /* I/O counter: bytes written */
999         p->syscr = 0;            /* I/O counter: read syscalls */
1000        p->syscw = 0;            /* I/O counter: write syscalls */
1001        acct_clear_integrals（p）；进程统计相关变量清零
1002
1003        p->it_virt_expires = cputime_zero;
```

```
1004        p->it_prof_expires = cputime_zero;
1005        p->it_sched_expires = 0; 定时器相关变量清零
1006        INIT_LIST_HEAD（&p->cpu_timers[0]）;
1007        INIT_LIST_HEAD（&p->cpu_timers[1]）;
1008        INIT_LIST_HEAD（&p->cpu_timers[2]）;
1009
1010        p->lock_depth = -1;             /* -1 = no lock */
1011        do_posix_clock_monotonic_gettime（&p->start_time）; 进程创建的时间
1012        p->security = NULL;
1013        p->io_context = NULL;
1014        p->io_wait = NULL;
1015        p->audit_context = NULL;
1016        cpuset_fork（p）;
1030        p->tgid = p->pid;
1031        if （clone_flags & CLONE_THREAD）
1032        p->tgid = current->tgid;
```

这些语句都非常清晰，基本上都是初始化子进程的一些资源。

```
1038        /* copy all the process information */
1039        if （(retval = copy_semundo（clone_flags， p)))
1040                goto bad_fork_cleanup_audit;
1041        if （(retval = copy_files（clone_flags， p)))
1042                goto bad_fork_cleanup_semundo;
1043        if （(retval = copy_fs（clone_flags， p)))
1044                goto bad_fork_cleanup_files;
1045        if （(retval = copy_sighand（clone_flags， p)))
1046                goto bad_fork_cleanup_fs;
1047        if （(retval = copy_signal（clone_flags， p)))
1048                goto bad_fork_cleanup_sighand;
1049        if （(retval = copy_mm（clone_flags， p)))
1050                goto bad_fork_cleanup_signal;
1051        if （(retval = copy_keys（clone_flags， p)))
1052                goto bad_fork_cleanup_mm;
1053        if （(retval = copy_namespace（clone_flags， p)))
1054                goto bad_fork_cleanup_keys;
1055        retval = copy_thread（0， clone_flags， stack_start， stack_size， p， regs）;
1056        if （retval）
1057                goto bad_fork_cleanup_namespace;
```

copy_semundo:　拷贝父进程对于 semaphore 的一些回滚操作。

copy_files: 拷贝父进程打开的文件信息。
copy_fs: 拷贝父进程目录信息（根目录，当前目录）。
copy_sighand: 拷贝父进程的信号处理函数。
copy_signal: 拷贝父进程的信号描述符。
copy_mm: 拷贝父进程的内存映像。
copy_keys: 拷贝父进程的认证密钥等信息。
copy_thread: 拷贝父进程的寄存器上下文，设置子进程的返回地址（即开始执行的地址）。

为子进程创建虚拟地址空间：

我们详细看看 copy_mm 怎样为新进程建立内存映像的。

kernel/fork.c， line 500

```
500 static int copy_mm（unsigned long clone_flags，  struct task_struct * tsk）
501 {
...
526         retval = -ENOMEM;
527         mm = dup_mm（tsk）;
528         if （!mm）
529                 goto fail_nomem;
530
531 good_mm:
532         tsk->mm = mm;
533         tsk->active_mm = mm;
534         return 0;
535
536 fail_nomem:
537         return retval;
538 }
```

可以看到，copy_mm（）的工作主要是在 dup_mm（）函数里面去完成。

kernel/fork.c， line 455

```
451 /*
452  * Allocate a new mm structure and copy contents from the
453  * mm structure of the passed in task structure.
454  */
455 static struct mm_struct *dup_mm（struct task_struct *tsk）
456 {
457         struct mm_struct *mm，  *oldmm = current->mm;
```

```
458         int err;
459
460         if (!oldmm)
461                 return NULL;
462
463         mm = allocate_mm();
464         if (!mm)
465                 goto fail_nomem;
466
467         memcpy(mm, oldmm, sizeof(*mm));
468
469         if (!mm_init(mm))
470                 goto fail_nomem;
471
472         if (init_new_context(tsk, mm))
473                 goto fail_nocontext;
474
475         err = dup_mmap(mm, oldmm);
476         if (err)
477                 goto free_pt;
478
479         mm->hiwater_rss = get_mm_rss(mm);
480         mm->hiwater_vm = mm->total_vm;
481
482         return mm;
...
}
```

该函数执行流程：

（1） 调用 allocate_mm（）从 slab 中分配一个 mm_struct 结构；

（2） 使用 memcpy 拷贝父进程的 mm_struct；

（3） mm_init（mm）初始化 mm 中的某些项；

（4） init_new_context（）初始化新进程的 ldt 描述符；

（5） dup_mmap 拷贝父进程的各个虚拟内存段（VMA）。我们知道进程的每个 VMA 链成一个链表，用以描述这个进程访问到的所有内存，包括映射到可执行文件的内存，映射到动态链接库的内存，及映射到进程动态申请分配的内存等。dup_mmap（）根据父进程的 VMA 链表，会试图建立自己的 VMA 链。（简便起见，下面的引用省略了一些不是主干的语句）

kernel/fork.c， line 188

```
188 static inline int dup_mmap(struct mm_struct *mm, struct mm_struct *oldmm)
```

```
189 {
...
212         for （mpnt = oldmm->mmap; mpnt; mpnt = mpnt->vm_next） {
                如果有 VM_DONTCOPY 标记，则不拷贝这个 VMA。
215             if （mpnt->vm_flags & VM_DONTCOPY） {
...
220                     continue;
221              }
...
                分配一个 vm_area_struct。
229             tmp = kmem_cache_alloc（vm_area_cachep，  SLAB_KERNEL）；

                拷贝父进程的 vm_area_struct。
232             *tmp = *mpnt;

                拷贝这个 VMA 的权限机制。
233             pol = mpol_copy（vma_policy（mpnt））；
237             vma_set_policy（tmp，  pol）；

                把这个 vm_area_struct 链入进程自己的 VMA 链表。
238             tmp->vm_flags &= ~VM_LOCKED;
239             tmp->vm_mm = mm;
240             tmp->vm_next = NULL;
241             anon_vma_link（tmp）；


258              /*
259                 * Link in the new vma and copy the page table entries.
260                 */
261               *pprev = tmp;
262                pprev = &tmp->vm_next;
263
264                 __vma_link_rb（mm，  tmp，  rb_link，  rb_parent）；
265                 rb_link = &tmp->vm_rb.rb_right;
266                 rb_parent = &tmp->vm_rb;
267
268                 mm->map_count++;

               拷贝这个 VMA 对应的页表。
269            retval = copy_page_range（mm，  oldmm，  mpnt）；
270

              对这个 vma 执行 open 操作。
```

```
271                     if  (tmp->vm_ops && tmp->vm_ops->open)
272                             tmp->vm_ops->open (tmp);
273
...
276             } /* end for */
...
289 }
```

请注意 copy_page_range（）函数，由于 Linux 使用写时拷贝（COW，Copy On Write）机制，所以在这个函数里面只是拷贝页表（或者页表项），不会拷贝页表项所指向的真正的物理页面。在拷贝页表项的时候会在页表项上做上保护标记，这样当父进程或者子进程去写这个页面的时候，会发生一个页错误（page fault），然后在页错误处理函数里才会实施拷贝。篇幅所限，具体的代码不在这里列出了，函数调用关系如下：

copy_page_range（） -> copy_pud_range（） -> copy_pmd_range（） -> copy_pte_range（） -> copy_one_pte（）

当这个动作完成之后，新进程的内存映像大概如图 11-8 所示。

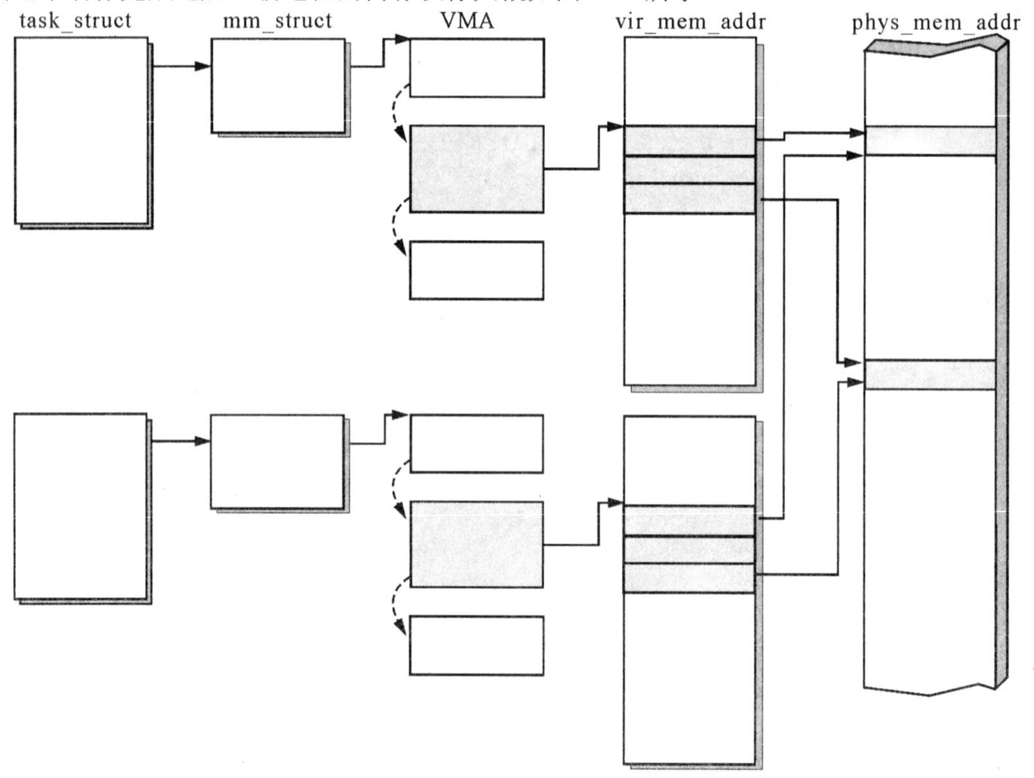

图 11-8 父子进程的内存映像

为子进程设置好调度相关的信息：

在 copy_process（）函数中，会调用 sched_fork（）来为新 fork 出来的进程进行一些设置。

kernel/sched.c， line 1330

```
1330 void fastcall sched_fork（task_t *p， int clone_flags）
1331 {
...
         设置这个进程的状态为 TASK_RUNNING。
1339         /*
1340          * We mark the process as running here， but have not actually
1341          * inserted it onto the runqueue yet. This guarantees that
1342          * nobody will actually run it， and a signal or other external
1343          * event cannot wake it up and insert it on the runqueue either.
1344          */
1345         p->state = TASK_RUNNING;

         由这条语句可以看出，这个进程还没有被放入运行队列，所以不会被调度到。
1346         INIT_LIST_HEAD（&p->run_list）;
1347         p->array = NULL;

         进行下面这些操作前关掉中断。
1363         local_irq_disable（）;

         父子进程均分父进程原先的时间片。
1364         p->time_slice = （current->time_slice + 1） >> 1;
1370         current->time_slice >>= 1;

1371         p->timestamp = sched_clock（）;

1372         if （unlikely（!current->time_slice）） {
                 如果父进程在创建子进程的时候刚好只有一个时间，那么通过上面的均
                 分算下来，父进程 time_slice 刚好等于 0。这种情况就不能再让父进程运
                 行了，需要调用 scheduler_tick（）函数把父进程从运行队列中拿走。
                （此处再给父进程的 time_slice 赋值 1 是为了 scheduler_tick（）函数里面
                 进行“--time_slice”操作时逻辑正确。个人认为这样写代码可并不漂亮。）
1378                 current->time_slice = 1;
1379                 scheduler_tick（）;
1380         }
1381         local_irq_enable（）;
...
1383 }
```

fork（）的返回：

fork（）调用之后，会有两次返回：对父进程返回子进程的 pid 很好理解；下面着重理解一下子进程的返回。在 do_fork（）函数中，copy_process（）调用完成之后，如果没有出错，父进程会去唤醒子进程：

kernel/fork.c， line 1327

```
1327            if （!（clone_flags & CLONE_STOPPED））
1328                    wake_up_new_task（p， clone_flags）;
1329            else
1330                    p->state = TASK_STOPPED;
```

wake_up_new_task（）会把子进程放入适当的运行队列，这样子进程就会被调度器调度运行了。这解决了一个疑问：子进程什么时候开始执行。那么子进程从什么地方开始运行呢？

请注意在 copy_thread（）函数中，有这样一条语句：

arch/i386/kernel/process.c， line 439

```
439     p->thread.eip = （unsigned long） ret_from_fork;
```

这条语句设置子进程被调度到的时候开始执行的地址。p->thread 里面保存着进程的寄存器上下文，当一个进程切换出去的时候，寄存器上下文保存在这里面，当切换回来的时候，系统从这里面恢复寄存器上下文（包括指令指针，即开始执行的地址）。ret_from_fork 函数在 entry.S 里面：

arch/i386/kernel/entry.S， line 126

```
126 ENTRY（ret_from_fork）
127         pushl %eax
128         call schedule_tail
129         GET_THREAD_INFO（%ebp）
130         popl %eax
131         jmp syscall_exit
```

在这里我不再详细解释汇编语法了。ret_from_fork（）先调用 schedule_tail（），然后跳转到 syscall_exit，经 syscall_exit 之后，子进程也从 fork（）函数返回了。

2. clone（）分析

clone 的直译是克隆，指的是子进程基本完全复制父进程。clone 的产生源于应用层对于线程的需求。Linux 从自己的角度重新解释了应用层的需求，提出了“轻量级进程（lightweight process）”的概念。提供给应用层 clone 系统调用。它不但能用于产生传统意义上的线程，更有精细的参数，可以控制子进程与父进程之间共享的内容。

从应用层的帮助页来看：

```
SYNOPSIS
        #include <sched.h>
        int clone（int （*fn）（void *）， void *child_stack， int flags， void *arg）;
…
DESCRIPTION
            clone（） creates a new process， in a manner similar to fork（2）. clone
             （）
            i s a library function layered on top of the underlying clone（） system
            call， hereinafter referred to as sys_clone. A description of sys_clone
            is given towards the end of this page.

            Unlike fork（2）， these calls allow the child process to share parts of
            I ts execution context with the calling process， such as the memory
            space， the table of file descriptors， and the table of signal handlers.
…
```

说得很明白，clone（）跟 fork（）类似，也是用来产生一个新进程的。不同之处在于 clone（）允许子进程跟父进程共享一些上下文，比如内存，比如打开文件描述符，信号处理函数表等。

clone（）系统调用的例子我们在实验 2 中会看到。下面解释一下 clone（）系统调用中常见的 flags 参数（更加详细的内容请参考"man 2 clone"）。flags 可以是下面这些宏中的任意一个，也可以把它们相“或”之后，赋给 flags。（比如：CLONE_FS | CLONE_VM）

flags 参数：

CLONE_FS
如果使用了这个标志的话，父进程和子进程共享文件系统信息，包括根目录，当前工作目录，umask 等等。其中一个进程对这些信息的改变（比如调用 chroot（）， chdir（）等），都将影响到另外一个进程。

CLONE_FILES
如果使用了这个标志的话，父进程和子进程共享文件描述符表。我们都知道文件描述符表里面保存的是进程打开的文件描述符。这就意味着一个进程打开的文件，在另外一个进程中用同样的描述符也可以访问，并且打开文件的偏移量等信息。此外，在一个进程中关闭了一个文件或者使用 fcntl（）改变了一个文件的属性，另一个进程也能看到这些改变。

CLONE_SIGHAND
如果使用了这个标志，父进程和子进程共享信号处理函数表。如果一个进程改变了某个信号处理函数，这个改动对于另外一个进程也有效。但有一点需要注意，它们使用不同的信号屏蔽变量。所以一个进程可以屏蔽一些信号，另一个进程同时侦听这些信号。

CLONE_PTRACE
如果使用了这个标志，并且父进程被跟踪的话，那么子进程也被跟踪。

CLONE_VFORK
如果使用了这个标志，那么父进程将暂停执行，直到子进程调用 execve（）或者_exit（）释放其虚拟内存资源。可参考“man vfork”。

CLONE_VM
如果使用了这个标记，那么父进程和子进程运行在同一个虚拟地址空间（确切的说，是使用同一个代码段和数据段，但不使用同一个堆栈），比如一个进程对一个内存全局变量（因为全局变量是在数据段，局部变量在堆栈）的改动，在另外一个进程里面也能被看到。
其他的参数一般并不常用，有需要的读者可以参考 clone（）的帮助页。
CLONE_PARENT （since Linux 2.3.12）
CLONE_NEWNS （since Linux 2.4.19）
CLONE_UNTRACED （since Linux 2.5.46）
CLONE_STOPPED （since Linux 2.6.0-test2）
CLONE_PID （obsolete）
CLONE_THREAD （since Linux 2.4.0-test8）
CLONE_SYSVSEM （since Linux 2.5.10）
CLONE_SETTLS （since Linux 2.5.32）
CLONE_PARENT_SETTID （since Linux 2.5.49）
CLONE_CHILD_SETTID （since Linux 2.5.49）
CLONE_CHILD_CLEARTID （since Linux 2.5.49）

可以看到，clone（）给予用户很大的自由来定义子进程跟父进程共享哪些东西，定义一个新的子进程“轻量级”的程度。著名的比如 LinuxThreads 就是基于 clone（）上面构建的线程库，我们在 Linux 中的线程中会讲到。

从 Linux 内核实现的角度来说，我们挑几个标志来看看。由于 clone（）系统调用在内核里面最终也走的是 do_fork（）函数，所以我们可以看看 do_fork（）函数对于这些标志的处理：

CLONE_FS
如果这个标志被置上，那么 copy_fs（）拷贝父进程的文件系统信息的时候就不会真的实施拷贝，如下：

kernel/fork.c， line 572

```
572 static inline int copy_fs（unsigned long clone_flags， struct task_struct * tsk）
573 {
574         if （clone_flags & CLONE_FS） {
575                 atomic_inc（&current->fs->count）;
576                 return 0;
577         }
578         tsk->fs = __copy_fs_struct（current->fs）;
579         if （!tsk->fs）
580                 return -ENOMEM;
581         return 0;
582 }
```

CLONE_FILES

如果这个标志被使用，那么 copy_files（）也不会拷贝父进程的打开文件表，如下：

kernel/fork.c， line 726

```
726 static int copy_files（unsigned long clone_flags， struct task_struct * tsk）
727 {
...
738         if （clone_flags & CLONE_FILES） {
739                 atomic_inc（&oldf->count）;
740                 goto out;
741         }
...
758 }
```

其他的标志的处理都类似，请读者自行阅读代码。

3. kernel_thread（）分析

上面提到的无论是 fork（）还是 clone（），都是用户态产生进程的方法。有时候内核自己需要产生一些进程，比如某些驱动需要处理一些事件，需要有一个进程运行在内核态；又比如 2.6 版本新引进的 work_queue 机制，需要有一个运行在内核态的进程上下文，用以运行所有的 work（）。kernel_thread（）调用正是为这些目的服务的。

kernel_thread（）也调用 do_fork（）函数，是专门包装出来用于内核其他模块使用的。跟 fork（），clone（）一样，也是用于产生进程，所不同的是：这个调用只提供给内核各个模块，并且由这个调用所产生的进程，运行在内核态。不需要 mm_struct（task_struct 里面的 mm 指针为空），直接用内核的页目录页表；一般来说不能访问用户态的文件，程序等。由于这些特点，我们一般把这些进程叫做“内核线程”

arch/i386/kernel/process.c， line 340

```
340 int kernel_thread（int （*fn）（void *）， void * arg， unsigned long flags）
341 {
342         struct pt_regs regs;
343 
344         memset（&regs， 0， sizeof（regs））;
345 
346         regs.ebx = （unsigned long） fn;
347         regs.edx = （unsigned long） arg;
348 
349         regs.xds = __USER_DS;
350         regs.xes = __USER_DS;
351         regs.orig_eax = -1;
352         regs.eip = （unsigned long） kernel_thread_helper;
353         regs.xcs = __KERNEL_CS;
354         regs.eflags = X86_EFLAGS_IF | X86_EFLAGS_SF | X86_EFLAGS_PF | 0x2;
355 
356         /* Ok， create the new process.. */
357         return do_fork（flags | CLONE_VM | CLONE_UNTRACED， 0， &regs， 0，
            NULL， NULL）;
358 }
```

有了前面对于 fork（）和 clone 各个参数的理解，我想理解这个函数应该容易很多了。do_fork（）创建一个子进程，子进程执行到 kernel_thread_helper（），然后调用函数 fn。

思考：fork（）调用之后，子进程与父进程共享了哪些东西？带参数 CLONE_VM 的 clone（）调用之后呢？

11.2.3 exec 装载与执行进程

fork（）创建了一个程序，但是如果这个子程序只能局限在自身的代码段范围之中（不能去执行别的程序），那么 fork（）也没有太多的实际意义。在 Linux 中，exec 调用用于从一个进程的地址空间中执行另外一个进程，覆盖自己的地址空间。有了这个系统调用，shell 就可以使用 fork+exec 的方式执行别的用户程序了。一个进程使用 exec 执行别的应用程序之后，它的代码段，数据段，bss 段和堆栈都被新程序覆盖，唯一保留的是进程号。

exec 有一系列的系统调用：

```
#include <unistd.h>

extern char **environ;

int execl（const char *path，  const char *arg，  ...）；
int execlp（const char *file，  const char *arg，  ...）；
int execle（const  char *path，  const  char  *arg  ，  ...，  char * const envp[]）；
int execv（const char *path，  char *const argv[]）；
int execvp（const char *file，  char *const argv[]）；
int  execve（const  char  *filename，  char  *const  argv []，  char *const envp[]）；
```

前面几个函数都是通过调用 execve 来实现的，所以这里只分析 execve 的实现。

arch/i386/kernel/process.c， line 745

```
745 asmlinkage int sys_execve（struct pt_regs regs）
746 {
747         int error;
748         char * filename;
749
750         filename = getname（(char __user *）  regs.ebx）；
751         error = PTR_ERR（filename）；
752         if  （IS_ERR（filename））
753                 goto out;
754         error = do_execve（filename，
755                         （char __user * __user *）  regs.ecx，
756                         （char __user * __user *）  regs.edx，
757                         &regs）；
758         if  （error == 0）  {
759                 task_lock（current）；
760                 current->ptrace &= ~PT_DTRACE;
761                 task_unlock（current）；
762                 /* Make sure we don't return using sysenter.. */
763                 set_thread_flag（TIF_IRET）；
764         }
765         putname（filename）；
766 out:
767         return error;
768 }
```

regs 里面保存的是用户态下面的 CPU 寄存器，ebx，ecx，edx 分别是用户传入的第一个，第二个和第三个参数，filename 从用户空间拷贝到内核空间，然后调用 do_execve（）函数。

以下代码引用省略部分不是很关键的语句。

fs/exec.c， line 1135

```
1135 int do_execve（char * filename，
1136          char __user *__user *argv，
1137          char __user *__user *envp，
1138          struct pt_regs * regs）
1139 {
1140          struct linux_binprm *bprm;
1141          struct file *file;
1142          int retval;
1143          int i;
1144
1145          retval = -ENOMEM;
             /* 分配 bprm 结构 */
1146          bprm = kmalloc（sizeof（*bprm），  GFP_KERNEL）;
1147          if （!bprm）
1148               goto out_ret;
1149          memset（bprm，  0，  sizeof（*bprm））;
1150
             /* open_exec（）检查对于文件的访问权限，打开这个文件返回 file 结构体。 */
1151          file = open_exec（filename）;
1152          retval = PTR_ERR（file）;
1153          if （IS_ERR（file））
1154               goto out_kfree;
1155
1156          sched_exec（）; /* SMP 中才有 */
1157
             /* 填充 bprm 结构 */
1158          bprm->p = PAGE_SIZE*MAX_ARG_PAGES-sizeof（void *）;
1159
1160          bprm->file = file;
1161          bprm->filename = filename;
1162          bprm->interp = filename;
1163          bprm->mm = mm_alloc（）;
1164          retval = -ENOMEM;
1165          if （!bprm->mm）
```

```
1166                goto out_file;
1167
        /* 拷贝父进程的 LDT（对于 i386 体系而言） */
1168        retval = init_new_context（current， bprm->mm）；
1169        if （retval < 0）
1170                goto out_mm;
1171
        /* 参数个数 */
1172        bprm->argc = count（argv， bprm->p / sizeof（void *））；
1173        if （（retval = bprm->argc） < 0）
1174        goto out_mm;
1175
         /* 环境变量个数 */
1176         bprm->envc = count（envp， bprm->p / sizeof（void *））；
1177         if （（retval = bprm->envc） < 0）
1178                 goto out_mm;
1179
        /* 给 security Linux 的 hook */
1180        retval = security_bprm_alloc（bprm）；
1181        if （retval）
1182                goto out;
1183

        /* 进一步检查文件是否可以被执行，填充 bprm 结构。如果可以执行，
        * 调用 kernel_read（）函数读取文件开始的 BINPRM_BUF_SIZE 字
        * 节到 bprm 的 buf 里面。
        */
1184         retval = prepare_binprm（bprm）；
1185         if （retval < 0）
1186                 goto out;
1187
          /* copy_strings 分配页面，将文件名、环境变量和命令行参数拷贝到这些页
          面中 */
1188         retval = copy_strings_kernel（1， &bprm->filename， bprm）；
1189         if （retval < 0）
1190                 goto out;
1191
1192         bprm->exec = bprm->p;
1193         retval = copy_strings（bprm->envc， envp， bprm）；
1194         if （retval < 0）
1195                 goto out;
```

```
1196
1197            retval = copy_strings（bprm->argc， argv， bprm）;
1198            if （retval < 0）
1199                    goto out;
1200
            /* 查询能够处理该可执行文件格式的处理函数，并调用相应的 load_library
             方法进行处理 */
1201        retval = search_binary_handler（bprm， regs）;
1202        if （retval >= 0） {
                /* 执行成功 */
1203            free_arg_pages（bprm）;
1204
1205            /* execve success */
1206            security_bprm_free（bprm）;
1207             acct_update_integrals（current）;
1208             kfree（bprm）;
1209             return retval;
1210        }
1211
1212 out:
        /* 出错处理 */
1238 }
```

让我们再深入看一下关键的数据结构和流程：

linux_binprm 结构中保存可执行文件时候用到的信息。

include/linux/binfmts.h， line 23

```
23 struct linux_binprm{
24      char buf[BINPRM_BUF_SIZE]; /* 保存文件开始的 128 个字节 */
25      struct page *page[MAX_ARG_PAGES]; /* 存放参数页面 */
26      struct mm_struct *mm;
27      unsigned long p; /* 当前内存页最高地址 */
28      int sh_bang;
29      struct file * file; /* 要执行的文件的 file 结构 */
30      int e_uid， e_gid; /* 要执行的进程的有效用户 ID 和有效组 ID */
31      kernel_cap_t cap_inheritable， cap_permitted， cap_effective;
32      void *security;
33      int argc， envc; /* 参数个数，环境变量个数 */
34      char * filename;        /* 可执行文件名 */
35      char * interp;          /* 真正执行的文件，大部分时候跟 filename 相同，
                                 * 但当执行的是脚本程序的时候可能两者不一样 */
```

```
38          unsigned interp_flags;
39          unsigned interp_data;
40          unsigned long loader,    exec;
41 };
```

在该函数的最后，又调用了 fs/exec.c 文件中定义的 search_binary_handler 函数来查询能够处理相应可执行文件格式的处理器，并调用相应的 load_library 方法以启动进程。这里，用到了一个在 include/linux/binfmts.h 文件中定义的 linux_binfmt 结构体来保存处理相应格式的可执行文件的函数指针如下：

include/linux/binfmts.h， line 55

```
55          struct linux_binfmt {
56          struct linux_binfmt * next;
57          struct module *module;
            /*  加载一个新的进程  */
58        int  （*load_binary）（struct linux_binprm *，   struct   pt_regs * regs）；
          /*  动态加载共享库  */
59        int  （*load_shlib）（struct file *）；
          /*  将当前进程的上下文保存在一个名为 core 的文件中  */
60        int  （*core_dump）（long signr，   struct pt_regs * regs，   struct file * file）；
61        unsigned long min_coredump;        /* minimal dump size */
62 };
```

Linux 内核允许用户通过调用在 include/linux/binfmt.h 文件中定义的 register_binfmt（）和 unregister_binfmt（）函数来添加和删除 linux_binfmt 结构体链表中的元素，以支持用户特定的可执行文件类型。

在调用特定的 load_binary（）函数加载一定格式的可执行文件后，程序将返回到 sys_execve 函数中继续执行。该函数在完成最后几步的清理工作后，将会结束处理并返回到用户态中，最后，系统将会将 CPU 分配给新加载的程序。

11.2.4 Linux 中的线程

1. 多线程的概念

传统 UNIX 概念中的进程在现代应用系统开发中（比如分布式系统，并发计算等）并不适用。这些应用使用线程非常合适，因为在这些应用中，需要以较小的代价在各个事务/模块中切换，如果每个事务都以一个进程来实现，那在这些程序间切换的代价将变得很大。

正是基于这种需求，在现代 UNIX 中，线程已经被广泛的使用，有各种实现的线程库以满足不同应用的需求。

进程的思想可以分成两大特征：

- 所控制的所有资源集合（进程或者任务）。对这个概念来说，关注的是对 CPU，IO，文件等资源的管理以及保护
- 执行具体的事务（线程或者轻量级进程）。对这个概念来说，需要关注的是执行的状态，以及状态的隔离保护，独立的堆栈，但同时跟同属于这个进程的其他线程共享进程的所有资源（内存，文件等）。

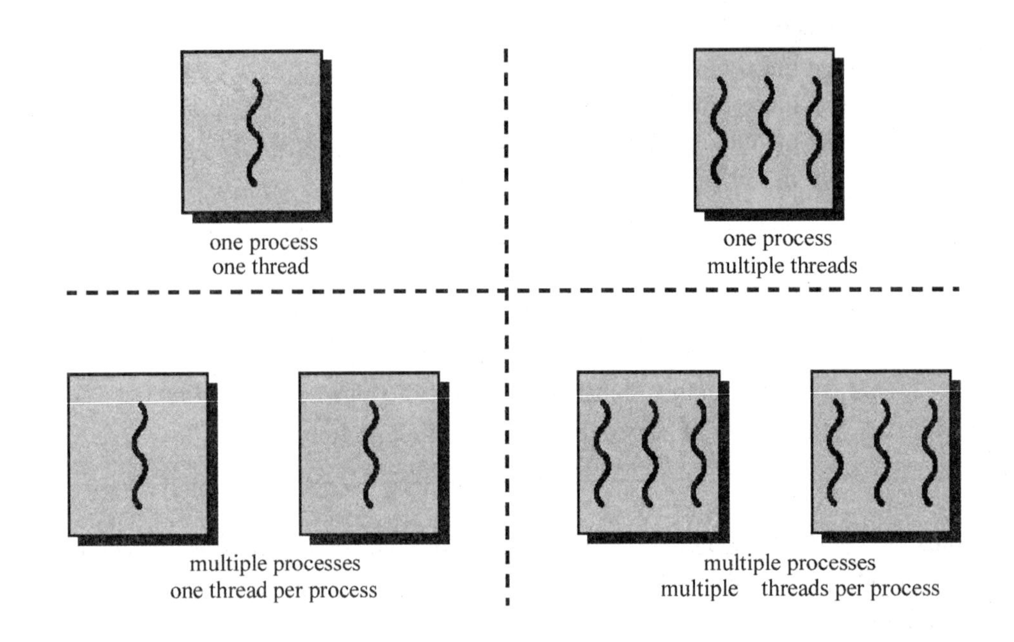

图 11-9 进程与线程的对应关系

当我们把进程对于资源的占用以及对于事务的执行分开之后，一个进程可以只包含一个线程，或者一个进程也可以包含几个线程。如图 11-9 所示。

在 Linux 中，线程实际上被看作是“轻量级进程”。在 Linux 各种线程库的实现中（比如 LinuxThreads），现在使用比较普遍的库通常都遵循的是 1:1 模型（即一个内核线程对应一个用户线程。其他比如 Solaris 采用的是 M:N 模型，即 M 个内核线程对应于 N 个用户线程）。在这种实现中，线程是通过 clone（）系统调用来产生的，所以一个用户线程一定对应了一个内核线程。

2. 线程的实现方式

上面提到了用户线程以及内核线程的概念。下面我们分别简要介绍一下。就线程的实

现方式来说，可以分为两种：用户态线程与内核态线程。如图 11-10。

1） 用户级线程实现

用户级线程的实现没有内核的支持，也就是说，在这样的内核看来，多线程进程就是一个进程，以一个进程统一参与调度。所以，多线程全部放在用户态线程库中去实现。内核完全不知道用户态中的多个线程，只把它们的集合体（一个进程）看成一个调度单位。线程库自己组织对于各个线程的调度。如果一个线程调用了一个系统调用被阻塞，那么这个线程所在的整个进程（也就包括在这个进程之上运行的所有线程）都被阻塞。所以在这样的线程库中，多采用系统提供的异步 IO 机制，那样有助于线程的效率。纯用户级线程库的实现最大的缺点是对于一个进程中的线程来说，不能发挥多处理器的优势。

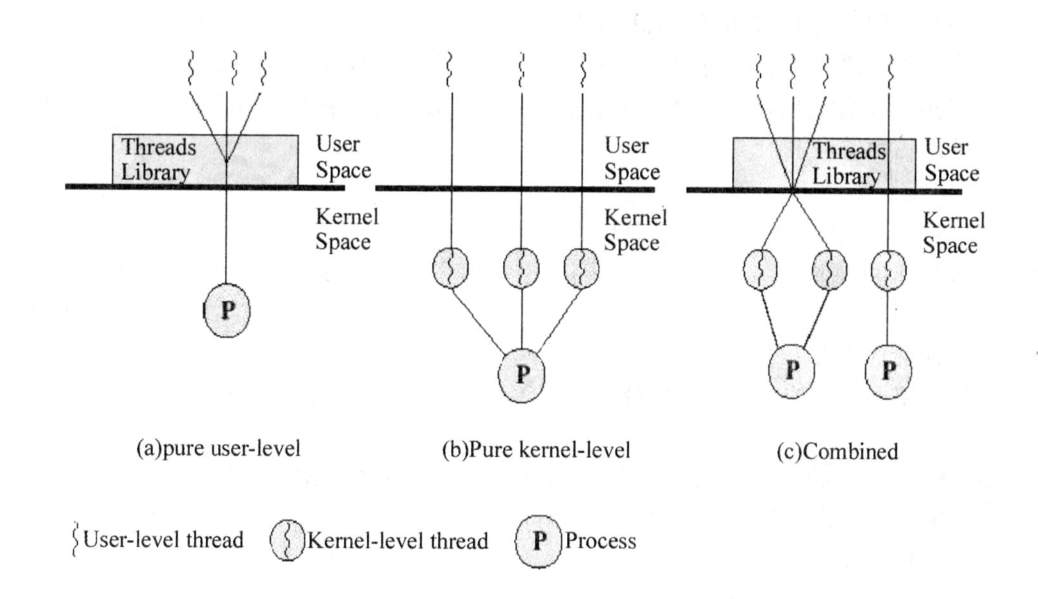

图 11-10 用户态线程与内核态线程

而这种模型的优点也是显而易见的：

- 首先系统消耗小。在用户级线程实现中，线程之间切换代价很小，因为不用内核的参与也不会有用户态跟内核态之间的切换。
- 线程调度器完全由用户态库自己实现，有自己的策略，也便于优化更改。
  可移植性好。由于线程库基本都在用户态实现，不依赖于具体的内核，所以可以独立于具体的操作系统进行开发，并且有很好的移植性。
- 可以修改以适应特殊的应用。用户态线程库的实现可以为某些特殊的应用需求而定制或者更改，这在某些实时多媒体处理中显得非常有用。并且，这样的实现能突破内核对于进程数目的限制，支持更多的线程。

2） 内核级线程实现

内核级线程实现允许不同进程中的线程作为一个独立的调度单位，有自己的优先级，独立进行调度。这非常适合于发挥多处理器的并发优点。一个线程的阻塞也不会阻塞整个进程。但是相应的缺点是线程之间切换的代价变得较大（需要内核的参与，需要模式切换等）。

第三种实现是把用户态线程与内核态线程的实现相结合，这样既能发挥多处理器的优势，也有办法减少线程切换的代价。但是由于这种实现的复杂性，加上操作系统的支持，可移植性，应用等方面的考虑，这种实现较少。

3. Linux 线程的实现方式及特点

以现在使用广泛的 LinuxThreads 为例，它采用的是 1:1 模型：每个线程实际上在核心是一个个单独的进程，核心的调度程序负责线程的调度，就象调度普通进程。线程是用系统调用 clone（）创建的，它允许创建出来的新进程共享父进程的内存空间、文件描述符和软中断处理程序等。

Linux 线程库采用 1:1 模型的优点有：

- 在对 CPU 资源要求较多的多处理中，最小的损耗代价（每个线程可以跑在独立的 CPU 上）；
- 最小损耗代价的 I/O 操作；
- 一种简单而稳定的实现（大部分困难的工作由内核调度程序替我们做了）。

Linux 这种方式的实现最主要的缺点，是在锁操作和条件操作中，线程切换的代价过高，因为必须通过内核去切换。然而由于 Linux 内核中对于上下文切换高效率的实现，这个缺点得到了一定程度的弥补。

4. Linux 核心对线程的支持

Linux 核心对线程的支持主要是通过其系统调用 clone（）。对于子进程的创建，clone（）系统调用可以进行很详细的控制，这样调用者可以根据自己的需求创建出轻量级进程，主要用的标志是下面几个：

表 11-1 主要的 clone（）参数标志

标志	Value	含义
CLONE_VM	0x00000100	置起此标志在进程间共享 VM
CLONE_FS	0x00000200	置起此标志在进程间共享文件系统信息
CLONE_FILES	0x00000400	置起此标志在进程间共享打开的文件
CLONE_SIGHAND	0x00000800	置起此标志在进程间共享信号处理程序

关于 clone（）系统调用，我们在“clone（）分析”一节中已经做了大量的介绍，这里不再累述。

5. Linux 线程的几种实现

在 Linux 的发展过程中，比较重要的一些线程库有 LinuxThreads，NPTL，NGPT，GNU Pth 等，下面分别对这些线程库做一个大概的综述。

LinuxThreads

首先介绍一下 LinuxThreads，LinuxThreads 是 Linux 平台上使用非常广泛的线程库，由 Xavier Leroy（Xavier.Leroy@inria.fr）负责开发完成，后来集成进 Glibc 中发行。因为符合 Posix 1003.1c 标准，因此获得非常广泛的应用。LinuxThreads 实现的是基于内核轻量级进程的 1:1 线程模型，一个线程实体对应一个内核轻量级进程，而线程之间的管理在用户态函数库中实现。

我们看看 LinuxThreads 设计细节的一些基本理念：

- LinuxThreads 非常出名的一个特性就是*管理线程（manager thread）*。管理线程可以满足以下要求：
  - 系统必须能够响应终止信号并杀死整个进程。
  - 以堆栈形式使用的内存回收必须在线程完成之后进行。因此，线程无法自行完成这个过程。
  - 终止线程必须进行等待，这样它们才不会进入僵尸状态。
  - 线程本地数据的回收需要对所有线程进行遍历；这必须由管理线程来进行。
  - 如果主线程需要调用 pthread_exit（），那么这个线程就无法结束。主线程要进入睡眠状态，而管理线程的工作就是在所有线程都被杀死之后来唤醒这个主线程。
- 为了维护线程本地数据和内存，LinuxThreads 使用了进程地址空间的高位内存（就在堆栈地址之下）。
- 原语的同步是使用*信号*来实现的。例如，线程会一直阻塞，直到被信号唤醒为止。
- 在克隆系统的最初设计之下，LinuxThreads 将每个线程都是作为一个具有惟一进程 ID 的进程实现的。
- 终止信号可以杀死所有的线程。LinuxThreads 接收到终止信号之后，管理线程就会使用相同的信号杀死所有其他线程（进程）。
- 根据 LinuxThreads 的设计，如果一个异步信号被发送了，那么管理线程就会将这个信号发送给一个线程。如果这个线程现在阻塞了这个信号，那么这个信号也就会被挂起。这是因为管理线程无法将这个信号发送给进程；相反，每个线程都是作为一个进程在执行。
- 线程之间的调度是由内核调度器来处理的。

LinuxThreads 有许多优点，比如接口符合标准，能完全发挥多处理器的优势，简单，健壮等。但是随着时间的推移，它的很多缺点也逐渐暴露出来，最被人诟病的比如：

- 管理线程问题：它使用管理线程来创建线程，并对每个进程所拥有的所有线程进行协调。这增加了创建和销毁线程所需要的开销。协调线程之间关系的时候，会导致很多的上下文切换，妨碍系统的可伸缩性和性能。同时，由于管理线程只能在一个 CPU 上运行，因此所执行的同步操作在 SMP 或 NUMA 系统上可能会产生可伸缩性的问题。
- 信号处理问题：LinuxThreads 中对信号的处理是按照每线程的原则建立的，而不是按照每进程的原则建立的，这是因为每个线程都有一个独立的进程 ID。由于信号被发送给了一个专用的线程，因此信号是*串行化的* —— 也就是说，信号是透过这个线程再传递给其他线程的。这与 POSIX 标准对线程进行并行处理的要求形成了鲜明的对比。例如，在 LinuxThreads 中，通过 `kill()` 所发送的信号被传递到一些单独的线程，而不是集中整体进行处理。这意味着如果有线程阻塞了这个信号，那么 LinuxThreads 就只能对这个线程进行排队，并在线程开放这个信号时在执行处理，而不是像其他没有阻塞信号的线程中一样立即处理这个信号。早期版本的内核不提供实时信号，LinuxThreads 将使用 SIGUSR1 和 SIGUSR2 作为内部使用的 restart 和 cancel 信号，这样应用程序就不能使用这两个原本为用 户保留的信号了。在 Linux kernel 2.1.60 以后的版本都支持扩展的实时信号（从_SIGRTMIN 到_SIGRTMAX），因此不存在这个问题。
- 同步问题：LinuxThreads 中的线程同步很大程度上是建立在信号基础上的，这种通过内核复杂的信号处理机制的同步方式，效率一直是个问题。
- 其他 POSIX 兼容性问题：Linux 中很多系统调用，按照语义都是与进程相关的，比如 nice、setuid、setrlimit 等，在目前的 LinuxThreads 中，这些调用都仅仅影响调用者线程。

LinuxThreads 的问题，特别是兼容性上的问题，严重阻碍了 Linux 上的跨平台应用（如 Apache）采用多线程设计，从而使得 Linux 上的线程应用一直保持在比较低的水平。在 Linux 社区中，有很多人在为改进线程性能而努力，其中既包括用户级线程库，也包括核心级和用户级配合改进的线程库。LinuxThreads 之后有两个项目试图替代它，一个是 RedHat 公司牵头研发的 NPTL（Native Posix Thread Library），另一个则是 IBM 投资开发的 NGPT（Next Generation Posix Threading），二者都是围绕完全兼容 POSIX 1003.1c，同时在核内和核外做工作以而实现多对多线程模型。这两种模型都在一定程度上弥补了 LinuxThreads 的缺点，且都是重起炉灶全新设计的。

NPTL

LinuxThreads 的最初开发者 Xavier Leroy 很早以前就停止了对于 LinuxThreads 的开发，后来 Glibc 开发组尤其是 Ulrich Drepper 接替了 LinuxThreads 的维护，但是之后 Ulrich Drepper 以及 Red Hat 的另外一名员工 Ingo Molnar 又重新开发了 NPTL，试图改进 LinuxThreads 中的一些缺点。

NPTL 的设计目标归纳可归纳为以下几点：

- POSIX 兼容性

- SMP 结构的利用
- 低启动开销
- 低链接开销（即不使用线程的程序不应当受线程库的影响）
- 与 LinuxThreads 应用的二进制兼容性
- 软硬件的可扩展能力
- 多体系结构支持
- NUMA 支持
- 与 C++集成

在技术实现上，NPTL 仍然采用 1:1 的线程模型，并配合 glibc 和 Linux Kernel2.6.x 在信号处理、线程同步、存储管理等多方面进行了优化。和 LinuxThreads 不同，NPTL 没有使用管理线程，核心线程的管理直接放在核内进行，这也带来了性能的优化。

从核心上来说，NPTL 仍然不是 100%POSIX 兼容的，但就性能而言相对 LinuxThreads 已经有很大程度上的改进了。

NGPT

IBM 的开放源码项目 NGPT 在 2003 年 1 月 10 日推出了稳定的 2.2.0 版，但相关的文档工作还差很多。就目前所知，NGPT 是基于 GNU Pth（GNU Portable Threads）项目而实现的 M:N 模型，而 GNU Pth 是一个经典的用户级线程库实现。

按照 2003 年 3 月 NGPT 官方网站上的通知，NGPT 考虑到 NPTL 日益广泛地为人所接受，为避免不同的线程库版本引起的混乱，今后将不再进行进一步开发，而今进行支持性的维护工作。也就是说，NGPT 已经放弃与 NPTL 竞争下一代 Linux POSIX 线程库标准。

GNU Pth （The GNU Portable Threads）

GNU Pth 不是专门为 Linux 设计的，是一个非抢占式的，基于优先级的 Unix 实现。不满于现在大多数线程库的实现要么跟POSIX线程标准兼容不好，要么对平台的依赖性太重，GNU 组织的 Ralf S. Engelschall 编写了 GNU Pth（The GNU Portable Threads 的缩写）。

在设计编写 GNU Pth 的时候，首先考虑的就是平台无关性，只使用在所有类 UNIX 系统中都存在的函数或功能，并且完全使用标准 C 编写。其次最重要的是完备性，即实现 POSIX 线程标准的所有函数或要求。正是基于这两点设计原则，所以 GNU Pth 是一个非常好的跨平台线程库实现。

GNU Pth 采用的是 M:1 线程库模型，是一个用户态线程库实现。这就意味着虽然一个进程可能同时包含了几个线程，对于内核来说只能看见一个进程。关于 GNU Pth 的更详细的资料，请参考其官方网站http://www.gnu.org/software/pth/。

11.3 进程的消亡/退出

一个进程有产生自然就会有消亡，本节对于 Linux 中进程的终止过程作一个详细分析。

当用户程序跑完退出的时候，Glibc 会调用系统调用 exit 来终止进程。系统调用 sys_exit 的主要作用是终止当前正在运行的应用程序，保存当前帐号的各种信息，退出各个 Linux 系统子模块和子系统。这些系统子模块和子系统是：

- 删除当前进程的各种定时器；
- 释放内存空间；
- 释放信号量相关信息与结构；
- 所打开的文件都关闭，释放文件指针；
- 释放对于文件系统的相应访问；
- 释放所占用的 tty；
- 通知所有的亲属进程，它要退出了；
- 最后调用 schedule（）函数主动放弃 CPU，不会再返回到这个进程中来。

系统调用 sys_exit 的处理函数定义在文件 kernel/exit.c 中。

kernel/exit.c， line 914

```
914 asmlinkage long sys_exit（int error_code）
915 {
916             do_exit（（error_code&0xff）<<8）;
917 }
```

sys_exit 的函数体很简单，只是调用了函数 do_exit（）。（error_code&0xff）<<8 的作用就是将 error_code 的低 8 位左移 8 位，低 8 位用 0 填补，此数将作为参数传给函数 do_exit（）。

下面来看看函数 do_exit 是怎样做的（只关注主干部分代码）：

kernel/exit.c， line 795

```
795 fastcall NORET_TYPE void do_exit（long code）
796 {
...
            /* 标记进程正在执行退出过程 */
829         tsk->flags |= PF_EXITING;
830
...         /* 清空定时器，当一个进程要退出的时候，不再执行这个进程的所有定时器 */
835         tsk->it_virt_expires = cputime_zero;
```

```
836         tsk->it_prof_expires = cputime_zero;
837         tsk->it_sched_expires = 0;
838
...          /* 更新 hiwater_rss 和 hiwater_vm。这两个变量用于跟踪进程使用内存的最高
            值 */
845         if （tsk->mm） {
846                 update_hiwater_rss（tsk->mm）;
847                 update_hiwater_vm（tsk->mm）;
848         }
...        /* 如果 tsk->signal->live 减 1 之后为 0，表明这个进程只有一个线程，因为线程
之间共享 signal_struct */
849         group_dead = atomic_dec_and_test（&tsk->signal->live）;

850         if （group_dead） {
...                  /* 高精度定时器退出 */
851                 hrtimer_cancel（&tsk->signal->real_timer）;

...                /* POSIX 定时器退出 */
852                exit_itimers（tsk->signal）;
...
861         }
...
                    /* 释放内存空间 */
862                 exit_mm（tsk）;
863
...           /* 释放 semaphore */
864           exit_sem（tsk）;

...           /* 所打开的文件都关闭，释放文件指针 */
865           __exit_files（tsk）;

...           /* 释放对于文件系统的访问 */
866            __exit_fs（tsk）;

...           /* 释放 name space */
867           exit_namespace（tsk）;

...           /* 释放当前线程数据比如 LDT */
868           exit_thread（）;
```

```
869             cpuset_exit（tsk）;
870             exit_keys（tsk）;
871
872             if （group_dead && tsk->signal->leader）
                        /* 释放所占用的 tty */
873                     disassociate_ctty（1）;
874
...         /* exec_domain 和 binfmt 结构共享计数减 1 */
875         module_put（task_thread_info（tsk）->exec_domain->module）;
876             if （tsk->binfmt）
877                     module_put（tsk->binfmt->module）;
878
...           /* 保存退出值 */
879           tsk->exit_code = code;
880           proc_exit_connector（tsk）;

...           /* 通知父进程和子进程，它要退出了 */
881           exit_notify（tsk）;
895
...           /* 最后调用 schedule（）函数主动放弃 CPU */
896           schedule（）;

...           /* 如果正常的话，不会再回到这里 */
897           BUG（）;
898           /* Avoid "noreturn function does return".   */
899           for （;;）  ;
900 }
```

在 exit_notify（）中，会把进程的状态设为 EXIT_ZOMBIE。通知父进程之后，父进程调用 sys_wait4（）时会释放进程的 task_struct 和 thread_info。

实验指导

11.4　实验一：用 fork（）系统调用

编制 C 程序，用 fork（）系统调用创建一个子进程

http://www.amparo.net/ce155/fork-ex.html
http://www.ecst.csuchico.edu/~beej/guide/ipc/fork.html

实验提示：

请参考 fork（）函数的帮助页面。

```
/*
 * a simple demonstration of the fork（） function.
 * Compiled by: gcc –o fork_example fork_example.c
  */
  #include <unistd.h>         /* Symbolic Constants */
  #include <sys/types.h>    /* Primitive System Data Types */
  #include <errno.h>           /* Errors */
  #include <stdio.h>           /* Input/Output */
  #include <sys/wait.h>       /* Wait for Process Termination */
  #include <stdlib.h>          /* General Utilities */

  int main（）
  {
      pid_t childpid; /* variable to store the child's pid */
      int retval;         /* child process: user-provided return code */
      int status;         /* parent process: child's exit status */

      /* only 1 int variable is needed because each process would have its
         own instance of the variable
         here， 2 int variables are used for clarity */

      /* now create new process */
      childpid = fork（）;

      if （childpid >= 0） /* fork succeeded */
      {
          if （childpid == 0） /* fork（） returns 0 to the child process */
          {
              printf（"CHILD: I am the child process!\n"）;
              printf（"CHILD: Here's my PID: %d\n"， getpid（））;
              printf（"CHILD: My parent's PID is: %d\n"， getppid（））;
              printf（"CHILD: The value of fork return is: %d\n"， childpid）;
              printf（"CHILD: Sleeping for 1 second...\n"）;
```

```
            sleep（1）; /* sleep for 1 second */
            printf（"CHILD: Enter an exit value  （0 to 255）: "）;
            scanf（" %d",   &retval）;
            printf（"CHILD: Goodbye!\n"）;
            exit（retval）; /* child exits with user-provided return code */
        }
        else /* fork（）  returns new pid to the parent process */
        {
            printf（"PARENT: I am the parent process!\n"）;
            printf（"PARENT: Here's my PID: %d\n",   getpid（））;
            printf（"PARENT: The value of my child's PID is %d\n",   childpid）;
            printf（"PARENT: I will now wait for my child to exit.\n"）;
            wait（&status）; /* wait for child to exit,   and store its status */
            printf（"PARENT: Child's exit code is: %d\n",   WEXITSTATUS（status））;
            printf（"PARENT: Goodbye!\n"）;
            exit（0）;   /* parent exits */
      }
  }
        else /* fork returns -1 on failure */
  {
          perror（"fork"）; /* display error message */
          exit（0）;
  }
}
```

这个程序主要是示例 fork（）系统调用的用法，以及怎样根据 fork（）返回值区分子进程与父进程。

11.5 实验二：使用 clone（）系统调用

使用 clone（）调用创建一个 Linux 子进程，子进程调用 execvp 执行系统命令 ls。

实验提示：

1. 请仔细参考阅读 clone（）系统调用的帮助页面；
2. CLONE_FS | CLONE_FILES | CLONE_SIGHAND | CLONE_VM，这些参数的分析请参考本章“3.2.2 clone（）分析”部分。
3. SIGCHLD 通过 flags 传入 clone（）系统调用，这样当子进程退出的时候，才会向父进程发送这个信号。否则的话，父进程调用 waitpid（）是等待不到子进程的退出的。

实验程序如下：

```
#include <stdio.h>
#include <stdlib.h>
#include <sched.h>
#include <signal.h>
#include <unistd.h>
#include <malloc.h>
#include <fcntl.h>
#include <sys/types.h>
#include <sys/stat.h>
#include <sys/wait.h>

/* global variable */
char *prog_argv[4];
int foo;
int fd;

/* 64kB stack */
#define CHILD_STACK  （1024 * 64）

/* The child thread will execute this function */
int thread_function（void* argument）
{
    printf（"CHILD: child thread begin...\n"）;
    foo = 2008;
    close（fd）;

    /* exec */
    execvp（prog_argv[0]，  prog_argv）;

    printf（"CHILD: child thread exit，  this line won't print out.\n"）;
    return 0;
}

int main（）
{
    char c;
    char * stack;
    pid_t pid;

    foo = 2007;
```

```
fd = open（"/etc/passwd"， O_RDONLY）;
if （fd < 0） {
    perror（"open"）;
    exit（-1）;
}

printf（"PARENT: The variable foo was: %d\n"， foo）;
if （read（fd， &c， 1） < 1） {
    perror（"PARENT: File Read Error."）;
    exit（1）;
}
else
    printf（"PARENT: We could read from the file: %c\n"， c）;

/* Build argument list */
prog_argv[0] = "/bin/ls";
prog_argv[1] = "-1";
prog_argv[2] = "/";
prog_argv[3] = NULL;

/* Allocate the stack */
stack = （char *）malloc（CHILD_STACK）;
if （ stack == 0 ）
{
    perror（"malloc: could not allocate stack"）;
    exit（2）;
}

printf（"PARENT: Creating child thread\n"）;
/* Call the clone system call to create the child thread */
        pid = clone（thread_function， （void *）（stack + CHILD_STACK），
    SIGCHLD |
    CLONE_FS | CLONE_FILES | CLONE_SIGHAND | CLONE_VM， NULL）;

if （pid == -1）
{
    perror（"clone"）;
    exit（3）;
}
```

```
/* Wait for the child thread to exit */
printf（"PARENT: Waiting for the finish of child thread: %d\n"， pid）;
pid = waitpid（pid， 0， 0）;
if （pid == -1）
        {
    perror（"wait"）;
    exit（4）;
        }

/* Free the stack */
free（stack）;
printf（"PARENT: Child thread returned and stack freed.\n" ）;

printf（"PARENT: The variable foo now is: %d\n"， foo）;
if （read（fd， &c， 1） < 1） {
    perror（"PARENT: File Read Error."）;
    exit（5）;
}
else
    printf（"PARENT: We could read from the file: %c\n"， c）;

return 0;
}
```

请留意：全局内存变量 foo 的变化；打开文件 fd 的变化。

11.6 实验三：使用 kernel thread

在本实验中，我们会使用内核模块编程创建一个 kernel thread。这个内核线程定时的统计当前系统中进程的状况，然后通过 printk 打印出来。

实验程序如下：

```
/*
  * kthread tiny example
  */
#include <linux/module.h>
#include <linux/kernel.h>
#include <linux/init.h>
#include <linux/proc_fs.h>
```

```
#include <linux/kthread.h>
#include <linux/jiffies.h>
#include <linux/err.h>
#include <asm/uaccess.h>

#define MODULE_VERS "1.0"
#define MODULE_NAME "kreportd"

#define KBUF_LEN 3

static struct proc_dir_entry *example_dir，  *report_interval_file;
struct task_struct *report_task;
long report_interval = 5;

static int proc_read_interval（char *page，  char **start，
                    off_t off，  int count，
                    int *eof，  void *data）
{
        int len;

        len = sprintf（page，  "%s: report interval: %ldś\n"，
                            MODULE_NAME，  report_interval）；

        return len;
}


static int proc_write_interval（struct file *file，
                    const char *buffer，
                    unsigned long count，
                    void *data）
{
        int len;
        long tmp;
        char kbuf[KBUF_LEN+1];

        if （count > KBUF_LEN）
                len = KBUF_LEN;
        else
                len = count;

        if （copy_from_user（&kbuf，  buffer，  len））
```

```
                return -EFAULT;

        kbuf[len] = '\0';
        tmp = simple_strtol（kbuf， NULL， 0）;
        if （tmp > 60）
                tmp = 60;
        else if （tmp < 0）
                tmp = 0;

        report_interval = tmp;
        printk（"%s: report interval changed to: %ld\n",
                        MODULE_NAME， report_interval）;

        return len;
}

static void do_something（void）
{
        int nr_total;
        int nr_running， nr_interruptible， nr_uninterruptible;
        int nr_stopped， nr_traced;
        int nr_zombie， nr_dead;
        int nr_unknown;
        long old_state， old_exit_state;

        struct task_struct *p = &init_task;

        nr_total = 0;
        nr_running = nr_interruptible = nr_uninterruptible = 0;
        nr_stopped = nr_traced = nr_unknown = 0;
        nr_zombie = nr_dead = 0;

        read_lock（&tasklist_lock）;

        for （p = &init_task; （p = next_task（p））!= &init_task; ） {
                nr_total++;

                old_state = p->state;
                old_exit_state = p->exit_state;

                switch （old_exit_state） {
                        case EXIT_ZOMBIE:
```

```
                    nr_zombie++;
                    break;
                case EXIT_DEAD:
                    nr_dead++;
                    break;
                default:
                    break;
            }

            if （old_exit_state）
                continue;

            switch （old_state） {
                case TASK_RUNNING:
                    nr_running++;
                    break;
                case TASK_INTERRUPTIBLE:
                    nr_interruptible++;
                    break;
                case TASK_UNINTERRUPTIBLE:
                    nr_uninterruptible++;
                    break;
                case TASK_STOPPED:
                    nr_stopped++;
                    break;
                case TASK_TRACED:
                    nr_traced++;
                    break;
                default:
                    nr_unknown++;
                    printk（"task state unknown: 0x%08x\n",
                            （unsigned int）old_state）;
                    break;
            }
        }

        read_unlock（&tasklist_lock）;

        printk（"total tasks:                %4d\n",   nr_total）;
        printk（"TASK_RUNNING:               %4d\n",   nr_running）;
        printk（"TASK_INTERRUPTIBLE:         %4d\n",   nr_interruptible）;
        printk（"TASK_UNINTERRUPTIBLE: %4d\n",   nr_uninterruptible）;
```

```
        printk ("TASK_STOPPED:              %4d\n",  nr_stopped);
        printk ("TASK_TRACED:               %4d\n",  nr_traced);
        printk ("TASK_ZOMBIE:               %4d\n",  nr_zombie);
        printk ("TASK_DEAD:                 %4d\n",  nr_dead);
        printk ("unknown state:         %4d\n",  nr_unknown);

        return;
}

static int reportd (void *p)
{
        long i;

        set_user_nice (current,  19);
        set_current_state (TASK_INTERRUPTIBLE);

        while  (!kthread_should_stop ())  {
                __set_current_state (TASK_RUNNING);

                i = report_interval;
                if  (i == 0)
                        i = 1;
                else
                        do_something ();

                set_current_state (TASK_INTERRUPTIBLE);

                schedule_timeout (i * HZ);
        }

        __set_current_state (TASK_RUNNING);
        return 0;
}

static int __init init_kreportd (void)
{
        int rv = 0;

        /* create directory */
        example_dir = proc_mkdir (MODULE_NAME,  NULL);
```

```
        if（example_dir == NULL） {
                rv = -ENOMEM;
                goto out;
        }

        example_dir->owner = THIS_MODULE;

        /* create report_interval file using proc functions */
        report_interval_file=create_proc_entry"report_interval"， 0644，
                        example_dir）;
        if（report_interval_file == NULL） {
                rv = -ENOMEM;
                goto no_report;
        }

        report_interval_file->read_proc = proc_read_interval;
        report_interval_file->write_proc = proc_write_interval;
        report_interval_file->owner = THIS_MODULE;

        /* start the kernel thread */
        report_task = kthread_run（reportd， NULL， "kreportd"）;
        if （IS_ERR（report_task）） {
                printk（KERN_ERR "kreportd create failed.\n"）;
                return PTR_ERR（report_task）;
        } else
                printk（"kreportd create successful.\n"）;

        /* everything OK */
        printk（KERN_INFO "%s %s initialised\n"，
                        MODULE_NAME， MODULE_VERS）;
        return 0;

no_report:
        remove_proc_entry（MODULE_NAME， NULL）;
out:
        return rv;
}

static void __exit cleanup_kreportd（void）
{
        remove_proc_entry（"report_interval"， example_dir）;
        remove_proc_entry（MODULE_NAME， NULL）;
```

```
        kthread_stop（report_task）;

        printk（KERN_INFO "%s %s removed\n",
                        MODULE_NAME， MODULE_VERS）;
}


module_init（init_kreportd）;
module_exit（cleanup_kreportd）;

MODULE_AUTHOR（"Yin Kangkai"）;
MODULE_DESCRIPTION（"kthread examples"）;
MODULE_LICENSE（"GPL"）;
```

程序说明如下：

1. 该程序使用的是 kthread_run（）接口创建内核线程，而不是我们前面所说的 kernel_thread（）函数。kthread_run（）是 2.6 版内核里面的创建内核线程的更方便的函数，该函数先调用 kthread_create（）创建一个内核线程，并且唤醒这个内核线程使它可以运行。详细内容可以参考 kthread_create（）的内核代码。

2. 为方便起见，我们使用内核模块来实现这段代码，关于内核模块编程的细节，请参考本书《内核模块》一章，我们在这里只给出编译这个内核模块的 Makefile。假设这个源程序的文件名是 kreportd.c，把下面这个 Makefile 放在和 kreportd.c 同一个目录：

```
TARGET = kreportd
KDIR = /usr/src/linux
PWD = $（shell pwd）
obj-m := $（TARGET）.o
default:
    make -C $（KDIR） M=$（PWD） modules
```

然后使用"make"命令就可以编译出 kreportd.ko

```
[kai@localhost 3]$ make
make -C /usr/src/linux M=/home/kai/3 modules
make[1]: Entering directory `/usr/src/redhat/BUILD/kernel-2.6.15/linux-2.6.15.i686'
    CC [M]  /home/kai/3/kreportd.o
    Building modules， stage 2.
    MODPOST
    LD [M]  /home/kai/3/kreportd.ko
```

```
make[1]: Leaving directory `/usr/src/redhat/BUILD/kernel-2.6.15/linux-2.6.15.i686'
[kai@localhost 3]$
```

3. 当内核模块编译出来之后，我们就可以使用 insmod 命令加载这个模块，一旦加载上，会创建出一个内核线程 kreportd。使用命令 rmmod 卸载模块，卸载模块之后，kreportd 内核线程也会退出。

```
[root@localhost 3]# /sbin/insmod kreportd.ko
[root@localhost 3]# ps ax|grep kreportd
  5515 ?        Ss     0:43 gvim kreportd.c
  6286 ?        SN     0:00 [kreportd]
  6288 pts/3    S+     0:00 grep kreportd
[root@localhost 3]# /sbin/rmmod kreportd
[root@localhost 3]# ps ax|grep kreportd
  5515 ?        Ss     0:43 gvim kreportd.c
  6294 pts/3    S+     0:00 grep kreportd
[root@localhost 3]#
```

请注意：如果有用户在/proc/kreportd 目录下，rmmod kreportd 的时候会报错。必须保证没有用户在目录/proc/kreportd 下，卸载才能成功。

```
[root@localhost kreportd]# pwd
/proc/kreportd
[root@localhost kreportd]# /sbin/rmmod kreportd
ERROR: Module kreportd is in use
[root@localhost kreportd]# cd /
[root@localhost /]# /sbin/rmmod kreportd
[root@localhost /]#
```

4. 内核模块加载入内核时，会在/proc 根目录下面创建一个 kreportd 目录，然后在那个目录下创建 report_interval 可读写文件。这个文件用于控制 kreportd 打印的时间间隔。读者可以试着写入一个 0-60 之间的数值到这个文件中，控制打印输出的频率。

5. 内核模块加载入内核之后，会定时的打印输出当前系统中进程的一个统计信息。比如：

```
[root@localhost /]# tail -f /var/log/messages
Sep 23 03:37:47 localhost kernel: total tasks:                68
Sep 23 03:37:47 localhost kernel: TASK_RUNNING:               1
Sep 23 03:37:47 localhost kernel: TASK_INTERRUPTIBLE:         67
Sep 23 03:37:47 localhost kernel: TASK_UNINTERRUPTIBLE:       0
Sep 23 03:37:47 localhost kernel: TASK_STOPPED:               0
Sep 23 03:37:47 localhost kernel: TASK_TRACED:                0
Sep 23 03:37:47 localhost kernel: TASK_ZOMBIE:                0
```

```
Sep 23 03:37:47 localhost kernel: TASK_DEAD:              0
Sep 23 03:37:47 localhost kernel: unknown state:          0
```

实验思考

对线程库的实现比较感兴趣的读者，请参考下面这些简单的线程库实现，也可以自己动手写一个实现。

bb_threads， Bare-bones threads: A simple Linux thread library that uses clone and provides mutexes.
ftp://caliban.physics.utoronto.ca/pub/linux/bb_threads.tar.gz

libfiber：一个小的线程库实现。
http://evanjones.ca/software/libfiber.tar.gz

参考资料

[1]. Learning about Linux Processes
http://linuxgazette.net/133/saha.html

[2]. <Understanding the Linux Kernel>

[3]. Do You Volatile？ Should You？
http://www.kcomputing.com/volatile.html

[4]. [announce] [patch] batch/idle priority scheduling， SCHED_BATCH
http://ussg.iu.edu/hypermail/linux/kernel/0206.3/0694.html

[5]. Linux 2.6.16
http://kernelnewbies.org/Linux_2_6_16

[6]. Sched batch for staircase
http://lwn.net/Articles/96494/

[7]. http://kerneltrap.org/man/linux/man2/execve.2

[8]. Kernel threads made easy
http://lwn.net/Articles/65178/

[9]. Linus on process and thread
http://evanjones.ca/software/threading-linus-msg.html

[10]. LinuxThreads
http://pauillac.inria.fr/~xleroy/linuxthreads/

[11]. Linux 线程实现机制分析
http://www-128.ibm.com/developerworks/cn/linux/kernel/l-thread/

[12]. 线程的基本概念
http://www.dqwoo.com/article.asp？id=82

[13]. Linux 线程模型的比较：LinuxThreads 和 NPTL
http://www.ibm.com/developerworks/cn/linux/l-threading.html

http://www.linuxforum.net/forum/showflat.php?Cat=&Board=linuxK&Number=214284&page=73&view=collapsed&sb=5&o=all

[14]. NPTL
http://kerneltrap.org/node/422
http://people.redhat.com/drepper/nptl-design.pdf

[15]. Implementing a Thread Library on Linux
http://evanjones.ca/software/threading.html

[16]. GNU Pth
http://www.gnu.org/brave-gnu-world/issue-7.en.html
http://www.gnu.org/software/pth/

第 12 章　/proc 文件系统

实验目的

- 学习使用/proc 文件系统。
- 使用/proc 文件系统显示缺页状态。
- 使用/proc 文件系统输出超过一个页面的信息。

请注意：你在第一阶段的学习中可以先把重点放在怎样使用 proc 文件系统上；关于 proc 文件系统的内部实现细节，由于牵涉到太多文件系统原理与相关概念，建议你在学习完本书“文件系统”这一章之后，在回过头来对照相应代码进行分析。

实验内容

1. 在/proc 文件系统中添加必要的节点，以统计操作系统发生的缺页中断次数。
2. 实现一个 proc 文件接口，每次当用户读取这个 proc 文件的时候，要求打印出系统中所有进程的 pid， comm， start_time， utime， stime， policy， priority

实验原理

12.1　/proc 文件系统

procfs，是 process fs 的缩写。最开始的时候只是一些进程相关的信息的集合，Linux 扩展了这个概念，可以通过/proc 文件系统交互几乎任何内核的信息。/proc 不是一个真正的文件系统（这么说的意思是，/proc 不像普通的文件系统是用于管理磁盘上的文件，并且要占用磁盘上的空间；/proc 只存在于内存中，更确切地说是只有管理模块存在于内存中，所有具体的信息都动态地从运行中的内核里面读取）。proc 文件系统的历史有点复杂，基本上，随着 Unix 的演化而到了今天这个样子，为我们带来方便。

/proc 文件系统是一个接口，用户与内核交互的接口，用户从/proc 文件系统中读取很多内核释放出来的信息（包括内核各个管理模块的动态信息，CPU 信息，硬件驱动释放出来的信息等等）；同时内核也可以在必要的时候从用户得到输入，进而改变内核的变量，或者运行状态。

/proc 文件系统中主要包含两方面的文件（或者说主要有两个大的用途）：一是只读文件，用于读取系统信息，或者内核配置信息；二是可写文件，用于向内核传递参数。

/proc文件系统是一个虚拟文件系统，它只存在内存当中，而不占用外存空间。它以文件系统的方式为访问系统内核数据的操作提供接口，通过文件系统接口实现，用于输出系统运行状态。它以文件的形式，为操作系统本身和应用程序直接的通信提供了一个界面，用户和应用程序可以安全、方便地通过/proc得到系统的信息，并可以改变内核的某些参数。

由于系统的信息，如进程，是动态改变的，所以用户或应用程序读取/proc文件时，/proc文件系统是动态从系统内核读出所需信息并提交的。

12.2 现有proc文件系统中各个文件的含义

使用一个操作系统时，我们经常会先了解一下系统状况，比如CPU的型号、内存的配置等硬件信息。另外，我们还希望监测内存使用情况等动态的系统信息，以便清楚掌握系统运行情况。

我们知道普通进程是运行在用户态下的，它们无法直接访问内核数据来了解系统信息。虽然内核提供了系统调用能让用户进程访问某些数据结构，但这种方式一来很不方便，另外一点通过这种方式内核释放出来的信息非常有限。

在现代的操作系统中实现了另外一种方式：/proc虚拟文件系统。通过读取它里面的一些文件，可以获取系统状态信息并且修改某些系统的配置信息。/proc文件系统本身并不占用硬盘空间，它仅存在于内存之中，为操作系统本身和应用程序之间的通信提供了一个安全的界面。像Linux内核可卸载模块都在/proc文件系统中创建实体。当我们在内核中添加了新功能或设备驱动时，经常需要得到一些系统状态的信息，一般这样的功能可能需要经过一些类似ioctl（）的系统调用来完成。系统调用界面对于一些功能性的信息可能是适合的，因为应用程序必须将这些信息读出后再做一定的处理。但对于一些实时性的系统信息，例如内存的使用状况，或者是驱动设备的统计资料等，我们更需要一个比较简单易用的界面来取得它们。/proc文件系统就是这样的一个界面，我们可以简单地用cat，strings程序来查看这些信息。

例如，查看系统内存的使用状况可以用如下的命令：

```
# cat /proc/meminfo
MemTotal:        256104 kB
MemFree:          59676 kB
Buffers:          31624 kB
Cached:          122828 kB
SwapCached:           0 kB
Active:          108756 kB
Inactive:         65172 kB
HighTotal:            0 kB
HighFree:             0 kB
LowTotal:        256104 kB
LowFree:          59676 kB
```

```
SwapTotal:        262136 kB
SwapFree:         262136 kB
Dirty:                96 kB
Writeback:             0 kB
Mapped:            30908 kB
Slab:              18724 kB
CommitLimit:      390188 kB
Committed_AS:      41456 kB
PageTables:         1176 kB
VmallocTotal:     770040 kB
VmallocUsed:        1608 kB
VmallocChunk:     764120 kB
HugePages_Total:       0
HugePages_Free:        0
Hugepagesize:       4096 kB
```

下面就介绍从/proc 文件系统各文件中能获取的信息。我们的目的就是将你领入到/proc 去探索系统状况，让你大概知道从系统中能得到什么信息以及从哪里可以得到。我们不可能详细列出每一文件的每一信息，而且不同版本在/proc 中的文件也有所区别（你会在后面学习如何在/proc 添加自己的文件），希望你能够自己去尝试，尤其是获得当前应用程序所需的信息。

12.2.1 系统信息

在/proc 文件系统根目录下有大量记录系统信息的文件和目录，表 12-1 列出了一些与进程无关的部分，目录和文件视内核配置情况而定，不一定都存在。

表 12-1 /proc 根下文件和目录

文件/目录名	描述
Apm	高级电源管理信息
Bus	包含了总线以及总线上设备信息的目录，子目录以总线类型组织
Cmdline	内核的命令行参数
Cpuinfo	CPU 信息，包括主频、类型等信息
Devices	系统字符和块设备编号及驱动程序名
Dma	正在使用的 DMA 通道
Driver	组织了不同的驱动程序
Execdomains	和安全相关的 execdomain
Fb	framebuffer 设备
Filesystems	系统支持的文件系统类型
Fs	文件系统需要的参数，对 NFS/export 有效
Ide	包含了 IDE 子系统信息的目录
Interrupts	系统注册的中断信息，其内容包括中断号、收到的中断数、驱动器名等。

文件/目录名	描述
Iomem	内存映像
Ioports	I/O 端口使用情况
Irq	与 cpu 有关的中断掩码
Kcore	内核的 core 文件映像，记录了系统物理内存情况。可以使用 gdb 程序从中检查内核数据结构。该文件不是文本格式，不能用 cat 等文本查看器查看其内容。
Kmsg	内核消息，可以从该文件检索内核使用 printk（）产生的消息。
Kallsyms	内核符号表，包括内核标识符地址和名称
Loadavg	最近 1 分，5 分，15 分钟时候的系统平均负载量
Locks	内核锁，记录与被打开的文件有关的锁信息
Mdstat	被 md 设备驱动程序控制的 RAID 设备的信息
Meminfo	内存信息
Misc	杂项设备信息
Modules	系统正在使用 module 信息
Mounts	已经装载的文件系统
Net	保存网络信息的目录
Partitions	硬盘分区情况
Pci	PCI 总线上设备情况
Scsi	SCSI 设备信息
Slabinfo	slab 池信息
Stat	静态统计信息，包括 CPU 的使用情况、磁盘、页面、交换、启动时间等数据。
Swap	交换分区的使用情况
Sys	可以更改的内核数据的目录，其下包含的文件由表 12-2 说明。
Sysvipc	和 sys V IPC 相关数据文件目录，包括系统中消息队列（msg 文件）、信号量（sem 文件）、共享内存（shm 文件）的信息。
Tty	和终端相关数据
Uptime	从系统启动到现在所经过的秒数及系统空闲时间。
Version	内核版本数据

/proc/sys 目录是一个特殊的目录，它支持直接使用文件系统的写操作，完成对内核中预定的一些变量的改变，从而达到更改系统特性的目的。比如说需要增加系统同时打开文件的个数，以提高使用 Linux 作为文件服务器的性能，那么可以使用下面的语句：

```
#cat /proc/sys/fs/file-max
4096
#echo 8192>/proc/sys/fs/file-max
#cat /proc/sys/fs/file-max
8192
```

另外，还有很多关于网络、文件系统的性能微调都是在/proc/sys/下的对应目录中完成的。比如，fs 目录下包括文件系统、文件描述句柄（handle）、inode 节点以及磁盘限额等信息。表 12-2 是对部分文件和目录的说明。

表 12-2 /proc/sys 下文件和目录

文件/目录名	描述
fs/dentry-state	目录缓存的状态
fs/dquot-nr	分配的磁盘配额项及空余项
fs/file-max	系统能够分配的最大文件句柄数，即同时打开的文件数
fs/file-nr	已分配、使用的和最大的文件句柄数
fs/inode-nr	最大的 inode 数和已分配的 inode 数
fs/inode-stat	已分配的 inode 数、不在用的 inode 数等信息
fs/super-max	系统能够分配的 super block 数，每个被加载的文件系统都要一个 super block
fs/super-nr	已分配的 super block 数
kernel/acct	进程帐号控制值
kernel/ctrl-alt-del	Ctrl-Alt-Del 键的作用
kernel/domainname	机器域名
kernel/hostname	主机名
kernel/osrelease	内核版本号
kernel/ostype	“Linux”
kernel/pacnic	内核应急超时值
kernel/printk	内核消息日志级数
kernel/real-root-dev	根设备的数量
kernel/version	内核编译日期
net/core	通用网络参数
net/ipv4	IP 网络参数
vm/bdflush	磁盘缓冲区刷新参数
vm/freepages	最小自由页数

12.2.2 进程信息

当你进入/proc 目录时，你会发现很多以十进制数为标题的目录，它们都是记录系统中正在运行的每个用户级进程的信息，数字表示进程号（pid）。/ proc/self 是当前进程目录的符号链接。这些目录下存放着许多有关进程信息的文件，比如 status 文件包含许多进程控制块（PCB）中的进程状态信息，我们用 cat 命令显示如下：

```
#cat /proc/self/status
Name:    cat
State:  R  （running）
```

```
Pid:      8901
PPid:     8779
TracerPid:        0
Uid:      0         0         0         0
Gid:      0         0         0         0
FDSize: 256
Groups: 0 1 2 3 4 6 10
VmSize:       1648 kB
VmLck:           0 kB
VmRSS:         508 kB
VmData:         36 kB
VmStk:          20 kB
VmExe:          16 kB
VmLib:        1312 kB
SigPnd: 0000000000000000
SigBlk: 0000000000000000
SigIgn: 8000000000000000
SigCgt: 0000000000000000
CapInh: 0000000000000000
CapPrm: 00000000fffffeff
CapEff: 00000000fffffeff
```

在每个目录下，进程信息是类似的。表 12-3 说明了/proc 文件系统中进程相关目录的内容。

表 12-3 相应进程目录下文件和目录

文件/目录名	描述
Cmdline	该进程的命令行参数
Cwd	进程运行的当前路径的符号链接
Environ	该进程运行的环境变量
Exe	该进程相关的程序文件的符号链接
Fd	包含了所有该进程使用的文件描述符的目录
Maps	可执行程序或者库文件对应的内存映像
Mem	该进程使用的内存
Root	该进程所有者的家（home）目录
Stat	进程状态
Statm	进程的内存状态
Status	用易读的方式表示的进程状态

12.3 怎样使用/proc 文件系统

内核编程、调试中，经常需要内核释放出一些状态信息给应用层，或者用于调试，或者只是让用户了解内核或驱动的工作状态，这时候我们就需要在/proc 文件系统下面添加文件。

那么，怎么样使用 proc 文件系统创建我们自己的文件和目录呢？首先，包含这个头文件：

```
#include <linux/proc_fs.h>
```

12.3.1 创建与删除 proc 文件

1. 创建普通文件

```
struct proc_dir_entry* create_proc_entry（const char* name，
mode_t mode，  struct proc_dir_entry* parent）；
```

参数说明：

name:　要创建的文件名
mode:　要创建的文件的属性
parent:　这个文件的父目录

使用该函数创建一个普通文件，文件名是 name，文件属性 mode，所在的父目录是 parent。如果要在/proc 文件系统的根目录下创建这个文件，那么 parent 为 NULL。如果创建成功，该函数返回一个指向新建的 proc_dir_entry 结构的指针，否则返回 NULL。

name 参数可以包含多级目录，比如 create_proc_entry（"foo/bar/test"），调用这个函数会自动创建文件之前的目录（如果需要），这些目录的属性是默认属性 0755。

这个调用只负责在 proc 中创建这个节点，即你能在 proc 中看到这个文件。但是并没有关联对应的文件读写函数。如果只需要创建一个只读文件，可以使用这个更方便的接口：

```
struct proc_dir_entry* create_proc_read_entry（const char* name，
    mode_t mode，
    struct proc_dir_entry* parent，
    read_proc_t* read_proc，
    void* data）；
```

参数说明：

name:　要创建的文件名
mode:　要创建的文件的属性

parent:　这个文件的父目录

read_proc: 当用户读这个 proc 文件的时候，内核调用的函数

data:　传给 read_proc 的参数

这个函数跟 create_proc_entry 基本一样。不同的是，会同时给这个 proc 文件挂接上读函数 read_proc。

2. 创建符号链接

有时候我们需要在 proc 文件中创建一个对已有文件的符号链接，这时候我们可以使用如下的接口：

```
struct proc_dir_entry* proc_symlink（const char* name，
    struct proc_dir_entry* parent，
    const char* dest）；
```

参数说明：

name:　要创建的文件名

parent:　这个文件的父目录

dest:　符号链接的目标文件

该函数在父目录 parent 中创建一个指向 dest 的链接 name。我们可以理解为对应的 ln 指令：
ln –s dest parent/name

3. 创建目录

```
struct proc_dir_entry* proc_mkdir（const char* name，
     struct proc_dir_entry* parent）；
```

参数说明：

name:　要创建的目录名

parent:　这个目录的父目录

该函数创建在父目录 parent 下创建一个目录 name。

4. 删除文件或目录

```
void remove_proc_entry（const char* name，
    struct proc_dir_entry* parent）；
```

参数说明：

name:　要删除的文件或目录名

parent:　所在的父目录

这个函数从 proc 文件系统中删除一个文件或目录。可能跟大多数人编程的习惯不一样，proc 文件系统中文件的删除是通过参数 name，而不是通过创建那个文件时所返回的指向

proc_dir_entry的指针。另外一点需要注意的是，该函数不会递归删除目录下的文件。如果在proc_dir_entry中的data变量保存了分配的内存，也请先释放对应的内存，然后再删除该文件。

12.3.2 读写proc文件

当用户读或者写这些文件的时候，为了使这些文件能被读写，我们还需要挂接上读写回调函数：read_proc和write_proc（如果是只读文件，则只需要挂接read_proc）。如下：

```
struct proc_dir_entry* entry;

entry->read_proc = read_proc_foo;
entry->write_proc = write_proc_foo;
```

其中，read_proc_foo， write_proc_foo就是你要实现的读写回调函数。下面分别说明：

1. 读函数read_func

当用户读proc下面的某个文件的时候，对应该文件的read_proc函数会被调用，该函数的原型如下：

```
int read_func（char* buffer，
     char**    start，
     off_t     off，
     int       count，
     int*      peof，
     void*     data）；
```

参数说明：

buffer: 在read_func函数里面，你把需要返回给应用的信息写入buffer，注意不要超过PAGE_SIZE（一般是4K大小）。

start: 一般不使用

off: buffer的偏移量，表明buffer中已有的数据。

count: 用户所要读取的字节数目。

peof: 当读到文件尾的时候，请把peof指向的位置置1。

data: 当一个read_func函数被多个proc文件定义为“读”函数的时候，我们可以通过这个指针传递参数。

通常的情况，该函数把要写的信息写入buffer，最多不要超过PAGE_SIZE。在有些复杂的情况下，函数从buffer的偏移量off处写进最多count个字节，并且使用start和peof

来标记返回的数据和文件尾。（具体信息请参考源代码 fs/proc/generic.c，不作详述）

简短例子：

```
static int proc_read_jiffies（char *page，  char **start，
                             off_t off，  int count，
                             int *eof，   void *data）
{
        int len;

        len = sprintf（page，  "jiffies = %ld\n"，
                      jiffies）；

        return len;
}
```

2. 写函数 write_func

如果你实现并且挂接上 write_proc 函数给一个具体的 proc 文件，那么当用户写这个文件的时候，对应 write_proc 函数会被调用，该函数的原型如下：

```
int write_func（struct file* file，
    const char* buffer，
    unsigned long count，
    void* data）；
```

参数说明：

file:　　该 proc 文件对应的 file 结构，一般忽略
buffer:　待写的数据所在的位置
count:　 待写数据的大小
data:　　同 read_func

该函数最多从 buffer 中读取 count 个字节的数据。需要注意的是，buffer 并不在内核地址空间，所以需要先把这些数据拷贝到内核，可以使用内核中的 copy_from_user（）函数。

简短例子：

```
static int proc_write_foobar（struct file *file，
               const char *buffer，
               unsigned long count，
               void *data）
```

```
{
#define FOO_LEN 16
        char foo[FOO_LEN + 1];
        int len;

        if (count >= FOO_LEN)
                len = FOO_LEN;
        else
                len = count;

        memset (foo,  0,  FOO_LEN + 1) ;
        if (copy_from_user (foo,  buffer,  len))
                return -EFAULT;

        return len;
}
```

具体使用请参考实验指导中的第一个实验。

12.4 seq_file

seq_file 的出现主要是为了解决 proc 文件系统的两个不足： 第一，对于 buffer 大小大于一个 PAGE_SIZE 的情况不能很好地处理；第二，当内核向用户的输出变得很大的时候，应用程序可能在一次读的时候没有准备那么大的 buffer，所以应用程序会分几次来读内核提供的信息。这时候就牵涉到多次读，寻找偏移量。某一次读操作的偏移量很可能在某行输出的中间位置，而我们知道 proc 文件系统中的文件都是虚拟文件，对这些文件的偏移寻址可不像磁盘文件那么简单，必须很小心地处理。原先的 proc 文件系统对这点支持并不是很友好，编程也不是很容易。

于是 Alexander Viro 在 2.6 版本中实现了 seq_file 编程接口(后来又被向下移植到 2.4)，以解决上面提到的 proc 文件系统的这些不足。作为 proc 文件系统很好的补充。

使用 seq_file 编程来实现一个 proc 虚拟文件的时候，用户必须抽象出一个链接对象，然后可以依次遍历这个链接对象。这个链接对象可以是链表，可以是数组，可以是哈希表等等。这样的链接对象在内核中是很多的。举个例子，就像遍历内核中的 task_struct 链表，我们知道在内核中，所有的 task_struct 是链成一个链表的。这就是一个很好的链接对象的抽象。每一个链表项 task_struct 就是一个对象，然后可以依次一个一个地遍历完这个链表。seq_file 处理这种问题简直是得心应手。具体的代码示例。我们现在先分析一下它的实现机理（读者也可以对照着代码来进行理解，相信理解起来会更容易）。

12.4.1 seq_file 的操作函数

若要使用 seq_file 编程接口，必须实现对应的四个操作函数，分别是：start（）， next（）， show（）， stop（）：

include/linux/seq_file.h， line 27

```
27 struct seq_operations {
28          void * （*start） （struct seq_file *m， loff_t *pos）;
29          void （*stop） （struct seq_file *m， void *v）;
30          void * （*next） （struct seq_file *m， void *v， loff_t *pos）;
31          int （*show） （struct seq_file *m， void *v）;
32 };
```

start：函数指针。一般用来遍历链接对象的时候做初始化准备工作。seq_file 会在遍历一个链接对象开始时调用这个函数。可以从 pos 参数中得到偏移量，返回一个链接对象的偏移，接下来的读操作将从那个链接对象开始。start 函数也可以返回一个特殊值 SEQ_START_TOKEN，可以用来表征这是所有循环的开始。一般用来告诉 show 函数，让它有机会打印出一个表头（具体见实验中的代码）。如果出错，返回 ERR_PTR（error_code）。

stop：函数指针，当所有链接对象遍历结束的时候，这个函数会被调用。一般用来做一些清理工作，比如释放锁，释放内存等。需要特别注意的一点是，如果 start 函数被调用了，那么 seq_file 机制保证一定会调用 stop 函数，即使 start 函数返回一个出错值。

next：函数指针，用来在遍历中寻找下一个链接对象。在具体的例子中，一般都是往前遍历到链表的下一个表项 / 节点。next 返回下一个链接对象；或者 NULL，如果遍历已经结束。

show：函数指针，这是 seq_file 最有趣也最核心的部分，很显然我们遍历一个循环对象的目的都是为了对每一个（或者有时候是某些）对象做一些操作。这个函数就是用于这个目的。该函数对当前遍历到的链接对象/节点进行一定的操作，由于我们是在 proc 文件系统里面，很显然，一般这个操作就是使用下面将要说到的 seq_xxx 格式化输出函数打印出这个对象/节点的一些信息。一般返回 0，如果出错，返回一个非 0 的出错值。

所以，一般来说，seq_file 调用这些函数的顺序就是 start， next， show， next， show， stop。这一点也可以从函数 start， next， stop 的返回值跟参数中得到提示，我们可以注意到 start 返回链接对象的某一个开始节点，这个节点作为参数 void *v 传递给 next 函数，next 函数返回下一个节点，又作为参数 void *v 传给 show 函数，show 函数把这个节点中的信息打印出来。如果所有需要的节点都处理完了，最后一个节点作为参数 void *v 传给 stop 函数，做必要的扫尾操作。如图 12-1。

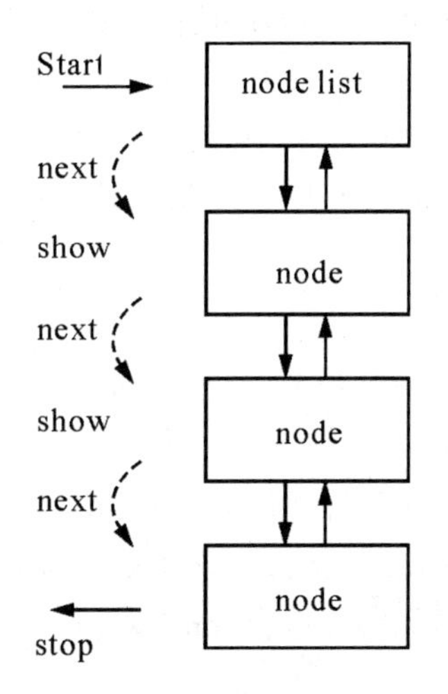

图 12-1 seq_file 函数遍历一个链表

include/linux/seq_file.h， line 15

```
15 struct seq_file {
16              char *buf;
17              size_t size;
18              size_t from;
19              size_t count;
20              loff_t index;
21              loff_t version;
22              struct semaphore sem;
23              struct seq_operations *op;
24              void *private;
25 };
```

seq_file 结构会在 seq_open 函数调用中分配，然后作为参数会传给每一个 seq_file 的操作函数。主要管理这个 seq_file 的内部偏移，缓冲区等等。还有一个 private 变量，可以用来在各个操作函数之间传递参数，比如你在 start 的时候分配的另一块缓冲区（相对于原来的缓冲区 buf 而言），你可以在 next， show 中使用，然后在 stop 中释放它。

12.4.2 格式化输出

seq_file 管理循环遍历所打印出来的信息，然后输出给用户。为了方便内核编程，seq_file 提供了一些格式化输出函数。

seq_prinf ()：该函数的使用跟 printk 相似，所不同的是需要一个指向 seq_file 的指针，里面保存了打印缓冲区，当前偏移量等信息。

seq_putc（truct seq_file *m， char c）：

seq_puts（truct seq_file *m， const char *s）：这两个函数分别输出字符与字符串。

seq_escape（truct seq_file *m， const char *s， const char *esc）：跟 seq_puts 类似，不同的是，这个函数特殊处理字符串 s 中的特殊字符（esc 指针所指向的每个字符），这些特殊字符输出为 8 进制，其他字符原样输出。

12.4.3 使用 seq_file

有了前面对 seq_file 的基本知识之后，我们就可以在 proc 文件操作中采用 seq_file 了。下面让我们来看看具体的方式。

一个 seq_file 类型的 proc 文件系统文件采用 create_proc_entry（）创建（这一点跟前面普通 proc 文件创建没有差别），然后设定这个新创建的 proc 文件的操作函数 proc_fops 为我们定义好的一个操作函数，比如代码（摘自 mm/swapfile.c）：

mm/swapfile.c， line 1301

```
1301 static int __init procswaps_init（oid）
1302 {
1303            struct proc_dir_entry *entry;
1304
1305            entry = create_proc_entry（swaps"， 0， NULL）;
1306            if （ntry）
1307                    entry->proc_fops = &proc_swaps_operations;
1308            return 0;
1309 }
```

其中，proc_swaps_operations 的定义如下：

mm/swapfile.c， line 1294

```
1294 static struct file_operations proc_swaps_operations = {
1295            .open           = swaps_open，
1296            .read           = seq_read，
1297            .llseek         = seq_lseek，
1298            .release        = seq_release，
1299 };
```

很显然，我们注意到 read， llseek， release 函数都是默认的 seq_file 的处理函数。表明这个文件操作的是一个 seq_file 类型的 proc 文件。

看看 swaps_open 做了什么：

mm/swapfile.c， line 1289

```
1289 static int swaps_open（truct inode *inode，  struct file *file）
1290 {
1291            return seq_open（ile，  &swaps_op）;
1292 }
```

swaps_open（）只做了一件事情，就是调用 seq_open（）函数，并且把对于 seq_file 的循环遍历处理函数传递给它。

```
mm/swapfile.c，  line 1282
1282 static struct seq_operations swaps_op = {
1283            .start =          swap_start,
1284            .next =           swap_next,
1285            .stop =           swap_stop,
1286            .show =           swap_show
1287 };
```

然后把这个思路反向理一遍，创建一个 seq_file 类型的 proc 文件，这种文件的操作函数比较特殊，是 4 个循环遍历函数，以后每次对这个 seq_file 类型的 proc 文件的读都是通过这四个函数实际进行的。怎么样，清楚了吗？如果还有一些疑问，没关系，对照参考一下本实验 3 的代码吧。

12.5 proc 文件系统的内部实现机制

前面几节的内容基本上是关于/proc 文件系统的使用，即从一个使用者的角度来学习怎么使用/proc 文件系统。这一节我们再深入一些，分析/proc 文件系统的实现。由于章节安排的关系，读者可以在学习完本书《文件系统》一章之后，再回过头来学习这一部分内容，应该会更容易理解。

12.5.1 /proc 文件数据结构定义

1. struct proc_dir_entry 定义

在/proc 文件系统中，代表各个文件节点的结构就是 proc_dir_entry 结构。和文件系统中 dir_entry 相似，它管理着从操作系统的用户空间到核心空间对文件读写的驱动。但是，和一般的文件系统不同的是，它修改的并不是实实在在的硬盘上的文件，而是在系统启动之后在内存中由内核动态创建的文件。因此在系统关闭之后，/proc 文件系统中的文件就不存在了。在系统启动之后，内核创建由 proc_dir_entry 结构形成的/proc 文件系统树，每当从用户空间读取/proc 目录下面的文件的时候，内核根据读取的文件系统映射到对应的驱动函数，动态地获取内核数据。

include/linux/proc_fs.h， line 50

```
44 typedef int （ead_proc_t）（har *page， char **start， off_t off，
45                                   int count， int *eof， void *data）;
46 typedef int （rite_proc_t）（truct file *file， const char __user *buffer，
47                                   unsigned long count， void *data）;
48 typedef int （et_info_t）（har *， char **， off_t， int）;
49
50 struct proc_dir_entry {
51           unsigned int low_ino;
52           unsigned short namelen;
53           const char *name;
54           mode_t mode;
55           nlink_t nlink;
56           uid_t uid;
57           gid_t gid;
58           unsigned long size;
59           struct inode_operations * proc_iops;
60           struct file_operations * proc_fops;
61           get_info_t *get_info;
62           struct module *owner;
63           struct proc_dir_entry *next， *parent， *subdir;
64           void *data;
65           read_proc_t *read_proc;
66           write_proc_t *write_proc;
67           atomic_t count;          /* use count */
68           int deleted;             /* delete flag */
69           void *set;
70 };
```

50：数据结构 proc_dir_entry 用来描述一个/proc 文件系统中目录结构节点。每一个节点在整个目录结构树中，或者是一个文件，或者是一个目录。通过一些指针将大量的 proc_dir_entry 节点组成树状结构。该结构的主要目的是唯一标记一个目录结构，并且，提供对文件的内容的读写所需要的函数指针。

proc_dir_entry 是/proc 文件系统中最重要的数据结构。在系统初始化时，主要的工作就是建立 proc_dir_entry 树。 它保存了完成读写 proc 文件系统所需要的几乎所有关系、属性、操作函数指针等等。由于 proc 文件系统没有外部设备，只存在内存里，因此在读操作时，不能像其它文件系统一样从外存中取 inode 信息，不能从外存读取文件，而只能是从 proc_dir_entry 树中读取 inode 信息，然后再调用 inode 中登记的函数，

动态从内核读取所需要的信息。这样在外部看来，proc 文件系统就和其它文件系统一样，觉察不出区别。

51：low_into 表示的是 inode 节点中成员 i_ino 的低 16 位的数据。在/proc 文件系统中，每个目录结构的类型都是通过 low_ino 的数据来区分的。表 12-4 说明了不同类型的 low_ino 数值的定义。

表 12-4 /proc 文件系统中对应 inode 的号码规定

类　　型	数值	描　　述
PROC_ROOT_INO	1	/proc 的 root 部分的 inode 的 i_ino 的低 16 位
PROC_PID_IND	2	/proc 的进程代表目录的 inode 的 i_ino 的低 16 位

52-53：这两项是这个 proc_dir_entry 项的名称和对应的字符串的长度。

54-58：这些是关于该 proc_dir_entry 的一些属性。其中 mode 是指 inode 是否为目录，是否可读；nlink 是目录下子目录的数目；uid 和 gid 是用户号和组号；对/proc 文件系统下面的项目来说，size 一般都是 0；

59-60：在 proc_dir_entry 中包含的两个操作函数集合。其中 proc_iops 是针对 inode 结构的操作函数集合，proc_fops 是针对 file 结构的操作函数集合。

62：module 结构的指针在使用模块方式创建一个 proc_dir_entry 结构的时候，需要从 proc_dir_entry 中记录它所属的 module 结构，从而可以在卸载这个 proc_dir_entry 结构的情况下，将其对应的 module 结构的引用计数减 1，正确卸载系统的模块。

61， 65-66：这三个函数是在 44-48 行定义的。其中函数 get_info 和 read_proc 都是用作对/proc 目录下的读文件过程。其中 get_info 是为了保持兼容而设立的，但一般都是通过 read_proc 指示的函数读取/proc 文件数据。如果实现了 get_info 方法，就调用 get_info，否则就调用 read_proc 方法来获取文件。write_proc 指针的实现也和它的名称类似，它在 write_proc_file（）函数中得到调用。

63：三个指针将/proc 文件系统中的 proc_dir_entry 节点组成一个树形的结构。如图 12-2 所示。

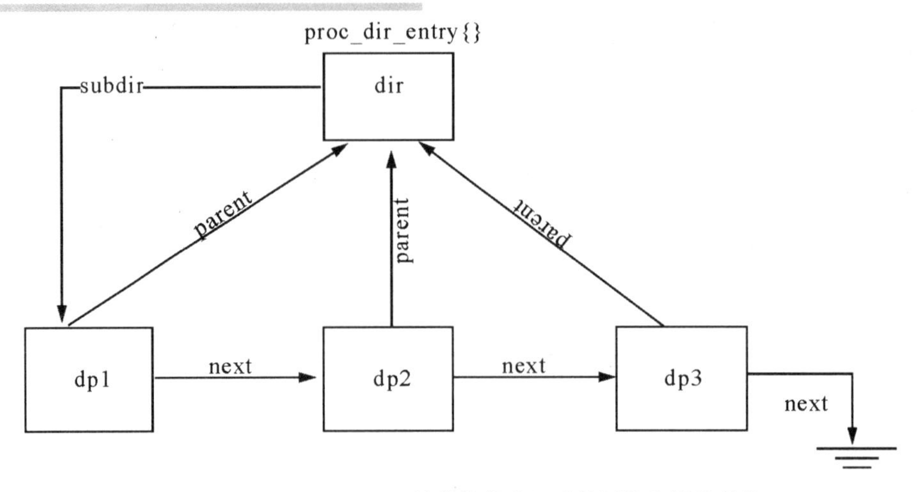

图 12-2 proc_dir_entry 结构的节点组成的树状和链状结构

64：指针 data 是一个 void 类型的指针，用于保存一个可能会和该 proc_dir_entry 相关的内存。

67：count 是该 proc_dir_entry 结构自身的计数器，用于保证对一个 proc 文件的引用的一致性。

68：deleted 用来标记是否该 proc_dir_entry 结构已经被删除。

2. proc_root 定义

由上一节可知，每个/proc 文件系统下面的文件都对应有一个 proc_dir_entry；而/proc 文件的 root 是其中非常特殊的一个：

fs/proc/root.c， line 143

```
143 struct proc_dir_entry proc_root = {
144         .low_ino        = PROC_ROOT_INO,
145         .namelen        = 5,
146         .name           = "/proc",
147         .mode           = S_IFDIR | S_IRUGO | S_IXUGO,
148         .nlink          = 2,
149         .proc_iops      = &proc_root_inode_operations,
150         .proc_fops      = &proc_root_operations,
151         .parent         = &proc_root,
152 };
```

144：low_ino 成员为 PROC_ROOT_INO，表示是/proc 的根目录对应的 proc_dir_entry 结构。

144-145：定义了 proc_root 的名字是"/proc"，长度为 5。

147：定义了该 proc_dir_entry 的模式为目录，并且对任何用户都是可读、可进入的属性。

148：在 proc_对应的目录/proc 下面的文件的个数，初始化的时候为 2，一个为“.”另一个为“..”。
149-150：两个外部变量 proc_root_inode_operations 和 proc_root_operations 分别定义了对 /proc 根目录的文件操作函数集合和 inode 操作函数集合。
151：在/proc 整个目录结构树中，proc_root 是根，因此它的 parent 成员指针指向本身。

12.5.2 /proc 下文件的创建和删除

在本章的前半部分我们曾从使用者的角度学习了怎样在/proc 文件系统里面创建我们自己的文件，下面让我们来看看/proc 内部具体是怎么实现的。

1. create_proc_read_entry（）函数

如果是创建一个只读的文件，我们可以采用 create_proc_read_entry（）函数。

include/linux/proc_fs.h， line 162

```
162 static inline struct proc_dir_entry *create_proc_read_entry（const char *name，
163             mode_t mode，  struct proc_dir_entry *base，
164             read_proc_t *read_proc，  void * data）
165 {
166             struct proc_dir_entry *res=create_proc_entry（name，mode，base）；
167             if （res） {
168                     res->read_proc=read_proc;
169                     res->data=data;
170             }
171             return res;
172 }
```

162：函数 create_proc_read_entry（ ）由 fs/proc/proc_misc.c 文件中的 proc_misc_init（ ）函数调用，用来初始化对应于/proc 根下面一些关于系统信息的文件所对应的 proc_dir_entry 结构。在这个函数中，使用入口参数 read_proc（）函数初始化 proc_dir_entry 结构。
166：调用 create_proc_entry 函数生成一个普通的 proc_dir_entry 结构。
168-169：如果申请 proc_dir_entry 结构成功，那么初始化 proc_dir_entry 结构的 read_proc 函数的指针成员和 data 成员。

2. create_proc_entry（）函数

fs/proc/generic.c， line 637

```
637 struct proc_dir_entry *create_proc_entry（const char *name，  mode_t mode，
638                                          struct proc_dir_entry *parent）
```

```
639 {
640         struct proc_dir_entry *ent;
641         nlink_t nlink;
642 
643         if  (S_ISDIR (mode))  {
644                 if  ((mode & S_IALLUGO)  == 0)
645                         mode |= S_IRUGO | S_IXUGO;
646                 nlink = 2;
647         } else {
648                 if  ((mode & S_IFMT)  == 0)
649                         mode |= S_IFREG;
650                 if  ((mode & S_IALLUGO)  == 0)
651                         mode |= S_IRUGO;
652                 nlink = 1;
653         }
654 
655         ent = proc_create (&parent, name, mode, nlink);
656         if  (ent)  {
657                 if  (S_ISDIR (mode))  {
658                         ent->proc_fops = &proc_dir_operations;
659                         ent->proc_iops = &proc_dir_inode_operations;
660                 }
661                 if  (proc_register (parent,  ent)  < 0)  {
662                         kfree (ent);
663                         ent = NULL;
664                 }
665         }
666         return ent;
667 }
```

637：函数 create_proc_entry（）是通用的创建 proc_dir_entry 结构的过程，入口参数 parent 是需要创建的 proc_dir_entry 结构在整个目录树中的父亲节点，name 是这个结构的名称，mode 是它对应的文件属性。

643-647：判断创建的 proc_dir_entry 结构类型。如果是目录，首先根据 mode 设置是否有“读”和进入的权限，并且初始化它的 nlink 成员为 2。

647-653：如果不是目录类型，那么所做的初始化就是对于一般的文件来说的。根据 mode 的值设置权限，一般就是 mode 本身，并且初始化成员 nlink 为 1。

655：用函数 proc_create（）创建一个 proc_dir_entry 类型的空间，并把名字初始化。

656-665：先判断 ent 是否被成功创建，如果是，那么进行两个判断：根据 mode 设置是否有“读”和进入的权限，然后将 proc_dir_operations 和 proc_dir_inode_operations 两个操作函数指针传给 ent->proc_fops 和 ent->proc_iops；接着调用 proc_register（）函数将

生成的ent注册在parent下面，根据成功与否，决定是否释放ent，并将它赋值为空。

3. proc_mkdir（）函数

fs/proc/generic.c， line 631

```
613 struct proc_dir_entry *proc_mkdir_mode（const char *name， mode_t mode，
614                         struct proc_dir_entry *parent）
615 {
616         struct proc_dir_entry *ent;
617
618         ent = proc_create（&parent， name， S_IFDIR | mode， 2）;
619         if （ent） {
620                 ent->proc_fops = &proc_dir_operations;
621                 ent->proc_iops = &proc_dir_inode_operations;
622
623                 if （proc_register（parent， ent） < 0） {
624                         kfree（ent）;
625                         ent = NULL;
626                 }
627         }
628         return ent;
629 }
630
631 struct proc_dir_entry *proc_mkdir（const char *name，
632                         struct proc_dir_entry *parent）
633 {
634         return proc_mkdir_mode（name， S_IRUGO | S_IXUGO， parent）;
635 }
```

631：函数proc_mkdir（）用于在proc文件系统中生成一个目录。它和create_proc_entry（）函数是平行的，它直接调用在parent对应的目录下生成的proc_dir_entry结构。如果需要建的目录在/proc根下，那么入口参数parent的值为0。

618-628：与create_proc_entry（）函数中655-666一样。

4. remove_proc_entry（）函数

fs/proc/generic.c， line 687

```
687 void remove_proc_entry（const char *name， struct proc_dir_entry *parent）
688 {
689         struct proc_dir_entry **p;
```

```
690             struct proc_dir_entry *de;
691             const char *fn = name;
692             int len;
693
694             if （!parent && xlate_proc_name（name， &parent， &fn） != 0）
695                     goto out;
696             len = strlen（fn）;
697             for （p = &parent->subdir; *p; p=&（*p）->next ） {
698                     if （!proc_match（len， fn， *p））
699                             continue;
700                     de = *p;
701                     *p = de->next;
702                     de->next = NULL;
703                     if （S_ISDIR（de->mode））
704                             parent->nlink--;
705                     proc_kill_inodes（de）;
706                     de->nlink = 0;
707                     WARN_ON（de->subdir）;
708                     if （!atomic_read（&de->count））
709                             free_proc_entry（de）;
710                     else {
711                             de->deleted = 1;
712                             printk（"remove_proc_entry: %s/%s busy， count=%d\n"，
713                                 parent->name， de->name， atomic_read(&de->count));
714                     }
715                     break;
716             }
717 out:
718             return;
719 }
```

687：入口参数 name 是需要删除的 proc_dir_entry 结构的名称，在 parent 的子目录和文件中查找。

694：这是一句判断句，首先检查 parent 是否为 NULL。如果是 NULL，说明它是针对系统（不是针对/proc 文件系统，而是整个 Linux 文件系统）的绝对路径，则调用 xlate_proc_name（）将模式为“tty/driver/serial”的 name 变成“proc/tty/driver”，并且将“serial”返回到 fn 中。

697：这个 for 循环将遍历 parent 所有的子目录和文件，以寻求和 name 匹配的 proc_dir_entry 结构。

698：调用函数 proc_match（）看是否和当前变量的节点匹配，如果不匹配，就进入下一次循环。

700-702：将查找出来的节点从子目录链表中删除并且取出来。

703-704：如果这个结构对应的文件是目录，那么 parent 的 nlink 成员减 1，表示减少了一个目录。

705：将这个 proc_dir_entry 结构对应的 inode 节点释放。

708-709：如果这个 proc_dir_entry 结构不再需要了，那么调用 free_proc_entry（）函数将空间释放。

710-714：否则，就将它的 deleted 成员置 1，表示已经删除了，等适当的时机再是否空间。

5. free_proc_entry（）函数

fs/proc/generic.c， line 669

```
669 void free_proc_entry（struct proc_dir_entry *de）
670 {
671         unsigned int ino = de->low_ino;
672
673         if （ino < PROC_DYNAMIC_FIRST）
674                 return;
675
676         release_inode_number（ino）；
677
678         if （S_ISLNK（de->mode） && de->data）
679                 kfree（de->data）；
680         kfree（de）；
681 }
```

669：函数 free_proc_entry（）用于释放 de 所指的空间。

671：获得这个 proc_dir_entry（）结构对应的 inode 的 i_inode 成员的低 16 位数，存放再 ino 中，用于判断这个 proc_dir_entry 结构是否再动态申请的范围内。

673-674：如果不再动态申请的范围内，那么没有必要将空间释放，因为肯定还可能再次利用；否则就可以将它对应的空间的内存空间释放。

678-679：如果连接文件并且 de->data 中存放有数据，那么需要先释放 de->data 的空间。

680：然后释放 de 的空间。

12.5.3 /proc 下文件的访问和操作

1. /proc 文件/目录注册

创建 proc_dir_entry 结构的时候，需要明确当前创建的这个结构在整个/proc 文件系统目录结构树的位置。除了最根部的 proc_root 节点之外，所有的节点都存在自己的父节点，通过 parent 成员引用到父节点。这种关系的确立在调用函数 create_proc_read_entry（）或者 create_proc_entry（）中就已经通过入口参数指定了，而真正的过程在函数 proc_register（）中完成。

fs/proc/generic.c， line 495

```
495 static int proc_register（struct proc_dir_entry * dir， struct proc_dir_entry * dp）
496 {
497         unsigned int i;
498
499         i = get_inode_number（）;
500         if （i == 0）
501                 return -EAGAIN;
502         dp->low_ino = i;
503         dp->next = dir->subdir;
504         dp->parent = dir;
505         dir->subdir = dp;
506         if （S_ISDIR（dp->mode）） {
507                 if （dp->proc_iops == NULL） {
508                         dp->proc_fops = &proc_dir_operations;
509                         dp->proc_iops = &proc_dir_inode_operations;
510                 }
511                 dir->nlink++;
512         } else if （S_ISLNK（dp->mode）） {
513                 if （dp->proc_iops == NULL）
514                         dp->proc_iops = &proc_link_inode_operations;
515         } else if （S_ISREG（dp->mode）） {
516                 if （dp->proc_fops == NULL）
517                         dp->proc_fops = &proc_file_operations;
518                 if （dp->proc_iops == NULL）
519                         dp->proc_iops = &proc_file_inode_operations;
520         }
521         return 0;
522 }
```

495：函数 proc_register（）将一个 proc_dir_entry 注册到已经存在的 proc_dir_entry 结构 dir 下。

499：调用 get_inode_number 函数获得一个整数，作为 proc_dir_entry 结构的 low_ino 域；

502-503 行将 dp 添加为 dir 的子树中的一个节点。

506-511：如果 dp 是一个目录，那么使用 proc_dir_operations 和 proc_dir_inode_operateions 分别初始化 dp 的 proc_fops 指针和 proc_iops 指针，并且将 dir 的 nlink 属性加 1，表示该目录下增加了一个目录。

512-514：如果 dp 是一个连接文件，那么使用 proc_link_inode_operations 初始化 dp 的 proc_iops 指针。

515-520：如果 dp 文件不是目录，也不是连接文件，那么如果它具有可读的属性，就需要告诉它读取数据的方法。使用 proc_file_operations 初始化 dp->proc_fops。

518-519：如果 dp->proc_fops 为空，那么就用 proc_file_inode_operations 来初始化它。

2. /proc 下文件的访问

1） root 部分

对 root 部分的文件主要有三种类型，一种是目录，对应于变量 proc_dir_operations 和 proc_dir_inode_operations；第二种是符号连接文件，只有 inode 的操作，对应于 proc_link_inode_operations；第三种是普通/proc 文件，对应于 proc_file_operations。这些外部变量的初始化如表 12-5。

表 12-5 root 部分相关的函数指针集合

名称	类型	成员
proc_dir_operations	file_operations	read: generic_read_dir readdir:proc_readdir
proc_dir_inode_operations	inode_operations	look_up:proc_lookup setattr:proc_notify_change
proc_link_inode_operations	inode_operations	readlink:proc_readlink followlink:proc_follow_link
proc_file_operations	file_operations	llseek:proc_file_lseek read:proc_file_read write:proc_file_write

fs/proc/generic.c， line 416

```
407 /*
408  * This returns non-zero if at EOF，  so that the /proc
409  * root directory can use this and check if it should
410  * continue with the <pid> entries..
411  *
412  * Note that the VFS-layer doesn't care about the return
413  * value of the readdir（） call，  as long as it's non-negative
414  * for success..
415  */
416 int proc_readdir（struct file * filp，
417             void * dirent，  filldir_t filldir）
418 {
```

```
419             struct proc_dir_entry * de;
420             unsigned int ino;
421             int i;
422             struct inode *inode = filp->f_dentry->d_inode;
423             int ret = 0;
424 
425             lock_kernel（）;
426 
427             ino = inode->i_ino;
428             de = PDE（inode）;
429             if （!de） {
430                     ret = -EINVAL;
431                     goto out;
432             }
433             i = filp->f_pos;
434             switch （i） {
435                     case 0:
436                             if （filldir（dirent, ".", 1, i, ino, DT_DIR） < 0）
437                                     goto out;
438                             i++;
439                             filp->f_pos++;
440                             /* fall through */
441                     case 1:
442                             if （filldir（dirent, "..", 2, i,
443                                         parent_ino（filp->f_dentry）,
444                                         DT_DIR） < 0）
445                                     goto out;
446                             i++;
447                             filp->f_pos++;
448                             /* fall through */
449                     default:
450                             de = de->subdir;
451                             i -= 2;
452                             for （;;） {
453                                     if （!de） {
454                                             ret = 1;
455                                             goto out;
456                                     }
457                                     if （!i）
458                                             break;
459                                     de = de->next;
460                                     i--;
```

```
461                                }
462
463                                do {
464                                   if (filldir(dirent, de->name, de->namelen, filp->f_pos,
465                                                        de->low_ino, de->mode >> 12) < 0)
466                                                goto out;
467                                         filp->f_pos++;
468                                         de = de->next;
469                                } while (de);
470             }
471             ret = 1;
472 out:      unlock_kernel();
473             return ret;
474 }
```

416-417：定义 proc_readdir（）函数。当使用 ls 命令查看一个目录下面有什么文件的时候，是使用 glibc 中定义的 readdir（）函数获得一个目录下的文件的数据，在内核的文件系统的实现中，就是使用各种文件系统自己定义的 readdir 函数来获取。对 proc 文件系统就是使用 proc_readdir 函数。

422：使用 filp 指针（file 类型）获得当前需要查看目录的 inode 指针。

425：因为异步读取可能出现问题，因此先将内核锁定。

427-432：使用 inode 指针的 u.generic_ip 可以获得当前 inode 在/proc 目录树中的 proc_dir_entry 结构节点指针。

433：获取当前文件的读指针的位置。

435-440：如果其实位置是 0，那么从“.”这个目录开始读取。

441-448：如果其实位置是 1，那么从“..”这个目录开始读取。

449-470：如果缺省，既不是 0，也不是 1，那么在 452 这段循环代码中将 de 的位置移到 i 指定的位置，然后在 463-469 这段代码的循环中将剩下的文件列表读出来。

472：处理完读取文件或者目录列表之后，解开内核锁定。

2） 普通文件

普通文件的操作函数就是在 file_operations 结构中的几个函数成员，包括 read、write 和 llseek 成员。

fs/proc/generic.c， line 49

```
49 proc_file_read(struct file *file, char __user *buf, size_t nbytes,
50                    loff_t *ppos)
51 {
52            struct inode * inode = file->f_dentry->d_inode;
53            char      *page;
```

```
54          ssize_t retval=0;
55          int       eof=0;
56          ssize_t n，  count;
57          char      *start;
58          struct proc_dir_entry * dp;
59          unsigned long long pos;
60
61          /*
62           * Gaah，   please just use "seq_file" instead. The legacy /proc
63           * interfaces cut loff_t down to off_t for reads，   and ignore
64           * the offset entirely for writes..
65           */
66          pos = *ppos;
67          if  （pos > MAX_NON_LFS）
68                  return 0;
69          if  （nbytes > MAX_NON_LFS - pos）
70                  nbytes = MAX_NON_LFS - pos;
71
72          dp = PDE（inode）;
73          if  （!（page = ）char*）   __get_free_page（GFP_KERNEL)））
74                  return -ENOMEM;
75
76          while  （(nbytes > 0）   && !eof）  {
77                  count = min_t（size_t，   PROC_BLOCK_SIZE，   nbytes）;
78
79                  start = NULL;
80                  if  （dp->get_info）  {
81                          /* Handle old net routines */
82                          n = dp->get_info（page，   &start，   *ppos，   count）;
83                          if  （n < count）
84                                  eof = 1;
85                  } else if  （dp->read_proc）  {
...
133                         n = dp->read_proc（page，   &start，   *ppos，
134                                                  count，   &eof，   dp->data）;
135                 } else
136                         break;
137
138                 if  （n == 0）      /* end of file */
139                         break;
140                 if  （n < 0）  {   /* error */
```

```
141                 if （retval == 0）
142                         retval = n;
143                 break;
144         }
145
146         if （start == NULL） {
147                 if （n > PAGE_SIZE） {
148                         printk（KERN_ERR
149                             "proc_file_read: Apparent buffer overflow!\n"）;
150                         n = PAGE_SIZE;
151                 }
152                 n -= *ppos;
153                 if （n <= 0）
154                         break;
155                 if （n > count）
156                         n = count;
157                 start = page + *ppos;
158         } else if （start < page） {
159                 if （n > PAGE_SIZE） {
160                         printk（KERN_ERR
161                             "proc_file_read: Apparent buffer overflow!\n"）;
162                         n = PAGE_SIZE;
163                 }
164                 if （n > count） {
165                         /*
166                          * Don't reduce n because doing so might
167                          * cut off part of a data block.
168                          */
169                         printk（KERN_WARNING
170                                 "proc_file_read: Read count exceeded\n"）;
171                 }
172         } else /* start >= page */ {
173                 unsigned long startoff = ）unsigned long）） start - page）;
174                 if （n > （PAGE_SIZE - startoff）） {
175                         printk）KERN_ERR
176                             "proc_file_read: Apparent buffer overflow!\n"）;
177                         n = PAGE_SIZE - startoff;
178                 }
179                 if （n > count）
180                         n = count;
181         }
```

```
182
183                 n -= copy_to_user（buf， start < page ？ page : start， n）;
184                 if （n == 0） {
185                         if （retval == 0）
186                                 retval = -EFAULT;
187                         break;
188                 }
189
190                 *ppos += start < page ？ （unsigned long）start : n;
191                 nbytes -= n;
192                 buf += n;
193                 retval += n;
194         }
195         free_page（（unsigned long） page）;
196         return retval;
197 }
```

48-50：函数 proc_file_read（）从一个 proc 文件 file 中读取数据到用户的用户空间 buf 中，入口参数 ppos 是读文件的指针位置。

52-72：使用 file 指针获得 inode，然后使用 inode 获得与之相关的 proc_dir_entry 结构的指针 dp。

73-74：在内核空间申请到一个 page，作为存放文件内容的缓冲区。如果申请失败，返回错误。

76-194：这个 while 过程是读取 nbytes 个字节内容的流程。

80-135：如果 dp->get_info 函数指针存在，那么使用这个函数获取一个 page 的数据，否则检查 dp->read_proc 函数指针。获取的数据存放在以 start 指针开始的内存空间中。如果这两个函数指针都不存在，即没有获取一个 page 的数据，那么 start 指针仍然是 NULL。get_info 函数指针存在的原因是为了保存和以前的版本兼容。

146-181：如果 start 还是 NULL，那么需要读取的是一个小于 4K 的文件，将 start 的起始位置递增，并将 n 递减；如果 n 已经为 0，表示文件读取介绍，那么返回；如果 n 小于 0，那么表示在前面读取内容的过程中出错，并且出错信息保存在 n 中；将出错信息传给 retval，并将其返回。

183：调用 copy_to_user（）函数将内核空间中从 start 位置开始的数据拷贝到用户空间 buf 中。

190-193：更新一次循环中的计数器。

195：将作为暂存的 page 空间释放。

3）base 部分

在对/proc 的根（proc_root）所对应的目录操作时，分成了两个部分。一部分是包括对普通文件或者目录的访问，另一部分对以进程号为名称的进程信息的访问。后面部分也就是所谓的 base 部分。因为它们的访问方式的不同，因此专门定义特殊的读函数过程。

在这些以进程号为名的目录中包含了一些文件或者目录，用来表示进程的相关信息。对应一些特殊的文件，系统定义了 file_operations 结构的变量或者 inode_operations 结构与之相关联。

文件 fs/proc/base.c 定义了外部变量 base_stuff[]数组，用于在进程相关目录下创建文件和目录。

fs/proc/base.c， line 183

```
226 static struct pid_entry tid_base_stuff[] = {
227          E（PROC_TID_FD，          "fd"，       S_IFDIR|S_IRUSR|S_IXUSR），
228          E（PROC_TID_ENVIRON，     "environ"，  S_IFREG|S_IRUSR），
229          E（PROC_TID_AUXV，        "auxv"，     S_IFREG|S_IRUSR），
230          E（PROC_TID_STATUS，      "status"，   S_IFREG|S_IRUGO），
231          E（PROC_TID_CMDLINE，     "cmdline"，  S_IFREG|S_IRUGO），
232          E（PROC_TID_STAT，        "stat"，     S_IFREG|S_IRUGO），
233          E（PROC_TID_STATM，       "statm"，    S_IFREG|S_IRUGO），
234          E（PROC_TID_MAPS，        "maps"，     S_IFREG|S_IRUSR），
235 #ifdef CONFIG_NUMA
236          E（PROC_TID_NUMA_MAPS，   "numa_maps"，    S_IFREG|S_IRUGO），
237 #endif
238          E（PROC_TID_MEM，         "mem"，      S_IFREG|S_IRUSR|S_IWUSR），
239 #ifdef CONFIG_SECCOMP
240          E（PROC_TID_SECCOMP，     "seccomp"，  S_IFREG|S_IRUSR|S_IWUSR），
241 #endif
242          E（PROC_TID_CWD，         "cwd"，      S_IFLNK|S_IRWXUGO），
243          E（PROC_TID_ROOT，        "root"，     S_IFLNK|S_IRWXUGO），
244          E（PROC_TID_EXE，         "exe"，      S_IFLNK|S_IRWXUGO），
245          E（PROC_TID_MOUNTS，      "mounts"，   S_IFREG|S_IRUGO），
246 #ifdef CONFIG_MMU
247          E（PROC_TID_SMAPS，       "smaps"，    S_IFREG|S_IRUGO），
248 #endif
249 #ifdef CONFIG_SECURITY
250          E（PROC_TID_ATTR，        "attr"，     S_IFDIR|S_IRUGO|S_IXUGO），
251 #endif
252 #ifdef CONFIG_KALLSYMS
253          E（PROC_TID_WCHAN，       "wchan"，    S_IFREG|S_IRUGO），
254 #endif
255 #ifdef CONFIG_SCHEDSTATS
256          E（PROC_TID_SCHEDSTAT，   "schedstat"，S_IFREG|S_IRUGO），
257 #endif
```

```
258 #ifdef CONFIG_CPUSETS
259         E(PROC_TID_CPUSET,        "cpuset",    S_IFREG|S_IRUGO),
260 #endif
261         E(PROC_TID_OOM_SCORE,     "oom_score", S_IFREG|S_IRUGO),
262         E(PROC_TID_OOM_ADJUST,    "oom_adj",   S_IFREG|S_IRUGO|S_IWUSR),
263 #ifdef CONFIG_AUDITSYSCALL
264         E(PROC_TID_LOGINUID,      "loginuid",  S_IFREG|S_IWUSR|S_IRUGO),
265 #endif
266         {0, 0, NULL, 0}
267 };
```

3. /proc 下文件的操作

在 fs/proc/root.c 文件中定义了整个/proc 文件系统的根：proc_root，初始化了 proc_root 的 proc_iops 和 proc_fops 两个函数指针，分别指向 proc_root_inode_operations（inode_operations 结构）和 proc_root_operations（file_operations 结构）两个函数集合。

1）read 操作

fs/proc/root.c，line 100

```
100 static int proc_root_readdir(struct file * filp,
101         void * dirent, filldir_t filldir)
102 {
103         unsigned int nr = filp->f_pos;
104         int ret;
105 
106         lock_kernel();
107 
108         if (nr < FIRST_PROCESS_ENTRY) {
109                 int error = proc_readdir(filp, dirent, filldir);
110                 if (error <= 0) {
111                         unlock_kernel();
112                         return error;
113                 }
114                 filp->f_pos = FIRST_PROCESS_ENTRY;
115         }
116         unlock_kernel();
117 
118         ret = proc_pid_readdir(filp, dirent, filldir);
119         return ret;
120 }
```

100-101：定义 proc_root_readdir 函数。
103：从 filp 中获得需要读写文件的列表的位置。
106：因为异步读取可能出现问题，因此先将内核锁定。
108：判断得到的位置 nr 是不是比 FIRST_PROCESS_ENTRY 要小。也就是说，要在第一个以进程号作为目录的文件列表的前面。如果是，那么需要读取这部分文件或者目录列表，进入 109-115 段。
114：将位置定位到 FIRST_PROCESS_ENTRY 上。
116：处理完读取文件或者目录列表之后，解开内核锁定。
118：然后调用函数 proc_pid_readdir（），读取以进程号为目录的文件或者目录名称。

2）write 操作

fs/proc/generic.c， line 200

```
200 proc_file_write（struct file *file， const char __user *buffer，
201                     size_t count， loff_t *ppos）
202 {
203         struct inode *inode = file->f_dentry->d_inode;
204         struct proc_dir_entry * dp;
205
206         dp = PDE（inode）;
207
208         if （!dp->write_proc）
209                 return -EIO;
210
211         /* FIXME: does this routine need ppos？ probably... */
212         return dp->write_proc（file， buffer， count， dp->data）;
213 }
```

200-201：函数 proc_file_write（）是用来对一个 proc 文件写操作，写的内容在 buffer 所指向的用户空间中。
203-206：从 file 获得 inode 指针在 inode 中，然后从 inode 获得相对应的 proc_dir_entry 结构指针。
208：如果 dp->write_proc 函数不存在，函数只能返回错误码。
212：调用 dp 中的 writer_proc 函数指针，调用写文件的过程。

3）lseek 操作

fs/proc/generic.c， line 217

```
216 static loff_t
217 proc_file_lseek（struct file *file， loff_t offset， int orig）
218 {
219         loff_t retval = -EINVAL;
```

```
220             switch （orig） {
221             case 1:
222                     offset += file->f_pos;
223             /* fallthrough */
224             case 0:
225                     if （offset < 0 || offset > MAX_NON_LFS）
226                             break;
227                     file->f_pos = retval = offset;
228             }
229             return retval;
230 }
```

217：对/proc 文件来说，只有两种 lseek 的方式，一种是直接给文件的偏移量，另一种是给文件的相对偏移量。

224-228：直接给文件的偏移量，要求文件定位在 offset 的位置上。

221-228：给出文件内部的相对偏移位置，告诉文件应该定位在 file->f_ops + offset 的位置上。

229：其他的定位方法都是错误的。

4）lookup 操作

fs/proc/root.c， line 91

```
91 static struct dentry *proc_root_lookup（struct inode * dir， struct dentry * dentry， struct nameidata *nd）
92 {
93             if （!proc_lookup（dir， dentry， nd）） {
94                     return NULL;
95             }
96
97             return proc_pid_lookup（dir， dentry， nd）;
98 }
```

91：定义 proc_root_lookup（）函数。

97：调用 proc_pid_lookup（）函数遍历在/proc 的根中所有的 base 部分的最上一层子目录，包括以进程号为目录名的目录和以 self 为名称的连接目录。

fs/proc/base.c， line 1953

```
1953 struct dentry *proc_pid_lookup(struct inode *dir，struct dentry * dentry，struct nameidata *nd）
1954 {
1955            struct task_struct *task;
1956            struct inode *inode;
1957            struct proc_inode *ei;
```

```
1958            unsigned tgid;
1959            int died;
1960
1961            if （dentry->d_name.len == 4 && !memcmp（dentry->d_name.name， "self"，
4)） {
1962                    inode = new_inode（dir->i_sb）；
1963                    if （!inode）
1964                            return ERR_PTR（-ENOMEM）；
1965                    ei = PROC_I（inode）；
1966                inode->i_mtime = inode->i_atime = inode->i_ctime = CURRENT_TIME;
1967                    inode->i_ino = fake_ino（0， PROC_TGID_INO）；
1968                    ei->pde = NULL;
1969                    inode->i_mode = S_IFLNK|S_IRWXUGO;
1970                    inode->i_uid = inode->i_gid = 0;
1971                    inode->i_size = 64;
1972                    inode->i_op = &proc_self_inode_operations;
1973                    d_add（dentry， inode）；
1974                    return NULL;
1975            }
1976            tgid = name_to_int（dentry）；
1977            if （tgid == ~0U）
1978                    goto out;
1979
1980            read_lock（&tasklist_lock）；
1981            task = find_task_by_pid（tgid）；
1982            if （task）
1983                    get_task_struct（task）；
1984            read_unlock（&tasklist_lock）；
1985            if （!task）
1986                    goto out;
1987
1988            inode = proc_pid_make_inode（dir->i_sb， task， PROC_TGID_INO）；
1989
1990
1991            if （!inode） {
1992                    put_task_struct（task）；
1993                    goto out;
1994            }
1995            inode->i_mode = S_IFDIR|S_IRUGO|S_IXUGO;
1996            inode->i_op = &proc_tgid_base_inode_operations;
1997            inode->i_fop = &proc_tgid_base_operations;
```

```
1998            inode->i_flags|=S_IMMUTABLE;
1999 #ifdef CONFIG_SECURITY
2000            inode->i_nlink = 5;
2001 #else
2002            inode->i_nlink = 4;
2003 #endif
2004
2005            dentry->d_op = &pid_base_dentry_operations;
2006
2007            died = 0;
2008            d_add（dentry， inode）;
2009            spin_lock（&task->proc_lock）;
2010            task->proc_dentry = dentry;
2011            if （!pid_alive（task）） {
2012                    dentry = proc_pid_unhash（task）;
2013                    died = 1;
2014            }
2015            spin_unlock（&task->proc_lock）;
2016
2017            put_task_struct（task）;
2018            if （died） {
2019                    proc_pid_flush（dentry）;
2020                    goto out;
2021            }
2022            return NULL;
2023 out:
2024            return ERR_PTR（-ENOENT）;
2025 }
```

1953：函数 proc_pid_lookup（）在函数 proc_lookup（）中用到，其作用是从 dir 对应的 proc 目录树下查找 dentry 指针对应的目录树中的一个节点。如果查找到，则创建一个和该 dentry 对应的 inode，并且将 dentry 和 inode 相联系，添加到 dcache 中。如果没有查找到，则返回错误代码。

1961-1975：检查 dentry 需要的是否是 self 目录。self 目录是一个链接目录，链接到以前的进程号为目录名的目录上。行 1962 调用函数 new_inode（）创建一个新的 inode，然后初始化这个函数的返回值，其中初始化 i_op 指针为 proc_self_inode_operations，inode 的成员为 fake_ino（）函数的返回值，它使用当前系统的进程号和 0 组成一个数据，用作它对应的 inode 的号码。如图 12-3 所示。然后调用 d_add（），将 dentry 添加到系统的 dcache 中。

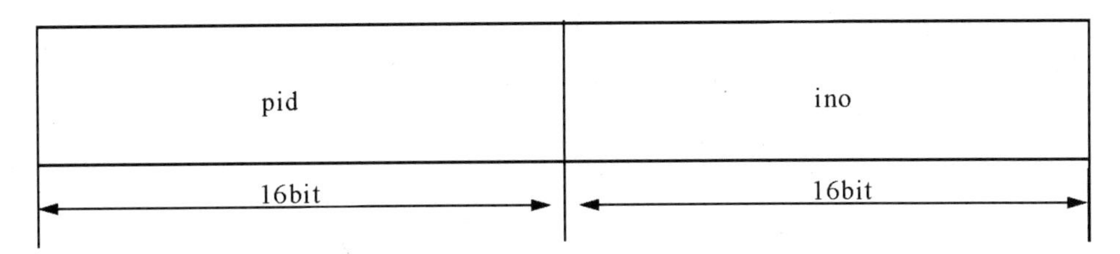

图 12-3 进程相关目录对应的 inode 号结构

1981-1986：调用函数 proc_pid_make_inode（）和 get_task_struct（）两个函数获得 task_struct 结构的指针 task。

1988：调用函数 proc_pid_make_inode（）创建一个新的 inode 结构，并且使用 pid 初始化其内容。

1995-2003：初始化该 inode 结构的一部分数据，其中 proc_iops 和 proc_fops 指针分别为 proc_tgid_base_inode_operations 和 proc_tgid_base_operations 两个变量。

2005：初始化 dentry 的 d_op 操作变量为 pid_base_dentry_operations。在 pid_base_dentry_operations 中，初始化了 pid_base_revalidate（）和 pid_delete_entry（）这两个函数，前者用来验证该 dentry 结构中代表的任务是否存在有父进程；后者释放空间，在这里实际上什么都不做。然后调用 d_add（）将 dentry 加入到 dcache 中。

2023-2024：返回错误码。

5）readdir 操作

fs/proc/base.c， line 2152

```
2152 int proc_pid_readdir（struct file * filp， void * dirent， filldir_t filldir）
2153 {
2154            unsigned int tgid_array[PROC_MAXPIDS];
2155            char buf[PROC_NUMBUF];
2156            unsigned int nr = filp->f_pos - FIRST_PROCESS_ENTRY;
2157            unsigned int nr_tgids， i;
2158            int next_tgid;
2159
2160            if （!nr） {
2161                    ino_t ino = fake_ino（0，PROC_TGID_INO）;
2162                if （filldir（dirent， "self"， 4， filp->f_pos， ino， DT_LNK） < 0）
2163                            return 0;
2164                    filp->f_pos++;
2165                    nr++;
2166            }
2167
2168            /* f_version caches the tgid value that the last readdir call couldn't
2169             * return. lseek aka telldir automagically resets f_version to 0.
2170             */
2171            next_tgid = filp->f_version;
2172            filp->f_version = 0;
```

```
2173            for （;;） {
2174                    nr_tgids = get_tgid_list（nr， next_tgid， tgid_array）;
2175                    if （!nr_tgids） {
2176                            /* no more entries ! */
2177                            break;
2178                    }
2179                    next_tgid = 0;
2180
2181                    /* do not use the last found pid， reserve it for next_tgid */
2182                    if （nr_tgids == PROC_MAXPIDS） {
2183                            nr_tgids--;
2184                            next_tgid = tgid_array[nr_tgids];
2185                    }
2186
2187                    for （i=0;i<nr_tgids;i++） {
2188                            int tgid = tgid_array[i];
2189                            ino_t ino = fake_ino（tgid，PROC_TGID_INO）;
2190                            unsigned long j = PROC_NUMBUF;
2191
2192                            do
2193                                    buf[--j] = '' + （tgid % 10）;
2194                            while （（tgid /= 10） != 0）;
2195
2196                                if （filldir（dirent， buf+j， PROC_NUMBUF-j，
filp->f_pos， ino， DT_DIR） < 0） {
2197                                    /* returning this tgid failed， save it as the first
2198                                     * pid for the next readir call */
2199                                    filp->f_version = tgid_array[i];
2200                                    goto out;
2201                            }
2202                            filp->f_pos++;
2203                            nr++;
2204                    }
2205            }
2206 out:
2207            return 0;
2208 }
```

2152：函数 proc_pid_readdir（）被 proc_root_readdir（）函数调用，用于读取在/proc 的根下面的和进程有关的目录名称列表。

2156：根据 filp 当前的光标位置定出需要存放这些进程相关目录名称和数目。

2160-2166：如果数目为 0，那么只返回 self 符号连接目录。

2174：调用函数 get_pid_list（），根据 nr，从系统当前运行的进程中获取进程列表存放在 pid_array[ ]数组中。

2187-2204：在这个循环中，处理各个进程相关的目录列表。

12.5.4 /proc 下超级块和索引节点的操作

系统初始化超级块，将对超级块的函数操作设置为 proc_sops。通过对 super_operations 结构提供的函数接口，可以完成的操作有读取、删除/proc 文件系统中的一个 inode 等操作。

1. inode 的操作流程

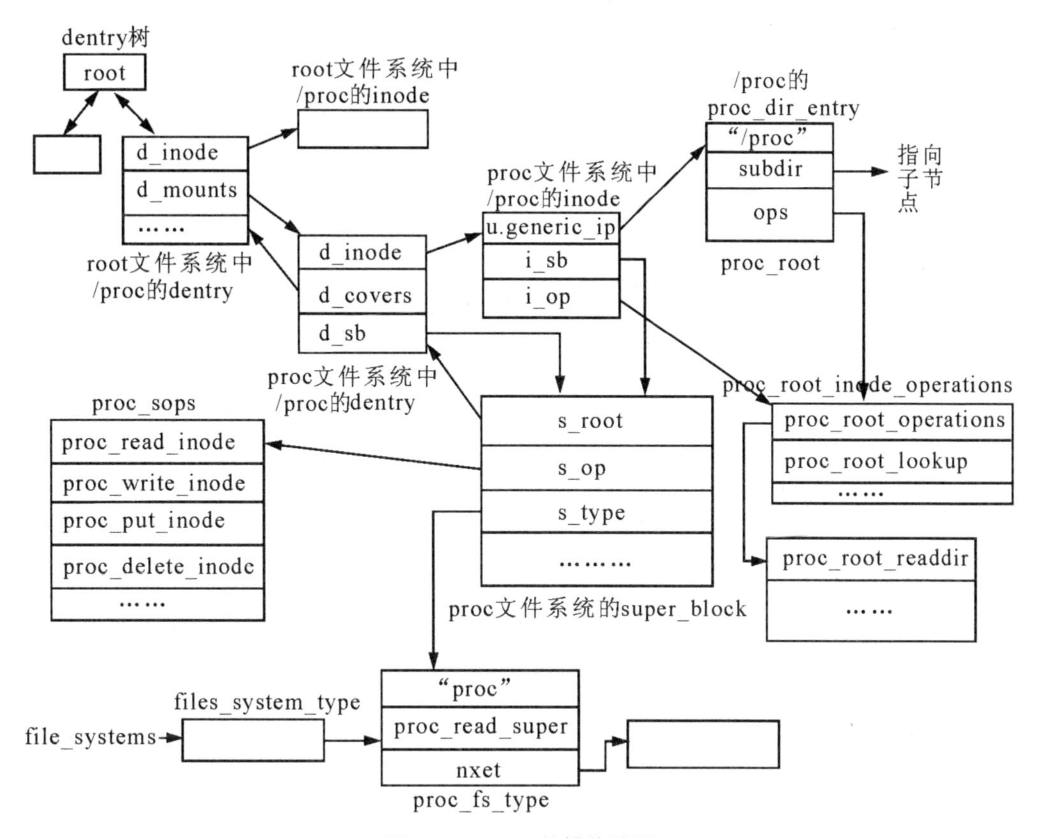

图 12-4 inode 的操作流程

（1） do_mount（）调用 namei（），在根文件系统中找到安装目录"/proc"，得到该目录的 dentry 节点和对应的 inode，两者都是属于根文件系统的。如图 12-4 所示。

（2） 调用 read_super 得到 proc 文件系统的 super_block。read_super 的流程如下：

1）. 调用 get_super （dev），从 super_blocks 链表中找设备与 dev 相同的节点。找到就返回。显然这时不可能找到。

2）. 调用 get_fs_type（name），从 file_systems 链表中找到名字为"proc"的文件系统类型结构，即 proc_fs_type。

3）. 调用 get_empty_super（），在 super_blocks 上找 dev 为空且未被 lock 的项，找不到就 kmalloc 一个。把得到的 super_block 返回。

4）. 调用具体文件系统类型结构（file_system_type） 中登记的 read_super 函数，这里就是指 proc_fs_type 中登记的 proc_read_super 函数，填充从 get_empty_super 中返回的 super_block。

5）. proc_read_super（）调用 proc_get_inode（），得到 inode 号为 PROC_ROOT_INO，而且对应的 proc_dir_entry 节点为 proc_root 的 inode 节点；

√ proc_get_inode（）调用 iget（），得到一个 inode，把 inode 和 proc_dir_entry 连接，并把该 proc_dir_entry 中的内容填入 inode；

√ iget（）从 inode cache 中找 inode 号为 PROC_ROOT_INO 的 inode 节点，找到则返回；如果找不到，则调用 get_new_inode（）申请；

√ ger_new_inode（）先在 inode_unused 中找空闲节点，如果找不到，就调用 grow_inodes（）得到空 inode 节点，然后调用具体文件系统的 read_inode 函数，填充 inode 信息。对 proc 文件系统而言，就是调用 proc_read_inode（）函数填充。

√ grow_inodes（）先尝试释放一些符合条件可以释放的 inode，如果尝试失败，就调用_get_free_page（）申请一块从内存，作为 inode 返回。

6）. proc_read_super（）调用 d_alloc_root（），得到 proc 文件系统下 dentry 树的根，name 为"/"，并与 proc_get_inode 返回的 inode 对应。

（3） 调用 add_vfsmnt（），把 proc 文件系统链入已安装文件系统链表 vfsmntlist 中。

（4） 调用 d_mount（），把 proc 文件系统中的"/proc"的 dentry 节点和 root 文件系统中的"/proc"的 dentry 节点通过 d_covers 和 d_mounts 相连。

mount 完成后，数据结构图如图 12-4 所示。以后我们进行 lookup，readdir 和 read 操作时，就可以在这个基础上实现了。这三个操作我们都已讨论过，下面我们详细分析一些上面提到的重要函数：proc_read_super，proc_get_inode，proc_read_inode 等，包括其中调用的 iget，get_new_inode，grow_inodes。

2. inode 的操作函数

1）proc_sops 定义

fs/proc/inode.c， line 137

```
137 static struct super_operations proc_sops = {
138         .alloc_inode    = proc_alloc_inode,
139         .destroy_inode  = proc_destroy_inode,
140         .read_inode     = proc_read_inode,
141         .drop_inode     = generic_delete_inode,
142         .delete_inode   = proc_delete_inode,
143         .statfs         = simple_statfs,
144         .remount_fs     = proc_remount,
145 };
```

137：超级块的操作集合函数 proc_sops 是系统在装载或卸载 proc 文件系统的时候，需要调用的函数集合。proc_sops 保存在文件系统超级块链表中从而得到引用。

2）proc_read_inode（）函数

fs/proc/inode.c， line 82

```
80 struct vfsmount *proc_mnt;
81
82 static void proc_read_inode（struct inode * inode）
83 {
84             inode->i_mtime = inode->i_atime = inode->i_ctime = CURRENT_TIME;
85 }
```

80：将 proc 文件系统的链表节点添加到 VFS 链表中，使用的指针变量为 proc_mnt。
82-85：在每次调用 read_inode 函数指针的时候，使用 CURRENT_TIME 更新访问时间。CURRENT_TIME 为系统时间 xtime 的 tv_sec 成员，是用秒为分辨率计算的系统时间。

对 proc_root，初始化了 proc_iops 和 proc_fops 两个指针。

fs/proc/root.c， line 127

```
127 static struct file_operations proc_root_operations = {
128             .read                  = generic_read_dir,
129             .readdir               = proc_root_readdir,
130 };
131
132 /*
133   * proc root can do almost nothing..
134   */
135 static struct inode_operations proc_root_inode_operations = {
136             .lookup               = proc_root_lookup,
137             .getattr              = proc_root_getattr,
138 };
```

128：proc_root_operations 变量的 read 函数指针。实际上对 proc_root 来说，它对应的文件具有目录的属性，并且对这个目录而言，对任何用户都没有直接写的权限。因此只是 readdir 函数指针成员有用。generic_read_dir（）函数只是返回一个错误码。
129：readdir 函数指针成员的实现是 proc_root_inode_operations 进行初始化。
135：对 inode_operations 结构的变量 proc_root_inode_operations 进行初始化。因为 proc_root 的特殊身份，只需要实现 proc_root_lookup（）函数就可以了，其作用是在 proc_root 对应的 dentry 中查找 inode。

12.5.5 /proc 文件系统初始化

如前面所述，/proc 文件系统主要分成两种部分，第一部分为和进程相关的目录部分，在实现的时候将这部分称为 base 部分；另外一部分是在/proc 根目录下面的其他目录和文件，实现过程中将这部分又分为两部分，一者为/proc 下的子目录，一者为/proc 下的文件，如 cpuinfo、meminfo、kemsg 等等。这三个部分分别调用不同的初始化函数完成初始化。

1. 初始化流程

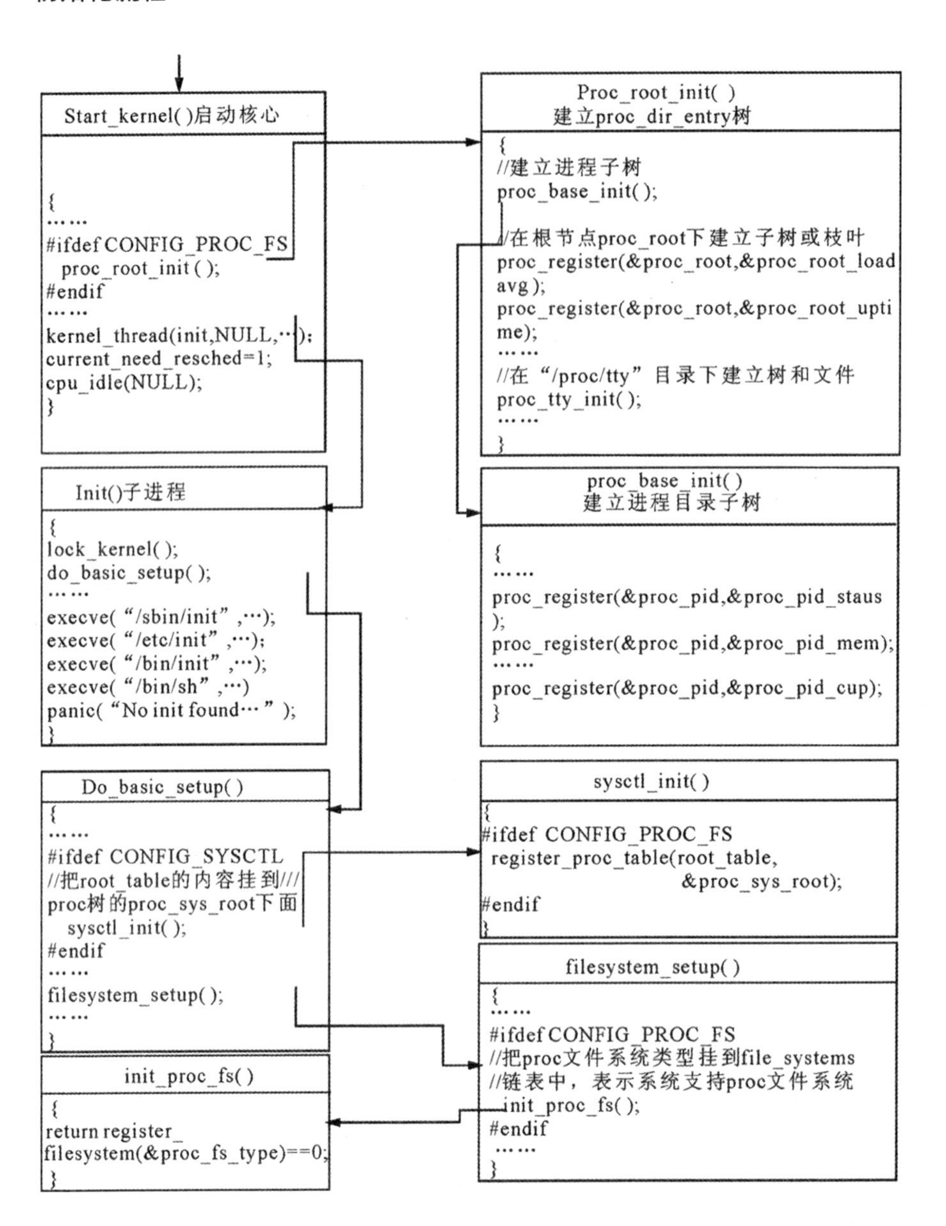

图 12-5 初始化流程

/proc 文件系统的初始化流程见图 12-5 的说明。

2. /proc 文件系统初始化函数

/proc 的初始化是从 init/main.c 中调用 proc_root_init（）函数开始的。

fs/proc/root.c， line 41

```
41 void __init proc_root_init（void）
42 {
43         int err = proc_init_inodecache（）；
44         if （err）
45                 return;
46         err = register_filesystem（&proc_fs_type）；
47         if （err）
48                 return;
49         proc_mnt = kern_mount（&proc_fs_type）；
50         err = PTR_ERR（proc_mnt）；
51         if （IS_ERR（proc_mnt））{
52                 unregister_filesystem（&proc_fs_type）；
53                 return;
54         }
55         proc_misc_init（）；
56         proc_net = proc_mkdir（"net"， NULL）；
57         proc_net_stat = proc_mkdir（"net/stat"， NULL）；
58
59 #ifdef CONFIG_SYSVIPC
60         proc_mkdir（"sysvipc"， NULL）；
61 #endif
62 #ifdef CONFIG_SYSCTL
63         proc_sys_root = proc_mkdir（"sys"， NULL）；
64 #endif
65 #if defined（CONFIG_BINFMT_MISC）|| defined（CONFIG_BINFMT_MISC_MODULE）
66         proc_mkdir（"sys/fs"， NULL）；
67         proc_mkdir（"sys/fs/binfmt_misc"， NULL）；
68 #endif
69         proc_root_fs = proc_mkdir（"fs"， NULL）；
70         proc_root_driver = proc_mkdir（"driver"， NULL）；
71         proc_mkdir（"fs/nfsd"， NULL）；/* somewhere for the nfsd filesystem to be
mounted */
72     #if    defined   （  CONFIG_SUN_OPENPROMFS   ）   ||   defined
（CONFIG_SUN_OPENPROMFS_MODULE）
73         /* just give it a mountpoint */
74         proc_mkdir（"openprom"， NULL）；
75 #endif
76         proc_tty_init（）；
```

```
77 #ifdef CONFIG_PROC_DEVICETREE
78             proc_device_tree_init（）;
79 #endif
80             proc_bus = proc_mkdir（"bus"， NULL）;
81 }
```

41：函数 proc_root_init()在 init/main.c 的 537 行得到调用。在这个函数中，调用 proc_misc_init（）、proc_mkdir（）等函数生成/proc 下的目录和文件。

55：函数 proc_misc_init（）用来初始化在/proc 文件系统中的一些文件，直接挂在/proc 的根目录下面。这些文件一般都是反映整个计算机系统中可以利用的资源情况的，如 cupinfo、meminfo 等。

56：调用函数 proc_mkdir（），建立在/proc 下面的 net 目录，里面反映的是关于系统中网络各个部分的情况。在创建了这个目录之后，通过 proc_net_create（）函数在/proc/net 下面再创建文件和目录。

60：内核配置了 SysV IPC 的时候，反映 sysvipc 运行情况的目录。

63：内核配置了系统调用 sysctl 的支持的情况下，调用函数 proc_mkdir）（）创建/proc/sys 目录。这个目录是用来动态改变内核参数的。在/proc 文件系统中只有这个目录的文件是可写的。通过 sysctl 也可以达到更改内核参数的目的。

66：文件系统专门使用的目录/proc/fs 的创建。

70：驱动程序的数据都可以从/proc/driver 目录中找到。

72-75：在配置了 SUN 的 openprom 文件系统的情况下，专门准备的一个目录。

76：调用函数 proc_tty_init（），创建/proc/tty 目录。

77-79：在内核配置了设备树的情况下，调用函数 proc_device_tree_init（）初始化。

80：/proc/bus 目录，用于查看当前系统的总线类型和各个总线上分别有何种设备。

fs/proc/proc_misc.c， line 742

```
742 void __init proc_misc_init（void）
743 {
744             struct proc_dir_entry *entry;
745             static struct {
746                     char *name;
747                     int （*read_proc）（char*， char**， off_t， int， int*， void*）;
748             } *p， simple_ones[] = {
749                     {"loadavg"，       loadavg_read_proc}，
750                     {"uptime"，        uptime_read_proc}，
751                     {"meminfo"，       meminfo_read_proc}，
752                     {"version"，       version_read_proc}，
753 #ifdef CONFIG_PROC_HARDWARE
```

```
754                     {"hardware",      hardware_read_proc},
755 #endif
756 #ifdef CONFIG_STRAM_PROC
757                     {"stram",         stram_read_proc},
758 #endif
759                     {"filesystems",  filesystems_read_proc},
760                     {"cmdline",       cmdline_read_proc},
761                     {"locks",         locks_read_proc},
762                     {"execdomains",   execdomains_read_proc},
763                     {NULL, }
764             };
765             for (p = simple_ones; p->name; p++)
766                 create_proc_read_entry(p->name, 0, NULL, p->read_proc, NULL);
767
768             proc_symlink("mounts", NULL, "self/mounts");
769
770             /* And now for trickier ones */
771             entry = create_proc_entry("kmsg", S_IRUSR, &proc_root);
772             if (entry)
773                     entry->proc_fops = &proc_kmsg_operations;
774             create_seq_entry("devices", 0, &proc_devinfo_operations);
775             create_seq_entry("cpuinfo", 0, &proc_cpuinfo_operations);
776             create_seq_entry("partitions", 0, &proc_partitions_operations);
777             create_seq_entry("stat", 0, &proc_stat_operations);
778             create_seq_entry("interrupts", 0, &proc_interrupts_operations);
779 #ifdef CONFIG_SLAB
780             create_seq_entry("slabinfo", S_IWUSR|S_IRUGO, &proc_slabinfo_operations);
781 #ifdef CONFIG_DEBUG_SLAB_LEAK
782             create_seq_entry("slab_allocators", 0 , &proc_slabstats_operations);
783 #endif
784 #endif
785             create_seq_entry("buddyinfo", S_IRUGO, &fragmentation_file_operations);
786             create_seq_entry("vmstat", S_IRUGO, &proc_vmstat_file_operations);
787             create_seq_entry("zoneinfo", S_IRUGO, &proc_zoneinfo_file_operations);
788             create_seq_entry("diskstats", 0, &proc_diskstats_operations);
789 #ifdef CONFIG_MODULES
790             create_seq_entry("modules", 0, &proc_modules_operations);
791 #endif
792 #ifdef CONFIG_SCHEDSTATS
```

```
793            create_seq_entry（"schedstat"， 0， &proc_schedstat_operations）;
794 #endif
795 #ifdef CONFIG_PROC_KCORE
796            proc_root_kcore = create_proc_entry（"kcore"， S_IRUSR， NULL）;
797            if （proc_root_kcore） {
798                    proc_root_kcore->proc_fops = &proc_kcore_operations;
799                    proc_root_kcore->size =
800                                  （size_t）high_memory - PAGE_OFFSET + PAGE_SIZE;
801            }
802 #endif
803 #ifdef CONFIG_PROC_VMCORE
804            proc_vmcore = create_proc_entry（"vmcore"， S_IRUSR， NULL）;
805            if （proc_vmcore）
806                    proc_vmcore->proc_fops = &proc_vmcore_operations;
807 #endif
808 #ifdef CONFIG_MAGIC_SYSRQ
809            entry = create_proc_entry（"sysrq-trigger"， S_IWUSR， NULL）;
810            if （entry）
811                    entry->proc_fops = &proc_sysrq_trigger_operations;
812 #endif
813 }
```

742：函数 proc_misc_init（）用来初始化在/proc 文件系统根下的一些文件，这些文件包括有 loadavg、version、meminfo 等等。

745-764：定义结构，第一个成员 name 为文件名称，第二个成员 read_proc 为读取该文件的函数指针。这里定义了一系列文件。例如对/proc/version 文件，和它对应的函数指针是 version_read_proc。

765-766：将 simple_ones[]数组中的所有元素调用函数 create_proc_read_entry（）创建 proc_dir_entry 结构，并且将它们对应的函数指针 read_proc（）初始化到 proc_dir_entry 结构中。这样 simple_ones[]数组中的所有文件对应的 proc_dir_entry 结构都创建出来了。

770-812：这里也是/proc 的根下面的一些文件的初始化过程，但是这些文件的读取方法不同于在 simple_ones[]结构中的那些。

实验指导

12.6 实验一：使用 proc 文件系统的一个简单例子

让我们先来看一个简单的例子。为了方便起见，我们使用内核模块来编译这个文件。关于内核模块，我们将在第 13 章“内核模块”一章中讲解，所以这里只给出编译步骤和对应的 Makefile。如果读者觉得有难度或者有什么不理解的地方，请在学习完《内核模块》之后再回头来做这个实验。

Documentation/DocBook/procfs_example.c

```
#include <linux/module.h>
#include <linux/kernel.h>
#include <linux/init.h>
#include <linux/proc_fs.h>
#include <linux/jiffies.h>
#include <asm/uaccess.h>


#define MODULE_VERS "1.0"
#define MODULE_NAME "procfs_example"

#define FOOBAR_LEN 8

struct fb_data_t {
                char name[FOOBAR_LEN + 1];
                char value[FOOBAR_LEN + 1];
};


static struct proc_dir_entry *example_dir,  *foo_file,
                *bar_file,  *jiffies_file,  *symlink;


struct fb_data_t foo_data,  bar_data;


static int proc_read_jiffies（char *page,  char **start,
                                    off_t off,  int count,
                                    int *eof,  void *data）
{
```

```
        int len;

        len = sprintf（page， "jiffies = %ld\n"，
                      jiffies）；

        return len;
}


static int proc_read_foobar（char *page， char **start，
                            off_t off， int count，
                            int *eof， void *data）
{
        int len;
        struct fb_data_t *fb_data = （struct fb_data_t *）data;

        /* DON'T DO THAT - buffer overruns are bad */
        len = sprintf（page， "%s = '%s'\n"，
                      fb_data->name， fb_data->value）；

        return len;
}


static int proc_write_foobar（struct file *file，
                             const char *buffer，
                             unsigned long count，
                             void *data）
{
        int len;
        struct fb_data_t *fb_data = （struct fb_data_t *）data;

        if（count > FOOBAR_LEN）
                len = FOOBAR_LEN;
        else
                len = count;

        if（copy_from_user（fb_data->value， buffer， len））
                return -EFAULT;

        fb_data->value[len] = '\0';
```

```
        return len;
}

static int __init init_procfs_example（void）
{
        int rv = 0;

        /* create directory */
        example_dir = proc_mkdir（MODULE_NAME， NULL）;
        if（example_dir == NULL） {
                rv = -ENOMEM;
                goto out;
        }

        example_dir->owner = THIS_MODULE;

        /* create jiffies using convenience function */
        jiffies_file = create_proc_read_entry（"jiffies",
                                                0444， example_dir，
                                                proc_read_jiffies，
                                                NULL）;

        if（jiffies_file == NULL） {
                rv   = -ENOMEM;
                goto no_jiffies;
        }

        jiffies_file->owner = THIS_MODULE;

        /* create foo and bar files using same callback
         * functions
         */
        foo_file = create_proc_entry（"foo"， 0644， example_dir）;
        if（foo_file == NULL） {
                rv = -ENOMEM;
                goto no_foo;
        }

        Strcpy（foo_data.name， "foo"）;
        Strcpy（foo_data.value， "foo"）;
        foo_file->data = &foo_data;
```

```
        foo_file->read_proc = proc_read_foobar;
        foo_file->write_proc = proc_write_foobar;
        foo_file->owner = THIS_MODULE;

        bar_file = create_proc_entry（"bar"， 0644， example_dir）;
        if（bar_file == NULL） {
                rv = -ENOMEM;
                goto no_bar;
        }

        Strcpy（bar_data.name， "bar"）;
        Strcpy（bar_data.value， "bar"）;
        bar_file->data = &bar_data;
        bar_file->read_proc = proc_read_foobar;
        bar_file->write_proc = proc_write_foobar;
        bar_file->owner = THIS_MODULE;

        /* create symlink */
        symlink = proc_symlink（"jiffies_too"， example_dir，
                                "jiffies"）;
        if（symlink == NULL） {
                rv = -ENOMEM;
                goto no_symlink;
        }

        symlink->owner = THIS_MODULE;

        /* everything OK */
        Printk（KERN_INFO "%s %s initialised\n"，
               MODULE_NAME， MODULE_VERS）;
        return 0;

no_symlink:
        remove_proc_entry（"bar"， example_dir）;
no_bar:
        remove_proc_entry（"foo"， example_dir）;
no_foo:
        remove_proc_entry（"jiffies"， example_dir）;
no_jiffies:
        remove_proc_entry（MODULE_NAME， NULL）;
out:
```

```
            return rv;
}
static void __exit cleanup_procfs_example（void）
{
            remove_proc_entry（"jiffies_too"， example_dir）;
            remove_proc_entry（"bar"， example_dir）;
            remove_proc_entry（"foo"， example_dir）;
            remove_proc_entry（"jiffies"， example_dir）;
            remove_proc_entry（MODULE_NAME， NULL）;

            printk（KERN_INFO "%s %s removed\n"，
                    MODULE_NAME， MODULE_VERS）;
}


module_init（init_procfs_example）;
module_exit（cleanup_procfs_example）;

MODULE_AUTHOR（"Erik Mouw"）;
MODULE_DESCRIPTION（"procfs examples"）;
```

这段程序首先在/proc 目录下创建我们自己的目录 proc_example。然后在这个目录下创建了三个 proc 普通文件（foo，bar，jiffies），和一个文件链接（jiffies_too）。具体来说，foo 和 bar 是两个可读写文件，它们共享函数 proc_read_foobar 和 proc_write_foobar。jiffies 是一个只读文件，取得当前系统时间 jiffies（jiffies 为内核使用的内部时间计数，在 i386 系统上单位为 10ms）。jiffies_too 为文件 jiffies 的一个符号链接。

编译用的 Makefile 内容如下：

```
TARGET = example1
KDIR = /usr/src/linux
PWD = `pwd`
obj-m := $（TARGET）.o
default:
    make -C $（KDIR） M=$）PWD） modules
```

刚才我们的例子程序取名叫 example1.c，然后用“make”命令就能编译出内核模块 example.ko。

用 root 用户加载上这个内核模块，会在/proc 文件系统下创建一个/proc_example 目录，下面会有 foo，bar，jiffies，jiffies_too 四个文件，请读者试着去读写这几个文件，看看会发生什么。

12.7 实验二：利用/proc 文件系统显示缺页状态

请参看第 14 章 14.3 节的对应实验。

12.8 实验三：seq_file 使用例子

本章的第 11.4 节里，我们曾详细讲解了/proc 文件系统中的 seq_file 接口，下面我们使用这个接口来实现一个例子。要求在/proc 根目录下添加一个文件接口，每次当用户读取这个 proc 文件的时候，要求打印出系统中所有进程的 pid，comm，start_time，utime，stime，policy， priority。

由于这个程序需要求得出开机所花费的时间，所以不能以模块方式动态加入内核，我们选择添加代码到 fs/proc/proc_misc.c 这个文件中。

```
--- fs/proc/proc_misc.c.orig    2007-09-22 19:12:00.000000000 -0400
+++ fs/proc/proc_misc.c 2007-09-22 19:31:20.000000000 -0400
@@ -632，6 +632，153 @@
        .release    = single_release，
 };

+#define CONFIG_BOOTUP_TIME_BREAKDOWN
+#ifdef CONFIG_BOOTUP_TIME_BREAKDOWN
+static unsigned long init_finish_time = 0;
+
+static void *btime_start（struct seq_file *seq，  loff_t *pos）
+{
+    struct task_struct *p = &init_task;
+    loff_t n = *pos;
+
+    read_lock（&tasklist_lock）;
+
+    if （n < 0）
+        return ERR_PTR（-EACCES）;
+    else if （n == 0）
```

```
+        return SEQ_START_TOKEN;
+
+    for （p = &init_task ; （p = next_task（p）） != &init_task ; ） {
+        n--;
+        if （n == 0）
+            return p;
+    }
+
+    return NULL;
+}
+
+static void *btime_next（struct seq_file *seq， void *v， loff_t *pos）
+{
+    struct task_struct *p = NULL;
+
+    ++*pos;
+
+    if （v == SEQ_START_TOKEN）
+        p = &init_task;
+    else
+        p = （struct task_struct *）v;
+
+    p = next_task（p）;
+
+    if （p == &init_task）
+        return NULL;
+    return p;
+}
+
+static int btime_show（struct seq_file *seq， void *v）
+{
+    struct task_struct *p;
+
+    if （v == SEQ_START_TOKEN） {
+        /* get the real "init" thread */
+        p = next_task（&init_task）;
+
+        /* kernel start: Linux kernel （jiffies） starts， set to 0 */
+        seq_printf（seq， "kernel start: 0\n"）;
+
+        /* init start: init scripts start */
+        seq_printf）seq， "init start: %lu.%02li\n"，
```

```
+               (unsigned long)  p->start_time.tv_sec,
+               p->start_time.tv_nsec / (NSEC_PER_SEC / 100));
+
+         /*
+          * init finish: init scripts finish.
+          * Currently we print out the bootup time,  since this is
+          * called by the last init script,  it inicates the init
+          * finish time.
+          */
+         seq_printf(seq,  "init finish: %lu jiffies\n",  init_finish_time);
+
+         /* print the header */
+         seq_puts(seq,  "utime and stime are the time in jiffies.\n");
+         seq_puts(seq,  "pid ,  process name   ,  start time,    utime,  "
+              "    stime,  "
+              " utime + stime,  schedule policy,  "
+              " static_prio/rt_prio,  priority\n");
+    } else {
+
+         p = (struct task_struct *) v;
+         seq_printf(seq,  "%4u, %16s, %8lu.%02lu, %8lu, %8lu, %14lu, ",
+              p->pid, p->comm,
+               (unsigned long) p->start_time.tv_sec,
+              p->start_time.tv_nsec / (NSEC_PER_SEC / 100),
+              p->utime, p->stime, p->utime+p->stime);
+         seq_printf(seq,  "%16s, ",  (p->policy == SCHED_NORMAL)  ?
+              "NORMAL" : "REAL TIME");
+         seq_printf(seq,  "%20i, ",  (p->policy == SCHED_NORMAL)  ?
+              p->static_prio : (int) p->rt_priority);
+         seq_printf(seq,  "%8i\n",  p->prio);
+    }
+
+    return 0;
+}
+
+static void btime_stop(struct seq_file *seq,  void *v)
+{
+    read_unlock(&tasklist_lock);
+}
+
+static struct seq_operations btime_op = {
```

```
+           .start =          btime_start,
+           .next =           btime_next,
+           .stop =           btime_stop,
+           .show =           btime_show
+};
+
+static int btime_open（struct inode *inode，  struct file *file）
+{
+           return seq_open（file，  &btime_op）;
+}
+
+/*
+ * Write below strings:
+ *
+ * "init finish": indicates the time init finish running all the scripts.
+ */
+#define INIT_FINISH  "init finish"
+#define MAX_BTIME_WRITE  16
+ssize_t btime_write（struct file *file，  const char __user *buffer，
+                                          size_t count，  loff_t *ppos）
+{
+           char kbuf[MAX_BTIME_WRITE + 1];
+
+           if （count > MAX_BTIME_WRITE）
+                   return -EINVAL;
+
+           memset（kbuf，  0，  MAX_BTIME_WRITE + 1）;
+           if （copy_from_user）&kbuf，  buffer，  count））
+                   return -EFAULT;
+
+   if （0 == strncmp（kbuf，  INIT_FINISH，  strlen（INIT_FINISH）））  {
+         if （init_finish_time == 0）
+             init_finish_time = jiffies;
+   } else
+         return -EINVAL;
+
+   return count;
+}
+
+static struct file_operations proc_btime_breakdown_operations = {
+   .open            = btime_open，
+   .read        = seq_read，
```

```
+     .write              = btime_write,
+     .llseek             = seq_lseek,
+     .release            = seq_release,
+};
+
+#endif /* CONFIG_BOOTUP_TIME_BREAKDOWN */
+
+
 /*
  * /proc/interrupts
  */
@@ -776, 6 +923, 9 @@
         create_seq_entry ("partitions",  0, &proc_partitions_operations) ;
         create_seq_entry ("stat",  0,  &proc_stat_operations) ;
         create_seq_entry ("interrupts",  0,  &proc_interrupts_operations) ;
+#ifdef CONFIG_BOOTUP_TIME_BREAKDOWN
+    create_seq_entry ("btime",  0,  &proc_btime_breakdown_operations) ;
+#endif
 #ifdef CONFIG_SLAB
         create_seq_entry ("slabinfo", S_IWUSR|S_IRUGO, &proc_slabinfo_operations) ;
 #ifdef CONFIG_DEBUG_SLAB_LEAK
```

这段程序的内容主要是在每次系统启动做 proc 文件系统初始化的时候，在/proc 文件系统根目录下创建一个"btime"节点。当用户读/proc/btime 文件的时候，会返回用户每个进程pid，启动的时刻，调度策略，优先级等等信息。

我们可以把上面这个 patch 文件直接打在 fs/proc/proc_misc.c 上，命令行类似于：

```
# cd /usr/src/linux/fs/proc
# patch proc_misc.c proc2.patch
```

然后重新编译内核。

编译成功后，添加一个启动脚本到/etc/rc3.d/S99zzzbtime（如果你是以图形方式启动，则请添加到/etc/rc5.d/S99zzzbtime），如下：

```
#!/bin/bash
#
# This script echo some string into /proc/btime to tell it that all the init scripts finished.
#

if [ -e /proc/btime ]; then
    echo "init finish" > /proc/btime
```

```
fi
```

之所以把这个启动脚本命名为 S99zzzbtime，目的是使得这个脚本在 init 启动的最后时刻执行。这个脚本写入一个约定的字符串给"/proc/btime"文件，告诉内核 init 启动完成。

好了，做完这些之后，请以新的内核启动，然后看看"/proc/btime"文件里面的内容。

```
# cat /proc/btime
```

实验思考

读者可能会注意到打印出来的"init finish"时间是一个很大的数值，这是因为在 2.6 版本的内核中，为了尽早地暴露 jiffies 倒转的问题，jiffies 的初始值被设置成一个很大的值：

```
include/linux/jiffies.h，  line 116
116 #define INITIAL_JIFFIES  ((unsigned long)(unsigned int)  (-300*HZ))
```

在上面的 patch 中，"init finish"就是直接读取 jiffies 的值，所以不是从 0 开始；"init start"是取用的 init 进程的启动时间，而所有进程的启动时间 start_time 采用的是以 0 为基准开始计数的系统时间，所以这两者的单位不一致，不能比较。

读者可以修改上面对 proc_misc.c 文件的 patch，或者修改"init start"机制，采用 jiffies；或者修改"init finish"机制，采用最后一个脚本进程的 start_time。这样我们比较开始和结束的 jiffies，就能得到启动所有脚本大概花费的时间。

参考资料

[1]. Linux 内核 procfs 文件系统指南
http://linux-security.cn/ebooks/procfs/Linux%20Kernel%20Procfs%20Guide.htm
http://kernel.org/doc/htmldocs/procfs-guide/index.html
[2]. Linux procfs 介绍
http://en.wikipedia.org/wiki/Procfs

[3]. The Linux /proc Filesystem as a Programmers' Tool
http://www.linuxjournal.com/article/8381

[4]. Documentation about the Linux proc filesystem can be found at: /usr/src/linux/Documentation/filesystems/proc.txt
[5]. RedHat Guide: The /proc File System: http://www.redhat.com/docs/manuals/linux/RHL-7.3-Manual/ref-guide/ch-proc.html
[6]. Understanding the Proc File System
http://www.linuxfocus.org/English/January2004/article324.shtml

[7]. /proc 文件系统详细介绍
http://www.haiyang8.com/info/252/255/2007/200707036158.html

[8]. Driver porting: The seq_file interface
http://lwn.net/Articles/22355/

[9]. The Linux Kernel Module Programming Guide， chapter 5
http://elibrary.fultus.com/technical/index.jsp
topic=/com.fultus.linux.guides/guides/lkmpg_2_6/x861.html
http://tldp.org/LDP/lkmpg/2.6/html/lkmpg.html

[10]. Linux kernel seq_file HOWTO
http://kernelnewbies.org/Documents/SeqFileHowTo

[11]. seq_file 编程接口介绍
http://lwn.net/Articles/22355/
http://lkml.org/lkml/2007/7/23/381

[12]. seq_file 编程接口实例参考
net/netlink/af_netlink.c

第 13 章　内核模块

实验目的

内核模块是 Linux 操作系统中一个比较独特的机制。通过这一章学习，希望能够

- 理解 Linux 提出内核模块这个机制的意义；
- 理解并掌握 Linux 实现内核模块机制的基本技术路线；
- 运用 Linux 提供的工具和命令，掌握操作内核模块的方法。

实验内容

针对三个层次的要求，本章安排了 3 个实验。

第一个实验，编写一个很简单的内核模块。虽然简单，但它已经具备了内核模块的基本要素。与此同时，初步阅读编制内核模块所需要的 Makefile。

第二个实验，演示如何将多个源文件，合并到一个内核模块中。上述实验过程中，将会遇到 Linux 为此开发的内核模块操作工具 lsmod、insmod、rmmod 等。

第三个实验，考察如何利用内核模块机制，在/proc 文件系统中，为特殊文件、设备、公共变量等，创建节点。它需要自主完成，本书只交待基本思路。程序的完善，以及调试工作，留给大家完成。

实验指导

13.1　什么是内核模块

Linux 操作系统的内核是单一体系结构（monolithic kernel）的。也就是说，整个内核是一个单独的非常大的程序。与单一体系结构相对的是微内核体系结构（micro kernel），比如 Windows NT 采用的就是微内核体系结构。对于微内核体系结构特点，操作系统的核心部分是一个很小的内核，实现一些最基本的服务，如创建和删除进程、内存管理、中断管理等等。而文件系统、网络协议等其它部分都在微内核外的用户空间里运行。

这两种体系的内核各有优缺点。使用微内核的操作系统具有很好的可扩展性而且内核非常的小，但这样的操作系统由于不同层次之间的消息传递要花费一定的代价所以效率比较低。对单一体系结构的操作系统来说，所有的模块都集成在一起，系统的速度和性能都很好，但是可扩展性和维护性就相对比较差。

据作者理解，正是为了改善单一体系结构的可扩展性、可维护性等，Linux 操作系统使

用了一种全新的内核模块机制。用户可以根据需要，在不需要对内核重新编译的情况下，模块能动态地装入内核或从内核移出。

模块是在内核空间运行的程序，实际上是一种目标对象文件，没有链接，不能独立运行，但是其代码可以在运行时链接到系统中作为内核的一部分运行或从内核中取下，从而可以动态扩充内核的功能。这种目标代码通常由一组函数和数据结构组成，用来实现一种文件系统，一个驱动程序，或其它内核上层的功能。模块机制的完整叫法应该是动态可加载内核模块（Loadable Kernel Module）或 LKM，一般就简称为模块。与前面讲到的运行在微内核体系操作系统的外部用户空间的进程不同，模块不是作为一个进程执行的，而像其他静态连接的内核函数一样，它在内核态代表当前进程执行。由于引入了模块机制，Linux 的内核可以达到最小，即内核中实现一些基本功能，如从模块到内核的接口，内核管理所有模块的方式等等，而系统的可扩展性就留给模块来完成。

13.1.1 内核模块的特点

使用模块的优点：

- 使得内核更加紧凑和灵活
- 修改内核时，不必全部重新编译整个内核，可节省不少时间，避免人工操作的错误。系统中如果需要使用新模块，只要编译相应的模块然后使用特定用户空间的程序将模块插入即可。
- 模块可以不依赖于某个固定的硬件平台。
- 模块的目标代码一旦被链接到内核，它的作用和静态链接的内核目标代码完全等价。 所以，当调用模块的函数时，无须显式的消息传递。

但是，内核模块的引入也带来一定的问题：

- 由于内核所占用的内存是不会被换出的，所以链接进内核的模块会给整个系统带来一定的性能和内存利用方面的损失。
- 装入内核的模块就成为内核的一部分，可以修改内核中的其他部分，因此，模块的使用不当会导致系统崩溃。
- 为了让内核模块能访问所有内核资源，内核必须维护符号表，并在装入和卸载模块时修改符号表。
- 模块会要求利用其它模块的功能，所以，内核要维护模块之间的依赖性。

模块是和内核在同样的地址空间运行的，模块编程在一定意义上说也就是内核编程。但是并不是内核中所有的地方都可以使用模块。 一般是在设备驱动程序、文件系统等地方使用模块，而对 Linux 内核中极为重要的地方，如进程管理和内存管理等，仍难以通过模块来实现，通常必须直接对内核进行修改。

在 Linux 内核源程序中，经常利用内核模块实现的功能，有文件系统，SCSI 高级驱动程序，大多数的 SCSI 驱动程序，多数 CD-ROM 驱动程序，以太网驱动程序等等。

13.1.2 编写一个简单的内核模块

看了这些理论概念，你是不是有点不耐烦了："我什么时候才能开始在机子上实现一个模块啊？" 好吧，在进一步介绍模块的实现机制以前，我们先试着写一个非常简单的模块程序，它可以在 2.6.15 的版本上实现，对于低于 2.4 的内核版本可能还需要做一些调整，这儿就不具体讲了。

helloworld.c

```
#define MODULE
#include <linux/module.h>

int init_module（void）
{
Printk（"<1> Hello World!\n"）;
return 0;
}

void cleanup_module（void）
{
Printk（" <1>Goodbye!\n"）;
}
MODULE_LICENSE（"GPL"）;
```

说明：

（1） 代码的第一行#define MODULE 首先明确这是一个模块。任何模块程序的编写都需要包含 linux/module.h 这个头文件，这个文件包含了对模块的结构定义以及模块的版本控制。文件里的主要数据结构我们会在后面详细介绍。

（2） 函数 init_module（）和函数 cleanup_module（）是模块编程中最基本的也是必须的两个函数。init_module））向内核注册模块所提供的新功能；cleanup_module（）负责注销所有由模块注册的功能。

（3） 注意我们在这儿使用的是 printk（）函数（不要习惯性地写成 printf），printk（）函数是由 Linux 内核定义的，功能与 printf 相似。字符串<1>表示消息的优先级，printk（）的一个特点就是它对于不同优先级的消息进行不同的处理，之所以要在这儿使用高优先级，是因为默认优先级的消息可能不能显示在控制台上。这个问题我们就不详细讲了，你可以用 man 命令寻求帮助。

接下来，我们就要编译和加载这个模块了。在前面的章节里我们已经学习了如何使用 gcc，现在还要注意的一点就是：确定你现在是超级用户。因为只有超级用户才能加载和卸载模块。在编译内核模块前，先准备一个 Makefile 文件：

```
TARGET = helloworld
```

```
KDIR = /usr/src/linux
PWD = $（shell pwd）
obj-m += $（TARGET）.o
default:
  make -C $（KDIR） M=$（PWD） modules
```

然后简单输入命令 make：

```
#make
```

结果，我们得到文件“helloworld.ko”。然后执行内核模块的装入命令：

```
#insmod    helloworld.ko
Hello World!
```

这个时候，看到了打印在屏幕上的“Hello World!”，它是在 init_module（）中定义的。由此说明，helloworld 模块已经加载到内核中了。我们可以使用 lsmod 命令查看。lsmod 命令的作用是告诉我们所有在内核中运行的模块的信息，包括模块的名称，占用空间的大小，使用计数以及当前状态和依赖性。

```
root# lsmod
Module      Size     Used   by
helloworld  464      0      （unused）
…
```

最后，我们要卸载这个模块。

```
# rmmod helloworld
Goodbye!
```

看到了打印在屏幕上的“Goodbye!”，它是在 cleanup_module（）中定义的。由此说明，helloworld 模块已经被删除。如果这时候我们再使用 lsmod 查看，会发现 helloworld 模块已经不在了。

关于 insmod 和 rmmod 这两个命令，现在只能简单地告诉你，他们是两个用于把模块插入内核和从内核移走模块的实用程序。前面用到的 insmod， rmmod 和 lsmod 都属于 modutils 模块实用程序。

好了，你已经成功地在机子上实现了一个最简单的模块程序。我们再接再厉，进行下一个阶段的学习。

13.2　模块实现机制

13.2.1 内核模块和应用程序的比较

在深入研究模块的实现机制以前，我们有必要了解一下内核模块与我们熟悉的应用程序之间的区别。

最主要的一点，我们必须明确，内核模块是在“内核空间”中运行的，而应用程序运行在“用户空间”。内核空间和用户空间是操作系统中最基本的两个概念，也许你还不是很清楚它们之间的区别，那么我们先一起复习一下。

操作系统的作用之一，就是为应用程序提供资源的管理，让所有的应用程序都可以使用它需要的硬件资源。然而，目前的常态是，主机往往只有一套硬件资源；现代操作系统都能利用这一套硬件，支持多用户系统。为了保证内核不受应用程序的干扰，多用户操作系统都实现了对硬件资源的授权访问，而这种授权访问机制的实现，得益于在 CPU 内部实现不同的操作保护级别。以 INTEL 的 CPU 为例，在任何时候，它总是在四个特权级当中的一个级别上运行，如果需要访问高特权级别的存储空间，必须通过有限数目的特权门。Linux 系统就是充分利用这个硬件特性设计的，它只使用了两级保护级别（尽管 i386 系列微处理器提供了四级模式）。 在 Linux 系统中，内核在最高级运行。在这一级，对任何设备的访问都可以进行。而应用程序则运行在最低级。在这一级，处理器禁止程序对硬件的直接访问和对内核空间的未授权访问。所以，对应于在最高级运行的内核程序，它所在的内存空间是内核空间。而对应于在最低级运行的应用程序，它所在的内存空间是用户空间。Linux 通过系统调用或者中断，完成从用户空间到内核空间的转换。执行系统调用的内核代码在进程上下文中运行，它代表调用进程完成在内核空间上的操作，而且还可以访问进程的用户地址空间的数据。但对中断来说，它并不存在于任何进程上下文中，而是由内核来运行的。

好了，下面我们可以比较具体地分析内核模块与应用程序的异同。让我们看一下表 13-1。

表 13-1 应用程序和内核模块程序编程方式的比较

	C 语言普通应用程序	模块程序
入口	main ()	init_module ()
出口	无	cleanup_module ()
编译	gcc -c	编制专用 Makefile，并调用 gcc
连接	gcc	insmod
运行	直接运行	insmod
调试	gdb	kdbug， kdb， kgdb 等内核调试工具

这个表里，我们看到内核模块必须通过 init_module () 函数告诉系统，“我来了”；通过 cleanup_module () 函数告诉系统，“我走了”。这也就是模块最大的特点，可以被动态地装入和卸载。insmod 是内核模块操作工具集 modutils 中，把模块装入内核的命令，我们会在后面详细介绍。因为地址空间的原因，内核模块不能像应用程序那样自由地使用在用户空间定义的函数库如 libc，例如 printf ()；模块只能使用在内核空间定义的那些资源受到限制的函数，例如 printk ()。应用程序的源代码，可以调用本身没有定义的函数，只需要在连接过程中用相应的函数库解析那些外部引用。应用程序可调用的函数 printf ()，是在 stdio.h 中声明，并在 libc 中存在目标可连接代码。然而对于内核模块来说，它无法使用

这个打印函数，而只能使用在内核空间中定义的 printk（）函数。Printk（）函数不支持浮点数的输出，而且输出数据量受到内核可用内存空间的限制。

内核模块的另外一个困难，是内核失效对于整个系统或者对于当前进程常常是致命的，而在应用程序的开发过程中，缺段（segment fault）并不会造成什么危害，我们可以利用调试器轻松地跟踪到出错的地方。所以在内核模块编程的过程中，必须特别的小心。

好了，下面我们可以具体地看一看内核模块机制究竟是怎么实现的。

13.2.2 内核符号表

首先，我们来了解一下内核符号表这个概念。内核符号表是一个用来存放所有模块可以访问的那些符号以及相应地址的特殊的表。模块的连接就是将模块插入到内核的过程。模块所声明的任何全局符号都成为内核符号表的一部分。内核模块根据系统符号表从内核空间中获取符号的地址，从而确保在内核空间中正确地运行。

这是一个公开的符号表，我们可以从文件/proc/kallsyms 中以文本的方式读取。在这个文件中存放数据地格式如下：

内存地址　　　属性　　　符号名称　　　　【所属模块】

在模块编程中，可以利用符号名称从这个文件中检索出该符号在内存中的地址，然后直接对该地址内存访问从而获得内核数据。对于通过内核模块方式导出的符号，会包含第四列“所属模块”，用来标志这个符号所属的模块名称；而对于从内核中释放出的符号就不存在这一列的数据了。

内核符号表处于内核代码段的_ksymtab 部分，其开始地址和结束地址是由 C 编译器所产生的两个符号来指定：__start___ksymtab 和__stop___ksymtab。

13.2.3 模块依赖

内核符号表记录了所有模块可以访问的符号及相应地址。一个内核模块被装入后，它所声明的符号就会被记录到这个表里，而这些符号当然就可能会被其他模块所引用。这就引出了模块依赖这个问题。

一个模块 A 引用另一个模块 B 所导出的符号，我们就说模块 B 被模块 A 引用，或者说模块 A 装载到模块 B 的上面。如果要链接模块 A，必须先要链接模块 B。否则，模块 B 所导出的那些符号的引用就不可能被链接到模块 A 中。这种模块间的相互关系就叫做模块依赖。

13.2.4 内核代码分析

内核模块机制的源代码实现，来自于 Richard Henderson 的贡献。2002 年后，由 Rusty Russell 重写。较新版本的 Linux 内核，采用后者。

1. 数据结构

跟模块有关的数据结构存放在 include/linux/module.h 中，当然，首推 struct module，

include/linux/module.h

```
232 struct module
233 {
234         enum module_state state;
235 
236         /* Member of list of modules */
237         struct list_head list;
238 
239         /* Unique handle for this module */
240         char name[MODULE_NAME_LEN];
241 
242         /* Sysfs stuff. */
243         struct module_kobject mkobj;
244         struct module_param_attrs *param_attrs;
245         const char *version;
246         const char *srcversion;
247 
248         /* Exported symbols */
249         const struct kernel_symbol *syms;
250         unsigned int num_syms;
251         const unsigned long *crcs;
252 
253         /* GPL-only exported symbols. */
254         const struct kernel_symbol *gpl_syms;
255         unsigned int num_gpl_syms;
256         const unsigned long *gpl_crcs;
257 
258         /* Exception table */
259         unsigned int num_exentries;
260         const struct exception_table_entry *extable;
261 
262         /* Startup function. */
263         int （*init）（void）;
264 
265         /* If this is non-NULL， vfree after init（） returns */
266         void *module_init;
267 
268         /* Here is the actual code + data， vfree'd on unload. */
```

```
269             void *module_core;
270
271             /* Here are the sizes of the init and core sections */
272             unsigned long init_size， core_size;
273
274             /* The size of the executable code in each section.  */
275             unsigned long init_text_size， core_text_size;
276
277             /* Arch-specific module values */
278             struct mod_arch_specific arch;
279
280             /* Am I unsafe to unload？  */
281             int unsafe;
282
283             /* Am I GPL-compatible */
284             int license_gplok;
285
286             /* Am I gpg signed */
287             int gpgsig_ok;
288
289     #ifdef CONFIG_MODULE_UNLOAD
290             /* Reference counts */
291             struct module_ref ref[NR_CPUS];
292
293             /* What modules depend on me？  */
294             struct list_head modules_which_use_me;
295
296             /* Who is waiting for us to be unloaded */
297             struct task_struct *waiter;
298
299             /* Destruction function. */
300             void （*exit）（void）;
301     #endif
302
303     #ifdef CONFIG_KALLSYMS
304             /* We keep the symbol and string tables for kallsyms. */
305             Elf_Sym *symtab;
306             unsigned long num_symtab;
307             char *strtab;
308
309             /* Section attributes */
310             struct module_sect_attrs *sect_attrs;
311     #endif
```

```
312
313         /* Per-cpu data. */
314         void *percpu;
315
316         /* The command line arguments （may be mangled）.  People like
317            keeping pointers to this stuff */
318         char *args;
319  };
```

在内核中，每一个内核模块信息都由这样的一个 module 对象来描述。所有的 module 对象由一个链表链接在一起，其中每一个对象的 next 域都指向链表的下一个元素。链表的第一个元素由 static LIST_HEAD（modules）建立，见 kernel/module.c 第 65 行。如果阅读 include/linux/list.h 里面的 LIST_HEAD 宏定义，你很快会明白，modules 变量是 struct list_head 类型结构，结构内部的 next 指针和 prev 指针，初始化时都指向 modules 本身。对 modules 链表的操作，受 module_mutex 和 modlist_lock 保护。

下面就模块结构中一些重要的域做一些说明。

234 state 表示 module 当前的状态，可使用的宏定义有：
MODULE_STATE_LIVE
MODULE_STATE_COMING
MODULE_STATE_GOING
240 name 数组保存 module 对象的名称。
244 param_attrs 指向 module 可传递的参数名称，及其属性
248-251 module 中可供内核或其它模块引用的符号表。num_syms 表示该模块定义的内核模块符号的个数，syms 就指向符号表。
263，300 init 和 exit 是两个函数指针，其中 init 函数在初始化模块的时候调用；exit 是在删除模块的时候调用的。
294 struct list_head modules_which_use_me，指向一个链表，链表中的模块均依靠当前模块。

在介绍了 module{}数据结构后，也许你还是觉得似懂非懂，那是因为其中有很多概念和相关的数据结构你还不了解。例如 kernel_symbol{}（见 include/linux/module.h）

```
    struct kernel_symbol
    {
    unsigned long value;
    const char *name;
};
```

这个结构用来保存目标代码中的内核符号。在编译的时候，编译器将该模块中定义的内核符号写入到文件中，在读取文件装入模块的时候通过这个数据结构将其中包含的符号信息读入。

value 定义了内核符号的入口地址

name 指向内核符号的名称

2. 实现函数

接下来，我们要研究一下源代码中的几个重要的函数。正如前段所述，操作系统初始化时，static LIST_HEAD（modules）已经建立了一个空链表。之后，每装入一个内核模块，即创建一个 module 结构，并把它链接到 modules 链表中。

我们知道，从操作系统内核角度说，它提供用户的服务，都通过系统调用这个唯一的界面实现。那么，有关内核模块的服务又是怎么做的呢？请参看 arch/i386/kernel/syscall_table.S，2.6.15 版本的内核，通过系统调用 init_module 装入内核模块，通过系统调用 delete_module 卸载内核模块，没有其它途径。这下，代码阅读变得简单了。

kernel/module.c

```
1931 asmlinkage long
1932 sys_init_module（void __user *umod，
1933                     unsigned long len，
1934                     const char __user *uargs）
1935 {
1936          struct module *mod;
1937          int ret = 0;
1938 
1939          /* Must have permission */
1940          if （!capable（CAP_SYS_MODULE））
1941                  return -EPERM;
1942 
1943          /* Only one module load at a time，  please */
1944          if （down_interruptible（&module_mutex） != 0）
1945                  return -EINTR;
1946 
1947          /* Do all the hard work */
1948          mod = load_module（umod，  len，  uargs）;
1949          if （IS_ERR（mod）） {
1950                  up（&module_mutex）;
1951                  return PTR_ERR（mod）;
1952          }
1953 
1954          /* Now sew it into the lists.  They won't access us，  since
1955             strong_try_module_get（） will fail. */
1956          stop_machine_run（__link_module，  mod，  NR_CPUS）;
1957 
```

```
1958        /* Drop lock so they can recurse */
1959        up（&module_mutex）;
1960
1961        down（&notify_mutex）;
1962        notifier_call_chain（&module_notify_list， MODULE_STATE_COMING，
             mod）;
1963        up（&notify_mutex）;
1964
1965        /* Start the module */
1966        if （mod->init != NULL）
1967                ret = mod->init（）;
1968        if （ret < 0） {
1969                /* Init routine failed: abort.  Try to protect us from
1970                   buggy refcounters. */
1971                mod->state = MODULE_STATE_GOING;
1972                synchronize_sched（）;
1973                if （mod->unsafe）
1974                        printk（KERN_ERR "%s: module is now stuck!\n"，
1975                                mod->name）;
1976                else {
1977                        module_put（mod）;
1978                        down（&module_mutex）;
1979                        free_module（mod）;
1980                        up（&module_mutex）;
1981                }
1982                return ret;
1983        }
1984
1985        /* Now it's a first class citizen! */
1986        down（&module_mutex）;
1987        mod->state = MODULE_STATE_LIVE;
1988        /* Drop initial reference. */
1989        module_put（mod）;
1990        module_free（mod， mod->module_init）;
1991        mod->module_init = NULL;
1992        mod->init_size = 0;
1993        mod->init_text_size = 0;
1994        up（&module_mutex）;
1995
1996        return 0;
1997 }
```

函数 sys_init_module（ ）是系统调用 init_module（ ）的实现。入口参数 umod 指向用户空间中该内核模块 image 所在的位置。image 以 ELF 的可执行文件格式保存，image 的最前部是 elf_ehdr 类型结构，长度由 len 指示。uargs 指向来自用户空间的参数。系统调用 init_module（ ）的语法原型为：

long sys_init_module（void *umod， unsigned long len， const char *uargs）；

1940-1941 调用 capable（ ）函数验证是否有权限装入内核模块。

1944-1945 在并发运行环境里，仍然需保证，每次最多只有一个 module 准备装入。这通过 down_interruptible（&module_mutex）实现。

1948-1952 调用 load_module（）函数，将指定的内核模块读入内核空间。这包括申请内核空间，装配全程量符号表，赋值__ksymtab、__ksymtab_gpl、__param 等变量，检验内核模块版本号，复制用户参数，确认 modules 链表中没有重复的模块，模块状态设置为 MODULE_STATE_COMING，设置 license 信息，等等。

1956 将这个内核模块插入至 modules 链表的前部，也即将 modules 指向这个内核模块的 module 结构。

1966-1983 执行内核模块的初始化函数，也就是表 13-1 所述的入口函数。

1987 将内核模块的状态设为 MODULE_STATE_LIVE。从此，内核模块装入成功。

/kernel/module.c

```
573   asmlinkage long
574   sys_delete_module（const char __user *name_user， unsigned int flags）
575   {
576           struct module *mod;
577           char name[MODULE_NAME_LEN];
578           int ret， forced = 0;
579
580           if （!capable（CAP_SYS_MODULE））
581                   return -EPERM;
582
583           if （strncpy_from_user（name， name_user， MODULE_NAME_LEN-1）
          < 0）
584                   return -EFAULT;
585           name[MODULE_NAME_LEN-1] = '\0';
586
587           if （down_interruptible（&module_mutex） != 0）
588                   return -EINTR;
589
590           mod = find_module（name）;
```

```
591         if （!mod） {
592                 ret = -ENOENT;
593                 goto out;
594         }
595
596         if （!list_empty（&mod->modules_which_use_me）） {
597                 /* Other modules depend on us: get rid of them first. */
598                 ret = -EWOULDBLOCK;
599                 goto out;
600         }
601
602         /* Doing init or already dying？ */
603         if （mod->state != MODULE_STATE_LIVE） {
604                 /* FIXME: if （force）， slam module count and wake up
605                    waiter --RR */
606                 DEBUGP（"%s already dying\n"， mod->name）；
607                 ret = -EBUSY;
608                 goto out;
609         }
610
611         /* If it has an init func， it must have an exit func to unload */
612         if （（mod->init != NULL && mod->exit == NULL）
613              || mod->unsafe） {
614                 forced = try_force_unload（flags）；
615                 if （!forced） {
616                         /* This module can't be removed */
617                         ret = -EBUSY;
618                         goto out;
619                 }
620         }
621
622         /* Set this up before setting mod->state */
623         mod->waiter = current;
624
625         /* Stop the machine so refcounts can't move and disable module. */
626         ret = try_stop_module（mod， flags， &forced）；
627         if （ret != 0）
628                 goto out;
629
630         /* Never wait if forced. */
631         if （!forced && module_refcount（mod） != 0）
632                 wait_for_zero_refcount（mod）；
```

```
633
634         /* Final destruction now noone is using it. */
635         if （mod->exit != NULL） {
636                 up（&module_mutex）;
637                 mod->exit（）;
638                 down（&module_mutex）;
639         }
640         free_module（mod）;
641
642 out:
643         up（&module_mutex）;
644         return ret;
645 }
```

函数 sys_delete_module（）是系统调用 delete_module（）的实现。调用这个函数的作用是删除一个系统已经加载的内核模块。入口参数 name_user 是要删除的模块的名称。

580-581 调用 capable（ ）函数，验证是否有权限操作内核模块。
583-585 取得该模块的名称。
590-594 从 modules 链表中，找到该模块。
597-599 如果存在其它内核模块，它们依赖该模块，那么，不能删除。
635-638 执行内核模块的 exit 函数，也就是表 13-1 所述的出口函数。
640 释放 module 结构占用的内核空间。

源代码的内容就看到这里。kernel/module.c 文件里还有一些其他的函数，如果你有兴趣可以自己尝试着分析一下，对于模块机制的实现会有更深的理解。

13.3 使用内核模块

13.3.1 模块的加载

系统调用当然是将内核模块插入到内核的可行方法。但是毕竟太底层了。此外，Linux 环境里还有两种方法可达到此目的。一种方法稍微自动一些，可以做到需要时自动装入，不需要时自动卸载。这种方法需要执行 modprobe 程序。我们待一会介绍 modprobe。

另一种是用 insmod 命令，手工装入内核模块。在前面分析 helloworld 例子的时候，我们提到过 insmod 的作用就是将需要插入的模块以目标代码的形式插入到内核中。注意，只有超级用户才能使用这个命令。insmod 的格式是：

insmod [path]modulename.ko

insmod 其实是一个 modutils 模块实用程序，当我们以超级用户的身份使用这个命令的时候，这个程序完成下面一系列工作：

1. 从命令行中读入要链接的模块名，通常是扩展名为“.ko”，elf 格式的目标文件。
2. 确定模块对象代码所在文件的位置。通常这个文件都是在 lib/modules 的某个子目录中。
3. 计算存放模块代码、模块名和 module 对象所需要的内存大小。
4. 在用户空间中分配一个内存区，把 module 对象、模块名以及为正在运行的内核所重定位的模块代码拷贝到这个内存里。其中，module 对象中的 init 域指向这个模块的入口函数重新分配到的地址；exit 域指向出口函数所重新分配的地址。
5. 调用 init_module))，向它传递上面所创建的用户态的内存区的地址，其实现过程我们已经详细分析过了。
6. 释放用户态内存， 整个过程结束。

13.3.2 模块的卸载

要卸载一个内核模块使用 rmmod 命令。rmmod 程序将已经插入内核的模块从内核中移出，rmmod 会自动运行在内核模块自己定义的出口函数。它的格式是：

rmmod [path]modulename

当然，它最终还是通过 delete_module（）系统调用实现的。

13.3.3 模块实用程序 modutils

Linux 内核模块机制提供的系统调用大多数都是为 modutils 程序使用的。可以说，是 Linux 的内核模块机制和 modutils 两者的结合提供了模块的编程接口。Modutils（modutils-x.y.z.tar.gz)可以在任何获得内核源代码的地方获得，选择最高级别的 patchlevel x.y.z 等于或者小于当前的内核版本，安装后在/sbin 目录下就会有 insmod、rmmod、ksyms、lsmod、modprobe 等等实用程序。当然，通常我们在加载 Linux 内核的时候，modutils 已经被装入了。

1. lsmod 的使用

调用 lsmod 程序将显示当前系统中正在使用的模块信息。 实际上这个程序的功能就是读取/proc 文件系统中的文件/proc/modules 中的信息。所以这个命令和 cat /proc/modules 等价。它的格式就是：

lsmod

2. ksyms

显示内核符号和模块符号表的信息，可以读取/proc/kallsyms 文件。

3. modprobe 的使用

modprobe 是由 modutils 提供的自动根据模块之间的依赖性插入模块的程序。前面讲到的按需装入的模块加载方法会调用这个程序来实现按需装入的功能。举例来讲，如果模块 A 依赖模块 B，而模块 B 并没有加载到内核里，当系统请求加载模块 A 时，modprobe 程序会自动将模块 B 加载到内核。

与 insmod 类似，modprobe 程序也是链接在命令行中指定的一个模块，但它还可以递归地链接指定模块所引用到的其他模块。从实现上讲，modprobe 只是检查模块依赖关系，真正的加载的工作还是由 insmod 来实现的。那么，它又是怎么知道模块间的依赖关系的呢？ 简单的讲，modprobe 通过另一个 modutils 程序 depmod 来了解这种依赖关系。而 depmod 是在系统启动时执行，它查找所有内核中的模块并把所有的模块间的依赖关系写入 /lib/modules/2.6.15-1.2054_FC5 目录下，一个名为 modules.dep 的文件。

4. kmod 的实现

在以前版本的内核中，模块机制的按需装入通过一个用户进程 kerneld 来实现，内核通过 IPC 和内核通信，向 kerneld 发送需要装载的模块的信息，然后 kerneld 调用 modprobe 程序将这个模块装载。 但是在最近版本的内核中，使用另外一种方法 kmod 来实现这个功能。kmod 与 kerneld 比较，最大的不同在于它是一个运行在内核空间的进程，它可以在内核空间直接调用 modprobe，大大简化了整个流程。

13.4 实例

为了便于更直观地认识内核模块的功能，下面用实例来说明模块单元是怎样与系统内核交互的。

13.4.1 内核模块的 make 文件

首先我们来看一看模块程序的 make 文件应该怎么写。自 2.6 版本之后，Linux 对内核模块的相关规范，有很大变动。例如，所有模块的扩张名，都从“.o”改为“.ko”。详细信息，可参看 Documentation/kbuild/makefiles.txt。针对内核模块而编辑 Makefile，可参看 Documentation/kbuild/modules.txt

我们练习“helloworld.ko”时，曾经用过简单的 Makefile：

```
TARGET = helloworld
KDIR = /usr/src/linux
PWD = $（shell pwd）
obj-m += $（TARGET）.o
default:
  make -C $（KDIR） M=$（PWD） modules
```

$）KDIR）表示源代码最高层目录的位置。

“obj-m += $（TARGET）.o”告诉kbuild，希望将$（TARGET），也就是helloworld，编译成内核模块。

“M=$（PWD）”表示生成的模块文件都将在当前目录下。

13.4.2 多文件内核模块的make文件

现在，我们把问题引申一下，对于多文件的内核模块该如何编译呢？同样以“Hello，world”为例，我们需要做以下事情：

在所有的源文件中，只有一个文件增加一行#define __NO_VERSION__。这是因为module.h一般包括全局变量kernel_version的定义，该全局变量包含模块编译的内核版本信息。如果你需要version.h，你需要自己把它包含进去，因为定义了__NO_VERSION__后module.h就不会包含version.h。

下面给出多文件的内核模块的范例。

start.c

```
/* start.c
*
* "Hello， world" –内核模块版本
* 这个文件仅包括启动模块例程
*/

/* 必要的头文件 */

/* 内核模块中的标准 */
#include <linux/kernel.h>     /*我们在做内核的工作 */
#include <linux/module.h>

/*初始化模块 */
int init_module（）
{
  Printk（"Hello， world!\n"）;

/* 如果我们返回一个非零值， 那就意味着
* init_module 初始化失败并且内核模块
* 不能加载 */
  return 0;
}
```

stop.c

```
/* stop.c
 *
  *"Hello， world" -内核模块版本
*这个文件仅包括关闭模块例程
*/

/*必要的头文件 */

/*内核模块中的标准 */
#include <linux/kernel.h>     /*我们在做内核的工作 */

#define __NO_VERSION__
#include <linux/module.h>

#include <linux/version.h>     /* 不被 module.h 包括，因为__NO_VERSION__ */

/* Cleanup - 撤消 init_module 所做的任何事情*/
void cleanup_module（）
{
  Printk（"Bye!\n"）;
}
/*结束*/
```

这一次，helloworld 内核模块包含了两个源文件，“start.c”和“stop.c”。再来看看对于多文件内核模块，该怎么写 Makefile 文件

Makefile

```
TARGET = helloworld
KDIR = /usr/src/linux
PWD = $（shell pwd）
obj-m += $（TARGET）.o
$（TARGET）-y := start.o stop.o
default:
  make -C $（KDIR） M=$（PWD） modules
```

相比前面，只增加一行：

```
$（TARGET）-y := start.o stop.o
```

实验思考

内核模块机制，和/proc 文件系统，都是 Linux 系统中具有代表性的特征。可否利用这些便利，为特殊文件、设备、公共变量等，创建/proc 目录下对应的节点？答案当然是肯定的。

这块实验需要自主完成，本书只交待基本思路。程序的完善，以及调试工作，留给大家完成。

内核模块与内核空间之外的交互方式有很多种，/proc 文件系统是其中一种主要方式。

本书有专门章节介绍/proc 文件系统，在这里我们再把一些基本知识复习一下。文件系统是操作系统在磁盘或其它外设上，组织文件的方法。Linux 支持很多文件系统的类型：minix，ext，ext2，msdos，umsdos，vfat，proc，nfs，iso9660，hpfs，sysv，smb，ncpfs 等等。与其他文件系统不同的是，/proc 文件系统是一个伪文件系统。之所以称之为伪文件系统，是因为它没有任何一部分与磁盘有关，只存在内存当中，而不占用外存空间。而它确实与文件系统有很多相似之处。例如，以文件系统的方式为访问系统内核数据的操作提供接口，而且可以用所有一般的文件工具操作。例如我们可以通过命令 cat，more 或其他文本编辑工具察看 proc 文件中的信息。更重要的是，用户和应用程序可以通过 proc 得到系统的信息，并可以改变内核的某些参数。由于系统的信息，如进程，是动态改变的，所以用户或应用程序读取 proc 文件时，proc 是动态从系统内核读出所需信息并提交的。/proc 文件系统一般放在/proc 目录下。

请你开发的内核模块 proc_example，首先在/proc 目录下创建自己的子目录。然后，在这个目录下创建了三个 proc 普通文件（foo，bar，jiffies），一个设备文件（tty）以及一个文件链接（jiffies_too）。具体来说，foo 和 bar 是两个可读写文件，它们共享函数 proc_read_foobar 和 proc_write_foobar。jiffies 是一个只读文件，取得当前系统时间 jiffies。jiffies_too 为文件 jiffies 的一个符号链接。

你也许对以上程序的实现细节还是不很清楚。没有关系，请参阅关于/proc 文件系统的章节。至少你已经看明白了，内核模块里面的变量，的确可以通过/proc 文件系统读写的。

到这儿，关于模块的基本知识我们已经学习完了。这部分内容在后面的章节中还会用到，到时候相信你会对模块机制有更深入和全面的了解。

第 14 章　内存管理

实验目的

- 学习操作系统的内存管理原理；
- 理解操作系统内存管理的分页、虚拟内存、“按需调页”思想及方法；
- 掌握 Linux 内核对虚拟内存、虚存段、分页式内存管理、按需调页的实现机制。

实验内容

进行实验前，务必先行阅读、理解 Linux 内核的关于内存管理的源代码，理解 Linux 内存管理的整体思想。因为，本章安排的实验比较简单，没能覆盖 Linux 内核中内存管理的所有内容。

实验共做两个。第一个实验统计自内核加载完成以后到当前时刻为止发生的缺页次数和经历过的时间；第二个实验统计从当前时刻起一段时间内发生的缺页中断次数。两者的实现方法略有不同。

实验指导

14.1　虚拟内存管理

一般而言，计算机的内存容量是有限的，例如 1GB，而某些进程运行所需的内存空间却有可能超过内存的总容量。这也就意味着存在这样的可能：运行某个进程时，机器内存容纳不下该进程所有的代码、数据和堆栈，而是只能容纳其中的一部分。事实上，一个占用大量内存的进程在任意一段时间内需要用到的代码、数据等都只是总数的一小部分，其余部分在相应时间段内对于维持进程的运行是不起作用的，也就是说白白地占用了内存空间。于是，虚拟内存技术应运而生。

虚拟内存的基本思想是：每个进程看到的内存地址空间是“虚拟”的，操作系统协同硬件的配合为每个进程管理这个虚拟地址空间。应用程序觉得自己是在独占整个内存，而实际上是操作系统在背后把进程用到的虚拟内存映射到物理内存，并且只为进程要用到的一部分地址空间分配物理内存。我们知道，一个进程的代码、数据、堆栈的总容量可能超过可用物理内存的容量；操作系统负责把当前用到的那些部分保留在内存中，而把其他部分保存在磁盘上；当需要用到不在内存中的某一部分时，由操作系统把那部分调入内存，同时可能要把已经在内存中的，暂时不会用到的某一部分清除出内存。这些操作对用户来说都是透明的。如一个占用 256M 内存空间的进程，可以通过操作系统的调度，在任何时刻将其中一部分内容（比如小于 64M）保存在物理内存中，并且根据需要在内存和硬盘间交换进程片段。这样，该进程就可以运行在一台只有 64M 内存的机器上了。

引入虚拟内存机制以后，进程可以使用的地址空间扩大了，可以超出物理内存的空间大小。进程直接产生的地址也就不再是物理内存的真实地址，而是虚拟地址（virtual address），一个进程产生的虚拟地址的集合构成了虚拟地址空间（virtual address space）。虚拟地址在被使用时不是直接送到内存总线上去，而是先送到内存管理单元 MMU（Memory Management Unit）。多数型号的 CPU 都有 MMU。MMU 的功能就是把虚拟地址映射成物理地址（即实地址），然后把生成的物理地址送到内存总线上去。

14.1.1　分页管理

大部分的虚拟内存系统都采用了分页（paging）技术，即采用分页式虚拟内存管理。在分页式虚拟内存管理系统中，虚拟地址空间划分成许多页（page），页包含了一段连续的虚拟地址空间。相应的，物理内存空间也划分成多个页帧（page frame）。页和页帧的大小必须是一样的。一个页可以映射到一个页帧，即虚拟地址空间的一段内容放到一个页帧中去；反过来，一个页到页帧的映射也可以撤销，即从物理内存中清除一个页的内容。页未被映射时，其内容存在于磁盘上的特殊区域，称作交换区（swapping area）。所以，内存和交换区之间的数据交换总是以页为单位的。现代操作系统中的页大小一般是从 512 字节到 8K 字节不等。

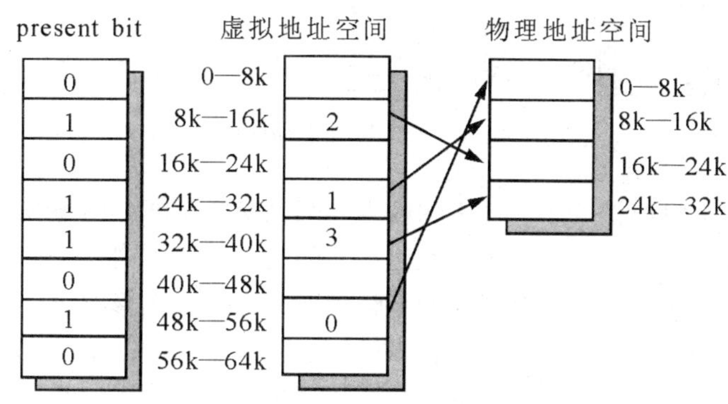

图 14-1　虚实地址的映射

一个例子如图 14-1，为简单起见假设有一台可以生成 16 位虚拟地址的计算机，那么其地址范围就是 0 到 64K，当然这些地址是虚拟地址；同时假设该计算机只有 32K 物理内存。页的大小是 8K。因此，虽然可以运行 64K 大小的进程，却不能将它完全调入内存运行。操作系统在磁盘上划分一个 64K 大的交换空间归该进程使用，只在必要的时候调入所需的进程片段。

当进程试图访问地址 0x8010 时，MMU 得到这个虚拟地址，由 $8*16^3+1*16=4*8192+16$ 得出该地址落在第 4 页的地址范围内（32K-40K），且该地址在该页内的偏移量为 16 个字节。根据虚实地址的映射，这一页当前对应着页帧 3（物理地址的 24K-32K）。于是，MMU 把地址 24K+16=0x6010 发到内存总线上。

通过对 MMU 的设置，可以把 8 个页映射到 4 个页帧中的任何一个，但是真正在物理内存中的页最多只能是 4 个，也就是说至少有 4 个页没有被映射。如图 14-1 中的 0、2、5、7 这四个页在当前情况下就没有被映射到物理内存上。那么当进程试图访问这些未被映射的页时，就会发生“缺页”（page fault）。那么 MMU 是如何判定一个页是否存在于物理内存中的呢？实际上，每个页都有一个“存在位”（present bit）来指明该页是否驻留在内存中。如果存在位的当前值是 1，则本页已经被映射，如果置 0 则说明本页未被映射。

例如当进程试图访问地址 0x0400 时，该虚拟地址是落在页 0 范围内的（0-8K），MMU 检查页 0 的存在位，发现为 0，确定该页当前未被映射。于是 MMU 发出缺页信息，系统进入缺页中断服务。操作系统将根据一定的算法挑选一个存在于页帧中的页，把这个页的内容写回到交换空间，然后把需访问的页调入相应的页帧，并修改调出页和调入页的存在位，返回引起缺页中断的指令继续执行。假设操作系统根据算法调出页 1，那么页 1 的存在位清 0，同时页 0 被映射到页帧 2，它的存在位为 1，映射结果如图 14-2。

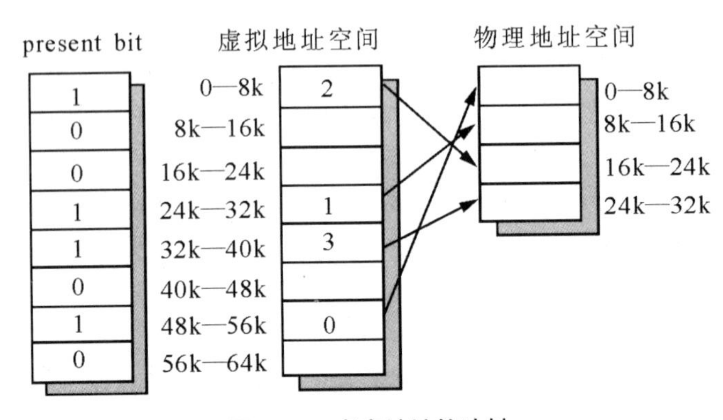

图 14-2　虚实地址的映射

上面提到，换页时要把一个页帧中的内容写回到交换空间。而事实上如果该页内容在装入页帧后未被修改过，也就是说该页在磁盘上的内容与物理内存中的内容完全相同，那么这个写回操作就是多余的了。为了表明页帧中的内容是否被修改过，可以增加一个修改位（modified bit），修改位在页装入内存时初始化为 0，一旦该页内容被修改则置 1。当该页要被换出时，检查修改位，若为 1 则执行写回交换空间的操作，若为 0 则无需写回。

14.1.2　页表

MMU 的地址映射机制，虚实地址的转换，都离不开页表的支持。页表的主要目的，就是把页映射成页帧。页表含有多条记录，每条记录称为一个页表项，每项中含有一些控制位（例如我们刚刚提到的存在位和修改位）和一个页帧号。

通常，虚拟地址被分成页号（高位部分）和页内偏移量（低位部分）。页号被用作页表的索引，找到页对应的页表项，根据该项中的存在位判断页是否已映射到页帧，若已映射则取出对应的页帧号，再根据页帧号和虚拟地址的页内偏移量得出物理地址，如图 14-3 所示。

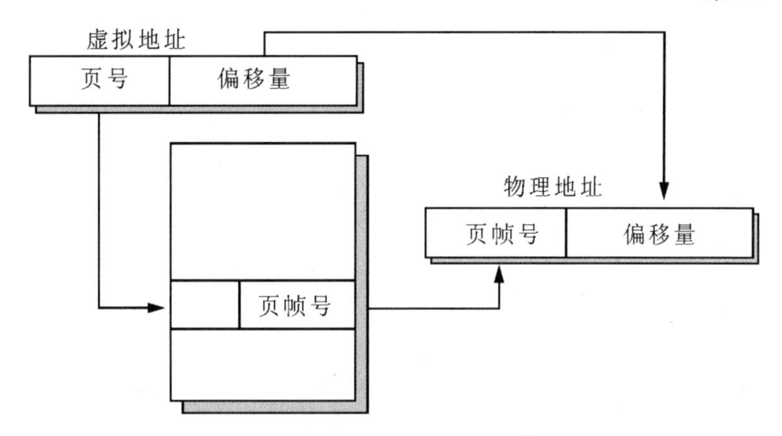

图 14-3 由页帧号和页内偏移量组成物理地址

注意页表项内放置的不是页帧的起始地址，而是页帧号；生成物理地址的方式不是用页帧的起始地址加上页内偏移量，而是把页帧号和虚拟地址的页内偏移量直接拼接，页帧号作为高位部分。这样做的前提是每一页的大小必须是 2^n 字节，n 是正整数。从数学角度来看，页表可以看成是一个函数，它的变量是页号，函数值则是页帧号。

在简单介绍了页表之后，有两个问题值得注意：

第一个问题是由于现在计算机使用的虚拟地址一般是 32 位的，那么当页大小为 4K 时将有 2^{20} 个页。这 2^{20} 个页需要有 2^{20} 个页表项的页表，而且这仅仅是一个进程的，每个进程都可能有这么一个相当庞大的页表。如果虚拟地址是 64 位的，那么页表就更大了。

第二个问题是每次访问内存都要进行虚拟地址到物理地址的映射。一条典型的指令有一个操作字，通常还有一个内存操作数，因此每条指令都要进行一次、两次甚至多次的页表访问。如果访问页表的速度不够快的话，那么页表访问将成为系统效率的瓶颈。

从理论上来讲，最简单的设计是使用由一组快速硬件寄存器所组成的单一页表，页号作为索引，每个页一个表项。当一个进程启动时，操作系统把位于内存中的进程页表装入寄存器组，在进程运行期间就不必再访问内存中的页表，只需访问速度快得多的寄存器。这一方法的优点是直观且访问快速；缺点是硬件代价高昂，而且每次进程切换导致的从内存中装入页表到寄存器的开销也相当大。

另一种极端的设计是把页表全部放在物理内存中。这时，需要的全部硬件只是一个指向当前正在运行的进程的页表起始地址的寄存器。在进程切换时，只要刷新这个寄存器的值就可以改变内存映射。很明显，这种设计的最大弱点就是要频繁访问内存中的页表。

以上两种极端方法都有明显的弱点。把两者折衷一下就有了现实中广泛使用的实现方法，即使用 TLB（Translation Lookaside Buffer）。TLB 是一种缓存，它的访问速度比物理内存快，单位硬件代价也比物理内存大。在 TLB 中存储的是最近被访问过的页表项，而不是全部页表项。整个页表仍旧放在物理内存中。所以，TLB 容量不会太大，相应的总的硬件代价就不高。访问页表时，先检查要访问的页表项是否在 TLB 中，若存在（称为 TLB Hit）则可以立即从中得到页帧号，不必再到物理内存中访问页表；若不存在（称为 TLB Miss）则再到物理内存中去访问页表，而且要更新 TLB，把新访问的页表项放到 TLB 中去。这样的做法可以在整体上提高页表访问的速度。

1. 多级页表

为了避免页表过于庞大，可以采用多级页表的方式。在采用这种方式的系统中，虚拟地址的组成就不再是简单的页号加偏移量两部分了。如图 14-4 所示，是一个采用三级页表结构的虚拟地址的格式，偏移量占了 32 位地址中最低的 11 位，所以页大小是 2K。其余 21 位被分为 3 部分：PT1，PT2，PT3，每部分 7 位。

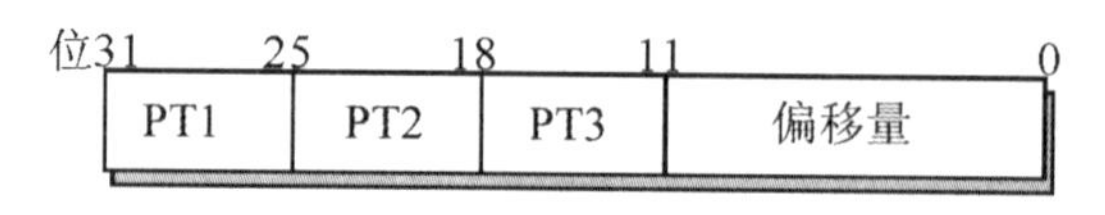

图 14-4 虚拟地址的组成

图 14-4 中，虚拟地址 PT1 部分共 7 位，作为访问顶级页表的索引。顶级页表中共有 $2^7=128$ 个页表项，每一项都指向一个二级页表的开始地址，这样整个 4G 大小的虚拟地址空间被分成了 128 块，每块 $2^{32}/2^7=2^{25}$ 字节，即 32M。PT2 部分作为访问二级页表的索引，每个二级页表也有 128 项，每项指向一个三级页表的开始地址，这样每个 32M 大的块又被进一步分成了 128 个 256K 大小的块。PT3 部分作为访问三级页表的索引，三级页表中的 128 个项分别指向页面，每一项中含有一个 21 位的页帧号，将它与虚拟地址中的偏移量合并就得出了物理地址。三级页表的结构示意如图 14-5。

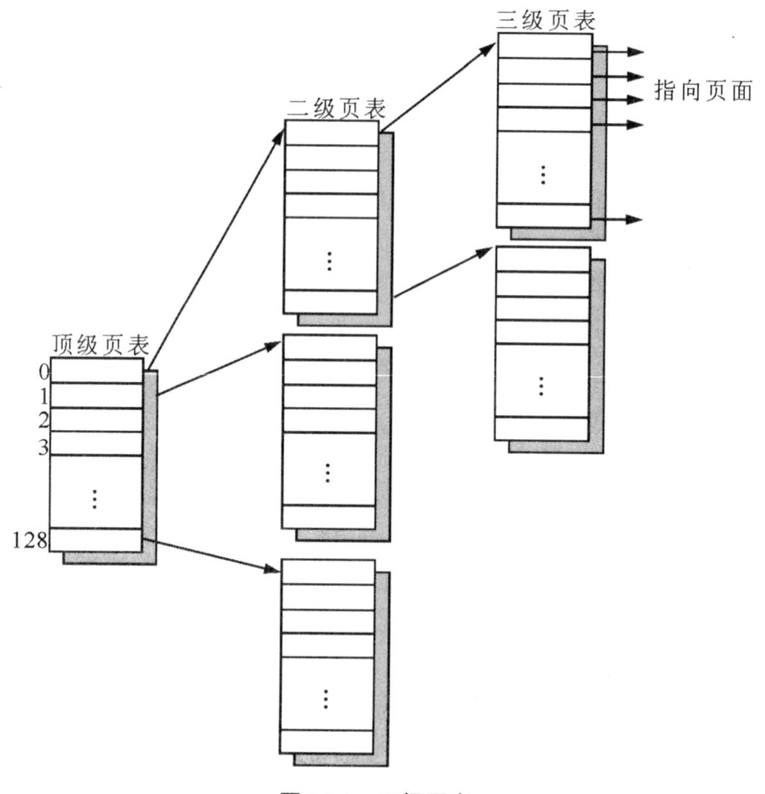

图 14-5 三级页表

事实上，大多数进程用到的虚拟地址空间只是总共 4G 空间中的一小部分，其余绝大部分是用不到的，但是这一小部分用到的虚拟地址空间却包括了最低端的代码和最高端的堆栈。如果一个进程只有单一页表，那么这个页表的页表项就有 2^{20} 项（32 位地址，4K 大小的页）。当使用如上所示的三级页表时，除了顶级页表和若干二、三级页表，中间的很多二、三级页表都不需要存在，因为它们代表的虚拟地址空间在大多数进程中是未被使用的。

2. 页表项

接下来看一看页表项的具体结构。页表项的具体结构是与机器密切相关的，但页表项存储的信息基本上是类似的，剖析一个，其余自通。如图 14-6 所示是一个页表项的样本。

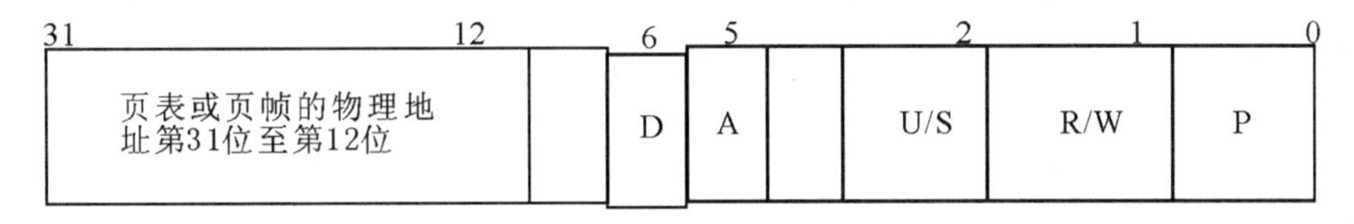

图 14-6 页表项

不同计算机的页表项的结构是不同的，本章以 Intel x86 体系所使用的 32 位的页表项为例。页帧号是页表项必须具有的，这也是页表项存在的根本。存在位也是必需的，其作用前面已经阐述过。一个页允许什么样的访问由保护位（protection bit）指出。

保护位可以是一位，也可以有若干位。简单的情况是只有 1 位，1 表示读写，0 表示只读。复杂一点的使用 3 位，各位依次指出是否允许读、写、执行该页。

为了记录页的使用情况，引入了修改位 D（modified bit）和访问位 A（referenced bit）。修改位的作用在前面已经提到过。访问位在该页被访问时就置位，在发生缺页中断的时候，该位的值被操作系统作为决定相应页是否被换出的依据之一。访问位未置位的页，比置位的页优先换出物理内存。该位在下面即将讨论到的页面置换算法中起到举足轻重的作用。

还有一个指明该页是否可以被缓存的位。对那些被映射到设备寄存器而不是常规内存的页面而言，这个特性是非常重要的。假如操作系统正在循环等待某个 I/O 设备对它刚发出的命令做出响应，那么硬件就应该不断地从设备中读取数据，而不是从一个旧的被缓存的副本中读取数据。通过这一位可以指明本页是否可以被缓存。具有独立的 I/O 空间而不使用内存映射 I/O 的机器不需要这一位。

页表项只保存了把虚拟地址转换为物理地址时硬件所需要的信息，至于页在磁盘上的地址，页表项是不关心的，那是操作系统所关注的。

14.1.3 页面置换

发生缺页时，操作系统必须在内存中选择一个页并将其移出内存。如果被选中的页的修改位是 1，则该页将被写回到交换空间；若修改位为 0，则交换空间的副本已经是最新的了，不需要做写回操作，调入页直接覆盖该页即可。

被选择调出的页可以是任意一个，但是选择那些不常使用的页显然更合理。如果一个经常使用的页换出了，很有可能它马上又要用到，那么又需要一次页面置换工作，导致系统性能降低。人们已经在理论和实践上对页面置换算法进行了深入的研究，下面简要说明几个典型的算法。

1. 最优算法

最优算法要选择一个页，使得从当前时刻起到下一次访问该页所经历的时间是最长的。可以用下一次访问某一页之前执行的指令数作为标记，如某一页在 120 条指令之后被访问，另一页将在 100 条指令之后被访问，那么分别给他们标记 120 和 100。那么最优算法就可以规定，标记最大的页被选中换出。

这个算法从理论上来说是最好的，但却是无法实现的。当缺页发生时，操作系统无法知道下一次在什么时候访问各个页面。对某一个程序而言，可以通过在模拟器上的运行跟踪得出页面的访问情况，在正式运行时运用收集到的信息去实现最优算法。对一个程序或进程进行的模拟运行只涉及到该程序或进程，与其他的进程无关，但对整个系统而言，要运行的进程是多种多样的，因此没有统一的页面访问模式，最优算法也就无法实现。

2. 先进先出（FIFO）算法

一种简单易行的算法是先进先出（First-In First-Out）算法。在这种算法里，在内存中的所有页组成一个队列，先进入内存的页总是在后进入页的前面。缺页时，总是选择排在最前面的，也就是在内存中存在时间最长的页，把它换出，同时把新调入的页排在队列的末尾。这种算法最大的好处就是运用起来简单，但是效果就难以确定了，对不同进程可能有不同的结果。

3. 最近最少使用（LRU）算法

对最优算法有一个很好的近似。根据时间局部性原理，考虑这样的情况：在刚执行过的几条指令中被频繁访问的页很可能在接下来的指令中被继续访问；反过来说，已经很久未被访问的页在接下来的一段时间内很可能也不会访问到。由此出现了这样一个算法：选择一个未被使用时间最长的页。这个算法就是最近最少使用（Least Recently Used）算法。

14.2 Linux 虚拟内存管理

14.2.1 虚拟内存的抽象模型

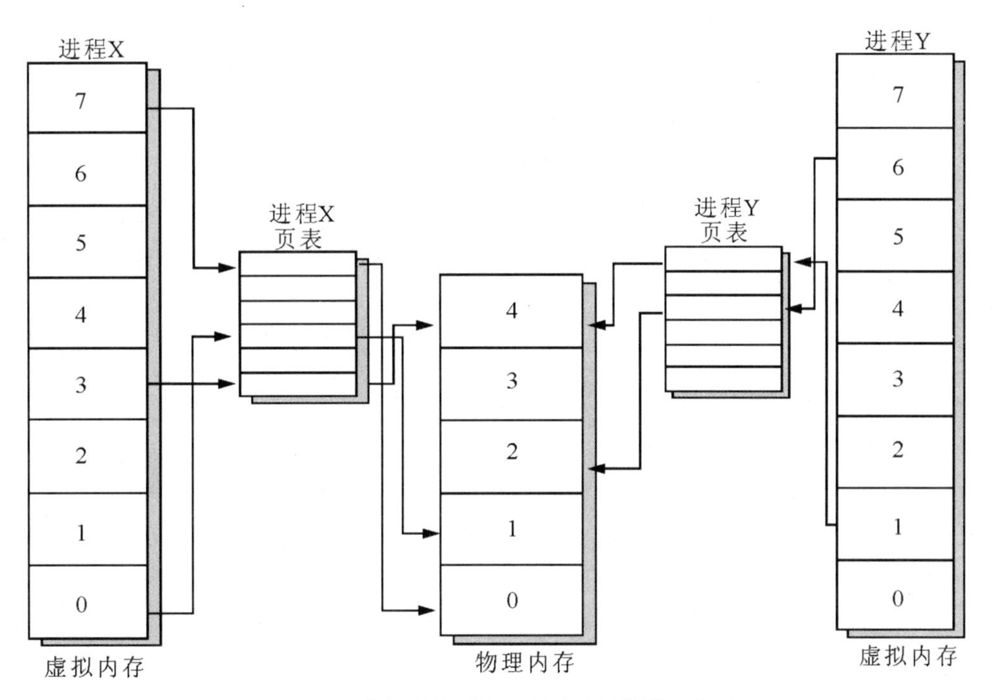

图 14-7 虚拟地址到物理地址映射的抽象模型

在讨论 Linux 是如何具体实现对虚拟内存的支持前，有必要看一下更简单的抽象模型。在处理器执行程序时，需要将程序从内存中读出后再进行指令解码。在指令解码之前，它必须向内存中某个位置取出或者存入某个值。然后执行此指令并指向程序中下一条指令。在此过程中处理器必须频繁访问内存，要么取指令或者取数据，要么存储数据。

虚拟内存系统中的所有地址都是虚拟地址而不是物理地址。通过操作系统所维护的一系列表，由处理器（更确切地说是 MMU）实现从虚拟地址到物理地址的转换。

为了使转换更加简单，虚拟内存与物理内存都以页面来组织。不同系统中页面的大小可以相同，也可以不同，但这样将带来管理的不便。如 Alpha AXP 处理器上运行的 Linux（缺省）页面大小为 8KB，而 Intel x86 系统上（缺省）使用 4KB 大小的页面。每个页面通过一个叫页帧号（PFN）的数字来标识。

页面模式下的虚拟地址由两部分构成：页号和页面内偏移值。如果页面大小为 4KB，则虚拟地址的低 12 位表示虚拟地址偏移值，12 位以上表示页号。处理器处理虚拟地址时必须完成地址分离工作。在页表的帮助下，它将页号转换成页帧号，然后访问物理页面中相应偏移处。

图 14-7 给出了两个进程 X 和 Y 的虚拟地址空间，它们拥有各自的页表。这些页表将各个进程的页映射到内存中的页帧。在图 14-7 中，进程 X 的页 0 被映射到了页帧 4。理论

上每个页表入口应包含以下内容：

- 有效标记，表示此页表入口是有效的；
- 页表入口描述的物理页帧号；
- 访问控制信息，用来描述此页可以进行哪些操作，是否可写，是否包含执行代码；

为了将虚拟地址转换为物理地址，处理器首先必须得到虚拟地址的页号及页内偏移。一般将页面大小设为 2^n（n 是非负整数）字节。将图 14-7 中的页面大小设为 0x2000 字节（十进制为 8192，即 8K）并且设在进程 Y 的虚拟地址空间中有某个地址为 0x2194，则处理器将通过转换得到页号 1 及页内偏移 0x194。

处理器使用页号为索引来访问处理器页表，检索页表入口。如果在此位置的页表入口有效，则处理器将从此入口中得到页帧号。如果此入口无效，则意味着处理器存取的是虚拟内存中一个不存在的区域。在这种情况下，处理器是不能进行地址转换的，它必须将控制传递给操作系统来完成这个工作。

某个进程试图访问处理器无法进行有效地址转换的虚拟地址时，处理器如何将控制传递到操作系统依赖于具体的处理器。通常的做法是：处理器引发一个缺页中断而陷入操作系统核心，这样操作系统将得到有关无效虚拟地址的信息以及发生页面错误的原因。

再以图 14-7 为例，进程 Y 的页 1 已经被映射到页帧 4，该页的页表入口标志是有效的，则其中的虚拟地址 0x2194 对应的物理地址是 0x8000+0x194=0x8194。而进程 Y 的页 0 未被映射，页 0 的页表入口标志无效，当试图访问虚拟地址 0x1800 时就会触发缺页中断。

通过将虚拟地址映射到物理地址，虚拟内存可以以任何顺序映射到页帧。例如，在图 14-7 中，进程 X 的页 0 被映射到页帧 1，而页 7 被映射到页帧 0，虽然后者的页号要高于前者。这样虚拟内存技术带来了有趣而灵活的结果：虚拟内存中的页无需在物理内存保持特定顺序。

1. 换页

在物理内存比虚拟内存小得多的系统中，操作系统必须提高物理内存的使用效率。节省物理内存的一种方法是仅加载那些正在被执行程序使用的页面。比如说，某个数据库程序可能要对某个数据库进行查询操作，此时并不是数据库的所有内容都要加载到内存中去，而只加载那些需要用的部分，如加载添加记录的代码是毫无意义的。这种仅加载需要访问的页面的技术叫按需调页（paging on demand）。

当进程试图访问当前不在内存中的虚拟地址时，处理器在页表中无法找到所引用地址的入口。在图 14-7 中，对于页 2，进程 X 的页表中没有入口，这样当进程 X 试图访问页 2 的内容时，处理器不能将此地址转换成物理地址。这时处理器通知操作系统有页面错误发生。

如果导致页面错误的虚拟地址所属的页面当前不在内存中，则操作系统必须将此页面从磁盘映像中读入到内存中来。由于磁盘访问时间较长，进程必须等待一段时间直到页面被读入物理内存。如果系统中还存在其他进程，操作系统就会在读取页面的等待过程中选择其中之一来运行。读取得到的页面将被放在一个空闲的页帧中，同时将相应页表项中的存在位置位。最后进程将从发生页面错误的地方重新开始运行。此时整个虚拟内存访问过程告一段落，处理器又可以继续进行虚拟地址到物理地址转换，而进程也得以继续运行。

Linux 使用按需调页将可执行映像加载到进程的虚拟内存中。当命令执行时，可执行的命令文件被打开，同时其内容映射到进程的虚拟内存。这些操作是通过修改描述进程内存映像的数据结构来完成的，此过程称为内存映射。然而只有映像的起始部分调入物理内存，其余部分仍然留在磁盘上。当映像执行时，它会产生页面错误，这样 Linux 将决定把磁盘上哪些部分调入内存继续执行。

2. 交换

如果进程需要把一个页调入物理内存而正好系统中没有空闲的页帧，操作系统必须丢弃位于物理内存中的某些页，为要换入的页腾出空间。

如果那些从物理内存中丢弃出来的页来自于磁盘上的可执行文件或者数据文件，并且没有修改过，则不需要保存那些页的内容。当进程再次需要此页面时，直接从可执行文件或者数据文件中读入。

但是如果页面被修改过了，则操作系统必须保存页面的内容以备再次访问。这种页面称为 dirty 页面，当从内存中置换出来时，它们必须保存在交换空间（交换文件或交换区）中。相对于处理器和物理内存的速度，访问交换空间的速度是非常缓慢的，考虑到效率问题，操作系统必须在将这些 dirty 页面写入交换空间和将其继续保留在内存中做出选择。

选择丢弃页面的算法经常需要判断哪些页面要丢弃或者交换。如果交换算法效率很低，则会发生“颠簸”（thrashing）现象。在这种情况下，页面不断地写入磁盘又从磁盘中读回来。这样一来，操作系统就无法进行其他任何工作。以图 14-7 为例，如果物理页帧 1 被频繁使用，则页面丢弃算法将其作为交换到硬盘的候选者是不恰当的。一个进程当前经常使用的页面集合叫做工作集。高效的交换策略能够确保所有进程的工作集保存在物理内存中。

Linux 使用最近最少使用（LRU）算法来公平地选择将要从系统中抛弃的页面。早期版本的内核为系统中的每个页面设置一个年龄，它随页面访问次数而变化。页面被访问的次数越多则页面年龄越年轻，反之则越衰老。年龄较老的页面是待交换页面的候选者。

14.2.2 Linux 的分页管理

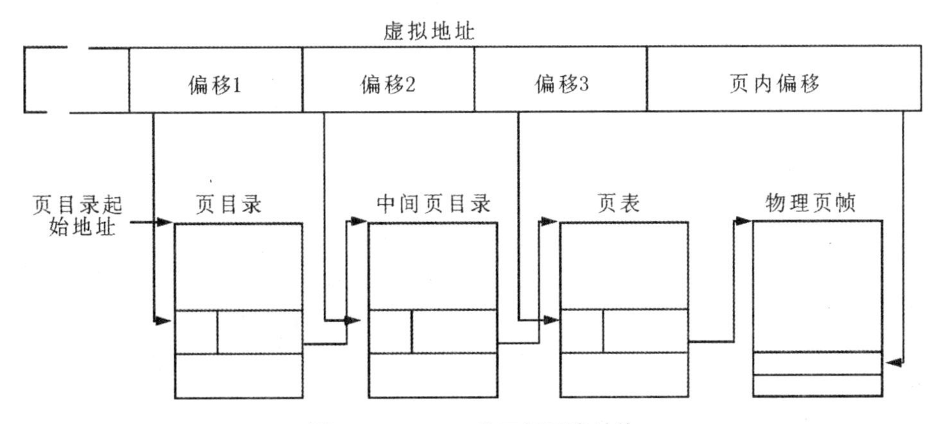

图 14-8 Linux 的三级页表结构

Linux 总是假定处理器支持三级页表结构。这三级页表依次为：页目录（PGD，Page Directory）、中间页目录（PMD，Page Middle Directory）和页表（PTE，Page Table）。每一级页表通过虚拟地址的一个域来访问。图 14-8 说明虚拟地址是如何分割成多个域的。其中有三个域分别提供了在三级页表内的偏移，最后一个域提供了页内偏移。为了将虚拟地址转换成物理地址，处理器必须依次得到这几个域中包含的偏移值，还需要有页目录在物理内存中的起始地址，该地址保存在寄存器中。处理器首先根据页目录在物理内存中的起始地址和第一个偏移值，访问页目录，得出中间页目录的起始地址；然后根据中间页目录的起始地址和第二个偏移值，访问中间页目录，得出页表的起始地址；再然后根据页表的起始地址和第三个偏移值，访问页表，得出页帧号；最后根据页帧号和页内偏移得出物理地址。

在 Intel x86 体系的微机上，Linux 的页表结构实际上为两级。其中页目录就是 PGD，页表就是 PTE，而 PMD 和 PGD 实际上是合二为一的。所有有关 PMD 的操作实际上是对 PGD 的操作。所以源代码中形如*_pgd_*（）和*_pmd_*（）的函数所实现的功能是一样的。有关的宏定义如下：

/include/asm-i386/pgtable-2level-defs.h

```
1 #ifndef _I386_PGTABLE_2LEVEL_DEFS_H
2 #define _I386_PGTABLE_2LEVEL_DEFS_H
3
4 #define HAVE_SHARED_KERNEL_PMD 0
5
6 /*
7    * traditional i386 two-level paging structure:
8    */
9
10 #define PGDIR_SHIFT         22
11 #define PTRS_PER_PGD        1024
12
13 /*
14    * the i386 is two-level,    so we don't really have any
15    * PMD directory physically.
16    */
17
18 #define PTRS_PER_PTE        1024
19
20 #endif /* _I386_PGTABLE_2LEVEL_DEFS_H */
```

从上面的宏定义可以清楚地看到 i386 体系结构中 PMD 实际上是不存在的（#define HAVE_SHARED_KERNEL_PMD 0），实际上这一级是退化了。页目录 PGD 和页表 PTE 都含有 1024 个项。

每当启动一个新进程，Linux 都为其分配一个 task_struct 结构体，内含 ldt（local descriptor table）、tss（task state segment）、mm 等内存管理信息。其中，task_struct 结构体内含了指向 mm_struct 结构体的指针，mm_struct 结构体包含了用户进程中与内存管理有关的信息。

include/linux/sched.h

```
299 struct mm_struct {
300         struct vm_area_struct * mmap;            /* list of VMAs */
301         rb_root_t mm_rb;
302         struct vm_area_struct * mmap_cache;      /* last find_vma result */
            …………
314         pgd_t * pgd;
315         atomic_t  mm_users;                      /* How many users with user
                                                     space? */
316         atomic_t  mm_count;                      /* How many references to
                                                     "struct mm_struct"
                                                     *  (users count as 1)  */
317         int map_count;                           /* number of VMAs */
318         struct rw_semaphore mmap_sem;
319         spinlock_t page_table_lock;              /* Protects task page tables and
                                                     mm->rss */
320
321         struct  list_head  mmlist;               /*  List of all active mm's.
                                                     These are globally
322                                                  *  together off init_mm.mmlist,
323                                              *  and are protected by mmlist_lock
324                                               */
            …………
335         unsigned long total_vm,  locked_vm,  shared_vm,  exec_vm;
336         unsigned long stack_vm,  reserved_vm,  def_flags,  nr_ptes;
337         unsigned long start_code,  end_code,  start_data,  end_data;
338         unsigned long start_brk,  brk,  start_stack;
339         unsigned long arg_start,  arg_end,  env_start,  env_end;
            …………
343         unsigned dumpable:2;
344         unsigned long cpu_vm_mask;
            …………
346         /* Architecture-specific MM context */
347         mm_context_t context;
348
349         /* Token based thrashing protection. */
350         unsigned long swap_token_time;
351         char recent_pagein;
```

```
352
353         /* coredumping support */
354         int core_waiters;
355         struct completion *core_startup_done，   core_done;
356
357         /* aio bits */
358         rwlock_t        ioctx_list_lock;
359         struct kioctx    *ioctx_list;
360 };
```

---

300 mmap 指向 vma 段双向链表的指针。

301 mm_rb 指向 vma 段红黑树的指针。

302 mmap_cache 存储上一次对 vma 块的查找操作的结果。

314 pgd 进程页目录的起始地址。

315 mm_users 记录了目前正在使用此 mm_struct 结构的用户数。

316 mm_count 由于系统中所有进程页表的内核部分都是一样的，内核线程和普通进程相比无需 mm_struct 结构。普通进程切换到内核线程时，内核线程可以直接借用进程的的页表，无需重新加载独立的页表。内核线程用 active_mm 指针指向所借用进程的 mm_struct 结构，而每次被 active_mm 引用都要将这个 mm_count 域加 1。另外注意对于 atomic_t 类型的变量只能通过 atomic_read，atomic_inc，atomic_set 等进行互斥性的操作。

317 map_count 此进程所使用的 VMA 块的个数。

318 mmap_sem 对 mmap 操作的互斥信号量。

319 page_table_lock 对此进程的页表操作时所需要的自旋锁。

321 mmlist task_struct 中的 active_mm 域的链表。对于普通进程，active_mm 等于 mm，对于内核线程，它等于上一次用户进程的 mm。

337 start_code、end_code 进程代码段的起始地址和结束地址。
start_data、end_data 进程数据段的起始地址和结束地址。

338 start_brk、brk 进程未初始化的数据段的起始地址和结束地址。

339 arg_start、arg_end 调用参数区的起始地址和结束地址。
env_start、env_end 进程环境区的起始地址和结束地址。

347 context 这个域存放了当前进程使用的段起始地址。

14.2.3 虚存段（vma）的组织和管理

程序执行时，可执行映像的内容将被调入进程虚拟地址空间中。可执行映像使用的共享库同样如此。然而可执行文件实际上并没有被调入到物理内存中，而是仅仅连接到进程的虚拟内存。当程序的其他部分运行需要引用到这部分时才把它们从磁盘上调入内存。

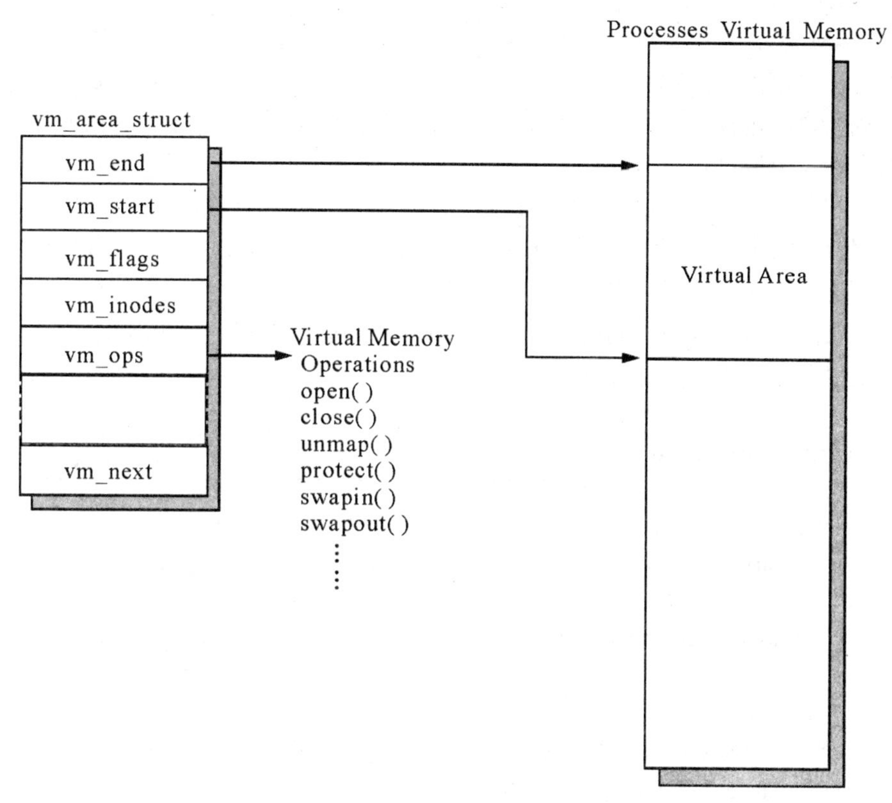

图 14-9 虚拟内存区域

每个进程的虚拟内存用一个 mm_struct 来管理。它包含一些指向 vm_area_struct 的指针。如图 14-9，每个 vm_area_struct 数据结构描述了虚拟内存段的起始与结束位置，进程对此内存区域的存取权限以及一组内存操作函数。这些函数都是 Linux 在操纵虚拟地址空间时必须用到的。当一个进程试图访问的虚拟地址不在物理内存中的时候(发生缺页中断)，需要用到一个 nopage 函数，例如当 Linux 试图将可执行映像的页面调入内存时就是这样的情况。

可执行映像映射到进程虚拟地址时将产生一组相应的 vm_area_struct 数据结构。每个 vm_area_struct 数据结构表示可执行映像的一部分：可执行代码、初始化数据（变量）、未初始化数据等等。Linux 支持许多标准的虚拟内存操作函数，创建 vm_area_struct 数据结构时有一组相应的虚拟内存操作函数与之对应。

进程可用的虚存空间共有 4GB，但这 4GB 空间并不是可以让用户态进程任意使用的，只是 0 至 3GB 之间的那一部分可以被直接使用，剩下的 1GB 空间则是属于内核的，用户态进程不能直接访问到。在创建用户进程时，内核的代码段和数据段被映射到虚拟地址 3GB 以后的虚存空间，供内核态进程使用。

有趣的是，事实上，所有进程的 3GB 至 4GB 的虚存空间的映像都是相同的，系统以此方式共享内核的代码段和数据段。

如果进程真的使用多达 4G 的虚拟空间，由此带来的管理开销巨大。例如，管理 4G 的虚拟地址空间，每个页大小为 4K，那么每个页表将占用 4M（4Byte*（$4*2^{30}$）/（$4*2^{10}$）

=4*2[20]Byte=4M Byte）物理内存。事实上目前也没有哪个进程达到如此大的规模。一个进程在运行过程中使用到的物理内存一般是不连续的，用到的虚拟地址也不是连成一片的，而是被分成几块，进程通常占用几个虚存段，分别用于代码段、数据段、堆栈段等。每个进程的所有虚存段通过指针构成链表，虚存段在此链表中的排列顺序按照它们的地址增长顺序进行。此链表的表头由 struct mm_struct 结构的成员 struct vm_area_struct * mmap 所指。为了便于理解，Linux 定义了虚存段 vma，即 virtual memory area。一个 vma 段是属于某个进程的一段连续的虚存空间，在这段虚存里的所有页面拥有一些相同的特征。例如，属于同一进程，相同的访问权限，同时被锁定（locked），同时受保护（protected）等。

vma 段由数据结构 vm_area_struct 描述如下：

include/linux/mm.h

```
59  struct vm_area_struct {
60          struct mm_struct * vm_mm;         /* The address space we belong to. */
61          unsigned long vm_start;           /* Our start address within vm_mm. */
62          unsigned long vm_end;             /* The first byte after our end address
63                                             * within vm_mm. */
64
65          /* linked list of VM areas per task，  sorted by address */
66          struct vm_area_struct *vm_next;
67
68          pgprot_t vm_page_prot;            /* Access permissions of this VMA. */
69          unsigned long vm_flags;           /* Flags，  listed below. */
70
71          rb_node    vm_rb;
…………
98          /* Function pointers to deal with this struct. */
99          struct vm_operations_struct * vm_ops;
100
101           /* Information about our backing store: */
102           unsigned long vm_pgoff;         /* Offset （within vm_file） in PAGE_SIZE
103                                              units，  *not* PAGE_CACHE_SIZE */
104           struct file * vm_file;          /* File we map to  （can be NULL）. */
105           void * vm_private_data;         /* was vm_pte  （shared mem）   */
106           unsigned long vm_truncate_count; /*
107
108 #ifndef CONFIG_MMU
109           atomic_t vm_usage;
110 #endif
111 #ifdef CONFIG_NUMA
112           Struct mempolicy *vm_policy;
113 #endif
```

```
114 };
```

60 vma 段指向所属进程的 mm_struct 结构的指针。
61 vma 段的起始地址 vm_start。
62 vma 段的终止地址 vm_end。
66 指向此进程 vma 链表中下一个 vma 段结构体的指针。
68 本 vma 块中页面的保护模式。pgprot_t 的定义位置在：

include/asm-i386/page.h

```
59 typedef struct { unsigned long pgprot; } pgprot_t;
```

69 本 vma 块中页面的属性标志。表明这些页面是可读、可写、可执行等。
71 用于对 vma 块进行 rb 树（Red Black Tree）操作的结构体， 其定义位置在 include/linux/rbtree.h，第 100 行至第 108 行。
99 指向一个结构体的指针，该结构体中是对 vma 段进行操作的函数指针的集合。参见 include/linux/mm.h 中，第 201 行的 struct vm_operations_struct。
104 如果此 vma 段是对某个文件的映射，vm_file 为指向这个文件结构的指针。

以下是结构体 vm_operations_struct 的定义：

include/linux/mm.h

```
196  /*
197  * These are the virtual MM functions - opening of an area， closing and
198  * unmapping it （needed to keep files on disk up-to-date etc）， pointer
199  * to the functions called when a no-page or a wp-page exception occurs.
200  */
201 struct vm_operations_struct {
202         void （*open）（struct vm_area_struct * area）;
203         void （*close）（struct vm_area_struct * area）;
204         struct page * （*nopage）（struct vm_area_struct * area， unsigned long address，
              int *type）;
205         int （*populate）（struct vm_area_struct * area， unsigned long address， unsigned
              long len，
        pgprot_t prot， unsigned long pgoff， int nonblock）;
206         #ifdef CONFIG_NUMA
207         int （*set_policy）（struct vm_area_struct *vma， struct mempolicy *new）;
208         struct mempolicy *（*get_policy）（struct vm_area_struct *vma，
209                                         unsigned long addr）;
210         #endif
```

```
211 };
```

为了提高对 vma 段查询、插入、删除操作的速度，Linux 内核为每个进程维护了一棵红黑树（Red Black Tree），树的节点就是 vm_area_struct 类型的结构体。红黑树的节点和根节点的结构定义在：

include/linux/rbtree.h

```
100 typedef struct rb_node_s
101 {
102             struct rb_node_s * rb_parent;
103             int rb_color;
104 #define RB_RED          0
105 #define RB_BLACK        1
106             struct rb_node_s * rb_right;
107             struct rb_node_s * rb_left;
108 }
109
110 struct rb_root
111 {
112             struct rb_node * rb_node;
113 }
```

在树中，所有的 vm_area_struct 虚存段都作为树的一个节点。节点中 vm_rb 的左指针 rb_left 指向相邻的低地址虚存段，右指针 rb_right 指向相邻的高地址虚存段。

关于红黑树的基本知识请参考相关的数据结构教材。红黑树的一些操作定义在 lib/rbtree.c 中。以下是一些 rb 树的有关操作函数：

static void __rb_rotate_left（rb_node_t * node， rb_root_t * root）

static void __rb_rotate_right（rb_node_t * node， rb_root_t * root）

上面两个函数用于调整红黑树的平衡。

void rb_insert_color（rb_node_t * node， rb_root_t * root）用于向树中插入一个新节点。

static void __rb_erase_color（rb_node_t * node， rb_node_t * parent， rb_root_t * root）用于删除一个节点。

void rb_erase（rb_node_t * node， rb_root_t * root）用于删除节点后对剩余节点进行颜色调整。

14.2.4 页面分配与回收

计算机执行的各种任务对系统中物理页面的请求十分频繁。例如当一个可执行映像被调入内存时，操作系统必须为其分配页面。当映像执行完毕和卸载时这些页面必须被释放。页面的另一个用途是存储页表等核心数据结构。

系统中所有的物理页面用包含 struct page 结构的链表 mem_map 来描述，这些结构在系统启动时初始化。每个 struct page 描述了一个物理页面。其中与内存管理相关的重要域，例如 **count**，记录使用此页面的用户个数；当这个页面在多个进程之间共享时，它的值大于 1。

页面分配代码使用 free_area 数组来分配和释放页面。free_area 定义在：

include/linux/mmzone.h

```
120 struct zone {
  ……
139             /*
140              * free areas of different sizes
141              */
142          spinlock_t        lock;
143          #ifdef CONFIG_MEMORY_HOTPLUG
144             /* see spanned/present_pages for more description */
145          seqlock_t         span_seqlock;
146          #endif
147          struct    free_area                free_area[MAX_ORDER];
  ……
249 } ____cacheline_internodealigned_in_smp;
```

MAX_ORDER 默认值是 11。free_area 的定义如下：

include/linux/mmzone.h

```
 25 struct free_area_struct {
 26          struct list_head        free_list;
 27          unsigned long           nr_free;
 28 };
```

free_area 中的每个元素都包含空闲页面块的信息。数组中元素 0 维护 1 个页面大小的空闲块的链表，元素 1 维护 2 个页面大小的空闲块的链表，而接下来的元素依次维护 4 个、8 个、16 个……页面大小的空闲块的链表，也就是维护 2^n（n 是非负整数）个页面大小的空闲块的链表。free_list 域表示一个队列头，它包含指向 mem_map 数组中 page 数据结构的指针，所有的空闲页面块都在此类队列中。当第 N 块空闲时，位图的第 N 位置位。

图 14-10 给出了 free_area 结构。元素 0 有 1 个空闲块（页号 0），元素 2 有 4 个页面大小的空闲块 2 个，前一个从页号 4 开始而后一个从页号 56 开始。

1. 页面分配

Linux 使用 Buddy 算法作为内核页面级分配器，能有效地分配与回收页面块。页面分配代码每次分配包含一个或者多个物理页面的内存块，以 2^n（n 是非负整数）的形式来分配。这意味着它可以分配 1 个、2 个、4 个……页面大小的块。只要系统中有足够的空闲页面来满足这个要求。内存分配代码将在 free_area 数组维护的链表中寻找一个满足要求（即不小于请求的大小）同时又尽可能小的空闲块。free_area 中的每个元素保存着一个反映特定大小的已分配或空闲页面的位图。例如，free_area 数组中元素 3 保存着一个反映大小为 4 个页面的内存块分配情况的位图。

分配算法首先搜寻满足要求的页面块。它从 free_area 数据结构的 free_list 域着手沿链表来搜索空闲块。如果在某一元素维护的链表中没有满足要求的空闲块，则继续在下一个元素维护的链表中（该链表中的空闲块大小是上一个链表中的 2 倍）搜索。这个过程一直将持续到 free_area 所有元素维护的链表被搜索完或找到满足要求的空闲块为止。如果找到的空闲块不小于请求块的两倍，则对该空闲块进行分割以使其大小满足请求且不浪费空间。由于块大小都是 2^n（n 是非负整数）页，所以分割过程十分简单，只要等分成两块即可。分割下来一块分配给请求者，而另一块作为空闲块放入上一个元素维护的空闲块队列。

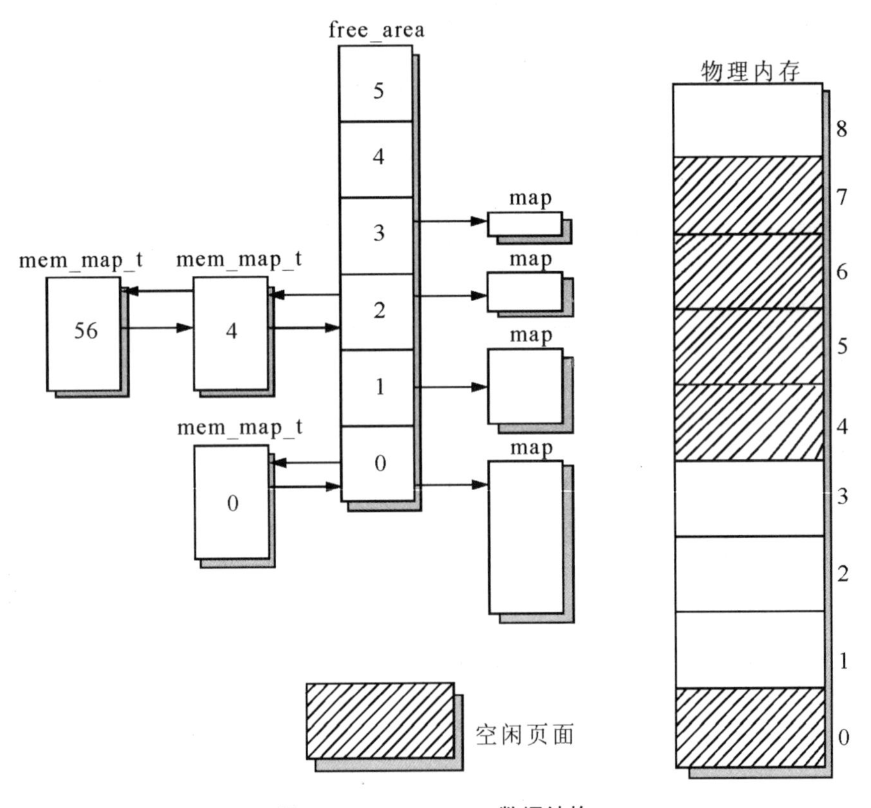

图 14-10 free_area 数据结构

在图 14-10 中，当系统中有大小为两个页面块的分配请求发出时，第一个 2^2 页面大小的空闲块（从页号 4 开始）将被等分成两个 2^1 页面大小的块。前一个，从页号 4 开始的，将分配给请求者，而后一个，从页号 6 开始，将被添加到 free_area 数组中元素 1 维护的 2^1 页面大小的空闲块链表中。

2. 页面回收

将大的页面块“打碎”势必增加系统中零碎空闲页面块的数目。页面回收代码在适当时候要将这些页面结合起来形成单一大页面块。事实上页面块大小决定了页面重新组合的难易程度。

当页面块被释放时，代码将检查是否有相同大小的相邻空闲块存在。如果有，则将它们结合起来形成一个大小为原来两倍的新空闲块。每次结合完之后，算法还要检查是否可以继续合并成更大的空闲块。最佳情况是系统的空闲块将和允许分配的最大内存一样大。

在图 14-10 中，如果释放页 1，它将和空闲页 0 合并为大小为 2 个页面的空闲块，并放入 free_area 的元素 1 维护的 2 个页面大小的空闲块链表中。

3. 按需调页

我们来看一下 Linux kernel 按需调页的过程：

首先由缺页中断进入 do_page_fault 函数，该函数是缺页中断服务的入口函数。该函数先查找出现缺页的虚拟内存区的 vm_area_struct 结构，如果没有找到则说明进程访问了一个非法地址，系统将向进程发送出错信号。若地址是合法的，则接着检查缺页时的访问模式是否合法。若不合法，系统将向进程发送存储访问出错的信息。通过上述两步检查之后，可以确定，此次缺页中断，的确是由于发生了缺页情况而引发的，可以进入下一步处理。

/arch/i386/mm/fault.c

```
217 /*
218 * This routine handles page faults.   It determines the address,
219 * and the problem,   and then passes it off to one of the appropriate
220 * routines.
221 *
222 * error_code:
223 *      bit 0 == 0 means no page found,   1 means protection fault
224 *      bit 1 == 0 means read,   1 means write
225 *      bit 2 == 0 means kernel,   1 means user-mode
226 */
227 fastcall void do_page_fault（struct pt_regs *regs,
228                                  unsigned long error_code）
229 {
230              struct task_struct *tsk;
231              struct mm_struct *mm;
```

```
232         struct vm_area_struct * vma;
233         unsigned long address;
234         unsigned long page;
235         int write，  si_code;
236 
237         /* get the address */
238         address = read_cr2（）;
239 
240         if （notify_die（DIE_PAGE_FAULT，  "page fault"，regs，error_code，  14，
241                                     SIGSEGV）  == NOTIFY_STOP）
242                 return;
243         /* It's safe to allow irq's after cr2 has been saved */
244         if  （regs->eflags & X86_EFLAGS_IF）
245                 local_irq_enable（）;
246 
247         tsk = current;
248 
249         si_code = SEGV_MAPERR;
250 
251         /*
252          * We fault-in kernel-space virtual memory on-demand. The
253          * 'reference' page table is init_mm.pgd.
254          *
255          * NOTE! We MUST NOT take any locks for this case. We may
256          * be in an interrupt or a critical region，  and should
257          * only copy the information from the master page table，
258          * nothing more.
259          *
260          * This verifies that the fault happens in kernel space
261          *  （error_code & 4）  == 0，  and that the fault was not a
262          * protection error  （error_code & 1）  == 0.
263          */
264         if  （unlikely（address >= TASK_SIZE））  {
265                 if  （!（error_code & 5））
266                         goto vmalloc_fault;
267                 /*
268                  * Don't take the mm semaphore here. If we fixup a prefetch
269                  * fault we could otherwise deadlock.
270                  */
271                 goto bad_area_nosemaphore;
272         }
273 
```

```
274             mm = tsk->mm;
275
276              /*
277               * If we're in an interrupt， have no user context or are running in an
278               * atomic region then we must not take the fault..
279               */
280             if （in_atomic（） || !mm）
281                     goto bad_area_nosemaphore;

                …………

305             vma = find_vma（mm， address）;
306             if （!vma）
307                         goto bad_area;
308             if （vma->vm_start <= address）
309                         goto good_area;
310             if （!（vma->vm_flags & VM_GROWSDOWN））
311                         goto bad_area;
312             if （error_code & 4） {
313                          /*
314                          * accessing the stack below %esp is always a bug.
315                          * The "+ 32" is there due to some instructions （like
316                          * pusha） doing post-decrement on the stack and that
317                          * doesn't show up until later..
318                          */
319                         if （address + 32 < regs->esp）
320                                     goto bad_area;
321             }
322             if （expand_stack（vma， address））
323                         goto bad_area;
324   /*
325   * Ok， we have a good vm_area for this memory access， so
326   * we can handle it..
327   */
328 good_area:
329             info.si_code = SEGV_ACCERR;
330             write = 0;
331             switch （error_code & 3） {
332                         default:            /* 3: write， present */
333 #ifdef TEST_VERIFY_AREA
334                                     if （regs->cs == KERNEL_CS）
```

```
335                                     printk ("WP fault at %08lx\n",  regs->eip) ;
336 #endif
337                             /* fall through */
338                     case 2:         /* write,  not present */
339                             if (!(vma->vm_flags & VM_WRITE))
340                                     goto bad_area;
341                             write++;
342                             break;
343                     case 1:         /* read,  present */
344                             goto bad_area;
345                     case 0:         /* read,  not present */
346                             if (!(vma->vm_flags & (VM_READ | VM_EXEC)))
347                                     goto bad_area;
348             }
349
350  survive:
351             /*
352              * If for any reason at all we couldn't handle the fault,
353              * make sure we exit gracefully rather than endlessly redo
354              * the fault.
355              */
356             switch (handle_mm_fault (mm,  vma,  address,  write)) {
357                     case VM_FAULT_MINOR:
358                             tsk->min_flt++;
359                             break;
360                     case VM_FAULT_MAJOR:
361                             tsk->maj_flt++;
362                             break;
363                     case VM_FAULT_SIGBUS:
364                             goto do_sigbus;
365                     case VM_FAULT_OOM:
366                             goto out_of_memory;
367                     default:
368                             BUG () ;
369             }
370
371             /*
372              * Did it hit the DOS screen memory VA from vm86 mode?
373              */
374             if (regs->eflags & VM_MASK) {
375                     unsigned long bit = (address - 0xA0000)  >> PAGE_SHIFT;
376                     if (bit < 32)
```

```
377                         tsk->thread.screen_bitmap |= 1 << bit;
378             }
379             up_read (&mm->mmap_sem) ;
380             return;
381
382 /*
383  * Something tried to access memory that isn't in our memory map..
384  * Fix it, but check if it's kernel or user first..
385  */
386 bad_area:
387             up_read (&mm->mmap_sem) ;
388
389 bad_area_nosemaphore:
390             /* User mode accesses just cause a SIGSEGV */
391             if (error_code & 4) {
392                     /*
393                      * Valid to do another page fault here because this one came
394                      * from user space.
395                      */
396                     if (is_prefetch (regs, address, error_code))
397                             return;
398
399                     tsk->thread.cr2 = address;
400                     /* Kernel addresses are always protection faults */
401                     tsk->thread.error_code = error_code | (address >= TASK_SIZE) ;
402                     tsk->thread.trap_no = 14;
403                     force_sig_info_fault (SIGSEGV, si_code, address, tsk) ;
404                     return;
405             }
406
407 #ifdef CONFIG_X86_F00F_BUG
408             /*
409              * Pentium F0 0F C7 C8 bug workaround.
410              */
411             if (boot_cpu_data.f00f_bug) {
412                     unsigned long nr;
413
414                     nr = (address - idt_descr.address) >> 3;
415
416                     if (nr == 6) {
417                             do_invalid_op (regs, 0) ;
418                             return;
```

```
419                     }
420             }
421 #endif
422
423 no_context:
424             /* Are we prepared to handle this kernel fault？    */
425             if （fixup_exception（regs））
426                     return;
427
428             /*
429              * Valid to do another page fault here，  because if this fault
430              * had been triggered by is_prefetch fixup_exception would have
431              * handled it.
432              */
433             if （is_prefetch（regs，  address，  error_code））
434                     return;
435
436 /*
437  * Oops. The kernel tried to access some bad page. We'll have to
438  * terminate things with extreme prejudice.
439  */
440
441             bust_spinlocks（1）；
442
443 #ifdef CONFIG_X86_PAE
444             if （error_code & 16） {
445                     pte_t *pte = lookup_address（address）；
446
447                     if （pte && pte_present（*pte） && !pte_exec_kernel（*pte））
448                         printk（KERN_CRIT "kernel tried to execute NX-protected page -
exploit attempt？ （uid: %d）\n"， current->uid）；
449             }
450 #endif
451             if （address < PAGE_SIZE）
452             printk（KERN_ALERT "Unable to handle kernel NULL pointer dereference"）;
453             else
454                     printk（KERN_ALERT "Unable to handle kernel paging request"）；
455             printk（" at virtual address %08lx\n"，address）；
456             printk（KERN_ALERT " printing eip:\n"）；
457             printk（"%08lx\n"，  regs->eip）；
458             page = read_cr3（）；
```

```
459             page = ((unsigned long *) __va(page))[address >> 22];
460             printk(KERN_ALERT "*pde = %08lx\n", page);
461             /*
462              * We must not directly access the pte in the highpte
463              * case, the page table might be allocated in highmem.
464              * And lets rather not kmap-atomic the pte, just in case
465              * it's allocated already.
466              */
467 #ifndef CONFIG_HIGHPTE
468             if (page & 1) {
469                     page &= PAGE_MASK;
470                     address &= 0x003ff000;
471                     page = ((unsigned long *) __va(page))[address >> PAGE_SHIFT];
472                     printk(KERN_ALERT "*pte = %08lx\n", page);
473             }
474 #endif
475             tsk->thread.cr2 = address;
476             tsk->thread.trap_no = 14;
477             tsk->thread.error_code = error_code;
478             die("Oops", regs, error_code);
479             bust_spinlocks(0);
480             do_exit(SIGKILL);
481
482 /*
483  * We ran out of memory, or some other thing happened to us that made
484  * us unable to handle the page fault gracefully.
485  */
486 out_of_memory:
487             up_read(&mm->mmap_sem);
488             if (tsk->pid == 1) {
489                     yield();
490                     down_read(&mm->mmap_sem);
491                     goto survive;
492             }
493             printk("VM: killing process %s\n", tsk->comm);
494             if (error_code & 4)
495             do_exit(SIGKILL);
496             goto no_context;
497
498 do_sigbus:
499             up_read(&mm->mmap_sem);
```

```
500
501          /* Kernel mode？  Handle exceptions or die */
502          if （!（error_code & 4））
503          goto no_context;
504
505          /* User space => ok to do another page fault */
506          if （is_prefetch（regs， address， error_code））
507                  return;
508
509          tsk->thread.cr2 = address;
510          tsk->thread.error_code = error_code;
511          tsk->thread.trap_no = 14;
512          force_sig_info_fault（SIGBUS， BUS_ADRERR， address， tsk）;
513          return;
514
515 vmalloc_fault:
516          {
517                  /*
518                   * Synchronize this task's top level page-table
519                   * with the 'reference' page table.
520                   *
521                   * Do _not_ use "tsk" here. We might be inside
522                   * an interrupt in the middle of a task switch..
523                   */
524                  int index = pgd_index（address）;
525                  unsigned long pgd_paddr;
526                  pgd_t *pgd， *pgd_k;
527                  pud_t *pud， *pud_k;
528                  pmd_t *pmd， *pmd_k;
529                  pte_t *pte_k;
530
531                  pgd_paddr = read_cr3（）;
532                  pgd = index + （pgd_t *）__va（pgd_paddr）;
533                  pgd_k = init_mm.pgd + index;
534
535                  if （!pgd_present（*pgd_k））
536                          goto no_context;
537
538                  /*
539                   * set_pgd（pgd， *pgd_k）; here would be useless on PAE
540                   * and redundant with the set_pmd（） on non-PAE. As would
541                   * set_pud.
```

```
542                          */
543
544                      pud = pud_offset（pgd， address）;
545                      pud_k = pud_offset（pgd_k， address）;
546                      if （!pud_present（*pud_k））
547                             goto no_context;
548
549                      pmd = pmd_offset（pud， address）;
550                      pmd_k = pmd_offset（pud_k， address）;
551                      if （!pmd_present（*pmd_k））
552                             goto no_context;
553                      set_pmd（pmd， *pmd_k）;
554
555                      pte_k = pte_offset_kernel（pmd_k， address）;
556                      if （!pte_present（*pte_k））
557                             goto no_context;
558                      return;
559          }
560 }
```

227 do_page_fault（）函数入口。regs 是 struct pt_regs 结构的指针，保存了在发生异常时的寄存器内容。error_code 是一个 32 位长整型数据，但是只有最低 3 位有效，在异常发生时，由 CPU 的控制部分根据系统当前上下文的情况，生成此 3 位数据，压入堆栈。这 3 位的含义表示：

	set（=1）	clear（=0）
0 位 s（1b）	保护性错误，越权访问产生异常	“存在位”为 0，要访问的页面不在 RAM 中导致异常
1 位（10b）	因为写访问导致异常（write）	因为读或者运行产生异常（read or execute）
2 位（100b）	用户态（User Mode）	内核态（Kernel Mode）

238 宏定义 read_cr2（）是一组汇编指令

```
#define read_cr2（）  （{ \
        unsigned int __dummy; \
        __asm__ __volatile__（ \
                "movl %%cr2， %0\n\t" \
                :"=r" （__dummy））; \
        __dummy; \
})
```

在发生缺页异常时，CPU 会将发生缺页异常的地址拷贝到 cr2 控制寄存器中，然后进入缺页异常的处理过程。这段汇编指令以及宏调用，将该地址从 cr2 中取出，然后存放在 address 变量中。

244-245 如果发生异常时的系统状态 EFLAGS 的中断位置位，那么在保存了 cr2 之后便可以允许中断的发生了，调用 local_irq_enable（），其底层过程调用 sti 指令，允许中断。

247 获得当前的进程描述字（process descriptor），其指针存放在 tsk 中。

264-266 如果发生异常的地址在虚拟地址空间的 TASK_SIZE 之上（也就是 PAGE_OFFSET，0xc000 0000），并且 error_code 为 010b 的情况下，才会跳转到 vmalloc_fault 语句。error_code 表示这种情况是在内核态下，对不在 RAM 中的页面进行写操作，导致缺页异常。

274 获得当前任务的 struct mm_struct 结构成员 mm 指针。

305-311 调用 find_vma（），察看 address 是否存在于 mm 已经有的 vma 段中。如果不能找到这个 vma，那么跳转到 bad_area 语句。如果检查到 vma->vm_start 在 address 之后，说明 address 在这个 vma 的 vm_start 和 vm_end 之间，这是虚拟地址正确，但是目标地址不在 RAM 中的情况，那么跳转到 good_area 运行，一般的缺页异常都是运行到这个流程。如果该条件不满足，那么 address 就只能比 vm_start 还要小，从直观上来看，不太可能。但是因为有一些 vma 用来作为堆栈，它的空间范围变化和一般的 vma 不同：一般的 vma 是 vm_start 不变化，vm_end 增加或者减少完成 vma 区域范围的变化的，而对于设置了 VM_GROWSDOWN 标志的 vma 是 vm_end 不变化，通过 vm_start 来扩张 vma 的空间的。所以运行到 310 这一行，只能是这种情况，否则就跳转到 bad_area 语句。

312-323 确定是堆栈的情况。如果是在用户态情况下发生异常，那么需要判断是否做了对比 esp 寄存器的地址还要低的地址访问操作。这种情况是不被允许的。不过 319 行将 address 增加了 32，注释中已经说明了原因：是因为有一些指令（如 push，pusha）会在用户态时访问堆栈之后才做地址的减量操作，加 32 表示允许这种情况导致的地址差异。如果这种情况也不满足，那么跳转到 bad_area。322 行的函数 expand_stack（）试图通过减少 vma->vm_start 扩展 vma 的堆栈，如果失败也会跳转到 bad_area。

328 good_area 标号语句。只有在 309 行这一种情况下会跳转到这个语句。

331-348 switch 语句，根据 error_code 和 3 的与值判断处理方法。可能有如下四种情况发生：

1. （345-347）：error_code 为 100 或 000，读 RAM 中不存在的页面。如果 vma->vm_flags 不允许读或者执行，那么跳转到 bad_area 运行，否则运行出 switch 域。
2. （343-344）：error_code 为 101 或 001，读页面，发生保护性错误，直接跳转到 error_code。
3. （338-342）：error_code 为 010 或 110，写 RAM 中不存在的页面。如果 vma_>vm_flags 不允许页面的写动作，那么跳转到 bad_area 运行，否则将 write 置 1，用作后面 handle_mm_fault（）的参数，然后跳出 switch 域。
4. 其它情况（332-337）：error_code 不为上面 3 种情况。error_code 组合的可能性为 8 种，除去上面已经出现的 6 种排列之外，还有 111 和 011 两种情况，即写操作，但是发生保护性错误。如果定义了 TEST_VERIFY_AREA 宏，才做 334-335 的判断语句，一般情况下都不定义这个宏，而是直接运行出 switch 域范围，到 350 行 survive 语句。

350 survive 语句。除了 good_area 按顺序运行到这里的情况之外，在 out_of_memory 标号开始的语句中，也有可能会到这里。

356-369 switch 语句用于判断 handle_mm_fault（）的返回结果。函数 handle_mm_fault（）用于完成调页过程。入口参数中的 write 标记需要调入的页面是否要用来写入。该函数的返回值有如下四种情况：

1. minor fault，在 cache 中找到了这个页面或者指示需要在内存中申请新物理页面；
2. major fault，从外存中调入改页面；
3. 因为调度 I/O 的错误而无法获得页面，跳转到 do_sigbus 语句；
4. 其它情况：都是负整数，一般情况都是无法申请物理页面，如 alloc_page（）出错等，直接跳转到 out_of_memory 语句。

374-378 判断是否在 vm86 模式下访问 DOS 的 SCREEN MEMORY。这种情况下需要更新 tsk->thread.screen_bitmap 中的内容，其中保存这 SCREEN MEMORY 中的内存映像标记。

379-380 完成这种情况下的调用，释放 mm->mmap_sem 信号量，直接返回。

386 bad_area 标号的语句。在函数 do_page_fault（）中如果有出错情况出现，一般都跳转到这个语句来，准备返回。在这段过程中，主要是以信号和 tsk 内部数据系统报告出错原因。

387 首先释放信号量。因为以后的操作不会涉及到 mm 数据的修改。

391-405 如果 error_code 标记为用户态的话，那么直接返回给用户进程一个 Segmentation Fault 的信号 SIGSEGV 就可以了。分别初始化 tsk->thread 的 cr2， error_code 和 trap_no 成员为异常虚拟地址、error_code 和 14（缺页异常）。然后初始化 info，调用 force_sig_info（）函数将信号和相关信息发送给任务 tsk。

407-421 Pentium 的一个 bug 修正，有关情况可以参见 http://x86.ddj.com/errata/dec97/f00fbug.htm。

423 no_context 标号语句，当在中断过程中或者内核进程运行过程中出现缺页异常时就会跳转到该语句。

425-426 从 exception_table 中根据当前的 regs->eip 查找是否存在对应的 fixup 函数，如果有，那么将 eip 初始化为 fixup 函数的地址，然后返回，一般在系统调用中传递地址参数可能会出现这种异常，能事先写好 fixup 函数做好处理。如果没有查找到这种 fixup 函数，那么就可能是内核程序中的错误。

441 运行到这段语句的都是内核试图访问一个不存在的页面而产生的，内核会产生一个 oops 信息打印在终端上。内核开发程序员通过 ksymoops 和内核的符号表查找出错代码，调试内核。bust_spinlocks（）就是用来解开一切用于再终端显示需要的自旋锁的函数。

451-454 如果 address 地址小于 PAGE_SIZE，被内核认为就相当于 0 地址，打印 452 行说明的信息；否则，打印“内核无法处理调页请求”的信息。

455-460 打印出当前的一些重要数据，如异常的虚拟地址，eip 值，页面地址等等。

486 out_of_memory 语句。在 handle_mm_fault（）返回负整数的情况下才会运行到这段代码，这种情况下出现了无法申请页面的错误，表示内存不够用了。

488-492 如果出现异常的进程是 1 号进程，也就是 init 进程，不能杀掉这个进程，只能修改 init 进程的调度策略为 SCHED_YIELD，让它等待其它进程的内存释放，然后调用 schedule（），重新进入进程调度。之后转入 survive 语句，重新再试一次。

493-496 如果不是 init 进程，而是用户进程，就直接杀掉。如果是内核进程，跳转到 no_context 语句。

498 do_sigbus 标号语句。在申请页面过程中因为 I/O 调度错误而无法申请页面的情况，向进程发送 SIGBUS 的信号，让进程中止运行。

509-513 初始化 info 和 tsk->thread 相关成员，调用 force_sig_info（）发送信号和信息给进程。然后直接返回。

515 vmalloc_fault 标号语句，在内核态写不在 RAM 中的页面才会运行到这段语句。

宏定义 handle_mm_fault（），即__handle_mm_fault（）函数，先生成一个指向页表项的指针，该页表项对应的虚拟地址范围包含了导致缺页的虚拟地址，然后以生成的指针作为参数调用函数 handle_pte_fault（）继续处理缺页。

/mm/memory.c

```
2368 int __handle_mm_fault（struct mm_struct *mm， struct vm_area_struct *vma，
2369                    unsigned long address，  int write_access）
2370 {
2371          pgd_t *pgd;
2372          pud_t *pud;
2373          pmd_t *pmd;
2374          pte_t *pte;
2375
2376          __set_current_state（TASK_RUNNING）;
2377
2378          inc_page_state（pgfault）;
2379
2380          if （unlikely（is_vm_hugetlb_page（vma）））
2381                 return hugetlb_fault（mm， vma， address， write_access）;
2382
```

```
2383        pgd = pgd_offset（mm， address）;
2384        pud = pud_alloc（mm， pgd， address）;
2385        if （!pud）
2386                return VM_FAULT_OOM;
2387        pmd = pmd_alloc（mm， pud， address）;
2388        if （!pmd）
2389                return VM_FAULT_OOM;
2390        pte = pte_alloc_map（mm， pmd， address）;
2391        if （!pte）
2392                return VM_FAULT_OOM;
2393
2394        return handle_pte_fault（mm， vma， address， pte， pmd， write_access）;
2395 }
```

2383 通过 address 得到 pgd（Page Global Directory），即全局页目录项的指针。
2384 通过 address 和 pgd，得到 pud（Page Upper Directory），即上层页目录项的指针。
2387 通过 address 和 pud 得出 pmd（Page Middle Directory），即中间层页目录项。函数 pmd_alloc（）得到 address 所对应的中间层页目录项的地址。由于 x86 平台上没有使用中间页目录，所以实际上只是返回给定的 pgd 指针。
2390 通过 pmd 得到一个 pte（Page Table Entry），即得到一个与 address 地址相对应的页表项的指针。
2394 进入下一个步骤 handle_pte_fault。

handle_pte_fault 函数：

/mm/memory.c

```
2311 static inline int handle_pte_fault（struct mm_struct *mm，
2312                struct vm_area_struct *vma， unsigned long address，
2313                pte_t *pte， pmd_t *pmd， int write_access）
2314 {
2315        pte_t entry;
2316        pte_t old_entry;
2317        spinlock_t *ptl;
2318
2319        old_entry = entry = *pte;
2320        if （!pte_present（entry）） {
2321                if （pte_none（entry）） {
2322                        if （!vma->vm_ops || !vma->vm_ops->nopage）
```

```
2323                        return do_anonymous_page（mm， vma， address，
2324                                pte， pmd， write_access）；
2325                    return do_no_page（mm， vma， address，
2326                                pte， pmd， write_access）；
2327            }
2328            if （pte_file（entry））
2329                    return do_file_page（mm， vma， address，
2330                                pte， pmd， write_access， entry）；
2331            return do_swap_page（mm， vma， address，
2332                                pte， pmd， write_access， entry）；
2333    }
2334
2335    ptl = pte_lockptr（mm， pmd）；
2336    spin_lock（ptl）；
2337    if （unlikely（!pte_same（*pte， entry）））
2338            goto unlock;
2339    if （write_access） {
2340            if （!pte_write（entry））
2341                    return do_wp_page（mm， vma， address，
2342                                pte， pmd， ptl， entry）；
2343            entry = pte_mkdirty（entry）；
2344    }
2345    entry = pte_mkyoung（entry）；
2346    if （!pte_same（old_entry， entry）） {
2347            ptep_set_access_flags（vma， address， pte， entry， write_access）；
2348            update_mmu_cache（vma， address， entry）；
2349            lazy_mmu_prot_update（entry）；
2350    } else {
2351            /*
2352             * This is needed only for protection faults but the arch code
2353             * is not yet telling us if this is a protection fault or not.
2354             * This still avoids useless tlb flushes for .text page faults
2355             * with threads.
2356             */
2357            if （write_access）
2358                    flush_tlb_page（vma， address）；
2359    }
2360 unlock:
2361    pte_unmap_unlock（pte， ptl）；
2362    return VM_FAULT_MINOR;
```

```
2363 }
```

2320 检查该页是否存在于物理内存中。
2321 判断该页是从未被映射到内存中还是已装入内存但被换出到交换空间中去了。
2325 该页从未被映射到内存，则调用 do_no_page（）函数来创建一个新的页面映射。
2328 该页曾作为文件映射，被映射到内存，则调用 do_file_page（）函数来创建一个新的页面映射。
2331 该页处于交换空间中，则调用 do_swap_page（）函数将它从交换空间换回。
2335 如果程序能够执行到这里，说明页表项所指明的页面已经处于物理内存中。

下面是 do_no_page 函数，该函数在缺页服务中负责建立一个新的页面映射。

/mm/memory.c

```
2150 static int do_no_page（struct mm_struct *mm， struct vm_area_struct *vma，
2151                     unsigned long address， pte_t *page_table， pmd_t *pmd，
2152                     int write_access）
2153 {
2154          spinlock_t *ptl;
2155          struct page *new_page;
2156          struct address_space *mapping = NULL;
2157          pte_t entry;
2158          unsigned int sequence = 0;
2159          int ret = VM_FAULT_MINOR;
2160          int anon = 0;
2161
2162          pte_unmap（page_table）;
2163          BUG_ON（vma->vm_flags & VM_PFNMAP）;
2164
2165          if （vma->vm_file） {
2166                  mapping = vma->vm_file->f_mapping;
2167                  sequence = mapping->truncate_count;
2168                  smp_rmb（）; /* serializes i_size against truncate_count */
2169          }
2170 retry:
2171      new_page = vma->vm_ops->nopage（vma， address & PAGE_MASK， &ret）;
2172          /*
2173           * No smp_rmb is needed here as long as there's a full
2174           * spin_lock/unlock sequence inside the ->nopage callback
2175           * （for the pagecache lookup） that acts as an implicit
```

```
2176            * smp_mb（）  and prevents the i_size read to happen
2177            * after the next truncate_count read.
2178            */
2179
2180          /* no page was available -- either SIGBUS or OOM */
2181          if （new_page == NOPAGE_SIGBUS）
2182                  return VM_FAULT_SIGBUS;
2183          if （new_page == NOPAGE_OOM）
2184                  return VM_FAULT_OOM;
2185
        ......
2258 }
```

2171 调用 vma 提供的 nopage 函数，试图得到一个新页面。

2181 没得到新页面。

与 do_no_page 函数相对应的是 do_swap_page 函数，该函数负责从交换空间换入页面。

/mm/memory.c

```
1980 static int do_swap_page（struct mm_struct *mm，  struct vm_area_struct *vma，
1981                  unsigned long address，  pte_t *page_table，  pmd_t *pmd，
1982                  int write_access，  pte_t orig_pte）
1983 {
1984          spinlock_t *ptl;
1985          struct page *page;
1986          swp_entry_t entry;
1987          pte_t pte;
1988          int ret = VM_FAULT_MINOR;
1989
1990          if （!pte_unmap_same（mm，  pmd，  page_table，  orig_pte））
1991                  goto out;
1992
1993          entry = pte_to_swp_entry（orig_pte）;
1994 again:
1995          page = lookup_swap_cache（entry）;
1996          if （!page） {
1997                  swapin_readahead（entry，  address，  vma）;
1998                  page = read_swap_cache_async（entry，  vma，  address）;
        ......
2074 }
```

1993 将 pte 转换成 swp_entry。

1995 先去查看对换 cache，如果存在着这个页面，则赋给 page。

1997 如果 cache 中不存在，则开始将外存页面换入 cache 我们用一次性换入一批的方法，即 swapin_readahead，这样保证了聚簇性。

1998 从 cache 中读出一页。

14.3 实例

14.3.1 系统缺页次数

看看这个实验怎么通过自建变量并利用/proc 文件系统，来统计自系统启动以来，系统的缺页次数。

1. 实验原理

由于每 s 发生一次缺页都要进入缺页中断服务函数 do_page_fault 一次，所以可以认为执行该函数的次数就是系统发生缺页的次数。因此可以定义一个全局变量 pfcount 作为计数变量，在执行 do_page_fault 时，该变量值加 1。

至于系统自开机以来经历的时间，可以利用系统原有的变量 jiffies。这是一个系统的计时器，在内核加载完以后开始计时，以 10ms（缺省）为计时单位。

当然，读取变量 pfcount 和变量 jiffies 的值，还需要借助/proc 文件系统。在/proc 文件系统下建立目录 pf；并且在 pf 目录下，建立文件 pfcount 和 jiffies。

2. 实验实施

先在 include/linux/mm.h 文件中声明变量 pfcount：

```
--- linux-2.6.15/include/linux/mm.h.orig
+++ linux-2.6.15/include/linux/mm.h
***************
*****26，29*****
extern unsigned long num_physpages;
extern void * high_memory;
extern unsigned long vmalloc_earlyreserve;
extern int page_cluster;
+ extern unsigned long pfcount;
```

在 arch/i386/mm/fault.c 文件中定义变量 pfcount：

```
--- linux-2.6.15/arch/i386/mm/fault.c.orig
+++ linux-2.6.15/arch/i386/mm/fault.c
***************
```

```
****227, 235****
+ unsigned long pfcount;
fastcall void __kprobes do_page_fault (struct pt_regs *regs,
                        unsigned long error_code)
{
struct task_struct *tsk;
struct mm_struct *mm;
struct vm_area_struct * vma;
unsigned long address;
unsigned long page;
int write,  si_code;
```

每次产生缺页中断，并且确认是由缺页引起的，则将变量值递增 1。这个操作在 do_page_fault（）函数中执行：

```
--- linux-2.6.15/arch/i386/mm/fault.c.orig
+++ linux-2.6.15/arch/i386/mm/fault.c
***************
****328, 328****
        goodarea:
+     pfcount++;
```

文件中，顺便加入 EXPORT_SYMBOL（pfcount），让内核模块能够读取变量 pfcount；同理，内核模块也可以读取 jiffies。

以上部分是对 Linux 内核源代码的几处修改。若让它们起作用，显然，需要重新编译内核，产生新的内核的 image；并且，重新启动主机，装入新编译生成的 image。内核的编译和装入，可参见“编译 Linux 内核”一章。

读取 pfcount 和 jiffies 变量的内核模块，需要新编写一个文件：pf.c

```
#include <linux/proc_fs.h>
#include <linux/slab.h>
#include <linux/mm.h>
#include <linux/sched.h>
#include <linux/string.h>
#include <linux/types.h>
#include <linux/ctype.h>
#include <linux/kernel.h>
#include <linux/version.h>
#include <linux/module.h>
```

```
struct proc_dir_entry *proc_pf;                        /*/proc/pf/ 目录项*/
struct proc_dir_entry *proc_pfcount， *proc_jiffies; /* /proc/pf/pfcount 和/proc/pf/jiffies
文件项*/

/*下面这个函数用于建立/proc/pf/ 目录项*/
static inline struct proc_dir_entry *proc_pf_create（const char* name， mode_t mode，
get_info_t *get_info）
{
        return create_proc_info_entry（name， mode， proc_pf， get_info）;
}

/*读取 pfcount 的值*/
int get_pfcount（char *buffer， char **start， off_t offset， int length）
{
        int len = 0;
        len = sprintf（buffer， "%d\n"， pfcount）;
        /* pfcount is defined in arch/i386/mm/fault.c */
        return len;
}

/*读取 jiffies 的值*/
int get_jiffies（char *buffer， char **start， off_t offset， int length）
{
        int len = 0;
        len = sprintf（buffer， "%d\n"， jiffies）;
        return len;
}

/*模块初始化进程，建立/proc 下的目录和项*/
int init_module（void）
{
        proc_pf = proc_mkdir（"pf"， 0）;
        proc_pf_create（"pfcount"， 0， get_pfcount）;
        proc_pf_create（"jiffies"， 0， get_jiffies）;
        return 0;
}

/*模块清除进程，清除/proc 下的相关目录和文件*/
void cleanup_module（void）
{
```

```
remove_proc_entry（"pfcount",  proc_pf）;
remove_proc_entry（"jiffies",  proc_pf）;
remove_proc_entry（"pf",  0）;
}
MODULE_LICENSE（“GPL”）;
```

在编译内核模块前，先准备一个 Makefile：

```
TARGET = pf
KDIR = /usr/src/linux
PWD = $（shell pwd）
obj-m += $（TARGET）.o
default:
make -C $（KDIR） M=$（PWD） modules
```

然后简单输入命令 make：

```
#make
```

结果，我们得到文件“pf.ko”！这意味着，你成功了。

然后执行加载模块命令：

```
#insmod pf.ko
```

这样就可以通过作为中介的/proc 文件系统，轻松地读取我们所需要的两个变量的值了。使用命令 cat /proc/pf/pfcount /proc/pf/jiffies，就可以在终端打印出至今为止的缺页次数和已经经历过的 jiffies 数目。

隔几分钟再使用命令 cat /proc/pf/pfcount /proc/pf/jiffies，查看一下打印出的缺页次数和 jiffies 数目。比较一下结果。

实验思考

这里，我们把系统调用，/proc 文件系统，以及内核模块的知识结合起来，用 kernel module 的方法来实现一个系统调用。这个系统调用能够对指定的一段时间，统计出缺页次数。

下面将介绍一种思路，请你判断，它可行吗？如果不可行，那么，怎么修改才可行呢？或者，你能给出一个方法，实现此要求吗？

14.4 综合实验的原理

在 Linux 系统的/proc 文件系统中有一个记录系统当前基本状况的文件 stat。该文件中有一节是关于中断次数的。这一节中记录了从系统启动后到当前时刻发生的系统中断的总次数以及各类中断的分别发生的次数。这一节以关键字 intr 开头，紧接着的一项是系统发生中断的总次数，之后依次是 0 号中断发生的次数，1 号中断发生的次数……其中缺页中断是第 14 号中断，也就是在关键字 intr 之后的第 16 项。如图 14-11 是查看 stat 文件的终端显示结果，可以看到系统已经发生过 1313551 次缺页中断。

```
[jhr@linux/proc]$  less stat
cpu  2379645  0  2644679 27996304
disk 1029569 213590 0 0
disk_rio  556382  123698 0 0
disk_wio 473187  89892 0 0
disk_rblk  4449910  989524 0 0
disk_wblk 3785424  719136 0 0
page 2504416  1951299
swap 4818   3725
intr   68969288 33020628 2 0 0 0 0 3 0 1 0 0 34635100 0 1 1313551 2 0 0 0 0 0 0
0 0 0 0 0 0 0 0 0 0 0 0 0 0 0 0 0 0 0 0 0 0 0 0 0 0 0 0 0 0 0 0 0 0 0 0 0 0 0 0
0 0 0 0 0 0 0 0 0 0 0 0 0 0 0 0 0 0 0 0 0 0 0 0 0 0 0 0 0 0 0 0 0 0 0 0 0 0 0 0
0 0 0 0 0 0 0 0 0 0 0 0 0 0 0 0 0 0 0 0 0 0 0 0 0 0 0 0 0 0 0 0 0 0 0 0 0 0 0 0
0 0 0 0 0 0 0 0 0 0 0 0 0 0 0 0 0 0 0 0 0 0 0 0 0 0 0 0 0 0 0 0 0 0 0 0 0 0 0 0
0 0 0 0 0 0 0 0 0 0 0 0 0 0 0 0 0 0 0 0 0 0 0 0 0 0 0 0 0 0 0 0 0 0 0 0 0 0 0 0
0
ctxt   46494837
btime  1019754086
processes   205568
stat(END)
```

图 14-11 stat 文件内容

实验可以利用 stat 文件提供的数据在一段时间的开始时刻和结束时刻分别读取缺页中断发生的次数，然后作一个简单的减法操作，就可以得出这段时间内发生缺页中断的次数。由于 stat 文件的数据是由系统动态更新的，过去时刻的数据是无法采集到的，所以这里的开始时刻最早也只能是当前时刻，实验中采用的统计时间段就是从当前时刻开始的一段时间。实验的实现中用到定时器，有关定时器的用法请参阅相关章节。

14.5 综合实验的实施

编写程序文件 pfintr.c

```
#include <signal.h>
#include <sys/time.h>
#include <unistd.h>
#include <stdio.h>
#include <sys/types.h>
#include <sys/stat.h>
#include <fcntl.h>
```

```
#define FILENAME "/proc/stat"      /*指定文件操作的对象*/
#define DEFAULTTIME 5              /*设定缺省的统计时间段长度为 5 秒*/

static void sig_handler（int signo）；
int get_page_fault（void）；
int readfile（char *data）；

int exit_flag=0;
int page_fault;

int main（int argc，char **argv）
{
        struct itimerval v;
        int cacl_time;

        if（signal（SIGALRM，sig_handler） == SIG_ERR）
        {
                printf（"Unable to create handler for SIGALRM\n"）；
                return -1;
        }
        if（argc <= 2）
        page_fault = get_page_fault（）；

        /*初始化 timer_real*/
        if（argc < 2）
        {
                printf（"Use default time!\n"）；
                cacl_time = DEFAULTTIME;
        }
        else if（argc == 2）
        {
                printf（"Use user's time\n"）；
                cacl_time = atoi（argv[1]）；
        }
        else if（argc > 2）
        {
                printf（"Usage:mypage [time]\n"）；
                return 0;
        }
        v.it_interval.tv_sec = cacl_time;
```

```
        v.it_interval.tv_usec = 0;
        v.it_value.tv_sec = cacl_time;
        v.it_value.tv_usec = 0;
        setitimer（ITIMER_REAL，&v，NULL）;

        while（!exit_flag）
                ;
        printf（"In %d seconds，system calls %d page fault!\n"，cacl_time，page_fault）;
        return 0;
}

static void sig_handler（int signo）
{
        if（signo == SIGALRM）    /*当 ITIMER_REAL 为 0 时，这个信号被发出*/
        {
                page_fault = page_fault-get_page_fault（）;
                exit_flag = 1;
        }
}

/*该函数通过调用文件操作函数 readfile，得到当前系统的缺页中断次数*/
int get_page_fault（void）
{
char d[50];
int retval;

        /*读取缺页中断次数*/
        retval = readfile（d）;
        if（retval<0）
        {
                printf（"read data from file failed!\n"）;
                exit（0）;
        }
        printf（"Now the number of page fault is %s\n"，d）;
        return atoi（d）;
}

/*该函数对/proc/stat 文件内容进行读操作，读取指定项的值*/
int readfile（char *data）
{
int fd;
```

```
int seekcount = 0;
        int retval = 0;
        int i = 0;
        int count = 0;
        char c， string[50];

        fd = open（FILENAME， O_RDONLY）;
        if（fd < 0）
        {
                printf（"Open file /proc/stat failed!\n"）;
                return -1;
        }

        /*查找 stat 文件中的关键字 intr */
        do{
                i = 0;
                do{
                        lseek（fd， seekcount， SEEK_SET）;
                        retval = read（fd， &c， sizeof（char））;
                        if（retval < 0）
                        {
                                printf（"read file error!\n"）;
                                return retval;
                        }
                        seekcount += sizeof（char）;

                        if（c == ' ' || c == '\n'）
                        {
                                string[i] = 0;
                                break;
                        }
                        if((c >= '0' && c <= '9') || (c >= 'a' && c <= 'z') || (c>=
'A' && c <= 'Z'))
                                string[i++] = c;
                }while（1）;
        }while（strcmp（"intr"， string））;

        printf（"find intr!\n"）;

/*读取缺页次数*/
        do{
```

```
			lseek（fd，seekcount，SEEK_SET）;
			retval = read（fd，&c，sizeof（char））;
			if（retval < 0）
			{
				printf（"read file error!\n"）;
				return retval;
			}
			seekcount += sizeof（char）;
			if（c == ' ' || c == '\n'）
			{
				string[i] = 0;
			i = 0;
				count++;
			}
			if（(c >= '0' && c <= '9'） || （c >= 'a' && c<= 'z'） || （c >= 'A'
&& c<= 'Z'））
	string[i++] = c;

	}while（count != 16）;

		close（fd）;
		strcpy（data，string）;
		return 0;
	}
```

执行编译后的可执行文件就可以统计出一段时间内缺页中断的次数了。如果系统在指定的时间段内不执行任何用户任务的话，得出的缺页次数往往会是 0 次。为了使实验效果明显，可以在同一系统的另一终端下执行一个大任务，比如 cat 一个大文件，这样在统计的终端下就可以看到一定次数的缺页中断。

第 15 章　内核时钟与定时器

实验目的

- 学习 Linux 系统中的时钟和定时器原理
- 分析理解 Linux 内核时间的实现机制
- 分析比较 ITIMER_REAL、ITIMER_VIRTUAL、ITIMER_PROF
- 学习理解内核中各种定时器的实现机制
- 掌握操作定时器的命令，掌握定时器的使用

实验内容

针对一个计算 fibonacci 数的进程，设定三个定时器，获取该进程在用户模式的运行时间，在内核模式的运行时间，以及总的运行时间。

提示：setitimer（）/getitimer（）系统调用的使用。ITIMER_REAL 实时计数；ITIMER_VIRTUAL 统计进程在用户模式（进程本身执行）执行的时间；ITIMER_PROF 统计进程在用户模式（进程本身执行）和内核模式（系统代表进程执行）下的执行时间，与 ITIMER_VIRTUAL 比较，这个计时器记录的时间多了该进程内核模式执行过程中消耗的时间。

实验原理

15.1　关于时钟和定时器

一台装有操作系统的计算机里一般有两个时钟：硬件时钟和软件时钟。硬件时钟从根本上讲是 CMOS 时钟，是由小型电池供电的时钟，这种电池一般可持续供电三年左右。因为有自己的电池，所以当计算机断电的时候 CMOS 时钟可以继续运行，这就是为什么你的计算机总是知道正确的日期和时间的原因。而软件时钟则是由操作系统本身维护的，所以又称系统时钟。这个时钟是在系统启动时，读取硬件时钟获得的，而不是靠记忆计时。在得到硬件时钟之后，就完全由系统本身维护。之所以使用两套时钟的原因是因为硬件时钟的读取太麻烦，所消耗的时间太长。硬件时钟的主要作用就是提供计时和产生精确时钟中断。而软件时钟的作用则可以归纳为下面的几条：

- 保存正确时间。
- 防止进程超额使用 CPU。
- 记录 CPU 的使用情况。
- 处理用户进程发出的系统调用。
- 为某一部分系统本身提供守护定时器（watchdog timers）。

15.1.1 系统时钟

在 DOS 或 MacOS 系统中，起作用的是硬件时钟。而在 Linux 系统中，起作用的是软件时钟，即系统时钟。这个时钟的初始值在启动时从 CMOS 读取，然后就由 Linux 的内核来维护，它在系统中是用从 1970 年 1 月 1 日 00:00:00（UNIX 纪元 epoch）开始算起的累积秒数来表示的。

Linux 的时钟观念比较简单：它以读取的硬件时钟为计时起点，根据系统启动后的时钟滴答数来计算时间。所有的系统计时都基于这种量度，在系统中用一个全局变量——jiffies 表示，这个变量在每个时钟周期更新一次。系统时钟和定时器间隔都是根据这个变量计算出来的。

系统时钟从原理上来讲是很简单的，相对复杂的则是 Linux 系统中的定时器部分。

15.1.2 定时器

1. 什么是定时器

操作系统为了能够准时调度任务，需要有一种能保证调度准时进行的机制。这种机制就是通过定时器来实现的。从硬件上来讲支持各种操作系统的微处理器必须包含一个可周期性中断、可编程的间隔定时器。这个周期性中断被称为系统时钟滴答，它就像节拍器一样来组织系统任务。从软件上来讲必须有一个软件上的定时器在硬件中断到来时处理任务调度。

我们可以用下面的语言来定义 Linux 中的定时器：定时器（timer）是 Linux 提供的一种定时服务机制，它所起的作用是在某个特定的时刻唤醒某个进程来完成一些工作。

Linux 命令中用到定时器的有 sleep, at 等等。

2. Linux 中的定时器

1）定时器类型

较老的内核（2.2 系列版本）还包含有一个基于 timer_struct 结构的定时器，这种定时器用一个包含 32 个指针的静态数组以及当前活动定时器的屏蔽码 time_active 来管理定时器，所以它最多只能管理 32 个定时器。这种机制早在 2.4 内核就已经不再使用。

现在的内核（2.6 版本系列）使用的定时器使用一个以 expires 升序排列的 timer_list 结构链表。如图 15-1。

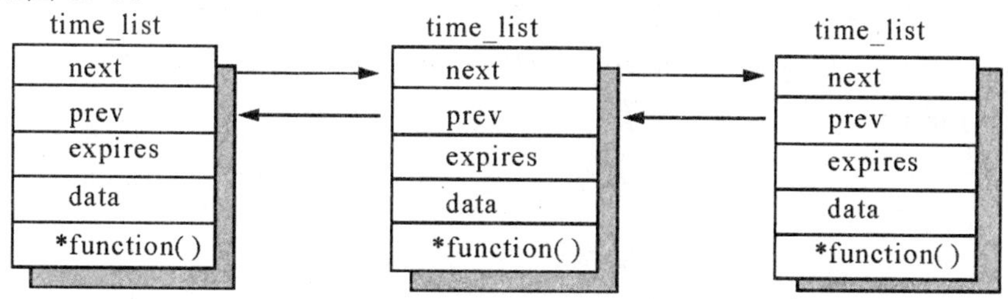

图 15-1 Linux 中的链表定时器类型

定时器使用 jiffies 作为比较时间，这样希望运行 n 秒的定时器将把 n 秒时间转换成 jiffies 的单位，并且将这个时间和以 jiffies 计数的当前系统时间相加，从而得到定时器的终结时间 expires。在每个系统时钟滴答时，时钟中断处理程序会标记定时器成活动状态以便调度管理器下次运行时能进行定时器队列的处理（关于时钟中断和标记定时器，我们将在第 15.2.1.3 节介绍）。定时器下半部分处理过程对于不同类型的定时器有不同的处理方法。定时器会检查位于 timer_list 结构链表中的入口。每个过期定时器将从链表中清除，同时它的响应函数将被调用。相对于基于 timer_struct 的老定时器，新定时器机制的优点之一是能传递一个参数 data 给定时器例程，同时还消除了老定时器中对于定时器数目的限制。

2）进程中的定时器

由于进程执行时有内核模式和用户模式（两种模式概念的说明见第 15.2.1.3 节），所以相应的进程执行时间也有进程本身（即在用户模式下）的执行时间和系统代表进程（即通过系统调用在内核模式下）的执行时间。对于不同的时间，Linux 运行了不同的定时器。这些定时器可以分为下面的三种：

- **ITIMER_REAL**：这种定时器使用实时计数，即不管进程在何种模式下运行（甚至在进程被挂起时），它总是在计数。当定时到达时，会发送给进程一个 SIGALRM 信号。
- **ITIMER_VIRTUAL**：这种定时器是进程在用户模式（进程本身执行）执行的过程中计数，当计数完毕时发送 SIGVTALRM 信号给该进程。
- **ITIMER_PROF**：这个定时器是进程在用户模式（进程本身执行）和内核模式（系统代表进程执行）的时候都计时。与 ITIMER_VIRTUAL 比较，这个定时器记录的时间多了该进程在内核模式执行过程中消耗的时间。当定时到达时，会发送 SIGPROF 信号。

定时器的定时时间在定时器初始化的时候被赋了一个初值，然后随着时间递减。每次当减到 0 时，定时器就会发一个信号，表示定时到达，然后将时间恢复到初值。在定时器结构体中专门有一个变量保存这个初值。

我们可以运行一种或者全部的三种定时器，Linux 在进程的 task_struct 数据结构中记录所有的必要信息。可以使用系统调用建立这些定时器，并启动、停止它们或者读取当前还剩余的激活时间 expires。ITIMER_VIRTUAL 和 ITIMER_PROF 定时器的处理方式相同：每一次时钟周期，当前进程的定时器值递减，如果到期，就直接产生适当的信号。ITIMER_REAL 定时器稍微不同。当使用这种类型的定时器的时候，使用系统的 timer 链表。每次时钟周期它的定时值也会递减。但是当它到期的时候，是由时钟后半部分处理例程（bottom half）把它从队列中删除并调用内部定时器处理程序。这个处理例程完成的工作就是产生 SIGALRM 信号。

15.1.3 其它的相关概念

为了帮助大家更好地理解 Linux 时钟和定时器的原理，下一节我们将进入相关源码的分析。在此之前，我们还需要熟悉一些相关的概念。这些概念列举如下：

- 系统调用；
- 内核模式和用户模式；
- 地址空间
- bottom half

当然，对于上面的内容比较熟悉的读者可以跳过这一小节直接进入代码分析。不过，对于这些概念不是很熟悉的读者，还是推荐大家阅读一下，相信是会有一定帮助的。好了，让我们继续吧！

◆ 系统调用

这个概念是我们首先需要了解的，因为在下面的代码中有许多是通过系统调用来实现的。在《系统调用》一章中对于系统调用的概念已经有一个很好的解释，这里我们再回忆一下：系统调用是内核提供的，功能十分强大的一系列函数。它们在内核中实现，然后通过一定的方式（库、陷入等）呈现给用户，是用户程序与内核交互的一个接口。

至于系统调用的具体内容，本书《系统调用》一章已经作过详细介绍，这里就不再重复了。

◆ 内核模式和用户模式

Linux 提供两种运行模式：核心运行在较高的权限，称之为内核模式；其它外围软件包括 shell，编辑程序，X Window 等等都是在较低的权限上运行，称之为用户模式。之所以采取不同的执行模式主要原因是为了保护，由于用户进程在较低的特权级上运行，它们将不能意外或故意地破坏其它进程或内核。即使程序造成了破坏，也会被局部化而不影响系统中其它活动或者进程。当用户进程需要完成内核模式下才能完成的某些功能时，必须严格按照系统调用提供的接口才能进入内核模式，然后执行内核所提供的有限功能。每种运行模式都应该有自己的堆栈。在 Linux 中，分为用户栈和内核栈。用户栈包括在用户模式执行时函数调用的参数、局部变量和其它数据结构。有些系统中专门为全局中断处理提供了中断栈，但是 x86 中并没有中断栈，中断在当前进程的内核栈中处理。

◆ 地址空间

采用内核模式进行保护的根本目的是对地址空间的保护，用户进程不能而且不应该访问所有的地址空间。只有通过系统调用这种受严格限制的接口，进程才能进入内核模式并访问到受保护的那一部分地址空间的数据，这一部分通常是留给操作系统使用的。另外，进程与进程之间的地址空间也不应该随便互访。这样，就需要提供一种机制来实现在一片物理内存上同一进程不同地址空间上的保护，以及不同进程之间地址空间的保护。

Linux 中通过虚存机制很好地实现了这种保护：每个进程的地址空间通过地址转换机制映射到不同的物理存储页面上，这样就保证了进程只能访问自己的地址空间所对应的页面，而不能访问或修改其它进程的地址空间对应的页面。虚拟地址空间分为两个部分：用户空间和内核空间。在用户模式下只能访问用户空间而在内核模式下可以访问内核空间和用户空间。内核空间在每个进程的虚拟地址空间中都是固定的，而且由于系统中只有一个内核在运行，因此所有进程都映射到单一核心地址空间。内核中维护全局数据结构和每个进程的一些对象信息，后者包括的信息使得内核可以访问任何进程的地址空间。通过地址转换机制进程可以直接访问当前进程的地址空间（通过 MMU），而通过一些特殊的方法（比如内存共享）也可以访问到其它进程的地址空间。

尽管所有进程都共享内核，但是内核空间是受保护的，进程在用户模式无法访问它。进程如果需要访问内核，则必须通过系统调用接口。进程调用一个系统调用时，通过执行一组特殊的指令（这个指令是与平台相关的，每种系统都提供了专门的陷入（trap）命令，基于 x86 的 Linux 中是使用 int 指令）使系统进入内核模式，并将控制权交给内核，由内核替代进程完成操作。当系统调用完成后，内核执行另一组特征指令将系统返回到用户模式，控制权返回给进程。

正因为用户空间和内核空间的数据不能互访，所以在系统调用的时候才往往需要调用 copy_from_user（）或者是 copy_to_user（）函数将这些数据在内核空间和用户空间之间进行复制。

◆ bottom half

在 2.4 或更早版本的内核中，对 top half 和 bottom half 有两种理解：

一种是就具体机制的实施而言，跟 timer，tasklet，softirq 等机制一样，是一种延后执行任务机制的实现。

我们知道操作系统设计的目标之一就是在尽可能短的时间里面完成尽可能多的任务。但是有一些处理过程（比如中断处理过程）是不可被打断的，也就是独占系统的，那么在这段时间里面系统的响应性就会严重地降低。但是这种处理过程又是不可避免的。为了减小这种处理过程的影响，在 Linux 中设计了 bottom half 任务延迟处理机制。它的思想就是中断处理只做必须要做的工作，并且尽快的做完，把暂时可做可不做的剩余部分工作延后再做，等到适当的时候再继续运行。显然，这样的处理缩短了系统的响应时间。基于这样的思想，Linux 将处理硬件中断的中断服务程序一分为二，分别称作 top half（意指“the top half of an interrupt handler”）和 bottom half（意指“the bottom half of an interrupt handler”）。前者就是在中断服务程序入口表中登记的中断服务程序的入口部分，必须关掉中断运行。后者则是中断服务程序剩余部分，它由 top half 激活，在之后的某个适当的时机再得到运行，运行的时候可以打开中断。

另外一种是抽象的理解，只有硬件中断处理程序本身叫做 top half，其他所有的延后执行程序的机制统称为 bottom half（包括 timer，tasklet，softirq，workqueue 等）

在 2.6 版本的内核里面，为了避免误解，原先的 Bottom Half 实现的叫法已经丢弃，现在内核中只采用后一种理解。2.4 内核的 bottom half 机制采用 tasklet 实现，而 tasklet 又是建立在 softirq 机制之上实现的。本书沿用 2.6 内核的理解，我们把直接处理硬件中断的中断服务程序称为上半部分，中断处理程序必须尽可能快地执行完必须执行的任务，然后把其他的任务利用延后执行机制（比如 timer，tasklet 等）放到下半部分中执行。

通常，top half 读取来自设备的数据，保存到预定的缓冲区后，即通知 bottom half 并返回。因而 top half 执行较快。剩余的多数工作由 bottom half 在适当的时候完成。因为 bottom half 是开中执行，所以在它的运行过程中系统可同时接受新的中断。

例如，网络界面检测到一个新的 telnet 数据包后产生中断。中断服务程序中的 top half 只需将数据包转存到缓冲区，即可返回。对数据包的解释、处理以及唤醒相关的 telnetd 进程，则是 bottom half 的工作。

Linux 定义的 bottom half 机制如 include/linux/interrupt.h 所述：

```
include/linux/interrupt.h, line 109
109 enum
110 {
111         HI_SOFTIRQ=0,
112         TIMER_SOFTIRQ,
113         NET_TX_SOFTIRQ,
114         NET_RX_SOFTIRQ,
115         BLOCK_SOFTIRQ,
116         TASKLET_SOFTIRQ
117 };
```

多数 bottom half 机制用于 Linux 某些驱动程序，放到 TASKLET_SOFTIRQ 中。和系统时钟有关的是 TIMER_SOFTIRQ，专门由 do_timer（）用于激活定时器。

15.2 Linux 系统时钟

我们已经在第 15.1 节为大家介绍了关于系统时钟方面的原理，但是我们还是仅仅停留在原理层面上，要真正地掌握它还需要具体的例子。下面我们就通过对 Linux 中系统时钟的具体实现代码的分析来让大家对原理有更好的理解和掌握。

Linux 系统中时钟具体实现主要包括两个方面：

- 维护系统时钟的正常运行。
- 实现用户进程中关于系统时钟的读取以及设置。

第一个方面的工作由系统内核完成，主要包括了时钟的初始化和时钟的运行两个部分。第二个方面的工作，则是通过系统调用完成（我们在第 15.1 节中简单介绍了系统调用的概念，如果读者觉得首先有进一步认识的必要，那么请参考本书“系统调用”一章）。这一方面的工作主要就是时钟的读取、设置和调整。

15.2.1 系统时钟的正常运行

1. 重要的数据结构

在介绍具体实现代码之前，让我们首先来看看在这些代码中要用到的一些数据结构，这些数据结构对于系统时钟的运行有着重要的作用，而且对于时钟的读取、设置和调整来说也是必不可少的。

1）重要的结构体

下面是几个重要的时钟数据结构体，这几个结构体保存了系统时钟的信息。特别是 struct timespec 类型结构体，由这个结构体定义的变量 xtime 保存了系统的当前时间。

include/linux/time.h, line 12

```
12 struct timespec {
13          time_t   tv_sec;          /* seconds */
14          long     tv_nsec;         /* nanoseconds */
15 };

18 struct timeval {
19          time_t          tv_sec;          /* seconds */
20          suseconds_t     tv_usec;         /* microseconds */
21 };
22
23 struct timezone {
24          int      tz_minuteswest; /* minutes west of Greenwich */
25          int      tz_dsttime;     /* type of dst correction */
26 };
```

timespec 保存系统时间的一个结构体，由这个结构体定义的 xtime 变量代表了系统时间。

tv_sec：从 1970 年 1 月 1 日开始计算的秒数；

tv_nsec：当前秒内的纳秒数；

timeval 是系统时钟数据结构体，在 gettimeofday（）/settimeofday（）系统调用的时候都会使用到。

tv_sec：从 1970 年 1 月 1 日开始计算的秒数；

tv_usec：当前秒内的微秒数；

timezone 是系统时区数据结构体，由它定义的变量 sys_tz 保存了系统的当前时区。Linux 时区的相关信息保存在/etc/localtime 文件中，里面的内容在启动的时候通过读取/etc/sysconfig/clock 文件决定。每个用户都可以设置自己的时区，但是系统内核保持的是格林尼治时间。

tz_minuteswest：本时区与格林尼治时间的时差；

tz_dsttime：时间的修正方式，这里主要是指因为夏时制而出现的时间修正，但是在新的 Linux 内核中已经废弃了夏时制，所以这个变量在初始化时一般都被赋值为 0，表示不需要修正。

include/linux/timex.h, line 135

```
135 struct timex {
136         unsigned int modes;       /* mode selector */
137         long offset;              /* time offset （usec） */
138         long freq;                /* frequency offset （scaled ppm） */
139         long maxerror;            /* maximum error （usec） */
140         long esterror;            /* estimated error （usec） */
141         int status;               /* clock command/status */
142         long constant;            /* pll time constant */
143         long precision;           /* clock precision （usec） （read only） */
144         long tolerance;           /* clock frequency tolerance （ppm）
145                                    * （read only）
146                                    */
147         struct timeval time;      /* （read only） */
148         long tick;                /* （modified） usecs between clock ticks */
149 …
162 };
```

timex 结构体是用来描述内核时钟振荡器，主要用在网络时间服务器。这个结构体变量较多，我们在这里就只介绍重要的几个变量，其它的如果读者有兴趣，可以结合代码自己去研究。

modes：　　模式选择；
offset：　　时间偏差量（以秒为单位）；
freq：　　频率偏差量（以 ppm 为单位）；
maxerror：　　最大时间容错量（以秒为单位）；
esterror：估计时间容错量（以秒为单位）；
status：　　时钟状态；
constant：　　pll 时间常量；
precision：　　时钟精度（秒为单位，只读）；
tolerance：　　时钟频率偏差允许量（ppm）（只读）；
time：　　系统时间（只读）；
tick：　　（修改的）tick 之间的秒数。

2）重要的变量

下面是一些 Linux 中记录时间的重要变量。

HZ：时钟中断的频率，在 i386 体系下 HZ 现在是 100，也即每秒钟会来 100 个时钟中断。

LATCH：每个时钟中断间隔的硬件频率计数。我们知道时钟中断是由系统中的另外一个更高晶振频率来驱动的，LATCH 定义了每隔多少个计数发生一次时钟中断。

xtime：保存系统当前时间的结构体变量，包含秒和微秒两个成员。

jiffies：系统启动以来的时钟滴答数目，这个变量是系统中保存时间的另一个方式。

这里，你可能会问，为什么 Linux 需要有 xtime 和 jiffies 这两个同样是保存系统时间的变量，这两个变量有什么不同呢？

简单地来说，jiffies 是系统启动以后的时钟滴答数，而 xtime 保存的是当前时间（这个时间是用从上面提到过的 epoch 开始计算的秒数来表示的）。在系统启动结束后，每个时钟中断都会更新 jiffies 和 xtime。jiffies 和 xtime 的差别体现在下面的两点上：

- 精度的不同。 jiffies 是 10 毫秒的精度，而 xtime 则精确到纳秒。至于为什么会有精度的差别，我们将在介绍系统时钟读取的时候给大家结合代码具体讲述。
- 应用范围。xtime 主要用在系统时间的读取和设置上，使用情况不多，而 jiffies 用于系统调度，系统定时器，各种时间比较等，是整个系统的时钟基础。

wall_jiffies：记住最近一次时钟中断发生时的 jiffies，这样更新系统时间 xtime 的时候，根据 jiffies 跟 wall_jiffies 的差值可以得到需要更新的时间。在 i386 体系下，多数情况中，jiffies 跟 wall_jiffies 的差值都为 1；少数情况下有可能系统中断被关闭时间过长，导致时钟中断丢失，这时候 jiffies 跟 wall_jiffies 的差值可能会大于 1。

lost_ticks：记录两个 bottom half 之间的 tick 数目，和 xtime 配合提供准确的系统时间。在新版本的内核中已经不使用。但是通过使用 wall_jiffies 变量记录每次更新 xime 时 jiffies 的值，然后在下一次更新 xtime 值时，用那时的 jiffies 减去 wall_jiffies，得到的值就是这个 lost_ticks 记录的值。

TSC：Time Stamp Count 的简写。Time Stamp Count 是 Intel 公司发明的，并且首先用在 Pentium 级 CPU 上的 64 位时钟寄存器。这个寄存器是用来保存 CPU 的 ticks 数目。具体的使用我们将会在代码中介绍。

2. 系统时钟的初始化

介绍完了重要的数据结构，下面就是系统时钟的运行过程了。

首先，是系统时钟的初始化。系统刚启动的时候，系统时钟需要根据硬件时钟初始化。下面就让我们一起来看看这个过程。这个过程是从 init/main.c 文件中的 start_kernel 函数调用 time_init（）开始的。

arch/i386/kernel/time.c, line 470

```
470 void __init time_init（void）
471 {
...
482             xtime.tv_sec = get_cmos_time（）;
483             xtime.tv_nsec = （INITIAL_JIFFIES % HZ） * （NSEC_PER_SEC / HZ）;
484             set_normalized_timespec（&wall_to_monotonic,
485                         -xtime.tv_sec, -xtime.tv_nsec）;
486
487             cur_timer = select_timer（）;
```

```
488             printk（KERN_INFO "Using %s for high-res timesource\n",cur_timer->name）;
489
490             time_init_hook（）;
491 }
```

arch/i386/mach-default/setup.c, line 90

```
90 void __init time_init_hook（void）
91 {
92             setup_irq（0, &irq0）;
93 }
```

482　调用 get_cmos_time()函数从 cmos 中读取硬件时钟，用读到的时钟初始化 xtime 结构体变量中的 tv_sec 变量。注意，在 get_cmos_time 返回前已经将读取的当前时间转化成从 1970 年开始的秒数。

483　（INITIAL_JIFFIES % HZ）得到所对应的秒内的 jiffies 数；（NSEC_PER_SEC / HZ）是每个 jiffies 对应的纳秒数。

92　调用 setup_irq（）重新设置时钟中断 irq0 的中断服务程序入口。

arch/i386/kernel/time.c, line 315

```
315 unsigned long get_cmos_time（void）
316 {
317             unsigned long retval;
318
319             spin_lock（&rtc_lock）;
320
321             if （efi_enabled）
322                     retval = efi_get_time（）;
323             else
324                     retval = mach_get_cmos_time（）;
325
326             spin_unlock（&rtc_lock）;
327
328             return retval;
329 }
```

include/asm-i386/mach-default/mach_time.h, line 82

```
82 static inline unsigned long mach_get_cmos_time（void）
83 {
84             unsigned int year, mon, day, hour, min, sec;
85             int i;
86
```

```
87          /* The Linux interpretation of the CMOS clock register contents:
88           * When the Update-In-Progress （UIP） flag goes from 1 to 0, the
89           * RTC registers show the second which has precisely just started.
90           * Let's hope other operating systems interpret the RTC the same way.
91           */
92          /* read RTC exactly on falling edge of update flag */
93          for （i = 0 ; i < 1000000 ; i++） /* may take up to 1 second... */
94                  if （CMOS_READ（RTC_FREQ_SELECT） & RTC_UIP）
95                          break;
96          for （i = 0 ; i < 1000000 ; i++） /* must try at least 2.228 ms */
97                  if （!（CMOS_READ（RTC_FREQ_SELECT） & RTC_UIP））
98                          break;
99          do { /* Isn't this overkill ？ UIP above should guarantee consistency */
100                 sec = CMOS_READ（RTC_SECONDS）;
101                 min = CMOS_READ（RTC_MINUTES）;
102                 hour = CMOS_READ（RTC_HOURS）;
103                 day = CMOS_READ（RTC_DAY_OF_MONTH）;
104                 mon = CMOS_READ（RTC_MONTH）;
105                 year = CMOS_READ（RTC_YEAR）;
106          } while （sec != CMOS_READ（RTC_SECONDS））;
107            if （!（CMOS_READ（RTC_CONTROL）&RTC_DM_BINARY）||
RTC_ALWAYS_BCD）
108            {
109              BCD_TO_BIN（sec）;
110              BCD_TO_BIN（min）;
111              BCD_TO_BIN（hour）;
112              BCD_TO_BIN（day）;
113              BCD_TO_BIN（mon）;
114              BCD_TO_BIN（year）;
115            }
116          if （（year += 1900） < 1970）
117                 year += 100;
118
119          return mktime（year, mon, day, hour, min, sec）;
120 }
```

319　对 CMOS 时钟加锁，防止别的进程在读取的时候进行修改。

93-98　当 UIP（Update-In-Progress）标志从 1 变成 0， 硬件时钟寄存器的改变说明新的一秒刚刚开始。我们要在这个刚开始的时候去读取 CMOS 时钟。第一个循环体保证 UIP 标志还是 1，而第二个循环体则保证 UIP 标志刚刚变成 0。

99-106　读取 CMOS 时钟，循环检查标志 sec != CMOS_READ（RTC_SECONDS）保证读取到的内容是当前秒。

107-115　如果硬件时钟的数据是二进制编码的十进制，那么调用 BCD_TO_BIN 将它们转化成二进制数据。

326　读取 CMOS 已经结束，所以我们可以解开 CMOS 时钟锁。

116-117　这一段代码是解决千年虫问题的。

119　将普通的时间转化成从 1970 年 1 月 1 日 00:00:00 开始的秒数。比如普通的时间格式是：2002-03-19 23:29:29，那么 year=2002、mon=3、day=19、hour=23、min=29、sec=29，然后调用 mktime（）将这些数据转化成秒数。

通过上面的 init_time 函数的介绍，我们可以看到，系统时钟的初始化工作主要就是通过读取 CMOS 时钟来初始化 xtime 变量，并且注册时钟中断的处理函数，为下面的时钟运行做准备。

3. 系统时钟的运行

系统时钟的初始化完成了，但是系统时钟是怎么运行的呢？这个问题和系统的硬件时钟中断有关，所以让我们先来看看系统的时钟中断是怎么回事情。

Linux 初始化时，init_IRQ（）函数设定 8253 芯片的定时周期为 10ms（一个 tick 的值，arch/i386/kernel/irq.c）。由 8253 产生的时钟中断信号直接输入到第一块 8259A 的 INT 0（即 irq0，可屏蔽中断）。然后，同样在初始化时，time_init（）（arch/i386/kernel/time.c）调用 setup_irq（0, &irq0）设置时间中断向量 irq0，中断服务程序 timer_interrupt（）。

arch/i386/mach-default/setup.c, line 81

```
81 static struct irqaction irq0  = { timer_interrupt, SA_INTERRUPT, CPU_MASK_NONE,
"timer", NULL, NULL};
```

这句对 irq0 赋值的语句将 timer_interrupt 定义为时钟中断（irq0）的处理函数。每当有时钟中断时系统就会根据中断服务程序入口找到这个函数。然后调用这个函数。

arch/i386/kernel/time.c, line 289

```
289 irqreturn_t timer_interrupt（int irq, void *dev_id, struct pt_regs *regs）
290 {
...
302             do_timer_interrupt（irq, regs）;
...
312 }

248 static inline void do_timer_interrupt（int irq, struct pt_regs *regs）
249 {
...
```

```
266             do_timer_interrupt_hook（regs）;
...
282 }
```

include/asm-i386/mach-default/do_timer.h, line 17

```
17 static inline void do_timer_interrupt_hook（struct pt_regs *regs）
18 {
19             do_timer（regs）;
20 #ifndef CONFIG_SMP
21             update_process_times（user_mode（regs））;
22 #endif
...
34 }
```

19 调用 do_timer（）更新系统时间。具体的过程在下面介绍。

21 调用 update_process_times（）函数来更新进程的时间片以及修改的进程的动态优先级，如果必要（比如当前进程的时间片用完），将会告诉调度器需要重新调度。

我们先看看 do_timer（）是怎么样更新系统时间的：

kernel/timer.c, line 943

```
943 void do_timer（struct pt_regs *regs）
944 {
945             jiffies_64++;
946             /* prevent loading jiffies before storing new jiffies_64 value. */
947             barrier（）;
948             update_times（）;
949             softlockup_tick（regs）;
950 }
```

时钟中断发生时，中断服务程序 timer_interrupt（）实际依靠上面的 do_timer（）函数来完成其功能。后者只做必须做的工作（记录系统累计时钟片次数的全局变量 jiffies_64（jiffies 是 jiffies_64 的低 32 位）增 1，然后调用 update_times（）。

kernel/timer.c, line 925

```
925 static inline void update_times（void）
926 {
927             unsigned long ticks;
928
929             ticks = jiffies - wall_jiffies;
930             if （ticks） {
```

```
931                     wall_jiffies += ticks;
932                     update_wall_time（ticks）;
933             }
934             calc_load（ticks）;
935 }
```

932 立刻调用 update_wall_time（）函数来刷新 xtime 中的值。

然后我们再看看 update_process_times（）是怎么更新每个进程的时间相关信息，并且激活定时器：

kernel/timer.c, line 832

```
832 void update_process_times（int user_tick）
833 {
834             struct task_struct *p = current;
835             int cpu = smp_processor_id（）;
836 
837             /* Note: this timer irq context must be accounted for as well. */
838             if （user_tick）
839                     account_user_time（p, jiffies_to_cputime（1））;
840             else
841                     account_system_time(p, HARDIRQ_OFFSET, jiffies_to_cputime(1));
842             run_local_timers（）;
843             if （rcu_pending（cpu））
844                     rcu_check_callbacks（cpu, user_tick）;
845             scheduler_tick（）;
846             run_posix_cpu_timers（p）;
847 }
```

update_process_times（）首先更新进程所使用的时间信息，然后调用 run_local_timers（）标记定时器可以运行，以便内核在适当的时候去运行定时器。scheduler_tick（）函数更新进程里面跟调度器相关的时间片等信息，如果进程时间片用完，将会告诉调度器这个进程需要被调度出去。

15.2.2 系统时钟的设置和调整

正如我们所知道的，为了保证时钟的正确，需要有一定的设置和调整手段，这些手段是由下面的系统调用来实现的。

1. 关于时钟中断的系统调用

下面是 Linux 中关于系统时钟的系统调用，它们主要完成系统时钟的读取、设置和校准功能。

sys_time：读取系统时间，精度较低，只达到秒的级别。

sys_stime：设置系统时间，精度较低，只达到秒的级别。

sys_gettimeofday：读取系统时间和时区，精度比 sys_time 高，达到微秒的级别。

sys_settimeofday：设置系统时间和时区，精度比 sys_stime 高，达到微秒的级别。

sys_adjtimex：调整系统时钟。

2. 这些系统调用的实现

1）系统时间的读取

读取系统时间主要有两个方面的意义：

- 为用户提供了查询当前系统时间的一个接口。
- 可以为计时服务提供支持。

time 和 gettimeofday 是两个读取系统时间的系统调用。

首先是 sys_time，这个系统调用得到的系统时间精度为秒的级别，不是很高。

kernel/time.c, line 59

```
59 asmlinkage long sys_time（time_t __user * tloc）
60 {
61          time_t i;
62          struct timeval tv;
63
64          do_gettimeofday（&tv）;
65          i = tv.tv_sec;
66
67          if （tloc） {
68                  if （put_user（i,tloc））
69                          i = -EFAULT;
70          }
71          return i;
72 }
```

62　　定义一个用来保存当前时钟值的变量 tv；

64-65 调用 do_gettimeofday 函数读取系统的当前时钟，得到的结果保存在 tv 变量中。并且另外保存了从 1970 年 1 月 1 日 00:00:00 开始的秒数。

67-70 检查用户在调用的时候有没有提供保存时间的内存空间，如果有的话，将得到的时间从内核空间拷贝到用户空间。

71　　返回得到的从 1970 年 1 月 1 日 00:00:00 开始的秒数。

其次是更精确地读取系统时间的系统调用 sys_gettimeofday。

kernel/time.c, line 101

```
101 asmlinkage long sys_gettimeofday（struct timeval __user *tv, struct timezone __user *tz）
102 {
103         if （likely（tv != NULL））{
104                 struct timeval ktv;
105                 do_gettimeofday（&ktv）;
106                 if （copy_to_user（tv, &ktv, sizeof（ktv）））
107                         return -EFAULT;
108         }
109         if （unlikely（tz != NULL））{
110                 if （copy_to_user（tz, &sys_tz, sizeof（sys_tz）））
111                         return -EFAULT;
112         }
113         return 0;
114 }
```

103-108 如果用户提供了保存时间的参数，那么我们就调用 do_gettimeofday 读取系统时间，然后调用 copy_to_user 将数据从内核空间拷贝到用户空间。

109-112 如果用户提供了保存时区的参数，那么我们就复制 sys_tz 的内容到用户空间。

从上面的两个系统调用我们可以看到，它们都是通过调用 do_gettimeofday 来实现自己的读取时间的功能，所以真正的读取系统时间的代码实现还是在 do_gettimeofday 里面。这个函数主要就是通过读取 xtime 变量来获得当前系统的时间。在上面介绍 xtime 这个变量的时候说过，它是用来保存系统当前时间的，所以通过读取它就可以获得大致精确的时间。由于系统有可能在关掉中断的时候运行较长的时间，这时候时钟中断没有得到机会运行的话，系统时间也就得不到更新，因此只能说是大概精确的时间。所以当前 xtime 保存的时间是最近一次时间中断之后更新所得的时间。还好我们有 wall_jiffies，这个变量保存了上一次时钟中断处理程序执行时的 jiffies，当前的 jiffies 和 wall_jiffies 的差值就是从上一次时钟中断处理到最近的一次时钟中断间隔。此时，时间的误差就到了 10ms 以内了。

细心的读者可能已经发现了，每个时钟中断间隔的时间是 10ms，而 xtime 变量的成员 usec 的精度是微秒，它们之间的精确度差距是怎么弥补的呢？

解决这个问题的关键就在前面介绍过的 CPU 中的 TSC 寄存器，微秒级的精确度主要就是依靠了它来实现的。这个寄存器保存的是 CPU 的 ticks，所以它的精确度是根据 CPU 的速度来决定的，也就是说 CPU 越快，那么 TSC 的精度就越高。根据当代 CPU 的速度，达到微秒的精度根本不成问题。具体的解决过程我们可以通过下面的代码来细细体会。

do_gettimeofday 的代码：

arch/i386/kernel/time.c, line 125

```
125 void do_gettimeofday（struct timeval *tv）
```

```
126 {
127         unsigned long seq;
128         unsigned long usec, sec;
129         unsigned long max_ntp_tick;
130 
131         do {
132                 unsigned long lost;
133 
134                 seq = read_seqbegin（&xtime_lock）;
135 
136                 usec = cur_timer->get_offset（）;
137                 lost = jiffies - wall_jiffies;
138 
139                 /*
140                  * If time_adjust is negative then NTP is slowing the clock
141                  * so make sure not to go into next possible interval.
142                  * Better to lose some accuracy than have time go backwards..
143                  */
144                 if （unlikely（time_adjust < 0））{
145                         max_ntp_tick = （USEC_PER_SEC / HZ） - tickadj;
146                         usec = min（usec, max_ntp_tick）;
147 
148                         if （lost）
149                                 usec += lost * max_ntp_tick;
150                 }
151                 else if （unlikely（lost））
152                         usec += lost * （USEC_PER_SEC / HZ）;
153 
154                 sec = xtime.tv_sec;
155                 usec += （xtime.tv_nsec / 1000）;
156         } while （read_seqretry（&xtime_lock, seq））;
157 
158         while （usec >= 1000000）{
159                 usec -= 1000000;
160                 sec++;
161         }
162 
163         tv->tv_sec = sec;
164         tv->tv_usec = usec;
165 }
```

136　　调用 get_offset（）得到从最近一次的时钟中断到当前时间的时间间隔。

137　　用当前的 jiffies 减去 wall_jiffies 我们就可以得到这一部分丢失的时间。
154　　时间的秒数。
155　　时间的微秒数，要累计上 lost 的时间，这个 lost 包括了上面说过的从上一次运行时钟中断到最近的一次时钟中断之间的间隔时间（jiffies-wall_jiffies）和从最近的一次时钟中断到当前时间的间隔时间（get_offset 获得）。
158-161 因为时间是通过累积计算的，所以 usec 的数值有可能会超过 1000000，这时候我们需要将它转化成一秒。
163-164 将计算得到的准确时间赋值。

在 do_gettimeofday 中，通过调用 get_offset（），读取 TSC 的值，然后计算出从最近的一次时钟中断开始，到现在已经过了多少时间（微秒）。
现在我们有了

- 最近一次时钟中断运行时的时间值 xtime；
- 从上一次时钟中断到最近的一次时钟中断之间的间隔时间（jiffies-wall_jiffies）；
- 从最近的一次时钟中断到当前时间的间隔时间（get_offset（）获得）。

于是三个值的和就是当前的时间，而且是精确到了微秒。大家看，是不是很巧妙？你也想试试吗？我们留了设置系统时间的过程给你，用上面的思想去分析一下，相信你会有恍然大悟的感觉。

2）系统时间的设置

接下来我们来看看设置系统时钟的实现代码。

首先是 sys_stime 函数，这个函数比较简单，它仅仅是将 xtime 中的秒成员变量的值设置为用户的值，而微秒成员变量的值设置为 0。所以通过这个系统调用设置的系统时间误差是比较大的。

kernel/time.c, line 81

```
81 asmlinkage long sys_stime（time_t __user *tptr）
82 {
83             struct timespec tv;
84             int err;
85
86             if （get_user（tv.tv_sec, tptr））
87                         return -EFAULT;
88
89             tv.tv_nsec = 0;
90
91             err = security_settime（&tv, NULL）;
92             if （err）
93                         return err;
94
95             do_settimeofday（&tv）;
```

```
96              return 0;
97 }
```

86 得到用户的输入参数秒，赋给 tv.tv_sec；
89 tv.tv_nsec 赋值为 0；
95 调用 do_settimeofday（）函数设置系统时间。

下面是设置时间更精细的系统调用 sys_settimeofday。这个系统调用就比较复杂，因为通过它我们不仅可以修改系统时间，而且可以修改当前用户的时区设置。这里的时间修改精度达到了微秒的级别。

kernel/time.c, line 184

```
184 asmlinkage long sys_settimeofday（struct timeval __user *tv,
185                                   struct timezone __user *tz）
186 {
187         struct timeval user_tv;
188         struct timespec new_ts;
189         struct timezone new_tz;
190
191         if （tv） {
192                 if （copy_from_user（&user_tv, tv, sizeof（*tv）））
193                         return -EFAULT;
194                 new_ts.tv_sec = user_tv.tv_sec;
195                 new_ts.tv_nsec = user_tv.tv_usec * NSEC_PER_USEC;
196         }
197         if （tz） {
198                 if （copy_from_user（&new_tz, tz, sizeof（*tz）））
199                         return -EFAULT;
200         }
201
202         return do_sys_settimeofday（tv ？ &new_ts : NULL, tz ？ &new_tz : NULL）;
203 }
```

```
153 int do_sys_settimeofday（struct timespec *tv, struct timezone *tz）
154 {
155         static int firsttime = 1;
156         int error = 0;
157
158         if （tv && !timespec_valid（tv））
159                 return -EINVAL;
160
```

```
161             error = security_settime（tv, tz）;
162             if  （error）
163                     return error;
164
165             if  （tz） {
166                     /* SMP safe, global irq locking makes it work. */
167                     sys_tz = *tz;
168                     if  （firsttime） {
169                             firsttime = 0;
170                             if  （!tv）
171                                     warp_clock（）;
172                     }
173             }
174             if  （tv）
175             {
176                     /* SMP safe, again the code in arch/foo/time.c should
177                      * globally block out interrupts when it runs.
178                      */
179                     return do_settimeofday（tv）;
180             }
181             return 0;
182 }
```

165-173 将系统当前时区修改成用户要求修改的时区。接下来，如果用户不要求修改时钟的话，那只要调用 warp_clock 根据时区将时钟拨快或者拨慢就可以了。这里 firsttime 变量主要是用在多 CPU 上，防止多次修改。我们讨论的是单 CPU，所以这里可以不去考虑 if（firsttime）。

174-180 如果用户要修改系统时钟，那么调用 do_settimeofday 进行设置。

让我们接下去看 do_settimeofday。

arch/i386/kernel/time.c, line 169

```
169 int do_settimeofday（struct timespec *tv）
170 {
171             time_t wtm_sec, sec = tv->tv_sec;
172             long wtm_nsec, nsec = tv->tv_nsec;
173
174             if  （（unsigned long）tv->tv_nsec >= NSEC_PER_SEC）
175                     return -EINVAL;
176
177             write_seqlock_irq（&xtime_lock）;
```

```
178         /*
179          * This is revolting. We need to set "xtime" correctly. However, the
180          * value in this location is the value at the most recent update of
181          * wall time.  Discover what correction gettimeofday () would have
182          * made, and then undo it!
183          */
184         nsec -= cur_timer->get_offset () * NSEC_PER_USEC;
185         nsec -= (jiffies - wall_jiffies) * TICK_NSEC;
186 
187         wtm_sec  = wall_to_monotonic.tv_sec + (xtime.tv_sec - sec);
188         wtm_nsec = wall_to_monotonic.tv_nsec + (xtime.tv_nsec - nsec);
189 
190         set_normalized_timespec (&xtime, sec, nsec);
191         set_normalized_timespec (&wall_to_monotonic, wtm_sec, wtm_nsec);
192 
193         ntp_clear ();
194         write_sequnlock_irq (&xtime_lock);
195         clock_was_set ();
196         return 0;
197 }
```

184-185 减去现在系统中已经在计算的时间，保证设置的正确性。

190 调用 set_normalized_timespec（）设置 xtime 中的值为 sec，nsec。

3）系统时间的调整

这个功能由系统调用 sys_adjtimex 函数实现。在分布式系统或是联网程序上，当本地的系统时间和网络服务器时间不符合的时候，需要用 xntpd 或 timed 等命令调整系统时钟，这时就要用到这个系统调用。

kernel/time.c, line 405

```
405 asmlinkage long sys_adjtimex (struct timex __user *txc_p)
406 {
407         struct timex txc;               /* Local copy of parameter */
408         int ret;
409 
410         /* Copy the user data space into the kernel copy
411          * structure. But bear in mind that the structures
412          * may change
413          */
414         if (copy_from_user (&txc, txc_p, sizeof (struct timex)))
415                 return -EFAULT;
```

```
416            ret = do_adjtimex（&txc）;
417            return copy_to_user（txc_p, &txc, sizeof（struct timex））  ?  -EFAULT : ret;
418 }
```

414-415 调用 copy_from_user 将结构 txc_p 从用户空间拷贝到内核空间。

416 调用 do_adjtimex 函数根据 txc 设置的参数调整系统时钟，返回值是调整后的状态。

417 调用 copy_to_user 函数将结构 txc 从内核空间拷回到用户空间。

关于 do_adjtimex 的具体调整过程这里就不详细介绍了，有兴趣的读者可以参阅 NTP（Network Time Protocol）方面的内容。

15.3 Linux 系统定时器

定时器（timer）是 Linux 提供的一种定时服务的机制。它在某个特定的时间唤醒某个进程来做一些工作。定时器有点类似于任务队列，它们都是 CPU 在适当时刻执行一遍队列中各节点指定的响应函数。当然，它们之间是有差别的，前者规定了执行指定函数的准确时刻，而后者无法规定。

15.3.1 定时器的实现机制

1. 外部机制

我们在分析系统时钟的运行中曾经谈到产生时钟中断后，在时钟中断处理例程上半部分 timer_interrupt（）中会调用 update_process_times（）函数，后者会接着调用函数 run_local_timers（），在这个函数中标记 TIMER_SOFTIRQ，表明有 timer 需要运行，这样 softirq 机制在适当的时候就会运行定时器队列。

2. 内部机制

Linux 实现定时器的算法比较精巧，为了能够很好地理解这个机制，我们不妨先来看看几个简单的算法：

一个最直接的方法是将所有的定时器按照定时时间从小到大的顺序排列起来。这样每次时钟中断下半部分处理例程只要检查当前节点是不是到期就可以了。如果没有到期，那么在下次时钟中断再判断。如果到期了，就执行规定的操作，然后将当前节点指针往后移一个。在实现上，这种方法的确很简单，也不需要多余的空间。但是如果链表很长，每次插入的时候排序就要花比较多的时间。

对于上面的方法我们可以采用 hash 表的方式来改进，即采用平均分段的方式来组织链表。比如：我们将到期 jiffies 数按照 0-99，100-199，200-299 分段，每一个定时器到自己所属时段中进行排序。但是当定时器数量太大的时候，这个方法和上面的那个方法面临同样的问题，那就是在插入的时候花在查找上的时间太大。

如果我们采用不平均的方法来分段，那么情况就大为不同了。请看下面的分段方式：

0-3，4-7，8-15，16-31，……

区间长度呈指数上升， 这样，就不会有太多的分段。而且当前要处理的定时器在比较短的链表中，排序和搜索速度都可以大大加快。

因为我们关心的都是当前时刻要处理的定时器，而对于离执行时间还有很长的定时器是不需要关心的，所以时间距离太远的定时器我们只要将它连到链表中就可以了，用不着排序。Linux 内核就是采用了上面不平均分段的 hash 表思想。

15.3.2 定时器具体实现

1. 定时器内部机制的实现

在第 15.3.1 节我们介绍了 Linux 中定时器实现机制的原理，这里我们将通过对具体实现代码的介绍让大家对原理有更进一步的认识。

timer_list 型定时器服务依靠链表结构突破了定时器个数的限制，链表的节点采用如下数据结构：

include/linux/timer.h, line 11

```
11 struct timer_list {
12              struct list_head entry;
13              unsigned long expires;
14
15              void （*function）（unsigned long）;
16              unsigned long data;
17
18              struct timer_base_s *base;
19 };
```

这里的 expires 是定时器的激活时刻，function 则是定时器激活时需要执行的函数。data 是这个函数的参数。之所以要把 data 单独地列出来，是因为在执行定时器函数时无法传入函数的参数，所以需要保存在定时器结构体中。

上面这个结构体是链表的节点，整个链表的结构则是通过下面的几个结构体来构成的。

```
66 struct timer_base_s {
67              spinlock_t lock;
68              struct timer_list *running_timer;
69 };
70
71 typedef struct tvec_s {
```

```
72              struct list_head vec[TVN_SIZE];
73 } tvec_t;
74
75 typedef struct tvec_root_s {
76              struct list_head vec[TVR_SIZE];
77 } tvec_root_t;
78
79 struct tvec_t_base_s {
80              struct timer_base_s t_base;
81              unsigned long timer_jiffies;
82              tvec_root_t tv1;
83              tvec_t tv2;
84              tvec_t tv3;
85              tvec_t tv4;
86              tvec_t tv5;
87 } ____cacheline_aligned_in_smp;
```

tvec_s　　定时器链表结构体；

tvec_root_s　　定时器根链表结构体；

tvec_t_base_s　　用于管理每个 CPU 上的定时器，timer_jiffies 保存上一次运行定时器列表的 jiffies。

Linux 内核通过上面定义的结构体 tvec_t_base_s 的 5 个成员 tv1，tv2，tv3，tv4，tv5 来管理整个定时器链表树。这棵树的结构如图 15-2 所示，结构体 tvec_t_base_s 包含 1 个结构体 tvec_root_t 类型的变量 tv1，以及 4 个 tvec_t 类型的变量，分别是 tv2、tv3、tv4、tv5。TVR_SIZE 在现在的系统中默认是 256；而 TVN_SIZE 默认是 64。

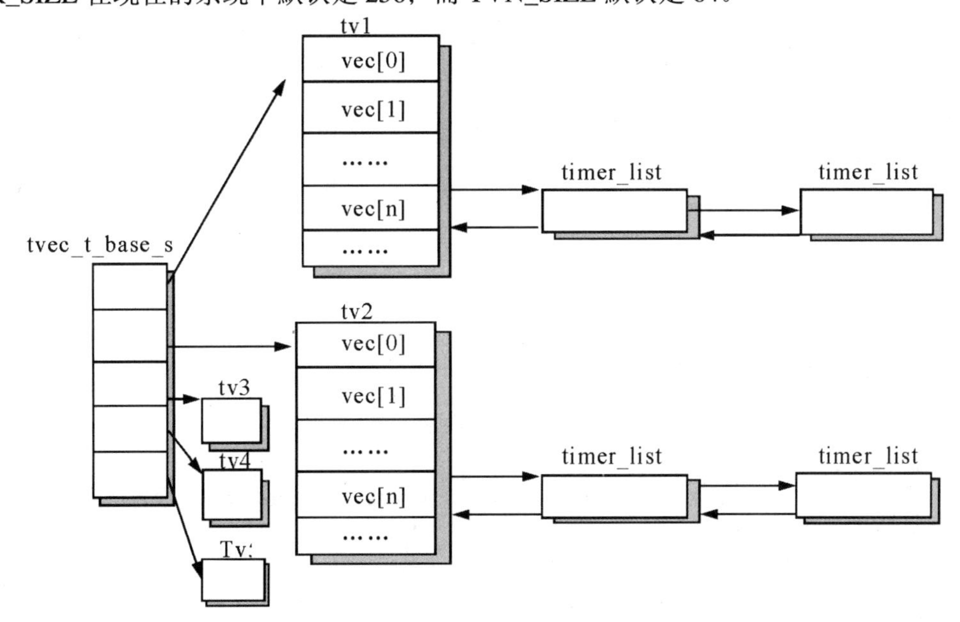

图 15-2 timer_list 型定时器体系结构

用一个通俗的比喻，对于上面介绍过的 5 个定时器数组，我们可以采用下面的假定：

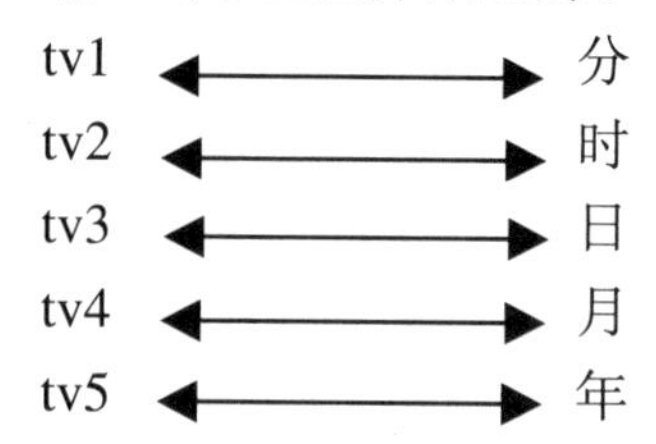

不同的是：

- tv1 的跨度是 2^8 “秒”
- tv2 的跨度是 2^6 “分”
- tv3 的跨度是 2^6 “时”
- tv4 的跨度是 2^6 “日”
- tv5 的跨度是 2^6 “月”

（这里的“秒”实际上就是滴答）

这样，一“年”就有 2^6 个“月”，$2^{(6+6)}$ 个“日”，$2^{(4*6+8)}=2^{32}$ 个“秒”，从而能表达 2^{32} 个滴答。tv1 有 2^8 个项，每个项上挂接了特定“秒”的定时器，比如 tv1 第 10 项挂接了第 10“秒”（也就是第 10 个滴答）需要启动的定时器。

这些结构非常像自来水表的刻度盘（见图 15-3）。假设有一个虚拟的指针，指向当前正在运行的定时器链表；每个圆点代表 vec[i]。每个 vec[i] 上都可以挂一串定时器。当指针走到某个 vec[i]时，就处理该节点上所有定时器。tv1 是最基本的。理想情况下，每个滴答，它的指针走一格，执行上面挂的定时器队列。当走完一圈时，tv2 的指针指向的定时器重新挂接到 tv1 上去，这样当 tv1 的指针继续走的时候，就会执行它们，然后 tv2 指针走一格。以次类推。

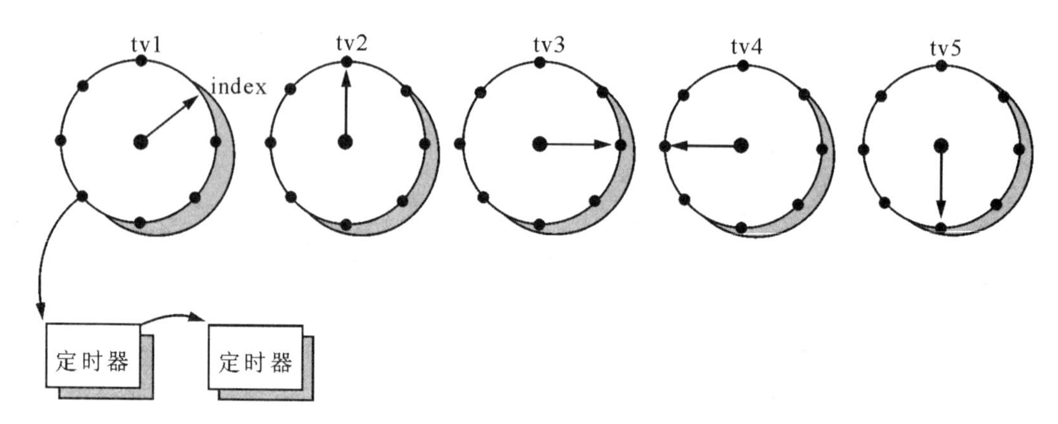

图 15-3 定时器的“自来水表”结构

就是说先运行当前“分”内的所有“秒”（tv1）定时器，过了这一“分”后将下一个分的定时器按照“秒”来重新排列。

2. 定时器的初始化

定时器的初始化是通过 setitimer 完成的，这个系统调用从用户空间得到用来初始化或者是设置定时器的值，然后调用 do_setitimer 设置定时器，并将其挂到定时器链表上。

kernel/itimer.c, line 229

```
229 asmlinkage long sys_setitimer（int which,
230                                         struct itimerval __user *value,
231                                         struct itimerval __user *ovalue）
…
236         if （value） {
237                 if（copy_from_user（&set_buffer, value, sizeof（set_buffer）））
238                         return -EFAULT;
239         } else
240                 memset（（char *） &set_buffer, 0, sizeof（set_buffer））；
241
242         error = do_setitimer（which, &set_buffer, ovalue ？ &get_buffer : NULL）；
…
249 }
```

236-240 如果有要设置的定时器内容（即 value 指针不为空），那么我们调用 copy_from_user（）从用户空间将该内容拷贝到内核空间，否则用 0 来填充。

242 调用 do_setitimer（）完成定时器设置。

do_setitimer（）函数根据不同的定时器类型，选择相应的操作。对于 ITIMER_VIRTUAL 和 ITIMER_PROF 类型的定时器，我们只要根据要设置的值将该进程中关于定时器的变量的值相应地改变就可以。对于 ITIMER_REAL 类型的定时器，因为还涉及到了实时定时器链表，所以我们除了要重新根据要设置的值改变该进程中关于定时器的变量的值以外，还要调用 del_timer_sync（）从原来的链表中删除定时器，然后根据重新计算的定时器激活时间调用 add_timer（）将定时器插入到定时器链表的合适位置。

3. 定时器的运行

我们在前面系统时钟运行的分析中谈到过 Linux 初始化时，在 time_init（）中调用了 setup_irq（0, &irq0）设置时钟中断向量 irq0 的服务程序 timer_interrupt。然后每次时钟中断的时候，我们都要依靠 bottom half 处理机制在适当的时候调用函数 run_timer_softirq （）来进行实质性的服务。这个函数检查、执行定时服务。所以我们也从这个函数入手去分析定时器。

判断各定时器时间到达的算法 run_timer_softirq（）很复杂，但这种复杂算法带来的好处却是快速的定时响应。

kernel/timer.c, line 904

```
904 static void run_timer_softirq (struct softirq_action *h)
905 {
906             tvec_base_t *base = &__get_cpu_var (tvec_bases) ;
907
908             hrtimer_run_queues () ;
909             if  (time_after_eq (jiffies, base->timer_jiffies))
910                     __run_timers (base) ;
911 }
```

kernel/timer.c, line 431

```
431 static inline void __run_timers (tvec_base_t *base)
432 {
433             struct timer_list *timer;
434             unsigned long flags;
435
436             spin_lock_irqsave (&base->t_base.lock, flags) ;
437             while  (time_after_eq (jiffies, base->timer_jiffies))  {
438                     struct list_head work_list = LIST_HEAD_INIT (work_list) ;
439                     struct list_head *head = &work_list;
440                     int index = base->timer_jiffies & TVR_MASK;
441
442                     /*
443                      * Cascade timers:
444                      */
445                     if  (!index &&
446                                     (!cascade (base, &base->tv2, INDEX (0)))  &&
447                                             (!cascade (base, &base->tv3, INDEX (1)))  &&
448                                                     !cascade(base, &base->tv4, INDEX(2)))
449                             cascade (base, &base->tv5, INDEX (3)) ;
450                     ++base->timer_jiffies;
451                     list_splice_init (base->tv1.vec + index, &work_list) ;
452                     while  (!list_empty (head))  {
453                             void  (*fn) (unsigned long) ;
454                             unsigned long data;
455
456                             timer = list_entry (head->next,struct timer_list,entry) ;
457                             fn = timer->function;
458                             data = timer->data;
459
460                             set_running_timer (base, timer) ;
```

```
461                     detach_timer（timer, 1）;
462                     spin_unlock_irqrestore（&base->t_base.lock, flags）;
463                     {
464                             int preempt_count = preempt_count（）;
465                             fn（data）;
466                             if （preempt_count != preempt_count（））{
467                                 printk（KERN_WARNING "huh, entered %p "
468                                         "with preempt_count %08x, exited"
469                                           " with %08x? \n",
470                                           fn, preempt_count,
471                                           preempt_count（））;
472                                     BUG（）;
473                             }
474                     }
475                     spin_lock_irq（&base->t_base.lock）;
476             }
477     }
478     set_running_timer（base, NULL）;
479     spin_unlock_irqrestore（&base->t_base.lock, flags）;
480 }
```

909 如果现在的时间已经在上一次运行定时器队列之后，则表明也许有定时器需要运行；
910 调用__run_timers（）函数；
437 把所有在现在 jiffies 时间之前的定时器都运行完；
445-449 如果定时器链表 tv（n）空了，那么就从 tv（n+1）向 tv（n）上转移，分散插入 tv（n）的各个链表中；
450 准备处理挂在某个 jiffies 下的定时器，所以加 1；
451 把当前要处理的所有定时器都挂在 work_list 链表上；
452-476 运行 work_list 链表上的所有定时器；

base 里的 timer_jiffies 变量是定时器自己专有的时钟。这个时钟基本上和 jiffies 是一样的，但是有的情况下会落后若干个滴答。比如当产生时钟中断的时候，有别的 bottom half 在执行，因而时钟中断下半部分处理例程无法得到执行, timer_jiffies 会得不到及时更新；又比如时钟下半部分处理例程的时间太长（例如某个定时器花费时间太长，某个滴答上启动的定时器太多等等），使得 timer_jiffies 得不到及时更新。但是，一旦 timer_jiffies 落后于 jiffies， 如果可能的话，时钟的 bottom half（其实是函数__run_timers）会在一个滴答里更新几次 timer_jiffies，来赶上 jiffies。

kernel/timer.c, line 398

```
398 static int cascade（tvec_base_t *base, tvec_t *tv, int index）
```

```
399 {
400         /* cascade all the timers from tv up one level */
401         struct list_head *head, *curr;
402 
403         head = tv->vec + index;
404         curr = head->next;
405         /*
406          * We are removing _all_ timers from the list, so we don't   have to
407          * detach them individually, just clear the list afterwards.
408          */
409         while  (curr != head)  {
410                 struct timer_list *tmp;
411 
412                 tmp = list_entry (curr, struct timer_list, entry);
413                 BUG_ON (tmp->base != &base->t_base);
414                 curr = curr->next;
415                 internal_add_timer (base, tmp);
416         }
417         INIT_LIST_HEAD (head);
418 
419         return index;
420 }
```

409-416 循环遍历整个 tv->vec+index 链表，根据 tmp.expires 值插入适当位置。

417　　清除整个链表，此前所有节点都已前插。

总的来说，从__run_timers（）的分析我们可以看出来，tv1.vec[]数组相邻元素指示的 timer_list 型定时器，其唤醒时间相差 10ms；tv2.vec[]数组相邻元素指示的 timer_list 型定时器，其唤醒时间相差 2^8 个 10ms；tv3.vec[]数组相邻元素指示的 timer_list 型定时器，其唤醒时间相差 2^{8+6} 个 10ms；tv4.vec[]数组相邻元素指示的 timer_list 型定时器，其唤醒时间相差 2^{8+6+6} 个 10ms；tv5.vec[]数组相邻元素指示的 timer_list 型定时器，其唤醒时间相差 $2^{8+6+6+6}$ 个 10ms。

4. 对于定时器的操作

定时器的操作主要就是添加定时器到定时器链表，修改定时器的到期时间和删除定时器。这些操作主要都是由进程主动执行。不过在定时器的初始化和运行中也需要用到这些操作。

1）定时器的添加

进程可以调用 add_timer（）来添加定时器。

include/linux/timer.h, line 81

```
81 static inline void add_timer (struct timer_list *timer)
82 {
...
84          __mod_timer (timer, timer->expires) ;
85 }
```

kernel/timer.c, line 206

```
206 int __mod_timer (struct timer_list *timer, unsigned long expires)
207 {
...
245          internal_add_timer (new_base, timer) ;
...
249 }
```

add_timer()函数调用__mod_timer()，然后会调用函数 internal_add_timer()，把一个 timer 按照它的 expires 放入相应的定时器链表里面。

kernel/timer.c, line 100

```
100 static void internal_add_timer (tvec_base_t *base, struct timer_list *timer)
101 {
102          unsigned long expires = timer->expires;
103          unsigned long idx = expires - base->timer_jiffies;
104          struct list_head *vec;
105
106          if (idx < TVR_SIZE) {
107                  int i = expires & TVR_MASK;
108                  vec = base->tv1.vec + i;
109          } else if (idx < 1 << (TVR_BITS + TVN_BITS)) {
110                  int i = (expires >> TVR_BITS) & TVN_MASK;
111                  vec = base->tv2.vec + i;
112          } else if (idx < 1 << (TVR_BITS + 2 * TVN_BITS)) {
113                  int i = (expires >> (TVR_BITS + TVN_BITS)) & TVN_MASK;
114                  vec = base->tv3.vec + i;
115          } else if (idx < 1 << (TVR_BITS + 3 * TVN_BITS)) {
116                  int i = (expires >> (TVR_BITS + 2 * TVN_BITS)) & TVN_MASK;
117                  vec = base->tv4.vec + i;
118          } else if ((signed long) idx < 0) {
119                  /*
120                   * Can happen if you add a timer with expires == jiffies,
121                   * or you set a timer to go off in the past
122                   */
```

```
123                 vec = base->tv1.vec + （base->timer_jiffies & TVR_MASK）;
124         } else {
125                 int i;
126                 /* If the timeout is larger than 0xffffffff on 64-bit
127                  * architectures then we use the maximum timeout:
128                  */
129                 if （idx > 0xffffffffUL） {
130                         idx = 0xffffffffUL;
131                         expires = idx + base->timer_jiffies;
132                 }
133                 i = （expires >> （TVR_BITS + 3 * TVN_BITS）） & TVN_MASK;
134                 vec = base->tv5.vec + i;
135         }
136         /*
137          * Timers are FIFO:
138          */
139         list_add_tail（&timer->entry, vec）;
140 }
```

102　　expires 保存定时的时间。

103　　idx 保存定时的间隔。

106-109 若定时间隔小于 TVR_SIZE，则插入 tv1 的第 i 个链表。

109-112 若定时间隔在（2^{TVR_BITS}，$2^{(TVR\_BITS + TVN\_BITS)}$）范围内，则插入 tv2 的第 i 个链表。

112-115 若在（$2^{(TVR\_BITS + TVN\_BITS)}$，$2^{(TVR\_BITS + 2*TVN\_BITS)}$）范围内，则插入 tv3 的第 I 个链表。

115-118 若在（$2^{(TVR\_BITS + 2*TVN\_BITS)}$，$2^{(TVR\_BITS + 3*TVN\_BITS)}$）范围内，插入 tv4 的第 i 个链表。

118-124 若你插入一个 expires 已经是个已过去时刻的定时器；

124-135 若定时间隔在（$2^{(TVR\_BITS + 3*TVN\_BITS)}$，0xffffffffUL）范围内，则插入 tv5 的第 i 个链表。

2）定时器定时时间的修改

定时器的修改主要是针对定时时间的修改：

kernel/timer.c, line 292

```
292 int mod_timer（struct timer_list *timer, unsigned long expires）
293 {
294         BUG_ON（!timer->function）;
295
296         /*
```

```
297              * This is a common optimization triggered by the
298              * networking code - if the timer is re-modified
299              * to be the same thing then just return:
300              */
301         if (timer->expires == expires && timer_pending(timer))
302                 return 1;
303 
304         return __mod_timer(timer, expires);
305 }
```

函数直接调用了__mod_timer（），请参看上面定时器添加中对__mod_timer（）的分析。在实际编程中，mod_timer（）等同于下面的函数调用：

del_timer（timer）; timer->expires = expires; add_timer（timer）;

但是显然 mod_timer（）的效率更高。

3）定时器的删除

下面的函数将定时器删除，注意 timer->list 的两个指针都是 NULL。

kernel/timer.c, line 320

```
320 int del_timer(struct timer_list *timer)
321 {
322         timer_base_t *base;
323         unsigned long flags;
324         int ret = 0;
325 
326         if (timer_pending(timer)) {
327                 base = lock_timer_base(timer, &flags);
328                 if (timer_pending(timer)) {
329                         detach_timer(timer, 1);
330                         ret = 1;
331                 }
332                 spin_unlock_irqrestore(&base->lock, flags);
333         }
334 
335         return ret;
336 }
```

326 判断该 timer 定时器是否在定时器链表上；

327 拿到定时器链表操作锁；

328 再一次判断定时器是否在链表上，这是因此有可能在拿到锁之前，timer 已经到时而被删除，所以需要在拿到锁之后再判断一次；

329 调用 detach_timer（）将定时器从链表冲脱离。

15.4 时钟命令

Linux 中关于时钟的命令主要是下面的三个：**date**， **clock** 和 **hwclock**。这三个命令都有自己的参数。

15.4.1 date 命令

这个系统命令是在系统根目录下的 bin 目录中，它的主要功能是打印或设置系统日期和时间。用户进入 Linux 系统后，输入下面的命令可以看到这个系统命令了。

cd /bin

ls date

下面是这个命令的参数格式：

date [*选项*]... [+*格式*]

date [*选项*] [*MMDDhhmm*[[*CC*]*YY*][.*ss*]]

选项

选项一栏参数较多，我们只介绍几个重要的参数，其他的几个就不在这里介绍了，感兴趣的读者可以在 Linux 下使用 man 帮助手册（man date）来详细了解这个命令。

-d, --date=*STRING*

显示由 STRING 指定的时间， 而不是当前时间。这个参数格式的含义或者是 date –d STRING 或者是 date --date==STRING，两种形式都可以，效果也完全相同。其它的参数也是同样的使用。

-f, --file=*DATEFILE*

显示 DATEFILE 中每一行指定的时间， 如同将 DATEFILE 中的每行作为 **--date** 的参数一样。

-r, --reference=*FILE*

显示 FILE 的最后修改时间。

-s, --set=*STRING*

根据 STRING 设置时间。

-u, --utc, --universal

显示或设置全球时间（格林威治时间）。

格式

格式（FORMAT）控制着输出格式。仅当选项指定为全球时间（**-u** 参数）时本格式才有效。具体的设置请参阅 man 帮助手册。

15.4.2 hwclock 命令

这个系统命令在 Linux 系统根目录下的 sbin 目录，它的主要功能是查询并设置硬件时钟（RTC）。用户进入 Linux 系统后，输入下面的命令可以看到这个系统命令了。

```
cd /sbin
ls hwclock
```

下面是这个命令的参数格式：

hwclock [*选项*] [+*参数*]

选项

-r , --show

显示硬件时钟到标准输出。这个时钟一般是本地的时钟，除非使用--uti 选项。

-w , --systohc

根据系统时钟设置硬件时钟。

-s , --hctosys

根据硬件时钟设置系统时钟。

-a , --adjust

调整系统时间。

-v , --version

输出 hwclock 的版本。

--set --date=*NEWDATE*

将硬件时钟设置成 NEWDATE 字符串描述的时间。比如

hwclock --set --date="3/16/02 16:45:05"。

这个参数是本地时间，即使已经将时钟设置成为格林尼治时间。

--getepoch

得到硬件时钟的起始点。

--setepoch --epoch=*YEAR*

根据 YEAR 设置硬件时钟的起始点。

调整硬件时钟

1）为什么调整硬件时钟

我们已经知道了硬件时钟从根本上讲是 CMOS 时钟，是由小型电池供电的时钟。所以硬件时钟通常都不准确。然而很多不准确的地方都是可以预测的——它每天都快或者慢上同样的时间。这被称为系统偏移（systematic drift）。hwclock 的调整功能让你可以消除或减小系统偏移造成的误差。

2）怎么调整硬件时钟

hwclock 保留一个文件/etc/adjtime，该文件保留了以前的一些时钟校准信息。假设启动的时候没有这个文件，而你又发出了一个 hwclock --set 命令来将硬件时钟设置成当前的真实时间，那么 hwclock 将创建 adjtime 文件并把当前时间当作最后一次时钟校准的时间记录在 adjtime 文件内。假如 5 天以后，时钟快了 10 秒，你发出另一个 hwclock --set 命令来调回 10 秒钟，hwclock 更新 adjtime 文件，将这次的时间作为最后一次时钟校准时间，并且记

录 2 秒/天为系统偏移率。24 个小时过去后，那时再发出一个 hwclock --adjust 命令。hwclock 参考 adjtime 文件，发现时钟每天走快 2 秒钟，而且现在正好经过了一天，那么它就从硬件时钟中减去 2 秒钟。然后将当前时间作为最后一次时钟调整的时间。又过去 24 小时后，用户又发出 hwclock --adjust 命令。hwclock 做同样的工作：减去 2 并且更新 adjtime 文件，将当前时间作为最后调整时钟的时间。

每次校准（或设置）时间（用--set 或--systohc）时，hwclock 重新计算系统偏移率。它可以根据上次校准的时刻距今的时间，上次调整的时刻距今的时间，在调整时间时假定的系统偏移，以及时钟不久前偏移的数量。

hwclock 设置时钟会有少量的错误时间积累，所以少于 1 秒的时间调整是被禁止的。以后我们再次调整时钟的时候，hwclock 将在此时作时间调整。

在系统启动时，最好在 hwclock --hctosys 命令之前作 hwclock --adjust 操作，而且可能要在系统运行时定时执行。

在 ASCII 中，adjtime 文件的格式是：

第一行：3 个数字，用空格隔开。1）以秒计时的每天系统偏移率，浮点十进制数；2）从 1969 年 UTC 开始计算最近的一次校准或者调整时间的秒数，十进制整数；3）0 （为了和 clock 命令兼容），以十进制整数存放。

第二行：一个数字，从 1969 年 UTC 开始计算最近的一次校准时间的秒数，0 表示还没有任何校准或者之前的任何校准都没有通过（例如，因为那次校准之后发现硬件时钟没有包含有效时间），这是十进制整数。

第三行：“UTC”或“LOCAL”。区分硬件时钟是被设置成格林尼治标准时间（UTC）还是本地时间。可以用 hwclock 命令行的操作忽略这个值。

15.4.3 clock 命令

这个系统命令在 Linux 系统根目录下的 sbin 目录，它的主要功能是获取并操纵时间。从功能上看，clock 命令和 date 命令差异并不是很大。它们都是获取或者修改系统时间的应用程序。不同的地方是 clock 命令除了能格式化输出时钟外，还能将输入的时间值转化成整数的时钟值。用户进入 Linux 系统后，输入下面的命令可以看到这个系统命令了。

cd /sbin
ls clock

下面是这个命令的参数格式：

clock [*选项*] [+*参数*]

在 Linux 系统中 clock 实际上是 hwclock 的连接文件，上面我们已经介绍了 hwclock 命令，所以在这里就不赘述了。

实验指导

15.5　实验一：一个应用定时器的简单例子

我们首先来看一个关于 ITIMER_REAL 定时器的例子。在这个例子里面我们将会设置一个 ITIMER_REAL 类型的定时器，它每过一秒都会发出一个信号，等到定时到达的时候（即定时器时间值减到 0），程序将统计已经经过的时间。下面是具体的代码：

```
/*
  * gcc -Wall -o example1 example1.c
  */
  #include <stdio.h>
  #include <stdlib.h>
  /*我们在使用 signal 和时钟相关的结构体之前，需要包含这两个头文件*/
  #include <signal.h>
  #include <sys/time.h>

  /*声明信号处理函数，信号相关内容将在第八章同步机制中讲述，读者在这里只要明白
  这个函数是在进程收到信号的时候调用就可以了*/
  static void sig_handler（int signo）;

  int lastsec,countsec;   /*这两个变量分别用来保存上一秒的时间和总共花去的时间*/

  int main（void）
  {
          struct itimerval v;        /*定时器结构体，结构体内容请参阅第 15.3 节中的介绍*/
          long nowsec,nowusec;    /*当前时间的秒数和微秒数*/
          /*注册 SIGUSR1 和 SIGALARM 信号的处理函数为 sig_handler*/
          if（signal（SIGUSR1,sig_handler）==SIG_ERR）
          {
                  printf（"Unable to create handler for SIGUSR1\n"）;
                  exit（0）;
          }
          if（signal（SIGALRM,sig_handler）==SIG_ERR）
          {
                  printf（"Unable to create handler for SIGALRM\n"）;
                  exit（0）;
          }
```

```
        /*初始化定时器初值和当前值*/
        v.it_interval.tv_sec=9;
        v.it_interval.tv_usec=999999;
        v.it_value.tv_sec=9;
        v.it_value.tv_usec=999999;
```

/*调用 setitimer 设置定时器，并将其挂到定时器链表上，这个函数的三个参数的含义分别是设置 ITIMER_REAL 类型的定时器，要设置的值存放在变量 v 中，该定时器设置前的值在设置后保存的地址，如果是这个参数为 NULL，那么就放弃保存设置前的值*/

```
            setitimer（ITIMER_REAL,&v,NULL）;

            lastsec=v.it_value.tv_sec;
            countsec=0;
```

/*该循环首先调用 getitimer 读取定时器当前值，再与原来的秒数比较，当发现已经过了一秒后产生一个 SIGUSR1 信号，程序就会进入上面注册过的信号处理函数*/

```
            while（1）
            {
                    getitimer（ITIMER_REAL,&v）;
                    nowsec=v.it_value.tv_sec;
                    nowusec=v.it_value.tv_usec;
                    if（nowsec==lastsec-1）
            {
                        /*每过一秒，产生一个 SIGUSR1 信号*/
                          raise（SIGUSR1）;
                          lastsec=nowsec;
                          countsec++;        /*记录总的秒数*/
                    }
            }
}

/*信号处理函数*/
      static void sig_handler（int signo）
      {
            switch（signo）
            {
                    /*接收到的信号是 SIGUSR1,打印 One second passed*/
                    case SIGUSR1:
                          printf（"One second passed\n"）;
                          break;
                    /*定时器定时到达*/
```

```
                case SIGALRM:
                {
                        printf （ "Timer has been zero,elapsed %d seconds\n",countsec）;
                        lastsec=countsec;
                        countsec=0;
                        break;
                }
        }
}
```

上面的程序比较简单，主要是给大家看一下定时器的设置和读取的方法。下面我们将上面的程序稍作修改，利用本章第一节介绍过的与进程相关的三种定时器来统计一个进程的用户模式时间、内核模式时间、CPU 时间和总的进程执行时间。

15.6 实验二：统计关于进程的时间

我们在第 15.1 节介绍过和 Linux 进程相关的定时器有三种。ITIMER_REAL 实时计数；ITIMER_VIRTUAL 统计进程在用户模式（进程本身执行）执行的时间；ITIMER_PROF 统计进程在用户模式（进程本身执行）和内核模式（系统代表进程执行）下的执行时间，与 ITIMER_VIRTUAL 比较，这个计时器记录的时间多了该进程内核模式执行过程中消耗的时间。通过在一个进程中设定这三个定时器，我们就可以了解到一个进程在用户模式、内核模式以及总的运行时间。下面的这个程序除了定义了三个定时器和信号处理过程以外，其它的地方和上面的程序完全相同。

```
/*
 * compiled by: gcc -Wall -o example2 example2.c
 */
 #include <stdio.h>
 #include <stdlib.h>
 #include <signal.h>
 #include <sys/time.h>

 static void sig_handler（int signo）;
 int countsec,lastsec,nowsec;

 int main（void）
 {
         struct itimerval v;
```

```
        /*注册信号处理函数*/
        if (signal (SIGUSR1,sig_handler) ==SIG_ERR)
        {
                printf ("Unable to create handler for SIGUSR1\n");
                exit (0);
        }
        if (signal (SIGALRM,sig_handler) ==SIG_ERR)
        {
        printf ("Unable to create handler for SIGALRM\n");
                exit (0);
        }

        v.it_interval.tv_sec=10;
        v.it_interval.tv_usec=0;
        v.it_value.tv_sec=10;
        v.it_value.tv_usec=0;

/*调用 setitimer 设置定时器，并将其挂到定时器链表上，这个函数的三个参数的含义分别是设置何种类型的定时器；要设置的值存放在变量 v 中；该定时器设置前的值在设置后保存的地址，如果是这个参数为 NULL，那么就放弃保存设置前的值*/
        setitimer (ITIMER_REAL,&v,NULL);
        setitimer (ITIMER_VIRTUAL,&v,NULL);
        setitimer (ITIMER_PROF,&v,NULL);
        countsec=0;
        lastsec=v.it_value.tv_sec;
        while (1)
        {
                getitimer (ITIMER_REAL,&v);
                nowsec=v.it_value.tv_sec;
                if (nowsec==lastsec-1)
                {
                        if (nowsec<9)
                        {
                                /*同上面一样，我们每隔一秒发送一个 SIGUSR1
                                信号*/
                                raise (SIGUSR1);
                                countsec++;
                        }
                        lastsec=nowsec;
                }
    }
```

```
}

static void sig_handler（int signo）
{
        struct itimerval u,v;
        long t1,t2;

        switch（signo）
        {
                case SIGUSR1:
                    /*显示三个定时器的当前值*/
                        getitimer（ITIMER_REAL,&v）;
                        printf ( "real time=%.ld secs %ld usecs\n",9-v.it_value.tv_sec,999999-v.it_value.tv_usec）;
                        getitimer（ITIMER_PROF,&u）;
                        printf ( "cpu time=%ld secs %ld usecs\n",9-u.it_value.tv_sec,999999-u.it_value.tv_usec）;
                        getitimer（ITIMER_VIRTUAL,&v）;
                        printf ( "user time=%ld secs %ld usecs\n",9-v.it_value.tv_sec,999999-v.it_value.tv_usec）;
                        /*当前 prof timer 已经走过的微秒数*/
                        t1= ( 9-u.it_value.tv_sec ) *1000000+
                        （1000000-u.it_value.tv_usec）;
                        /*当前 virtual timer 已经走过的微秒数*/
                        t2= ( 9-v.it_value.tv_sec ) *1000000+
                        （1000000-v.it_value.tv_usec）;
                        /*计算并显示 kernel time*/
                        printf("kernel time=%ld secs %ld usecs\n\n",（t1-t2）/1000000,
                       （t1-t2）%1000000）;
                        break;
            case SIGALRM:
                    printf ( "Real Timer has been zero,elapsed %d seconds\n",countsec）;
                    exit（0）;
                    break;
        }
}
```

从上面的程序可以看出来，ITIMER_REAL 定时器运行的时间就是总运行时间，ITIMER_PROF 定时器的运行时间就是 CPU 花在该进程上的所有时间。ITIMER_VIRTUAL

定时器运行的时间是进程在用户模式的运行时间。ITIMER_PROF 定时器的运行时间减去 ITIMER_VIRTUAL 定时器的运行时间就是进程在内核模式的运行时间。

15.7 实验三：更进一步的进程时间统计

上面的程序只在很短的时间内统计了进程在各种状态的执行时间。但是进程并没有真正的负载作业，和现实中的进程差距比较大。下面我们要继续修改上面的程序，让这个进程做点“事情”，然后我们再来看看在和实际情况比较相近的状态下定时器统计到的进程在各个状态下的时间。在这个程序里面我们将创建两个子进程，加上父进程总共三个进程，这三个进程分别调用 fibonacci（）计算 fibonacci 数。在计算之前我们初始化定时器，完成之后，我们将读取定时器，然后来统计进程相关的各种时间。

```
/*
 * compiled by: gcc -Wall -o example3 example3.c
 */
#include <stdio.h>
#include <stdlib.h>
#include <sys/time.h>
#include <signal.h>
#include <unistd.h>
#include <sys/types.h>
#include <sys/wait.h>

long unsigned int fibonacci（unsigned int n）;  /*计算 fibonacci 数的函数*/
static void par_sig（int signo）;  /*父进程的信号处理函数*/
static void c1_sig（int signo）;   /*子进程 1 的信号处理函数*/
static void c2_sig（int signo）;   /*子进程 2 的信号处理函数*/

/*用于分别记录父，子 1，子 2 进程 real time 过的总秒数*/
static long p_realt_secs=0,c1_realt_secs=0,c2_realt_secs=0;
/*用于分别记录父，子 1，子 2 进程 virtual time 过的总秒数*/
static long p_virtt_secs=0, c1_virtt_secs=0,c2_virtt_secs=0;
/*用于分别记录父，子 1，子 2 进程 proft time 过的总秒数*/
static long p_proft_secs=0,c1_proft_secs=0,c2_proft_secs=0;
/*用于分别取出父，子 1，子 2 进程的 real timer 的值*/
static struct itimerval p_realt,c1_realt,c2_realt;
/*用于分别取出父，子 1，子 2 进程的 virtual timer 的值*/
static struct itimerval p_virtt,c1_virtt,c2_virtt;
/*用于分别取出父，子 1，子 2 进程的 proft timer 的值*/
static struct itimerval p_proft,c1_proft,c2_proft;
```

```
int main ()
{
    long unsigned fib=0;
    int pid1,pid2;
    unsigned int fibarg=39;
    int status;
    struct itimerval v;
    long moresec,moremsec,t1,t2;
    pid1=fork ();
    if (pid1==0)
    {
        /*设置子进程 1 的信号处理函数和定时器初值*/
        signal (SIGALRM,c1_sig);
        signal (SIGVTALRM,c1_sig);
        signal (SIGPROF,c1_sig);
        v.it_interval.tv_sec=10;
        v.it_interval.tv_usec=0;
        v.it_value.tv_sec=10;
        v.it_value.tv_usec=0;
        setitimer (ITIMER_REAL,&v,NULL);
        setitimer (ITIMER_VIRTUAL,&v,NULL);
        setitimer (ITIMER_PROF,&v,NULL);
        fib=fibonacci (fibarg);  /*计算 fibonacci 数*/
        /*取出子进程 1 的定时器值*/
        getitimer (ITIMER_PROF,&c1_proft);
        getitimer (ITIMER_REAL,&c1_realt);
        getitimer (ITIMER_VIRTUAL,&c1_virtt);
        /*通过定时器的当前值和各信号发出的次数计算子进程 1 总共用的 real time,cpu
time,user time 和 kernel time。moresec 和 moremsec 指根据定时器的当前值计算出的自上次
信号发出时过去的 real time,cpu time,user time 和 kernel time。计算 kernel time 时,moresec 和
moremsec 为 kernel time 的实际秒数+毫秒数*/
        moresec=9-c1_realt.it_value.tv_sec;
        moremsec= (1000000-c1_realt.it_value.tv_usec) /1000;
        printf ("Child 1 fib=%ld , real time=%ld sec, %ld msec\n", fib, c1_realt_secs+moresec,
moremsec);
        moresec=9-c1_proft.it_value.tv_sec;
        moremsec= (1000000-c1_proft.it_value.tv_usec) /1000;
        printf ("Child 1 fib=%ld , cpu time=%ld sec, %ld msec\n", fib, c1_proft_secs+moresec,
moremsec);
```

```
            moresec=9-c1_virtt.it_value.tv_sec;
            moremsec=（1000000-c1_virtt.it_value.tv_usec）/1000;
            printf（"Child 1 fib=%ld , user time=%ld sec, %ld msec\n", fib, c1_virtt_secs+moresec,
moremsec）;
t1= （ 9-c1_proft.it_value.tv_sec ） *1000+ （ 1000000-c1_proft.it_value.tv_usec ）
/1000+c1_proft_secs*10000;
t2= （ 9-c1_virtt.it_value.tv_sec ） *1000+ （ 1000000-c1_virtt.it_value.tv_usec ）
/1000+c1_virtt_secs*10000;
                moresec=（t1-t2）/1000;moremsec=（t1-t2）%1000;
            printf（"Child 1 fib=%ld , kernel time=%ld sec,%ld msec\n",fib,moresec,moremsec）;
            fflush（stdout）;
            exit（0）;
}
else
{
                pid2=fork（）;
                if（pid2==0）
                {
                    /*设置子进程 2 的信号处理函数和定时器初值*/
                    signal（SIGALRM,c2_sig）;
                    signal（SIGVTALRM,c2_sig）;
                    signal（SIGPROF,c2_sig）;
                    v.it_interval.tv_sec=10;
                    v.it_interval.tv_usec=0;
                    v.it_value.tv_sec=10;
                    v.it_value.tv_usec=0;
                    setitimer（ITIMER_REAL,&v,NULL）;
                    setitimer（ITIMER_VIRTUAL,&v,NULL）;
                    setitimer（ITIMER_PROF,&v,NULL）;
                    fib=fibonacci（fibarg）;
                    /*取出子进程 2 的定时器值*/
                    getitimer（ITIMER_PROF,&c2_proft）;
                    getitimer（ITIMER_REAL,&c2_realt）;
                    getitimer（ITIMER_VIRTUAL,&c2_virtt）;
                    /*通过定时器的当前值和各信号发出的次数计算子进程 2 总共用的 real
time,cpu time,user time 和 kernel time。moresec 和 moremsec 指根据定时器的当前值计算出
的自上次信号发出时过去的 real time,cpu time,user time 和 kernel time。计算 kernel time
时,moresec 和 moremsec 为 kernel time 的实际秒数+毫秒数*/
                    moresec=9-c2_realt.it_value.tv_sec;
                    moremsec=（1000000-c2_realt.it_value.tv_usec）/1000;
```

```
                printf ( "Child 2 fib=%ld , real time=%ld sec,%ld msec\n", fib,
c2_realt_secs+moresec, moremsec）;
                moresec=9-c2_proft.it_value.tv_sec;
                moremsec=（1000000-c2_proft.it_value.tv_usec）/1000;
                printf ( "Child 2 fib=%ld , cpu time=%ld sec,%ld msec\n", fib,
c2_proft_secs+moresec, moremsec）;
                moresec=9-c2_virtt.it_value.tv_sec;
                moremsec=（1000000-c2_virtt.it_value.tv_usec）/1000;
                printf ( "Child 2 fib=%ld , user time=%ld sec,%ld msec\n", fib,
c2_virtt_secs+moresec, moremsec）;
                t1=(9-c2_proft.it_value.tv_sec)*1000+(1000000-c2_proft.it_value.tv_usec)
/1000+c2_proft_secs*10000;
                t2=（9-c2_virtt.it_value.tv_sec）*1000+（1000000-c2_virtt.it_value.tv_usec）
/1000+c2_virtt_secs*10000;
                moresec=（t1-t2）/1000;
                moremsec=（t1-t2）%1000;
                printf ( "Child 2 fib=%ld , kernel time=%ld sec,%ld
msec\n",fib,moresec,moremsec）;
                fflush（stdout）;
                exit（0）;
            }
            else
            {
                /*设置父进程的信号处理函数和定时器初值*/
                signal（SIGALRM,par_sig）;
                signal（SIGVTALRM,par_sig）;
                signal（SIGPROF,par_sig）;
                v.it_interval.tv_sec=10;
                v.it_interval.tv_usec=0;
                v.it_value.tv_sec=10;
                v.it_value.tv_usec=0;
                setitimer（ITIMER_REAL,&v,NULL）;
                setitimer（ITIMER_VIRTUAL,&v,NULL）;
                setitimer（ITIMER_PROF,&v,NULL）;
                fib=fibonacci（fibarg）;
                /*取出父进程的定时器值*/
                getitimer（ITIMER_PROF,&p_proft）;
                getitimer（ITIMER_REAL,&p_realt）;
                getitimer（ITIMER_VIRTUAL,&p_virtt）;
                /*通过定时器的当前值和各信号发出的次数计算子进程 1 总共用的 real
```

time,cpu time,user time 和 kernel time。moresec 和 moremsec 指根据定时器的当前值计算出的自上次信号发出时过去的 real time,cpu time,user time 和 kernel time。计算 kernel time 时,moresec 和 moremsec 为 kernel time 的实际秒数+毫秒数*/

```
            moresec=9-p_realt.it_value.tv_sec;
            moremsec=（1000000-p_realt.it_value.tv_usec）/1000;
            printf （ "Parent fib=%ld , real time=%ld sec,%ld msec\n", fib,
p_realt_secs+moresec, moremsec）;
            moresec=9-p_proft.it_value.tv_sec;
            moremsec=（1000000-p_proft.it_value.tv_usec）/1000;
            printf （ "Parent fib=%ld , cpu time=%ld sec,%ld msec\n", fib,
p_proft_secs+moresec, moremsec）;
            moresec=9-p_virtt.it_value.tv_sec;
            moremsec=（1000000-p_virtt.it_value.tv_usec）/1000;
            printf （ "Parent fib=%ld , user time=%ld sec,%ld msec\n", fib,
p_virtt_secs+moresec, moremsec）;
            t1=（9-p_proft.it_value.tv_sec）*1000+（1000000-p_proft.it_value.tv_usec）
/1000+p_proft_secs*10000;
            t2=（9-p_virtt.it_value.tv_sec）*1000+（1000000-p_virtt.it_value.tv_usec）
/1000+p_virtt_secs*10000;
            moresec=（t1-t2）/1000;
            moremsec=（t1-t2）%1000;
            printf （ "Parent fib=%ld , kernel time=%ld sec,%ld
msec\n",fib,moresec,moremsec）;
            fflush（stdout）;
            waitpid（0,&status,0）;
            waitpid（0,&status,0）;
            exit（0）;
        }
        printf（"this line should never be printed\n"）;
    }
}

long unsigned fibonacci（unsigned int n）
  {
      if（n==0）
          return 0;
      else if（n==1||n==2）
          return 1;
      else
          return （fibonacci（n-1）+fibonacci（n-2））;
```

```
    }

/*父进程信号处理函数；每个 timer 过 10 秒减为 0，激活处理函数一次，相应的计数器加10*/
static void par_sig（int signo）
{

        switch（signo）
        {
            case SIGALRM:
                p_realt_secs+=10;
                break;
            case SIGVTALRM:
                p_virtt_secs+=10;
                break;
            case SIGPROF:
                p_proft_secs+=10;
                break;
        }
}

/*子进程 1 的信号处理函数，功能与父进程的信号处理函数相同*/
static void c1_sig（int signo）
{

        switch（signo）
        {
            case SIGALRM:
                c1_realt_secs+=10;
                break;
            case SIGVTALRM:
                c1_virtt_secs+=10;
                break;
            case SIGPROF:
                c1_proft_secs+=10;
                break;
        }
}

/*子进程 2 的信号处理函数，功能与父进程的信号处理函数相同*/
static void c2_sig（int signo）
{
```

```
    switch (signo)
    {
        case SIGALRM:
            c2_realt_secs+=10;
            break;
        case SIGVTALRM:
            c2_virtt_secs+=10;
            break;
        case SIGPROF:
            c2_proft_secs+=10;
            break;
    }
}
```

在上面的程序中，我们为三个进程使用了三个不同的信号处理函数，这是因为每个进程需要处理的数据不同。如果在 Linux 中运行这个程序，那么我们就可以看到下面的结果：

```
Child 1 fib=63245986 , real time=20 sec,250 msec
Child 1 fib=63245986 , cpu time=6 sec,840 msec
Child 1 fib=63245986 , user time=6 sec,800 msec
Child 1 fib=63245986 , kernel time=0 sec,40 msec
Child 2 fib=63245986 , real time=20 sec,380 msec
Child 2 fib=63245986 , cpu time=6 sec,850 msec
Child 2 fib=63245986 , user time=6 sec,840 msec
Child 2 fib=63245986 , kernel time=0 sec,10 msec
Parent fib=63245986 , real time=20 sec,290 msec
Parent fib=63245986 , cpu time=6 sec,870 msec
Parent fib=63245986 , user time=6 sec,820 msec
Parent fib=63245986 , kernel time=0 sec,50 msec
```

大家可以试着运行一下，看看结果是不是如上所示。当然每个人得到的具体时间可能都不同，这个要看具体机器的运算速度。

实验思考

思考一：内核编程中使用定时器的例子。

在内核编程中，经常会使用到定时器，用于将一个任务延后执行。下面给出一个内核中使用定时器的简单例子，读者可以参考这个例子，然后编出更加复杂的内核模块程序。

```
/*
 * File:          timer_test.c
 * Author:        Mike Frysinger
```

```
 * Description:   example code for playing with kernel timers
 *
 * Licensed under the GPL-2 or later.
 * http://www.gnu.org/licenses/gpl.txt
 */

#include <linux/kernel.h>
#include <linux/module.h>
#include <linux/timer.h>
#include <linux/types.h>

#define PRINTK（x...）  printk（KERN_DEBUG "timer_test: " x）

static struct timer_list timer_test_1, timer_test_2;

static ulong delay = 5;
module_param（delay, ulong, 0）；
MODULE_PARM_DESC（delay, "number of seconds to delay before firing; default = 5
seconds"）；

void timer_test_func（unsigned long data）
{
    PRINTK（"timer_test_func: here i am with my data '%li'!\n", data）；
}

static int __init timer_test_init（void）
{
    int ret;
    PRINTK（"timer module init\n"）；

    /* These two methods for setting up a timer are equivalent.
     * Depending on your code, it may be easier to do this in
     * steps or all at once.
     */

    PRINTK（"arming timer 1 to fire %lu seconds from now\n", delay）；
    setup_timer（&timer_test_1, timer_test_func, 1234）；
    ret = mod_timer（&timer_test_1, jiffies + msecs_to_jiffies（delay * 1000））；
    if （ret）
        PRINTK（"mod_timer（）  returned %i!  that's not good!\n", ret）；

    PRINTK（"arming timer 2 to fire %lu seconds from now\n", delay*2）；
```

```
    init_timer（&timer_test_2）;
    timer_test_2.function = timer_test_func;
    timer_test_2.data = 9876;
    timer_test_2.expires = jiffies + msecs_to_jiffies（delay * 2 * 1000）;
    add_timer（&timer_test_2）;

    return 0;
}
static void __exit timer_test_cleanup（void）
{
    PRINTK（"timer module cleanup\n"）;
    if （del_timer（&timer_test_1））
        PRINTK（"timer 1 is still in use!\n"）;
    if （del_timer（&timer_test_2））
        PRINTK（"timer 2 is still in use!\n"）;
}

module_init（timer_test_init）;
module_exit（timer_test_cleanup）;

MODULE_DESCRIPTION（"example kernel timer driver"）;
MODULE_LICENSE（"GPL"）;
```

程序说明：

1. 使用下面的 Makefile 编译模块：

```
TARGET = timer_test
KDIR = /usr/src/linux
PWD = $（shell pwd）
obj-m := $（TARGET）.o
default:
    make -C $（KDIR） M=$（PWD） modules
```

编译完成之后，root 用户使用命令

/sbin/insmod timer_test.ko

加载模块，然后可以通过

dmesg | tail

命令查看内核输出信息。

2. module_param（）用于声明加载模块时候的参数变量。这个参数声明之后，加载模块的时候就可以指定变量参数的值，比如：

```
# /sbin/insmod timer_test.ko delay=3
```

制定 delay 的值为 3 秒。

3．可以使用两种方式设定内核定时器：setup_timer（）和 init_timer（）。读者可以根据自己的习惯选择，事实上，它们内部的实现都是一样的。

思考二：关于高精度定时器和无时钟嘀嗒的内核。

内核发展、更新很快，不时有一些新的想法和实现冒出来，比如跟本章内容相关的有两个有趣的补丁：高精度定时器和无时钟嘀嗒内核补丁。

High Resolution Timers and Tickless Kernel
http://kerneltrap.org/node/6750

高精度定时器的补丁会利用当前硬件平台的所允许的最大硬件精度实现定时器，在我们普通的 x86 平台上，这个精度能达到 1 微妙。

而无时钟嘀嗒内核（tickless kernel）的思想更简单：当系统处于 idle 状态的时候，我们没有必要不停的使用时钟中断（tick）去唤醒系统，那样不仅没有太大的意义，更重要的是频繁唤醒会很费电，而我们知道在笔记本中费电可是一个很恼人的问题。

无时钟嘀嗒内核改进了现有的时钟中断和定时器机制，当系统处于 idle 的时候，让系统在下一个要到时的定时器时刻醒来，比如下一个定时器是 3 秒之后，那么从现在开始的 3 秒，除非发生其他的中断，系统都将处于 idle。这样的机制使得 CPU 在没有其他外部事件需要处理的时候能尽量地待在 idle 状态中。

有兴趣的读者可以研究一下这两个内核补丁的实现，相信对于理解内核中的时间机制，还有定时器机制都有很大的帮助。内核补丁可以在这里找到：

http://www.kernel.org/pub/linux/kernel/people/tglx/hrtimers/

参考资料

[1]. Kernel timers
http://docs.blackfin.uclinux.org/doku.php？id=kernel_timers

[2]. Linux: High-Res Timers and Tickless Kernel
http://kerneltrap.org/node/6750

[3]. The Impact Of A Tickless Kernel
http://www.phoronix.com/scan.php？page=article&item=651&num=1

第 16 章　共享内存

实验目的

- 巩固掌握进程同步概念
- 理解 Linux 关于共享内存的概念
- 掌握 Linux 支持进程间内存共享的系统调用
- 学习利用共享内存，进行进程间通信

实验内容

建立一个基于共享内存机制的，用以经典同步问题 readers/writers 的解决方案。writer 从用户处获得输入，然后将其写入共享内存，reader 从共享内存获取信息，然后再在屏幕上打印出来。

实验原理

Unix System V 提供了一系列进程通讯机制，即 IPC 机制，它是进程间通信（Inter Processs Communication）的缩写。System V IPC 机制包括消息队列、共享内存和信号量，其中共享内存（shared memory）是效率最高的 IPC 机制，它允许多个进程共享一段特殊内存区域中的数据，可以象读写普通内存一样读写共享内存，而不需要通过其它任何特殊方式。

我们首先看看共享内存 API 的使用，即如何用共享内存的系统调用进行编程，以及使用这些系统调用过程中应该注意的一些问题。然后，介绍共享内存在 Linux 中的实现，同时分析一些疑点。最后，我们一起进行一个编程实验，使你对共享内存有更感性的认识。它是一个使用共享内存来完成进程间通信的程序，希望你在学习了这个实验后，能够自己动手编写共享内存方面的程序，从而加深对 Linux 中的共享内存机制的理解。

16.1　进程间通信和共享内存

16.1.1　进程间通信

复杂的程序大多都会涉及到某种形式的进程间通信。把应用程序设计成一组彼此通信的小片段，把完成一个给定应用所涉及的工作划分到多个进程中甚至还划分到进程内的线程中，可以提高整个系统的模块性，但这样也提出了进程间通讯的要求。

能够实现进程间通信的方法有很多，比如：

- 管道（pipe）
- 套接字（socket）
- System V IPC 机制

管道机制在 Unix 开发的早期就已经提供，它在同一台机器的两个进程间双向通信方面工作得相当出色。套接字机制是在后来的 BSD（Berkeley Software Development）的 Unix 版本中提供的，它允许在不同机器上的两个进程间进行通信。而 System V IPC 机制最早是在 Unix System V 版本中增加的，它实际上包括可以被视为一体的三个机制，分别是消息队列（message queue）、信号量（semaphore）和共享内存（shared memory）。消息队列主要用于信息传递频繁而内容较少的进程之间的通信，共享内存用于信息内容较多的进程之间的通信，而信号量则用于实现进程之间通信的同步问题。

IPC 和管道、套接字不同的地方是，它允许同一机器上的许多进程都可以互相通信，而不是仅限于两个进程。而且，管道有个限制，就是两个通信的进程必须是相关的，它们必须有一个建立管道的共同祖先进程（当然，命名管道已经克服了这个缺陷）。System V IPC 和套接字一样，没有这个限制，只需要一个经过协商的协议。

IPC 是一组系统调用，这组系统调用允许用户态进程通过信号量和其它进程进行同步、相互发送消息或者共享内存区。每个 IPC 资源都有一个 32 位的 IPC 关键字（IPC key）和一个 32 位的 IPC 标识符（IPC identifier）。IPC 标识符由内核分配给 IPC 资源，在系统内部是唯一的，而 IPC 关键字可以由程序员自由地选择。当进程间需要通过 IPC 进行通信时，就要引用该资源的 IPC 标识符。

IPC 数据结构是在进程请求 IPC 资源（IPC resource，指信号量、消息队列或者共享内存）时动态创建的。任何进程都可以使用 IPC 资源，即使祖先进程创建了 IPC 资源，但有些进程并不由这个祖先进程派生而来，这样的进程也可以使用 IPC 资源。每个 IPC 资源都有一个 ipc_perm 数据结构，这个结构记录了 IPC 关键字，创建者和所有者的 UID 和 GID，每个创建者、创建者群组和其他人的读和写许可权限，以及 IPC 标识符的位置使用序号。

IPC 资源中信号量、消息队列和共享内存段的创建分别是通过调用 semget（ ）、msgget（ ）、shmget（ ）函数来完成的。这三个函数都以 IPC 关键字作为第一个参数。创建成功后返回 IPC 标识符，以后进程就可以引用这个 IPC 标识符对资源进行访问。使用完 IPC 资源后必须显式释放 IPC 资源，否则 IPC 资源将永远驻留在内存中（可以使用 ipcrm 命令删除）。

16.1.2 共享内存

共享内存是 Linux 支持的 3 种进程间通信机制（IPC）中的一种，如图 16-1。它实际上是一段特殊的内存区域，这一段区域可以被两个或两个以上的进程映射至自身的地址空间中。一个进程写入共享内存中的信息，可以被其它使用这个共享内存的进程，通过一个简单的内存读操作（memory read operation）读出，从而实现了进程间的通信。共享内存允许一个或多个进程通过同时出现在它们的虚拟地址空间的内存进行通信。这块虚拟内存的页面在每一个共享进程的页表中都有页表条目引用。但是不需要在所有进程的虚拟内存都有相同的地址。象所有的 System V IPC 对象一样，对于共享内存的访问通过 key 控制，并进行访问权限检查。内存共享之后，就不再检查进程如何使用这块内存。它们必须依赖于其它机制，比如 System V 的信号量来同步对于内存的访问。

16.1.3 “键”与 IPC 标识符的区别和联系

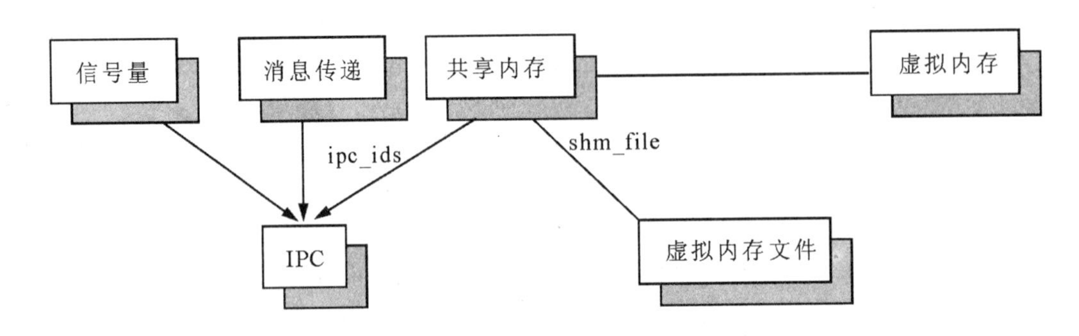

图 16-1 共享内存与 Linux 内核其它模块的关联

同一块共享内存可能以三种形式出现：在共享内存中标识它通过 IPC 标识符，虚拟内存则通过 vm_area_struct->vm_file->f_dentry->d_inode->i_ino 标识，在虚拟内存文件中通过 file->f_dentry->d_inode->i_ino 标识。但不论在何种形式下，它们都有一个唯一的共同的标识，即为共享内存的“键”值。

16.2 共享内存的 API

任何 Linux 进程创建时，都有很大的虚拟地址空间，这块虚拟地址空间只有一部分放着代码、数据、堆和堆栈，剩余的那些部分在初始时是空闲的。一块共享内存一旦被连接（attach），即会被映射入空闲的虚拟地址空间。随后，进程即可像对待普通的内存区域那样读、写共享内存了。

共享内存一共有四个系统调用，它们是：

```
#include <sys/types.h>
#include <sys/ipc.h>
#include <sys/shm.h>

int shmget（key_t key，int size，int shmflg）;
void *shmat（int shmid，char *shmaddr，int shmflg）;
void *shmdt（char *shmaddr）;
```

```
int shmctl（int shmid，int cmd，struct shmid_ds *buf）;
```

- shmget（）创建一块共享内存。
- shmat（）将一块已存在共享内存映射（map）到一个进程的地址空间。
- shmdt（）取消一个进程的地址空间中一块共享内存块的映射（unmap）。
- shmctl（）是管理共享内存的函数（和 ioctl）)的风格很像），用于执行对共享内存的各种控制命令（操作）。

16.2.1 从一个简单的例子程序说开来

让我们看一个简单的例子程序，从中体会共享内存系统调用函数的使用。

这个程序首先调用 shmget（）函数建立一块共享内存，大小为 1024 个字节，该函数返回创建的共享内存的标识符。

然后 fork 一个子进程，子进程调用 shmat（）函数将该共享内存连接（attach）到自己的虚存空间，即可通过普通的内存写操作（例如 strcpy 等），在该共享内存写入一个字符串，然后调用 shmdt（）函数断开（detach）与该共享内存的连接。

在这段时间里，父进程 sleep，等待子进程完成上述操作，然后调用 shmctl（）函数得到关于这块共享内存的相关信息，并打印出来。然后调用 shmat（）函数将这块共享内存连接（attach）到自己的虚存空间，即可通过普通的内存读操作（例如 printf 等），将该共享内存中的字符串读出来。最后，调用 shmctl（）函数，销毁该共享内存。

shm_sample.c

```
/******** shm_sample.c 一个简单的使用共享内存的例子 ***************/
#include <stdio.h>
#include <string.h>
#include <unistd.h>
#include <sys/ipc.h>
#include <sys/shm.h>
#include <errno.h>

#define KEY  1234/* 键 */
#define SIZE  1024/* 欲建立的共享内存的大小 */

int main（）{
    int shmid;
    char *shmaddr;
    struct shmid_ds buf;

    shmid = shmget（KEY，SIZE，IPC_CREAT|0600）；     /* 建立共享内存 */
    if（shmid == -1）{
        printf（"create share memory failed:  %s"，strerror（errno））；
```

```
        return 0;
}

    If (fork () == 0) {  /* 子进程 */
          /* 系统自动选择一个地址连接 */
        shmaddr = (char * (shmat) shmid, NULL, 0);

        if (shmaddr == (void *)-1){
            printf ("connect to the share memory failed: %s", strerror (errno));
            return 0;
        }

        Strcpy (shmaddr, "hello,  this is child process!\n");

        Shmdt (shmaddr);        /* detach 共享内存 */

        return 0;
}else{                  /* 父进程 */
        Sleep (3) ;  /* 等待子进程执行完毕 */

        shmctl (shmid, IPC_STAT, &buf);  /* 取得共享内存的相关信息 */

        printf (" size of the share memory: ");
        printf ("shm_segsz = %d bytes \n", buf.shm_segsz);
        printf (" process id of the creator: ");
        printf ("shm_cpid = %d \n", buf.shm_cpid);
        printf (" process id of the last operator: ");
        printf ("shm_lpid = %d \n", buf.shm_lpid);

        /* 系统自动选择一个地址连接 */
        shmaddr = (char * (shmat) shmid, NULL, 0) ;

        if (shmaddr == (void *)-1){
            printf ("connect the share memory failed: %s", strerror (errno));
            return 0;
        }

        Printf ("print the content of the share memory: ");
        Printf ("%s \n", shmaddr);

        Shmdt (shmaddr);        /* detach 共享内存 */
```

```
    /* 当不再有任何其它进程使用该共享内存时系统将自动销毁它 */
        Shmctl（shmid，IPC_RMID，NULL);
    }
}
```

编译：gcc –o shm_sample shm_sample.c
运行：./shm_sample

该程序的执行结果为：

```
size of the share memory: shm_segsz = 1024 bytes
process id of the creator: shm_cpid = 1107
process id of the last operator: shm_lpid = 1108
print the content of the share memory: hello，  this is child process!
```

16.2.2 shmget 分配一块共享内存

函数声明:

```
#include <sys/ipc.h>
#include <sys/shm.h>
int shmget（key_t key，int size，int shmflg）;
```

输入参数:

key：　标识共享内存的键值，在调用前应赋初值
size：　所需的共享内存的最小尺寸（以字节为单位）
shmflg：将分配的共享内存属性标志

返回值:

若成功，则返回共享内存的标识符；否则返回-1，错误原因存在于 errno 中。

errno = EINVAL: 参数 size 小于 SHMMIN 或大于 SHMMAX。
EEXIST: 欲建立 key 所指的共享内存，但已经存在。
EIDRM：参数 key 所指的共享内存已经删除。
ENOSPC：已超过系统允许建立的共享内存的最大值（SHMALL）。
ENOENT：参数 key 所指的共享内存不存在，参数 shmflg 也未设 IPC_CREAT 位。
EACCES：没有权限。
ENOMEM：核心内存不足。

关于这个函数的几点说明：

⑴ 第一个参数 key_t key

参数key的取值可以是一块已经存在的共享内存的键值、0、或IPC_PRIVATE。

如果key的取值为IPC_PRIVATE，则函数shmget（）将创建一块新的共享内存；如果key的取值为0，而参数shmflg中设置了IPC_CREATE这个标志，则同样将创建一块新的共享内存。

在IPC的通信模式下，不管是使用消息队列或是共享内存，甚至信号量，每个IPC的对象（object）都有唯一的名字，它被称做"键"（key）。通过"键"，进程能够识别所用的对象。"键"与IPC对象的关系就如同文件名称之与文件，通过文件名，进程能够读写文件内的数据，甚至多个进程能够共用同一个文件。而在IPC的通讯模式下，通过"键"的使用也使得一个IPC对象能为多个进程所共用。

Linux系统中的所有表示System V的IPC对象的数据结构都包含一个ipc_perm结构，其中包含有IPC对象的键值，该键用于查找System V中IPC对象的引用标识符。若不使用"键"，进程将无法存取IPC对象，因为IPC对象并不存在于进程本身使用的内存中。

我们通常希望自己的程序能够和其它的程序预先约定一个唯一的"键"值，但这是不可能的，因为我们自己的程序没有办法为一块共享内存选择一个"键"值。因此，通常在这里将key设为IPC_PRIVATE，这样，操作系统将忽略键，建立一个新的共享内存，指定一个"键"值，然后返回这块共享内存的IPC标识符ID。而将这个新的共享内存的标识符ID告诉其它的进程则是我们自己的工作。可以在建立共享内存后通过派生子进程，或者写入文件或管道，或者通过其它方式来完成这一工作。

⑵ 第二个参数 int size

这第二个参数是要建立的共享内存的长度。

所有的内存分配操作都以页为单位的。也就是说，如果一个进程申请一块只有一字节的内存，内存管理器也会分配整整一页（在i386机器中一页的缺省大小PAGE_SIZE = 4, 096字节）。这样，新创建的共享内存的大小实际上是从size这个参数调整而来的页面大小。即如果size为1至4096，则实际申请到的共享内存大小为4k（一页）；4097至8192，则实际申请到的共享内存大小为8k（两页），以此类推……

⑶ 第三个参数 int shmflg

参数shmflg主要和一些标志有关。

其中有效的标志包括IPC_CREAT和IPC_EXCL，它们的功能与open（2）的O_CREAT和O_EXCL相当。

IPC_CREAT：如果共享内存不存在，则创建之，否则进行打开操作。

IPC_EXCL：只有在共享内存不存在情况下，新的共享内存才会建立，否则将产生错误。

如果单独使用 IPC_CREAT，shmget（）函数要么返回一个已经存在的共享内存的标识符，要么返回一个新建的共享内存的标识符。如果将 IPC_CREAT 与 IPC_EXCL 标志一起使用，shmget（）将返回一个新建的共享内存的标识符，或者返回-1，如果该共享内存已经存在。IPC_EXCL 标志本身并没有太大的意义。但和 IPC_CREAT 标志一起使用可以用来保证所得的对象是新建的，而不是打开的已有对象。

另外，还可以对用户的读取和写入许可指定 SHM_R 和 SHM_W，（SHM_R > 3）和（SHM_W > 3）是一组读取和写入许可，而（SHM_R > 6）（SHM_W > 6）是全局读取和写入许可。

(4) struct shmid_ds

在 Linux 内核中，每一个新创建的共享内存都由一个 shmid_ds 的数据结构表示。

如果函数 shmget（）成功创建了一块共享内存，则返回一个可以用于引用该共享内存的 shmid_ds 数据结构的标识符

struct shmid_ds 在 linux/shm.h 中定义：

include/linux/shm.h， line 22

```
22 struct shmid_ds {
23         struct ipc_perm        shm_perm;        /* operation perms */
24         int                    shm_segsz;       /* size of segment （bytes） */
25         __kernel_time_t        shm_atime;       /* last attach time */
26         __kernel_time_t        shm_dtime;       /* last detach time */
27         __kernel_time_t        shm_ctime;       /* last change time */
28         __kernel_ipc_pid_t     shm_cpid;        /* pid of creator */
29         __kernel_ipc_pid_t     shm_lpid;        /* pid of last operator */
30         unsigned short         shm_nattch;      /* no. of current attaches */
31         unsigned short         shm_unused;      /* compatibility */
32         void                   *shm_unused2;    /* ditto - used by DIPC */
33         void                   *shm_unused3;    /* unused */
34 };
```

其中 shm_perm 为该共享内存的存取权限。

shm_segsz 为共享内存的大小（以字节为单位）。

shm_atime 为最后一次连接（attach）此共享内存的时间。

shm_dtime 为最后一次断开（detach）此共享内存的时间。

shm_ctime 为最后一次更改此共享内存信息的时间。

shm_cpid 为该共享内存创建者的进程标识符。

shm_lpid 为该共享内存最后一个操作者的进程标识符。

shm_nattch 为连接（attach）该共享内存的进程数目。

shm_unused 是为了兼容才设计的。

shm_unused2，shm_unused3 则是为了以后的拓展设计的。

⑸ struct ipc_perm

对于每一个 IPC 对象，系统共用一个 struct ipc_perm 的数据结构来存放权限信息，以确定一个 ipc 操作是否可以访问该 IPC 对象。

struct ipc_perm 在 linux/ipc.h 中定义：

include/linux/ipc.h， line 9

```
 9 struct ipc_perm
10 {
11              __kernel_key_t   key;
12              __kernel_uid_t   uid;
13              __kernel_gid_t   gid;
14              __kernel_uid_t   cuid;
15              __kernel_gid_t   cgid;
16              __kernel_mode_t mode;
17              unsigned short   seq;
18 };
```

其中：

key：　该共享内存的键值。

uid：　该共享内存所有者的 uid。

gid：　该共享内存所有者的 gid。

cuid：　该共享内存创建者的 uid。

cgid：　该共享内存创建者的 gid。

mode：　该共享内存的读/写权限，mode 的低九位定义了对该资源的访问许可，以确定一个执行了 ipc 系统调用的进程能否访问该对象。其解释如下:

0400　用户可读

0200　用户可写

0040　组成员可读

0020　组成员可写

0004　其他用户可读

0002　其他用户可写

系统没有使用执行位 0100， 0010 和 0001。

⑹ 创建一块共享内存时，内核中相关数据的初始化

shmid_ds：

shm_perm.cuid 和 shm_perm.uid 被设置为调用进程的有效用户 ID。

shm_perm.cgid 和 shm_perm.gid 被设置为调用进程的有效组 ID 。
shm_perm.mode 的最低 9 比特被设置为参数 shmflg 的最低 9 位。
shm_segsz 被设置为参数 size 的值。
shm_lpid，shm_nattch，shm_atime 和 shm_dtime 被设置为 0。
shm_ctime 被设置为当前时间。

如果共享内存已经存在，则确认访问权限，检查是否被标记为销毁。

(7) 与之相关的一些系统调用

fork（）： 在 fork（） 之后，子进程继承父进程已连接（attach）的共享内存。
exec（）： 在 exec（） 之后，所有已连接（attach）的共享内存被分离（detach），但并不被 销毁（destroy）。
exit（）： 在 exit（） 之前，所有已连接（attch）的共享内存被分离（detach），但并不被销毁（destroy）。

(8) 使用该函数的一些值得注意的地方

（i） IPC_PRIVATE 不是一个标志域，而是一个 key_t 类型。如果参数 key 为该值，该系统调用将忽略除了 shmflg 的最低 9 位外的其他参数，并创建一块新的共享内存（如果成功的话）。

（ii） 影响 shmget 这个系统调用的一些参数：
SHMALL系统中允许最大共享内存页面数：依赖于实现策略。
SHMMAX 共享内存的最大尺寸（字节）：依赖于实现（当前为 4M）。
SHMMIN 共享内存的最小尺寸（字节）：依赖于实现（当前为 1 字节，虽然 PAGE_SIZE 才是真正有效的最小尺寸）。
SHMMNI 系统最大共享内存数目：依赖于实现（当前为 4096）。
这些参数在 linux/shm.h 中定义。

（iii） 在共享内存的实现机制中没有明确指明每个进程最多能建立多少个共享内存（SHMSEG）。使用 IPC_PRIVATE 不能禁止其它进程访问分配的共享内存。和文件一样，目前没有根本的方法来确保进程互斥访问共享内存。在 shmflg 中设置 IPC_CREAT 和 IPC_EXCL 只能确保新的共享内存创建成功，并不意味着对区域的互斥访问。因此，使用共享内存机制进行通信时的互斥问题，必须由用户自己来解决。

16.2.3 shmat 连接（attach）一块共享内存

函数声明:

```
#include <sys/types.h>

#include <sys/shm.h>
```

void *shmat）int shmid， const void *shmaddr， int shmgflg);

输入参数:

shmid： 欲连接（attach）的共享内存的标识符。
shmaddr： 欲连接（attach）的地址。
shmflg： 一个标识符。

返回值:

若成功则返回已连接好的地址，否则返回-1，错误原因存在于 errno 中

errno = EINVAL: 参数 shmid 无效；参数 shmaddr 并非页对齐（page aligned），而参数 shmflg 中并未设置 SHM_RND 这个标志位。
ENOMEM: 分配标识符或页表时，系统内存不足。
EACCES：调用进程没有权限以指定的方式连接该共享内存。

关于这个函数的几点说明:

(1) 第二个参数 const void *shmaddr

函数 shmat（）将以参数 shmid 为标识符的共享内存连接（attach）到调用进程的数据段，连接的地址依照下面的规则，由参数 shmaddr 指定：

如果 shmaddr 取值为 0，则内核将从 1-1.5G 的范围内从高位到低位自动选择一块空闲的没有被映射的区域，返回连接（attach）的地址。

如果 shmaddr 的取值不为 0，而参数 shmflg 并未设置 SHM_RND 标志，则以参数 shmaddr 为连接（attach）地址，这里 shmaddr 必须是页对齐（page aligned）的，否则连接失败，errno 被设置 EINVAL;

如果 shmaddr 取值不为 0，但是参数 shmflg 设置了 SHM_RND 标志，则参数 shmaddr 将被自动规整为 SHMLBA 的整数倍。

(2) 第三个参数 int shmflg

参数 shmflg 除了可以设置 SHM_RND 标志位外，还可以设置 SHM_RDONLY 标志位。如果参数 shmflg 设置了 SHM_RDONLY 标志位，则内存共享将以只读方式绑定，调用进

程必须拥有对该共享内存的读权限；否则内存共享将以可读可写的方式绑定，进程必须拥有对该共享内存的读写权限。

参数 shmflg 中没有设定只写共享内存的标志位。

⑶ 该系统调用后，一些内核数据的变化

如果 shmat 调用成功，内核将更新与该共享内存对应的 shmid_ds，如下所示：

shm_atime 设置为当前时间。

shm_lpid 设置为调用进程的进程 ID。

shm_nattch 加一。

注意：如果共享内存标记为将被删除，连接也是成功的。

⑷ 与之相关的一些系统调用

fork（）： 在 fork（） 之后，子进程继承父进程已连接（attach）的共享内存。

exec（）： 在 exec（） 之后，所有已连接（attach）的共享内存被分离（detach），但并不被销毁（destroy）。

exit（）： 在 exit（） 之前，所有已连接（attach）的共享内存被分离（detach），但并不被销毁（destroy）。

⑸ 使用该函数的一些值得注意的地方

（i） 进程结束的时候，共享内存会自动分离（detach）。

（ii） 同样的一块共享内存可以多次以只读或可读可写的方式连接到一个进程的虚拟地址空间。

（iii） 执行 fork（2）系统调用，子进程继承所有的共享内存。连接到执行 execve（2） 系统调用的进程之上的共享内存，将不会连接到结果进程。

（iv） 影响 shmat 这一系统调用的一些系统参数

SHMLBA ：区域低端地址的整数倍。必须是页对齐的。在当前的实现中，SHMBLA 等于 PAGE_SIZE。

SHMSEG ：共享内存的最大个数（SHMSEG），在当前实现上没有内在的限制。

16.2.4 shmdt 断开（detach）一块共享内存的连接

函数声明：

```
#include <sys/types.h>
#include <sys/shm.h>
int shmdt（const void *shmaddr）;
```

输入参数:

shmaddr：欲断开连接（detach）的共享内存的虚存地址。

返回值:

若成功则返回已连接好的地址，否则返回-1，错误原因存在于 errno 中。

errno = EINVAL: 参数 shmaddr 无效或参数 shmaddr 地址并非共享内存地址。

关于这个函数的一点说明:

函数 shmdt 从调用进程的数据段，断开地址在 shmaddr 的共享内存。要分离的共享内存必须是当前连接（attach）到调用进程地址空间的共享内存之一，也就是说 shmaddr 必须等于连接（attach）某个共享内存时调用 shmat 时的返回值。

如果 shmdt 调用成功，内核将更新与该共享内存对应的数据结构体 shmid_ds，如下所示：

shm_dtime 设置为当前时间。

shm_lpid 设置为调用进程的进程 ID。

shm_nattch 减一。如果它等于 0，而且该区域被标记为删除，这个区域将被删除掉。

16.2.5 shmctl 对一块共享内存的控制操作

函数声明:

```
#include <sys/ipc.h>
#include <sys/shm.h>
int shmctl（int shmid，int cmd，struct shmid_ds *buf）;
```

输入参数:

shmid： 为欲处理的共享内存的标识符。

cmd： 为欲进行的操作。

buf： 缓存。

返回值:

若成功则返回共享内存的标识符，否则返回-1，错误原因存在于 errno 中。

errno = EINVAL: 参数 shmid 是个无效的标识符或 cmd 为无效的命令。

EFAULT: 参数 cmd 为 IPC_SET 或 IPC_STAT，但是参数 buf 却指向无效的地址。

EIDRM： 参数 shmid 所指的共享内存已经删除。

EPERM： 参数 cmd 为 IPC_SET 或 IPC_RMID，但是调用进程并不是创建者，所有者或超级用户，并且调用进程没有授予这些组或域的权限。

EACCES：参数 cmd 为 IPC_STAT，但是没有权限读写该共享内存。

关于这个函数的几点说明：

Shmctl（）这个系统调用允许用户得到一块共享内存的相关信息，设置一块共享内存的所有者，组以及读写权限，或者销毁一块共享内存。以 shmid 为标识符的共享内存的相关信息将被放在一个 shmid_ds 的数据结构体中返回。关于 shmid_ds 的解释请参照前面对于 shmget 这个系统调用的说明。

⑴ 第二个参数 int cmd

参数 cmd 为欲进行的控制操作，可以有以下几种取值：

IPC_STAT　　将共享内存的数据结构 shmid_ds 复制到缓冲区 buf 中。调用进程必须拥有对于这块共享内存的读权限。

IPC_SET　　用于参数 buf 所指的 shmid_ds 结构中的 shm_perm.uid，shm_perm.gid 和 shm_perm.mode。调用进程必须是所有者、创建者或者超级用户。

IPC_RMID　　用来标记一块共享内存为已销毁（destroyed）的。在最后一个连接到该共享内存的进程与之分离（detach）后，该共享内存将被销毁（当该共享内存对应的数据结构 shmid_ds 中的 shm_nattch 为 0 的时候）。调用进程必须是所有者，创建者或超级用户。调用进程必须确保共享内存最终会被销毁；否则，它没用的页面将被保留在内存或交换区，造成内存泄漏。

另外，超级用户通过下列 cmds，可以禁止或允许交换共享内存（Linux 特有）：

SHM_LOCK　　禁止一块共享内存置换到 swap

SHM_UNLOCK　允许一块共享内存置换到 swap

IPC_INFO，SHM_STAT 和 SHM_INFO 控制调用由 ipcs（8）程序使用，提供分配资源的信息。将来，这些可能会根据需要而修改，或移动到 proc 文件系统界面。

⑵ 与之相关的一些系统调用

fork（）：在 fork（）之后，子进程继承父进程已连接（attach）的共享内存。

exec（）：在 exec（）之后，所有已连接（attach）的共享内存被分离（detach），但并不被销毁（destroy）。

exit（）：在 exit（）之前，所有已连接（attch）的共享内存被分离（detach），但并不被销毁（destroy）。

16.3 共享内存在 Linux 中的实现

16.3.1 四个系统调用

我们在前面一节里介绍了共享内存的 4 个系统调用，现在我们来看看它们在内核中是如何实现的。在内核中，它们的函数原型在 include/linux/syscalls.h 中声明：

```
include/linux/syscalls.h， line 462
462 asmlinkage long sys_shmat (int shmid， char __user *shmaddr， int shmflg);
463 asmlinkage long sys_shmget (key_t key， size_t size， int flag);
464 asmlinkage long sys_shmdt (char __user *shmaddr);
465 asmlinkage long sys_shmctl (int shmid， int cmd， struct shmid_ds __user *buf);
```

关于 Linux 内核中实现 IPC 子系统的源代码的组织：

实现 IPC 功能的源文件，主要有下面几个：msg.h，msg.c，sem.h，sem.c，shm.h，shm.c，util.h 和 util.c。前六个文件两两配合分别实现一种 IPC 机制，互相之间没有调用关系，后面两个文件提供 IPC 子系统中的共有功能，并将三种 IPC 功能统一结合起来，比如统一初始化，统一管理标识等。之间的关系如图 16-2 所示。

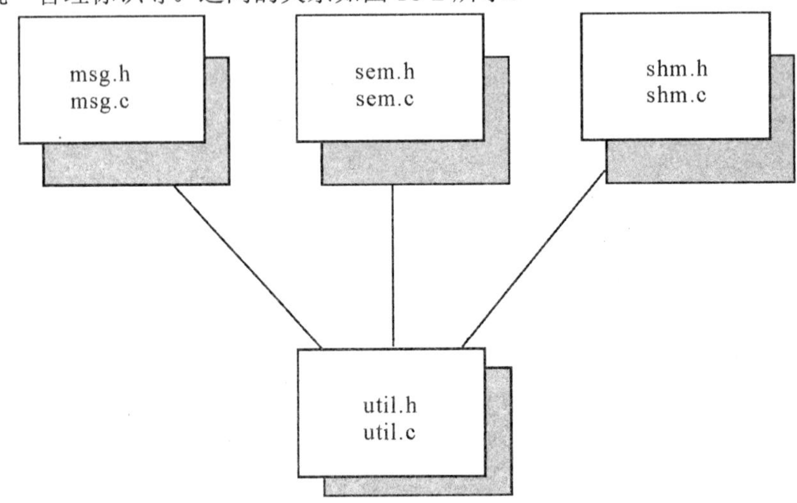

图 16-2 IPC 子系统源代码的组织

其中 msg.h，sem.h，shm.h 在 include/linux/目录下，msg.c，sem.c，shm.c 在 ipc/目录下，util.h，util.c 这两个文件都在 ipc/目录下。

1. shmget

```
ipc/shm.c， line 268
268 asmlinkage long sys_shmget (key_t key， size_t size， int shmflg)
269 {
270         struct shmid_kernel *shp;
271         int err， id = 0;
272 
273         down (&shm_ids.sem);
274         if (key == IPC_PRIVATE) {
275                 err = newseg (key， shmflg， size);
```

```
276        } else if  ((id = ipc_findkey（&shm_ids，  key)) == -1) {
277                if  (!（shmflg & IPC_CREAT))
278                        err = -ENOENT;
279                else
280                        err = newseg（key，  shmflg，  size);
281        } else if  ((shmflg & IPC_CREAT）  &&  （shmflg & IPC_EXCL)) {
282                err = -EEXIST;
283        } else {
284                shp = shm_lock（id）;
285                if（shp==NULL)
286                        BUG））;
287                if  （shp->shm_segsz < size)
288                        err = -EINVAL;
289                else if  （ipcperms）&shp->shm_perm，  shmflg))
290                        err = -EACCES;
291                else {
292                        int shmid = shm_buildid（id，  shp->shm_perm.seq);
293                        err = security_shm_associate（shp，  shmflg);
294                        if  （!err)
295                                err = shmid;
296                }
297                shm_unlock（shp）;
298        }
299        up（&shm_ids.sem);
300
301        return err;
302 }
```

Shmget（）函数创建一块新的共享内存。这个函数大部分的工作都在 newseg（）函数中完成。这个函数的原型为 static int newseg （key_t key， int shmflg， size_t size)，它根据传入的参数：“键”值 key，一些创建标志 shmflg 以及共享内存的大小 size 来创建一块共享内存，并返回创建的这块共享内存的标识符 ID。在 shmget））中有两种情况调用了 newseg（）函数，一种情况是 key 为 IPC_PRIVATE：在 key 为 IPC_PRIVATE 的情况下，shmget（）不再作其它的检查，而直接调用了 newseg（）创建一块新的共享内存；另一情况是 key 不为 IPC_PRIVATE，但是这个“键”值也未曾被创建过，而传入的参数 shmflg 又设置了 IPC_CREATE 标志，这时也将调用 newseg（）创建一块新的共享内存。

如果“键”值为 key 的共享内存已经存在，而且传入的参数 shmflg 没有同时设置 IPC_CREATE 和 IPC_EXCEL 标志（即新建一块共享内存），则返回这块已经存在的共享内存的 IPC 标识符。

这里我们可以深入地再研究一下。首先通过 ipc_findkey（）函数返回一个 id（参见第

276 行代码），这个 id 不是我们通常意义上说的标识符，而是一个数组的下标。这个数组管理着所有共享内存。关于这个数组的具体情况，我们将在下面具体讨论。接下来又调用了 shm_buildid（）函数（参见第 292 行代码），根据 ipc_findkey（）函数返回的 id，即数组下标重建了这块共享内存的 IPC 标识符，然后把这个标识符返回给用户。可见共享内存在内核数组中的下标和它的 IPC 标识符 ID 之间有一一对应关系。

2. shmat

ipc/shm.c， line 793

```
793 asmlinkage long sys_shmat（int shmid， char __user *shmaddr， int shmflg)
794 {
795             unsigned long ret;
796             long err;
797
798             err = do_shmat（shmid， shmaddr， shmflg， &ret);
799             if （err）
800                     return err;
801             force_successful_syscall_return（）；
802             return （long)ret;
803 }

676 long do_shmat（int shmid， char __user *shmaddr， int shmflg， ulong *raddr)
677 {
678             struct shmid_kernel *shp;
679             unsigned long addr;
680             unsigned long size;
681             struct file * file;
682             int     err;
683             unsigned long flags;
684             unsigned long prot;
685             unsigned long o_flags;
686             int acc_mode;
687             void *user_addr;
688
689             if （shmid < 0） {
690                     err = -EINVAL;
691                     goto out;
692             } else if （(addr = （ulong)shmaddr)) {
693                     if （addr & （SHMLBA-1)) {
694                             if （shmflg & SHM_RND)
695                                     addr &= ~（SHMLBA-1);         /* round down */
```

```
696                         else
697 #ifndef __ARCH_FORCE_SHMLBA
698                                 if  (addr & ~PAGE_MASK)
699 #endif
700                                         return -EINVAL;
701                 }
702                 flags = MAP_SHARED | MAP_FIXED;
703         } else {
704                 if  ((shmflg & SHM_REMAP))
705                         return -EINVAL;
706
707                 flags = MAP_SHARED;
708         }
709
710         if  (shmflg & SHM_RDONLY) {
711                 prot = PROT_READ;
712                 o_flags = O_RDONLY;
713                 acc_mode = S_IRUGO;
714         } else {
715                 prot = PROT_READ | PROT_WRITE;
716                 o_flags = O_RDWR;
717                 acc_mode = S_IRUGO | S_IWUGO;
718         }
719         if  (shmflg & SHM_EXEC) {
720                 prot |= PROT_EXEC;
721                 acc_mode |= S_IXUGO;
722         }
723
724         /*
725          * We cannot rely on the fs check since SYSV IPC does have an
726          * additional creator id...
727          */
728         shp = shm_lock (shmid) ;
729         if (shp == NULL) {
730                 err = -EINVAL;
731                 goto out;
732         }
733         err = shm_checkid (shp, shmid) ;
734         if  (err) {
735                 shm_unlock (shp) ;
736                 goto out;
737         }
```

```
738             if (ipcperms (&shp->shm_perm, acc_mode)) {
739                     shm_unlock (shp);
740                     err = -EACCES;
741                     goto out;
742             }
743
744             err = security_shm_shmat (shp, shmaddr, shmflg);
745             if (err) {
746                     shm_unlock (shp);
747                     return err;
748             }
749
750             file = shp->shm_file;
751             size = i_size_read (file->f_dentry->d_inode);
752             shp->shm_nattch++;
753             shm_unlock (shp);
754
755             down_write (&current->mm->mmap_sem);
756             if (addr && ! (shmflg & SHM_REMAP)) {
757                     user_addr = ERR_PTR (-EINVAL);
758                     if (find_vma_intersection (current->mm, addr, addr + size))
759                             goto invalid;
760                     /*
761                      * If shm segment goes below stack, make sure there is some
762                      * space left for the stack to grow (at least 4 pages).
763                      */
764                     if (addr < current->mm->start_stack &&
765                         addr > current->mm->start_stack - size - PAGE_SIZE * 5)
766                             goto invalid;
767             }
768
769             user_addr = (void*) do_mmap (file, addr, size, prot, flags, 0);
770
771 invalid:
772             up_write (&current->mm->mmap_sem);
773
774             down (&shm_ids.sem);
775             if (! (shp = shm_lock (shmid)))
776                     BUG () ;
777             shp->shm_nattch--;
778             if (shp->shm_nattch == 0 &&
```

```
779                 shp->shm_perm.mode & SHM_DEST)
780                         shm_destroy （shp）;
781         else
782                         shm_unlock（shp);
783         up （&shm_ids.sem);
784
785         *raddr = （unsigned long) user_addr;
786         err = 0;
787         if （IS_ERR（user_addr))
788                         err = PTR_ERR（user_addr);
789 out:
790         return err;
791 }
```

Shmat（）函数将以 IPC 标识符为 shmid 的共享内存连接（attach）到调用进程的虚拟地址空间，连接的地址，由参数 shmaddr 指定。

这个函数首先检查参数 shmaddr 的合法性，即制定的连接地址的合法性，并且对之进行一定的调整（页面对齐，即调整为 SHMLBA 的整数倍）。

从第 728 行代码开始对传入的参数 shmid（即要连接的共享内存的 IPC 标识符 ID）检查该共享内存是否存在，如果存在的话，那么再检查调用的进程有没有访问权限。检查完毕后，修改描述该块共享内存的数据结构 struct shmid_kernel 中的一些数据，如连接了该块共享内存的进程数。描述共享内存的数据结构通过调用函数 shm_lock（）得到（参见第 728 行代码）。

从第 755 行代码开始映射，即以 IPC 标识符为 shmid 的共享内存连接（attach）到进程的虚拟地址空间。首先也是一些检查，检查指定的地址空间在进程的虚存空间中是否已经被占用了，并且如果指定的地址是在进程堆栈的下面的话，还要检查是否给堆栈留下了足够的伸缩空间（至少 4 页）。关于映射的实际工作是在 do_mmap（）函数里完成的。

下面我们来讨论一个有趣的问题：在代码第 752 行，它将共享内存的 shm_nattch 递增了 1，但是在代码第 777 又将 shm_nattch 递减了 1，乍一看，共享内存的 shm_nattch 并没有改变过，但是确确实实连接该块共享内存的进程数增加了 1 呀，那么这个 1 到底是在什么地方加的呢，其实是在 do_mmap（）函数里面，很多读者可能都想不到。每块共享内存在内核中实际上是以一个虚拟的文件存在的，这个文件代表了一块内存区域。如果有进程连接共享内存，实际上是映射这一个虚拟的文件，关于这一点，我们将在这一章的后面部分详细介绍。在这个虚拟的文件的映射操作中，它将 shm_nattch 递增了 1。如果读者有兴趣，可以自行去分析这个虚拟文件的映射操作，函数 shm_mmap（）。

3. shmdt

ipc/shm.c， line 809

```
809 asmlinkage long sys_shmdt（char __user *shmaddr)
810 {
```

```
811         struct mm_struct *mm = current->mm;
812         struct vm_area_struct *vma，   *next;
813         unsigned long addr =  （unsigned long)shmaddr;
814         loff_t size = 0;
815         int retval = -EINVAL;
816 
817         down_write（&mm->mmap_sem);
818 
819         /*
820          * This function tries to be smart and unmap shm segments that
821          * were modified by partial mlock or munmap calls:
822          * - It first determines the size of the shm segment that should be
823          *     unmapped: It searches for a vma that is backed by shm and that
824          *     started at address shmaddr. It records it's size and then unmaps
825          *     it.
826          * - Then it unmaps all shm vmas that started at shmaddr and that
827          *     are within the initially determined size.
828          * Errors from do_munmap are ignored: the function only fails if
829          * it's called with invalid parameters or if it's called to unmap
830          * a part of a vma. Both calls in this function are for full vmas，
831          * the parameters are directly copied from the vma itself and always
832          * valid - therefore do_munmap cannot fail.  （famous last words？ )
833          */
834         /*
835          * If it had been mremap（) d，   the starting address would not
836          * match the usual checks anyway. So assume all vma's are
837          * above the starting address given.
838          */
839         vma = find_vma（mm，   addr);
840 
841         while  （vma) {
842                 next = vma->vm_next;
843 
844                 /*
845                  * Check if the starting address would match，   i.e. it's
846                  * a fragment created by mprotect（)   and/or munmap（)，   or it
847                  * otherwise it starts at this address with no hassles.
848                  */
849             if  （（vma->vm_ops == &shm_vm_ops || is_vm_hugetlb_page（vma)) &&
850                         （vma->vm_start - addr)/PAGE_SIZE == vma->vm_pgoff) {
851 
852 
```

```
853                             size = vma->vm_file->f_dentry->d_inode->i_size;
854                     do_munmap(mm， vma->vm_start， vma->vm_end - vma->vm_start);
855                             /*
856                              * We discovered the size of the shm segment，  so
857                              * break out of here and fall through to the next
858                              * loop that uses the size information to stop
859                              * searching for matching vma's.
860                              */
861                             retval = 0;
862                             vma = next;
863                             break;
864                     }
865                     vma = next;
866             }
867 
868             /*
869              * We need look no further than the maximum address a fragment
870              * could possibly have landed at. Also cast things to loff_t to
871              * prevent overflows and make comparisions vs. equal-width types.
872              */
873             size = PAGE_ALIGN（size);
874             while （vma && （loff_t）(vma->vm_end - addr) <= size) {
875                     next = vma->vm_next;
876 
877                     /* finding a matching vma now does not alter retval */
878                 if （(vma->vm_ops == &shm_vm_ops || is_vm_hugetlb_page（vma)) &&
879                             （vma->vm_start - addr)/PAGE_SIZE == vma->vm_pgoff)
880 
881                     do_munmap(mm， vma->vm_start， vma->vm_end - vma->vm_start);
882                     vma = next;
883             }
884 
885             up_write）&mm->mmap_sem);
886             return retval;
887 }
```

Shmdt（）函数断开与进程中虚存地址为 shmaddr 的共享内存的连接（attach）。

这个函数很简单，首先它找到进程虚存空间中地址为 shmaddr 的 VMA（VMA 是 Linux 用于管理进程虚拟地址空间的一个数据结构），然后调用 do_munmap（）函数，断开对共享内存的映射，即断开与共享内存的连接（detach）。

4. shmctl

ipc/shm.c，line 425

```
425 asmlinkage long sys_shmctl （int shmid， int cmd， struct shmid_ds __user *buf)
426 {
427         struct shm_setbuf setbuf;
428         struct shmid_kernel *shp;
429         int err， version;
430 
431         if （cmd < 0 || shmid < 0) {
432                 err = -EINVAL;
433                 goto out;
434         }
435 
436         version = ipc_parse_version（&cmd）;
437 
438         switch （cmd） { /* replace with proc interface ？ */
439         case IPC_INFO:
440         {
            ...
460         }
461         case SHM_INFO:
462         {
            ...
485         }
486         case SHM_STAT:
487         case IPC_STAT:
488         {
489                 struct shmid64_ds tbuf;
490                 int result;
491                 memset（&tbuf， 0， sizeof（tbuf));
492                 shp = shm_lock（shmid);
493                 if（shp==NULL) {
494                         err = -EINVAL;
495                         goto out;
496                 } else if（cmd==SHM_STAT) {
497                         err = -EINVAL;
498                         if （shmid > shm_ids.max_id)
499                                 goto out_unlock;
500                         result = shm_buildid（shmid， shp->shm_perm.seq);
501                 } else {
502                         err = shm_checkid（shp， shmid）;
```

```
503                     if (err)
504                             goto out_unlock;
505                     result = 0;
506             }
507             err=-EACCES;
508             if (ipcperms (&shp->shm_perm, S_IRUGO))
509                     goto out_unlock;
510             err = security_shm_shmctl (shp, cmd);
511             if (err)
512                     goto out_unlock;
513             kernel_to_ipc64_perm (&shp->shm_perm, &tbuf.shm_perm);
514             tbuf.shm_segsz  = shp->shm_segsz;
515             tbuf.shm_atime  = shp->shm_atim;
516             tbuf.shm_dtime  = shp->shm_dtim;
517             tbuf.shm_ctime  = shp->shm_ctim;
518             tbuf.shm_cpid   = shp->shm_cprid;
519             tbuf.shm_lpid   = shp->shm_lprid;
520             if (!is_file_hugepages (shp->shm_file))
521                     tbuf.shm_nattch = shp->shm_nattch;
522             else
523                     tbuf.shm_nattch = file_count (shp->shm_file) - 1;
524             shm_unlock (shp);
525             if (copy_shmid_to_user (buf, &tbuf, version))
526                     err = -EFAULT;
527             else
528                     err = result;
529             goto out;
530     }
531     case SHM_LOCK:
532     case SHM_UNLOCK:
533     {
        ...
573     }
574     case IPC_RMID:
575     {
        ...
615     }
616
617     case IPC_SET:
618     {
        ...
650     }
```

```
651
652             default:
653                     err = -EINVAL;
654                     goto out;
655             }
656
657             err = 0;
658 out_unlock_up:
659             shm_unlock（shp）;
660 out_up:
661             up（&shm_ids.sem）;
662             goto out;
663 out_unlock:
664             shm_unlock（shp）;
665 out:
666             return err;
667 }
```

Shmctl（）函数完成对 IPC 标识符等于参数 shmid 值的共享内存的一些控制操作，这些控制操作由参数 cmd 传入。

这个函数总体来说是一个 switch 语句，然后根据 cmd 不同的值，进行不同的操作。关于各种 cmd 的意义，我们在介绍 shmctl（）的使用的时候，已经讨论了。所以我们在这里仅仅分析其中的一个操作，SHM_STAT/IPC_STAT。其他的操作，读者如果有兴趣，可以自行分析。

SHM_STAT/IPC_STAT 这个命令用于拷贝 IPC 标识符为参数 shmid 的共享内存信息或 IPC 信息到缓冲区 buf，调用进程必须拥有相应的读取权限。

首先判断 IPC 标识符为 shmid 的共享内存是否存在，然后根据请求是否是共享内存信息（即 cmd 为 SHM_STAT），调用 shm_buildid（）函数重新得到该共享内存的标识符作为返回值，如果请求的是 IPC 信息，则将返回值设置为 0。

在代码第 508 行，判断读取权限，如果符合，则将共享内存的信息拷入一个临时缓冲区 tbuf，然后调用 copy_shmid_to_user（）函数将 tbuf 中的信息拷贝入 buf。

16.3.2 共享内存在 IPC 子系统中的管理

共享内存在 IPC 子系统中是通过数据结构 shm_ids 来管理的，它的声明在 shm.c 文件的第 41 行，它是 ipc_ids 结构类型的，我们首先来分析 ipc_ids 这个结构类型。struct ipc_ids 在 ipc/util.h 这个文件中定义：

```
ipc/util.h，  line 23
18 struct ipc_id_ary {
19           int size;
```

```
20              struct kern_ipc_perm *p[0];
21 };
22

23 struct ipc_ids {
24              int in_use;
25              int max_id;
26              unsigned short seq;
27              unsigned short seq_max;
28              struct semaphore sem;
29              struct ipc_id_ary nullentry;
30              struct ipc_id_ary* entries;
31 };
```

其中：

size：　　存储标识符的数组的大小。

in_use：存储标识符的数组中标识符的个数。

max_id：数组中当前标识符的最大索引号。

seq：　　当前的顺序编号。

seq_max：顺序编号的上界。

sem：　　信号量。

nullentry：静态分配的一个 ipc_id_ary，当 ipc_init_ids()初始化失败的时候，下面这个 entries 指向这个 ipc_id_ary。

entries：实际的存储标识符的数组。

存储标识符的数组中放的都是 ipc_id_ary 结构类型的变量

关于 kern_ipc_perm 结构，我们在介绍 shmget（）这个系统调用的时候已经详细地分析过了，如果读者还不十分明白，可以参照前面的分析。在 kern_ipc_perm 这个结构体中有一个成员变量 key_t 类型的 key，它即代表了这块共享内存唯一的名字，“键”。

综上所述，我们可以得到这样的概念，IPC 子系统对共享内存的管理，其实就是对于数据结构 shm_ids 的成员变量数组 entries 的管理。我们下面来看看 IPC 子系统是怎么对之管理的。

shm_ids 的初始化在 ipc_init_ids（）函数中完成，这个函数根据传入的参数 size 开辟一个数组，并对这个数组初始化。ipc_init_ids（）函数被 shm_init（）函数调用，这个函数设置 ipc_init_ids（）传入的参数 size 为 1，即开辟一块大小为 1 的数组，并初始化该数组。shm_init（）这个函数被 ipc_init（）调用，ipc_init（）函数则在 start_kerne（）中被调用。

如果要新增加一个 IPC 标识符，则会在 entries 数组中寻找空闲的位置，然后放置新增加的共享内存的相关信息。反之，删除一个 IPC 标识符，则是根据 IPC 标识符，通过一定的换算规则，得到该 IPC 标识符在 entries 这个数组中的位置，然后将这个位置设为空闲。

这样，下次就可以让另外新增加的 IPC 标识符使用了。对于怎样在 entries 这个数组中查找一个 IPC 标识符，以及对应规则的分析，留待读者自己去分析，相关代码请察看 ipc/util.c。

实验指导

在这一小节中，我们将建立一个利用共享内存来传递信息的程序，一个 writer，一个 reader，writer 从用户处获得输入，然后将其写入共享内存，reader 从共享内存获取信息，然后再在屏幕上打印出来。

利用共享内存在进程之间传递信息时，需要一种同步机制，必须有一种途径让 reader 知道什么时候 writer 已经把信息放入了共享内存。最简单的方法，是在某处设置一个字节，当 writer 的数据写入完毕后，即把该字节设置为 1。但是这也意味着 reader 必须不停地测试这个字节，直到该字节改变为止，这是非常浪费的。同样，对于 writer 来说，也必须有一种途径知道什么时候 reader 已经取走了共享内存的数据，从而可以向共享内存写入新的数据。因此，我们考虑用信号量（semaphore）来解决这个程序对于共享内存进行操作的同步问题，关于信号量的编程，请参考 Linux man 手册。

目前这个程序只支持两个进程，一个 reader，一个 writer。在稍后的时候，我们将改进这个程序使得其能够支持任意数目的进程。

在这个程序中，我们使用两个信号量，一个用于读（SN_READ），一个用于写（SN_WRITE）。SN_READ 初始化为 1，SN_WRITE 初始化为 0。即 SN_READ 这个信号量在最初的时候就是被锁住的，而 SN_WRITE 这个信号量则不是。writer 在往共享内存里写信息时，首先要锁定 SN_WRITE 信号量。在写完之后，释放 SN_READ 信号量，使得 reader 可以读取该信息；锁定 SN_WRITE 这个信号量，是为了防止 writer 多次打印共享内存中的信息。reader 读取共享内存的信息时，相应地要先锁定 SN_READ 这个信号量，读取信息后，释放 SN_WRITE 这个信号量，使得 writer 又可以往共享内存里面写入信息。

下面我们给出这个程序的源代码 reader_writer1.c

reader_writer1.c

```
/**** reader_writer1.c 一个利用共享内存进行进程通信的程序 ****/

#include <stdio.h>
#include <sys/types.h>
#include <sys/ipc.h>
#include <sys/sem.h>
#include <sys/shm.h>
#include <stdlib.h>
#include <errno.h>
#include <string.h>
#include <signal.h>

/* The union for semctl may or may not be defined for us.This code，defined
```

```
  in linux's semctl（） manpage，is the proper way to attain it if necessary */
#if defined （__GNU_LIBRARY__)&& !defined （_SEM_SEMUN_UNDEFINED)
/* union semun is defined by including <sys/sem.h> */
#else
/* according to X/OPEN we have to define it ourselves */
union semun{
      int val;                    /* value for SETVAL */
      struct semid_ds *buf;           /* buffer for IPC_STAT，IPC_SET */
      unsigned short int *array;      /* array for GETALL，SETALL */
      struct seminfo *__buf;          /* buffer for IPC_INFO */
};
#endif

#define SHMDATASIZE      1000
#define BUFFERSIZE    （SHMDATASIZE - sizeof（int））

#define SN_READ       0
#define SN_WRITE      1

int Semid = 0;       /* 用于最后删除这个信号量 */

void reader（void);
void writer（int shmid);
void delete（void);
void sigdelete（int signum);
void locksem（int semid，int semnum);
void unlocksem（int semid，int semnum);
void waitzero（int semid，int semnum);
void write（int shmid，int semid，char *buffer);

int mysemget（key_t key，int nsems，int semflg);
int mysemctl（int semid，int semnum，int cmd，union semun arg);
int mysemop（int semid，struct sembuf *sops，unsigned nsops);
int myshmget（key_t key，int size，int shmflg);
void *myshmat（int shmid，const void *shmaddr，int shmflg);
int myshmctl（int shmid，int cmd，struct shmid_ds *buf);

int main（int argc，char *argv[]){

      /* 没有其它的参数，则为 reader */
      If（argc < 2){
```

```
        reader（）;
    }else{
        Writer（atoi（argv[1]));
    }
    return 0;
}

void reader（void){
    union semun sunion;
    int semid，shmid;
    void *shmdata;
    char *buffer;

    /* 首先：我们要创建信号量 */
    semid = mysemget（IPC_PRIVATE，2，SHM_R|SHM_W);

    Semid = semid;

    /* 在进程离开时，删除信号量 */
    Atexit（&delete);
    Signal（SIGINT，&sigdelete);

    /* 信号量 SN_READ 初始化为 1（锁定），SN_WRITE 初始化为 0（未锁定）*/
    sunion.val = 1;
    mysemctl（semid，SN_READ，SETVAL，sunion);

    sunion.val = 0;
    mysemctl（semid，SN_WRITE，SETVAL，sunion);

    /* 现在创建一块共享内存 */
    shmid = myshmget（IPC_PRIVATE，SHMDATASIZE，IPC_CREAT|SHM_R|SHM_W);

    /* 将该共享内存映射到进程的虚存空间 */
    shmdata = shmat（shmid，0，0);

    /* 将该共享内存标志为已销毁的，这样在使用完毕后，将被自动销毁*/
    Shmctl（shmid，IPC_RMID，NULL);

    /* 将信号量的标识符写入共享内存，以通知其它的进程 */

    *（int *）shmdata = semid;
```

```
    buffer = shmdata + sizeof（int）；

    printf（"\n reader begin to run， and the id of share memory is %d ** \n"， shmid);

    /*********************************************************
                        reader 的主循环
    *********************************************************/

    While（1）{
        Printf（" \n wait for the writer’s output information ...");
        Fflush（stdout);

        Locksem（semid， SN_WRITE);
        Printf（" finish \n");

        Printf（" received information: %s \n"， buffer);
        Unlocksem（semid， SN_READ);
    }
}

void writer（int shmid){
    int semid;
    void *shmdata;
    char *buffer;

    /* 将该共享内存映射到进程的虚存空间 */
    shmdata = myshmat（shmid， 0， 0);

    semid = *（int *）shmdata;
    buffer = shmdata + sizeof（int);

    printf（" \n writer begin to run，the id of share memory is %d， the semaphore id is %d \n"，
shmid， semid);

    /*********************************************************
                        writer 的主循环
    *********************************************************/
    While（1）{
        char input[3];
```

```
        printf（"\n menu \n 1.send a message \n");
        printf（" 2.quit \n");
        printf（"input your choice（1-2）:");

        fgets（input，sizeof（input），stdin）;

        switch（input[0]){
            case '1':write（shmid，semid，buffer);break;
            case '2':exit（0);break;
        }
    }
}

void delete（void){
    union semun unused;
    printf（"\n quit; delete the semaphore %d \n"，Semid);

    /* 删除信号量 */
    If（mysemctl（Semid，0，IPC_RMID，unused) == -1){
        Printf（"Error releasing semaphore.\n");
    }
}

void sigdelete（int signum){
    /* Calling exit will conveniently trigger the normal delete item. */

    Exit（0）;
    }

    void locksem（int semid，int semnum){
    struct sembuf sb;

    sb.sem_num = semnum;
    sb.sem_op = -1;
    sb.sem_flg = SEM_UNDO;

    mysemop（semid，&sb，1);
}

void unlocksem（int semid，int semnum){
    struct sembuf sb;
```

```
    sb.sem_num = semnum;
    sb.sem_op = 1;
    sb.sem_flg = SEM_UNDO;

    mysemop（semid，&sb，1);
}

void waitzero（int semid，int semnum){
    struct sembuf sb;

    sb.sem_num = semnum;
    sb.sem_op = 0;
    sb.sem_flg = 0;          /* No modification so no need to undo */
    mysemop（semid，&sb，1);

}


void write（int shmid，int semid，char *buffer){
    printf（"\n wait for reader to read in information ...");
    fflush（stdout);

    locksem（semid，SN_READ);
    printf（"finish \n");

    printf（"please input information: ");
    fgets（buffer，BUFFERSIZE，stdin);
    unlocksem（semid，SN_WRITE);
}

int mysemget（key_t key，int nsems，int semflg){
    int retval;

    retval = semget（key，nsems，semflg);
    if（retval == -1){
        printf（"semget key %d，nsems %d failed: %s "，key，nsems，strerror（errno));
        exit（255）;
}
        return retval;
}
```

```
int mysemctl (int semid, int semnum, int cmd, union semun arg){
      int retval;

      retval = semctl (semid, semnum, cmd, arg);
      if (retval == -1){
            printf ("semctl semid %d, semnum %d, cmd %d failed: %s", semid, semnum, cmd,
strerror (errno));
            exit (255) ;
      }

            return retval;
}

int mysemop (int semid, struct sembuf *sops, unsigned nsops){
      int retval;

      retval = semop (semid, sops, nsops);
      if (retval == -1){
            printf("semop semid %d )%d operations) failed: %s", semid, nsops, strerror(errno));
            exit (255);
      }

      return retval;
}

int myshmget (key_t key, int size, int shmflg){
      int retval;

      retval = shmget (key, size, shmflg);
      if (retval == -1){
            printf ("shmget key %d, size %d failed: %s", key, size, strerror (errno));
            exit (255) ;
      }

      return retval;
}

void *myshmat (int shmid, const void *shmaddr, int shmflg){
      void *retval;
```

```
        retval = shmat (shmid, shmaddr, shmflg);
        if (retval ==  (void*)  -1) {
            printf ("shmat shmid %d failed: %s", shmid, strerror (errno));
            exit (255) ;
        }

        return retval;
}

int myshmctl (int shmid, int cmd, struct shmid_ds *buf){
        int retval;

        retval = shmctl (shmid, cmd, buf);
        if (retval == -1){
            printf ("shmctl shmid %d, cmd %d failed: %s", shmid, cmd, strerror (errno));
            exit (255) ;
        }

        return retval;
}
```

假设上面这个程序名为 reader_writer1.c，那么使用下面这个命令编译这个程序：

```
# gcc –o reader_writer1 reader_writer1.c
```

在此之后，即可启动 reader，必须先启动 reader，因为使用的信号量、共享内存都是在 reader 中申请的。

在命令行输入：./reader_writer1

运行结果为：

```
    reader begin to run, and the id of share memory is 229376 **

    wait for the writer's output information...
```

然后再启动 writer，带的参数为 reader 申请的共享内存的标识符。

在命令行输入：./reader_writer1 229376

运行结果为：

```
    writer begin to run, the id of share memory is 229376,  semaphore id is 196608

    menu
    1.send a message
    2.quit
    input your choice 1-2 :1
```

```
wait for reader to read in information...finish
please input information:
```

在提示后面输入：hello， reader
随即，reader 那边将打印这条信息
然后循环往复。不再累赘。

关于退出：writer 可以通过菜单退出，reader 可以在 writer 退出后，按 Ctrl+C 退出，退出 reader 时，它将自动删除最初申请信号量。

实验思考

我们看到了前面的那段程序，并不是十分健壮，它只能支持一个 reader 和一个 writer。我们将改进这个程序，增加一个新的信号量，SN_LOCK。使用这个信号量，能够支持任意数目的 reader 和 writer。

下面我们给出这个改进程序的完整源代码。

reader_writer2.c

```
/**** reader_writer2.c 改进的利用共享内存进行进程通信的程序 ****/

#include <stdio.h>
#include <sys/types.h>
#include <sys/ipc.h>
#include <sys/sem.h>
#include <sys/shm.h>
#include <stdlib.h>
#include <errno.h>
#include <string.h>
#include <signal.h>


/* The union for semctl may or may not be defined for us.This code， defined
   in linux's semctl（） manpage， is the proper way to attain it if necessary */
#if defined （__GNU_LIBRARY__)&& !defined （_SEM_SEMUN_UNDEFINED)
/* union semun is defined by including <sys/sem.h> */
#else
/* according to X/OPEN we have to define it ourselves */
union semun{
      int val;                /* value for SETVAL */
      struct semid_ds *buf;          /* buffer for IPC_STAT， IPC_SET */
```

```
        unsigned short int *array;        /* array for GETALL，SETALL */
        struct seminfo *__buf;            /* buffer for IPC_INFO */
};
#endif

#define SHMDATASIZE       1000
#define BUFFERSIZE    ）SHMDATASIZE - sizeof）int))

#define SN_READ       0
#define SN_WRITE          1
#define SN_LOCK       2

int Semid = 0;

void reader（int shmid);
void writer（int shmid);
int masterinit（void);
char *standardinit（int shmid，int *semid);
void delete（void);
void sigdelete（int signum);
void locksem（int semid，int semnum);
void unlocksem（int semid，int semnum);
void waitzero（int semid，int semnum);
void write（int shmid，int semid，char *buffer);

int mysemget（key_t key，int nsems，int semflg);
int mysemctl（int shmid，int semnum，int cmd，union semun arg);
int mysemop（int semid，struct sembuf *sops，unsigned nsops);
int myshmget（key_t key，int size，int shmflg);
void *myshmat（int shmid，const void *shmaddr，int shmflg);
int myshmctl（int shmid，int cmd，struct shmid_ds *buf);

int main（int argc，char *argv[]){
        char selection[3];
        int shmid;

        /* 没有参数，则为 master */
        If（argc < 2){
                shmid = masterinit（）；
        }else{
                shmid = atoi（argv[1]）；
```

```
    }

    Printf（" do you want a writer（1）or reader（2）？ "）；
    Fgets（selection，sizeof（selection），stdin);

    switch（selection[0]){
        case '1':writer（shmid); break;
        case '2':reader（shmid);break;
        default:printf（" invalid choice，  quit \n");
    }

    return 0;
}

void reader（int shmid){
    int semid;
    char *buffer;

    buffer = standardinit（shmid，&semid);

    printf（"\n reader begin to run，and the id of share memory is %d，  semaphore id is %d \n"，
shmid，semid);

    while（1）{
        printf（"\n wait for writer to input information ...");
        fflush（stdout);
        locksem（semid，SN_WRITE);
        printf（"finish \n");

        printf（" wait for locking semaphore SN_LOCK ...");
        fflush（stdout);
        locksem（semid，SN_LOCK);
        printf（"finish \n");

        printf（"received information: %s \n"，buffer);
        unlocksem（semid，SN_LOCK);
        unlocksem（semid，SN_READ);
    }
}
void writer（int shmid){
    int semid;
```

```
    char *buffer;

    buffer = standardinit（shmid，&semid);

    printf("writer begin to run，the id of share memory is %d， semaphore id is %d \n"，shmid，
semid);

    while（1）{
        char input[3];

        printf（"\n menu \n 1.send a message \n");
        printf（" 2.quit \n");
        printf（"input your choice（1-2）:");

        fgets（input，sizeof（input），stdin）;

        switch（input[0]){
            case '1':write（shmid，semid，buffer);break;
            case '2':exit（0）;break;
        }
    }
}

char *standardinit（int shmid，int *semid){
    void *shmdata;
    char *buffer;

    shmdata = myshmat（shmid，0，0);

    *semid = *（int *）shmdata;
    buffer = shmdata + sizeof（int）;

    return buffer;
}

int masterinit（void）{
    union semun sunion;
    int semid，shmid;
    void *shmdata;

    /* 首先：我们要创建信号量 */
```

```
    semid = mysemget（IPC_PRIVATE，3，SHM_R|SHM_W);

    Semid = semid;

    /* 当进程离开时，删除信号量 */
    Atexit（&delete);
    Signal（SIGINT，&sigdelete);

    /* 信号量 SN_READ 初始化为 1（锁定），SN_WRITE 初始化为 0（未锁定）*/
    /* 信号量 SN_LOCK 初始化为 1（锁定）*/

    sunion.val = 1;
    mysemctl（semid，SN_READ，SETVAL，sunion);
    mysemctl（semid，SN_LOCK，SETVAL，sunion);
    sunion.val = 0;
    mysemctl（semid，SN_WRITE，SETVAL，sunion);

    /* 现在创建一块共享内存 */
    shmid = myshmget（IPC_PRIVATE，SHMDATASIZE，IPC_CREAT|SHM_R|SHM_W);

    /* 将该共享内存映射进进程的虚存空间 */

    shmdata = myshmat（shmid，0，0);

    /* 将该共享内存标志为已销毁的，这样在使用完毕后，将被自动销毁*/

    Myshmctl（shmid，IPC_RMID，NULL);

    /* 将信号量的标识符写入共享内存，以通知其它的进程 */
    *（int *）shmdata = semid;

    Printf（"***  begin to run，  and semaphore id is %d \n"，shmid);

    return shmid;
}

void delete（void){
    union semun unused;
    printf（"\n quit; delete the semaphore %d \n"，Semid);
```

```
    if (mysemctl (Semid, 0, IPC_RMID, unused) == -1){
        printf ("Error releasing semaphore. \n");
    }
}

void sigdelete (int signum){
    /* Calling exit will conveniently trigger the normal delete item. */

    Exit (0) ;
}

void locksem (int semid, int semnum){
    struct sembuf sb;

    sb.sem_num = semnum;
    sb.sem_op = -1;
    sb.sem_flg = SEM_UNDO;

    mysemop (semid, &sb, 1);
    }

    void unlocksem (int semid, int semnum){
    struct sembuf sb;

    sb.sem_num = semnum;
    sb.sem_op = 1;
    sb.sem_flg = SEM_UNDO;

    mysemop (semid, &sb, 1);
}

void waitzero (int semid, int semnum){
    struct sembuf sb;

    sb.sem_num = semnum;
    sb.sem_op = 0;
    sb.sem_flg = 0;          /* No modification so no need to undo */
    mysemop (semid, &sb, 1);

}
void write (int shmid, int semid, char *buffer){
    printf ("\n wait for reader to read in information ...");
```

```
    fflush (stdout);
    locksem (semid, SN_READ);

    printf ("finish; wait for locking semaphore SN_LOCK...\n");
    fflush (stdout);
    locksem (semid, SN_LOCK);

    printf ("please input information:");
    fgets (buffer, BUFFERSIZE, stdin);

    unlocksem (semid, SN_LOCK);
    unlocksem (semid, SN_WRITE);

}

int mysemget (key_t key, int nsems, int semflg){
    int retval;

    retval = semget (key, nsems, semflg);
    if (retval == -1){
        printf ("semget key %d, nsems %d failed: %s ", key, nsems, strerror (errno));
        exit (255);
    }

    return retval;
}

int mysemctl (int semid, int semnum, int cmd, union semun arg){
    int retval;

    retval = semctl) semid, semnum, cmd, arg);
    if (retval == -1){
        printf ("semctl semid %d, semnum %d, cmd %d failed: %s", semid, semnum, cmd,
strerror (errno));
        exit (255) ;
    }

        return retval;
}
int mysemop (int semid, struct sembuf *sops, unsigned nsops){
    int retval;
```

```
    retval = semop (semid, sops, nsops);
    if (retval == -1){
        printf("semop semid %d )%d operations) failed: %s", semid, nsops, strerror(errno));
        exit (255);
    }

    return retval;
}

    int myshmget (key_t key, int size, int shmflg){
    int retval;

    retval = shmget (key, size, shmflg);
    if (retval == -1) {
        printf ("shmget key %d, size %d failed: %s", key, size, strerror (errno));
        exit (255) ;
    }

    return retval;
}

void *myshmat (int shmid, const void *shmaddr, int shmflg){
    void *retval;

    retval = shmat (shmid, shmaddr, shmflg);
    if (retval ==  (void*) -1) {
        printf ("shmat shmid %d failed: %s", shmid, strerror (errno));
        exit (255) ;
    }

    return retval;
}

int myshmctl (int shmid, int cmd, struct shmid_ds *buf){
    int retval;

    retval = shmctl (shmid, cmd, buf);
    if (retval == -1){
        printf ("shmctl shmid %d, cmd %d failed: %s", shmid, cmd, strerror (errno));
        exit (255) ;
```

```
    }

    return retval;
}
```

在这个程序中，我们首先简单地启动一个进程 master，它负责创建共享内存以及信号量，并且把创建的信号量 ID 放入共享内存，以便其它的进程能够读取。随后即可以启动任意数目的其它进程，以 master 进程创建的共享内存的标识符作为启动参数，这些进程可以自行选择成为 reader 还是 writer，这个程序的具体运行情况稍后再说。

编译：gcc –o reader_writer2 reader_writer2.c

首先启动 master（为便于解释，称之为 reader1）
在命令行输入：./reader_writer2
屏幕显示：

```
*** begin to run， and semaphore id is 294912
    do you want a writer（1） or reader（2） ?
```

选择 2
屏幕显示：

```
reader begin to run，and the id of share memory is 294912， semaphore id is 262144
wait for writer to input information ...
```

接着以前面申请的共享内存标识符为参数再启动一个进程（为便于解释，称之为 reader2）
在命令行输入：./reader_writer2 294912
屏幕显示：

```
do you want a writer（1） or reader（2） ?
```

选择 2
屏幕显示：

```
reader begin to run，and the id of share memory is 294912， semaphore id is 262144
wait for writer to input information ...
```

再启动一个进程，选择为 1（称后面启动的两个进程为 writer1，writer2）

接着即可观察这个程序是怎么运行的了。

参考资料

[1]. IPC:Shared Memory
http://www.cs.cf.ac.uk/Dave/C/node27.html

[2]. Shared Memory under Linux
Mike Perry ） mikepery@fscked.org)
http://fscked.org/writings/SHM/shm.html

[3]. Shared Memory Instruction
http://www.kohala.com/start/unpv22e/unpv22e.chap12.pdf

[4]. <The Linux Kernel>， Shared Memory
http://www.science.unitn.it/~fiorella/guidelinux/tlk/node59.html

第 17 章　同步机制

实验目的

本章我们将继续深入学习 Linux 内核，向大家介绍 Linux 中的同步机制，深入分析 Linux 中各种同步机制的实现方案，最后，我们将设计和编写一套我们自己的同步原语。

- 学习理解各种同步机制原理
- 学习理解各种同步机制在 Linux 中的实现
- 学习理解 Linux 内核的 up（）操作和 down（）操作
- 设计自己的同步原语

实验内容

在理解各种同步机制在 Linux 中的实现的基础上，设计一组新的内核同步原语，具有如下的功能：能够使多个进程阻塞在某一特定的事件上，直到另一个进程完成这一事件释放相关资源，给内核发送特定的消息，然后由内核唤醒这些被阻塞的进程。

实验原理

17.1　同步机制

进程/线程的并发执行是现代操作系统的一个重要特征。它是操作系统的基础。伴随这种进程/线程的并发机制而来的问题就是我们本章要讨论的课题：进程间通讯和同步。

进程同步是进程之间直接的相互作用，是合作进程间有意识的行为（相对于互斥来说）。典型的例子是公共汽车上司机与售票员的合作。（如图 17-1）

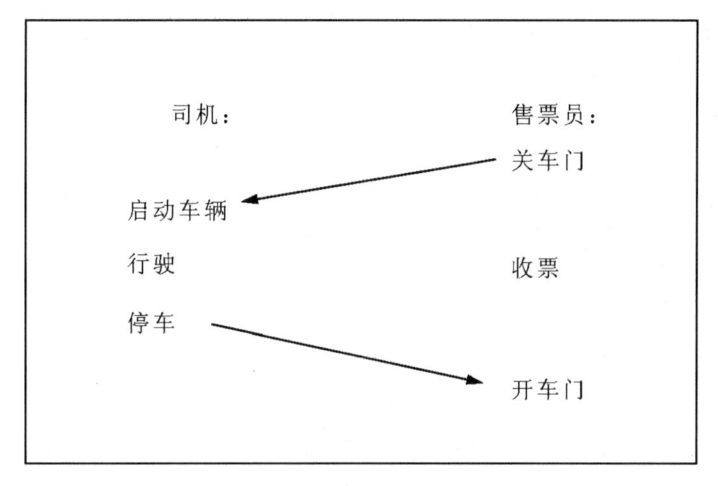

图 17-1 司机与售票员的合作

只有当售票员关门之后司机才能启动车辆，司机停车之后售票员才能开车门。司机和售票员的行动需要一定的协调。同样地，两个进程之间有时也有这样的依赖关系，因此我们也要有一定的同步机制保证它们的执行次序。在操作系统中进程同步是利用进程间的一种或者几种通讯方式来实现的。

进程间的通讯方式多种多样，主要的有软中断信号、信号量、消息队列、共享内存、管道，以及利用 socket 的网络间的进程通讯。

在我们所要研究的 Linux 中，上面的几种通讯方式全部都是存在的。在本章中我们只讨论软中断信号、信号量、管道。在讲述这些通讯方式之前，我们将先重点介绍等待队列的概念，这是实现进程同步的重要基础。至于利用 socket 所进行的网络间进程通讯方式，我们暂时不做研究。

17.1.1 等待队列

1. 什么是等待队列

首先，让我们考虑一下什么是等待队列。Linux 是个多任务的操作系统，需要解决大量的进程同步问题，如经典的生产者消费者问题，消费者要等待生产者提供产品等等。从原理上来说，同步的进程当其所等待的条件没有满足的时候，必须挂起，当条件成熟时，又必须及时地被唤醒。在 Linux 系统中支持这种同步操作有多种方法，如前面所讲的消息、信号量等，当然还有 sleep_on 操作和 wake_up 操作等等。等待队列（wait_queue）就是支持这种同步的重要的数据结构。在 Linux 内核中，等待队列的数据结构定义如下：

include/linux/wait.h， line 33

```
33 struct __wait_queue {
34              unsigned int flags;
35 #define WQ_FLAG_EXCLUSIVE          0x01
36              void *private;
```

```
37              wait_queue_func_t func;
38              struct list_head task_list;
39 };
```

该结构中 private 变量指向进程 task_struct，func 是唤醒函数，task_list 则是用来把等待的进程串成一个循环链表，其详细的功能我们将在第 17.2 节的代码分析中叙述。

等待队列是所有同步操作的基石，任何一个同步机制，都离不开等待队列。因此，对于等待队列的学习和应用将是本章的重点。

2. 等待队列的应用

等待队列实际上只是一个简单的链表，存放着一系列等待某个条件满足的进程的串。在内核中定义了对于等待队列两个操作，__add_wait_queue 及__remove_wait_queue。从名字上我们就不难猜出他们的功能了。这组操作完成了进程的出入等待队列。关于它们的实现和具体使用我们将在接下来的章节中结合软中断信号、信号量和管道进行论述。同时，我们会在第 17.3 节利用等待队列来设计实现我们自己的同步机制。

17.1.2 软中断信号

1. 什么是软中断信号

软中断信号简称信号（signal），它与信号量（semaphore）是两个不同的概念。进程之间可以通过系统调用 kill 相互发送软中断信号。内核也可以从内部发送软中断信号。同中断（interrupt）和异常（exception）相比较，信号对用户态的进程是可见的，可以被用户态进程捕获。

一般情况下，进程或者内核发送信号只有两个目的：告诉一个进程某个特定的事件发生了，或者迫使进程执行中断信号服务程序。发送进程必须具有 root 权限，或者它的真实或有效用户 ID 等于接收进程的真实或保存的 set-user-ID，才可以向接受进程发送信号。

2. 软中断信号的分类

在 UNIX 系统 V 中有 19 个软中断信号，分成下面几个类型：

- 与进程终止相关的软中断信号。当进程退出的时候或者是当进程以子进程（SIGCHLD）为参数调用系统调用 signal 时，发送这类软中断信号。
- 与进程意外事件相关的软中断信号。如进程访问地址越界，企图写一个只读内存区，或执行一个特权指令及其他各种硬件的错误。
- 与在系统调用期间发生不可恢复条件相关的软中断信号。如在执行 exec 系统调用的时候，原来进程所拥有的资源被释放，而系统资源又被耗尽的情况。
- 由在执行一个系统调用时遇到的非预测错误条件所引起的软中断信号。例如，调用不存在的系统调用。
- 由在用户态下的进程发出的软中断信号。例如进程用系统调用 kill 向其他进程发送任意的软中断信号。

- 和终端交互相关的软中断信号。如用户按下鼠标左右键。
- 跟踪进程执行的软中断信号。

在表 17-1 中，我们列出了 Linux 中基于 Intel x86 的前 31 种信号。

表 17-1 The First 31 Signals in Linux/i386

#	Signal name	Default action	Comment	POSIX
1	SIGHUP	Terminate	Hang up controlling terminal or process	Yes
2	SIGINT	Terminate	Interrupt from keyboard	Yes
3	SIGQUIT	Dump	Quit from keyboard	Yes
4	SIGILL	Dump	Illegal instruction	Yes
5	SIGTRAP	Dump	Breakpoint for debugging	No
6	SIGABRT	Dump	Abnormal termination	Yes
6	SIGIOT	Dump	Equivalent to SIGABRT	No
7	SIGBUS	Dump	Bus error	No
8	SIGFPE	Dump	Floating-point exception	Yes
9	SIGKILL	Terminate	Forced-process termination	Yes
10	SIGUSR1	Terminate	Available to processes	Yes
11	SIGSEGV	Dump	Invalid memory reference	Yes
12	SIGUSR2	Terminate	Available to processes	Yes
13	SIGPIPE	Terminate	Write to pipe with no readers	Yes
14	SIGALRM	Terminate	Real-timerclock	Yes
15	SIGTERM	Terminate	Process termination	Yes
16	SIGSTKFLT	Terminate	Coprocessor stack error	No
17	SIGCHLD	Ignore	Child process stopped or terminated， or got signal if traced	Yes
18	SIGCONT	Continue	Resume execution， if stopped	Yes
19	SIGSTOP	Stop	Stop process execution	Yes
20	SIGTSTP	Stop	Stop process issued from tty	Yes
21	SIGTTIN	Stop	Background process requires input	Yes
22	SIGTTOU	Stop	Background process requires output	Yes
23	GSIGUR	Ignore	Urgent condition on socket	No
22	SIGTTOU	Stop	Background process requires output	Yes
24	SIGXCPU	Dump	CPU time limit exceeded	No
25	SIGXFSZ	Dump	File size limit exceeded	No
26	SIGVTALRM	Terminate	Virtual timer clock	No
27	SIGPROF	Terminate	Profile timer clock	No
28	SIGWINCH	Ignore	Window resizing	No
29	SIGIO	Terminate	I/O now possible	No

#	Signal name	Default action	Comment	POSIX
29	SIGPOLL	Terminate	Equivalent to SIGIO	No
30	SIGPWR	Terminate	Power supply failure	No
31	SIGSYS	Dump	Bad system call	No
31	SIGUNUSED	Dump	Equivalent to SIGSYS	No

3. 软中断信号的应用

Linux 给我们提供了丰富的系统调用函数，利用这些函数，我们可以轻松地编写自己的中断信号服务程序。下面我们将简单地介绍一下信号相关的系统调用及其应用。

int sigaction（int signo， const struct sigaction *act， struct sigaction *oact）;

该函数用来为进程设置信号处理函数，其中 struct sigaction 数据是用来保存信号处理函数的相关信息。

int kill（pid_t pid，int sig）;

该函数用来向进程 id 为 pid 的目的进程（进程组）发送信号 sig。

typedef void （*sighandler_t）（int）;

sighandler_t signal（int signum， sighandler_t handler）;

该函数功能与 sigaction 相近;

int sigpending（sigset_t *set）;

检查进程是否有 pending signals。

int sigsuspend（const sigset_t *mask）;

等待一个信号。

除了上面 5 个，还有 sigprocmask（），rt_sigaction（），rt_sigpending（），rt_sigprocmas（），rt_sigqueueinfo（），rt_sigsuspend（），rt_sigtimedwait（），至于它们的功能及用法请参考相关的 man 手册。

我们通过下面的这个例子来加深对这些系统调用的理解。

```
/*
 * example.c
 * tiny example show how to use the sigaction（）.
 * compiled by: gcc -Wall -o example example.c
 */
#include <stdio.h>
#include <stdlib.h>
#include <signal.h>
#include <sys/types.h>
#include <sys/wait.h>
```

```
#include <unistd.h>

void func（int sigN）;
int main（）
{
      pid_t i;
struct sigaction sa;

sa.sa_handler = func;
sa.sa_flags = SA_ONESHOT | SA_NOMASK;
sigaction（SIGCHLD，&sa，NULL）;

i = fork（）;
if（i > 0）  {
            printf（"Parent: Signal SIGCHLD will be received from Child.\n"）;
            wait（NULL）;
            printf（"Parent: finished.\n"）;
} else if  （i == 0）  {
            sleep（3）;
            printf（"Child: terminate.\n"）;
            exit（0）;
} else {
            printf（"Parent: fork failed.\n"）;
            return -1;
}

      return 0;
}

void func（int sigN）
{
      if（  sigN == SIGCHLD  ）
            printf（"Parent: signal SIGCHLD received.\n"）;
}
```

这个例子的思路很简单，我们利用 sigaction 给进程添加了一个信号处理函数；子进程运行 3 秒之后结束，系统会向父进程发送 SIGCHLD 信号；父进程在接受到这个信号的时候调用我们定义的 func 函数进行处理。

我们在 Linux 下对该程序进行编译：

```
#gcc -Wall example.c -o example
```

然后输入./example 执行

#./example

最后，我们得到的结果如下:

Parent: Signal SIGCHLD will be received from Child.
Child: terminate.
Parent: signal SIGCHLD received.
Parent: finished.

4. 软中断信号的发送

因为本书的研究重点是操作系统内核，因此，我们将更多地考虑操作系统是如何去实现那些同步机制的。现在我们先考察一下 Linux 中一个信号是如何发送给一个进程的。在一个进程或者内核往某个进程发送信号的过程中，内核调用了 send_sig（），send_sig_info（），force_sig（），或者 force_sig_info（）这几个函数，所有这几个函数最后都调用到 specific_send_sig_info（）。下面我们分析一下函数 send_sig_info（）的实现。

int send_sig_info（int sig，struct siginfo *info，struct task_struct *p）;

其中 sig 是信号号，info 指向一个 siginfo 型的结构的地址，p 指向目的进程。

kernel/signal.c， line 1314

```
1314 int send_sig_info（int sig，  struct siginfo *info，  struct task_struct *p）
1315 {
1316            int ret;
1317            unsigned long flags;
1318
1319            /*
1320             * Make sure legacy kernel users don't send in bad values
1321             *  （normal paths check this in check_kill_permission）.
1322             */
1323            if （!valid_signal（sig））
1324                    return -EINVAL;
1325
1326            /*
1327             * We need the tasklist lock even for the specific
1328             * thread case （when we don't need to follow the group
1329             * lists） in order to avoid races with "p->sighand"
1330             * going away or changing from under us.
1331             */
1332            read_lock（&tasklist_lock）;
1333            spin_lock_irqsave（&p->sighand->siglock，  flags）;
1334            ret = specific_send_sig_info（sig，  info，  p）;
```

```
1335            spin_unlock_irqrestore（&p->sighand->siglock， flags）;
1336            read_unlock（&tasklist_lock）;
1337            return ret;
1338 }
```

send_sig_info 具体执行过程如下：

1） 首先调用函数 valid_signal（sig），它检查传入参数值的合法性

2） 然后，函数拿到必要的锁之后，调用函数 specific_send_sig_info（）。

kernel/signal.c， line 906

```
905 static int
906 specific_send_sig_info（int sig， struct siginfo *info， struct task_struct *t）
907 {
908         int ret = 0;
909
910         if （!irqs_disabled（））
911                 BUG（）;
912         assert_spin_locked（&t->sighand->siglock）;
913
914         /* Short-circuit ignored signals. */
915         if （sig_ignored（t， sig））
916                 goto out;
917
918         /* Support queueing exactly one non-rt signal， so that we
919            can get more detailed information about the cause of
920            the signal. */
921         if （LEGACY_QUEUE（&t->pending， sig））
922                 goto out;
923
924         ret = send_signal（sig， info， t， &t->pending）;
925         if （!ret && !sigismember（&t->blocked， sig））
926                 signal_wake_up（t， sig == SIGKILL）;
927 out:
928         return ret;
929 }
```

3）调用函数 sig_ignored（），看看这个信号是否能被忽略。

sig_ignored（）在下列条件下返回 1：目的进程没有被跟踪；并且信号没有被目的进程阻塞；并且信号被目的进程忽略（被进程定义为忽略处理，或者本身信号的缺省处理就是忽略）。

4）调用函数 send_signal（）进行信号发送。

关于这个函数，我们在后面 signal 在 Linux 中的实现中再详细分析。

5）signal_wake_up（）唤醒接受信号的进程。

如果发送的信号是 SIGKILL，则即使接受进程处于 stopped/traced 状态，也会被唤醒。

函数 send_sig（）同 send_sig_info（）基本相似，除了参数 info 换成了 priv。如果 priv 为真，则信号由内核发送，为假，则是普通进程发送。send_sig（）函数定义如下：

kernel/signal.c，　line 1344

```
1343 int
1344 send_sig（int sig，　struct task_struct *p，　int priv）
1345 {
1346             return send_sig_info（sig，　__si_special（priv），　p）；
1347 }
```

函数 force_sig_info（）是被内核用来向进程发送那些没法明确地忽略或者是阻塞的信号的。它的参数跟 send_sig_info（）一致。

5. 软中断信号的接收

现在我们来看看，在接受信号的时候，内核究竟做了什么。我们假定内核已经注意到了一个发送给目的进程的信号，并且调用了前面提到的信号发送函数来修改目的进程的描述符。但是，因为目的进程还处于 not running 状态，所以，首先内核要唤醒它，使之接收信号，并保证该信号被处理。

内核调用 do_signal（）函数来处理非阻塞的待接收信号（pending signal）。

```
static void fastcall do_signal（struct pt_regs *regs）
```

regs 指向当前进程用户态寄存器内容的存储地址。

关于这个函数的详细分析，我们放到后面“软中断信号在 Linux 中的实现”一节中讲解。

6. 软中断信号的处理

前面我们考察了什么是软中断信号、软中断信号的一些相关的系统调用，以及消息在内核中的发送和接收函数。在本小节中，我们将继续把我们的注意力放到内核是如何实现这些系统调用的。

内核在收到软中断信号的进程上下文中处理软中断信号。处理软中断信号有三种情况：进程收到信号后退出，进程忽略信号，或者收到信号之后执行特殊的函数。但是一个进程可以用系统调用 sigaction 来定义要做的特殊动作。

如上一小节所描述，系统调用 sigaction 的语法格式为：

IsSuccess = sigaction（signum，act，oldact）;

其中 signum 为进程要为其定义动作的软中断信号值，act 是一个 struct sigaction 的对象，存放进程收到信号 signum 后所希望调用的函数的地址（关于 struct sigaction 将在后面提到），oldact 也是一个 struct sigaction 的对象，将存放最近一次为信号 signum 定义的函数的地址。系统调用执行成功则 IsSuccess 为 0，否则为—1。

内核首先确定信号的类型并关闭在进程表对应的信号位。然后根据已经定义的对该信号的处理方案进行处理。

当进程收到一个它要忽略的信号时，它就继续运行。如果该信号再次发生，进程继续忽略。如果进程收到了一个它要捕获的信号，那么，当它返回用户态的时候，就立即执行用户自定义的中断处理函数。在这个过程当中，内核首先存取用户保存的寄存器的上下文，找到它为返回用户进程而保存的程序计数器和栈指针。然后内核在用户栈上创建一个新的栈层，写入刚才取出的程序计数器核栈指针的值，并在需要的情况下分配新的空间。最后，内核改变用户保存的寄存器上下文：重置程序计数器为软中断捕获函数的地址，并将栈指针置为用户栈增长后的值。在进程从内核态返回到用户态后，进程执行软中断信号处理函数。当完成软中断处理函数的时候，进程又要回到中断发生时或者系统调用时的用户代码处继续执行下去。

7. 软中断信号的几点注意

通过上面的介绍，我们可以感觉到，软中断信号的应用是方便而简单的，同时功能很强大，但是有几点要引起我们注意的：

（1） 如果当软中断信号被捕获的时候，进程恰好正在执行系统调用，并且处于 TASK_INTERRUPTIBLE 的睡眠之中，那么这个信号的到来会导致进程跳出睡眠，返回用户态，并调用中断处理函数。当该处理函数完成后，进程将从这个系统调用中返回，同时带回一个错误的指示以标志该系统调用曾经被中断。

（2） 2.6 的内核相对于 2.4 内核而言，改进了对于忽略信号的处理。在 2.4 中，如果一个进程在可被中断的优先级上睡眠，它收到一个软中断信号，该进程将被唤醒。也就是说，内核只有在唤醒并运行一个进程的时候，才能确定是否应该忽略这个信号。在 2.6 中，如果内核发现一个信号是被接收进程忽略的，那么它将不会发送这个信号，也不会去唤醒接收进程。

（3） 内核处理“子进程死”的中断信号，与处理其他信号的方法是不同的。这有一个特殊的处理过程。当进程收到一个“子进程死”软中断信号后，它关闭进程表项中的信号指示，在默认的情况下，进程继续执行，内核从进程表中清除该僵死子进程的表项并继续执行系统调用 wait。

8. 如何运用信号实现进程同步

这是一个非常简单的过程，在进程接收到特定信号之前，把进程挂起，也就是把进程放到某个等待队列中，直到该信号来了才唤醒。对于这样的应用，我们建议读者在 Linux

中试验一下，在这儿我们就不多说了。

17.1.3 信号量（semaphore）

在使用信号量实现共享资源互斥访问以前，如果一个进程要封锁一个共享资源，可以通过调用 creat 来创建一个锁文件，如果这个锁文件已经存在，creat 就会失败，从而进程认为有另外一个进程已将该资源封锁了。这种方法的缺点就是进程不知道什么时候该资源已被释放，并且当系统崩溃的时候，锁文件有可能仍旧被遗留在系统中，从而使得该资源永远得不到释放。

Linux 利用了等待队列实现信号量（Semaphore）及其操作。（注意，这儿所指的信号量是操作系统教材上普遍介绍的那种，不同于 System V IPC 的信号量。）在 Linux 中有两种类型的信号量：一种是普通信号量，另一种是读写信号量。

- **普通信号量**的操作有 up（）、down（）、down_interuptible（）和 down_trylock（）。Linux 利用信号量的 down 操作来得到如下的目的：如果进程没法进入临界区（critical section），那么就进入等待队列，交出 CPU 的控制权，由系统对其他进程进行调度；up 操作的目的跟 down 相反，up 操作把等待队列上的进程唤醒。
- **读写信号量**有下列操作函数：down_read（）、down_read_trylock（）、down_write（）、down_write_trylock（）、up_read（）、up_write（）。关于这两类信号量及其它们的操作函数的具体定义我们把它放在 17.2.3 中讨论。

17.1.4 管道（PIPE）

1. 什么是管道

管道允许在进程之间按先进先出的方式传送数据，是进程间通信的一种常见的方式，也使进程能同步执行。它最适合于解决类似于生产者/消费者的同步问题。

举个简单的例子：

```
$ ls | more
```

这是一个 shell 命令的例子，功能是将 ls 命令的输出作为 more 命令的输入，并显示 more 的最终输出。这里 ls 与 more 要由两个进程来完成。这两个进程的通信就通过父进程 shell 创建管道。ls 向管道输入数据，more 从管道读出数据。

管道分为 pipe（无名管道）和 FIFO（命名管道）两种。除了建立、打开、删除的方式不同外，这两种管道几乎是一样的。它们都是通过内核缓冲区实现数据传输。

pipe 用于相关进程之间的通信，如父进程和子进程。它通过 pipe（）系统调用来创建并打开，当最后一个使用它的进程关闭对它的引用时，pipe 将自动撤消。

FIFO 即命名管道，在磁盘上有对应的节点，但没有数据块——换言之，只是拥有一个名字和相应的访问权限。它是通过 mknod（）系统调用或 mkfifo（）函数来建立的。一旦建立，任何进程都可以通过文件名将其打开和进行读写，而不局限于父子进程。当然前提是进程对 FIFO 有适当的访问权。当不再被进程使用时，FIFO 在内存中释放，但磁盘节点仍然存在。

2. 管道的工作机制

管道的实质是一个内核缓冲区，进程以先进先出的方式从缓冲区中存取数据：管道一端的进程顺序地将数据写入缓冲区，另一端的进程则顺序地读出数据。该缓冲区可以看作一个循环队列，读和写的位置都是自动增加（循环）的，不能随意改变，一个数据只能被读一次，读出以后在缓冲区中就不复存在了。当缓冲区读空或写满时，有一定的规则控制相应的读进程或写进程是否进入等待队列；当空的缓冲区有新数据写入或满的缓冲区有数据读出时，就唤醒等待队列中的进程继续读写。

pipe（无名管道）实际上以类似文件的方式与进程交互，但它并不与磁盘打交道，所以效率要比文件操作高很多。一个 pipe 就如一个打开的文件，主要包括一个 inode 和两个 file 结构——分别用于读和写。pipe 的缓冲区首地址就存放在 inode 的 i_pipe 域指向的 pipe_inode_info 结构中。这里的 inode 和 file 结构都是 VFS 的概念，但管道 inode 并没有磁盘上的映像，只在内存中交换数据。pipe 在内存中的结构如图 17-2。

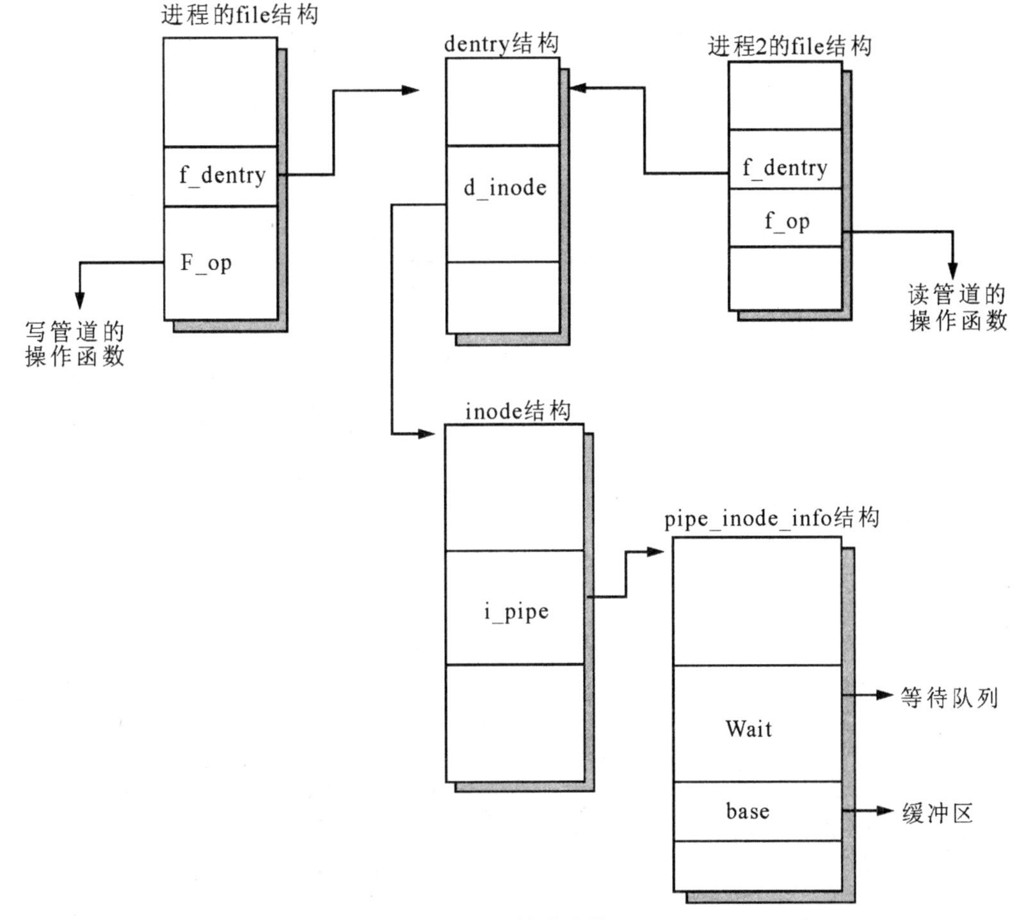

图 17-2 管道结构

使用 pipe 的一个典型的过程是（以从进程 1 向进程 2 写数据为例）：

（1） 进程 1 调用 pipe（）系统调用，得到上述两个 file 结构的两个文件描述符 fd[2]，fd[0]用于读，fd[1]用于写；

（2） 进程 1 调用 fork（）创建进程 2，上述两个文件描述符被子进程复制一遍，于是子进程也有两个文件描述符 fd[2]；

（3） 进程 2 调用 close（）关闭与写 file 结构相关的文件描述符 fd[1]；

（4） 进程 1 调用 close（）关闭与读 file 结构相关的文件描述符 fd[0]；

（5） 进程 1 调用 write（）通过写相关的文件描述符 fd[1]向管道写数据；

（6） 进程 2 调用 read（）通过读相关的文件描述符 fd[0]从管道读数据。

两个进程间通讯完成之后，

（1） 进程 1 调用 close（）关闭写相关的文件描述符；

（2） 进程 2 调用 close（）关闭读相关的文件描述符。

上述过程中，进程 1 拥有写 file 结构，进程 2 拥有读 file 结构，对应的都是同一个管道 inode，两个进程分别进行读写操作时，数据就由 inode 的 i_pipe 域确定的内核缓冲区从进程 1 传给了进程 2。如图 17-3 所示。

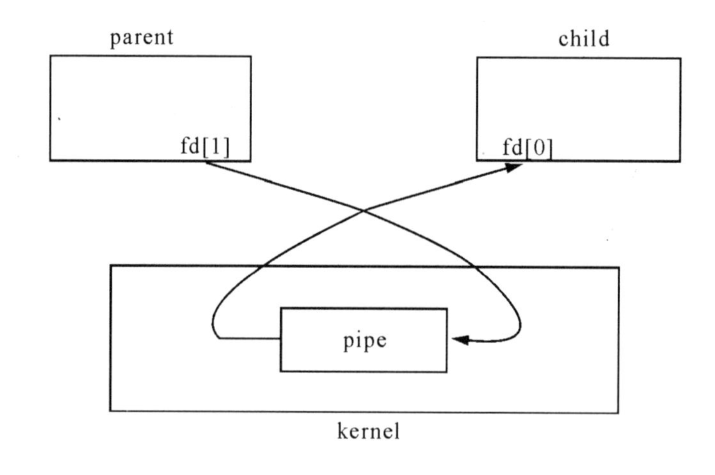

图 17-3 pipe 结构

可见 pipe 是单向的。如果两个进程需要双向的数据交换，可以创建两个 pipe——对应四个 file 结构。当然，一个 pipe 也可以由两个以上进程共用，因为同一个 file 结构可以由创建它的进程的子进程共享。但这需要使用文件的锁机制或信号量机制进行同步控制。pipe 的限制就是只能在可以共享打开文件的进程之间使用，也就是说只能使用共同祖先创建的 pipe——这个问题可以由 FIFO（命名管道）来解决。

FIFO 又叫命名管道（named pipe），它与 pipe 的工作机制很类似，都是采用对打开的文件进行读写的方式，通过 inode 的 i_pipe 中的内核缓冲区进行数据传输。主要区别在于，FIFO 有一个名字，而 pipe 没有。FIFO 的名字对应于一个磁盘索引节点，有了这个文件名，任何进程有相应的权限都可以对它进行访问。而 pipe 却不同，进程只能访问自己或祖先创建的 pipe，而不能任意访问已经存在的 pipe——因为没有名字。

由于存在这个区别，FIFO 的创建、打开和删除的过程与 pipe 也不一样。Linux 中通过系统调用 mknod（）或 mkfifo（）来创建一个 FIFO。最简单的方式是直接使用 shell 命令：

$mkfifo myfifo

等价于：

$mknod myfifo p

以上命令在当前目录下创建了一个名为 myfifo 的 FIFO。用 ls –p 命令查看文件的类型时，可以看到 FIFO 对应的文件名后有一条竖线“|”，表示该文件不是普通文件而是命名管道。使用系统调用 open（）通过文件名可以打开已创建的 FIFO，而 pipe 不能由 open（）系统调用来打开。pipe 有自己的超级块，而 FIFO 不需要定义自己的超级块，它使用的是当前进程所在文件系统的超级块。但 FIFO 的 file 结构的操作函数却与 pipe 相同，与当前的文件系统无关，因为它不需要通过磁盘交换数据。所以一旦 FIFO 创建并打开以后，其工作机制就与 pipe 大同小异了。当一个 FIFO 不再被任何进程打开时，它并没有消失，还可以再次被打开，就像打开一个磁盘文件一样。可以用删除普通文件的方法将其删除，实际删除的是磁盘上对应的节点信息。

3. 管道读写的同步

管道是这样保证读写进程的同步的。首先，管道缓冲区是互斥访问的，这是通过管道 inode 中的信号量（inode.i_sem）实现的。然后，当进程进入临界区之后，其行为遵循以下规则：

读进程：

- 若管道中的数据量大于或等于读进程请求的数据量，则进程读出所需的数据，退出临界区，唤醒等待的写进程，通知它们有更多的空间可供写入；
- 若管道中的数据量小于读进程请求的数据量但当前是非阻塞方式，则读出现有数据，退出临界区，若读出的数据量大于 0，则唤醒等待的写进程；
- 若管道中的数据量小于读进程请求的数据量且是阻塞方式，则又分以下情况：
- 管道一开始就为空，则进入等待队列，等待数据到来；
- 已读出部分数据后管道为空，则进一步判断：若有写进程在等待，则唤醒写进程，自己进入等待队列；若没有写进程在等待，则退出临界区，返回已读的数据。

写进程：

- 若管道中可用空间大于或等于要写入的数据量，则进程将数据写入，退出临界区，唤醒等待的读进程，通知它们有更多的数据可读出；
- 若管道中可用空间小于要写入的数据量，则进一步判断要写入数据量的大小，若数据量太小则不写，若数据量足够大，则写满管道。这里再分为两种情况：
- 若是非阻塞方式，则退出临界区，唤醒等待的读进程；

  若是阻塞方式，则唤醒等待的读进程，自己进入等待队列，等待缓冲区的数据被读出从而有更多的空间供写入。

可见，管道其实是通过互斥信号量和等待队列实现了生产者（写进程）和消费者（读进程）之间的同步。

17.2 Linux 中几种同步机制的实现

在本节中我们将结合 Linux 源代码对上面所提到的软中断信号、信号量、管道以及等待队列逐个进行分析

17.2.1 等待队列在 Linux 中的实现

在 Linux 内核中，等待队列以循环链表的方式存在，它的每个节点包含了一个指向等待进程 task_struct 的指针。它的结构定义如下：

include/linux/wait.h， line 33

```
33 struct __wait_queue {
34              unsigned int flags;
35 #define WQ_FLAG_EXCLUSIVE          0x01
36              void *private;
37              wait_queue_func_t func;
38              struct list_head task_list;
39 };
```

36 指向等待进程的 task_struct 的指针。

38 用 list_head 结构连接这个队列。

list_head 结构如下定义：

```
struct list_head {
      struct list_head *next，  *prev;
};
```

从上我们可以看到 list_head 结构是一个用来链接各个 list_head 的数据结构。

每个 wait_queue 有一个队列头：

include/linux/wait.h， line 51

```
51 struct __wait_queue_head {
52              spinlock_t lock;
53              struct list_head task_list;
54 };
```

等待队列的操作由于其本质是对链表的操作，必须拿到相应的锁之后才能进行，因此每个队列头里面都有一个 lock 变量。加入和删除等待队列可以使用下面这些函数：

1. include/linux/wait.h 文件里面包含最基本的对于等待队列的操作，它假设用户已经拿到对应的锁：

```
120 static inline void __add_wait_queue（wait_queue_head_t *head，  wait_queue_t *new）
121 {
122             list_add（&new->task_list，  &head->task_list）；
123 }

128 static inline void __add_wait_queue_tail（wait_queue_head_t *head，
129                                              wait_queue_t *new）
130 {
131             list_add_tail（&new->task_list，  &head->task_list）；
132 }

134 static inline void __remove_wait_queue（wait_queue_head_t *head，
135                                              wait_queue_t *old）
136 {
137             list_del（&old->task_list）；
138 }
```

其中：
head 指向一个队列，new 指向要添加的节点，old 指向要删除的节点。其中 wait_queue_t 的定义为：

typedef struct __wait_queue wait_queue_t;

wait_queue_head_t 的定义为:

typedef struct __wait_queue_head wait_queue_head_t;

list_add（）完成把 new 加到等待队列中；

list_add_tail（）把 new 加到等待队列的末尾；

list_del（）把 old 从等待队列中删除。

2. kernel/wait.c 文件里面包含了对于上面这几个函数的封装操作：

```
14 void fastcall add_wait_queue（wait_queue_head_t *q，  wait_queue_t *wait）
15 {
```

```
16          unsigned long flags;
17
18          wait->flags &= ~WQ_FLAG_EXCLUSIVE;
19          spin_lock_irqsave（&q->lock， flags）;
20          __add_wait_queue（q， wait）;
21          spin_unlock_irqrestore（&q->lock， flags）;
22 }

25 void fastcall add_wait_queue_exclusive（wait_queue_head_t *q， wait_queue_t *wait）
26 {
27          unsigned long flags;
28
29          wait->flags |= WQ_FLAG_EXCLUSIVE;
30          spin_lock_irqsave（&q->lock， flags）;
31          __add_wait_queue_tail（q， wait）;
32          spin_unlock_irqrestore（&q->lock， flags）;
33 }

36 void fastcall remove_wait_queue（wait_queue_head_t *q， wait_queue_t *wait）
37 {
38          unsigned long flags;
39
40          spin_lock_irqsave（&q->lock， flags）;
41          __remove_wait_queue（q， wait）;
42          spin_unlock_irqrestore（&q->lock， flags）;
43 }
```

上面的代码只是描述了等待队列本身的一些操作，那么到底操作系统是如何使用它的呢？在接下来的篇幅中，我们将继续分析如何使用等待队列，在 kernel/shed.c 中就给我们提供了一些代码来演示等待队列是如何来管理任务的。

kernel/sched.c， line 3372

```
3372 #define SLEEP_ON_VAR
3373          unsigned long flags;
3374          wait_queue_t wait;
3375          init_waitqueue_entry（&wait， current）;
3376
3377 #define SLEEP_ON_HEAD
3378          spin_lock_irqsave（&q->lock，flags）;
```

```
3379             __add_wait_queue（q， &wait）;
3380             spin_unlock（&q->lock）;
3381
3382 #define SLEEP_ON_TAIL
3383             spin_lock_irq（&q->lock）;
3384             __remove_wait_queue（q， &wait）;
3385             spin_unlock_irqrestore（&q->lock， flags）;
```

这儿定义了三个宏，

3372-3375 定义了 SLEEP_ON_VAR 宏，它定义了两个变量 flags 和 wait，flags 在下面的宏中要用到，用以保存状态字；wait 是一个等待队列节点，这个节点指向当前进程。

3377-3380 定义了 SLEEP_ON_HEAD 宏，通过调用__add_wait_queue（）函数把刚才包含当前进程的等待队列节点 wait 加入到等待队列 q 中。

3382-3385 定义了 SLEEP_ON_TAIL 宏，通过调用__remove_wait_queue（）函数把包含当前进程的等待队列节点 wait 从等待队列 q 中删除。

kernel/sched.c

```
3396 void fastcall __sched interruptible_sleep_on（wait_queue_head_t *q）
3397 {
3398             SLEEP_ON_VAR
3399
3400             SLEEP_ON_BKLCHECK
3401
3402             current->state = TASK_INTERRUPTIBLE;
3403
3404             SLEEP_ON_HEAD
3405             schedule（）;
3406             SLEEP_ON_TAIL
3407 }

3429 long fastcall __sched sleep_on_timeout（wait_queue_head_t *q， long timeout）
3430 {
3431             SLEEP_ON_VAR
3432
3433             SLEEP_ON_BKLCHECK
3434
3435             current->state = TASK_UNINTERRUPTIBLE;
3436
3437             SLEEP_ON_HEAD
```

```
3438            timeout = schedule_timeout（timeout）;
3439            SLEEP_ON_TAIL
3440
3441            return timeout;
3442 }
```

interruptible_sleep_on（）和 sleep_on_timeout（）是两个很相似的函数，他们的区别就是在于把当前进程加入等待队列等待之前，当前进程处于什么样的状态；另外还有就是 sleep_on_timeou（）函数中，当前进程对等待的时间有一个限制，超过这个时间，即使等待的事件没有发生，timer 会把这个进程唤醒。被 interruptible_sleep_on（）函数 block 的进程，如果其他某个进程给他一个 signal，它是可以被唤醒的；而被 sleep_on_timeout（）函数 block 的进程，在它等待的事件到来之前或者等待 timeout 之前，无论你送什么信号给它，它始终处于睡眠状态，只有 wake_up（）才能把它给唤醒（wake_up（）稍后就会分析）。

kernel/sched.c

```
3142 /*
3143  * The core wakeup function.  Non-exclusive wakeups （nr_exclusive == 0） just
3144  * wake everything up.  If it's an exclusive wakeup （nr_exclusive == small +ve
3145  * number） then we wake all the non-exclusive tasks and one exclusive task.
3146  *
3147  * There are circumstances in which we can try to wake a task which has already
3148  * started to run but is not in state TASK_RUNNING.  try_to_wake_up（） returns
3149  * zero in this （rare） case， and we handle it by continuing to scan the queue.
3150  */
3151 static void __wake_up_common（wait_queue_head_t *q， unsigned int mode，
3152                              int nr_exclusive， int sync， void *key）
3153 {
3154            struct list_head *tmp， *next;
3155
3156            list_for_each_safe（tmp， next， &q->task_list） {
3157                    wait_queue_t *curr;
3158                    unsigned flags;
3159                    curr = list_entry（tmp， wait_queue_t， task_list）;
3160                    flags = curr->flags;
3161                    if （curr->func（curr， mode， sync， key） &&
3162                        （flags & WQ_FLAG_EXCLUSIVE） &&
3163                       !--nr_exclusive）
3164                            break;
```

```
3165              }
3166 }
3167
3168 /**
3169   * __wake_up - wake up threads blocked on a waitqueue.
3170   * @q: the waitqueue
3171   * @mode: which threads
3172   * @nr_exclusive: how many wake-one or wake-many threads to wake up
3173   * @key: is directly passed to the wakeup function
3174   */
3175 void fastcall __wake_up（wait_queue_head_t *q， unsigned int mode，
3176                               int nr_exclusive， void *key）
3177 {
3178              unsigned long flags;
3179
3180              spin_lock_irqsave（&q->lock， flags）;
3181              __wake_up_common（q， mode， nr_exclusive， 0， key）;
3182              spin_unlock_irqrestore（&q->lock， flags）;
3183 }
3184
3185 EXPORT_SYMBOL（__wake_up）;
```

__wake_up（）函数拿到 lock 锁并且关掉中断之后，直接调用了__wake_up_common（）函数。__wake_up_common（）函数从队列上取下等待队列节点，调用等待队列节点的唤醒函数，这个函数在初始化这个节点的时候设置为 default_wake_function（）; default_wake_function（）又调用了 try_to_wake_up（）。请读者参阅 kernel/sched.c 里面这两个函数对应的代码。

由上面的代码分析可以看出，等待队列是进程等待、睡眠、唤醒、切换等机制的基础。在系统中扮演着非常重要的作用。

17.2.2 软中断信号在 Linux 中的实现

1. 进程信号队列结构

include/linux/sched.h， line 701

```
701 struct task_struct {
...
820              struct sigpending pending;
```

```
...
888 };
```

include/linux/signal.h， line 49

```
49 struct sigpending {
50         struct list_head list;
51         sigset_t signal;
52 };
```

每个进程具有一个 sigpending 结构所描述的等待信号队列，sigpending 中的 list 是所有 sigqueue 成员的链表；signal 描述了此队列中的信号集。

2. 信号的发送过程

我们在第 17.1.2.4 节“软中断信号的发送”中，已经对函数 send_sig_info（）有过分析，send_sig_info（）是向进程发送信号的主要函数，它最后会通过函数 send_signal（）把信号发送到接收进程的 sigpending 结构中。下面我们来看一看 send_signal（）函数的实现。

kernel/signal.c， line 811

```
811 static int send_signal（int sig， struct siginfo *info， struct task_struct *t，
812                         struct sigpending *signals）
813 {
814         struct sigqueue * q = NULL;
815         int ret = 0;
816
817         /*
818          * fast-pathed signals for kernel-internal things like SIGSTOP
819          * or SIGKILL.
820          */
821         if （info == SEND_SIG_FORCED）
822                 goto out_set;
823
824         /* Real-time signals must be queued if sent by sigqueue， or
825            some other real-time mechanism. It is implementation
826            defined whether kill（） does so. We attempt to do so， on
827            the principle of least surprise， but since kill is not
828            allowed to fail with EAGAIN when low on memory we just
829            make sure at least one signal gets delivered and don't
830            pass on the info struct. */
```

```
831
832         q = __sigqueue_alloc（t， GFP_ATOMIC， （sig < SIGRTMIN &&
833                                               （is_si_special（info） ||
834                                               info->si_code >= 0)））；
835         if （q） {
836                 list_add_tail（&q->list， &signals->list）；
837                 switch （(unsigned long） info） {
838                 case （unsigned long） SEND_SIG_NOINFO:
839                         q->info.si_signo = sig;
840                         q->info.si_errno = 0;
841                         q->info.si_code = SI_USER;
842                         q->info.si_pid = current->pid;
843                         q->info.si_uid = current->uid;
844                         break;
845                 case （unsigned long） SEND_SIG_PRIV:
846                         q->info.si_signo = sig;
847                         q->info.si_errno = 0;
848                         q->info.si_code = SI_KERNEL;
849                         q->info.si_pid = 0;
850                         q->info.si_uid = 0;
851                         break;
852                 default:
853                         copy_siginfo（&q->info， info）；
854                         break;
855                 }
856         } else if （!is_si_special（info）） {
857                 if （sig >= SIGRTMIN && info->si_code != SI_USER）
858                 /*
859                  * Queue overflow， abort. We may abort if the signal was rt
860                  * and sent by user using something other than kill（）.
861                  */
862                         return -EAGAIN;
863         }
864
865 out_set:
866         sigaddset（&signals->signal， sig）；
867         return ret;
868 }
```

函数 send_signal（）将信号 sig 和对应的消息结构 info 添加到进程 t 的等待信号队列 sigpending 中。

832 函数__sigqueue_alloc（）判断 t 进程的等待信号是否已经超出上限，如果没有则分配并初始化一个 sigqueue 结构返回。

836 把这个 sigqueue 加到 sigpending 队列的最后。

838 info 参数如果为 SEND_SIG_NOINFO（0），表示信号发自于于当前用户进程。

845 info 参数如果为 SEND_SIG_PRIV（1），表示信号发自于内核本身。

853 否则把 info 结构拷贝到 sigqueue 中。

866 将 sig 号标记在队列的信号集上，如下：

include/linux/signal.h， line 63

```
63 static inline void sigaddset（sigset_t *set， int _sig）
64 {
65          unsigned long sig = _sig - 1;
66          if （_NSIG_WORDS == 1）
67                  set->sig[0] |= 1UL << sig;
68          else
69                  set->sig[sig / _NSIG_BPW] |= 1UL << （sig % _NSIG_BPW）;
70 }
```

3. 信号的执行过程

从内核返回用户代码之前，紧跟调度过程之后，系统判断当前进程的 sigpending 标志来确定是否需要进行信号处理；系统从信号队列中提取信号时，并不是按照信号发送的先后顺序，而是按照信号集中信号值从小到大的顺序；如果信号处理是在操作系统调用之后触发的，在调度用户信号函数之前，内核会检查系统调用的返回码，看看是不是由于信号而中断了该系统调用。如果返回码是—ERESTARTSYS，并且当前调度的信号具有 SA_RESTART 属性，系统会在用户信号函数返回之后触发用户 int 0x80 指令，再次执行该系统调用，即系统调用不会错误返回。在用户信号函数执行时，如果信号具有 SA_SIGINFO 属性，使用 rt_sigframe 信号。在信号函数执行后，如果信号具有 SA_ONESHOT 属性，将取消用户信号函数的定义；在用户的信号函数返回之前，由于硬件中断，可能会引发内核调度进程后继的信号，因此在切换到用户信号函数之前，为了防止用户信号函数重入，系统会将相应的信号阻塞。信号的 SA_NODEFER 属性可取消这个限制；如果 SIGCHLD 信号被用户定义为忽略处理，系统将替用户执行 sys_wait4（）函数，取其子进程的终止信息；在缺省情况下，SIGCONT、SIGCHLD、SIGWINCH 被忽略；init 进程将忽略所有缺省处理的信号。对于孤立的进程，SIGTSTP、SIGTTIN、SIGTTOU 被忽略，否则像 SIGSTOP 那样将暂停进程运行。如果进程收到信号而暂停，如果其父进程的 SIGCHLD 属性为

SA_NOCHLDSTP，就不向父进程发送 SIGCHLD 通知信息。其他的信号将导致进程退出，退出码低 7 位为信号的值，第 8 位为 1 时表示生成了 core 文件；如果当前进程处于被跟踪状态，非 SIGKILL 信号将导致进程暂停，退出码置为信号值，并向调试器发送 SIGCHLD 通知信息，当进程恢复执行时，系统将检查退出码代表的信号是否被调试器修改，是否需要将新的信号添加到当前信号队列。

下面我们来分析一下 do_signal（）函数。

arch/i386/kernel/signal.c， line 567

```
567 static void fastcall do_signal（struct pt_regs *regs）
568 {
569             siginfo_t info;
570             int signr;
571             struct k_sigaction ka;
572             sigset_t *oldset;
573
574             /*
575              * We want the common case to go fast， which
576              * is why we may in certain cases get here from
577              * kernel mode. Just return without doing anything
578              * if so.  vm86 regs switched out by assembly code
579              * before reaching here， so testing against kernel
580              * CS suffices.
581              */
582             if （!user_mode（regs））
583                     return;
584
585             if （try_to_freeze（））
586                     goto no_signal;
587
588             if （test_thread_flag（TIF_RESTORE_SIGMASK））
589                     oldset = &current->saved_sigmask;
590             else
591                     oldset = &current->blocked;
592
593             signr = get_signal_to_deliver（&info， &ka， regs， NULL）;
594             if （signr > 0） {
595                     /* Reenable any watchpoints before delivering the
596                      * signal to user space. The processor register will
597                      * have been cleared if the watchpoint triggered
```

```
598                      * inside the kernel.
599                      */
600                 if （unlikely（current->thread.debugreg[7]））
601                         set_debugreg（current->thread.debugreg[7]， 7）;
602
603                 /* Whee!  Actually deliver the signal.  */
604                 if （handle_signal（signr， &info， &ka， oldset， regs） == 0） {
605                         /* a signal was successfully delivered; the saved
606                          * sigmask will have been stored in the signal frame，
607                          * and will be restored by sigreturn， so we can simply
608                          * clear the TIF_RESTORE_SIGMASK flag */
609                         if （test_thread_flag（TIF_RESTORE_SIGMASK））
610                                 clear_thread_flag（TIF_RESTORE_SIGMASK）;
611                 }
612
613                 return;
614         }
615
616 no_signal:
617         /* Did we come from a system call?  */
618         if （regs->orig_eax >= 0） {
619                 /* Restart the system call - no handlers present */
620                 switch （regs->eax） {
621                 case -ERESTARTNOHAND:
622                 case -ERESTARTSYS:
623                 case -ERESTARTNOINTR:
624                         regs->eax = regs->orig_eax;
625                         regs->eip -= 2;
626                         break;
627
628                 case -ERESTART_RESTARTBLOCK:
629                         regs->eax = __NR_restart_syscall;
630                         regs->eip -= 2;
631                         break;
632                 }
633         }
634
635         /* if there's no signal to deliver， we just put the saved sigmask
636          * back */
```

```
637             if （test_thread_flag（TIF_RESTORE_SIGMASK））  {
638                     clear_thread_flag（TIF_RESTORE_SIGMASK）;
639                     sigprocmask（SIG_SETMASK， &current->saved_sigmask， NULL）;
640             }
641 }
```

582 只有返回到用户态之前才能执行信号处理函数。
591 blocked 为阻塞信号集;
593 函数 get_signal_to_deliver（）（kernel/signal.c， line 1951）返回信号队列中序数最小的一个需要处理的信号;
604 调用函数 handle_signal（）处理这个信号。

arch/i386/kernel/signal.c， line 507

```
507 static int
508 handle_signal（unsigned long sig， siginfo_t *info， struct k_sigaction *ka,
509                     sigset_t *oldset， struct pt_regs * regs）
510 {
511             int ret;
512 
513             /* Are we from a system call?  */
514             if （regs->orig_eax >= 0） {
515                     /* If so， check system call restarting.. */
516                     switch （regs->eax） {
517                             case -ERESTART_RESTARTBLOCK:
518                             case -ERESTARTNOHAND:
519                                     regs->eax = -EINTR;
520                                     break;
521 
522                             case -ERESTARTSYS:
523                                     if （!（ka->sa.sa_flags & SA_RESTART）） {
524                                             regs->eax = -EINTR;
525                                             break;
526                                     }
527                             /* fallthrough */
528                             case -ERESTARTNOINTR:
529                                     regs->eax = regs->orig_eax;
530                                     regs->eip -= 2;
531                     }
532             }
533 
534             /*
```

```
535            * If TF is set due to a debugger  (PT_DTRACE),  clear the TF flag so
536            * that register information in the sigcontext is correct.
537            */
538          if  (unlikely (regs->eflags & TF_MASK)
539                 && likely (current->ptrace & PT_DTRACE))  {
540                    current->ptrace &= ~PT_DTRACE;
541                    regs->eflags &= ~TF_MASK;
542          }
543
544          /* Set up the stack frame */
545          if  (ka->sa.sa_flags & SA_SIGINFO)
546                    ret = setup_rt_frame (sig,  ka,  info,  oldset,  regs) ;
547          else
548                    ret = setup_frame (sig,  ka,  oldset,  regs) ;
549
550          if  (ret == 0)  {
551                    spin_lock_irq (&current->sighand->siglock) ;
552                    sigorsets (&current->blocked, &current->blocked, &ka->sa.sa_mask);
553                    if  (! (ka->sa.sa_flags & SA_NODEFER))
554                              sigaddset (&current->blocked,  sig) ;
555                    recalc_sigpending () ;
556                    spin_unlock_irq (&current->sighand->siglock) ;
557          }
558
559          return ret;
560 }
```

516 如果系统将要从系统调用返回，检查系统调用的返回码。

518 执行过信号函数之后不恢复原先系统调用状态。

522 执行过信号函数之后只有当信号具有 SA_RESTART 属性时才能恢复系统调用状态。

528 执行过信号函数之后无条件恢复系统调用状态。

529 用原来的功能码取代返回码。

530 重新执行 int 0x80 指令

545 如果信号具有 SA_SIGINFO 属性，使用 rt_sigframe。

546 548 setup_rt_frame () 和 setup_frame () 设置用户态堆栈，当这个函数执行完，从内核态返回的时候，流程会走到用户态的信号处理函数。用户态信号处理函数执行完之后，会调用系统调用 sigreturn()或 rt_sigreturn()，恢复内核栈和用户栈。这样当 sigreturn () 或 rt_sigreturn () 系统调用返回的时候就能回到正常的用户程序了。关于设置堆栈的详细信息，请参考《Understanding the Linux Kernel》一书 11.3 Delivering a Signal，或者这个电子版：

http://linux-security.cn/ebooks/ulk3-html/0596005652/understandlk-CHP-11-SECT-3.html

17.2.3 信号量在 Linux 中的实现

在 Linux 中，普通信号量的定义如下（注意，不是 system V IPC 所说的信号量）：

include/asm-i386/semaphore.h，　line 44

```
44 struct semaphore {
45             atomic_t count;
46             int sleepers;
47             wait_queue_head_t wait;
48 };
```

45　若 count<0，其绝对值表示在等待队列中的进程个数；若 count>0，表示可以同时进入临界区域的进程个数。down 操作对 count 减 1，如果 count<0，则进程进入等待队列；up 操作对 count 加 1，如果 count>=0，则唤醒一个等待队列上的进程。

46　对等待当前临界资源的进程个数的辅助计数。

47　等待进程队列。

在 Linux 中对信号量的操作有 up（）、down（）和 down_interuptible（）等。down（）和 down_interuptible（）唯一的区别是，在等待过程中，down_interuptible（）可以被其他信号中断，而 down（）不可以。

up（）函数的调用次序是：先调用 up_wakeup（），再调用__up（）。

include/asm-i386/semaphore.h，　line 172

```
166 /*
167  * Note! This is subtle. We jump to wake people up only if
168  * the semaphore was negative （== somebody was waiting on it）.
169  * The default case （no contention） will result in NO
170  * jumps for both down（） and up（）.
171  */
172 static inline void up（struct semaphore * sem）
173 {
174         __asm__ __volatile__ （
175                 "# atomic up operation\n\t"
176                 LOCK "incl %0\n\t"      /* ++sem->count */
177                 "jle 2f\n"
178                 "1:\n"
179                 LOCK_SECTION_START（""）
180                 "2:\tlea %0，%%eax\n\t"
181                 "call __up_wakeup\n\t"
```

```
182                     "jmp 1b\n"
183                     LOCK_SECTION_END
184                     ".subsection 0\n"
185                     :"=m"  (sem->count)
186                     :
187                     :"memory", "ax");
188 }
```

176 sem->count 加 1。

177 如果 count<=0，转向标号为 2 的语句。

180 把 sem->count 的地址存入 eax 寄存器中。

181 调用__up_wakeup 函数唤醒一个等待进程。

arch/i386/kernel/semaphore.c， line 94

```
 91 asm (
 92 ".section .sched.text\n"
 93 ".align 4\n"
 94 ".globl __up_wakeup\n"
 95 "__up_wakeup:\n\t"
 96             "pushl %edx\n\t"
 97             "pushl %ecx\n\t"
 98             "call __up\n\t"
 99             "popl %ecx\n\t"
100             "popl %edx\n\t"
101             "ret"
102 );
```

lib/semaphore-sleepers.c， line 52

```
 52 fastcall void __up (struct semaphore *sem)
 53 {
 54             wake_up (&sem->wait);
 55 }
```

98 转到__up () 函数。

54 __up () 函数调用 wake_up () 函数唤醒等待队列上的一个进程，并将其状态置为 TASK_RUNNING。

down () 函数的次序是：先调用 down_failed ()，再调用__down ()。

include/asm-i386/semaphore.h， line 97

```
 92 /*
```

```
93  * This is ugly， but we want the default case to fall through.
94  * "__down_failed" is a special asm handler that calls the C
95  * routine that actually waits. See arch/i386/kernel/semaphore.c
96  */
97 static inline void down（struct semaphore * sem）
98 {
99          might_sleep（）；
100         __asm__ __volatile__（
101                 "# atomic down operation\n\t"
102                 LOCK "decl %0\n\t"      /* --sem->count */
103                 "js 2f\n"
104                 "1:\n"
105                 LOCK_SECTION_START（""）
106                 "2:\tlea %0，%%eax\n\t"
107                 "call __down_failed\n\t"
108                 "jmp 1b\n"
109                 LOCK_SECTION_END
110                 :"=m" （sem->count）
111                 :
112                 :"memory"，"ax"）；
113 }
```

102 对 count 减 1。

103 如果 count 小于 0，则转到标号为 2 的语句。

104 count 大于或等于 0，进程获得该临界资源，进入临界区。

106 count 小于 0，进程得不到临界资源，调用__down_failed（）函数。

arch/i386/kernel/semaphore.c， line 31

```
18 /*
19  * The semaphore operations have a special calling sequence that
20  * allow us to do a simpler in-line version of them. These routines
21  * need to convert that sequence back into the C sequence when
22  * there is contention on the semaphore.
23  *
24  * %eax contains the semaphore pointer on entry. Save the C-clobbered
25  * registers （%eax， %edx and %ecx） except %eax whish is either a return
26  * value or just clobbered..
27  */
28 asm（
29 ".section .sched.text\n"
30 ".align 4\n"
31 ".globl __down_failed\n"
```

```
32 "__down_failed:\n\t"
33 #if defined（CONFIG_FRAME_POINTER）
34             "pushl %ebp\n\t"
35             "movl   %esp，%ebp\n\t"
36 #endif
37             "pushl %edx\n\t"
38             "pushl %ecx\n\t"
39             "call __down\n\t"
40             "popl %ecx\n\t"
41             "popl %edx\n\t"
42 #if defined（CONFIG_FRAME_POINTER）
43             "movl %ebp，%esp\n\t"
44             "popl %ebp\n\t"
45 #endif
46             "ret"
47 ）;
```

lib/semaphore-sleepers.c， line 57

```
57 fastcall void __sched __down（struct semaphore * sem）
58 {
59             struct task_struct *tsk = current;
60             DECLARE_WAITQUEUE（wait， tsk）;
61             unsigned long flags;
62
63             tsk->state = TASK_UNINTERRUPTIBLE;
64             spin_lock_irqsave（&sem->wait.lock， flags）;
65             add_wait_queue_exclusive_locked（&sem->wait， &wait）;
66
67             sem->sleepers++;
68             for （;;） {
69                     int sleepers = sem->sleepers;
70
71                     /*
72                      * Add "everybody else" into it. They aren't
73                      * playing， because we own the spinlock in
74                      * the wait_queue_head.
75                      */
76                     if （!atomic_add_negative（sleepers - 1， &sem->count））  {
77                             sem->sleepers = 0;
78                             break;
79                     }
80                     sem->sleepers = 1;        /* us - see -1 above */
```

```
81                  spin_unlock_irqrestore (&sem->wait.lock,   flags);
82
83                  schedule ();
84
85                  spin_lock_irqsave (&sem->wait.lock,   flags);
86                  tsk->state = TASK_UNINTERRUPTIBLE;
87          }
88          remove_wait_queue_locked (&sem->wait,   &wait);
89          wake_up_locked (&sem->wait);
90          spin_unlock_irqrestore (&sem->wait.lock,   flags);
91          tsk->state = TASK_RUNNING;
92 }
```

39 调用__down（）函数。

60 定义一个等待队列节点，包含当前进程。

63 将当前进程的状态置为 TASK_UNINTERRUPTIBLE。

65 将当前进程放入等待队列中。

67 将等待进程数加 1。

68-87 在该 for 循环中，利用 sleepers 通过 atomic_add_negative（）函数，将 count 的值始终控制在—1。所以当 count 为负值时，并不表示不能进入临界区的进程数。此时如果没有其他进程释放资源，则 if 的判断条件始终为假，程序不断地调用新的进程循环判断。如果别的进程对 count 进程增量操作，那么在进行 if 判断的进程可以马上得到 count 值非负的信息。

88 将该进程从等待队列中删除。

89 调用 wake_up_locked（）函数再唤醒等待队列上的一个进程。

91 将该进程的状态置为 TASK_RUNNING。

在 Linux 系统中，除了普通信号量以外，还有一种读写信号量。它的作用是允许多个读者对临界区进行读操作，但是有一个写者进入时，不允许再有其他读者和写者。

读写信号量是如下定义的：

include/asm-i386/rwsem.h， line 55

```
55 struct rw_semaphore {
56          signed long                 count;
57 #define RWSEM_UNLOCKED_VALUE                 0x00000000
58 #define RWSEM_ACTIVE_BIAS                   0x00000001
59 #define RWSEM_ACTIVE_MASK                    0x0000ffff
60 #define RWSEM_WAITING_BIAS                   (-0x00010000)
61 #define RWSEM_ACTIVE_READ_BIAS               RWSEM_ACTIVE_BIAS
62  #define  RWSEM_ACTIVE_WRITE_BIAS                  ( RWSEM_WAITING_BIAS  +
```

```
RWSEM_ACTIVE_BIAS)
63              spinlock_t                  wait_lock;
64              struct list_head            wait_list;
65 #if RWSEM_DEBUG
66              int                         debug;
67 #endif
68 };
```

56 count 类似于临界区的 lock。当 count 大于 0 时，表示正在临界区操作的读者；当 count 小于 0 时，表示写者正在操作临界区，或者写者在等待临界区中的读者操作结束。

57 在对读写信号量初始化时，用该值对 count 赋值，即 count 的初值为 0。

62 写者进入时需减去的值（-0x0000ffff）。

对读写信号量的操作主要包括 __down_read（），__up_read（），__down_write（），_up_write（）。

include/asm-i386/rwsem.h， line 99

```
 96 /*
 97   * lock for reading
 98   */
 99 static inline void __down_read (struct rw_semaphore *sem)
100 {
101             __asm__ __volatile__ (
102                     "# beginning down_read\n\t"
103 LOCK                "   incl (%%eax) \n\t" /* adds 0x00000001,   returns the old value */
104                     "   js          2f\n\t" /* jump if we weren't granted the lock */
105                     "1:\n\t"
106                     LOCK_SECTION_START ("")
107                     "2:\n\t"
108                     "   pushl       %%ecx\n\t"
109                     "   pushl       %%edx\n\t"
110                     "   call        rwsem_down_read_failed\n\t"
111                     "   popl        %%edx\n\t"
112                     "   popl        %%ecx\n\t"
113                     "   jmp         1b\n"
114                     LOCK_SECTION_END
115                     "# ending down_read\n\t"
116                     : "=m" (sem->count)
117                     : "a" (sem),   "m" (sem->count)
118                     : "memory",   "cc") ;
```

```
119 }
```

103 将 sem->count 加 1。

104 如果 count 小于 0，则不能得到临界资源（js 的意思是如果小于 0，则跳转）。这有两种情况：或者有写进程正在临界区中进行写操作，或者在该读进程之前有一个写进程在等待该临界资源。这两种情况都导致申请失败，则调用函数 rwsem_down_read_failed（）进行处理。

lib/rwsem.c， line 185

```
181 /*
182  * wait for the read lock to be granted
183  */
184 struct rw_semaphore fastcall __sched *
185 rwsem_down_read_failed（struct rw_semaphore *sem）
186 {
187         struct rwsem_waiter waiter;
188
189         rwsemtrace（sem， "Entering rwsem_down_read_failed"）；
190
191         waiter.flags = RWSEM_WAITING_FOR_READ;
192         rwsem_down_failed_common（sem， &waiter，
193                 RWSEM_WAITING_BIAS - RWSEM_ACTIVE_BIAS）；
194
195         rwsemtrace（sem， "Leaving rwsem_down_read_failed"）；
196         return sem;
197 }
```

187 191：定义了一个 rwsem_waiter（lib/rwsem.c）结构的变量 waiter，并置它的 flags 项的值为 RWSEM_WATING_FOR_READ（1）。

192 调用 rwsem_down_failed_common 函数。

lib/rwsem.c， line 144

```
140 /*
141  * wait for a lock to be granted
142  */
143 static inline struct rw_semaphore *
144 rwsem_down_failed_common（struct rw_semaphore *sem，
145                 struct rwsem_waiter *waiter， signed long adjustment）
146 {
147         struct task_struct *tsk = current;
148         signed long count;
```

```
149
150         set_task_state（tsk， TASK_UNINTERRUPTIBLE）;
151
152         /* set up my own style of waitqueue */
153         spin_lock_irq（&sem->wait_lock）;
154         waiter->task = tsk;
155         get_task_struct（tsk）;
156
157         list_add_tail（&waiter->list， &sem->wait_list）;
158
159         /* we're now waiting on the lock， but no longer actively read-locking */
160         count = rwsem_atomic_update（adjustment， sem）;
161
162         /* if there are no active locks， wake the front queued process（es） up */
163         if （!（count & RWSEM_ACTIVE_MASK））
164                 sem = __rwsem_do_wake（sem， 0）;
165
166         spin_unlock_irq（&sem->wait_lock）;
167
168         /* wait to be given the lock */
169         for （;;） {
170                 if （!waiter->task）
171                         break;
172                 schedule（）;
173                 set_task_state（tsk， TASK_UNINTERRUPTIBLE）;
174         }
175
176         tsk->state = TASK_RUNNING;
177
178         return sem;
179 }
```

150 将当前进程的状态置为 TASK_UNINTERRUPTIBLE。

154 将 waiter_task 指向当前进程。

155 拿住 tsk 的一个计数，告诉内核不能释放这个结构。

157 将包含当前进程的 waiter 结构挂到 sem 的等待队列末尾。

include/asm-i386/rwsem.h， line 187

```
187 static inline void __up_read（struct rw_semaphore *sem）
188 {
189         __s32 tmp = -RWSEM_ACTIVE_READ_BIAS;
```

```
190                __asm__ __volatile__ (
191                        "# beginning __up_read\n\t"
192 LOCK                   " xadd   %%edx, (%%eax)\n\t" /* subtracts 1,  returns the old value */
193                        "   js          2f\n\t" /* jump if the lock is being waited upon */
194                        "1:\n\t"
195                        LOCK_SECTION_START ("")
196                        "2:\n\t"
197                        "   decw      %%dx\n\t" /* do nothing if still outstanding active readers
*/
198                        "   jnz         1b\n\t"
199                        "   pushl       %%ecx\n\t"
200                        "   call        rwsem_wake\n\t"
201                        "   popl        %%ecx\n\t"
202                        "   jmp         1b\n"
203                        LOCK_SECTION_END
204                        "# ending __up_read\n"
205                        : "=m" (sem->count),  "=d" (tmp)
206                        : "a" (sem),  "1" (tmp),  "m" (sem->count)
207                        : "memory",  "cc") ;
208 }
```

192 将 count 减 1。

193 如果 count 小于 0，说明有写进程等待，转到标号为 2 的语句。如果 count 大于或等于 0，直接退出。

197 如果临界区中还有其他写进程，则直接退出。

200 如果该进程是最后一个退出的读进程，则调用 rwsem_wake 唤醒等待的写进程。

lib/rwsem.c， line 220

```
216 /*
217  * handle waking up a waiter on the semaphore
218  * - up_read/up_write has decremented the active part of count if we come here
219  */
220 struct rw_semaphore fastcall *rwsem_wake (struct rw_semaphore *sem)
221 {
222            unsigned long flags;
223
224            rwsemtrace (sem,  "Entering rwsem_wake") ;
225
226            spin_lock_irqsave (&sem->wait_lock,  flags) ;
227
228            /* do nothing if list empty */
229            if  (!list_empty (&sem->wait_list))
```

```
230                     sem = __rwsem_do_wake (sem,  0) ;
231
232          spin_unlock_irqrestore (&sem->wait_lock,  flags) ;
233
234          rwsemtrace (sem,  "Leaving rwsem_wake") ;
235
236          return sem;
237 }
```

230 这里主要是调用__rwsem_do_wake（）函数完成 rwsem_wake（）的功能。

__down_write（）、__up_write（）和__down_read（）__up_read（）的实现方法类似，只是在进入临界区时，写进程减去的值是 0x0000ffff；退出时，加上的值是 0x0000ffff。

17.2.4 管道在 Linux 中的实现

1. PIPE

1）相关的数据结构

因为管道的实质是打开的文件对象，所以其数据结构也与文件系统相对应。可以将管道系统看作一个文件系统，该文件系统也成为 VFS 的一部分。首先需要定义一个文件系统类型：pipe_fs_type。

fs/pipe.c， line 816

```
816 static struct file_system_type pipe_fs_type = {
817          .name              = "pipefs",
818          .get_sb            = pipefs_get_sb,
819          .kill_sb           = kill_anon_super,
820 };
```

定义了 pipe_fs_type 变量，其变量类型是 struct file_system_type，用于向系统注册该文件系统。其中的 get_sb 域的值为函数 pipefs_get_sb，用于读 pipe 超级块。

注意管道文件系统不能由用户 mount，是系统自动注册的。管道也有自己的超级块，管道超级块由函数 pipefs_get_sb 生成。

fs/pipe.c， line 810

```
810 static struct super_block *pipefs_get_sb (struct file_system_type *fs_type,
811          int flags,  const char *dev_name,  void *data)
```

```
812 {
813             return get_sb_pseudo（fs_type， "pipe:"， NULL， PIPEFS_MAGIC）；
814 }
```

fs/libfs.c， line 198

```
193 /*
194   * Common helper for pseudo-filesystems （sockfs， pipefs， bdev - stuff that
195   * will never be mountable）
196   */
197 struct super_block *
198 get_sb_pseudo（struct file_system_type *fs_type， char *name，
199             struct super_operations *ops， unsigned long magic）
200 {
201             struct super_block *s = sget（fs_type， NULL， set_anon_super， NULL）；
202             static struct super_operations default_ops = {.statfs = simple_statfs};
203             struct dentry *dentry;
204             struct inode *root;
205             struct qstr d_name = {.name = name， .len = strlen（name）};
206
207             if （IS_ERR（s））
208                     return s;
209
210             s->s_flags = MS_NOUSER;
211             s->s_maxbytes = ~0ULL;
212             s->s_blocksize = 1024;
213             s->s_blocksize_bits = 10;
214             s->s_magic = magic;
215             s->s_op = ops ？ ops : &default_ops;
216             s->s_time_gran = 1;
217             root = new_inode（s）；
218             if （!root）
219                     goto Enomem;
220             root->i_mode = S_IFDIR | S_IRUSR | S_IWUSR;
221             root->i_uid = root->i_gid = 0;
222             root->i_atime = root->i_mtime = root->i_ctime = CURRENT_TIME;
223             dentry = d_alloc（NULL， &d_name）；
224             if （!dentry） {
225                     iput（root）；
226                     goto Enomem;
227             }
228             dentry->d_sb = s;
229             dentry->d_parent = dentry;
```

```
230             d_instantiate（dentry， root）;
231             s->s_root = dentry;
232             s->s_flags |= MS_ACTIVE;
233             return s;
234
235 Enomem:
236             up_write（&s->s_umount）;
237             deactivate_super（s）;
238             return ERR_PTR（-ENOMEM）;
239 }
```

810 pipefs_get_sb（）调用一个通用的伪文件系统超级块函数 get_sb_pseudo（）。

201 分配一个超级块结构。

202 定义一个超级块操作函数 default_ops，并且把成员函数 statfs 初始化为 simple_statfs。

210-216 初始化超级块的各变量，s_op 操作函数初始化为 default_ops。

217-222 生成管道文件系统根目录的内存 inode，磁盘上并不存在。

223-229 分配并初始化 dentry 结构。

230 将刚分配的目录项对象与前面生成的根目录 inode 连接起来。

超级块操作函数集中 default_ops，只设置了一个域 statfs，用于读取管道超级块的统计信息。由于管道不需要与磁盘交互，所以 struct super_operations 的其他域均没有用到。

以下要介绍的数据结构不仅在管道中用到，而且也在 FIFO（命名管道）中用到，现在先不考虑 FIFO，FIFO 将在后面介绍。

首先是 inode。管道的 inode 比较特殊，它使用 i_pipe 域保存管道的特有信息。i_pipe 域的类型是 pipe_inode_info，其定义如下：

include/linux/pipe_fs_i.h， line 21

```
 6 #define PIPE_BUFFERS （16）
 7
 8 struct pipe_buffer {
 9             struct page *page;
10             unsigned int offset， len;
11             struct pipe_buf_operations *ops;
12 };
13
14 struct pipe_buf_operations {
15             int can_merge;
16             void * （*map）（struct file *， struct pipe_inode_info *， struct pipe_buffer *）;
17             void （*unmap）（struct pipe_inode_info *， struct pipe_buffer *）;
```

```
18              void  (*release)(struct pipe_inode_info *,  struct pipe_buffer *);
19 };
20
21 struct pipe_inode_info {
22              wait_queue_head_t wait;
23              unsigned int nrbufs,  curbuf;
24              struct pipe_buffer bufs[PIPE_BUFFERS];
25              struct page *tmp_page;
26              unsigned int start;
27              unsigned int readers;
28              unsigned int writers;
29              unsigned int waiting_writers;
30              unsigned int r_counter;
31              unsigned int w_counter;
32              struct fasync_struct *fasync_readers;
33              struct fasync_struct *fasync_writers;
34 };
```

22 管道的等待队列头。

23-24 每个管道最多有 PIPE_BUFFERS 个 pipe_buffer，nrbufs 表明现有的 pipe_buffer 数目，curbuf 指向当前 pipe_buffer。

25 tmp_page 用于缓冲一个 pipe_buffer。

27 管道的读者个数。

28 管道的写者个数。

29 等待队列中的写者个数。

30 读者计数器，只增不减。主要在对 FIFO 打开时有用。

31 写者计数器，只增不减。主要在对 FIFO 打开时有用。

另外，还定义了有关管道 inode 的一系列宏，主要是方便对于 i_pipe 中各项的访问。PIPE_SIZE 一个 page 的大小，PIPE_BUF 是 4096 bytes，也刚好是一个 page 的大小；按照 POSIX 的要求，上层应用对于一个 PIPE_BUF 的访问内核必须保证是原子的。在 2.4 中，pipe 的大小就是 PIPE_SIZE，但是在 2.6 中，似乎已经不再使用这个宏，pipe 的大小使用上面提到的 pipe_buffer 机制来管理，最大可以有 PIPE_BUFFERS 个 pipe_buffer，每个 pipe_buffer 对应一个页面，那么 pipe 最大可以到 64K。

include/linux/pipe_fs_i.h, line 36

```
36 /* Differs from PIPE_BUF in that PIPE_SIZE is the length of the actual
37       memory allocation,  whereas PIPE_BUF makes atomicity guarantees.  */
38 #define PIPE_SIZE                    PAGE_SIZE
39
40 #define PIPE_MUTEX(inode)            (&(inode).i_mutex)
```

```
41 #define PIPE_WAIT(inode)                (&(inode).i_pipe->wait)
42 #define PIPE_READERS(inode)             ((inode).i_pipe->readers)
43 #define PIPE_WRITERS(inode)             ((inode).i_pipe->writers)
44 #define PIPE_WAITING_WRITERS(inode)     ((inode).i_pipe->waiting_writers)
45 #define PIPE_RCOUNTER(inode)            ((inode).i_pipe->r_counter)
46 #define PIPE_WCOUNTER(inode)            ((inode).i_pipe->w_counter)
47 #define PIPE_FASYNC_READERS(inode)      (&((inode).i_pipe->fasync_readers))
48 #define PIPE_FASYNC_WRITERS(inode)      (&((inode).i_pipe->fasync_writers))
```

下面再介绍管道文件对象。管道文件对象就是文件对象 struct file，关于 struct file 的定义及作用请参考文件系统的内容。管道文件对象分为读管道和写管道两种。读管道文件对象的 f_flags 为 O_RDONLY，f_op 域为 read_pipe_fops 结构变量的地址；写管道文件对象的 f_flags 为 O_WRONLY，f_op 域为 write_pipe_fops 结构变量的地址。read_pipe_fops 变量的定义如下：

```
fs/pipe.c， line 608
608 static struct file_operations read_pipe_fops = {
609         .llseek         = no_llseek,
610         .read           = pipe_read,
611         .readv          = pipe_readv,
612         .write          = bad_pipe_w,
613         .poll           = pipe_poll,
614         .ioctl          = pipe_ioctl,
615         .open           = pipe_read_open,
616         .release        = pipe_read_release,
617         .fasync         = pipe_read_fasync,
618 };
```

608 定义 struct file_operations 类型的变量 read_pipe_fops，保存对读管道进行相关操作的函数指针。关于 struct file_operations 的定义及作用请参考文件系统的内容。

609 llseek 域指向 no_llseek（）函数，该函数直接返回错误码-ESPIPE。

610 read 域指向 pipe_read（）函数，该函数用于读管道数据。将于后面详细介绍。

612 write 域指向 bad_pipe_w（）函数，由于是读管道不可写，所以该函数直接返回错误码-EBADF。

613 poll 域指向 pipe_poll（）函数，该函数检查是否有某个文件对象存在某操作事件，若无则睡眠，直到事件发生或超过等待时间。

614 ioctl 域指向 pipe_ioctl（）函数，该函数本用于向设备文件发送命令，在管道中该函数只处理 FIONREAD 命令，用于将管道当前数据写到用户地址空间。

615 open 域指向 pipe_read_open（）函数，该函数仅仅将管道 inode 中的 readers 域加 1。

616 release 域指向 pipe_read_release（）函数，该函数只有在关闭对该管道文件对象的最后一个引用时才调用。作用是将该管道文件对象对应的管道 inode 的 i_pipe 域的 readers 域的值减 1，若 readers 和 writers 都等于 0，就释放管道内核缓冲区页面，否则唤醒管道等待队列中的进程。

write_pipe_fops 的定义与 read_pipe_fops 类似，区别在于是用于写而不是读。所以 read 域指向 bad_pipe_r（）函数，该函数直接返回错误码，而 write 域指向 pipe_write（）函数，该函数将在后面介绍。相应的，open 域指向 pipe_write_open（）函数，该函数将 inode 中的 writers 域加 1，release 域指向 pipe_write_release（）函数。pipe_read_release（）和 pipe_write_release（）都调用函数 pipe_release（），该函数将在后面介绍。

还有一个重要的数据结构是管道的目录项对象结构（struct dentry），关于 struct dentry 的定义及作用请参考第 18 章“文件系统”一章的内容。目录项对象在管道系统中没有太大的意义，但作为 VFS 的组成部分是必不可少的，它负责在两个管道文件对象和一个管道 inode 之间建立联系。

2）管道的建立与释放

我们已经知道，通过 pipe 系统调用可以创建管道。pipe 系统调用执行的是 sys_pipe（），sys_pipe（）通过调用 do_pipe（）函数创建管道并返回两个文件描述符。

fs/pipe.c， line 720

```
720 int do_pipe（int *fd）
721 {
722         struct qstr this;
723         char name[32];
724         struct dentry *dentry;
725         struct inode * inode;
726         struct file *f1，  *f2;
727         int error;
728         int i，j;
729 
730         error = -ENFILE;
731         f1 = get_empty_filp（）;
732         if （!f1）
733                 goto no_files;
734 
735         f2 = get_empty_filp（）;
736         if （!f2）
737                 goto close_f1;
738 
739         inode = get_pipe_inode（）;
```

```
740         if (!inode)
741                 goto close_f12;
742 
743         error = get_unused_fd();
744         if (error < 0)
745                 goto close_f12_inode;
746         i = error;
747 
748         error = get_unused_fd();
749         if (error < 0)
750                 goto close_f12_inode_i;
751         j = error;
752 
753         error = -ENOMEM;
754         sprintf(name, "[%lu]", inode->i_ino);
755         this.name = name;
756         this.len = strlen(name);
757         this.hash = inode->i_ino; /* will go */
758         dentry = d_alloc(pipe_mnt->mnt_sb->s_root, &this);
759         if (!dentry)
760                 goto close_f12_inode_i_j;
761         dentry->d_op = &pipefs_dentry_operations;
762         d_add(dentry, inode);
763         f1->f_vfsmnt = f2->f_vfsmnt = mntget(mntget(pipe_mnt));
764         f1->f_dentry = f2->f_dentry = dget(dentry);
765         f1->f_mapping = f2->f_mapping = inode->i_mapping;
766 
767         /* read file */
768         f1->f_pos = f2->f_pos = 0;
769         f1->f_flags = O_RDONLY;
770         f1->f_op = &read_pipe_fops;
771         f1->f_mode = FMODE_READ;
772         f1->f_version = 0;
773 
774         /* write file */
775         f2->f_flags = O_WRONLY;
776         f2->f_op = &write_pipe_fops;
777         f2->f_mode = FMODE_WRITE;
778         f2->f_version = 0;
779 
780         fd_install(i, f1);
781         fd_install(j, f2);
```

```
782             fd[0] = i;
783             fd[1] = j;
784             return 0;
785
786 close_f12_inode_i_j:
787             put_unused_fd（j）；
788 close_f12_inode_i:
789             put_unused_fd（i）；
790 close_f12_inode:
791             free_pipe_info（inode）；
792             iput（inode）；
793 close_f12:
794             put_filp（f2）；
795 close_f1:
796             put_filp（f1）；
797 no_files:
798             return error;
799 }
```

731-738 分配两个文件对象（struct file），得到两个文件对象指针 f1、f2，分别用于读管道和写管道。

739-742 调用 get_pipe_inode 获得管道类型的索引节点的指针 inode。关于 get_pipe_inode 将在后面分析。

743-751 获得当前进程的两个文件描述符。在当前进程的进程描述符的 files 域中，有一个 fd 域，指向该进程当前打开文件指针数组，数组元素是指向文件对象的指针（struct file*）。文件描述符就是文件对象地址在该数组中的索引。也就是说，在当前进程的打开文件指针数组中增加了两项，并得到索引。

753-766 生成一个目录项对象 dentry，并通过它将上述两个文件对象与管道索引节点连接起来。

767-779 为用于读和写的两个文件对象分别设置属性值。注意其中读管道文件对象的 f_flags 设置为只读，f_op 设置为 read_pipe_fops 结构的地址；相应的，写管道文件对象的 f_flags 设置为只写，f_op 设置为 write_pipe_fops 结构的地址。

780-781 将上述两个文件对象与上述两个文件描述符联系起来。请参考文件系统部分内容。

782-783 将两个文件描述符放入参数 fd 数组返回。

可见，该函数的功能主要是生成一个管道索引节点和两个文件对象，并返回相应的两个文件描述符。其中一个用于读管道，一个用于写管道。有了这两个文件描述符之一就可以对管道进行读或写了。函数调用了 get_pipe_inode（），其定义如下：

fs/pipe.c， line 688

```
688 static struct inode * get_pipe_inode（void）
689 {
690             struct inode *inode = new_inode（pipe_mnt->mnt_sb）;
691
692             if  （!inode）
693                         goto fail_inode;
694
695             if（!pipe_new（inode））
696                         goto fail_iput;
697             PIPE_READERS（*inode） = PIPE_WRITERS（*inode） = 1;
698             inode->i_fop = &rdwr_pipe_fops;
699
700             /*
701              * Mark the inode dirty from the very beginning,
702              * that way it will never be moved to the dirty
703              * list because "mark_inode_dirty（）" will think
704              * that it already _is_ on the dirty list.
705              */
706             inode->i_state = I_DIRTY;
707             inode->i_mode = S_IFIFO | S_IRUSR | S_IWUSR;
708             inode->i_uid = current->fsuid;
709             inode->i_gid = current->fsgid;
710             inode->i_atime = inode->i_mtime = inode->i_ctime = CURRENT_TIME;
711             inode->i_blksize = PAGE_SIZE;
712             return inode;
713
714 fail_iput:
715             iput（inode）;
716 fail_inode:
717             return NULL;
718 }
```

695 调用 pipe_new 对 inode 的 i_pipe 域进行内存分配和初始化，并为管道分配内核缓冲区页面。

698 i_fop 指向 inode 的默认文件操作函数指针结构，此处将其指向 rdwr_pipe_fops。但注意管道并不由 open（）系统调用创建，所以该值永远不会传给管道文件对象的 f_op，也就是说管道或者只读，或者只写，rdwr_pipe_fops 实际并没有用到。

706 代码中的注释已说明，因为管道无须和磁盘交互，不存在同步问题，所以将 i_state 设置为 I_DIRTY，这样该 inode 就永远不会被放到 dirty 链中去，因为 mark_inode_dirty（）函数误以为它已经在 dirty 链中了。

当调用 close（）系统调用将管道文件对象关闭时，若使用该文件对象的进程数为 0，则释放该文件对象，释放前调用 f_op->release（）——请参考“文件系统”一章的相关内容。f_op 的 release 域在读管道和写管道中分别指向 pipe_read_release（）和 pipe_write_release（）。其实这两个函数都调用 pipe_release（），功能是将对应的 inode 的 i_pipe 的 readers 或 writers 减 1，并决定是否释放 pipe 的内存页面或唤醒该管道等待队列中的进程。其定义如下：

fs/pipe.c， line 434

```
433 static int
434 pipe_release（struct inode *inode， int decr， int decw）
435 {
436         mutex_lock（PIPE_MUTEX（*inode））；
437         PIPE_READERS（*inode） -= decr;
438         PIPE_WRITERS（*inode） -= decw;
439         if （!PIPE_READERS（*inode） && !PIPE_WRITERS（*inode）） {
440             free_pipe_info（inode）；
441         } else {
442             wake_up_interruptible（PIPE_WAIT（*inode））；
443             kill_fasync（PIPE_FASYNC_READERS（*inode）， SIGIO， POLL_IN）；
444         kill_fasync（PIPE_FASYNC_WRITERS（*inode）， SIGIO， POLL_OUT）；
445         }
446         mutex_unlock（PIPE_MUTEX（*inode））；
447
448         return 0;
449 }
```

436、446 是管道 inode 的互斥信号量操作。

437-438 将 readers 或 writers 减 1。

439 若 readers 和 writers 都为 0，则释放管道资源。

441 否则，就唤醒管道的等待队列中的进程。

可见，当最后一个使用管道的进程调用 close（）系统调用时，管道自动被释放。

3）管道的读写

系统调用 read（）或 write（）对管道文件对象进行读或写的时候，实际上是调用了管道文件对象中的 f_op 域所指向的结构中的相应函数。前面已经提到，对于读管道而言，是调用了 pipe_read（）函数，对于写管道而言是 pipe_write（）函数。

首先来看 pipe_read（）函数：

fs/pipe.c， line 215

```
214 static ssize_t
```

```
215 pipe_read（struct file *filp， char __user *buf， size_t count， loff_t *ppos）
216 {
217             struct iovec iov = { .iov_base = buf， .iov_len = count };
218             return pipe_readv（filp， &iov， 1， ppos）;
219 }
```

fs/pipe.c， line 122

```
121 static ssize_t
122 pipe_readv（struct file *filp， const struct iovec *_iov，
123                 unsigned long nr_segs， loff_t *ppos）
124 {
125             struct inode *inode = filp->f_dentry->d_inode;
126             struct pipe_inode_info *info;
127             int do_wakeup;
128             ssize_t ret;
129             struct iovec *iov = （struct iovec *）_iov;
130             size_t total_len;
131
132             total_len = iov_length（iov， nr_segs）;
133             /* Null read succeeds. */
134             if （unlikely（total_len == 0））
135                     return 0;
136
137             do_wakeup = 0;
138             ret = 0;
139             mutex_lock（PIPE_MUTEX（*inode））;
140             info = inode->i_pipe;
141             for （;;） {
142                     int bufs = info->nrbufs;
143                     if （bufs） {
144                             int curbuf = info->curbuf;
145                             struct pipe_buffer *buf = info->bufs + curbuf;
146                             struct pipe_buf_operations *ops = buf->ops;
147                             void *addr;
148                             size_t chars = buf->len;
149                             int error;
150
151                             if （chars > total_len）
152                                     chars = total_len;
153
154                             addr = ops->map（filp， info， buf）;
155                             error = pipe_iov_copy_to_user（iov， addr + buf->offset，chars）;
```

```
156                         ops->unmap (info, buf);
157                         if (unlikely (error)) {
158                                 if (!ret) ret = -EFAULT;
159                                 break;
160                         }
161                         ret += chars;
162                         buf->offset += chars;
163                         buf->len -= chars;
164                         if (!buf->len) {
165                                 buf->ops = NULL;
166                                 ops->release (info, buf);
167                                 curbuf = (curbuf + 1) & (PIPE_BUFFERS-1);
168                                 info->curbuf = curbuf;
169                                 info->nrbufs = --bufs;
170                                 do_wakeup = 1;
171                         }
172                         total_len -= chars;
173                         if (!total_len)
174                                 break;  /* common path: read succeeded */
175                 }
176                 if (bufs)           /* More to do? */
177                         continue;
178                 if (!PIPE_WRITERS (*inode))
179                         break;
180                 if (!PIPE_WAITING_WRITERS (*inode)) {
181                         /* syscall merging: Usually we must not sleep
182                          * if O_NONBLOCK is set, or if we got some data.
183                          * But if a writer sleeps in kernel space, then
184                          * we can wait for that data without violating POSIX.
185                          */
186                         if (ret)
187                                 break;
188                         if (filp->f_flags & O_NONBLOCK) {
189                                 ret = -EAGAIN;
190                                 break;
191                         }
192                 }
193                 if (signal_pending (current)) {
194                         if (!ret) ret = -ERESTARTSYS;
195                         break;
196                 }
```

```
197                     if (do_wakeup) {
198                             wake_up_interruptible_sync(PIPE_WAIT(*inode));
199                             kill_fasync(PIPE_FASYNC_WRITERS(*inode), SIGIO,
                                POLL_OUT);
200                     }
201                     pipe_wait(inode);
202             }
203             mutex_unlock(PIPE_MUTEX(*inode));
204             /* Signal writers asynchronously that there is more room. */
205             if (do_wakeup) {
206                     wake_up_interruptible(PIPE_WAIT(*inode));
207                 kill_fasync(PIPE_FASYNC_WRITERS(*inode), SIGIO, POLL_OUT);
208             }
209             if (ret > 0)
210                     file_accessed(filp);
211             return ret;
212 }
```

217 使用 iovec 结构体表示用户的 buf 和大小；

218 调用 pipe_readv（）函数；

133-135 如果用户读取 0 字节，返回成功；

139 拿到对应的互斥锁；

142 得到当前 pipe 所拥有的缓冲区数目；

144-146 得到当前的缓冲区 buf 和操作函数；

151-152 如果 buf 里面已有的数据长度大于用户需要的长度，则只读取用户需要的长度；

154-156 读取数据到用户的 buf 中；

161-163 更新用户读到的字节数。和对应的 pipe 缓冲区的偏移量；

164 如果这个缓冲区的数据已经被读完，会释放这个缓冲区，对应的当前缓冲区 curbuf 和总的缓冲区 nubufs 都要改变；

173-176 如果 total_len 为 0，表明已经满足了用户的要求；否则如果还有 bufs，接着读其他的 buf；

178-179 如果没有读够，而又没有写进程打开这个管道，则跳出读循环，返回读到的字节数；

180 如果没有写进程正在等待写；

186 如果已经读到有数据，则跳出读循环；

188 如果是非阻塞读，则跳出读循环；

193-196 如果有信号在等待处理，则跳出读循环；

197-200 如有需要，唤醒等待在这个管道上的进程；

201 等待在这个管道上；

209-211 返回错误码或读取的字节数。

注意只有阻塞读时才可能进入循环等待，表示阻塞读的标志在管道文件对象的 f_flags 域中，默认为阻塞的，但可通过 fsnt1（）系统调用进行设置。从上面分析可看出，阻塞读并不保证一次读出全部所需的数据，所以 read（）系统调用必须检查返回的字节数。循环等待通过调用 pipe_wait（）函数实现。该函数的功能是：

- 将当前进程加入管道 inode 的 i_pipe 域中的等待队列；
- 释放管道 inode 的信号量；
- 调用 schedule（）函数释放 CPU 资源；
- 当再次被调度时，从等待队列中删除，并重新获取管道 inode 的信号量。

接下来再看如何向管道写入数据，这是由 pipe_write（）函数完成的：

fs/pipe.c， line 355

```
354 static ssize_t
355 pipe_write（struct file *filp， const char __user *buf，
356                 size_t count， loff_t *ppos）
357 {
358         struct iovec iov = { .iov_base = （void __user *）buf， .iov_len = count };
359         return pipe_writev（filp， &iov， 1， ppos）;
360 }

221 static ssize_t
222 pipe_writev（struct file *filp， const struct iovec *_iov，
223                 unsigned long nr_segs， loff_t *ppos）
224 {
225         struct inode *inode = filp->f_dentry->d_inode;
226         struct pipe_inode_info *info;
227         ssize_t ret;
228         int do_wakeup;
229         struct iovec *iov = （struct iovec *）_iov;
230         size_t total_len;
231         ssize_t chars;
232
233         total_len = iov_length（iov， nr_segs）;
234         /* Null write succeeds. */
235         if （unlikely（total_len == 0））
236                 return 0;
237
238         do_wakeup = 0;
239         ret = 0;
```

```
240         mutex_lock（PIPE_MUTEX（*inode））；
241         info = inode->i_pipe;
242
243         if （!PIPE_READERS（*inode）） {
244                 send_sig（SIGPIPE， current， 0）；
245                 ret = -EPIPE;
246                 goto out;
247         }
248
249         /* We try to merge small writes */
250         chars = total_len & （PAGE_SIZE-1）；/* size of the last buffer */
251         if （info->nrbufs && chars != 0） {
252               i nt lastbuf = （info->curbuf + info->nrbufs - 1） & （PIPE_BUFFERS-1）;
253               struct pipe_buffer *buf = info->bufs + lastbuf;
254               struct pipe_buf_operations *ops = buf->ops;
255               int offset = buf->offset + buf->len;
256               if （ops->can_merge && offset + chars <= PAGE_SIZE） {
257                         void *addr = ops->map（filp， info， buf）；
258                         int error = pipe_iov_copy_from_user（offset + addr， iov，
                            chars）；
259                         ops->unmap（info， buf）；
260                         ret = error;
261                         do_wakeup = 1;
262                         if （error）
263                                 goto out;
264                         buf->len += chars;
265                         total_len -= chars;
266                         ret = chars;
267                         if （!total_len）
268                                 goto out;
269                 }
270         }
271
272         for （;;） {
273                 int bufs;
274                 if （!PIPE_READERS（*inode）） {
275                         send_sig（SIGPIPE， current， 0）；
276                         if （!ret） ret = -EPIPE;
277                         break;
278                 }
279                 bufs = info->nrbufs;
```

```
280                 if （bufs < PIPE_BUFFERS） {
281                 int newbuf = （info->curbuf + bufs） & （PIPE_BUFFERS-1）;
282                         struct pipe_buffer *buf = info->bufs + newbuf;
283                         struct page *page = info->tmp_page;
284                         int error;
285
286                         if （!page） {
287                                 page = alloc_page（GFP_HIGHUSER）;
288                                 if （unlikely（!page）） {
289                                         ret = ret ？ : -ENOMEM;
290                                         break;
291                                 }
292                                 info->tmp_page = page;
293                         }
294                         /* Always wakeup， even if the copy fails. Otherwise
295                          * we lock up （O_NONBLOCK-）readers that sleep due to
296                          * syscall merging.
297                          * FIXME! Is this really true？
298                          */
299                         do_wakeup = 1;
300                         chars = PAGE_SIZE;
301                         if （chars > total_len）
302                                 chars = total_len;
303
304                         error = pipe_iov_copy_from_user（kmap（page）， iov， chars）;
305                         kunmap（page）;
306                         if （unlikely（error）） {
307                                 if （!ret） ret = -EFAULT;
308                                 break;
309                         }
310                         ret += chars;
311
312                         /* Insert it into the buffer array */
313                         buf->page = page;
314                         buf->ops = &anon_pipe_buf_ops;
315                         buf->offset = 0;
316                         buf->len = chars;
317                         info->nrbufs = ++bufs;
318                         info->tmp_page = NULL;
319
320                         total_len -= chars;
321                         if （!total_len）
```

```
322                                     break;
323                     }
324                     if  (bufs < PIPE_BUFFERS)
325                             continue;
326                     if  (filp->f_flags & O_NONBLOCK)  {
327                             if  (!ret)  ret = -EAGAIN;
328                             break;
329                     }
330                     if  (signal_pending (current))  {
331                             if  (!ret)  ret = -ERESTARTSYS;
332                             break;
333                     }
334                     if  (do_wakeup)  {
335                             wake_up_interruptible_sync (PIPE_WAIT (*inode));
336                             kill_fasync (PIPE_FASYNC_READERS (*inode),  SIGIO,
                                POLL_IN);
337                             do_wakeup = 0;
338                     }
339                     PIPE_WAITING_WRITERS (*inode) ++;
340                     pipe_wait (inode);
341                     PIPE_WAITING_WRITERS (*inode) --;
342             }
343 out:
344             mutex_unlock (PIPE_MUTEX (*inode));
345             if  (do_wakeup)  {
346                     wake_up_interruptible (PIPE_WAIT (*inode));
347                        kill_fasync ( PIPE_FASYNC_READERS ( *inode ),   SIGIO,
                           POLL_IN);
348             }
349             if  (ret > 0)
350                     file_update_time (filp);
351             return ret;
352 }
```

函数 pipe_write（）的执行过程跟 pipe_read（）基本对称。需要注意的是以下几点：

243-247 如果管道的写进程写数据到一个没有读进程的管道，那么写进程将收到 SIGPIPE 信号。这在我们平常的编程中经常可以遇到：比如一个管道有读进程和写进程，读进程由于某些原因（比如没有同步好，或者发生错误）先于写进程退出，而写进程再向管道写数据，那么写进程就会收到一个 SIGPIPE 信号。由于进程对这个信号的默认处理是终止，所以写进程也会被终止执行。

280 如果管道缓冲小于 PIPE_BUFFERS，则可以分配新的页面用于管道缓冲。

283-293 tmp_page 用于缓冲原先释放的页面，所以这里 page 先被赋值 tmp_page，如果为 NULL，才去分配页面；

324-341 如果已经用足了 PIPE_BUFFERS 个 buf，并且进程是阻塞写、没有信号等待处理，那么写进程会进入 pipe_wait（）。

2. FIFO

1）相关的数据结构

在介绍管道的数据结构时已经提到，FIFO 的数据结构很多地方与管道是非常相似的。但由于创建和打开的机制不同，二者在这方面的数据结构也有所差异。另外，由于 FIFO 允许同一个文件对象既用于写，又用于读，所以在文件对象操作函数指针结构（f_op）上也与管道略有差异。

首先，FIFO 没有专门的文件系统类型，所以也没有专门的超级块，而是使用当前进程所在的文件系统的超级块。

FIFO 的 inode 与管道一样，也是用 i_pipe 存放 FIFO 的特有信息，包括内核缓冲区等。关于 i_pipe 域的介绍请参考前面对管道 inode 的介绍。当然，管道 inode 的一系列宏定义也归 FIFO 所用。

现在看 FIFO 的文件对象。FIFO 的文件对象分为只读、只写和可读写三种。值得注意的是 f_op 域。在打开 FIFO 的过程中，f_op 域先指向 def_fifo_fops 变量，然后调用该变量中 open 域指向的 fifo_open（）函数，该函数使得 f_op 域的值发生改变，最终在 FIFO 打开后，f_op 域指向以下三者之一：read_fifo_fops（用于只读），write_fifo_fops（用于只写）和 rdwr_fifo_fops（用于可读写）。上述四个变量的定义及作用如下：

fs/fifo.c， line 148

```
143 /*
144   * Dummy default file-operations: the only thing this does
145   * is contain the open that then fills in the correct operations
146   * depending on the access mode of the file...
147   */
148 struct file_operations def_fifo_fops = {
149             .open                 = fifo_open，        /* will set read or write pipe_fops */
150 };
```

148 该变量定义了在 FIFO 打开完成之前的文件对象操作函数。其中只包含 open 域，因为 open 将在打开 FIFO 的接下来的过程中被调用。

149 使 open 域指向函数 fifo_open（），该函数的作用主要是初始化 inode 的 i_pipe 结构，为读写者计数，根据打开方式（只读、只写或可读写）将该 FIFO 文件对象的 f_op 域置为相应的值，以及根据打开方式和当前 FIFO 的读者或写者个数是否为 0 来决定是否等待。具体将在后面介绍。

fs/pipe.c， line 571

```
567 /*
568   * The file_operations structs are not static because they
569   * are also used in linux/fs/fifo.c to do operations on FIFOs.
570   */
571 struct file_operations read_fifo_fops = {
572             .llseek         = no_llseek,
573             .read           = pipe_read,
574             .readv          = pipe_readv,
575             .write          = bad_pipe_w,
576             .poll           = pipe_poll,
577             .ioctl          = pipe_ioctl,
578             .open           = pipe_read_open,
579             .release        = pipe_read_release,
580             .fasync         = pipe_read_fasync,
581 };
582
583 struct file_operations write_fifo_fops = {
584             .llseek         = no_llseek,
585             .read           = bad_pipe_r,
586             .write          = pipe_write,
587             .writev         = pipe_writev,
588             .poll           = pipe_poll,
589             .ioctl          = pipe_ioctl,
590             .open           = pipe_write_open,
591             .release        = pipe_write_release,
592             .fasync         = pipe_write_fasync,
593 };
594
595 struct file_operations rdwr_fifo_fops = {
596             .llseek         = no_llseek,
597             .read           = pipe_read,
598             .readv          = pipe_readv,
599             .write          = pipe_write,
600             .writev         = pipe_writev,
601             .poll           = pipe_poll,
602             .ioctl          = pipe_ioctl,
603             .open           = pipe_rdwr_open,
604             .release        = pipe_rdwr_release,
```

```
605             .fasync             = pipe_rdwr_fasync,
606 };
```

571-581 定义 read_fifo_fops 结构变量，该变量包含用于以只读方式打开的 FIFO 文件对象的操作函数指针。这些函数指针的值与 read_pipe_fops 中的值一样（请参考前面对管道文件对象的介绍）。

583-593 定义 write_fifo_fops 结构变量，该变量包含用于以只写方式打开的 FIFO 文件对象的操作函数指针。这些函数指针的值与 write_pipe_fops 中的值一样（请参考前面对管道文件对象的介绍）。

595-606 定义 rdwr_fifo_fops 结构变量，该变量包含用于以可读写方式打开的 FIFO 文件对象的操作函数指针。其 llseek、poll、ioctl 域与上面的 read_fifo_fops 和 write_fifo_fops 相同；read 域与 read_fifo_fops 相同，指向 pipe_read（）函数；write 域与 write_fifo_fops 相同，指向 pipe_write（）函数；其 release 域指向 pipe_rdwr_release（）函数，该函数将 readers 和 writers 个数都减 1，若 readers 和 writers 个数都为 0，就释放管道内核缓冲区页面，否则唤醒管道等待队列中的进程。

可见，FIFO 文件对象在打开以后，与管道文件对象并没有太大的差异，它们的操作函数是一样的，只不过 FIFO 多了一种可读写的类型，而管道文件对象却是只读和只写成对出现。

2）FIFO 的建立、打开、关闭与删除

在第 17.1.4.1 节中已经提到，通过系统调用 mknod（）可以建立一个 FIFO。这个过程在磁盘上当前进程的当前工作目录下建立了一个磁盘索引节点，其类型为 S_IFIFO。mknod（）系统调用同样用于设备文件，两者的过程是相似的，请参考 I/O 设备管理的相关内容。

FIFO 建立以后，就可以通过文件系统的系统调用 open（）来打开，得到一个文件描述符。我们已经知道在打开 FIFO 时，系统会调用 fifo_open（）函数。下面具体介绍 fifo_open（）函数：

fs/fifo.c， line 33

```
33 static int fifo_open（struct inode *inode，  struct file *filp）
34 {
35             int ret;
36
37             mutex_lock（PIPE_MUTEX（*inode））；
38             if  （!inode->i_pipe）  {
39                         ret = -ENOMEM;
40                         if（!pipe_new（inode））
41                                     goto err_nocleanup;
42             }
```

```
43          filp->f_version = 0;
44
45          /* We can only do regular read/write on fifos */
46          filp->f_mode &= (FMODE_READ | FMODE_WRITE);
47
48          switch (filp->f_mode) {
49          case 1:
50          /*
51           *  O_RDONLY
52           *  POSIX.1 says that O_NONBLOCK means return with the FIFO
53           *  opened,  even when there is no process writing the FIFO.
54           */
55                  filp->f_op = &read_fifo_fops;
56                  PIPE_RCOUNTER(*inode)++;
57                  if (PIPE_READERS(*inode)++ == 0)
58                          wake_up_partner(inode);
59
60                  if (!PIPE_WRITERS(*inode)) {
61                          if ((filp->f_flags & O_NONBLOCK)) {
62                                  /* suppress POLLHUP until we have
63                                   * seen a writer */
64                                  filp->f_version = PIPE_WCOUNTER(*inode);
65                          } else
66                          {
67                            wait_for_partner(inode, &PIPE_WCOUNTER(*inode));
68                                  if (signal_pending(current))
69                                          goto err_rd;
70                          }
71                  }
72                  break;
73
74          case 2:
75          /*
76           *  O_WRONLY
77           *  POSIX.1 says that O_NONBLOCK means return -1 with
78           *  errno=ENXIO when there is no process reading the FIFO.
79           */
80                  ret = -ENXIO;
81                if ((filp->f_flags & O_NONBLOCK) && !PIPE_READERS(*inode))
82                          goto err;
83
84                  filp->f_op = &write_fifo_fops;
```

```
85                  PIPE_WCOUNTER（*inode）++;
86                  if （!PIPE_WRITERS（*inode）++）
87                          wake_up_partner（inode）;
88
89                  if （!PIPE_READERS（*inode））{
90                          wait_for_partner（inode， &PIPE_RCOUNTER（*inode））;
91                          if （signal_pending（current））
92                                  goto err_wr;
93                  }
94                  break;
95
96          case 3:
97          /*
98           *  O_RDWR
99           *  POSIX.1 leaves this case "undefined" when O_NONBLOCK is set.
100          *  This implementation will NEVER block on a O_RDWR open， since
101          *  the process can at least talk to itself.
102          */
103                 filp->f_op = &rdwr_fifo_fops;
104
105                 PIPE_READERS（*inode）++;
106                 PIPE_WRITERS（*inode）++;
107                 PIPE_RCOUNTER（*inode）++;
108                 PIPE_WCOUNTER（*inode）++;
109                 if （PIPE_READERS（*inode） == 1 || PIPE_WRITERS（*inode） == 1）
110                         wake_up_partner（inode）;
111                 break;
112
113         default:
114                 ret = -EINVAL;
115                 goto err;
116         }
117
118         /* Ok! */
119         mutex_unlock（PIPE_MUTEX（*inode））;
120         return 0;
121
122 err_rd:
123         if （!--PIPE_READERS（*inode））
124                 wake_up_interruptible（PIPE_WAIT（*inode））;
125         ret = -ERESTARTSYS;
```

```
126             goto err;
127
128 err_wr:
129             if (!--PIPE_WRITERS(*inode))
130                     wake_up_interruptible(PIPE_WAIT(*inode));
131             ret = -ERESTARTSYS;
132             goto err;
133
134 err:
135             if (!PIPE_READERS(*inode) && !PIPE_WRITERS(*inode))
136                     free_pipe_info(inode);
137
138 err_nocleanup:
139             mutex_unlock(PIPE_MUTEX(*inode));
140             return ret;
141 }
```

38-42 如果 inode 的 i_pipe 域为空，说明该 FIFO 第一次被打开，则调用 pipe_new（）函数进行初始化，为 FIFO 分配 pipe_inode_info 结构。

45-46 对于 fifo 文件，我们只允许读和写；

48 判断打开方式，准备为只读、只写和可读写分别处理。

49 f_mode 为 1 表示只读。

55 将 f_op 设置为 read_fifo_fops 的地址。

56 将 inode 的 i_pipe 域的 r_counter 加 1。r_counter 或 w_counter 将在 wait_for_partner（）函数中作等待的条件判断时用到。

57-58 将 inode 的 i_pipe 域的 readers 加 1。如果是先前的读者数为 0，则现在要唤醒等待队列中的写者。

60-71 如果写者个数为 0，就进一步判断是否阻塞读，若是非阻塞的，就成功返回（这是 POSIX.1 标准的要求），若是阻塞的，就调用 wait_for_partner（）函数等待写者的到来。

74 f_mode 为 2 表示只写。

80-82 如果是非阻塞写而且当前读者个数为 0，就返回错误码-ENXIO（POSIX.1 标准的要求在这种情况下返回-1，并置错误码为 ENXIO）。

84 将 f_op 设置为 write_fifo_fops 的地址。

85 将 inode 的 i_pipe 域的 w_counter 加 1。

86-87 将 inode 的 i_pipe 域的 writers 加 1。如果是先前的写者数为 0，则现在要唤醒等待队列中的读者。

89-93 如果读者个数为 0，又是阻塞的，就调用 wait_for_partner（）函数等待读者的到来。

96 f_mode 为 3 表示可读写。

103 将 f_op 设置为 rdwr_fifo_fops 的地址。

105-108 将 inode 的 i_pipe 域的 readers、writers、r_counter、w_counter 分别加 1。

109-110 如果先前的读者个数或写者个数为 0，就唤醒等待队列中的写者或读者。

请注意，如果 FIFO 以可读写方式打开，那么不管是否阻塞都不会进入等待。因为 Linux 认为至少该 FIFO 文件对象可以和自己交互——自己读自己写的数据。

3）罗的读写

通过系统调用 read（）、write（）可以对打开的 FIFO 进行读或写。从前面的分析我们已经知道，实际调用的函数与管道的读写是一样的，分别是 pipe_read（）和 pipe_write（）（继而分别调用 pipe_readv（）和 pipe_writev（））。所以其读写的过程和行为与管道类似，只不过管道是单向的，而 FIFO 允许同一个文件对象既用于读，又用于写。请参考前面对管道读写的介绍。

实验指导

17.3 设计我们自己的同步机制

在前面两节中，我们介绍了软中断信号、信号量、管道的工作原理，深入分析了在 Linux 中这三种同步机制的实现代码，而且我们还详细地描绘了等待队列这一实现同步的基石，那么我们现在是否应该考虑设计一套我们自己的同步原语了呢？在本节中我们将要设计一套同步原语来完成对同步机制的学习。

17.3.1 设计的目标

我们将要设计一组新的内核同步原语，它们具有如下的功能：能够使多个进程阻塞在某一特定的事件上，直到另一个进程完成这一事件释放相关资源，给内核发送特定的消息，然后由内核唤醒这些被阻塞的进程。如果没有进程阻塞在这个事件上，则消息被忽略。下面是我们需要编写的 4 个系统调用是：

int evntopen（int）；

这个函数的功能是生成一个事件，返回它的事件 ID；如果参数为 0，表示是一个新的事件，否则则是一个存在的事件。

int evntclose（int）；

消灭一个事件。

int evntwait（int eventNum）；

进程被阻塞，直到某个特定事件的完成才被唤醒。

void evntsig（int eventNum）；

唤醒所有等待这个事件的进程，如果等待队列为空，则忽略。

17.3.2 一步一步地设计我们的同步原语

首先我们想一下，一个事件必有一个事件号，一系列的进程等待这个事件的发生，那么肯定会要使用一个等待队列，所有睡眠于该事件的进程就放到这个等待队列去。然后，我们考虑一下该如何在内核中存放我们的事件呢。一个简单的解决办法，把它们连成一个链表。好，这样一来，我们就可以决定该建立一个怎样的结构了。

```
typedef struct __myevent{
      int   eventNum;
      wait_queue_head_t *p;
      struct __myevent *next;
}myevent_t;
```

同时，我们将建立两个全局的变量 lpmyevent_head 和 lpmyevent_end，它们的定义如下：
myevent_t * lpmyevent_head = null;
myevent_t * lpmyevent_end = null;
正如它们的名字一样，lpmyevent_head 指向链表的头，lpmyevent_end 指向链表的尾。

现在，让我们定义那四个系统调用吧！

首先设计 evntopen（）。可以想象一下，当我们 open 一个事件的时候，必然有两种情况：第一种，事件已经存在，这是最理想的了，我们只需返回 eventNum 以表示事件；第二种，事件链表中没有该事件，简化的处理方法就是直接返回-1，表示不存在该事件。

```
int evntopen（int eventNum）
{
      myevent_t *new;
      myevent_t *prev;
      if（eventNum）                  /*如果 eventNum 不为 0*/
            if（!scheventNum（eventNum，&prev））/*检测 eventNum 是否在链表中，不在返回-1 */
                  return -1;
            else
                  return eventNum;              /*else  返回 eventNum*/
else                    /*如果 eventNum  为  0 ，建立新的事件*/
{
            /*初始化新事件*/
            new = （myevent_t *）kmalloc（sizeof（myevent_t，  GFP_KERNEL））;
            new->p = （wait_queue_head_t *）kmalloc（sizeof（wait_queue_head_t））;
            new->next = null;
            new->p->task_list.next = &new->p->task_list;
```

```
            new->p->task_list.prev = &new->p->task_list;
        if (!lpmyevent_head)          /*如果事件链表为空*/
        {
            new->eventNum = 2;      /*注意，我们把最小的事件编号设为 2*/
            lpmyevent_head = lpmyevent_end = new;
            return new->eventNum;
        }
        else
        {
            /*把新事件加到链表的末尾*/
            new->eventNum = lpmyevent_end->eventNum + 2;
            lpmyevent_end->next = new;
            lpmyevent_end = new;
        }
        return new->eventNum;          /*返回新事件的 eventNum*/
    }
    return 0;
}
```

接着我们定义 evntsig（eventNum）。evntsig（）要完成的功能是唤醒所有等待该事件发生的进程。那么，必然是这样的一个过程，首先，在事件列表中找到该事件，然后调用 wake_up（）（在 include/linux/sched.h 中定义）。

```
int evntsig (int eventNum)
{
    myevent_t *tmp = null;
    myevent_t *prev = null;

    if (! (tmp = scheventNum (eventNum, &prev)))
        return;
    wake_up (&tmp->p) ;
    return 1;
}
```

evntwait（）的定义可能要比 evntsig（）复杂一点。我们要把一个进程加到它要等待的事件的等待队列中去。

```
int evntwait (int eventNum)
{
    myevent_t *tmp;
    myevent_t *prev= null;
    wait_queue_t wait;
```

```
    unsigned long flags;

    if（ tmp = scheventNum（eventNum，&prev） ）
    {
        wait.task = current;
        current->state = TASK_UNINTERRUPTIBLE;

        write_lock_irqsave（&tmp->p->lock，flags）;          /*关中*/
        __add_wait_queue（tmp->p，&wait）;                   /*把进程加到等待队列中*/
        write_unlock（&tmp->p->lock）;                    /*开中*/

        schedule（）;                                  /*调度别的进程，自己进入休眠*/

        write_lock_irq（&tmp->p->lock）;                     /*关中*/
        __remove_wait_queue（tmp->p，&wait）;           /*把进程从等待队列中移出*/
        write_unlock_irqrestore（&tmp->p->lock，flags）;    /*开中*/
    }
}
```

写完这段代码，想必你会发现，他几乎跟 sched.c 中的 sleep_on（）的实现一模一样。事实就是如此，这样的架构是非常合理的。其中 scheventNum（）是我们自己定义的函数，current 是一个宏，其定义我们在前面的等待队列代码分析中已经描述，write_lock_irqsave（）、write_unlock（）在 kernel/shed.c 中定义。__add_wait_queue（） & __remove_wait_queue（）在 linux/include/wait.h 中定义。

好，接下来该是定义 evntclose（）函数的时候了。该函数是要删除一个事件，那么首先得从事件列表中找到该事件，然后，根据事件在链表中所处的位置，进行特定的处理，之后唤醒所有睡眠在该事件上的事件，最后，把这个事件从链表中删除，释放内存。

```
int evntclose（int eventNum）
{
    myevent_t *prev;
    myevent_t *releaseItem;

    evntsig（eventNum）;                      /*唤醒睡眠于该事件的进程*/
    if（releaseItem = scheventNum（eventNum，&prev））     /*找到事件节点*/
    {
        if（releaseItem == lpmyevent_end）
            lpmyevent_end = prev;
        if（releaseItem == lpmyevent_head）
        {
            lpmyevent_head = lpmyevent_head->next;
```

```
            goto wake;
        }

        prev->next = releaseItem->next;
    }
wake:
    if（releaseItem）
    {
        kfree（releaseItem）;              /*释放内存资源*/
        return 1;
    }

    return 0;
}
```

最后，我们定义一下 scheventNum（）函数。它有两个参数 eventNum 和 prev。前者是事件号，后者是要返回的一个 myevent_t 类型的指向指针的指针，它将指向要寻找节点的上一个节点。函数返回要寻找的事件节点。

```
myevent_t * scheventNum（int eventNum，myevent_t **prev）
{
    myevent_t *tmp = lpmyevent_head;
    *prev = null;
    while（tmp）
    {
        if（tmp->eventNum == eventNum）
            return tmp;
        *prev = tmp;
        tmp = tmp->next;
    }
    return null;
}
```

好啦，该定义的函数我们也都已经定义了，接下来是怎样把他们写成系统调用了。关于这个问题，我们在第五章已经花了很大的篇幅描述了，就不在这儿重复了。

17.3.3 使用我们的同步原语

现在我们已经把这四个系统调用添加到系统中了，接下来就着手编写测试程序，包括四个文件：open.c、close.c、sig.c、wait.c。

open.c

```
#include <linux/unistd.h>
#include <stdio.h>
#include <stdlib.h>
_syscall1 (int, evntopen, int, eventNum)

int main (int argc, char** argv)
{
    int i;

    if ( argc != 2)
        return -1;
    i = evntopen (atoi (argv[1])) ;
    printf ("%d\n", i) ;
    return 1;
}
```

close.c

```
#include <linux/unistd.h>
#include <stdio.h>
#include <stdlib.h>
_syscall1 (int, evntclose, int, eventNum)

int main (int argc, char ** argv)
{
    int i;
    if ( argc != 2)
        return -1;
    evntclose (atoi (argv[1])) ;
    printf ("%d\n", i) ;
    return 1;
}
```

wait.c

```
#include <linux/unistd.h>
#include <stdio.h>
#include <stdlib.h>

_syscall1 (int, evntwait, int, eventNum)

int main (int argc, char ** argv)
{
    int i;
```

```
    if（ argc != 2 ）
        return -1;
    i = evntwait（atoi（argv[1]））;
    printf（"%d\n"，i）;
}
```

sig.c

```
#include <linux/unistd.h>
#include <stdio.h>
#include <stdlib.h>

_syscall1（void，evntsig，int，eventNum）

int main（int argc，char ** argv）
{
    int i=3;
    if（ argc != 2 ）
        return -1;
    evntsig（atoi（argv[1]））;
    printf（"%d\n"，i）;
    return;
}
```

我们调用 gcc，将这四个文件编译生成对应的可执行文件:open，close，sig，wait。

在 shell 下我们输入

#open 0

如果命令执行成功返回 2，表示创建了事件编号为 2 的事件，如果再调用 open 0，则返回 4，表示创建了事件编号为 4 的事件，以此类推。

然后，我们可以调用

#wait 2

将会把一个进程 block 在事件 2 上，继续调用 wait 2 则会再把一个进程 block 在 2 号事件上。

接着，我们可以调用

#sig 2

我们可以看到，刚才被 block 的两个进程都被重新进入了 running 状态了。当然，我们还可以直接调用 close 2，close 跟 sig 的区别就在于 close 既唤醒了那些被 block 的进程，同时销毁了该事件。

讲到这儿，似乎也该结束了，但是，想必大家也已经发现了我们编写的同步原语好像并没有什么实际的应用价值。给大家一个提示，在我们定义的 struct __myevnt 结构中添加几个变量。大家仔细想想这些变量应该如何定义？好吧，现在大家就可以利用重新定义的 struct __myevnt 来模拟信号量了。这就当作是一个练习给大家做吧。

实验思考

在 2.6 版本的内核中，除了有 semaphore 机制以外，Ingo Molnar mingo@redhat.com 还实现了另外一套互斥机制：Mutex 机制。关于 mutex 机制的粗略介绍，可以参看内核文档：Documentation/mutex-design.txt。

Mutex 机制是 Linux 对操作系统原理中信号量机制的另外一个实现，跟 semaphore 实现相比，更简洁更干净，类似于二元信号量。关于 mutex 的讨论，有很多文章可以参考：

关于 Semaphores and mutexes 的一些讨论，Linus， Andrew Morton 等的意见：
http://lwn.net/Articles/165039/

Generic Mutex Subsystem，Ingo Molnar 的 Mutex patch 和文档说明
http://lwn.net/Articles/164802/

Goodbye semaphores？
http://lwn.net/Articles/166195/
http://lwn.net/Articles/166198/

请有兴趣的读者仔细阅读这些文档，并且分析 mutex 的实现代码（kernel/mutex.c）。相信能很大的帮助读者加深对操作系统中信号量原理的深刻理解。

参考资料

[1]. Summary of Intel 80x86 instructions
http://cs-linux.ubishops.ca/~jensen/asm/intelasm.htm

[2]. X86 Assembly Language Reference Manual
http://docs-pdf.sun.com/817-5477/817-5477.pdf

[3]. x86 Assembly Programming
http://cs.wwc.edu/~aabyan/215/x86.html

[4]. Mutex Conundrum in Linux 2.6 Kernel
http://developer.osdl.org/dev/mutexes/docs/MutexSIG.pdf

[5]. Pipe manual
http://linux.die.net/man/7/pipe
In Linux versions before 2.6.11， the capacity of a pipe was the same as the system page size（e.g.， 4096 bytes on x86）. Since Linux 2.6.11， the pipe capacity is 65536 bytes.

[6]. APUE2
http://book.chinaunix.net/special/ebook/addisonWesley/APUE2/

第18章　文件系统

实验目的

文件系统是操作系统中最直观的部分，因为用户可以通过文件直接地和操作系统交互，操作系统也必须为用户提供数据计算、数据存储的功能。本实验通过添加一个文件系统，进一步理解 Linux 中的文件系统原理及其实现。

- 深入理解操作系统文件系统原理
- 学习理解 Linux 的 VFS 文件系统管理技术
- 学习理解 Linux 的 ext2 文件系统实现技术
- 设计和实现自定义文件系统

实验内容

添加一个类似于 ext2 的自定义文件系统 myext2。

实验原理

本章在开始部分介绍了文件和目录的基本知识。然后给出文件系统一般框架。第 18.3 节的主要内容是 VFS（虚拟文件系统）的构架，包含了与之相关的进程、文件关系的介绍、文件系统安装（mount）、路径的定位和查找、文件锁等内容。然后我们在第 18.4 节就可以看到一个具体的文件系统——ext2 文件系统。第 18.5 节是结合 ext2 文件系统说明各种基本文件操作的实现。第 18.6 节介绍了缓冲（cache）机制。接下来的部分是本章的实验，将指导读者添加一个基于 ext2 的定制的文件系统。为了满足很多读者的要求，本章最后又附录了一节向读者介绍了优秀的日志文件系统——ext3 文件系统。

18.1　文件系统基本概念

文件系统是操作系统与用户的接口，为用户管理数据，这些数据通过文件系统直观地存储在介质上。文件系统是操作系统中一个很经典与古老的概念，近些年在这些领域虽然也不时冒出来一些新的想法，但是一些基本的原理还是没有太多的变化。下面，请跟着我们就这些概念做一个大致的温习。需要注意的是，Unix/Linux 与 Windows 在某些文件系统概念上可能会有细小的差别，例如，Linux 的“目录”（directory）对应于 Windows 的“文件夹”（folder），而 Linux 的文件系统安装操作（mount）在 Windows 里面不存在。本书主要以 Unix 系列为准。

18.1.1 文件

抽象一点来说，文件具有如下属性：文件名、文件分类、元数据等等。

文件名是文件在存储系统上的唯一标识，用户因此可以不去关心文件的存储方法、访问路径以及文件在磁盘上的物理存储位置。不同的文件系统对文件的命名方式不尽相同，文件名的长度也不一样。FAT12 是较老版本的 MS-DOS 支持的文件系统，现在 3.5 英寸的软盘上运行的大部分文件系统仍然采用 FAT12 的文件系统。这种文件系统只支持 8.3 的命名规则，也就是文件名最长为 8 个字符，加上最多 3 个字符的扩展名。NTFS（New Technology File System）中的文件名则可以达到 255 个字符。Linux 缺省使用的 ext2 文件系统，一般对文件名长度的限定也设置为 255 个字符。

不同文件系统对文件名的识别方式也不同。MS-DOS 的文件系统对文件名大小写不敏感，而 ext2 文件系统对文件名大小写敏感。举个例子，file.c 和 FILE.C 这两个文件在 ext2 文件系统中是不同的两个文件，而在 MS-DOS 中却是相同的。

文件主要包含两部分的内容，一部分是文件自身所包含的数据，另外一部分是关于文件的数据描述，被称为文件属性，也被称为元数据，包括创建日期、文件长度、文件权限甚至文件在磁盘上的物理位置等等。

文件分类是为了更加有效地组织和管理文件。文件分类的方法很多。按照文件的用途来分类，文件可以分为系统文件、库文件和用户文件。按照文件的性质可以分为普通文件、目录文件和特殊文件。按照文件的保护级别可以分为只读文件、可读写文件、可执行文件。按照文件的数据形式还可以分为源文件、目标文件和可执行文件。并且各种操作系统对文件的分类方法也不相同。Windows 操作系统一般通过文件的扩展名来标识文件的类型，而 Linux 则通过隐含在文件属性中的信息来标识文件类型。

具体到 Unix 或者 Linux 系统来说，文件这个概念是系统中非常基本的一个概念，Unix 在设计的时候就提出：一切皆文件，如果一个东西不是文件，那就是进程。由此可见在 Unix 体系中文件的抽象与通用性。一般来说，系统中文件主要分为三类：普通文件；目录（目录也是文件）；特殊文件和设备文件。[1]

- **普通文件**：不用说，这个大家都清楚。普通文件不止包含那些文本文件，还包括二进制文件，比如图片；又比如动态链接库、可执行程序等。
- **目录**：在 Unix 的概念中，目录也是一个文件，叫目录文件。跟普通文件的不同点只在于它的内容是它所包含的文件的列表。
- **特殊文件**：在系统中，有很多特殊文件，比如设备文件（每个文件代表一个设备）；又比如命名管道、链接、套接字等。

18.1.2 目录与目录树

前面已经说了，Unix 中目录就是包含所有子文件列表的特殊文件。这样，所有的目录与文件在系统中形成一个树状结构。比如 Linux 系统的目录树如图 18-1 所示。

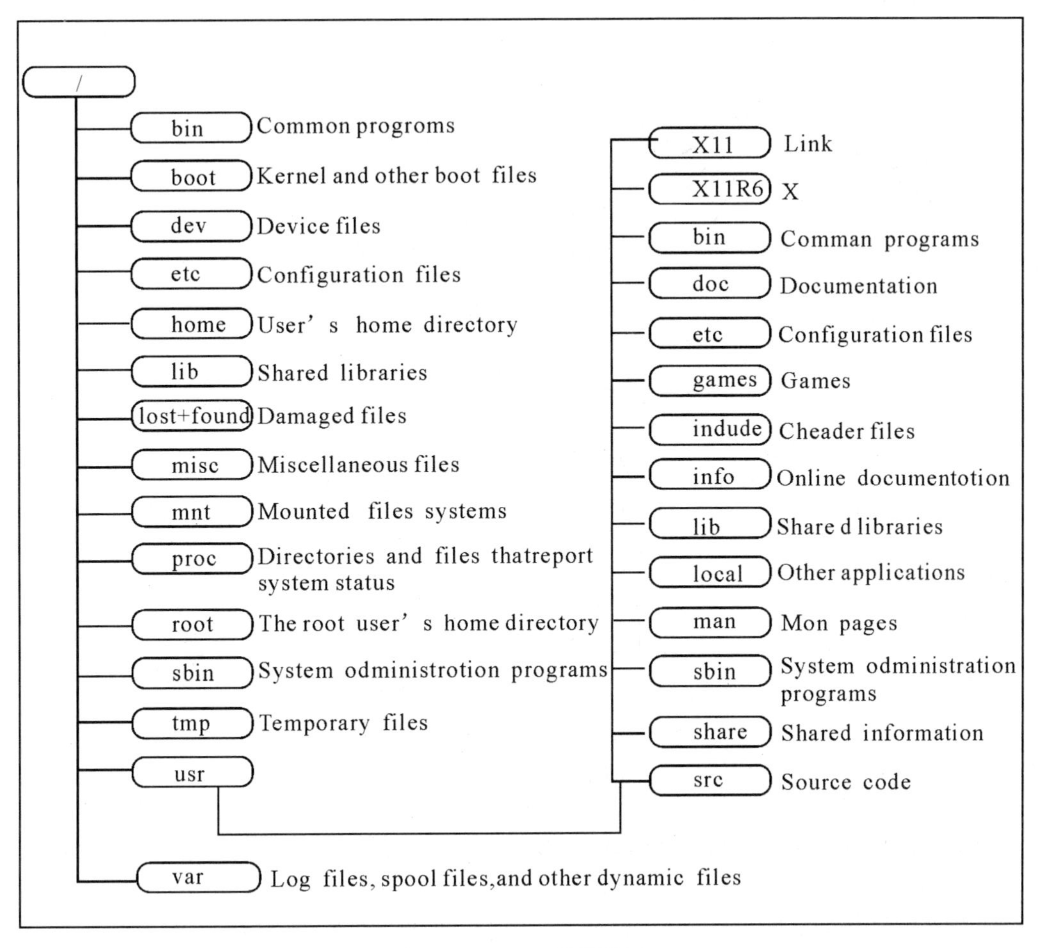

图 18-1 Linux 的目录树

（Linux 中对于目录的树状结构有一定的标准，详情请参考 FHS[2]。）

在这种文件组织结构中，以根目录为起点，所有其他的目录都由根目录派生而来。用户可以为自己的文件创建自己的目录；可以把一个目录下的文件移动或复制到另一目录下；能够移动整个目录；和系统中的其他用户共享目录和文件；能够方便地从一个目录切换到另一个目录，而且可以根据需要设置目录和文件的管理权限，以便允许或拒绝其他人对其进行访问。

总而言之，目录为用户提供了一个管理文件的方便途径。

18.1.3 挂载与卸载

不同于 Windows，在 Linux 中，使用一个文件系统之前必须先挂载那个文件系统。挂载对应的英文单词是 mount，它的含义是指把一个已有的目录树挂载到另外一个目录树的某个目录节点上，如图 18-2 所示。

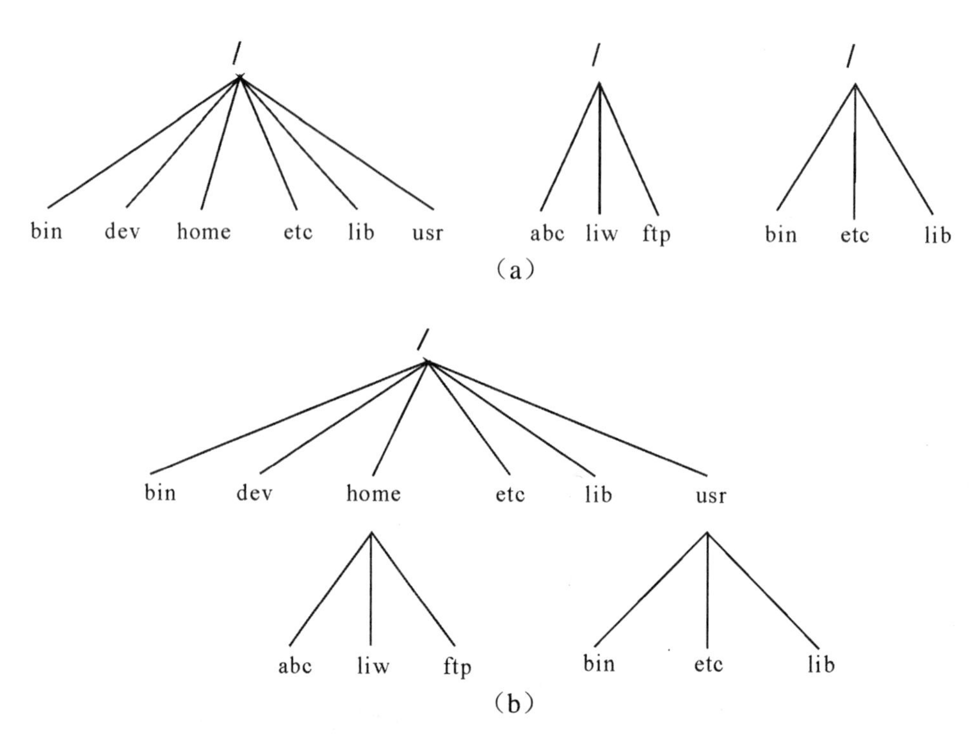

图 18-2 目录的挂载

图 18-2（a）是三个单独的文件系统，每个文件系统都有自己的根目录。在图 18-2（b）中，把后两个文件系统挂载到第一个文件系统之中。此时，后两个文件系统的根目录就变为第一个文件系统的其中一个子目录。有了挂载与卸载文件系统的概念，系统管理员/用户可以更加方便地对文件系统实施管理，在需要的时候把一个文件系统挂载上，这样系统中的程序和用户就可以访问挂载上的目录；在不需要的时候，也能卸载那个文件系统，使得整个系统更加安全。

在我们日常对 Linux 系统的使用中，最常见的挂载与卸载的例子比如对光盘的使用。光盘放入光驱之后，我们会使用一条命令来挂载光驱文件系统（注意，需要先使自己变成 root 用户）：

```
# mount -t iso9660 -o ro /dev/cdrom /cdrom
```

然后在我们使用完光盘之后，我们需要卸载光驱之后，才能把光盘拿出来。

```
# umount /cdrom
```

关于 mount 和 umount 命令的使用，这里不再详细讲解了。

18.2　文件系统的抽象

为什么说文件系统是操作系统重要的一部分？我们先来看看文件系统的抽象。现代操作系统都提供多种访问存储设备的方法。如图 18-3（a）所示，设备驱动提供用户空间设备 API 去直接控制硬件设备。这样，用户的进程可以绕过操作系统而直接读写磁盘上的内容。但这种方式给操作系统带来了很大的麻烦。因为操作系统难以保证自身数据的完整性，其数据区中的内容很有可能会被用户空间的程序覆盖，使得系统的稳定性也大大地降低。所以大部分操作系统都是由文件管理器来使用设备 API，而对上层的用户空间的应用程序提供文件 API。只有在特殊的环境下才允许用户通过设备 API 访问硬件设备。例如数据库管理系统就需要跳过操作系统层而直接访问硬件设备，这是通过操作系统赋予对应的进程适合的权限做到的。设备驱动的数据访问是按照"块"的方式来进行的。但是文件管理器却可以按照自己的文件结构来读写数据，这样就使得文件管理器能够以各种各样的格式来存取数据。也正是因为文件管理器的存在，才有不同种类的文件系统的出现。

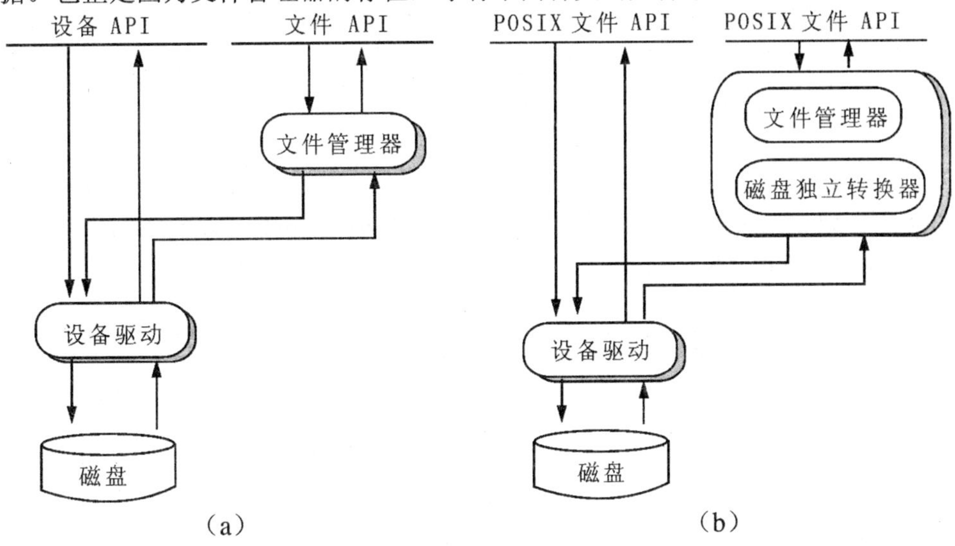

图 18-3 设备与文件管理器

在 UNIX 操作系统中，磁盘上的文件大致是按照树的形式来组织的。软盘，CD-ROM 这些可移动设备也不例外。但是在一个文件系统中只有一个根目录，而这些可移动设备可能有自己的文件格式，并且每个分区都有自己的根目录，但是通过 mount 操作被连接到高一级文件系统的一棵子树上，这样不同类型的文件系统就组织到了同一棵树下。

Linux 文件系统的组织框架如图 18-3（b）所示，也有 2 条独立控制设备驱动的途径，一是通过设备驱动的接口，另一是通过文件管理器接口。然而无论是在 UNIX 系统还是在 Linux 系统中，设备驱动的接口 API 都是从文件管理器 API 中继承下来的，所以这些设备 API 都有 open（）、close（）、read（）、write（）、lseek（）和 ioctl（）等与文件 API 类似的接口。

UNIX 文件系统通过文件管理器的操作以及对文件、目录的定位来控制存储设备。和现今的大部分 UNIX 系统类似，Linux 也使用文件管理器，但是它的文件管理器使用了 VFS（虚拟文件系统），正是 VFS 让 Linux 能够支持目前多种文件系统。VFS 具备访问各种各样的文件系统的能力，也是因为 VFS 在内部去适应各种不同的文件系统的差异，而提供给用户进程的是统一的文件 API。

18.3 VFS 文件系统

18.3.1 什么是 VFS 文件系统

顾名思义，VFS（Virtual File System）是一个虚拟的文件系统，它只存在于系统内存中。

VFS 在 Linux 系统启动的时候创建，在系统关闭时消亡。也有人把 VFS 看作是虚拟的文件系统切换器（Virtual Filesystem Switch），这种理解也很好的体现了 VFS 的含义：它是一种机制，通过这种机制，Linux 系统抽象出所有的文件系统，将不同的文件系统整合在一起，并提供统一的 API 供上层的应用程序使用。（由于有上面两层意思，因此在下文中统一使用 VFS，而不具体使用哪种解释。）

VFS 的使用体现了 Linux 文件系统最大的特点——支持多种不同的文件系统。大量的文件系统通过 VFS 挂接到 Linux 内核中，常见的比如 ext2、ext3、vfat、NTFS、iso9660、proc、nfs、smb、ReiserFS、xfs 等等。

18.3.2 为什么需要 VFS

一个优秀的文件管理器应该具有良好的扩展性。文件系统可以分为三大类：

- 基于磁盘的文件系统。它管理在本地磁盘分区中的内容。这样的文件系统有 ext2、微软的 vfat、NTFS 文件系统等。还包括 ISO9660 CD-ROM 文件系统以及其他的一些 UNIX 的操作系统中采用的文件系统。
- 网络文件系统。网络文件系统允许应用程序访问其他在网络上的计算机的文件系统。例如 NFS、SMB 文件系统、NCP 等等
- 特殊的文件系统。这些文件系统并不需要管理磁盘空间，但是也有类似文件系统的接口，例如/dev 的设备文件系统以及 proc 文件系统。

Linux 使用 VFS 将不同的文件系统的接口统一起来。通过 VFS，对用户隐藏了各种不同的文件系统的实现细节，并提供了一套标准的 API 供用户使用。在这里，VFS 担当了一个中间人的角色，处理一切和底层其他文件系统相关的细节问题，并和上层的用户进程交互，图 18-4 描述了这种框架。

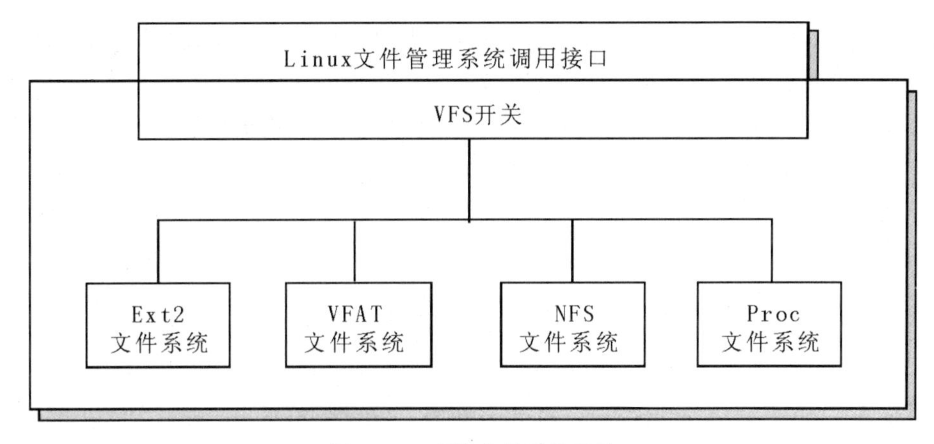

图 18-4 虚拟文件系统开关

18.3.3 VFS 文件系统的结构

VFS 框架是整个 Linux 内核中最漂亮的实现之一，结构非常清晰，易懂。给上层应用或者下层文件系统的接口也都非常清楚。这也是这么些年来，虽然 Linux 内核中其他很多模块都被重写或者大规模修改，而 VFS 却一直相对稳定的原因之一。

在 VFS 的实现中，大量使用了面向对象的思想。基本上你可以这样认为，VFS 的实现包含的主要内容是：对一些对象类型（比如 file， inode， dentry， super block 等）的抽象，以及对这些对象的操作函数。

VFS 是一个接口层，作用于物理的文件系统和服务之间，对 Linux 支持的不同的文件系统进行抽象，这样用户空间进程看到的仅仅是相同的文件操作方式。事实上，VFS 隐含了一个通用文件系统模型的概念。每种物理的文件系统都被映射到通用的文件系统模型上去。在通用文件系统模型中，目录被看作普通文件，它包含的内容为目录下的文件链表和其他的目录链表。

因为 VFS 支持的文件系统的种类是可变的，所以 Linux 不可能在 VFS 中保留每种文件系统各自的操作函数，而是通过指向每个文件系统操作函数的指针实现对不同文件系统的控制。拿 read（）函数做例子：每个文件在内核中都有一个对应的文件对象结构体。在这个结构体中包含的 f_op 指针指向具体文件系统的功能函数，其中也包含了 read 的操作。事实上，在用户空间对文件的 read 操作对应 file->f_op->read（）的间接调用。写函数 write（）的过程与 read（）十分相似。其中包含了数据结构以及在数据结构上的方法，这种机制正是体现了面向对象的思想。VFS 的设计概念正是按照面向对象的方法进行的。尽管 Linux 的 VFS 不是用面向对象的语言（如 C++）编写的，但还是把面向对象的思想融入了设计之中。

VFS 有自己通用的文件模型。这个模型抽象出来的对象类型主要有（提醒：别忘了 VFS 的这些对象类型只存在于内存中）：

- 超级块（super block），存储被 mount 的文件系统的信息。对基于磁盘的文件系统来说，超级块存储的内容主要是指文件系统控制块。
- 索引节点对象（inode object），存储通用的文件信息。对基于磁盘的文件系统，一般是指磁盘上的文件控制块，每个 inode 都和一个唯一的 inode 号联系起来，并通过这个唯一的 inode 号来标识每个文件。

- 文件对象（file object），存储的是进程和打开的文件交互的信息。这些信息只有当进程打开文件的时候才存在于内核空间中。
- 目录项对象（dentry object），存储对目录的连接信息，包含对应的文件信息。基于磁盘的不同文件系统按照自己特定的方法将信息存储于磁盘上。

这些对象之间是如何联系的呢？图 18-5 给出了进程与文件交互的过程。在图中三个进程打开同一个文件，并且其中的两个是打开同样的硬连接（hard link，在 Linux 中可以用 ln 来创建一个文件的硬连接）。每个进程都拥有自己的文件对象，但只有 2 个 dentry 对象存在，每一个 dentry 对应一个打开的硬连接。dentry 对象都指向同样的 inode 对象，以此来获取磁盘上的信息。下面，我们将详细讨论这几种对象以及它们的关系。

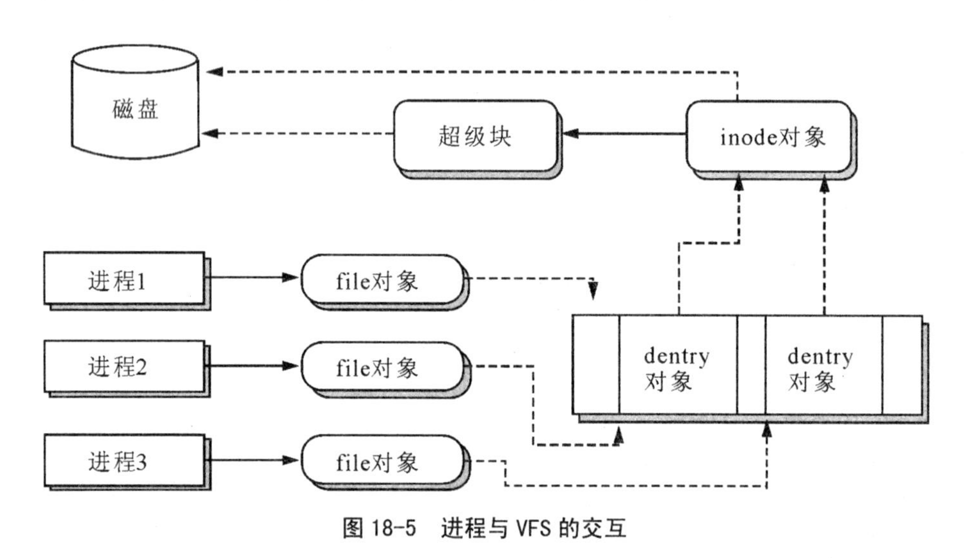

图 18-5　进程与 VFS 的交互

1. VFS 的超级块对象

VFS 建立在通用文件系统模型上，它并不知道每种文件系统的细节实现，但是 VFS 是如何控制各种文件系统的呢？这就涉及到一个文件系统管理的问题。当一种文件系统被安装（mount）到 VFS 上的时候要做的第一件事情就是首先在 VFS 中注册它。文件系统的注册一般发生在启动的时候或者启动以后按照模块的方式通过 register_filesystem（）（在 fs/super.c 文件中定义）完成的。这个函数主要是为 read_super（）函数做准备。read_super（）完成如下功能：

- 从磁盘文件系统中读取给定的文件系统的数据。
- 文件管理器将这些数据翻译成独立于设备的有用信息。
- 将这些信息存入 super_block 的结构体中。

下面是这个结构体的内容：

include/linux/fs.h，　line 805

```
805 struct super_block {
806         struct list_head          s_list;          /* Keep this first */
807         dev_t                        s_dev;          /* search index; _not_ kdev_t */
808         unsigned long              s_blocksize;
809         unsigned char              s_blocksize_bits;
810         unsigned char              s_dirt;
811         unsigned long long       s_maxbytes;     /* Max file size */
812         struct file_system_type *s_type;
813         struct super_operations *s_op;
...
818         unsigned long               s_magic;
819         struct dentry              *s_root;
...
829         struct list_head          s_inodes;        /* all inodes */
830         struct list_head          s_dirty;         /* dirty inodes */
831         struct list_head          s_io;            /* parked for writeback */
832         struct  hlist_head         s_anon;           /*  anonymous  dentries  for  （nfs）
exporting */
833         struct list_head          s_files;
...
844         void                          *s_fs_info;      /* Filesystem private info */
...
850         struct semaphore s_vfs_rename_sem;        /* Kludge */
...
855 };
```

s_list：　指向了超级块链表中前一个超级块和后一个超级块的指针。
s_dev：　超级块所在的设备的描述符。
s_blocksize 和 s_blocksize_bits：　指定了磁盘文件系统的块的大小。
s_dirty：　超级块的“脏”位。
s_maxbytes：　文件最大的大小。
s_type：　指向文件系统的类型的指针。
s_op：　指向超级块操作的指针。
s_root：　指向目录的 dentry 项。
s_dirt：　表示“脏”（内容被修改了，但尚未被刷新到磁盘上）的 inode 节点的链表，分别指向前一个节点和后一个节点。
s_fs_info：　指向各个文件系统私有数据，一般是各文件系统对应的超级块信息。以 ext2 文件系统为例，当 ext2 文件系统的超级块装入到内存，即装入到 super_block 的时候，会调用 ext2_fill_super（）函数，在这个函数中填写 ext2 对应的 ext2_sb_info，然后挂在这个指针上。

通用文件系统模型的设计借鉴了面向对象的思想，在这里也有所体现。struct super_operations *s_op 恰恰是一个指向一系列操作集合的指针。这个操作函数集合包含所有的对于超级块相关的操作函数。看这个结构体：

include/linux/fs.h， line 1067

```
1067 struct super_operations {
1068            struct inode *（*alloc_inode）（struct super_block *sb）；
1069            void  （*destroy_inode）（struct inode *）；
1070
1071            void  （*read_inode）  （struct inode *）；
1072
1073            void  （*dirty_inode）  （struct inode *）；
1074            int  （*write_inode）  （struct inode *， int）；
1075            void  （*put_inode）  （struct inode *）；
1076            void  （*drop_inode）  （struct inode *）；
1077            void  （*delete_inode）  （struct inode *）；
1078            void  （*put_super）  （struct super_block *）；
1079            void  （*write_super）  （struct super_block *）；
1080            int  （*sync_fs）（struct super_block *sb， int wait）；
1081            void  （*write_super_lockfs）  （struct super_block *）；
1082            void  （*unlockfs）  （struct super_block *）；
1083            int  （*statfs）  （struct super_block *， struct kstatfs *）；
1084            int  （*remount_fs）  （struct super_block *， int *， char *）；
1085            void  （*clear_inode）  （struct inode *）；
1086            void  （*umount_begin）  （struct super_block *）；
1087
1088            int  （*show_options）（struct seq_file *， struct vfsmount *）；
1089
1090            ssize_t （*quota_read）（struct super_block *， int， char *， size_t， loff_t）；
1091            ssize_t  （*quota_write）（struct super_block *， int， const char *， size_t，
loff_t）；
1092 };
```

read_inode（）：　用磁盘上读取的信息来填充 inode 对象的内容，读取的 inode 结构中的 i_ino 对象可以用来在磁盘上定位对应的 inode 节点。

dirty_inode（）：　表示一个 inode 对象已经“脏”，在 2.2 的内核中和 notify_change（）类似。

write_inode（）：　更新 inode 的信息，将其转换为磁盘相关的信息并写回。

put_inode（）：　　当有人释放 inode 对象引用的时候被调用，但是并不一定表示这个 inode 没人使用了，只是使用者减少了一个。

delete_inode（）：　　当 inode 的引用计数到达 0 的时候被调用，表明这个 inode 对应的对象可以被删除。删除磁盘的数据块，磁盘的 inode 以及 VFS 的 inode。

put_super（）：　　由于当前的文件系统的卸载而释放当前的超级块对象。

write_super（）：　　更新当前的超级块对象的内容。

statfs（）：　　返回当前 mount 的文件系统的一些统计信息。

remount_fs（）：　　按照一定的选项重新 mount 文件系统。

clear_inode（）：　　和 put_inode 类似，但是也删除包含数据在内的内存对应 inode 中的结构。

umount_begin（）：　　开始 umount 操作，并中断其它的 mount 操作，用于网络文件系统。

这些函数都是用于 VFS 管理文件系统与具体文件系统无关的部分的。例如调用 read_inode（）这个函数就需要通过 sb->s_op_>read_inode（）在内核空间中创建 Linux 的 inode 的信息，而 write_inode（）则将这些 Linux 的 inode 信息翻译成对应的文件系统的信息，然后写回。

2. VFS 的 inode 对象

在 inode 节点中存储着这个 inode 关联的文件的大部分信息（文件名不存在 inode 结构中）。对于一个文件来说，文件名是一个可变的标识，但是 inode 的编号却是唯一的，并且只要这个文件存在，它所对应的 inode 编号就一直不会改变。当然这里的唯一是指在具有相同超级块的文件系统中这个编号是独一无二的，但是在一个正在运行的 Linux 中很容易就能找到 2 个具有相同 inode 号的 inode，但是它们对应的 super_block 不可能相同。

以下是 inode 结构体的主要内容：

include/linux/fs.h，　line 463

```
463 struct inode {
464         struct hlist_node       i_hash;
465         struct list_head        i_list;
466         struct list_head        i_sb_list;
467         struct list_head        i_dentry;
468         unsigned long           i_ino;
469         atomic_t                i_count;
470         umode_t                 i_mode;
471         unsigned int            i_nlink;
472         uid_t                   i_uid;
473         gid_t                   i_gid;
474         dev_t                   i_rdev;
475         loff_t                  i_size;
476         struct timespec         i_atime;
```

```
477         struct timespec              i_mtime;
478         struct timespec              i_ctime;
479         unsigned int                 i_blkbits;
480         unsigned long                i_blksize;
481         unsigned long                i_version;
482         unsigned long                i_blocks;
483         unsigned short               i_bytes;
484         spinlock_t                   i_lock; /* i_blocks，  i_bytes，  maybe i_size */
485         struct mutex                 i_mutex;
486         struct rw_semaphore          i_alloc_sem;
487         struct inode_operations *i_op;
488         struct file_operations    *i_fop; /* former ->i_op->default_file_ops */
489         struct super_block          *i_sb;
490         struct file_lock            *i_flock;
491         struct address_space        *i_mapping;
492         struct address_space        i_data;
…
496         /* These three should probably be a union */
497         struct list_head             i_devices;
498         struct pipe_inode_info     *i_pipe;
499         struct block_device         *i_bdev;
500         struct cdev                  *i_cdev;
501         int                            i_cindex;
502
503         __u32                          i_generation;
504
…
515         unsigned long                i_state;
516         unsigned long                dirtied_when;     /* jiffies of first dirtying */
517
518         unsigned int                 i_flags;
519
520         atomic_t                       i_writecount;
521         void                            *i_security;
522         union {
523                 void                    *generic_ip;
524         } u;
…
528 };
```

i_hash：　表示已经分配好的 inode 双向链表，并且和 super block 的 s_list 十分相似，也包含指向上一个节点和下一个节点的指针。

i_list：　表示未分配的 inode 资源的双向链表。

i_dentry： 表示 dentry 的链表，当多个 dentry 指向同一个 inode 时，通过 i_dentry 将这些 dentry 连接起来。
i_ino： inode 的编号。
i_count： 当前 inode 被引用的次数。
i_blksize 和 i_blocks： 表明文件系统块的大小以及当前的文件占用多少个块。
i_version： 版本号。
i_op： 指向 inode 的操作，和 super_block 中的 s_op 类似。
_fop： inode 所代表的文件的操作函数。
i_sb： 指向当前的超级块。
i_flock： 对当前的文件所加的文件锁。
i_state： 当前 inode 的状态，当 i_state 为 I_DIRTY 时，表示 inode 已"脏"，也就是说数据已经被修改过，那么磁盘的 inode 需要写回至磁盘中更新。

需要注意的是，在 2.4 的内核中，每个特定文件系统的 inode 信息是放在 VFS 的 struct inode 里面的一个 union 里面的：

```
include/linux/fs.h， line 429
429 struct inode {
            ...
480         union {
481                 struct minix_inode_info         minix_i;
482                 struct ext2_inode_info          ext2_i;
483                 struct ext3_inode_info          ext3_i;
                    ...
510         } u;
511 };
```

但是在 2.6 里面，这个关系反了过来，VFS 的 inode 是放在每个特定文件系统的 inode 信息里面，比如对于 ext2：

```
fs/ext2/ext2.h， line 16
16 struct ext2_inode_info {
          ...
68        struct inode      vfs_inode;
69 };
```

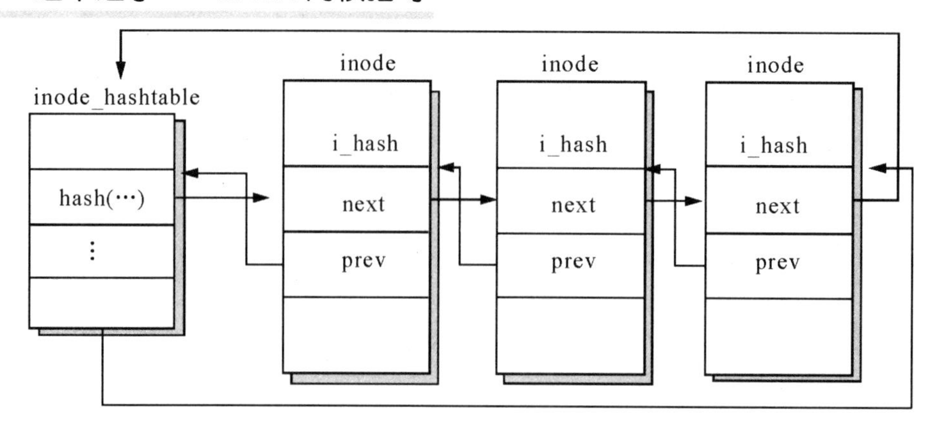

图 18-6　inode_hashtable 和 inode 结构体中的 i_hash

在 4 个链表中可能会引用到的 inode 分别是 inode_unused、inode_in_used、anon_hash_chain 以及超级块中的 s_dirty 成员。从字面的意思中便可以看出 inode_unused 表示未被使用的 inode 节点，而 inode_in_used 则是指正在使用的节点，anon_hash_chain 是那些没有超级块的 inode 双向链表。但是所有的这些 inode 节点都是由 inode 结构体中的 i_list 全部串起来的，也就是说可以通过 i_list 管理所有的 inode 资源。由于文件系统存在很多 inode 节点，那么从性能的角度来考虑，要查找一个 inode 节点就需要采用一些加速的方法。Linux 的方法是利用 hash 表，因此在 inode.c 文件中存在一个变量 inode_hashtable 就是为了加速 inode 的查找而创建的。但是 hash 表的一个特点是“一对多”，因此每次通过 hash 函数计算之后对应的 hash 表首条 inode 并不一定是我们所需要的。这样就需要根据 inode 结构体中的 i_hash 通过 next 和 prev 指针找到我们最终需要的 inode 节点。

同样的，对于 inode 的所有操作也有一个集合：

include/linux/fs.h，　line 1029

```
1029 struct inode_operations {
1030        int  (*create)  (struct inode *, struct dentry *, int,  struct nameidata *);
1031        struct dentry * (*lookup)  (struct inode *, struct dentry *,  struct nameidata
*);
1032        int  (*link)  (struct dentry *, struct inode *, struct dentry *);
1033        int  (*unlink)  (struct inode *, struct dentry *);
1034        int  (*symlink)  (struct inode *, struct dentry *, const char *);
1035        int  (*mkdir)  (struct inode *, struct dentry *, int);
1036        int  (*rmdir)  (struct inode *, struct dentry *);
1037        int  (*mknod)  (struct inode *, struct dentry *, int, dev_t);
1038        int  (*rename)  (struct inode *,  struct dentry *,
1039                         struct inode *,  struct dentry *);
1040        int  (*readlink)  (struct dentry *,  char __user *, int);
1041        void * (*follow_link)  (struct dentry *,  struct nameidata *);
1042        void  (*put_link)  (struct dentry *,  struct nameidata *,  void *);
```

```
1043        void (*truncate) (struct inode *);
1044        int (*permission) (struct inode *, int, struct nameidata *);
1045        int (*setattr) (struct dentry *, struct iattr *);
1046        int (*getattr) (struct vfsmount *mnt, struct dentry *, struct kstat *);
1047        int (*setxattr) (struct dentry *, const char *, const void *, size_t, int);
1048        ssize_t (*getxattr) (struct dentry *, const char *, void *, size_t);
1049        ssize_t (*listxattr) (struct dentry *, char *, size_t);
1050        int (*removexattr) (struct dentry *, const char *);
1051        void (*truncate_range)(struct inode *, loff_t, loff_t);
1052 };
```

create： 只适用于目录 inode，当 VFS 需要在“inode”里面创建一个文件（文件名在 dentry 里面给出）的时候被调用。VFS 必须已经检查过文件名在这个目录里面不存在。

lookup： 用于检查一个文件（文件名在 dentry 里面给出）是否在一个 inode 目录里面。

link： 在 inode 所给出的目录里面创建一个从第一个参数 dentry 文件到第三个参数 dentry 文件的硬链接（hard link）。

unlink： 从 inode 目录里面删除 dentry 所代表的文件。

symlink： 用于在 inode 目录里面创建软链接（soft link）。

mkdir： 用于在 inode 目录里面创建目录。

rmdir： 用于在 inode 目录里面删除目录。

mknod： 用于在 inode 目录里面创建设备文件。

以上的操作函数都是针对目录 inode 而言的。

rename： 把第一个和第二个参数（inode，dentry）所定位的文件改名为第三个和第四个参数所定位的文件。

readlink： 读取一个软链接所指向的文件名。

follow_link： VFS 调用这个函数跟踪一个软链接到它所指向的 inode。

put_link： VFS 调用这个函数释放 follow_link 分配的一些资源。

truncate： VFS 调用这个函数改变一个文件的大小。

permission： VFS 调用这个函数得到对一个文件的访问权限。

setattr： VFS 调用这个函数设置一个文件的属性。比如 chmod 系统调用就是调用这个函数。

getattr： 查看一个文件的属性。比如 stat 系统调用就是调用这个函数。

setxattr： 设置一个文件的某项特殊属性。详细情况请查看 setxattr 系统调用帮助。

getxattr： 查看一个文件的某项特殊属性。详细情况请查看 getxattr 系统调用帮助。

listxattr： 查看一个文件的所有特殊属性。详细情况请查看 listxattr 系统调用帮助。

removexattr： 删除一个文件的特殊属性。详细情况请查看 removexattr 系统调用帮助。

3. VFS 的 file 对象

文件对象 file 是用来和打开该文件的进程交互的对象，并且只有当文件被打开的时候才在内存中建立 file 对象的内容。file 对象结构中最重要的部分是文件指针 f_op，指明了文件的操作函数集。file 结构创建的时候 f_op 被初始化为 inode 里面的缺省文件操作函数，然后特定文件系统的 open 函数被调用，以便其可以进行该文件系统特定的初始化操作。file 结构初始化好之后被放入进程的文件描述符表（file description table）。read，write，close 文件的时候，用户传递进来一个文件描述符，内核通过该文件描述符查询进程的文件描述符表得到对应的 file 结构，然后调用特定文件系统的 read，write，close 操作。

文件对象除含有 f_op 的指针外，还包括以下一些成员：

include/linux/fs.h， line 617

```
617 struct file {
618         /*
619          * fu_list becomes invalid after file_free is called and queued via
620          * fu_rcuhead for RCU freeing
621          */
622         union {
623                 struct list_head        fu_list;
624                 struct rcu_head         fu_rcuhead;
625         } f_u;
626         struct dentry           *f_dentry;
627         struct vfsmount         *f_vfsmnt;
628         struct file_operations  *f_op;
629         atomic_t                f_count;
630         unsigned int            f_flags;
631         mode_t                  f_mode;
632         loff_t                  f_pos;
633         struct fown_struct      f_owner;
634         unsigned int            f_uid， f_gid;
635         struct file_ra_state    f_ra;
636
637         unsigned long           f_version;
638         void                    *f_security;
639
640         /* needed for tty driver， and maybe others */
641         void                    *private_data;
642
...
648         struct address_space    *f_mapping;
649 };
```

f_list: 负责将所有的 file 结构体串起来。和 inode 十分类似，在系统中也有 3 个变量负责管理整个 file 对象，inuse_list、free_list 和 anon_list，free_list 和 inuse_list 分别是负责管理被占用和未被占用的文件对象的链表的头指针，而 anon_list 则在创建一个新文件的时候申请一些新文件对象的链表并留待以后使用。未使用文件对象的数量，也就是 free_list 的大小，由变量 nr_free_files 来表示。当 VFS 试图去分配一个新的文件对象的时候，它通过调用 get_empty_filp（）这个函数来检查当前空闲文件对象的数量是否大于 NR_RESERVED_FILES，如果是，便从队列 free_list 中取出一个，否则，按照常规的内存分配方法来进行。之所以这样做的原因是为了给 root 留下足够的空间，保证 root 运行程序的稳定。在 Linux 中，给 root 预 留的可打开的文件数目是 10。

f_dentry: 文件相对应的 dentry 结构。

f_vfsmnt: 文件相对应的 vfsmount 结构。

f_op: 描述了对文件对象的操作。在解释 inode 对象的时候也有类似的一个成员存在，就是 i_fop。Linux 的文件系统在读入一个文件的时候首先是从磁盘的 inode 中读取并初始化 VFS 的 inode。当一个进程打开一个文件的时候，由 VFS 去初始化 file 对象，这时它将 inode 的 i_fop 指针赋给 file 对象的 f_op。这样进程才可以对文件进行基本的读写操作。按照这种模式，只要赋给 f_op 新的地址，VFS 就可以改变文件的操作函数集。

f_count: 文件打开的引用计数。

f_flags: 文 件 标 志 ， 定 义 在 include/asm-i386/fcntl.h 中 ， 如 O_RDONLY 、O_NONBLOCK 和 O_SYNC。通过函数 dentry_open 对其赋值。

f_mode: 标识了文件的读写权限，在打开文件的时候是根据这个成员来判断是否进程有读写该文件的能力。

f_pos: 标注了文件指针的位置。

f_owner: 这个结构里面保存了进程 id 和信号，当这个文件有某些事件发生（比如文件中有新的数据已就绪）的时候，使用该信号通知进程。

f_uid，f_gid: 打开文件的进程的 uid 和 gid。

private_data: 每个文件的私有数据区，为文件系统或设备驱动程序使用。具体内容可以参看设备驱动的内容

对于文件的操作函数有：

include/linux/fs.h， line 999

```
999 struct file_operations {
1000        struct module *owner;
1001        loff_t （*llseek） （struct file *， loff_t， int）；
1002        ssize_t （*read） （struct file *， char __user *， size_t， loff_t *）；
1003        ssize_t （*aio_read） （struct kiocb *， char __user *， size_t， loff_t）；
```

```
1004         ssize_t (*write) (struct file *, const char __user *, size_t, loff_t *);
1005         ssize_t (*aio_write) (struct kiocb *, const char __user *, size_t, loff_t);
1006         int (*readdir) (struct file *, void *, filldir_t);
1007         unsigned int (*poll) (struct file *, struct poll_table_struct *);
1008         int (*ioctl) (struct inode *, struct file *, unsigned int, unsigned long);
1009         long (*unlocked_ioctl) (struct file *, unsigned int, unsigned long);
1010         long (*compat_ioctl) (struct file *, unsigned int, unsigned long);
1011         int (*mmap) (struct file *, struct vm_area_struct *);
1012         int (*open) (struct inode *, struct file *);
1013         int (*flush) (struct file *);
1014         int (*release) (struct inode *, struct file *);
1015         int (*fsync) (struct file *, struct dentry *, int datasync);
1016         int (*aio_fsync) (struct kiocb *, int datasync);
1017         int (*fasync) (int, struct file *, int);
1018         int (*lock) (struct file *, int, struct file_lock *);
1019         ssize_t (*readv) (struct file *, const struct iovec *, unsigned long, loff_t
*);
1020         ssize_t (*writev) (struct file *, const struct iovec *, unsigned long, loff_t
*);
1021         ssize_t (*sendfile) (struct file *, loff_t *, size_t, read_actor_t, void *);
1022         ssize_t (*sendpage) (struct file *, struct page *, int, size_t, loff_t *, int);
1023         unsigned long (*get_unmapped_area)(struct file *, unsigned long, unsigned
long, unsigned long, unsigned long);
1024         int (*check_flags)(int);
1025         int (*dir_notify)(struct file *filp, unsigned long arg);
1026         int (*flock) (struct file *, int, struct file_lock *);
1027 };
```

llseek: 用于移动文件内部偏移量。

read: 读文件。

aio_read: 异步读，被 io_submit 和其他的异步 IO 函数调用。

write: 写文件。

aio_write: 异步写，被 io_submit 和其他的异步 IO 函数调用。

readdir: 当 VFS 需要读目录内容的时候调用这个函数。

poll: 当一个进程想检查一个文件是否有内容可读写的时候，VFS 调用这个函数；一般来说，调用这个函数之后进程进入睡眠，直到文件中有内容读写就绪时被唤醒。详情请参考 select 和 poll 系统调用。

ioctl: 被系统调用 ioctl 调用。

unlocked_ioctl: 被系统调用 ioctl 调用；不需要 BKL（内核锁）的文件系统应该使用这个函

数，而不是上面那个 ioctl。

compat_ioctl：被系统调用 ioctl 调用；当在 64 位内核上使用 32 位系统调用的时候使用这个 ioctl 函数。

mmap： 被系统调用 mmap 调用。

open： 打开文件函数。

flush： 被系统调用 close 调用，把一个文件内容写回磁盘。

release： 当对一个打开文件的最后引用关闭的时候，VFS 调用这个函数释放文件。

fsync： 被系统调用 fsync 调用。

fasync： 当对一个文件启用异步读写（非阻塞读写）的时候，被系统调用 fcntl 调用。

lock： fcntl 系统调用使用命令 F_GETLK，F_SETLK 和 F_SETLKW 的时候，调用这个函数。

readv： 请参考 readv 系统调用。

writev： 请参考 writev 系统调用。

sendfile： 请参考 sendfile 系统调用。

get_unmapped_area：被系统调用 mmap 调用。

check_flags： fcntl 系统调用使用命令 F_SETFL 的时候，调用这个函数。

dir_notify： fcntl 系统调用使用命令 F_NOTIFY 的时候，调用这个函数。

flock： 请参考 flock 系统调用。

对文件的所有这些操作函数由该文件对应的 inode 所在的特定文件系统实现（这很好理解，因为对于不同文件系统上面的文件，操作肯定有一些差别）。当打开一个设备节点（面向字符的设备或者块设备）的时候，大多数的文件系统都会调用 VFS 中相关的支持函数，这些函数会找到对应那个设备的驱动程序信息；同时，把默认的对于文件的操作函数替换成该设备特定的操作函数，并且调用特定设备的 open 函数。这个过程就是对于文件系统中的设备文件进行打开的时候，系统怎么样调用到该设备特定的打开操作的流程。

4. VFS 的 dentry 对象

系统中的调用比如 open，stat，chmod 等都是以文件路径名作为参数，这些调用被大量的使用，怎么样快速地根据文件路径名找到对应的 inode，这关系到文件系统甚至整个系统的性能，dentry 和 dcache 正是基于这个目的而产生的。

在 VFS 中，每个 dentry（directory entry）用于关联一个文件路径名和这个名字对应的文件对象（如果存在的话）；dcache 用于管理这些 dentry，由于采用了一些算法设计，因此 VFS 通过 dcache 的快速查找机制，可以很快的把一个文件路径名转换成对应的 dentry。

dentry 和 dcache 都只存在于内存中。

让我们接下来看看 dentry 结构体：

include/linux/dcache.h， line 82

```
82 struct dentry {
83              atomic_t d_count;
```

```
84          unsigned int d_flags;              /* protected by d_lock */
85          spinlock_t d_lock;                 /* per dentry lock */
86          struct inode *d_inode;             /* Where the name belongs to - NULL is
87                                               * negative */
88          /*
89           * The next three fields are touched by __d_lookup.  Place them here
90           * so they all fit in a cache line.
91           */
92          struct hlist_node d_hash;          /* lookup hash list */
93          struct dentry *d_parent;           /* parent directory */
94          struct qstr d_name;
95
96          struct list_head d_lru;            /* LRU list */
97          /*
98           * d_child and d_rcu can share memory
99           */
100         union {
101                 struct list_head d_child;          /* child of parent list */
102                 struct rcu_head d_rcu;
103         } d_u;
104         struct list_head d_subdirs;        /* our children */
105         struct list_head d_alias;          /* inode alias list */
106         unsigned long d_time;              /* used by d_revalidate */
107         struct dentry_operations *d_op;
108         struct super_block *d_sb;          /* The root of the dentry tree */
109         void *d_fsdata;                    /* fs-specific data */
110         void *d_extra_attributes;          /* TUX-specific data */
...
114         int d_mounted;
115         unsigned char d_iname[DNAME_INLINE_LEN_MIN];      /* small names */
116 };
```

d_count：当前 dentry 的引用数。

d_flags：dentry 的标志，用来标识出 dentry 的状态。

d_inode：与此 dentry 相对应的 inode，可以为空。

d_hash：作为接口链入 dentry 的哈希表。

d_parent：父目录的 dentry 结构。但对于根节点，该指针指回自己。

d_name：包含了该 dentry 的名称以及 hash 值。如果名称不长，那么 d_name 中的子项 name 将直接指向 d_iname，否则 name 指向另外申请的字符串空间。

d_lru：作为接口为引用数为零的 dentry 结构构成一个双向链表。

d_child：该双向链表包含所有该 dentry 的 d_parent 的儿子，也就是该 dentry 的所有兄弟。具体的结构参见图 18-7。

d_subdirs： 该双向链表包含所有该dentry的儿子。参见图18-7。

d_alias： 在文件系统中可以通过硬连接使几个不同的文件名指向同一文件，这就使多个dentry指向同一个inode。这些dentry将用d_alias链起来。在inode结构中i_dentry项就作为这个链表的头。

d_time： 为 d_revalidate使用，作时间记录。

d_op： 一组dentry的操作函数，和inode、file结构体的操作函数类似。

d_sb： 指向该dentry所在的超级块。

d_mounted： 当前的目录项被mount的次数，由于内核允许一个目录被mount多次，所以需要记录当前目录被mount的情况。

d_iname： 保存文件名的前36个字符，适合短名字的目录项。

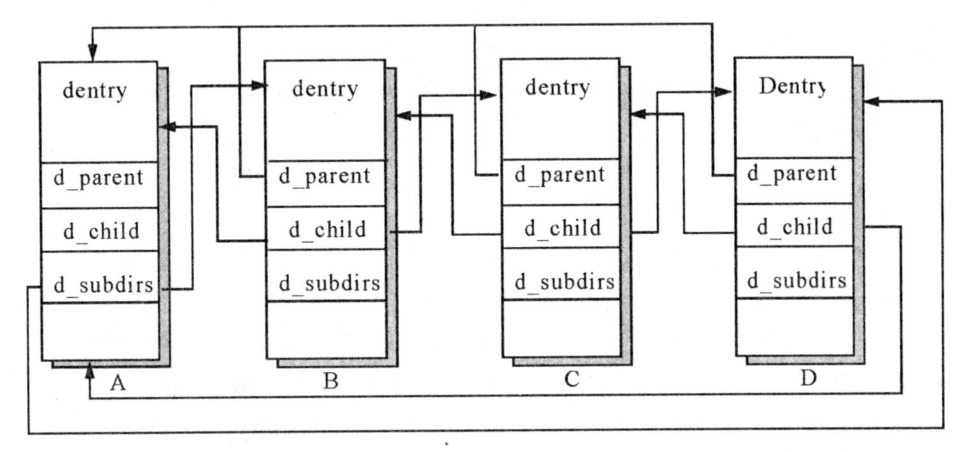

图18-7 dentry的结构和指针（其中A为父节点目录，B， C， D为它的三个儿子）

本小节首段中提到，Linux将目录也看作inode来处理，但是为什么还要引入dentry这样的结构呢？答案是：为了效率。例如在一个已经存在很多文件的文件系统中，我们需要在根目录下创建一个文件，然后去修改它。如果采用dentry，每个目录都有dentry对象，按照树型文件系统的定位方法，这个文件应该能很快地查找到；如果不采用，考虑到inode是根据序号一个一个地按照块的顺序排列在磁盘上的，在文件系统刚刚被创建的时候，inode的组织是有序的，但是随着时间的增加，inode的排列不再规律化。因此inode的存储是无规则的，所以我们有可能需要遍历所有的 inode 才能找到要被修改的文件。dentry的快速定位文件功能使文件系统的运行效率大大提高，这也是VFS引入dentry的原因之一。事实上，不仅仅目录有自己的dentry项，文件也有。之所以叫dentry而非fentry或其他，是因为Linux的文件系统是按目录组织的。路径到inode号的转换比较消耗时间，引入的dentry可以使目录、文件和inode建立对应关系，这样也提高了文件系统性能。举一个具体的实例，假设/tmp目录下只有一个被mount的目录/tmp/dir/test，而我们需要知道是否在/tmp目录中有一个被mount的目录，而且只有这么一个被mount的目录/tmp/dir/test。判断一个目录是否被mount并不需要去读取磁盘的信息，这部分的工作只需要dentry来完成。首先求得目录"/tmp"的dentry，根据这个目录项的d_subdirs，按照深度优先的原则，可以迅速地找到它的子目录"/tmp/dir"的目录项。然后再根据/tmp/dir的目录项d_subdirs找到它的子目录“/tmp/dur/test/”。根据 dentry 就知道 inode 号，并且可以在磁盘上找到对应的位置。关于这部分内容的实现可以参考 fs/dcache.c 中的源码。

dentry 一般都在一个被维护的缓冲区中，这个 cache 常常被称为 dcache。此外 dentry 不仅仅有这样缓冲的形式，在第 18.3.6 节“路径的定位和查找”中，将介绍 dentry 采用的其他定位方法。

dentry 有 4 种不同的状态，分别是“空闲”、“未被使用”、“使用中”、“无效”状态。当 dentry 处于“空闲”状态的时候，所有的信息都是无效的。当 dentry 处于“未使用”状态的时候，d_count 计数器的引用计数为 0，但是 d_inode 指向实际的 inode 节点。当 d_count 计数器的引用计数不为 0 的时候，说明这个 dentry 正处于“使用”状态，而这时 d_inode 也是实际的 inode 节点。并且这 2 种情况下 dentry 的信息都是有效的。在最后一种情况中，d_inode 为 NULL，表示当前磁盘上对应的 inode 已经被删除了，也就是说这个 dentry 已经是“无效”的，但是它在内存中仍然可以用来快速定位文件。

前面解释了 dentry 的主要功能是使 inode 得到缓冲，但是 dentry 是如何充当 cache 的作用的呢？有两种方法。一是通过将“使用中”、“未使用”以及“无效”的 dentry 用双向链表连接起来，二是通过哈希函数的方法快速定位给定的文件名和路径，如果无法找到对应的 dentry，则返回空值。

先说明第一种方法。所有未使用的 dentry 都是通过一个双向链表连接起来的，这个链表的头指针就是 dentry_unused，其它的归属于该链表的节点通过 d_lru 连接起来，即未被使用的节点按照“最近最少使用的原则（LRU）”的方法被组织起来。最近释放的 dentry 节点被放在这个双向链表的头部，这样最近最少使用的节点都靠近链表的尾部。当链表开始收缩的时候，内核把后面的节点元素移去，而保留下来的 dentry 节点都是经常被用到的节点。正在使用的链表的头指针不是单独的变量，它是由 inode 指出的，也就是说 inode 结构体中的 i_dentry 成员作为正在使用的 dentry 的头指针。并且用 d_alias 指向邻接的正在使用的元素。至于无效的 dentry 节点，是在硬连接指向的文件被删除以后，被移到未被使用节点的 LRU 队列中，并且在队列的收缩中慢慢地向后移动，直到最后被释放。

再看第二种方法，通过 hash 表实现的快速定位是通过由变量 dentry_hashtable 作为头指针的双向链表完成的。链表中的每一元素指向具有相同 hash 函数值的 dentry 链表，用 d_hash 来表示。因为在使用 hash 表的时候，需要根据 d_hash，在所有具有相同的 hash 函数值的链表中查找我们所需要的 dentry。这里 hash 函数值通过目录和文件的地址计算得到。

和 dentry 对象相关的还有和 dentry 关联的操作，这些是由 d_op 来实现的，包含了对 dentry 的分配、释放、hash 函数计算以及重定位的功能。

18.3.4 进程与文件的关系

文件系统是静态地存在着的，如果没有进程的参与，文件系统就会变得没有意义。每个进程都是通过 task_struct 结构来描述的，在这个结构体中有 2 个成员和文件系统相关，就是 struct fs_struct *fs 和 struct files_struct *files。fs_struct 用来描述进程工作的文件系统的信息，包括根目录和当前工作目录的 dentry，它们 mount 的文件系统的信息，以及在 umask

中保存的初始的打开文件的权限。另外的一个结构体 files_struct 说明了当前进程打开的文件的内容。

include/linux/file.h，　line 20

```
20 struct fdtable {
21          unsigned int max_fds;
22          int max_fdset;
23          int next_fd;
24          struct file ** fd;       /* current fd array */
25          fd_set *close_on_exec;
26          fd_set *open_fds;
27          struct rcu_head rcu;
28          struct files_struct *free_files;
29          struct fdtable *next;
30 };
31
32 /*
33   * Open file table structure
34   */
35 struct files_struct {
36          atomic_t count;
37          struct fdtable *fdt;
38          struct fdtable fdtab;
39          fd_set close_on_exec_init;
40          fd_set open_fds_init;
41          struct file * fd_array[NR_OPEN_DEFAULT];
            /* Protects concurrent writers.  Nests inside tsk->alloc_lock */
42          spinlock_t file_lock;
43 };
```

fdtable 中：

max_fds：　允许的最大数量的文件对象的个数。

max_fdset：　允许的最大数量的文件描述符的个数。

fd：　当前的 fd_array 数组。

close_on_exec：可执行 close 的 fd 集合。

open_fds：　打开的 fd 集合。

free_files：　反向指向 files_struct 的指针。

files_struct 中：

count：　当前共享打开文件表的进程的数目。

fdt：　文件表指针，指向 fdtab。

fdtab：　文件表。

fd_array：　　文件对象的初始数组，一开始只有 32 个，如果有需要，内核会再分配。

fd 指向文件对象组成的数组，最大允许打开的文件的数目由 max_fds 来指定。fd 是指向 fd_array 的，允许打开的文件数目缺省是 32 个。当打开多于 32 个的文件时，内核重新分配更大的存储空间，更新存储文件对象的指针地址，并更新 max_fds。

文件对象 file 是直接和文件内容关联的，但是 file 对象的分布也是无序的，所以 Linux 操作系统建立了一系列索引。这就是我们说到的文件描述符，通过文件描述符可以快速地定位到对应的文件对象。UNIX 的进程都通过文件描述符来描述 file 对象。但是可能存在这样的情况，两个不同的文件描述符指向同一个文件对象，通过这种方式可以实现输入输出的重定向的功能。例如 2>&1 将标准错误输出重定向到标准输出上。可以通过将标准错误的文件描述符的指针定向到标准输出的文件对象上去，例如图 18-8 中的文件描述符 4 被重新定向到了标准输出上。

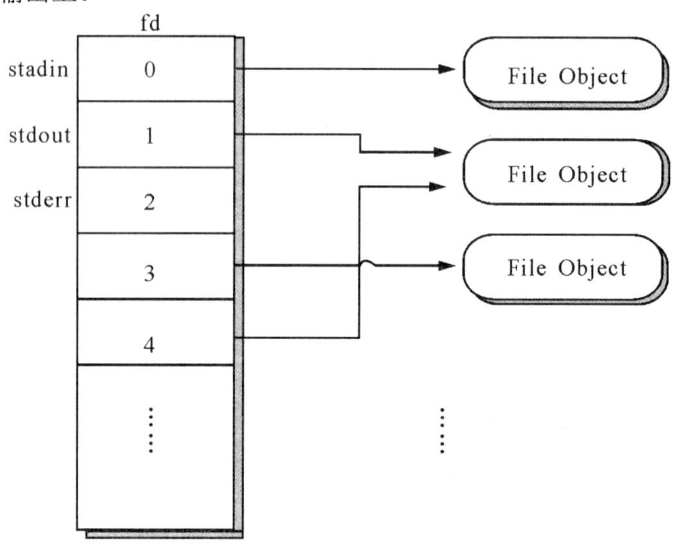

图 18-8 fd 与文件对象的关系（4 被重新定向到标准输出）

在 Linux 中，内核提供了 fget（）函数，可以根据一个文件描述符 fd 的入口参数，得到文件对象的指针 current->files->fd[fd]，该指针指向它所对应的文件对象。并且在调用 fget（）的同时增加对 fd 的引用计数。相反的过程通过 fput（）来完成。当进程访问一个文件结束之后，内核调用 fput（）函数。这个函数首先减少 fd 的引用计数，如果这个引用计数变成 0，内核会调用文件操作中的 release 方法销毁关联的 dentry 结构，减少 inode 结构体中的 i_writecount，然后将文件对象从正在使用的队列移至未使用的队列中。

18.3.5 文件系统的安装（mount）

VFS 只是一个虚拟的文件系统，要和实际的磁盘设备联系上，还需要将磁盘上的文件系统 mount 在 VFS 上。而在 3.3.1 介绍 VFS 的超级块的时候我们提到文件系统的注册。向系统核心注册文件系统的类型有两种途径。一种是在编译核心系统时确定，并在系统初始化时通过内嵌的函数调用向注册表登记；另一种则利用 Linux 的模块（module）机制，把某个文件系统当作一个模块。一个已安装的 Linux 操作系统究竟支持哪些文件系统，需由文件系统类型的注册链表描述。装入该模块时通过模块加载命令向注册表登记它的类型，卸载该模块时则从注册表注销。

文件系统类型的注册和注销函数：

```
int register_filesystem（struct file_system_type * fs）
int unregister_filesystem（struct file_system_type * fs）
```

文件系统类型的注册和注销反映在以 file_systems（fs/super.c）为链表头，file_system_type 为节点的单向链表中。注册表的每一个 file_system_type 节点描述一个已注册的文件系统类型。

include/linux/fs.h， line 1240

```
1240 struct file_system_type {
1241            const char *name;
1242            int fs_flags;
1243            struct super_block *（*get_sb） （struct file_system_type *，  int，
1244                                               const char *，   void *）;
1245            void  （*kill_sb）  （struct super_block *）;
1246            struct module *owner;
1247            struct file_system_type * next;
1248            struct list_head fs_supers;
1249 };
```

name：　　　文件系统类型名字，比如“ext2”，“vfat”等等。
fs_flags：　　mount 的文件系统的参数。
get_sb：　　当这种类型的文件系统要被 mount 的时候，这个函数会被调用，用以得到相应文件系统的超级块。
kill_sb：　　当这种类型的文件系统被 umount 的时候，这个函数被调用。
owner：　　VFS 内部使用，大多数情况下，你只需要初始化为 THIS_MODULE。
next：　　　文件系统类型链表的后续指针。VFS 内部使用，初始化为 NULL。
list_head fs_supers：文件系统的超级块的双向链表。

VFS 用 get_fs_type 得到注册的文件系统的类型，最后卸载一个文件系统的时候是通过调用 unregister_filesystem（）进行的。

Linux 并不通过设备标识访问某个文件系统（像 DOS 那样），而是将它们“捆绑”在一个树型的目录结构中。文件系统安装时，Linux 将它安装到树的某个树枝（即目录）中，文件系统的所有文件就是该目录的文件或子目录。直到文件系统卸载时，这些文件或子目录才自然脱离。mount 的文件系统不仅包含文件及数据，还包含了文件系统本身的树型结构，包含了子目录、连接、访问权限等信息。

整个操作系统最初时只有唯一的一个根节点“/”，存在于内存中而非任何具体设备上。系统初始化时将一个“根设备”安装到“/”上，根设备上的文件系统成了整个系统中原始的、基本的文件系统。此后，超级用户进程可通过系统调用 mount（）把其他文件系统安装到已有文件系统中的一个空闲节点上。当不再需要使用某一文件系统时，或在关闭系统之前，通过系统调用 umount（）卸载已安装的文件系统。

根据不同情况，内核中的三个函数 sys_mount（）、 mount_root（）、kern_mount （）都可用于设备安装。其中，sys_mount（）将一个可访问的块设备安装到一个可访问的节点上。这里我们主要讲述 sys_mount（）的过程，其他两个函数有兴趣的读者可以自行分析。

下面我们看看 mount 系统调用 sys_mount（）的过程：

fs/namespace.c， line 1432

```
1432 asmlinkage long sys_mount（char __user * dev_name， char __user * dir_name，
1433                            char __user * type， unsigned long flags，
1434                            void __user * data）
1435 {
1436          int retval;
1437          unsigned long data_page;
1438          unsigned long type_page;
1439          unsigned long dev_page;
1440          char *dir_page;
1441
1442          retval = copy_mount_options（type， &type_page）;
1443          if （retval < 0）
1444                   return retval;
1445
1446          dir_page = getname（dir_name）;
1447          retval = PTR_ERR（dir_page）;
1448          if （IS_ERR（dir_page））
1449                   goto out1;
1450
1451          retval = copy_mount_options（dev_name， &dev_page）;
1452          if （retval < 0）
1453                   goto out2;
1454
1455          retval = copy_mount_options（data， &data_page）;
1456          if （retval < 0）
1457                   goto out3;
1458
1459          lock_kernel（）;
1460          retval = do_mount（（char *）dev_page， dir_page， （char *）type_page，
```

```
1461                            flags, (void *) data_page);
1462         unlock_kernel ();
1463         free_page (data_page);
1464
1465 out3:
1466         free_page (dev_page);
1467 out2:
1468         putname (dir_page);
1469 out1:
1470         free_page (type_page);
1471         return retval;
1472 }
```

主要分为以下一些步骤：

1. 检查进程是否具有安装一个文件系统所需要的能力。copy_mount_options（）、getname（）都将字符串形式以及结构形式的参数值从用户空间复制到系统空间，长度均以一个页面为限。区别是：getname（）在复制时遇到字符串结尾符“\0”就停止，并返回指向它的指针；而 copy_mount_options（）拷贝整个页面，并返回页面起始地址。
2. 通过调用 do_mount（）完成 mount 操作的实际过程。
3. 释放 do_mount 之前申请的数据。

从上面我们可以看到 do_mount（）完成了 mount 操作的实际工作，接下来我们看看具体的工作是怎么样进行的：

fs/namespace.c, line 1266

```
1266 long do_mount (char *dev_name, char *dir_name, char *type_page,
1267                    unsigned long flags, void *data_page)
1268 {
1269         struct nameidata nd;
1270         int retval = 0;
1271         int mnt_flags = 0;
1272
1273         /* Discard magic */
1274         if ((flags & MS_MGC_MSK) == MS_MGC_VAL)
1275                 flags &= ~MS_MGC_MSK;
1276
1277         /* Basic sanity checks */
1278
1279         if (!dir_name || !*dir_name || !memchr (dir_name, 0, PAGE_SIZE))
1280                 return -EINVAL;
1281         if (dev_name && !memchr (dev_name, 0, PAGE_SIZE))
```

```
1282                    return -EINVAL;
1283
1284            if （data_page）
1285                    （（char *） data_page）[PAGE_SIZE - 1] = 0;
1286
1287            /* Separate the per-mountpoint flags */
1288            if （flags & MS_NOSUID）
1289                    mnt_flags |= MNT_NOSUID;
1290            if （flags & MS_NODEV）
1291                    mnt_flags |= MNT_NODEV;
1292            if （flags & MS_NOEXEC）
1293                    mnt_flags |= MNT_NOEXEC;
1294            if （flags & MS_NOATIME）
1295                    mnt_flags |= MNT_NOATIME;
1296            if （flags & MS_NODIRATIME）
1297                    mnt_flags |= MNT_NODIRATIME;
1298
1299            flags &= ~ （MS_NOSUID | MS_NOEXEC | MS_NODEV | MS_ACTIVE |
1300                       MS_NOATIME | MS_NODIRATIME）;
1301
1302            /* ... and get the mountpoint */
1303            retval = path_lookup（dir_name， LOOKUP_FOLLOW， &nd）;
1304            if （retval）
1305                    return retval;
1306
1307            retval = security_sb_mount(dev_name， &nd， type_page， flags， data_page);
1308            if （retval）
1309                    goto dput_out;
1310
1311            if （flags & MS_REMOUNT）
1312                    retval = do_remount（&nd， flags & ~MS_REMOUNT， mnt_flags，
1313                                         data_page）;
1314            else if （flags & MS_BIND）
1315                    retval = do_loopback（&nd， dev_name， flags & MS_REC）;
1316        else if（flags & （MS_SHARED | MS_PRIVATE | MS_SLAVE | MS_UNBINDABLE））
1317                    retval = do_change_type（&nd， flags）;
1318            else if （flags & MS_MOVE）
1319                    retval = do_move_mount（&nd， dev_name）;
1320            else
1321                    retval = do_new_mount（&nd， type_page， flags， mnt_flags，
```

```
1322                                          dev_name， data_page）;
1323 dput_out:
1324          path_release（&nd）;
1325          return retval;
1326 }
```

主要步骤描述如下：

1. 检查参数 dir_name 和 dev_name 是否正确。
2. 对 flags 做初始化的信息检查，将 mnt_flags 对应的标志位置位。
3. path_lookup 设置安装点的 nameidata，这部分实现和路径的定位是一致的。
4. 如果调用参数中的 MS_REMOUNT 标志位为 1，就表示所要求的只是改变一个原已安装的设备的安装方式。例如，原来是按“只读”方式来安装的，而现在要改为“可写”方式；或者原来的 MS_NOSUID 标志位为 0，而现在要改变成 1，等等。所以这种操作称为“重安装”。这种情况下调用 do_remount（ ）修改安装标志并返回。
5. 如果 flags 有 MS_BIND，说明用户希望做 loopback 的操作，则调用 do_loopback（）。
6. 如果 flags 有 MS_SHARED、MS_PRIVATE、MS_SLAVE 或 MS_UNBINDABLE，调用 do_change_type（），mount 类型切换。
7. 如果 flags 有 MS_MOVE，说明用户希望做安装点的移动，则调用 do_move_mount（）。
8. 具体添加一个 mount 的系统的过程在 do_new_mount 中完成。
9. 释放路径的信息。

现在我们看到了 mount 的各种操作，但是仍然没有看到具体的添加过程，下面就让我们来看看 do_new_mount（）是如何工作的：

fs/namespace.c， line 1025

```
1025 static int do_new_mount（struct nameidata *nd， char *type， int flags，
1026                              int mnt_flags， char *name， void *data）
1027 {
1028          struct vfsmount *mnt;
1029
1030          if （!type || !memchr（type， 0， PAGE_SIZE））
1031                   return -EINVAL;
1032
1033          /* we need capabilities... */
1034          if （!capable（CAP_SYS_ADMIN））
1035                   return -EPERM;
1036
1037          mnt = do_kern_mount（type， flags， name， data）;
1038          if （IS_ERR（mnt））
1039                   return PTR_ERR（mnt）;
```

```
1040
1041            return do_add_mount（mnt，  nd，  mnt_flags，  NULL）；
1042 }
1043
1044 /*
1045   * add a mount into a namespace's mount tree
1046   * - provide the option of adding the new mount to an expiration list
1047   */
1048 int do_add_mount（struct vfsmount *newmnt，  struct nameidata *nd，
1049                          int mnt_flags，  struct list_head *fslist）
1050 {
1051            int err;
1052
1053            down_write（&namespace_sem）；
1054            /* Something was mounted here while we slept */
1055          while （d_mountpoint（nd->dentry） && follow_down（&nd->mnt，  &nd->dentry））
1056                    ;
1057            err = -EINVAL;
1058            if  （!check_mnt（nd->mnt））
1059                    goto unlock;
1060
1061            /* Refuse the same filesystem on the same mount point */
1062            err = -EBUSY;
1063            if  （nd->mnt->mnt_sb == newmnt->mnt_sb &&
1064                nd->mnt->mnt_root == nd->dentry）
1065                    goto unlock;
1066
1067            err = -EINVAL;
1068            if  （S_ISLNK（newmnt->mnt_root->d_inode->i_mode））
1069                    goto unlock;
1070
1071            newmnt->mnt_flags = mnt_flags;
1072            if  （（err = graft_tree（newmnt，  nd）））
1073                    goto unlock;
1074
1075            if  （fslist）  {
1076                    /* add to the specified expiration list */
1077                    spin_lock（&vfsmount_lock）；
1078                    list_add_tail（&newmnt->mnt_expire，  fslist）；
1079                    spin_unlock（&vfsmount_lock）；
1080            }
1081            up_write（&namespace_sem）；
```

```
1082            return 0;
1083
1084 unlock:
1085            up_write（&namespace_sem）;
1086            mntput（newmnt）;
1087            return err;
1088 }
```

主要步骤描述如下：

1. do_kern_mount（）完成 mount 过程中很重要的一步，将要 mount 的文件系统的超级块放入在 vfsmount 的数据结构中，这个数据结构在下面解释。然后调用 do_add_mount（）。
2. 得到 namespace_sem 信号量，用这个信号量是为了让安装和卸载操作串行化。
3. 做检查，防止在等待信号量睡眠的过程中，别的进程将文件安装到当前进程要安装的目录下面。d_mountpoint（）在目录下面没有任何其它文件系统时返回 0，而 follow_down （）在出现两个文件系统互相将对方作为 parent 的情况时返回 1。
4. 判断当前目录是不是已经被其他的操作系统 mount 过了。
5. 通过 graft_tree（）将文件系统 mount 在目录上。这里用了 graft 这个单词，也就是说，将被 mount 的文件系统看作是嫁接到原来的树形文件系统上的。而 graft_tree（）中的 attach_mnt（）完成了这个具体的过程。
6. 释放 namespace_sem 信号量，返回。

把一个设备安装到一个目录节点时要用一个 vfsmount 的数据结构。它包含了我们要安装的文件系统的信息，主要是由要安装的文件系统的超级块构成的。我们来看看这个结构：

include/linux/mount.h， line 30

```
30 struct vfsmount {
31          struct list_head mnt_hash;
32          struct vfsmount *mnt_parent;      /* fs we are mounted on */
33          struct dentry *mnt_mountpoint;    /* dentry of mountpoint */
34          struct dentry *mnt_root;          /* root of the mounted tree */
35          struct super_block *mnt_sb;       /* pointer to superblock */
36          struct list_head mnt_mounts;      /* list of children， anchored here */
37          struct list_head mnt_child;       /* and going through their mnt_child */
38          atomic_t mnt_count;
39          int mnt_flags;
40          int mnt_expiry_mark;              /* true if marked for expiry */
41          char *mnt_devname;                /* Name of device e.g. /dev/dsk/hda1 */
42          struct list_head mnt_list;
43          struct list_head mnt_expire;      /* link in fs-specific expiry list */
44          struct list_head mnt_share;       /* circular list of shared mounts */
```

```
45          struct list_head mnt_slave_list;/* list of slave mounts */
46          struct list_head mnt_slave;         /* slave list entry */
47          struct vfsmount *mnt_master;        /* slave is on master->mnt_slave_list */
48          struct namespace *mnt_namespace; /* containing namespace */
49          int mnt_pinned;
50 };
```

mnt_hash：　vfsmount 的双向链表。

mnt_parent：　指向安装点所隶属的文件系统（其父文件系统），即指向父文件系统的 vfsmount 结构。

mnt_mountpoint：指向文件系统安装点目录的 dentry 结构。

mnt_root：　指向被挂文件系统的根目录的 dentry 结构。

mnt_sb：　指向该文件系统的超级块。

mnt_mounts：作为所挂文件系统（其子文件系统）vfsmount 结构的链表头。

mnt_child：　作为子文件系统接口，挂在上一级文件系统中的 mnt_mounts 为头的链表中。

mnt_count：　该 vfsmount 结构被引用的次数。

mnt_flags：　vfsmount 结构的标志。

mnt_devname：该文件系统的设备名称，如/dev/dsk/hda1。

mnt_list：　指向自身的 vfsmount 链表的双向循环指针。

vfsmount 结构在文件系统安装时通过其队列头 mnt_instances 挂入一个 super_block 结构的 s_mounts 队列。一般一个块设备只安装一次，所以其 super_block 结构中的队列 s_mounts 只含有一个 vfsmount 结构，因此该 vfsmount 结构的队列头 mnt_instances 中的两个指针 next 和 prev 相等。但是，在有些情况下同一个设备是可以安装多次的，此时其 super_block 结构中的 s_mounts 队列含有多个 vfsmount 结构，而队列中的每个 vfsmount 结构的 mnt_instances 中的两个指针就不相等了。所以，在文件系统中调用 remove_vfsmnt（）所卸载的并不是相应设备仅存的安装。这种情况下的卸载比较简单，因为只是拆除该设备多次安装中的一次，而并非最终将设备拆下。

18.3.6 路径的定位和查找

在介绍 dentry 的过程中我们不止一次提到了路径的定位问题。因为这是 dentry 出现的原因。但是具体 VFS 是如何定位一个路径的，我们将在这里详细讨论。

首先我们应该明确，在 Linux 中对文件或者说目录的定位，最终的结果就是得到它的 dentry。但是定位是从哪里开始的呢？Linux 系统中有一个绝对的根目录，除此之外每个进程都有自己当前的工作目录，这两个目录是操作系统进行路径定位和查找活动的基础。任何进程在处于运行态的时候都可以通过 current->fs->root 得到根目录的 dentry，也可以通过 current->fs->pwd 得到当前的工作目录的 dentry。根目录用于绝对路径的搜索，而当前的工作目录一般用来做相对路径的搜索。

当我们有了初始的路径信息之后，就开始寻找匹配第一层目录的 inode 节点项对应的 inode 节点，找到之后，将信息读入内存。然后继续下一步的匹配也就是第二层目录的匹配，读入相应的 inode，并且直到读入最深层的路径。dentry 的缓冲用来加速路径定位的过程，首先是缓冲的机制在内存中保留了最近经常使用过的 dentry 对象，这些对象都有自己的文件名以及对应的 inode 节点，通过对路径的分析可以避免读入太多的目录数据，也就减少了磁盘 I/O 访问的次数。

但是还有几个问题需要注意：

- 在进行路径定位的过程中需要考虑文件权限的问题，判断进程是否拥有读取目录内容的权限；
- 对于给定的一个路径可能是一个符号连接，在这种情况下就要扩展路径的定位；
- 避免由于符号连接的出现而形成环路，内核必须考虑到会出现这种情况并且当环路出现的时候能断开这种环路；
- 必须考虑到一个目录可能是一个文件系统的安装点，因此当定位到这个目录之后，需要考虑是否进入新的文件系统。

基于这些需要，文件在定位过程中的信息都存储在称作 nameidata 的结构体中：

include/linux/namei.h， line 16

```
16 struct nameidata {
17         struct dentry     *dentry;
18         struct vfsmount *mnt;
19         struct qstr        last;
20         unsigned int       flags;
21         int                    last_type;
22         unsigned             depth;
23         char *saved_names[MAX_NESTED_LINKS + 1];
24
25         /* Intent data */
26         union {
27                 struct open_intent open;
28         } intent;
29 };
```

可以看到，namidata 存储的主要是 3 种信息，即目录项 dentry 的内容、mount 的文件系统的信息以及路径名的信息。文件定位发生在打开文件时。当打开一个文件的时候，只知道文件的路径，需要找到这个文件对应的 VFS 的信息，具体查找的过程是根据给定的路径信息通过 open_namei（）函数来完成的。

open_namei（）首先根据文件打开标志决定查找方式，普通的文件打开调用函数 path_lookup_open（）；如果文件打开标志中有 O_CREAT，则需要知道父目录的信息，调用函数 path_lookup_create（）。在 path_lookup_open （）中首先判断给定路径信息的第一个字符是不是‘/’。如果有‘/’的话，说明路径的定位是从根目录开始的，那么第一次访问的目录项就是根目录的 dentry。否则读出进程的当前工作目录的信息，其实是将 current 中的 fs 中的一部分信息放在 nameidata 中。path_lookup_open（）成功之后再通过 do_path_lookup（）函数遍历整个目录，直到找到我们需要的 dentry。

path_lookup_open（）之后调用函数 may_open（），根据 dentry 得到对应的 inode 节点，然后通过对权限的检查后退出。如果是 path_lookup_create（），则需要找到对应的父亲目录的 dentry 项，然后根据路径的最后一项判断是否应该创建对应的文件。

上面描述了 open_namei（）负责整个路径的寻找过程，但是这个它到底是怎么做到的呢？看了 link_path_walk（）这个函数你就会明白了。

fs/namei.c， line 977

```
977 int fastcall link_path_walk（const char *name， struct nameidata *nd）
978 {
979         struct nameidata save = *nd;
980         int result;
981 
982         /* make sure the stuff we saved doesn't go away */
983         dget（save.dentry）;
984         mntget（save.mnt）;
985 
986         result = __link_path_walk（name， nd）;
987         if （result == -ESTALE） {
988                 *nd = save;
989                 dget（nd->dentry）;
990                 mntget（nd->mnt）;
991                 nd->flags |= LOOKUP_REVAL;
992                 result = __link_path_walk（name， nd）;
993         }
994 
995         dput（save.dentry）;
996         mntput（save.mnt）;
997 
998         return result;
999 }
```

fs/namei.c， line 783

```
783 static fastcall int __link_path_walk（const char * name， struct nameidata *nd）
784 {
785         struct path next;
786         struct inode *inode;
787         int err， atomic;
788         unsigned int lookup_flags = nd->flags;
```

```
789
790         atomic = (lookup_flags & LOOKUP_ATOMIC);
791
792         while (*name=='/')
793                 name++;
794         if (!*name)
795                 goto return_reval;
796
797         inode = nd->dentry->d_inode;
798         if (nd->depth)
799           lookup_flags = LOOKUP_FOLLOW | (nd->flags & LOOKUP_CONTINUE);
800
801         /* At this point we know we have a real path component. */
802         for (;;) {
803                 unsigned long hash;
804                 struct qstr this;
805                 unsigned int c;
806
807                 nd->flags |= LOOKUP_CONTINUE;
808                 err = exec_permission_lite(inode, nd);
809                 if (err == -EAGAIN)
810                         err = vfs_permission(nd, MAY_EXEC);
811                 if (err)
812                         break;
813
814                 this.name = name;
815                 c = *(const unsigned char *) name;
816
817                 hash = init_name_hash();
818                 do {
819                         name++;
820                         hash = partial_name_hash(c, hash);
821                         c = *(const unsigned char *) name;
822                 } while (c && (c != '/'));
823                 this.len = name - (const char *) this.name;
824                 this.hash = end_name_hash(hash);
825
826                 /* remove trailing slashes? */
827                 if (!c)
828                         goto last_component;
829                 while (*++name == '/');
```

```
830                 if （!*name）
831                         goto last_with_slashes;
832 
833                 /*
834                  * "." and ".." are special - ".." especially so because it has
835                  * to be able to know about the current root directory and
836                  * parent relationships.
837                  */
838                 if （this.name[0] == '.'） switch （this.len） {
839                         default:
840                                 break;
841                         case 2:
842                                 if （this.name[1] != '.'）
843                                         break;
844                                 follow_dotdot（nd）;
845                                 inode = nd->dentry->d_inode;
846                                 /* fallthrough */
847                         case 1:
848                                 continue;
849                 }
850                 /*
851                  * See if the low-level filesystem might want
852                  * to use its own hash..
853                  */
854                 if （nd->dentry->d_op && nd->dentry->d_op->d_hash） {
855                         err = nd->dentry->d_op->d_hash（nd->dentry， &this）;
856                         if （err < 0）
857                                 break;
858                 }
859                 /* This does the actual lookups.. */
860                 err = do_lookup（nd， &this， &next， atomic）;
861                 if （err）
862                         break;
863 
864                 err = -ENOENT;
865                 inode = next.dentry->d_inode;
866                 if （!inode）
867                         goto out_dput;
868                 err = -ENOTDIR;
869                 if （!inode->i_op）
870                         goto out_dput;
871 
```

```
872                     if (inode->i_op->follow_link) {
873                             err = do_follow_link(&next, nd);
874                             if (err)
875                                     goto return_err;
876                             err = -ENOENT;
877                             inode = nd->dentry->d_inode;
878                             if (!inode)
879                                     break;
880                             err = -ENOTDIR;
881                             if (!inode->i_op)
882                                     break;
883                     } else
884                             path_to_nameidata(&next, nd);
885                     err = -ENOTDIR;
886                     if (!inode->i_op->lookup)
887                             break;
888                     continue;
889                     /* here ends the main loop */
890
891 last_with_slashes:
892                     lookup_flags |= LOOKUP_FOLLOW | LOOKUP_DIRECTORY;
893 last_component:
894                     /* Clear LOOKUP_CONTINUE iff it was previously unset */
895                     nd->flags &= lookup_flags | ~LOOKUP_CONTINUE;
896                     if (lookup_flags & LOOKUP_PARENT)
897                             goto lookup_parent;
898                     if (this.name[0] == '.') switch (this.len) {
899                             default:
900                                     break;
901                             case 2:
902                                     if (this.name[1] != '.')
903                                             break;
904                                     follow_dotdot(nd);
905                                     inode = nd->dentry->d_inode;
906                                     /* fallthrough */
907                             case 1:
908                                     goto return_reval;
909                     }
910                     if (nd->dentry->d_op && nd->dentry->d_op->d_hash) {
911                             err = nd->dentry->d_op->d_hash(nd->dentry, &this);
912                             if (err < 0)
913                                     break;
```

```
914                     }
915                     err = do_lookup（nd， &this， &next， atomic）;
916                     if （err）
917                             break;
918                     inode = next.dentry->d_inode;
919                     if （（lookup_flags & LOOKUP_FOLLOW）
920                         && inode && inode->i_op && inode->i_op->follow_link） {
921                             err = do_follow_link（&next， nd）;
922                             if （err）
923                                     goto return_err;
924                             inode = nd->dentry->d_inode;
925                     } else
926                             path_to_nameidata（&next， nd）;
927                     err = -ENOENT;
928                     if （!inode）
929                             break;
930                     if （lookup_flags & LOOKUP_DIRECTORY） {
931                             err = -ENOTDIR;
932                             if （!inode->i_op || !inode->i_op->lookup）
933                                     break;
934                     }
935                     goto return_base;
936 lookup_parent:
937                     nd->last = this;
938                     nd->last_type = LAST_NORM;
939                     if （this.name[0] != '.'）
940                             goto return_base;
941                     if （this.len == 1）
942                             nd->last_type = LAST_DOT;
943                     else if （this.len == 2 && this.name[1] == '.'）
944                             nd->last_type = LAST_DOTDOT;
945                     else
946                             goto return_base;
947 return_reval:
948                     /*
949                      * We bypassed the ordinary revalidation routines.
950                      * We may need to check the cached dentry for staleness.
951                      */
952                     if （nd->dentry && nd->dentry->d_sb &&
953                         （nd->dentry->d_sb->s_type->fs_flags & FS_REVAL_DOT）） {
954                             err = -ESTALE;
```

```
955                     /* Note: we do not d_invalidate（） */
956                     if （!nd->dentry->d_op->d_revalidate（nd->dentry， nd））
957                             break;
958             }
959 return_base:
960             return 0;
961 out_dput:
962             dput_path（&next， nd）;
963             break;
964     }
965     path_release（nd）;
966 return_err:
967     return err;
968 }
```

我们要知道路径是放在 name 这个字符串变量里面的，link_path_walk（）的功能就是一边解析这个字符串，一边找到对应的 dentry。

986 link_path_walk（）调用__ link_path_walk（）函数。

792-799 如果单前路径的第一个字符是‘/’，则过滤掉它。

814-824 得到当前路径中两个‘/’之间的内容，放入 struct qstr 中，这是一个可以按照 hash 表查找的结构体。

838-849 根据前面得到的路径信息做判断，对“.”和“..”作特殊的处理。如果在控制台的模式下访问过目录，你可能会发现在每个目录中都有“.”和“..”这两个文件，这两个文件有自己特定的含义 。“.”代表当前的目录，而“..”表示上一层目录。如果读到的是“.”这个数据，便不做任何动作，跳转到循环的头部（802 行）继续读取目录分隔符‘/’之间的数据。而如果是“..”，则做 follow_dotdot（）这个动作，也就是将当前的 nameidata 中的数据更新为父目录中的数据。事实上我们也知道 定位/./test 和定位/test 是等价的，而定位../test 意味着去定位父目录中的 test 子目录。

854-862 如果目录不是这么两种情况，就需要进行下面的步骤，去搜索这个目录的 dentry 项。具体的工作由 do_lookup（）完成，do_lookup（）调用函数__d_lookup（）和函数 real_lookup（）。__d_lookup（）通过缓冲的方法实现，但是如果不能够找到正确的 dentry，则需要由 real_lookup （）完成最后的工作。在查找的过程中将每一层路径中的目录项都从硬盘上读入。do_lookup（）函数还会调用__follow_mount（）判断这个目录项是否 mount 了其他的文件系统，如果是则需要通过__follow_down（）读入正确的数据信息。

864-884 只是读入了 dentry 的数据，而 inode 的信息在读入 dentry 的时候就被读入内存，并且通过 dentry 找到对应的 inode，然后根据 inode 才可以知道当前的目录项是否是连接。在知道 inode 之后，需要根据 inode 的信息判断是否要跟随连接走下去，也就是调用 do_follow_link（）函数，直到最后得到正确的 dentry

项，并将这些目录对应的 inode 连接到这个目录项。这样不断地循环读取路径中的信息并且调用 cached_lookup（）和 real_lookup（），直到读完所有的目录节点。

891-892　如果文件路径名最后是以‘/’结尾，则应该将搜索的方式加上 LOOKUP_FOLLOW 与 LOOKUP_DIRECTORY。

893-935　处理文件名最后一个‘/’后的内容，和前面过程十分类似。

936-946　将当前结点信息保存到父节点中。

在本节内容中，我们已经简单地介绍了 Linux 中 VFS 的框架以及各个组成部分。但是如前所述，VFS 还是建立在对复杂文件系统的抽象之上，没有涉及细节的实现问题。在下面的部分我们以 Linux 的 ext2 文件系统为例，具体地介绍一种文件系统的实现。

18.4　ext2 文件系统

ext2 文件系统可谓是 Linux 土生土长的文件系统。由于它是 ext（Extended File System）的完善，故而得名 ext2（The Second Extended File System）。ext2 具有很好的扩展性、高效性和安全性，在 Linux 世界里得到广泛应用。它大致有以下一些特点：

1. 支持 UNIX 所有标准的文件系统特征，包括普通文件（regular files）、目录、设备文件和链接文件等，这使得它很容易被 UNIX 程序员接受。事实上，ext2 的绝大多数的数据结构和系统调用与经典的 UNIX 一致。
2. 能够管理海量存储介质。支持多达 4TB 的数据，即一个分区的容量最大可达 4TB。
3. 支持长文件名，最多可达 255 个字符，并且可扩展到 1012 个字符。
4. 允许用户通过文件属性控制别的用户对文件的访问；目录下的文件继承目录的属性。
5. 支持文件系统数据“即时同步”特性，即内存中的数据一旦改变，立即更新硬盘上的数据使之一致。
6. 实现了“快速连接”（fast symbolic links）的方式，使得连接文件只需要存放 inode 的空间。
7. 允许用户定制文件系统的数据单元（block）的大小，可以是 1024、2048 或 4096 个字节，使之适应不同环境的要求。
8. 使用专用文件记录文件系统的状态和错误信息，供下一次系统启动时决定是否需要检查文件系统。

接下来的一节将介绍 ext2 的体系结构、关键的数据结构（包括超级块、组描述符、inode）、ext2 文件系统的具体操作的实现和数据块分配机制。（提醒，前面一节介绍 VFS，是一个虚拟的文件系统，只存在于内存中；这一节介绍的 ext2 文件系统存在于硬盘上。要求读者有少许的硬件知识，知道硬盘是什么，知道分区的概念。）

18.4.1 ext2 体系结构

与其他文件系统一样，ext2 文件系统也是由逻辑块的序列组成。除了第一个引导块外之外（1 个 block），ext2 文件系统将它所占用的逻辑分区划分为块组（Block Group），每个块组保存着关于文件系统的备份信息（超级块和所有的组描述符）。实际上只有第一个块组的超级块内容才被文件管理系统读入。

ext2 文件系统的体系结构如图 18-9。

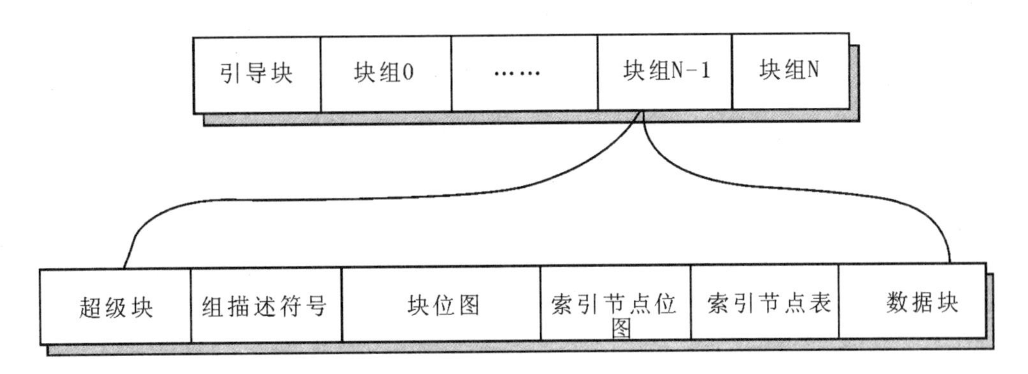

图 18-9 ext2 体系结构

- 超级块（super block）：文件系统中最重要的结构，描述了整个系统的信息，如设备号、块大小、操作该文件系统的函数、安装路径等。
- 组描述符（group descriptor）：记录所有块组的信息，如块组中的空闲块数、空闲节点数等。
- 块位图（block bitmap）：每一个块组有一个对应的块位图，块位图中的每一位代表一个块，1 表示被使用，0 表示是空闲块。
- inode 位图（inode bitmap）：每一个块组有一个对应的 inode 位图，inode 位图中的每一位代表一个块，1 表示被使用，0 表示是空闲块。
- inode 表（inode table）：每一个文件用一个 inode 表示，inode 表存放该文件系统中所有的 inode。
- 数据块：实际存放文件数据的块。

图 18-9 并不复杂，却涵盖了 ext2 数据布局的全局。一个块组包含一个超级块，块组中对应块的使用信息由组描述符维护。读者从下文可以得知，对于所有块组，它们的超级块和组描述符包含的信息是相同的。而块位图、inode 位图、inode 表、数据块与每一个块组相关。每个文件，无论是目录文件还是普通文件都用一个 inode 来描述。

在 ext2 文件系统中，所有数据块的长度相同，但是对于不同的 ext2 文件系统，数据块的长度可以不同。当然，对于给定的 ext2 文件系统，其块的大小在创建时就会固定下来。文件总是整块存储，不足一块的部分也占用一个数据块。例如，在数据块长度为 1024 字节的 ext2 文件系统中，一个长度为 1025 字节的文件就要占用 2 个数据块。

ext2 文件系统相关代码存放在 fs/ext2 目录下。include/linux/ext2_fs.h、ext2_fs_i.h 和

ext2_fs_sb.h 中也有 ext2 的重要数据结构定义。读者在阅读 ext2 的源代码时，经常看到很多数据结构之间的维护和转换方面的代码，可以参考 ext2 体系结构图理解这些过程的具体实现。

18.4.2 ext2 的关键数据结构

1. 超级块 super_block

每一个块组包含的超级块都是相同的。一般，只有块组 0 的超级块才读入内存。读者可能会问，为什么各个块组都需要包含超级块呢？原因很简单，其它超级块信息只作为备份。由此可见超级块对于维护整个文件系统的作用是至关重要的。

ext2 使用一个称为 ext2_super_block 的数据结构，它包含了文件系统内部的关键信息，其长度目前是 1024 个字节。ext2_super_block 中某些成员在文件系统创建时确定，另有一些则可根据文件系统管理者的实际要求在运行时改变。ext2_super_block 存在于硬盘中，供载入文件系统时读入相应的文件系统信息以建立相应的 VFS 超级块，其中包含文件块的大小之类的信息。当 Linux 将 ext2 文件系统载入内存中后，使用另一个 ext2_sb_info 数据结构来存放有关信息，这样对 ext2 文件系统核心数据的访问只需要在内存中操作即可。对超级块的访问是互斥的，即任意时刻最多只允许有一个进程拥有超级块访问权。

include/linux/ext2_fs.h， line 341

```
341 struct ext2_super_block {
342         __le32  s_inodes_count;          /* Inodes count */
343         __le32  s_blocks_count;          /* Blocks count */
344         __le32  s_r_blocks_count;        /* Reserved blocks count */
345         __le32  s_free_blocks_count;     /* Free blocks count */
346         __le32  s_free_inodes_count;     /* Free inodes count */
347         __le32  s_first_data_block;      /* First Data Block */
348         __le32  s_log_block_size;        /* Block size */
349         __le32  s_log_frag_size;         /* Fragment size */
350         __le32  s_blocks_per_group;      /* # Blocks per group */
351         __le32  s_frags_per_group;       /* # Fragments per group */
352         __le32  s_inodes_per_group;      /* # Inodes per group */
353         __le32  s_mtime;                 /* Mount time */
354         __le32  s_wtime;                 /* Write time */
355         __le16  s_mnt_count;             /* Mount count */
356         __le16  s_max_mnt_count;         /* Maximal mount count */
357         __le16  s_magic;                 /* Magic signature */
358         __le16  s_state;                 /* File system state */
        ...
411 };
```

s_inodes_count：　文件使用的文件节点数。
s_blocks_count：　文件块数。
s_r_blocks_count：保留未用的文件块数。
s_free_blocks_count：可用的文件块数。
s_free_inodes_count：可用的 inode 数目。
s_first_data_block：第一个数据块的位置。
s_log_block_size：用来计算 ext2 文件系统数据块的大小。
s_log_frag_size：　用来计算 ext2 文件系统文件碎片大小。
s_blocks_per_group：每个组的文件块的数目。
s_frags_per_group：每个组的碎片数目。
s_inodes_per_group：每个组的 inode 总数。
s_mtime：　最近被装载（mount）的时间。
s_wtime：　最近被修改的时间。
s_mnt_count：　最近一次文件系统检查（fsck）后被装载的次数。
s_max_mnt_count：最大可被安装的次数。当达到这个数目时，ext2 文件系统必须被检查，以保证一致性。
s_magic：　文件系统的标识。
s_state：　文件系统的状态。

2. 组描述符 Group Descriptor

为了易于管理，ext2 将整个文件系统建筑在块（block）的基础之上。物理存储介质被逻辑分成小块的数据块（block），这也是所能被分配的最小存储单元。数据块的大小可以是 512、1024、2048 或 4096 个字节，但一旦文件系统创建完毕，数据块大小就不可改变。一定数目的连续分配的数据块被组织在一起形成一个 group，这使得 ext2 能够将相似的信息组织在相近的物理存储介质范围内。ext2 使用一个叫做 group descriptor 的结构来管理 block group。这就是块组描述符的由来。

组描述符和超级块一样，记录的信息与整个文件系统相关。当某一个组的超级块或 inode 受损时，这些信息可以用于恢复文件系统。因此，为了更好地维护文件系统，每个块组中都保存关于文件系统的备份信息（超级块和所有组描述符）。

块位图（block bitmap）记录本组内各个数据块的使用情况，其中每一个 bit 对应于一个数据块，0 表示空闲，非 0 表示已经占用。

include/linux/ext2_fs.h，　line 136

```
136 struct ext2_group_desc
137 {
138         __le32  bg_block_bitmap;          /* Blocks bitmap block */
139         __le32  bg_inode_bitmap;          /* Inodes bitmap block */
140         __le32  bg_inode_table;       /* Inodes table block */
141         __le16  bg_free_blocks_count;  /* Free blocks count */
```

```
142         __le16  bg_free_inodes_count;      /* Free inodes count */
143         __le16  bg_used_dirs_count;        /* Directories count */
144         __le16  bg_pad;
145         __le32  bg_reserved[3];
146 };
```

bg_block_bitmap：存放 block bitmap 所在的 block 的索引。block bitmap 中的每一位（bit）用于记录每一个 block 的分配（used）或释放（free）。

bg_inode_bitmap：存放文件 inode 节点位图的块的索引，意义和结构与 bg_block_bitmap 相似。

bg_inode_table： 文件 inode 节点表在硬盘中的第一个块的索引。

bg_free_blocks_count：可用的文件块数。

bg_free_inodes_count：可用的文件 inode 节点数。

bg_used_dirs_count：使用中的目录数。

bg_pad： 为了补齐上一个变量的后 16 位，32 位地址对齐。

3. inode

ext2_inode 是 ext2 中非常重要的数据结构，它具有很多的用途，但最主要是用于管理和识别文件及目录。每一个 ext2_inode 结构包含文件的类型、操作权限、所有者、大小和分配给文件的数据块（data block）的索引。当用户请求对一个文件进行操作时，Linux 内核就将操作转化为相应的对物理存储介质的访问。Linux 在内存中使用 ext2_inode_info 来存放相应 ext2_inode 的信息，由 ext2_read_inode（）函数将 ext2_inode 读入内存中生成。

ext2_inode 结构中有一项是一个指向一系列 block 的数组（见图 18-10），其大小 EXT2_N_BLOCKS 在文件系统编译时决定。对 ext2 现在所使用的 0.5b 版本而言，前 12（EXT2_IND_BLOCK = 12）个直接指向存放文件数据的 block 的索引。取 12 这个数是有根据的：研究表明 Linux 文件系统中绝大多数文件都很小，当被操作的范围在 12 个 block 内时，只需对 block 索引读取一次，这就大大提高了效率。第 13 个 block 索引指向一个 indirect block，indirect block 实际上包含了一列 block 的索引。如果 block 的大小是 1024 个字节，每个 block 索引占据 4 个字节，则从 block 13 到 block 268 大小范围内的数据需要两次操作方可访问到。相似的，第 14 个 block 索引指向一个 double indirect block（可以读写从 block 269 到 block 65804 大小范围内的数据）；第 15 个 block 索引则指向一个由 double indirect block 组成的链表的表头。

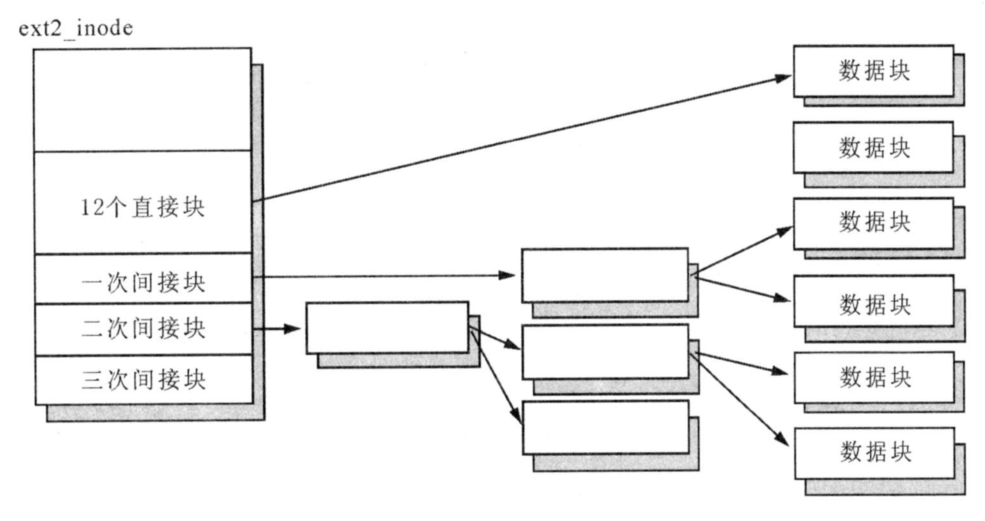

图 18-10 ext2_inode 结构

文件的 inode 结构，存在于外存中，供读入内存以建立 VFS inode。

include/linux/ext2_fs.h， line 211

```
211 struct ext2_inode {
212         __le16   i_mode;            /* File mode */
            ...
234         __le32   i_block[EXT2_N_BLOCKS];/* Pointers to blocks */
            ...
263 };
```

i_mode: 文件模式，表示文件类型以及存取权限。在 ext2 中，inode 节点可以描述普通文件、目录文件、符号连接、块设备、字符设备或 FIFO 文件。

i_block: 文件块索引的数组，前 12 个指向物理块，后 3 个分别是一级、二级、三级间接指针。参见图 18-10。

由此可以粗略估计 ext2 的最大容量：

最大容量的计算和 block size 有关，三级间接指针所能寻址的最大 block 数目是：$(block\ size / 4)^3 + (block\ size / 4)^2 + (block\ size / 4) + 11$。

当 block 的为 1k 时，最大支持的磁盘容量约为（>）$2^{24} * 1k = 16G$；

当 block 的为 2k 时，最大支持的磁盘容量约为（>）$2^{27} * 2k = 256G$ ；

当 block 的为 4k 时，最大支持的磁盘容量约为（>）$2^{30} * 4k = 4T$。

这也是为什么我们在前面说当前版本的 ext2 所支持的最大分区的大小为 4T 的原因。

18.4.3 ext2 的操作实现

1. 超级块操作

fs/ext2/super.c， line 237

```
237 static struct super_operations ext2_sops = {
238             .alloc_inode      = ext2_alloc_inode,
239             .destroy_inode    = ext2_destroy_inode,
240             .read_inode       = ext2_read_inode,
241             .write_inode      = ext2_write_inode,
242             .put_inode        = ext2_put_inode,
243             .delete_inode     = ext2_delete_inode,
244             .put_super        = ext2_put_super,
245             .write_super      = ext2_write_super,
246             .statfs           = ext2_statfs,
247             .remount_fs       = ext2_remount,
248             .clear_inode      = ext2_clear_inode,
249             .show_options     = ext2_show_options,
...
254 };
```

ext2_read_inode 读文件节点操作。即将读入的 inode 的位置可以从入口传入的参数 inode 的相关属性计算得到。具体流程：从 inode->i_no 和 inode->i_sb 中求出文件块组号和所在组的描述符块的块号。从包含该文件块组的缓冲区中获取组描述符，再从描述符中计算得到文件数据所在的设备块号，将其读入缓存，最后将已经读入缓存的信息填入 inode。

ext2_write_super 写超级块操作。首先判断该超级块是否是只读的，对于可写的超级块 sb，获取其对应的 ext2 超级块，更新文件系统状态，更新安装时间等相关信息，清除超级块对应的“脏”标志（i_dirt）。

ext2_remount 重新安装文件系统。重新设定文件系统的读写状态。首先，解析安装进程的参数，判断安装参数是否已经发生变化。如果以读写的方式重新安装原为读写的文件系统，缓冲将被修改，并更改外存中的超级块，更新文件系统的载入时间。反之，如果以读写方式重新安装只读文件系统，设置文件系统超级块标志不再为只读。

2. inode 操作

目录 inode 操作。

fs/ext2/namei.c， line 392

```
392 struct inode_operations ext2_dir_inode_operations = {
```

```
393            .create            = ext2_create,
394            .lookup            = ext2_lookup,
395            .link              = ext2_link,
396            .unlink            = ext2_unlink,
397            .symlink           = ext2_symlink,
398            .mkdir             = ext2_mkdir,
399            .rmdir             = ext2_rmdir,
400            .mknod             = ext2_mknod,
401            .rename            = ext2_rename,
...
408            .setattr           = ext2_setattr,
409            .permission        = ext2_permission,
410 };
```

ext2_create 建立新文件。首先为新文件建立新的 inode，指定索引文件节点的操作集为 ext2_file_inode_operations，通过 ext2_add_entry 为所在目录增添新目录项，如果有同步要求，还需要将数据写回外存（由 ll_rw_block 完成），最后填写 inode 信息。

ext2_mkdir 建立新目录。目录下生成名为“.”和“..”的两个子目录，分别指向当前目录和上一层目录，到此新建目录的连接数为 2，标识父目录缓冲区为“脏”，增添父目录连接数，最后填写 inode 信息。

ext2_rmdir 删除目录。判断该目录是否为空，非空目录不删除。找到包含该目录项的缓冲区，标识其为“脏”，如果要求同步操作，通过 ll_rw_block 将缓冲区刷新到设备上。重新设置对应的 inode 信息，包括大小为 0，引用数为 0 等，将该 inode 从目录索引中删除。

ext2_rename 重新命名文件。将原所在目录节点下的目录项重新命名为新目录下的目录项。首先完成权限和数据有效性检查，注意，在新文件节点加入新目录下成功之前，先减少新的文件节点的连接数，即去掉对上一层的目录的连接。所有更改过的缓冲区都标记为“脏”，如果要求同步操作，则立即将数据刷新到设备上。

18.4.4 ext2 数据块分配机制

在内存管理中，我们接触到了碎片问题。同样地，这个问题也存在于文件系统的管理当中。经过多次的读写操作后，属于同一文件的数据块可能会分散在文件系统的各个角落，导致对同一文件的串行访问效率降低。为了解决这个问题，ext2 有自己的数据块分配机制，我们看看它的具体内容。

ext2 文件系统为文件的扩展部分分配新数据块时，尽量先从文件原有数据块的附近寻找，至少使它们属于同一个块组。如果找不到，才从另外的块组寻找。

对一个文件进行写操作后，文件系统管理模块检查该文件的长度是否扩展了。如果扩展了，则需分配数据块。这时应首先锁定该文件系统的超级块，以保证其它进程不会读取错误的超级块信息。对超级块的申请采取 FCFS（First Come First Served）策略。

理想的选择是和文件最后一个数据块相连的数据块，如果该块已经分配，则从当前块相邻的 64 个块中寻找空块，否则从同一块组中寻找。再没找到就只好从别的块组中分配数据块。如果只能从其它块组搜索空闲数据块，则首先考虑 8 个一簇的连续块。

如果该文件系统采用了预分配机制，则当找到一个空块，接着的 8 个块都被保留（如果是空的）。如果分配的块使用了预分配的块，则需修改 i_prealloc_block 和 i_prealloc_count。

找到空闲块后应修改该数据块所在块组的块位图，分配一个数据缓冲区并初始化。初始化包括修正缓冲区 buffer_head 的设备号、块号，以及数据区清零。最后，超级块的 s_dirt 置位，说明超级块内容已更改，需写入设备。

文件被关闭后，被预分配但没用到的空块将被释放。

18.5 对文件的操作

在写程序的时候，可能会遇到各种对文件的操作，基本的有 open、close、read、write 等。我们在编写代码的时候，只要直接调用这些函数就可以，但是它们是怎么实现的？又是由谁来实现的呢？

我们知道，在程序编译连接的时候，需要连接一些库文件，这些文件操作都是由库文件来实现。但是要对文件进行操作，势必涉及对磁盘等媒介的物理操作，这些操作显然不是在那些库中完成的。我们也知道，物理设备的访问和管理一般都是由操作系统完成的，这些文件操作应该也不会例外。这样一想，就豁然开朗了，调用关系十分明显：程序中的文件操作是由库文件实现的，而库文件中文件操作的实现调用了操作系统的文件操作功能。

本节的第 1 到第 4 小节将分别分析 Linux 操作系统的 open、close、read、write 操作。第 5 小节将描述 ext2 文件系统是如何实现 read、write 操作，以及它们和系统调用是如何关联起来的。

18.5.1 open 操作

在 Linux 中，open 操作是由 open 系统调用完成的；而 open 系统调用是由函数 sys_open 实现的。下面是对 sys_open 函数实现的分析：

fs/open.c， line 1066

```
1066 long do_sys_open（int dfd， const char __user *filename， int flags， int mode）
1067 {
1068         char *tmp = getname（filename）;
1069         int fd = PTR_ERR（tmp）;
1070
1071         if （!IS_ERR（tmp））{
1072                 fd = get_unused_fd（）;
```

```
1073                if (fd >= 0) {
1074                        struct file *f = do_filp_open(dfd, tmp, flags, mode);
1075                        if (IS_ERR(f)) {
1076                                put_unused_fd(fd);
1077                                fd = PTR_ERR(f);
1078                        } else {
1079                                fsnotify_open(f->f_dentry);
1080                                fd_install(fd, f);
1081                        }
1082                }
1083                putname(tmp);
1084        }
1085        return fd;
1086 }
1087
1088 asmlinkage long sys_open(const char __user *filename, int flags, int mode)
1089 {
1090        if (force_o_largefile())
1091                flags |= O_LARGEFILE;
1092
1093        return do_sys_open(AT_FDCWD, filename, flags, mode);
1094 }
```

主要步骤解释如下：

1. 调用 getname（）函数做路径名的合法性检查。getname（）在检查名字合法性的同时要把 filename 从用户数据区拷贝到内核数据区。它会检验给出的地址是否在当前进程的虚存段内；在内核空间中申请一页；并把 filename 字符的内容拷贝到该页中去。这样是为了使系统效率提高，减少不必要的操作。
2. 调用 get_unused_fd（）获取一个文件描述符。
3. 调用 do_filp_open （）获取文件对应的 file 结构。关于 do_filp_open（）函数的实现在后面分析。
4. 如果所获 file 结构有错误，则释放文件描述符，设置 fd 为返回出错信息。
5. 调用 fd_install（）将打开文件的 file 结构 f 装入当前进程打开文件表中。
6. 返回打开的文件描述符。

sys_open 的具体流程如图 18-11 所示。

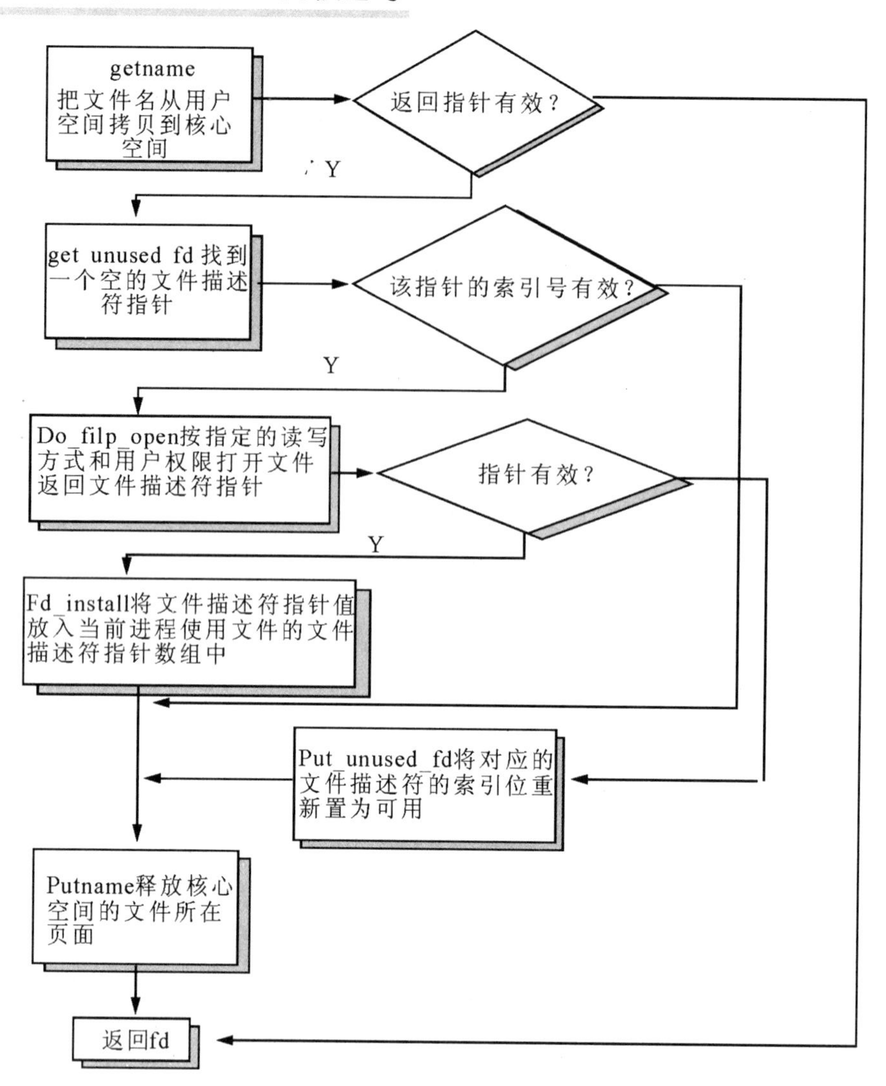

图 18-11 sys_open 流程图

下面是 sys_open 流程中的重要函数 do_filp_open 函数实现的分析。

fs/open.c， line 864

```
864 static struct file *do_filp_open（int dfd， const char *filename， int flags，
865                                    int mode）
866 {
867         int namei_flags， error;
868         struct nameidata nd;
869
870         namei_flags = flags;
871         if （（namei_flags+1） & O_ACCMODE）
872                 namei_flags++;
```

```
873
874         error = open_namei（dfd， filename， namei_flags， mode， &nd）;
875         if （!error）
876                 return nameidata_to_filp（&nd， flags）;
877
878         return ERR_PTR（error）;
879 }
```

主要步骤如下：
1. 根据参数 flags 来计算 namei_flags。
2. 调用 open_namei（），通过路径名获取其相应的 dentry 与 vfsmount 结构。
3. 如果 open_namei 正常返回，则调用 nameidata_to_filp（），通过 open_namei（）得到的 dentry 和 vfsmount 来得到 file 结构。否则返回错误信息。

18.5.2 close 操作

在 Linux 中，close 操作是由 close 系统调用完成的。close 系统调用是由函数 sys_close 实现的。下面是对 sys_close 函数实现的分析：

fs/open.c， line 1148

```
1148 asmlinkage long sys_close（unsigned int fd）
1149 {
1150         struct file * filp;
1151         struct files_struct *files = current->files;
1152         struct fdtable *fdt;
1153
1154         spin_lock（&files->file_lock）;
1155         fdt = files_fdtable（files）;
1156         if （fd >= fdt->max_fds）
1157                 goto out_unlock;
1158         filp = fdt->fd[fd];
1159         if （!filp）
1160                 goto out_unlock;
1161         rcu_assign_pointer（fdt->fd[fd]， NULL）;
1162         FD_CLR（fd， fdt->close_on_exec）;
1163         __put_unused_fd（files， fd）;
1164         spin_unlock（&files->file_lock）;
1165         return filp_close（filp， files）;
1166
1167 out_unlock:
1168         spin_unlock（&files->file_lock）;
```

```
1169            return -EBADF;
1170 }
```

主要步骤解释如下：

1. 检查所要关闭的 fd 的合法性，是否大于 max_fds。如果不合法，则跳到 out_unlock 段，解锁并返回。
2. 根据 fd 得到并且检查 filp 的合法性。如果不合法，则跳到 out_unlock 段，解锁并返回。
3. 修改 files 的 fd 成员，fd 对应项置为空。
4. 将 close_on_exec 中的 fd 位置为 0。
5. 将 open_fds 项的 fd 位置为 0。并且比较一下 fd 与 next_fd 的大小，如果 fd 小于 next_fd，那么将 fd 的值赋给 next_fd，作为未使用的文件描述符提供给后面打开的文件。
6. 调用 filp_close（）做余下的工作。

sys_close 的具体流程如图 18-12 所示。

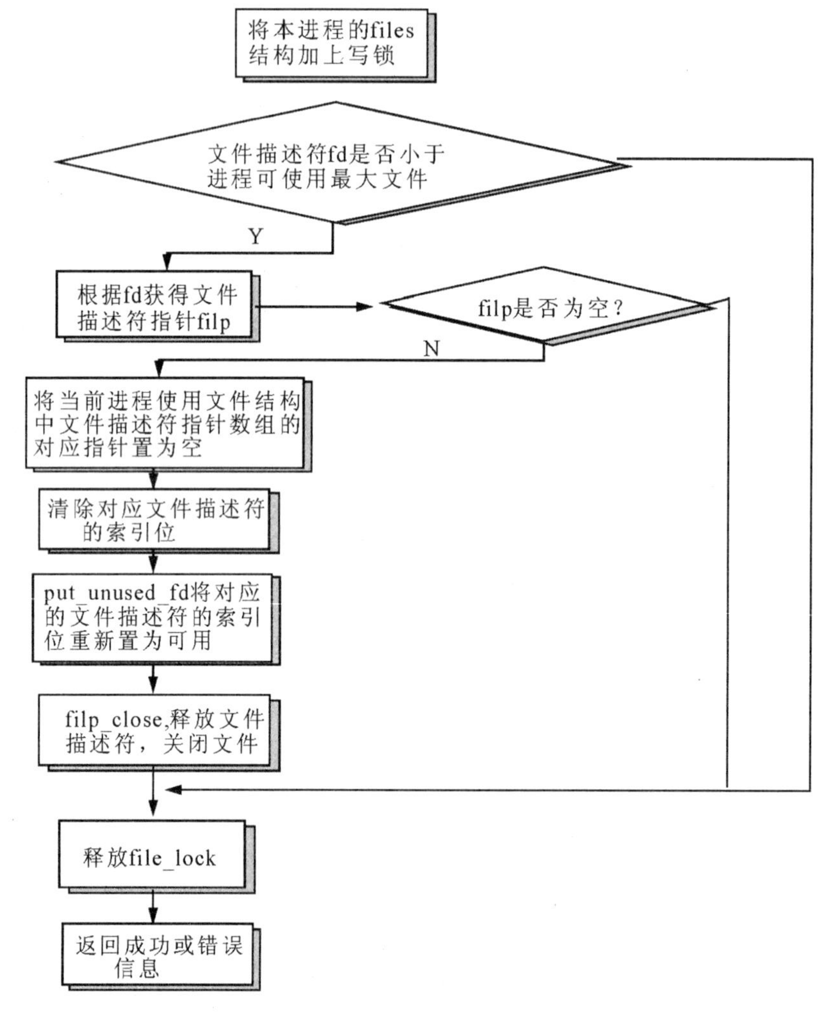

图 18-12 sys_close 流程图

下面是 sys_close 流程中的重要函数 filp_close 函数实现的分析。

fs/open.c， line 1123

```
1123 int filp_close（struct file *filp， fl_owner_t id）
1124 {
1125            int retval = 0;
1126
1127            if （!file_count（filp）） {
1128                    printk（KERN_ERR "VFS: Close: file count is 0\n"）;
1129                    return 0;
1130            }
1131
1132            if （filp->f_op && filp->f_op->flush）
1133                    retval = filp->f_op->flush（filp）;
1134
1135            dnotify_flush（filp， id）;
1136            locks_remove_posix（filp， id）;
1137            fput（filp）;
1138            return retval;
1139 }
```

主要步骤解释如下：

1. 读取文件引用数，若为 0，则直接返回。
2. 如果文件系统有自己的操作函数 flush，则直接调用该函数。
3. 调用 fput（）释放文件对应的 file 结构。

18.5.3　read 操作

在 Linux 中，read 操作是通过 sys_read 系统调用实现的。下面是对 sys_read 函数实现的分析：

fs/read_write.c， line 342

```
342 asmlinkage ssize_t sys_read（unsigned int fd， char __user * buf， size_t count）
343 {
344            struct file *file;
345            ssize_t ret = -EBADF;
346            int fput_needed;
347
348            file = fget_light（fd， &fput_needed）;
349            if （file） {
350                    loff_t pos = file_pos_read（file）;
```

```
351                     ret = vfs_read (file, buf, count, &pos);
352                     file_pos_write (file, pos);
353                     fput_light (file, fput_needed);
354             }
355
356             return ret;
357 }
```

fs/read_write.c, line 247

```
247 ssize_t vfs_read (struct file *file, char __user *buf, size_t count, loff_t *pos)
248 {
249             ssize_t ret;
250
251             if (! (file->f_mode & FMODE_READ))
252                     return -EBADF;
253             if (!file->f_op || (!file->f_op->read && !file->f_op->aio_read))
254                     return -EINVAL;
255             if (unlikely (!access_ok (VERIFY_WRITE, buf, count)))
256                     return -EFAULT;
257
258             ret = rw_verify_area (READ, file, pos, count);
259             if (ret >= 0) {
260                     count = ret;
261                     ret = security_file_permission (file, MAY_READ);
262                     if (!ret) {
263                             if (file->f_op->read)
264                                     ret = file->f_op->read (file, buf, count, pos);
265                             else
266                                     ret = do_sync_read (file, buf, count, pos);
267                             if (ret > 0) {
268                                     fsnotify_access (file->f_dentry);
269                                     current->rchar += ret;
270                             }
271                             current->syscr++;
272                     }
273             }
274
275             return ret;
276 }
```

主要步骤解释如下：

1. 根据 fd 调用 fget_light（）函数得到 file 结构变量指针。fget_light（）会判断打开文件表是否多个进程共享，如果不是的话，则没有必要增加对应 file 结构的引用计数。

2. 得到读文件开始时候的文件偏移量。
3. 调用 vfs_read（）函数。

3.1 在 vfs_read（）函数中，先调用 rw_verify_area（）以读模式 READ 访问区域，返回负数表示不能访问。

3.2 如果 file->f_op->read 函数不为空，则调用 read，从文件 file 读取 count 个字节的内容到 buf。file->f_op->read 就是具体文件系统的 read 函数的实现，在本节的第 5 小节会讲 ext2 文件系统的 read 实现。

3.3 如果以上操作均正常，则调用 fsnotify_access（）通知感兴趣的进程，该文件已经被访问过。vfs_read（）函数结束返回。

4. 写回文件偏移量。
5. 调用 fput_light（），如果需要会释放 file 结构的引用计数。

sys_read 的具体流程如图 18-13 所示。

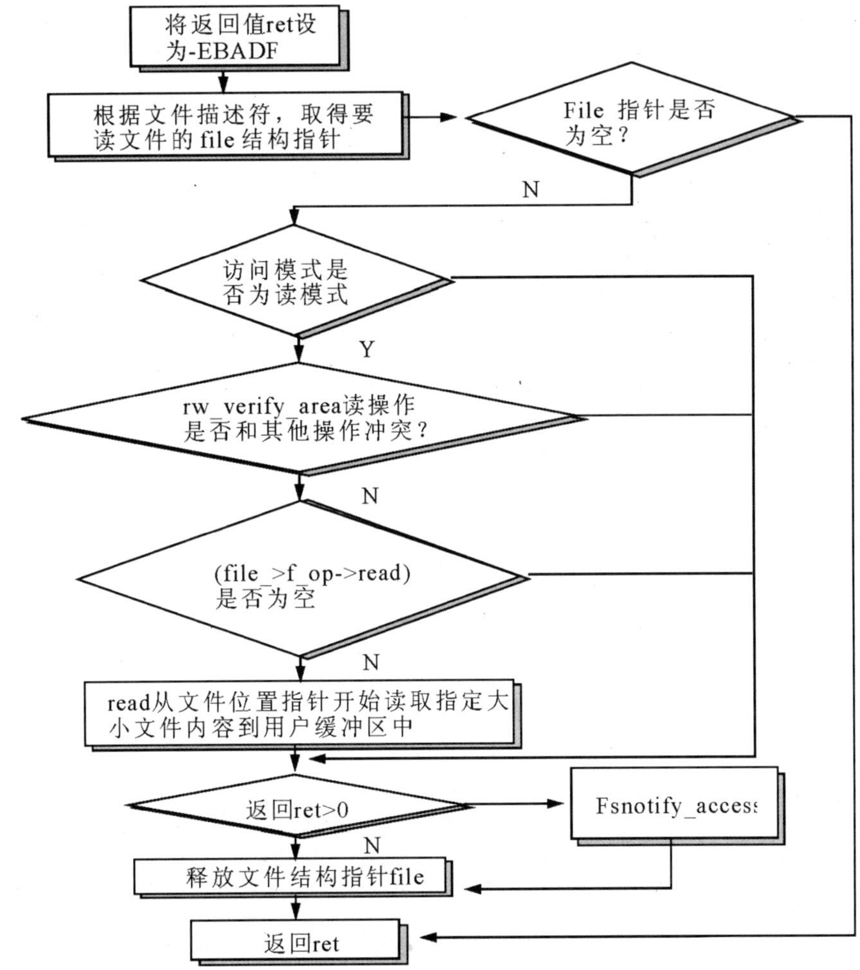

图 18-13 sys_read 流程图

18.5.4 write 操作

在 Linux 中，write 操作是通过 sys_write 系统调用实现的。下面是对 sys_write 函数实现的分析：

fs/read_write.c， line 360

```
360 asmlinkage ssize_t sys_write（unsigned int fd， const char __user * buf， size_t count）
361 {
362         struct file *file;
363         ssize_t ret = -EBADF;
364         int fput_needed;
365 
366         file = fget_light（fd， &fput_needed）;
367         if （file） {
368                 loff_t pos = file_pos_read（file）;
369                 ret = vfs_write（file， buf， count， &pos）;
370                 file_pos_write（file， pos）;
371                 fput_light（file， fput_needed）;
372         }
373 
374         return ret;
375 }
```

fs/read_write.c， line 299

```
299 ssize_t vfs_write（struct file *file， const char __user *buf， size_t count， loff_t *pos）
300 {
301         ssize_t ret;
302 
303         if （!（file->f_mode & FMODE_WRITE））
304                 return -EBADF;
305         if （!file->f_op || （!file->f_op->write && !file->f_op->aio_write））
306                 return -EINVAL;
307         if （unlikely（!access_ok（VERIFY_READ， buf， count）））
308                 return -EFAULT;
309 
310         ret = rw_verify_area（WRITE， file， pos， count）;
311         if （ret >= 0） {
312                 count = ret;
313                 ret = security_file_permission （file， MAY_WRITE）;
314                 if （!ret） {
315                         if （file->f_op->write）
```

```
316                         ret = file->f_op->write（file， buf， count， pos）;
317                 else
318                         ret = do_sync_write（file， buf， count， pos）;
319                 if （ret > 0） {
320                         fsnotify_modify（file->f_dentry）;
321                         current->wchar += ret;
322                 }
323                 current->syscw++;
324         }
325     }
326
327     return ret;
328 }
```

主要步骤解释如下：

1. 我们可以发现，write（）的操作过程基本上跟 read（）相仿。
2. 根据 fd 调用 fget_light（）函数得到 file 结构变量指针。fget_light（）会判断打开文件表是否多个进程共享，如果不是的话，则没有必要增加对应 file 结构的引用计数。
3. 得到写文件开始时候的文件偏移量。
4. 调用 vfs_write（）函数。

4.1 在 vfs_write（）函数中，先调用 rw_verify_area（）以写模式 WRITE 访问区域，返回负数表示不能访问。

4.2 如果 file->f_op->write 函数不为空，则调用 write，把 buf 中的 count 个字节的内容写入文件。

4.3 如果以上操作均正常，则调用 fsnotify_modify（）通知感兴趣的进程，该文件已经被修改过。vfs_write（）函数结束返回。file->f_op->write 就是具体文件系统的 write 函数的实现，在本节的第 5 小节会讲 ext2 文件系统的 write 实现。

5. 写回文件偏移量。
6. 调用 fput_light（），如果需要会释放 file 结构的引用计数。

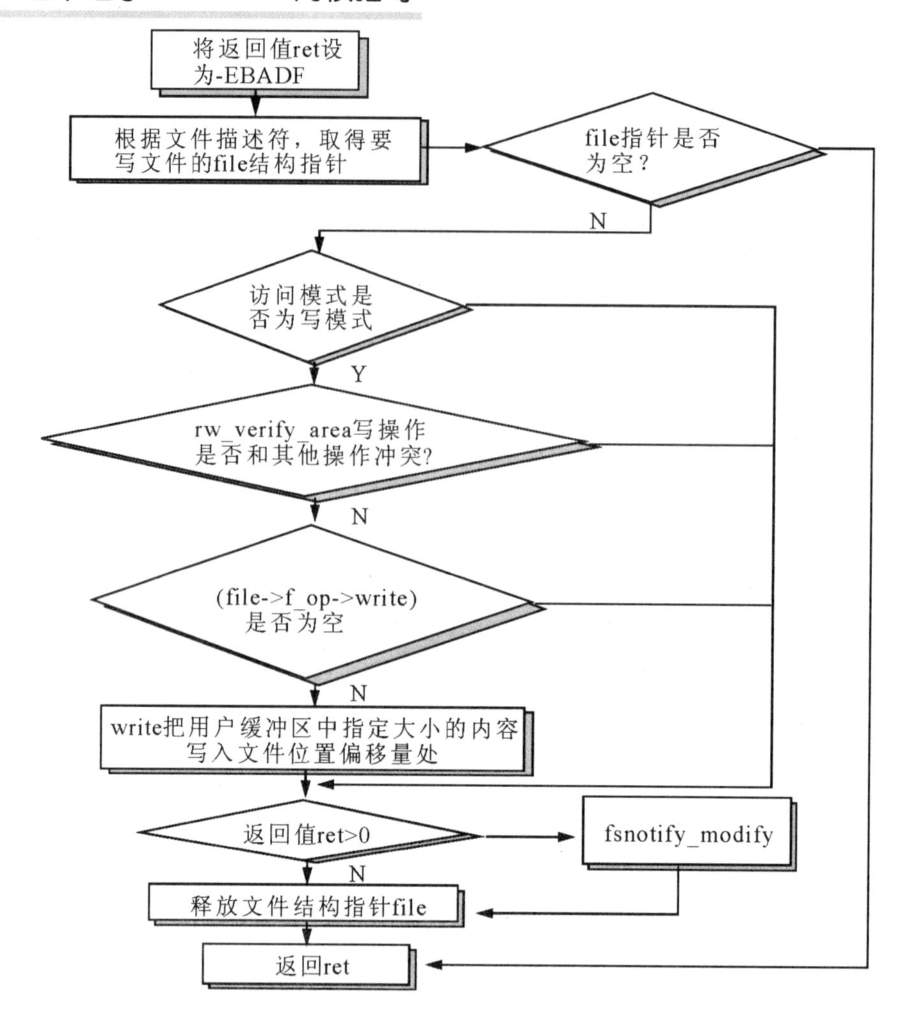

图 18-14 sys_write 流程图

18.5.5 ext2 的 read、write 操作

在 Linux 中，文件系统对文件的操作一般是封装在一个操作函数指针结构中，ext2 文件系统也不例外：

fs/ext2/file.c，　line 42

```
42 struct file_operations ext2_file_operations = {
43              .llseek              = generic_file_llseek,
44              .read                = generic_file_read,
45              .write               = generic_file_write,
46              .aio_read            = generic_file_aio_read,
47              .aio_write           = generic_file_aio_write,
```

```
48         .ioctl          = ext2_ioctl,
49         .mmap           = generic_file_mmap,
50         .open           = generic_file_open,
51         .release        = ext2_release_file,
52         .fsync          = ext2_sync_file,
53         .readv          = generic_file_readv,
54         .writev         = generic_file_writev,
55         .sendfile       = generic_file_sendfile,
56 };
```

这个结构体说明了，ext2 文件系统的 llseek（）操作是由 generic_file_llseek（）函数实现的，read（）操作是由 generic_file_read（）函数实现的，其它的类推。

第 18.5.3 节 sys_read 函数的说明中我们曾指出的 file->f_op->read，对于 ext2 文件系统来说，就是这里的 read 函数；同样地，第 18.5.4 节中 sys_write 函数的说明中指出的 file->f_op->write 也就是这里的 write 函数。我们再来详细地看看 file 和 file->f_op 的结构：

```
include/linux/fs.h
617structfile {
        …
628          struct file_operations   *f_op;
                …
629 };

...
999 struct file_operations {
1000         struct module *owner;
1001         loff_t (*llseek) (struct file *, loff_t, int);
1002         ssize_t (*read) (struct file *, char __user *, size_t, loff_t *);
1003         ssize_t (*aio_read) (struct kiocb *, char __user *, size_t, loff_t);
1004         ssize_t (*write) (struct file *, const char __user *, size_t, loff_t *);
1005         ssize_t (*aio_write) (struct kiocb *, const char __user *, size_t, loff_t);
1006         int (*readdir) (struct file *, void *, filldir_t);
1007         unsigned int (*poll) (struct file *, struct poll_table_struct *);
1008         int (*ioctl) (struct inode *, struct file *, unsigned int, unsigned long);
1009         long (*unlocked_ioctl) (struct file *, unsigned int, unsigned long);
1010         long (*compat_ioctl) (struct file *, unsigned int, unsigned long);
1011         int (*mmap) (struct file *, struct vm_area_struct *);
1012         int (*open) (struct inode *, struct file *);
1013         int (*flush) (struct file *);
```

```
1014          int  (*release)  (struct inode *,  struct file *);
1015          int  (*fsync)  (struct file *,  struct dentry *,  int datasync);
1016          int  (*aio_fsync)  (struct kiocb *,  int datasync);
1017          int  (*fasync)  (int,  struct file *,  int);
1018          int  (*lock)  (struct file *,  int,  struct file_lock *);
1019          ssize_t (*readv) (struct file *,  const struct iovec *,  unsigned long,  loff_t
*);
1020          ssize_t (*writev) (struct file *,  const struct iovec *,  unsigned long,  loff_t
*);
1021          ssize_t  (*sendfile)  (struct file *,  loff_t *,  size_t,  read_actor_t,  void
*);
1022          ssize_t  (*sendpage)  (struct file *,  struct page *,  int,  size_t,  loff_t *,
int);
1023          unsigned long (*get_unmapped_area)(struct file *, unsigned long, unsigned
long,  unsigned long,  unsigned long);
1024          int  (*check_flags)(int);
1025          int  (*dir_notify)(struct file *filp,  unsigned long arg);
1026          int  (*flock)  (struct file *,  int,  struct file_lock *);
1027 };
```

sys_read 和 sys_write 中，它们调用了各自相应的 file->f_op->read 和 file->f_op->write 来完成读写功能。由此，读者可以了解到，Linux 文件系统的实现是非常精妙的：它之所以能够支持那么多文件系统，是因为它封装了所有的底层操作。这里的 file_operations 结构是一个典型的例子。另外，还有封装了对 inode 进行操作的 inode_operations 结构，封装了对 super block 进行操作的 super_operations 结构等。对于不同的文件系统，只要实现不同的底层操作接口就可以了。而对上层来讲，则可以做统一处理。对于 ext2 而言，它也有相应的这些底层操作函数结构，除了本节一开始提到的 ext2_file_operations 外，还包括：

fs/ext2/dir.c， line 667

```
667 struct file_operations ext2_dir_operations = {
…
673 };
```

fs/ext2/super.c， line 237

```
237 static struct super_operations ext2_sops = {
…
254 };
```

fs/ext2/file.c， line 72

```
42 struct file_operations ext2_file_operations = {
```

```
…
56 };
```

```
fs/ext2/namei.c， line 392
392 struct inode_operations ext2_dir_inode_operations = {
…
410};
```

由于篇幅的限制，本节仅以 ext2_file_operations 结构分析为示例，其它的几个结构，如果读者有兴趣，可以自己去做类似的分析。

回过来看 ext2_file_operations 结构变量的成员，发现 ext2 的 read 是由 generic_file_read 实现的，它的具体实现过程如下：

```
mm/filemap.c， line 1097
1096 ssize_t
1097 generic_file_read（struct file *filp， char __user *buf， size_t count， loff_t *ppos）
1098 {
1099         struct iovec local_iov = { .iov_base = buf， .iov_len = count };
1100         struct kiocb kiocb;
1101         ssize_t ret;
1102
1103         init_sync_kiocb（&kiocb， filp）;
1104         ret = __generic_file_aio_read（&kiocb， &local_iov， 1， ppos）;
1105         if （-EIOCBQUEUED == ret）
1106                 ret = wait_on_sync_kiocb（&kiocb）;
1107         return ret;
1108 }

1003 /*
1004  * This is the "read（）" routine for all filesystems
1005  * that can use the page cache directly.
1006  */
1007 ssize_t
1008 __generic_file_aio_read（struct kiocb *iocb， const struct iovec *iov，
1009                 unsigned long nr_segs， loff_t *ppos）
1010 {
1011         struct file *filp = iocb->ki_filp;
1012         ssize_t retval;
1013         unsigned long seg;
1014         size_t count;
1015
1016         count = 0;
```

```
1017        for (seg = 0; seg < nr_segs; seg++) {
1018                const struct iovec *iv = &iov[seg];
1019
1020                /*
1021                 * If any segment has a negative length, or the cumulative
1022                 * length ever wraps negative then return -EINVAL.
1023                 */
1024                count += iv->iov_len;
1025                if (unlikely((ssize_t)(count|iv->iov_len) < 0))
1026                        return -EINVAL;
1027                if (access_ok(VERIFY_WRITE, iv->iov_base, iv->iov_len))
1028                        continue;
1029                if (seg == 0)
1030                        return -EFAULT;
1031                nr_segs = seg;
1032                count -= iv->iov_len;   /* This segment is no good */
1033                break;
1034        }
1035
1036        /* coalesce the iovecs and go direct-to-BIO for O_DIRECT */
1037        if (filp->f_flags & O_DIRECT) {
1038                loff_t pos = *ppos, size;
1039                struct address_space *mapping;
1040                struct inode *inode;
1041
1042                mapping = filp->f_mapping;
1043                inode = mapping->host;
1044                retval = 0;
1045                if (!count)
1046                        goto out; /* skip atime */
1047                size = i_size_read(inode);
1048                if (pos < size) {
1049                        retval = generic_file_direct_IO(READ, iocb,
1050                                                iov, pos, nr_segs);
1051                        if (retval > 0 && !is_sync_kiocb(iocb))
1052                                retval = -EIOCBQUEUED;
1053                        if (retval > 0)
1054                                *ppos = pos + retval;
1055                }
1056                file_accessed(filp);
1057                goto out;
1058        }
```

```
1059
1060            retval = 0;
1061            if (count) {
1062                    for (seg = 0; seg < nr_segs; seg++) {
1063                            read_descriptor_t desc;
1064
1065                            desc.written = 0;
1066                            desc.arg.buf = iov[seg].iov_base;
1067                            desc.count = iov[seg].iov_len;
1068                            if (desc.count == 0)
1069                                    continue;
1070                            desc.error = 0;
1071                            do_generic_file_read(filp, ppos, &desc, file_read_actor, 0);
1072                            retval += desc.written;
1073                            if (desc.error) {
1074                                    retval = retval ? : desc.error;
1075                                    break;
1076                            }
1077                    }
1078            }
1079 out:
1080            return retval;
1081 }
```

函数大致说明如下：

1. iovec 包含起始地址和长度，描述的读取的文件内容所放入的数据块。
2. kiocb 描述的是内核传输控制块，用于跟踪一个传输的完成情况。
3. 初始化 kiocb。
4. 调用__generic_file_aio_read（）完成直接读或者异步读操作，如果需要，会等待这个传输完成。
5. 我们大致看看__generic_file_aio_read（）。这是一个默认的读函数，能很好的跟页缓存配合。
6. 调用 access_ok（）来判断用户提供的数据块是否可写（VERIFY_WRITE）。在 i386 体系里，第一个参数被忽略。access_ok（）只判断这个地址空间有没有超过这个进程所能访问的地址空间上限(对于用户进程 0-0xBFFFFFFF;对于内核线程 0-0xFFFFFFFF)。
7. 如果文件 flags 中设置的是直接读取，而不是异步读（filp->f_flags & O_DIRECT），那么调用 generic_file_direct_IO（）使用 bio 架构进行文件读操作，然后返回。
8. 如果没有设置 O_DIRECT 标志，则调用函数 do_generic_file_read（）进行异步读，这样能尽快的返回用户程序。

顾名思义，generic_file_read 是个通用的读函数，是所有文件系统默认的读函数。这种通用的读函数并不与每个文件系统都必须有自己的底层操作函数的概念相矛盾，因为系统将 struct file * filp 结构变量指针作为入口参数传给了 generic_file_read 函数。Linux 这样做的目的很明确，正如__generic_file_aio_read（）函数开头的注释中指明，文件系统的读操作就可以直接利用 page cache 了。即 Linux 在这里还加了一层封装，统一使用 page cache 来提高效率。如果读者有兴趣自己实现一套不使用 page cache 的文件系统，再将 ext2_file_operations 中的操作函数指针指向自己设计的功能函数集，这样自己实现的文件系统就能和其它的文件系统一样工作了。

对于 generic_file_write 的分析，读者可以按照 generic_file_read 的思路自行完成。

18.6 块读写与页缓存

由于块设备的读写与缓存机制跟文件系统的联系比较紧密，本节对 Linux 的 bio 机制和 page cache 机制做一个大概的介绍，目的是使读者对这两者有一定的了解，篇幅所限，更深入的分析留给有兴趣的读者自己去完成。

18.6.1 块设备读写与 bio 机制

块设备读写位于文件系统与驱动程序之间，文件系统发起的块读写请求经过块设备读写模块，然后发到块设备驱动程序。所以块设备读写的重要性是不言而喻的，它的性能直接影响到整个系统的性能。因此 2.6 版的内核对于 2.4 版最大的改进之一，就是对于整个块设备读写模块的重写。改进之后的块设备层更加灵活，无论性能与吞吐量都得到大幅度的提高。

bio 机制位于 Linux 块读写层，基本上所有的读写操作都通过 bio 层实施（direct IO 除外）。比如一个简单的块设备文件读操作，就调用到 submit_bh -> submit_bio， 块设备读写模块内部有很复杂的实现，目的是使整个 Linux 的块设备读写操作性能得到最大幅度的提升。比如一个读/写操作被转化为一个 bio，由这个 bio 转成一个或多个读/写 request，所有对某个设备的 request 放成一个队列 queue；bio 层能对这些 request 进行排序，合并等。排序之后能方便磁盘读写，减少磁盘读写各个 request 之间磁头移动距离，也方便块设备层进行预读等操作；而对 request 的合并，能尽量地在一次读写中读写尽可能大的数据块。我们都知道，这样能发挥 DMA 方式的最大性能。

为了对这些 request 进行排序，合并，于是又衍生出了各种 I/O 调度算法（I/O scheduler），即以怎样的方式，按照什么样的顺序、逻辑对这些 request 进行排序，进行合并，能达到最大的性能和吞吐量。比较著名的有电梯算法（因为这个算法有点类似于电梯的某种算法：它尽量避免在不同的楼层之间上下来回，而是尽量在同一个方向走的时候处理尽量多的 request，带上尽量多的人。因为这种相似性，所以有时候 I/O 调度算法，或者只是 I/O 排序算法也被称为电梯算法）。常见的 I/O 调度算法还有：

- The Deadline I/O Scheduler

- The Anticipatory Scheduler
- The Complete Fair Queuing Scheduler
- The Noop Scheduler

用户能在内核启动的时候通过启动参数选择 I/O 调度算法，也能在系统起来之后通过/sys 文件系统进行动态设置，具体请参考相关文档。

1.　bio 结构与 buffer head 结构概述

在 2.4 版内核中，块设备读写最重要的数据结构之一是 buffer_head。Linux 中，整个块设备读写的基本单位是一个一个 buffer，每个 buffer 用一个 buffer_head 来描述。但是 buffer_head 中不只是描述了这个 buffer，同时包含完成这个 buffer 读写操作所需要的全部信息，即操作信息。

2.6 块设备读写模块精简了 buffer_head 结构，让它只是描述一个 buffer，而把描述操作的任务单独抽出来，于是有了 bio 结构。并且 bio 结构扩展了原先 buffer_head 的描述范围，新的 bio 结构描述的是一个读写操作，这个操作有可能包含一个 buffer 的读写，也可能包含很多个 buffer 的读写。更具体的来说，新的 bio 结构相对于原先 buffer_head 结构的优点主要有：

- bio 结构能描述映射到高端内存（high memory）的读写，这一点原先的 buffer_head 结构是无法做到的。因为 bio 结构不再直接使用（物理地址、偏移量）来描述一个数据块，那样是没法描述高端内存的，而是使用（物理页面，页面内起始地址，页面内偏移）来描述数据块。
- bio 结构既能描述普通的基于页面的读写，也能描述直接读写（direct IO，指绕过 Linux 的缓存机制所进行的读写）。
- 使用 bio 结构，能更方便地实施“分散-聚合”读写模型。通过这种模型，Linux 能使得位于不同的 page 中的 buffer（而这些 buffer 事实上对应的是物理磁盘上连续的数据块），在一次 bio 操作中，或者一次 DMA 操作中读写完成。
- 新的 bio 结构把对于 buffer 的描述（buffer_head）和对于操作的描述分开，大大简化了原先的 buffer_head 结构与复杂度，

下面让我们具体看看新的 buffer_head 结构和 bio 结构。

2.　buffer_head 结构

include/linux/buffer_head.h，　line 53

```
53 struct buffer_head {
54          /* First cache line: */
55          unsigned long b_state;              /* buffer state bitmap  （see above）  */
56          struct buffer_head *b_this_page;/* circular list of page's buffers */
57          struct page *b_page;                /* the page this bh is mapped to */
58          atomic_t b_count;                    /* users using this block */
59          u32 b_size;                          /* block size */
```

```
60
61              sector_t b_blocknr;                 /* block number */
62              char *b_data;                        /* pointer to data block */
63
64              struct block_device *b_bdev;
65              bh_end_io_t *b_end_io;              /* I/O completion */
66              void *b_private;                    /* reserved for b_end_io */
67              struct list_head b_assoc_buffers; /* associated with another mapping */
68 };
```

b_state:　　所描述的 buffer 的状态；
b_this_page：描述同一个页面中的各个 buffer 的 buffer_head 使用这个指针串联起来；
b_page:　　指向这个 buffer_head 描述的 buffer 所在的 page；
b_count:　　使用这个 buffer 的用户数；
b_count:　　这个 buffer 的大小；
b_blocknr:　　块号；
b_data:　　指向所描述的 buffer；
b_bdev:　　指向 buffer 所在的块设备描述；
b_end_io:　　I/O 完成时候所执行的函数指针；
b_private:　　传给 b_end_io 的参数；
b_assoc_buffers：同属于一个文件的脏的 buffer，用这个变量链接起来。

buffer 存在于每一个物理页面之中，buffer_head 用于描述这些 buffer，这几个概念的关系可以用一幅图来概述。见图 18-15。

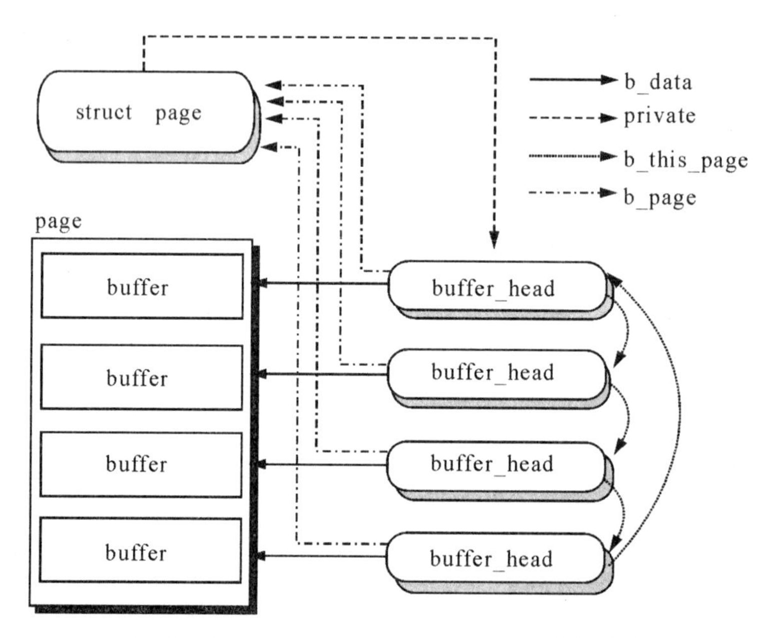

图 18-15 page， buffer， page_head 之间的关系

3. bio 结构

bio 结构用于描述一个读写操作。

include/linux/bio.h, line 72

```
72 struct bio {
73         sector_t                 bi_sector;
74         struct bio               *bi_next;       /* request queue link */
75         struct block_device      *bi_bdev;
76         unsigned long            bi_flags;       /* status, command, etc */
77         unsigned long            bi_rw;          /* bottom bits READ/WRITE,
78                                                   * top bits priority
79                                                   */
80 
81         unsigned short           bi_vcnt;        /* how many bio_vec's */
82         unsigned short           bi_idx;         /* current index into bvl_vec */
83 
84         /* Number of segments in this BIO after
85          * physical address coalescing is performed.
86          */
87         unsigned short           bi_phys_segments;
88 
89         /* Number of segments after physical and DMA remapping
90          * hardware coalescing is performed.
91          */
92         unsigned short           bi_hw_segments;
93 
94         unsigned int             bi_size;        /* residual I/O count */
95 
96         /*
97          * To keep track of the max hw size, we account for the
98          * sizes of the first and last virtually mergeable segments
99          * in this bio
100         */
101        unsigned int             bi_hw_front_size;
102        unsigned int             bi_hw_back_size;
103
104        unsigned int             bi_max_vecs;    /* max bvl_vecs we can hold */
105
106        struct bio_vec           *bi_io_vec;     /* the actual vec list */
107
108        bio_end_io_t             *bi_end_io;
109        atomic_t                 bi_cnt;         /* pin count */
```

```
110
111          void                    *bi_private;
112
113          bio_destructor_t       *bi_destructor; /* destructor */
114 };
```

各个变量解释如下：

bi_sector：　对应的硬盘上的扇区号；
bi_next：　指向下一个 bio；
bi_bdev：　对应的块设备描述；
bi_flags：　bio 读写状态；
bi_rw：　高 16 位描述这个 bio 的读写优先级；低 16 位描述读还是写；
bi_vcnt：　这个 bio 包含多少个 bio_vec（bio_vec 的概念下面介绍）；
bi_idx：　指向当前的 bio_vec；
bi_phys_segments：对 bio_vec 进行合并之后，这个 bio 包含的 segment 数目；
bi_hw_segments：　对 bio_vec 进行 DMA 重新映射后，包含的 segment 数目；
bi_size：　读写大小；
bi_hw_front_size：能从前面进行合并的 segment 的总大小；
bi_hw_back_size：能从后面进行合并的 segment 的总大小；
bi_max_vecs：　最大 bio_vec 数目；
bi_io_vec：　bio_vec 链表；
bi_end_io：　I/O 完成所执行的函数；
bi_cnt：　这个 bio 被使用的计数；
bi_private：　私有函数指针；
bi_destructor：　destructor 函数指针；

每个 bio 结构指向一个 bio_vec 数组，如图 18-16 所示。

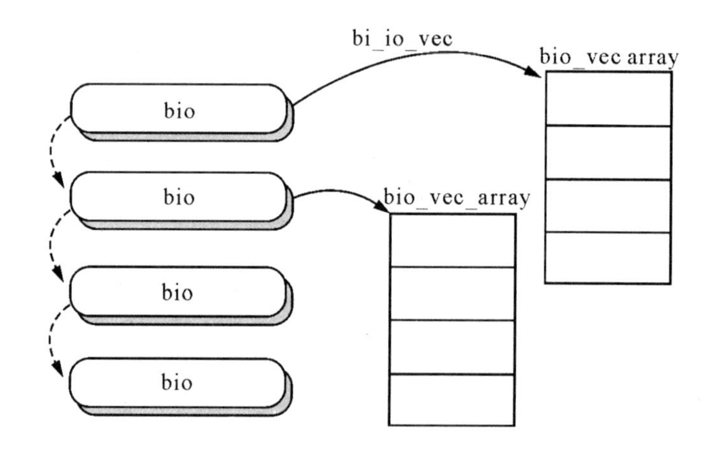

图 18-16 bio 结构与 bio_vec 数组

bio_vec 描述一个用于数据传输的数据块，使用（bv_page，bv_offset，bv_len）三个变量能准确的定位到那个数据块。正如我们前面说过的，使用指向 page 的指针，而不是直接使用地址，这样能使用高端内存（high memory）。

include/linux/bio.h，　line 57

```
57 struct bio_vec {
58          struct page      *bv_page;
59          unsigned int     bv_len;
60          unsigned int     bv_offset;
61 };
```

bv_page：　指向这个数据块所在的页面描述符的指针；
bv_len：　数据块长度；
bv_offset：　数据块在那个 page 里面的偏移；

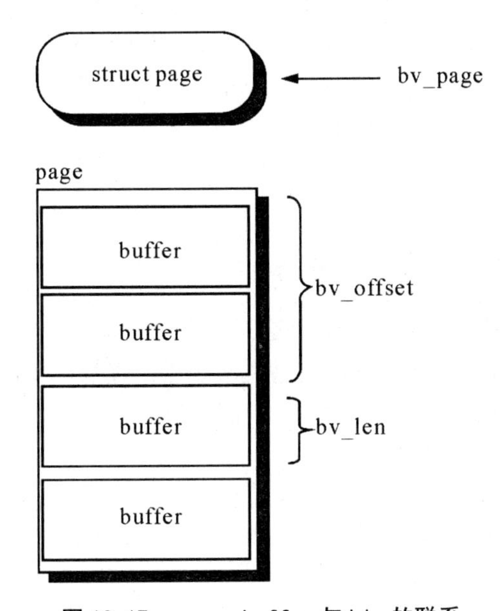

图 18-17 page，buffer 与 bio 的联系

4.　小结

这一节我们主要概述了 Linux 的块设备读写与 bio 机制，综合这一节的内容，也许我们可以用图 18-18 来大概地描述整个块设备层的几大组块之间的相互关系。

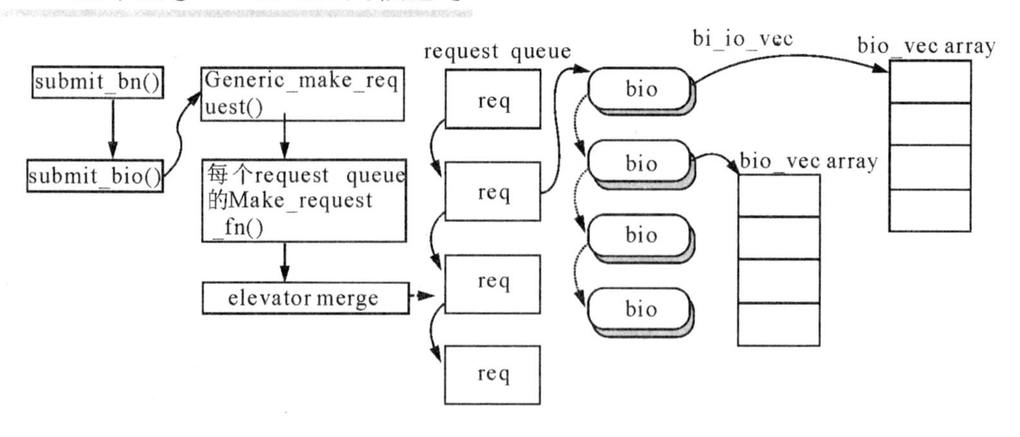

图 18-18 块设备层的几大组块

文件系统最后的读写都转化为对 buffer 的读写，而每一个 buffer 都用 buffer_head 来描述；内核使用 submit_bh（）函数来提交对一个 buffer 数据的请求。submit_bh（）根据 buffer_head 里面的信息发起一个读写操作，也就是 submit_bio（）。之后会形成到对应设备的 request，并且根据需要以及对应块设备选择的 I/O 调度器（电梯算法）排序、合并，进行 DMA 操作等。最后完成对这个 buffer 的读写请求。

18.6.2 页缓存 page cache 机制

page cache 是 Linux 的缓存系统，基于这样的思想而来：在一个系统中，空闲着的内存放在那里就是浪费，不如用它来缓存一些已经从磁盘上读取出来的数据，这样能大大提升系统的性能。当系统需要空闲内存的时候，我们再释放一部分缓存给内存分配系统。

page cache 以页为单位组织管理缓存，它通过几种方式帮助整个系统：系统中大量的文件访问都是以页为单位进行的（比如读入可执行文件，读入动态链接库等），page cache 用 address_space 这个结构描述一个文件在内存中的缓存，包含有读取 / 写回整页数据的函数。

另外一方面，由于 2.4 版和 2.6 版内核持续的改进，buffer cache 被统一进了 page cache。在 2.2 版中，buffer cache 缓存磁盘块 buffer 的内容，这样的结果有可能造成某个磁盘块 buffer 既存在于 buffer cache 中，也存在于 page cache 中，因而浪费了内存，更重要的是对于整个 cache 系统的同步是一个问题。2.6 版的内核已经没有这样的问题，前面我们讲到 Linux 的块设备读写机制的时候，大家已经了解了，内核对于每个 buffer 数据块的读写都是嵌入到页面中去实现的（换句话说，buffer_head 描述一个 buffer，bio 用来描述块设备读写操作，而不管是 buffer_head 描述的 buffer，还是 bio 描述的操作所对应的 buffer，这个 buffer 一定是存在于某一个 page 里面的）。这样，对于单个 buffer 数据块的请求都可以映射为对应的 page 的读写请求，完全跟 page cache 融合在一块了。

事实上，Linux 的 page cache 机制可以用于缓存所有基于页面访问的目标，这不仅仅包含我们熟知的普通文件，还包含比如内存映射（memory mapping），又比如 swap 文件/设备等。

由于页缓存机制的存在，每次当内核需要读取文件数据的时候，它先检查对应的数据是否在 page cache 中。如果存在，显然无需再从磁盘上读取，直接从 cache 中提供数据给对应的模块。由于进程或者用户很多时候都倾向于重复使用数据块，这样 page cache 就大大提升了系统的性能。

下面让我们看看 page cache 机制中的重要数据结构 address_space。

include/linux/fs.h， line 372

```
372 struct address_space {
373         struct inode            *host;          /* owner: inode， block_device */
374         struct radix_tree_root  page_tree;      /* radix tree of all pages */
375         rwlock_t                tree_lock;      /* and rwlock protecting it */
376         unsigned int            i_mmap_writable;/* count VM_SHARED mappings */
377         struct prio_tree_root   i_mmap;         /* tree of private and shared mappings
*/
378         struct list_head        i_mmap_nonlinear;/*list VM_NONLINEAR mappings */
379         spinlock_t              i_mmap_lock;    /* protect tree， count， list */
380         unsigned int            truncate_count; /* Cover race condition with truncate */
381         unsigned long           nrpages;        /* number of total pages */
382         pgoff_t                 writeback_index;/* writeback starts here */
383         struct address_space_operations *a_ops; /* methods */
384         unsigned long           flags;          /* error bits/gfp mask */
385         struct backing_dev_info *backing_dev_info; /* device readahead， etc */
386         spinlock_t              private_lock;   /* for use by the address_space */
387         struct list_head        private_list;   /* ditto */
388         struct address_space    *assoc_mapping; /* ditto */
389 } __attribute__ ((aligned (sizeof (long)))) ;
```

host：这个 address space 对应的 inode 节点；
page_tree：这个 address space 中所有的 page 通过 radix 树管理起来，便于快速查找；
tree_lock：访问这个 radix 树的读写锁；
i_mmap_writable：VM_SHARED 映射计数；
i_mmap：private 和 shared 映射的优先树；
i_mmap_nonlinear：VM_NONLINEAR 映射的链表；
i_mmap_lock：对上面几个变量的访问控制锁；
truncate_count：截断计数；
nrpages：这个 address space 所包含的页数目；
writeback_index：写回函数从这里开始写回；
a_ops：对 address space 的操作函数集；
flags：gfp_mask 和出错标志；

backing_dev_info：预读信息；
private_lock：　　address_space 的私有变量；
private_list：　　address_space 的私有变量；
assoc_mapping：　address_space 的私有变量；

篇幅所限，对页缓存机制的分析只是粗略的浏览了一下，目的是让读者了解 Linux 中的页缓存机制，这样对于理解文件系统，也是有很大的帮助的。

18.7　本章总结

本章深入讲解了 Linux 中非常重要的模块-文件系统。其中，对于 VFS 文件系统和 ext2 的分析又是重点。读者通过本章原理部分的学习，结合实例代码分析 VFS 文件系统和 ext2 文件系统的实现，应当能对操作系统中文件系统的概念与原理有更深入的理解。为了巩固所学，同时也为了增强部分读者的动手能力，《实验指导》部分特意为读者设计了一个实验：改造一个 ext2 文件系统。

实验指导

18.8　实验：添加一个文件系统

本章的内容是讲解文件系统，实验自然也与文件系统相关。Linux 支持那么多文件系统，它是怎么支持的，我们已经知道了，我们还知道了具体的文件系统 ext2 是怎么实现的，但是那些文件系统是怎么添加上去的呢？你是不是觉得手痒痒，想自己亲自实践一次，在 Linux 中添加一个文件系统呢？

本节的主要目的，就是帮助读者自己添加一个文件系统，进一步理解 Linux 的文件系统及其实现。第 1 小节是对问题的描述，提出了我们实验的内容，要添加一个类似于 ext2 的自定义文件系统 myext2。第 2 小节是解决方法，详细说明了要实现第 1 小节的目标，我们需要做那些具体的工作。第 3 小节是例子程序。

18.8.1　问题描述

本章实验的内容是要添加一个类似于 ext2 的自定义文件系统 myext2。我们对 myext2 文件系统的描述如下：

1、myext2 文件系统的物理格式定义与 ext2 基本一致，除了 myext2 的 magic number

是 0x6666。而 ext2 的 magic number 是 0xEF53。

2、myext2 是 ext2 的定制版本，它只支持原来 ext2 文件系统的部分操作，以及修改了部分操作。

文件系统的定义和操作是完成了，但不要忘了，这样的一个文件系统如何去创建呢？我们最后还要提供一个创建 myext2 文件系统的工具：mkfs.myext2。

18.8.2 解决方法

如何实现上面提出来的要求呢？首先从添加一个完全和 ext2 相同的 myext2(第 1 小节）开始，然后再对 myext2 进行雕琢，逐步达到上一小节提到的要求：先修改 magic number（第 2 小节），再修改 Linux 对 myext2 文件系统的一些操作（第 3 小节）。最后是创建文件系统的工具 mkfs.myext2 的完成（第 4 小节）。

1. 添加一个和 ext2 完全相同的文件系统 myext2

要添加一个与 ext2 完全相同的文件系统 myext2，首先是确定实现 ext2 文件系统的内核源码是由哪些文件组成。Linux 源代码结构很清楚地告诉我们：fs/ext2 目录下的所有文件是属于 ext2 文件系统的。再检查一下这些文件所包含的头文件，可以初步总结出来 Linux 源代码中属于 ext2 文件系统的有：

```
fs/ext2/acl.c
fs/ext2/acl.h
fs/ext2/balloc.c
fs/ext2/bitmap.c
fs/ext2/dir.c
fs/ext2/ext2.h
fs/ext2/file.c
fs/ext2/fsync.c
fs/ext2/ialloc.c
fs/ext2/inode.c
fs/ext2/ioctl.c
fs/ext2/namei.c
fs/ext2/super.c
fs/ext2/symlink.c
fs/ext2/xattr.c
fs/ext2/xattr.h
fs/ext2/xattr_security.c
fs/ext2/xattr_trusted.c
fs/ext2/xattr_user.c
fs/ext2/xip.c
fs/ext2/xip.h
```

```
include/linux/ext2_fs.h
include/linux/ext2_fs_sb.h
```

有了这些初步的信息后（当然这些信息是否正确，还需后面的检验），我们接下来开始添加 myext2 文件系统的源代码到 Linux 源代码。

由于本节工作是要克隆 ext2 文件系统到 myext2 文件系统，所以我们需要把 ext2 部分的源代码克隆到myext2去，即复制一份以上所列的ext2源代码文件给myext2用。按照Linux源代码的组织结构，我们把 myext2 文件系统的源代码存放到 fs/myext2 下，头文件放到 include/linux 下。在 Linux 的 shell 下，执行如下操作（也许需要先转成 root 用户）：

```
#cd /usr/src/linux
#cd fs
#cp –R ext2 myext2
#cd ../include/linux
#cp ext2_fs.h myext2_fs.h
#cp ext2_fs_sb.h myext2_fs_sb.h
#cd /usr/src/linux/fs/myext2
#mv ext2.h myext2.h
```

这样就完成了克隆文件系统工作的第一步——源代码复制。对于克隆文件系统来说，这样当然还远远不够，因为文件里面的数据结构名、函数名、以及相关的一些宏等内容还没有根据 myext2 改掉，连编译都通不过。

下面我们开始克隆文件系统的第二步：修改上面添加的文件的内容。为了简单起见，我们做了一个最简单的替换：将原来*EXT2*替换成*MYEXT2*；将原来的*ext2*替换成*myext2*。

如果读者是使用 vi 编辑单个文件的话，可以使用类似于这样的替换命令：

```
:%s/EXT2/MYEXT2/gc
:%s/ext2/myext2/gc
```

对于 fs/myext2 下面文件中字符串的替换，也可以使用下面的脚本：

```
#!/bin/sh

SCRIPT=substitute.sh

for f in *;
do
        if [ $f = $SCRIPT ]; then
            echo "skip $f"
            continue
        fi
```

```
        echo -n "substitute ext2 to myext2 in $f..."
        cat $f | sed 's/ext2/myext2/g' > ${f}_tmp
        mv ${f}_tmp $f
        echo "done"

        echo -n "substitute EXT2 to MYEXT2 in $f..."
        cat $f | sed 's/EXT2/MYEXT2/g' > ${f}_tmp
        mv ${f}_tmp $f
        echo "done"

done
```

把这个脚本命名为 substitute.sh，放在 fs/myext2 下面，加上可执行权限，运行之后就可以把当前目录里所有文件里面的“ext2”和“EXT2”都替换成对应的“myext2”和“MYEXT2”。

完成这一步之后，我们可以用 diff 来看看修改后的代码。

```
# diff -Naur fs/ext2/ fs/myext2/ > /home/kai/myext2.diff
```

改动的地方还比较多，例如：

```
--- include/linux/ext2_fs.h      2006-01-02 22:21:10.000000000 -0500
+++ include/linux/myext2_fs.h       2007-08-15 05:35:06.000000000 -0400
@@ -1，5 +1，5 @@
 /*
- *   linux/include/linux/ext2_fs.h
+ *   linux/include/linux/myext2_fs.h
…
-struct ext2_inode {
+struct myext2_inode {
        __le16   i_mode;          /* File mode */
        __le16   i_uid;           /* Low 16 bits of Owner Uid */
        __le32   i_size;          /* Size in bytes */
@@ -231，7 +231，7 @@
                        __le32   m_i_reserved1;
                } masix1;
        } osd1;                          /* OS dependent 1 */
-       __le32   i_block[EXT2_N_BLOCKS];/* Pointers to blocks */
+       __le32   i_block[MYEXT2_N_BLOCKS];/* Pointers to blocks */
        __le32   i_generation;  /* File version （for NFS） */
        __le32   i_file_acl;     /* File ACL */
        __le32   i_dir_acl; /* Directory ACL */
@@ -294，51 +294，51 @@
 /*
```

```
 * File system states
 */
-#define  EXT2_VALID_FS            0x0001    /* Unmounted cleanly */
-#define  EXT2_ERROR_FS            0x0002    /* Errors detected */
+#define  MYEXT2_VALID_FS             0x0001    /* Unmounted cleanly */
+#define  MYEXT2_ERROR_FS             0x0002    /* Errors detected */
…
```

再如：

```
--- fs/ext2/namei.c   2007-08-13 21:47:12.000000000 -0400
+++ fs/myext2/namei.c   2007-08-15 06:13:32.000000000 -0400
…
-static inline void ext2_inc_count（struct inode *inode）
+static inline void myext2_inc_count（struct inode *inode）
 {
     inode->i_nlink++;
     mark_inode_dirty（inode）;
 }

-static inline void ext2_dec_count（struct inode *inode）
+static inline void myext2_dec_count（struct inode *inode）
 {
     inode->i_nlink--;
     mark_inode_dirty（inode）;
 }

-static inline int ext2_add_nondir（struct dentry *dentry， struct inode *inode）
+static inline int myext2_add_nondir（struct dentry *dentry， struct inode *inode）
 {
-    int err = ext2_add_link（dentry， inode）;
+    int err = myext2_add_link（dentry， inode）;
     if （!err） {
         d_instantiate（dentry， inode）;
         return 0;
     }
-    ext2_dec_count（inode）;
+    myext2_dec_count（inode）;
     iput（inode）;
     return err;
 }
```

```
@@ -68，15 +68，15 @@
   * Methods themselves.
   */

-static struct dentry *ext2_lookup（struct inode * dir， struct dentry *dentry， struct nameidata *nd）
+static struct dentry *myext2_lookup（struct inode * dir， struct dentry *dentry， struct nameidata *nd）
 {
      struct inode * inode;
      ino_t ino;

-     if （dentry->d_name.len > EXT2_NAME_LEN）
+     if （dentry->d_name.len > MYEXT2_NAME_LEN）
            return ERR_PTR（-ENAMETOOLONG）;

-     ino = ext2_inode_by_name（dir， dentry）;
+     ino = myext2_inode_by_name（dir， dentry）;
      inode = NULL;
      if （ino） {
            inode = iget（dir->i_sb， ino）;
@@ -86，7 +86，7 @@
      return d_splice_alias（inode， dentry）;
 }
…
```

其它代码的修改类似。

好了，源代码的修改工作到此结束。接下来就是第三步工作——编译源代码。首先我们要把我们的 myext2 加到编译选项中去，以便在做 make menuconfig 的时候，可以将该选项加上去。由于 2.6 版的内核编译系统相对于 2.4 版做了很大的改进，添加一个模块或者文件的工作很简单。做这项工作只需要修改三个文件：

```
fs/Kconfig
fs/Makefile
arch/i386/defconfig
```

fs/kconfig 中拷贝一份对应的对 ext2 文件宏的定义和帮助信息，这样在做 make menuconfig 的时候可以查看该选项的有关帮助的内容。fs/Makefile 的修改是告诉内核编译系统，当 myext2 对应的宏被选择上的时候，到 fs/myext2 目录下去编译 myext2 文件系统。defconfig 是改动默认的编译选项，比如：

```
--- fs/Kconfig.bak   2007-08-15 07:14:11.000000000 -0400
+++ fs/Kconfig       2007-08-15 07:21:29.000000000 -0400
```

```
@@ -62，6 +62，62 @@
          If you do not use a block device that is capable of using this，
          or if unsure，  say N.

+config MYEXT2_FS
+      tristate "MY Second extended fs support"
+      help
+          This is a test of adding a self-defined filesystem.
+
+          To compile this file system support as a module，  choose M here: the
+          module will be called myext2.
+
+          If unsure，  say Y.
…
--- fs/Makefile.bak  2007-08-15 08:37:03.000000000 -0400
+++ fs/Makefile      2007-08-15 08:37:21.000000000 -0400
@@ -54，6 +54，7 @@
 obj-$（CONFIG_EXT3_FS）           += ext3/ # Before ext2 so root fs can be ext3
 obj-$（CONFIG_JBD）           += jbd/
 obj-$（CONFIG_EXT2_FS）           += ext2/
+obj-$（CONFIG_MYEXT2_FS）           += myext2/
 obj-$（CONFIG_CRAMFS）           += cramfs/
 obj-$（CONFIG_SQUASHFS）           += squashfs/
 obj-$（CONFIG_RAMFS）           += ramfs/
…
--- arch/i386/defconfig.bak    2007-08-15 07:16:34.000000000 -0400
+++ arch/i386/defconfig 2007-08-15 07:17:07.000000000 -0400
@@ -1073，6 +1073，8 @@
 #
 CONFIG_EXT2_FS=y
 # CONFIG_EXT2_FS_XATTR is not set
+CONFIG_MYEXT2_FS=y
+# CONFIG_MYEXT2_FS_XATTR is not set
 CONFIG_EXT3_FS=y
 CONFIG_EXT3_FS_XATTR=y
 # CONFIG_EXT3_FS_POSIX_ACL is not set
```

一切都准备就绪了，使用 make menuconfig 选择上 myext2，如下：

```
# cd /usr/src/linux
# make menuconfig
```

```
<*>  econd extended fs support
[*]    xt2 extended attributes
[*]      xt2 POSIX Access Control Lists
[*]      xt2 Security Labels
[ ]    xt2 execute in place support
< > MY Second extended fs support (NEW)
```

选中 MY EXT2 对应的选项：

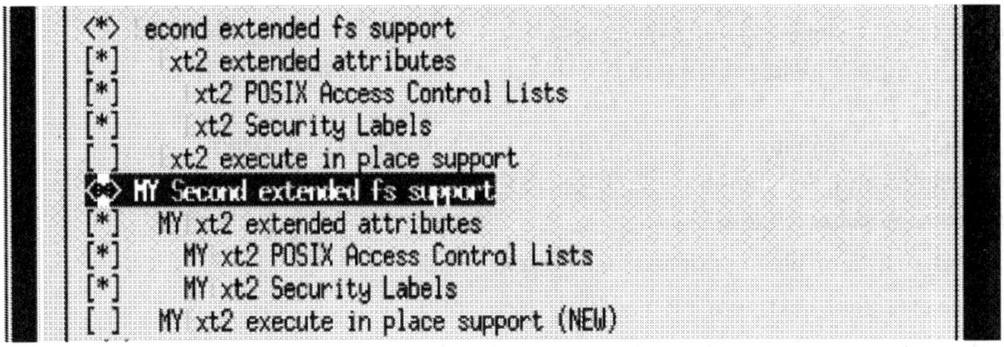

```
<*>  econd extended fs support
[*]    xt2 extended attributes
[*]      xt2 POSIX Access Control Lists
[*]      xt2 Security Labels
[ ]    xt2 execute in place support
<*> MY Second extended fs support
[*]   MY xt2 extended attributes
[*]     MY xt2 POSIX Access Control Lists
[*]     MY xt2 Security Labels
[ ]   MY xt2 execute in place support (NEW)
```

保存修改，然后使用“make”命令编译连接生成新内核文件：
编译一切 OK，只是在连接的时候出现了以下错误：

```
...
  LD      fs/built-in.o
  GEN     .version
  CHK     include/linux/compile.h
  UPD     include/linux/compile.h
  CC      init/version.o
  LD      init/built-in.o
  LD      .tmp_vmlinux1
fs/built-in.o: In function `grab_block':fs/myext2/balloc.c:271: undefined reference to `myext2_test_bit'
:fs/myext2/balloc.c:285: undefined reference to `myext2_find_next_zero_bit'
:fs/myext2/balloc.c:302: undefined reference to `myext2_test_bit'
:fs/myext2/balloc.c:307: undefined reference to `myext2_find_next_zero_bit'
:fs/myext2/balloc.c:314: undefined reference to `myext2_set_bit_atomic'
fs/built-in.o: In function `myext2_free_blocks':fs/myext2/balloc.c:239: undefined reference to `myext2_clear_bit_atomic'
fs/built-in.o: In function `myext2_new_block':fs/myext2/balloc.c:490: undefined reference to `myext2_set_bit_atomic'
fs/built-in.o: In function `myext2_free_inode':fs/myext2/ialloc.c:151: undefined reference to `myext2_clear_bit_atomic'
fs/built-in.o: In function `myext2_new_inode':fs/myext2/ialloc.c:495: undefined reference to `myext2_find_next_zero_bit'
```

```
:fs/myext2/ialloc.c:510: undefined reference to `myext2_set_bit_atomic'
make: *** [.tmp_vmlinux1] Error 1
[root@localhost linux]#
```

只要编译不出现问题，连接错误还是比较好办的。从显示出来的错误分析，估计是缺了这些函数的定义。根据逆向思维方法，只要在 Linux 源代码中搜索 ext2_test_bit，ext2_find_next_zero_bit 等函数，找到它们之后，同样复制一份，改成 myext2_test_bit，myext2_find_next_zero_bit 等函数名就可以了。我们对这些函数逐个击破，先来搜索 ext2_test_bit。在 include/asm-i386/bitops.h 中可以发现这些函数群。OK，无需客气，三下五除二，全部把它们复制一份再修改掉，我们已经看到胜利的曙光就在眼前了！

```
--- include/asm-i386/bitops.h.bak   2007-08-15 08:58:19.000000000 -0400
+++ include/asm-i386/bitops.h       2007-08-15 08:58:04.000000000 -0400
@@ -449，6 +449，19 @@
        find_first_zero_bit（(unsigned long*）addr，  size）
 #define ext2_find_next_zero_bit（addr，  size，  off） \
        find_next_zero_bit（(unsigned long*）addr，  size，  off）
+#define myext2_set_bit（nr，addr） \
+       __test_and_set_bit（(nr)，(unsigned long*）addr）
+#define myext2_set_bit_atomic（lock，nr，addr） \
+               test_and_set_bit（(nr)，(unsigned long*）addr）
+#define myext2_clear_bit（nr，  addr） \
+       __test_and_clear_bit（(nr)，(unsigned long*）addr）
+#define myext2_clear_bit_atomic（lock，nr，  addr） \
+                  test_and_clear_bit（(nr)，(unsigned long*）addr）
+#define myext2_test_bit（nr，  addr）          test_bit（(nr)，(unsigned long*）addr）
+#define myext2_find_first_zero_bit（addr，  size） \
+       find_first_zero_bit（(unsigned long*）addr，  size）
+#define myext2_find_next_zero_bit（addr，  size，  off） \
+       find_next_zero_bit（(unsigned long*）addr，  size，  off）

 /* Bitmap functions for the minix filesystem.   */
 #define minix_test_and_set_bit（nr，addr）  __test_and_set_bit（nr，(void*）addr）
```

添加完了以后，保存，退出。回到 Linux 目录下，再次做 make。

一切 OK！恭喜你，你的第一部分工作——克隆 ext2 文件系统已经完成了。再回过来想一下，linux/include/asm/bitops.h 中这些宏是干什么用的。显然，ext2 需要的这些操作是和计算机的 CPU 指令相关的。因此，要把这些指令单独拎出来，放到 linux/include/asm-i386 下。

我们添加的 myext2 文件系统是否可以正常使用呢？以新编译出来的内核重新启动系

统。

注：

如果启动系统有问题，请参考本书第一部分的相关章节。由于 FC5 中默认采用 ext3 文件系统作为 root，并且启用了逻辑卷管理分区，所以最好是把 ext3 和对逻辑卷的支持编译进内核中，而不是以模块的方式在启动的时候装载，后者的做法可能需要更新 initrd，对不熟悉的人来说更麻烦。

如果你使用 make menuconfig 的话，逻辑卷的配置页在这里：Device Drivers -> Multi-device support （RAID and LVM），请选择以下四个配置项编译进内核：

Device mapper support
Snapshot target
Mirror target
Zero target

ext3 的配置页在这里：File systems ->，请选择以下几个配置项编译进内核：

Ext3 journalling file system support
Ext3 extended attributes
Ext3 POSIX Access Control Lists
Ext3 Security Labels

编译完成之后，配置 grub 或者 lilo 以新内核重新启动(注意可能仍然需要原先的 initrd)。比如，作者添加到 grub.conf 里面的内容如下：

```
title MYEXT2
    root (hd0, 0)
    kernel /bzImage.myext2 ro root=/dev/VolGroup00/LogVol00 rhgb quiet
    initrd /initrd-2.6.15-1.2054_FC5.img
```

下面我们来对添加的 myext2 文件系统进行一下测试：

```
#pwd
#/root
#dd if=/dev/zero of=myfs bs=1M count=1
#/sbin/mkfs.ext2 myfs
#cat /proc/filesystems | grep ext
    ext2
    ext3
    myext2
#mount –t myext2 –o loop ./myfs /mnt
#mount
/root/myfs on /mnt type myext2 (rw, loop=/dev/loop0)
#umount /mnt
```

```
#mount –t ext2 –o loop ./myfs /mnt
#mount
/root/myfs on /mnt type ext2 (rw, loop=/dev/loop0)
#
```

对上面的命令我们解释如下：

1：dd if=/dev/zero of=myfs bs=1M count=1：
创建大小为 1M 的，名字为 myfs 的，内容全为 0 的文件。

2：/sbin/mkfs.ext2 myfs：
将 myfs 格式化成 ext2 文件系统。从理论上来看，myext2 和 ext2 是完全一致的，当然除了名字外，所以，下面我们可以试着用 myext2 文件系统格式去 mount 我们刚刚做出来的 ext2 文件系统。

3：cat /proc/filesystems | grep ext
让我们看看现在系统是否支持 myext2 文件系统。

4：mount –t myext2 –o loop ./myfs /mnt：
将 myfs 通过 loop 设备 mount 到/mnt 目录下。请注意，我们用的参数是-t myext2，也就是用 myext2 文件系统格式去 mount 的，发现这样 mount 是可以的，也就证明了新内核已经支持我们的新文件系统 myext2。

5：mount
用来检查当前的系统的 mount 情况。发现我们的 myext2 已经被内核所认可，证明我们前面的实验是完全成功的！

6：umount /mnt：
将原来的 mount 的文件系统 umount 下来，准备下一步测试。

7：mount –t ext2 –o loop ./myfs /mnt：
将 myfs 通过 loop 设备 mount 到/mnt 目录下。这次我们用的参数是-t ext2，这样做的目的是再来检查一下 myext2 和 ext2 是否完全一致，发现这样 mount 是可以的。也证明了 ext2 和 myext2 是一致的。

8：mount：
检查结果证明我们的推测是完全正确的。

2. 修改 myext2 的 magic number

有了上面的成功基础后，这部分相对来讲就简单一些了。我们找到 myext2 的 magic number，并将其改为 0x6666：

```
--- include/linux/myext2_fs.h.magic     2007-08-15 11:30:30.000000000 -0400
+++ include/linux/myext2_fs.h     2007-08-15 11:30:44.000000000 -0400
@@ -67，7 +67，7 @@
 /*
  * The second extended file system magic number
```

```
  */
-#define MYEXT2_SUPER_MAGIC    0xEF53
+#define MYEXT2_SUPER_MAGIC    0x6666

 #ifdef __KERNEL__
 static inline struct myext2_sb_info *MYEXT2_SB（struct super_block *sb）
```

改动完成之后，再用 make 重新编译内核。以新内核重新启动。

现在来测试这个改变了 magic number 的新文件系统。之前，我们需要写个小程序，来修改我们创建的 myfs 文件系统的 magic number。因为它必须和内核中记录 myext2 文件系统的 magic number 匹配，myfs 文件系统才能被正确地 mount。小程序 changeMN.c 的代码可以是这样：

```
#include <stdio.h>
main（）
{
    int ret;
    FILE *fp_read;
    FILE *fp_write;
    unsigned char buf[2048];

    fp_read=fopen（"./myfs"，"rb"）；

    if（fp_read == NULL）
    {
        printf（"open myfs failed!\n"）；
        return 1;
    }

    fp_write=fopen（"./fs.new"，"wb"）；

    if（fp_write==NULL）
    {
        printf（"open fs.new failed!\n"）；
        return 2;
    }

    ret=fread（buf，sizeof（unsigned char），2048，fp_read）；

    printf（"previous magic number is 0x%x%x\n"，buf[0x438]，buf[0x439]）；
```

```
    buf[0x438]=0x66;
    buf[0x439]=0x66;

    fwrite（buf，sizeof（unsigned char），2048，fp_write）;

    printf（"current magic number is 0x%x%x\n"，buf[0x438]，buf[0x439]）;

    while（ret == 2048）
    {
        ret=fread（buf，sizeof（unsigned char），2048，fp_read）;
        fwrite（buf，sizeof（unsigned char），ret，fp_write）;
    }

    if（ret < 2048 && feof（fp_read））
    {
        printf（"change magic number ok!\n"）;
    }

    fclose（fp_read）;
    fclose（fp_write）;

    return 0;
}
```

假设这个程序经过编译后产生的可执行程序名字为 changeMN，测试的操作步骤：

```
#dd if=/dev/zero of=myfs bs=1M count=1
#mkfs.ext2 myfs
#./changeMN myfs
#mount –t myext2   –o   loop   ./myfs   /mnt
#mount
/root/myfile on /mnt myext2 (rw，loop=/dev/loop0)
#umount /mnt
#mount –t ext2 –o loop ./myfs /mnt
mount: wrong fs type，  bad option，  bad superblock on /dev/loop0，
or too many mounted file systems
#
```

第一、二条就不再解释了，我们从第三条开始：

第三条 ./changeMN myfs：

调用 changeMN 将 myfs 的 magic number 改掉。

第四、五条也不解释了，证明了我们的实验结果是正确的。

第六条也不需要解释了。

第八、九条 这次我们试图用-t ext2 去 mount myext2 文件系统，发现是失败的，因为它们的 magic number 不再匹配了。有兴趣的读者也可以测试一下，用-t myext2 去 mount ext2 文件系统，可以得到相同的结果。

3. 修改文件系统操作

myext2 只是一个实验性质的文件系统，我们希望它只要能支持简单的文件操作即可。因此在完成了 myext2 的总体框架以后，我们来看看如何修改掉 myext2 支持的一些操作，来加深对操作系统对文件系统的操作的理解。因为读者在创建自己的文件系统中，也会遇到希望自己创建的文件系统有自身特色的操作。下面我们以裁减 myext2 的 mknod 操作为例，了解这个过程的实现流程。

众所周知，Linux 将所有的对块设备、字符设备和命名管道的操作，都看成对文件的操作。mknod 操作是用来产生那些块设备、字符设备和命名管道所对应的节点文件。在 ext2 文件系统中它的实现函数如下：

fs/ext2/namei.c， line 144

```
144 static int ext2_mknod （struct inode * dir， struct dentry *dentry， int mode， dev_t rdev）
145 {
146         struct inode * inode;
147         int err;
148
149         if （!new_valid_dev（rdev））
150                 return -EINVAL;
151
152         inode = ext2_new_inode （dir， mode）;
153         err = PTR_ERR（inode）;
154         if （!IS_ERR（inode）） {
155                 init_special_inode（inode， inode->i_mode， rdev）;
156 #ifdef CONFIG_EXT2_FS_XATTR
157                 inode->i_op = &ext2_special_inode_operations;
158 #endif
159                 mark_inode_dirty（inode）;
160                 err = ext2_add_nondir（dentry， inode）;
161         }
162         return err;
163 }
```

它定义在结构 ext2_dir_inode_operations 中：

fs/ext2/namei.c， line 400

```
392 struct inode_operations ext2_dir_inode_operations = {
393             .create           = ext2_create,
394             .lookup           = ext2_lookup,
395             .link             = ext2_link,
396             .unlink           = ext2_unlink,
397             .symlink          = ext2_symlink,
398             .mkdir            = ext2_mkdir,
399             .rmdir            = ext2_rmdir,
400             .mknod            = ext2_mknod,
401             .rename           = ext2_rename,
402 #ifdef CONFIG_EXT2_FS_XATTR
403             .setxattr         = generic_setxattr,
404             .getxattr         = generic_getxattr,
405             .listxattr        = ext2_listxattr,
406             .removexattr      = generic_removexattr,
407 #endif
408             .setattr          = ext2_setattr,
409             .permission       = ext2_permission,
410 };
```

当然，我们从 ext2 克隆过去的 myext2 的 myext2_mknod，以及 myext2_dir_inode_operations 和上面的程序是一样的。

对于 mknod 函数，我们在 myext2 中作如下修改：

fs/myext2/namei.c

```
static int myext2_mknod (struct inode * dir, struct dentry *dentry, int mode, int rdev)
{
printk(KERN_ERR "haha, mknod is not supported by myext2! you've been cheated!\n");
return -EPERM;
}
```

添加的程序中：

第一行 打印信息，说明 mknod 操作不被支持。

第二行 将错误号为EPERM的结果返回给shell，即告诉shell，在myext2文件系统中，maknod 不被支持。

修改完毕，然后重新编译内核。以新生成的内核重新启动计算机，我们在 shell 下执行如下测试程序：

```
#mount –t myext2 –o loop ./myfs /mnt
#cd /mnt
#mknod myfifo p
haha， mknod is not supported by myext2! You've been cheated!
mknod: `myfifo': Operation not permitted
#
```

第一行命令：将 myfs mount 到/mnt 目录下。
第二行命令：进入/mnt 目录，也就是进入 myfs 这个 myext2 文件系统。
第三行命令：执行创建一个名为 myfifo 的命名管道的命令。
第四、五行是执行结果：第四行是我们添加的 myext2_mknod 函数的 printk 的结果；第五行是返回错误号 EPERM 结果给 shell，shell 捕捉到这个错误后打出的出错信息。需要注意的是，如果你是在图形界面下使用虚拟控制台，printk 打印出来的信息不一定能在你的终端上显示出来，但是可以通过命令 dmesg|tail 来观察。

可见，我们的裁减工作取得了预期的效果。读者如果还需要定制其它的操作，可以按照上面讲的原理和步骤来完成。

4. 添加文件系统创建工具

文件系统的创建对于一个文件系统来说是首要的。因为，如果不存在一个文件系统，所有对它的操作都是空操作，也是无用的操作。

其实，前面的第一小节《添加一个和 ext2 完全相同的文件系统 myext2》和第二小节《修改 myext2 的 magic number》在测试实验结果的时候，已经陆陆续续地讲到了如何创建 myext2 文件系统。本节的主要目的就是将这些内容总结一下，制作出一个更快捷方便的 myext2 文件系统的创建工具：mkfs.myext2（名称上与 mkfs.ext2 保持一致）。

首先需要确定的是该程序的输入和输出。为了灵活和方便起见，我们的输入为一个文件，这个文件的大小，就是 myext2 文件系统的大小。输出就是带了 myext2 文件系统的文件。

我们在/sbin 目录下编辑如下的程序：

/sbin/mkfs.myext2

```
1  #!/bin/sh
2
3  /sbin/losetup -d /dev/loop0
4  /sbin/losetup /dev/loop0 $1
5  /sbin/mkfs.ext2 /dev/loop0
6  dd if=/dev/loop0 of=/tmp/tmpfs bs=1k count=2
7  /sbin/changeMN /tmp/tmpfs
8  dd if=/tmp/tmpfs of=/dev/loop0
9  /sbin/losetup -d /dev/loop0
```

```
10 rm -f /tmp/tmpfs
```

第一行 表明是 shell 程序。
第三行 如果有程序用了/dev/loop0 了，就将它释放。
第四行 用 losetup 将第一个参数装到/dev/loop0 上
第五行 用 mkfs.ext2 格式化/dev/loop0。也就是用 ext2 文件系统格式格式化我们的文件系统。
第六行 将文件系统的头 2K 字节的内容取出来。
第七行 调用程序 changeMN 将 magic number 改成 0x6666
第八行 再将 2K 字节的内容写回去。
第九行 把我们的文件系统从 loop0 中卸下来。
第十行 将临时文件删除。

编辑完了之后，我们来试一下我们的成果：

```
#dd if=/dev/zero of=myfs bs=1M count=1
#mkfs.myext2 myfs
#mount –t myext2 –o loop ./myfs /mnt
#mount
/root/myfile on /mnt myext2 (rw, loop=/dev/loop0)
#
```

一切 OK，结果正确。很有意思，也很有成就感，是不是？

至此，文件系统部分的实验已经全部完成了。现在，你对 Linux 整个文件系统的运作流程，如何添加一个文件系统，以及如何修改 Linux 对文件系统的操作，是不是了解得比较清楚了？在本实验的基础上，你完全可以发挥自己的创造性，构造出自己的文件系统，然后将它添加到 Linux 中。

18.9 附录：优秀的日志文件系统——ext3

18.9.1 日志文件系统

普通的文件系统有一个问题：操作系统不能保证在文件操作时绝对的数据完整性。也就是说，不能确保文件系统在每次写入数据和随后读出的内容的一致性。为了解决这个问题，通常采用三种方式：

- 冗余的方式，例如，RAID5 方式的冗余磁盘阵列提供数据的备份与恢复功能。
- 分布的复制文件系统，保证文件系统的一致性。
- 日志的方式，记录文件系统的所有工作记录。

目前已经存在的日志文件系统已经不少，ReiserFS、XFS、JFS、ext3 等 Linux 所支持的文件系统都是日志文件系统。

文件的存贮包括两个部分，文件数据和文件属性。其中，文件属性存储和管理关于文件和文件系统自身的一些重要信息（例如日期时间、所有者、访问权限、文件大小和存储位置等），这些信息通常被称为元数据（metadata）；而文件数据（data）则通常指我们平时用到的文件内容。一般情况下，用户并不直接和文件系统的元数据交互，而是由 Linux 文件系统驱动程序担当了用户与元数据之间交互的接口。Linux 文件系统驱动程序是专门用来操作复杂的元数据的。然而，为了使得文件系统驱动程序正常工作，有一个很重要的先决条件：它需要在合理的、一致的和没有干扰的状态下找到元数据。否则，文件系统驱动程序就不能理解和操作元数据，用户也无法完成文件存取操作了。

Linux 有一个工具叫 fsck，它的工作就是确保要安装的文件系统的元数据是处于有效状态的。在系统启动时，它扫描系统的/etc/fstab 文件中列出的所有本地文件系统。当 Linux 停机（shut down）时，fsck 扫描那些下次启动时将被安装的文件系统，确定它们已被彻底卸载，并做出合理的假设——所有的元数据是有效的。

然而时常会有意外发生，例如意想不到的电源故障或者系统挂起。当出现这种不幸的情况时，Linux 没有机会彻底地卸载文件系统。当系统重新启动，fsck 开始扫描时，它会检测到没有彻底卸载的文件系统，并做出合理的假设——文件系统可能出了问题。这就很有可能导致元数据在某种情况下不可用。

为了弥补这种情况，fsck 将开始彻底地扫描并且全面地检查元数据，修正这一过程中找到的任何错误。例如，在 ext2 和 ext3 文件系统中，fsck 将比较每个组中存储的超级块（super block）和组描述符（Group Descriptors）的信息，确保元数据的信息一致并可用。一旦 fsck 完成这项工作，文件系统就可以使用了。尽管意想不到的电源故障或者系统挂起可能造成最近修改的数据丢失，但是由于元数据是一致的，文件系统仍然可以被安装和投入使用。

为确保文件系统的一致性，这是一种可行的方法，但是却不是最佳的解决方案。问题出自于这样一个事实——fsck 必须扫描文件系统全部的元数据，以确保文件系统的一致性。对所有的元数据做彻底的一致性检查是一项极为费时的工作。通常至少要花上好几分钟才能完成。更糟糕的是，文件系统越大，完成这个彻底的扫描所花费的时间就越长。这就是个大问题，因为执行 fsck 的时候，Linux 系统实际上是停止运行的，如果有一个庞大的文件系统，操作系统可能就会花上一个小时或者更长的时间来执行 fsck，这在维持系统正常运行极为重要的应用环境下，是不可接受的。在这样的应用背景下，日志文件系统成为更好的解决方案。

日志文件系统在强调数据完整性的企业级服务器中有着重要的需求，是文件系统发展的方向。日志文件系统借鉴了大型数据库管理系统实现的思想。数据库操作往往是由多个相关的、相互依赖的子操作组成，每个相关子操作的集合称为一个事务（Transaction）。事务中任何一个子操作的失败都意味着整个操作的失败，对数据库数据的任何修改都要恢复到所有子操作未发生以前的状态。日志文件系统也采用了类似的技术。

日志文件系统增加一个数据结构——日志，它存放于磁盘上。在对元数据做任何修改以前，文件系统驱动程序会写入一条日志，这条日志描述了它将完成的工作，然后开始修改元数据。通过这种方法，日志文件系统拥有了近期元数据被修改的历史记录，当处理到没有彻底卸载的文件系统的一致性问题时，这些记录就有了用武之地。

可以这样来看待日志文件系统：除了存储数据和元数据以外，它还有一个日志。也可以称日志为元数据。在日志文件系统中，为了快速地恢复文件系统到达一致性状态，Linux 文件系统驱动程序取代了 fsck，它起了真正的作用。当文件系统被安装时，Linux 文件系统驱动程序查看文件系统是否完好。如果由于某些原因出了问题，那么就需要对元数据进行修复，但不是执行对元数据的彻底扫描（像 fsck 那样），而是查看日志。由于日志中包含了按时间顺序排列的近期的元数据修改记录，Linux 文件系统驱动程序简单地查看最近被修改的那部分元数据。因而，Linux 文件系统驱动程序能够在几秒钟甚至更短的时间内将文件系统恢复到一致状态。另一点与 fsck 所采用的传统方法不同之处在于：这个日志修复过程在大型的文件系统上并不比小文件系统需要花费更多的时间。

18.9.2 ext3 文件系统

Linux 内核最早支持的日志文件系统不是 ext3 而是 ReiserFS。然而 ReiserFS 只是一个实验性的内核功能，这种文件系统在对于小文件的处理上有很大优势。目前在 web 服务器市场上，运行 Apache 的 Linux 的机器占市场份额的 50%以上。在这种应用背景下，ext3 文件系统显示出了其突出的优势，因而得到了广泛的应用。到底是什么优势呢？让我们接着看下去。

ext3 基于 ext2 的代码，所以它的磁盘格式和 ext2 相同，从外观上看，ext3 文件系统较之 ext2 多了一个.journal 文件，它存放了 ext3 的日志信息。当 ext3 作为 ext2 文件系统被安装的时候，.journal 被视作一个普通的文件而不被处理。这意味着，一个被干净卸载的 ext3 文件系统可以作为 ext2 文件系统毫无问题地重新安装。由于 ext2 和 ext3 都使用相同的元数据，ext2 可以现场升级到 ext3 文件系统。通过升级一些关键系统实用程序（通常是 tune2fs），安装新的 2.4 或 2.6 内核，并在每个文件系统上使用新的 tune2fs 命令生成日志，就可以把现有的 ext2 文件系统转换成 ext3 文件系统。甚至可以在 ext2 文件系统已安装的情况下进行这些操作。详细的转换实现步骤可以参考 ext3 的 HOWTO（http://batleth.sapienti-sat.org/projects/FAQs/ext3-faq.html.）。ext2 到 ext3 的转换是安全的、可逆的，并且令人难以置信的简单：与 ext2 到 XFS、JFS 或 ReiserFS 的转换不同，转换不必备份和重新创建文件系统。只要联想到目前数以万计的以 ext2 作为文件系统的服务器，仅需几分钟时间就能升级到 ext3，就能充分理解 ext3 对于 Linux 的意义和优势。

为了提高文件系统的稳定性，ext3 还从 ext2 里面继承了 fsck 的功能。尽管 ext3 不需要 fsck 来更正元数据的错误，但是当需要挽救被损坏的文件数据的时候，fsck 仍是一个不可缺少的工具。

1. ext3 的日志方式

日志的记录是将这些日志内容写入日志文件中，并存储在磁盘上，例如 ext3 文件系统将日志写入.journal 文件中。对文件系统来说，每次对日志的记录实际上都增加了一次磁盘的写操作。所以一般日志文件系统与非日志文件系统相比较在写数据的速度上并没有优势。

每一种日志文件系统的具体实现又不尽相同，ReiserFS、XFS 和 JFS 通过文件系统的驱动程序记录元数据，但不提供文件数据的日志记录。事实上，仅仅对元数据做日志就能使文件系统的元数据十分安全可靠。但是意外的系统重起可能会导致最新的文件数据的丢失和损坏。也就是说，包括 ReiserFS、XFS 和 JFS 在内的这些典型的日志文件系统通常对文件数据的重视程度不如元数据，文件元数据的操作记录丢失可以通过日志恢复，而文件的内容则可能会因为损坏而丢失。相比这些日志文件系统，ext3 提供了更加多样的日志记录方式。

ext3 提供 data=writeback、data=ordered 和 data=journal 三种日志记录方式，下面详细地解释三种方法的异同：

第一种：data=writeback 方式。

处于 data=writeback 方式下，ext3 根本不执行任何形式的文件数据日志记录，这样 ext3 只对元数据做日志，因此表现上就与 XFS、JFS 以及 ReiserFS 文件系统十分相似。虽然这会让最近修改的文件在出现意外事件中毁坏，但如果不考虑这个缺点，data=writeback 方式在大多数情况下能够提供最佳的 ext3 性能。

第二种：data=ordered 方式。

处于 data=ordered 方式下，ext3 同样只将元数据写入日志文件，而把数据的每次更新都作为一个事务来处理，即逻辑上将元数据和文件数据组织到单个的称为事务（Transaction）的单元中。当将新的元数据写到磁盘上时，根据记录下来的事务信息首先写入相关的文件数据，随后才将元数据更新到磁盘中去。data=ordered 方式有效地解决了在 data=writeback 方式下可能发生的文件数据被毁坏问题，但并不需要记录完整数据日志。一般说来，data=ordered 的 ext3 文件系统执行的速度比 data=writeback 文件系统执行的速度稍微慢一些，但比记录完整数据日志的方式（data=journal）还是要快出许多。

有一个需要注意的地方。通常写入文件的时候有 2 种模式，附加（append）和覆盖（overwrite）。将新的文件数据按照附加方式写入文件时，data=ordered 方式提供了 ext3 所有数据日志记录方式提供的所有完整性保证。但是 data=ordered 的方式在将数据写入磁盘的时候不提供首先覆盖哪一个数据块的保证。因此，如果正在覆盖某一部分文件，而此时系统崩溃，那么写入块的位置是不能确定的，这是因为 data=ordered 方式中写操作的顺序是由硬盘的写高速缓存决定。因此不能根据当前文件数据块被覆盖而假设前面的文件数据块也被覆盖。一般说来，这个限制并不会带来很大的负面影响，因为通常附加一个文件比覆盖文件更普遍。出于这个原因，data=ordered 方式是对完整文件数据日志记录的一个更好的、更高性能的替代。

第三种：data=journal 方式。

data=journal 方式提供了完整文件数据和元数据日志记录。所有新数据（包括文件数据和元数据）首先写入日志，然后再写入它的最终位置。在崩溃情况下，可以通过日志，完成修复，使文件数据和元数据处于一致的状态。

尽管 ext3 的 data=journal 方式提供了完整的文件数据和元数据的日志记录，由于这种方式需要 2 次写过程才可能将所有的数据完整地写入磁盘（第一次将日志写入磁盘中，第二次才是真正地将数据，包括元数据和文件数据写入磁盘中），因此，写入的效率就不如其它的 2 种日志记录方式高。但是实验表明，在同时对磁盘进行读写操作的过程中，data=journal 方式提供了比 ext3 其它 2 种日志记录方式、ext2 甚至 ReiserFS 等高出 9-13 倍的性能优势。因为和系统的交互（例如编辑文档等）会对磁盘进行频繁的读写，在这个时候如果 data=journal 方式提高磁盘写入的频率，会使得系统的交互性能得以更大的提高。

2. ext3 的日志实现

ext3 通过日志记录块设备（Journal Block Device），简称为 JBD，实现日志记录。但 JBD 并不只适用于 ext3 文件系统，它被设计成 API 的形式提供给各种文件系统使用。ext3 通过在 JBD API 中加钩子（hook）的方法实现日志功能。具体地说，ext3 通知 JBD 它正在实施的修改，也会在修改磁盘上的数据时，请求得到 JBD 的许可。通过这个过程，在 ext3 文件系统驱动程序中，给了 JBD 合适的机会来管理日志。这种提供办法通用性很强，因为 JBD 被设计成一个分离的、通用的实体，它可以加到其它文件系统中去，为之提供日志的功能。

实现日志记录的方法，按照被记录对象划分，典型的有如下几种：

- 指定记录地址空间一定范围的数据。这样日志能够以一种非常高效的方式存储许多对文件系统的微小修改，这是因为它只记录需要修改的个别字节（位于指定的地址空间的部分），而不记录除此以外的任何信息。
- 逻辑日志记录。它只存储已修改的字节范围而非整个的数据块。这种方法被 XFS 所采用。
- 物理日志记录。它使用完整的物理块，作为实现日志的主要媒介。JBD 就采用这种方法。即 JBD 存储完整的被修改的数据块（注意：该数据块发生了修改，其中可能包含部分空间的数据尚未被修改），而不是记录必定会被修改的字节范围。ext3 文件系统驱动程序也使用这种方法，存储内存中被修改的块（大小为 1K、2K 或 4K，和 ext2、ext3 文件系统中一个块（block）的大小是一致的）的完整副本，以跟踪暂时被挂起的 I/O 操作。

因为 ext3 使用物理日志记录，所以 ext3 日志比 XFS 占用更大磁盘空间。但是，因为 ext3 在文件系统内部和日志中处理单位为整个数据块，ext3 处理的复杂度比实现逻辑日志记录要小。另外，完整数据块的使用允许 ext3 执行一些额外的优化，譬如，将多个 I/O 操作的结果压到内存中同一个数据块结构中，这种优化可以使 ext3 将这多个更改一次性地写入到磁盘上。此外，因为数据块存储在内存中，这些内存数据在写到磁盘之前，不必或只需作很少更改，大大减少了 CPU 开销。

JBD 的日志实现主要有 3 个部分：句柄（Handle）、事务以及日志。

- 句柄是和当前进程关联在一起的，用句柄来标识出当前进程对文件系统进行修改的原子操作。在内核的 task_struct 结构中可以看到多出了 journal_info 这个指针。正是这个指针指向了日志文件系统的操作对象和功能。
- 事务记录了文件操作的过程。它维护一系列的状态：

  运行状态：接受新的更新操作。

  被锁状态：更新操作仍在运行，但是不再接受新的更新操作。

  已停状态：更新正在准备结束，并且已经发出了修改新缓冲区的请求（该状态目前未用）。

刷新状态：所有的更新已经完成，并且正在写入磁盘。
提交状态：所有的数据已经被写到磁盘上了，正在写提交记录。
完成状态：所有操作已经完成，但是必须保持着事务，以便于检查。
上述状态包含了一个正在运行事务修改缓冲区的所有过程。直到事务完成，被修改的缓冲区才可以刷新到磁盘上。

- 日志为一个单一的文件系统维护了所有日志状态信息。它与文件系统超级块结构相连。日志结构用于保持文件系统的所有事务活动的记录，并用来管理写记录进程的状态。

3. 对 ext3 的评价

没有哪一个 Linux 日志记录文件系统是“最好的”，即找不到一个对所有类型的应用都合适的日志文件系统。每个文件系统都有自身的优劣。这是有大量的 Linux 文件系统供选择的原因之一。理解和对比各种文件系统的长处和短处，以便对使用哪种文件系统作出一个合理选择，远远比选出一个绝对的“最好的”文件系统，使它适用于所有可能的应用程序更有可行性。

ext3 的优点在于：它被设计得极易部署；它基于强壮的 ext2 文件系统代码，并继承了一个很好的 fsck 工具；还有，ext3 的日志记录能力经过特别的设计，以确保元数据和数据的完整性。总之，ext3 确实是一个很棒的文件系统，并且是现在仍受到推崇的 ext2 文件系统的一个合格的继承者。有兴趣的读者可以自己分析 ext3 的源代码，相信会受益无穷的。

实验思考

1. 结合前面章节讲述的内核模块内容，请尝试把 myext2 改成内核模块方式。（那样我们就不用每次改动 myext2 文件系统都重启系统了）
2. 由于 VFS 设计的非常优秀，接口简单，稳定，方便编程。所以现在 Linux 支持的文件系统非常多，收入标准内核代码树的文件系统都已经达到 50 多种，另外还有很多优秀的文件系统没被收入。比如手机消费类电子产品/嵌入式系统中使用非常多的 YAFFS2 等。有兴趣的读者可以对 Linux 下的文件系统做一个概述，或者在 google、freshmeat 或 sourceforge 上找一些感兴趣的小的文件系统，尝试分析，动手改改。同时理解一个好的接口设计对于一个系统的稳定与发展的重要性。
3. 由于文件系统模块的相对独立性，有很多把文件系统放到用户层的尝试，比如 FUSE：http://fuse.sourceforge.net/，有兴趣的读者可以研读它的文档跟代码，动手实现 FUSE 下的文件系统，实践中学习才是最有效率，最容易掌握知识的学习方法。

参考资料

[1]. Everything is a File
http://www.uwsg.iu.edu/usail/concepts/filesystems/everything-is-a-file.html

[2]. Filesystem Hierarchy Standard
http://www.pathname.com/fhs/

[4]. Documentation/filesystems/vfs.txt

[5]. The Linux Virtual File-system Layer
Neil Brown neilb@cse.unsw.edu.au and others.
http://www.cse.unsw.edu.au/~neilb/oss/linux-commentary/vfs.html

[6]. Linux Virtual File System
http://www.coda.cs.cmu.edu/doc/talks/linuxvfs/

[7]. A small trail through the Linux kernel
Andries Brouwer， aeb@cwi.nl
http://www.win.tue.nl/~aeb/linux/vfs/trail.html
Some dcache details
http://www.win.tue.nl/~aeb/linux/vfs/dcache

[8]. fs porting from 2.4 to 2.6
http://kerneltrap.org/node/16

[9]. Creating Linux virtual filesystems
http://lwn.net/Articles/13325/

[10]. Porting device drivers to the 2.6 kernel
http://lwn.net/Articles/driver-porting/

[11]. 解析 Linux 中的 VFS 文件系统机制
http://www.ibm.com/developerworks/cn/linux/l-vfs/index.html

[12]. File System Primer
http://wiki.novell.com/index.php/File_System_Primer

[13]. file systems
http://www.nondot.org/sabre/os/articles/FileSystems/

[14]. Second Extended File System
http://www.nongnu.org/ext2-doc/

[15]. Design and Implementation of the Second Extended Filesystem
http://e2fsprogs.sourceforge.net/ext2intro.html

[16]. 从文件 I/O 看 Linux 的虚拟文件系统
http://www.ibm.com/developerworks/cn/linux/l-cn-vfs/

[17]. Linux 内核文件系统与设备操作流程分析
http://www.whitecell.org/list.php？ id=45

[18]. bio document
Documentation/block/biodoc.txt

[19]. <Understanding the Linux Kernel， 3rd Edition>

[20]. <The Linux kernel development>

[21]. Linux 2.6.11 内核文件 IO 系统调用详解
http://linux.ccidnet.com/art/741/20070404/1052621_1.html

[22]. Linux 2.6.17.9 内核文件系统调用详解
http://bbs.driverdevelop.com/simple/index.php？ t101742.html

图书在版编目（CIP）数据

边干边学：LINUX 内核指导 / 李善平，季江民，尹康凯等编著.
—杭州：浙江大学出版社，2002.8（2017.7 重印）
ISBN 978-7-308-03073-1

Ⅰ. 边… Ⅱ. ①李…②季… Ⅲ. Linux 操作系统-基本知识
Ⅳ.TP316.89

中国版本图书馆 CIP 数据核字（2002）第 051037 号

边干边学——LINUX 内核指导

李善平 季江民 尹康凯 等 编著

责任编辑：杜希武
封面设计：刘依群
出版发行：浙江大学出版社
（杭州市天目山路 148 号 邮政编码：310007）
（网址：http://www.zjupress.com）
排 版：浙江时代出版服务有限公司
印 刷：浙江云广印业有限公司
印 张：41.75
开 本：787mm × 1092mm 1/16
字 数：1016 千
版 印 次：2002 年 8 月第 1 版 2008 年 4 月第 2 版 2017 年 7 月第 9 次印刷
书 号：ISBN 978-7-308-03073-1
定 价：79.00 元

浙江大学出版社发行中心联系方式：（0571）88925591；http://zjdxcbs.tmall.com